中文版 **After Effects CC**

影视特效制作208例

| 培训教材版 |

时代印象　编著

人民邮电出版社

北　京

图书在版编目（ＣＩＰ）数据

中文版After Effects CC影视特效制作208例：培训教材版 / 时代印象编著. -- 北京：人民邮电出版社，2020.10
ISBN 978-7-115-52225-2

Ⅰ. ①中… Ⅱ. ①时… Ⅲ. ①图像处理软件－技术培训－教材 Ⅳ. ①TP391.413

中国版本图书馆CIP数据核字(2020)第121125号

内 容 提 要

　　这是一本介绍中文版 After Effects CC 影视特效制作的案例式教材，全书精选了 208 个常用的影视效果进行讲解，让读者在学习案例的过程中掌握 After Effects CC 的使用技巧。全书共 7 章，内容涵盖影视特效制作中常见的文字特效、粒子特效、光效、仿真特效、调色技法和高级特效等，是读者学习 After Effects CC 特效制作不可多得的参考书。

　　本书结构清晰，案例操作步骤详细，语言通俗易懂，实用性强，便于读者学以致用。本书附带学习资源，内容包括 208 个案例的源文件，以及 PPT 教学课件和在线教学视频。读者可通过在线方式获取这些资源，具体方法请参看本书前言。

　　本书适合作为各类院校影视相关专业基础课程的教材、影视后期培训班的教材、广大影视特效制作爱好者的自学用书，以及从事影视后期制作的初、中级读者的参考书。

◆ 编　　著　 时代印象
　　责任编辑　 张丹丹
　　责任印制　 马振武

◆ 人民邮电出版社出版发行　　北京市丰台区成寿寺路 11 号
　　邮编　100164　电子邮件　315@ptpress.com.cn
　　网址　https://www.ptpress.com.cn
　　大厂回族自治县聚鑫印刷有限责任公司印刷

◆ 开本：787×1092　1/16
　　印张：28.5
　　字数：1164 千字　　　　　　　2020 年 10 月第 1 版
　　印数：1 - 2 200 册　　　　　　2020 年 10 月河北第 1 次印刷

定价：69.80 元

读者服务热线：(010)81055410　印装质量热线：(010)81055316
反盗版热线：(010)81055315
广告经营许可证：京东市监广登字 20170147 号

前言

本书是《中文版 After Effects CC 影视特效制作 208 例》的培训教材版，采用了中文版 After Effects CC 进行编写。

在本书中，我们不仅补充了较多的新技术，修订了《中文版 After Effects CC 影视特效制作 208 例》的纰漏和不足，还提升了案例的视觉效果。此外，我们还通过 QQ 交流群、微信交流群、论坛和电话等方式倾听了近百名读者的宝贵建议，并把一些合理的建议应用于图书的优化，在案例的设计上突出针对性和实用性，以充分满足读者的学习和工作需求。

在这个"云"和"大数据"的时代，新的影视制作技术或软件不断涌现，对于很多从业者来说，如何学习并驾驭这些新技术是一个新的挑战。当然，除了用合理有效的方法掌握新技术之外，更重要的是创意、经验和平台的整合。本书除了表现一些新的技术之外，更多的是希望能够和大家分享经验和创意，实现从技术到创意的蜕变。

写书如做人，每一个章节我们都在极尽所能地完善，由于编写时间和精力有限，书中难免会有不妥之处，恳请广大读者批评指正。

我们相信这将是一本让读者为之兴奋的图书，我们赋予了本书全新的生命和定位，也非常荣幸能把多年积累的知识和经验分享给各位读者。最后，非常感谢您选用本书，也衷心希望这本书能让您有所收获，谢谢！

其他说明

本书附带一套学习资源，内容包括 208 个案例的源文件，以及 PPT 教学课件和在线教学视频。扫描"资源获取"二维码，关注"数艺设"的微信公众号，即可得到资源文件获取方式。如需资源获取技术支持，请致函 szys@ptpress.com.cn。在学习的过程中，如果遇到问题，欢迎您与我们交流，客服邮箱：press@iread360.com。

资源获取

编者

2020 年 5 月

资源与支持

本书由"数艺设"出品，"数艺设"社区平台（www.shuyishe.com）为您提供后续服务。

配套资源

案例源文件
PPT教学课件
在线教学视频

资源获取请扫码

"数艺设"社区平台，为艺术设计从业者提供专业的教育产品。

与我们联系

我们的联系邮箱是 szys@ptpress.com.cn。如果您对本书有任何疑问或建议，请您发邮件给我们，并请在邮件标题中注明本书书名及 ISBN，以便我们更高效地做出反馈。

如果您有兴趣出版图书、录制教学课程，或者参与技术审校等工作，可以发邮件给我们；有意出版图书的作者也可以到"数艺设"社区平台在线投稿（直接访问 www.shuyishe.com 即可）。如果学校、培训机构或企业想批量购买本书或"数艺设"出版的其他图书，也可以发邮件联系我们。

如果您在网上发现针对"数艺设"出品图书的各种形式的盗版行为，包括对图书全部或部分内容的非授权传播，请您将怀疑有侵权行为的链接通过邮件发给我们。您的这一举动是对作者权益的保护，也是我们持续为您提供有价值的内容的动力之源。

关于"数艺设"

人民邮电出版社有限公司旗下品牌"数艺设"，专注于专业艺术设计类图书出版，为艺术设计从业者提供专业的图书、U书、课程等教育产品。出版领域涉及平面、三维、影视、摄影与后期等数字艺术门类，字体设计、品牌设计、色彩设计等设计理论与应用门类，UI设计、电商设计、新媒体设计、游戏设计、交互设计、原型设计等互联网设计门类，环艺设计手绘、插画设计手绘、工业设计手绘等设计手绘门类。更多服务请访问"数艺设"社区平台 www.shuyishe.com。我们将提供及时、准确、专业的学习服务。

目录

第1章　文字特效

第2章　常规特效

第3章　颜色校正

第4章　视觉光效

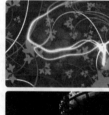

第5章 高级动画

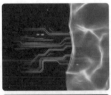

第6章 仿真特效

第7章　高级特效

第1章 文字特效

◎ **本章导读**

　　在电影、电视剧、影视广告、片头以及宣传片等视觉产品中，文字不仅担负着补充画面信息的任务，而且经常被设计师用作视觉设计的辅助元素。在本章中，读者将会学到各类文字特效的制作方法。

◎ **本章所用外挂插件**

　　» Magic Bullet Looks
　　» Magic Bullet Mojo
　　» Optical Flares
　　» 3D serpentine
　　» Element
　　» RSMB
　　» VC Reflect
　　» Twitch
　　» 3D Stroke
　　» Starglow

1.1 波浪文字

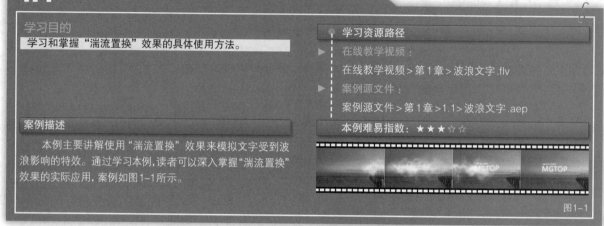

学习目的

学习和掌握"湍流置换"效果的具体使用方法。

学习资源路径

► 在线教学视频：
在线教学视频 > 第1章 > 波浪文字.flv

► 案例源文件：
案例源文件 > 第1章 > 1.1 > 波浪文字.aep

本例难易指数：★ ★ ★ ☆ ☆

案例描述

本例主要讲解使用"湍流置换"效果来模拟文字受到波浪影响的特效。通过学习本例，读者可以深入掌握"湍流置换"效果的实际应用，案例如图1-1所示。

图1-1

操作流程

1 执行"合成>新建合成"菜单命令，创建一个"宽度"为720px、"高度"为405px、"像素长宽比"为"方形像素"的合成，最后设置合成的持续时间为3秒，并将其命名为"文字"，如图1-2所示。

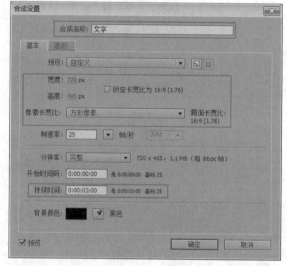

图1-2

2 使用"横排文字工具" T 分别创建出MGTOP和value of a brand文字图层，如图1-3所示。其中设置value of a brand的字体为Arial、字体大小为20像素，MGTOP的字体为"微软雅黑"、字体大小为70像素、字符间距为50，如图1-4所示。

图1-3

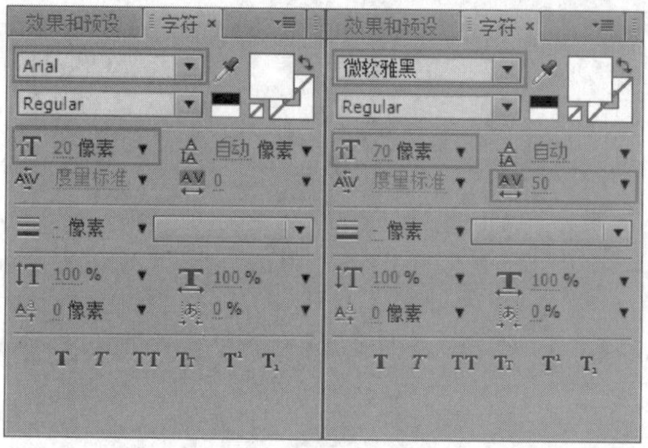

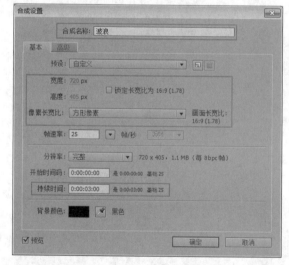

图1-4

3 继续执行"合成>新建合成"菜单命令，创建一个"宽度"为720px、"高度"为405px、"像素长宽比"为"方形像素"的合成，设置合成的持续时间为3秒，最后将其命名为"波浪"，如图1-5所示。

图1-5

4 执行"文件>导入>文件"菜单命令，打开本书学习资源中的"案例源文件>第1章>1.1>波浪.mov"文件，并将其添加到"波浪"合成的时间线上。选择"波浪"图层，执行"效果>通道>反转"菜单命令, 如图1-6所示。

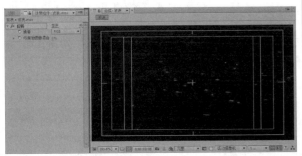

图1-6

5 执行 "合成>新建合成" 菜单命令, 创建一个 "宽度" 为720px、 "高度" 为405px、"像素长宽比" 为 "方形像素" 的合成, 设置合成的持续时间为3秒, 最后将其命名为 "总合成", 如图1-7所示。

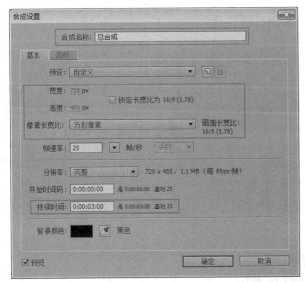

图1-7

6 执行 "文件>导入>文件" 菜单命令, 打开本书学习资源中的 "案例源文件>第1章>1.1>背景.mov" 文件, 并将其添加到 "总合成" 的时间线上, 如图1-8所示。

图1-8

7 将项目窗口中的 "波浪" 和 "文字" 合成拖曳到 "总合成" 的时间线上, 并修改 "波浪" 图层的叠加模式为 "屏幕", 如图1-9所示。

图1-9

8 设置 "波浪" 图层的 "位置" 属性的关键帧动画。在第0帧处, 设置 "位置" 的值为 (1083, 202.5); 在第2秒10帧处, 设置 "位置" 的值为 (-358, 202.5), 如图1-10所示。

图1-10

9 选择 "文字" 图层, 执行 "效果>扭曲>湍流置换" 菜单命令, 设置 "大小" 的值为20, 如图1-11所示。

图1-11

10 设置 "文字" 图层的 "数量" 属性的关键帧动画。在第1秒10帧处, 设置 "数量" 的值为50; 在第1秒20帧处, 设置 "数量" 的值为0, 最后为 "演化" 属性添加一个表达式time*300, 如图1-12所示。

图1-12

11 选择 "文字" 图层, 执行 "效果>风格化>发光" 菜单命令, 设置 "发光半径" 的值为15, 如图1-13所示。

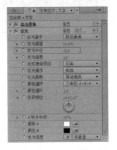

图1-13

12 选择"文字"图层，执行"效果>模糊和锐化>快速模糊"菜单命令。在第1秒处，设置"模糊度"的值为15；在第1秒08帧处，设置"模糊度"的值为0，如图1-14所示。

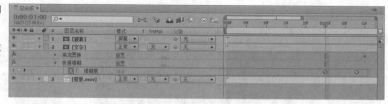

图1-14

13 设置"文字"图层的"不透明度"属性的关键帧。在第16帧处，设置"不透明度"的值为0%；在第1秒16帧处，设置"不透明度"的值为100%，如图1-15所示。

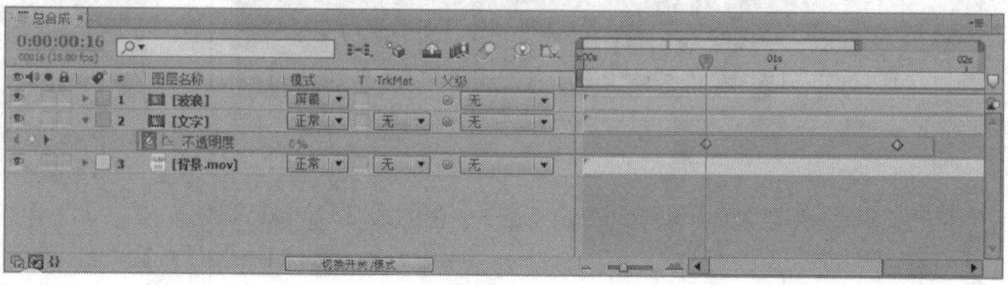

图1-15

14 选择"波浪"图层，双击"工具"栏中的"椭圆工具"，如图1-16所示。系统会根据选择的图层的大小自动创建一个蒙版，修改"蒙版羽化"的值为（50，50像素），"蒙版扩展"的值为-40像素，如图1-17所示。

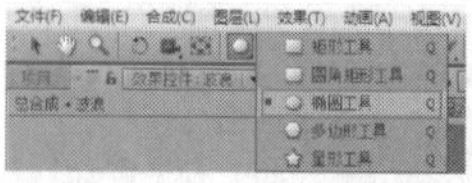

图1-16　　　　　　　　图1-17

15 按小键盘上的数字键0，预览最终效果，如图1-18所示。

value of a brand
MGTOP

图1-18

1.2 水波文字

学习目的

学习"波形环境"效果和"焦散"效果的组合应用方法。

学习资源路径

▶ 在线教学视频：
在线教学视频 > 第1章 > 水波文字.flv

▶ 案例源文件：
案例源文件 > 第1章 > 1.2 > 水波文字.aep

案例描述

本例主要介绍了"波形环境"和"焦散"效果的常规用法。通过学习本例，读者可以掌握使用"波形环境"效果模拟液体波纹效果的方法，掌握使用"焦散"效果模拟水中折射和反射效果的具体应用，案例如图1-19所示。

本例难易指数：★ ★ ★ ☆ ☆

图1-19

操作流程

1 执行"合成>新建合成"菜单命令，选择一个预设为PAL D1/DV的合成，设置合成的持续时间为5秒，最后将其命名为"水波纹"，如图1-20所示。

2 按Ctrl+Y快捷键，新建一个黑色的纯色图层，并将其命名为"文字"。选择该图层，执行"效果>过时>基本文字"菜单命令，然后在打开的"基本文字"对话框中输入"水波纹文字"，最后将字体设置为hzgb，如图1-21所示。

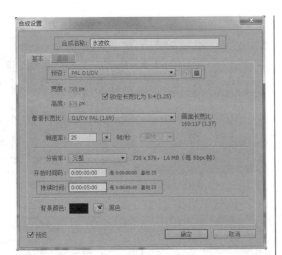

图1-20

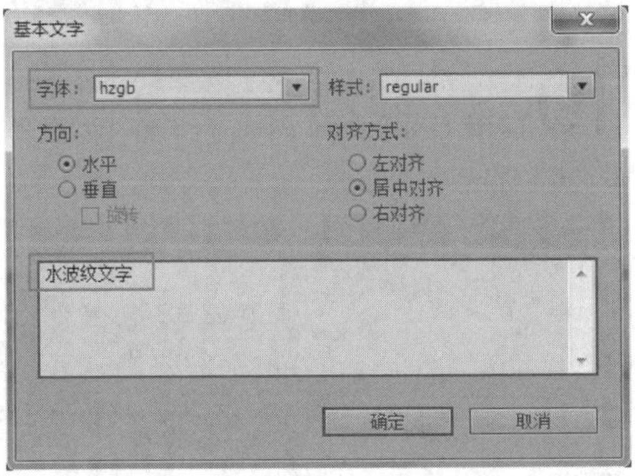

3 展开"填充和描边"参数项，修改填充颜色为白色，设置"大小"值为60、"字符间距"值为60，如图1-22所示。

图1-22

4 选择"文字"图层，然后按Ctrl+Shift+C快捷键合并图层，如图1-23所示。

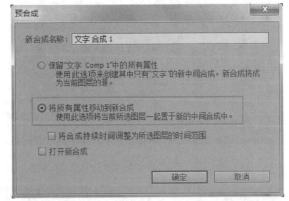

图1-23

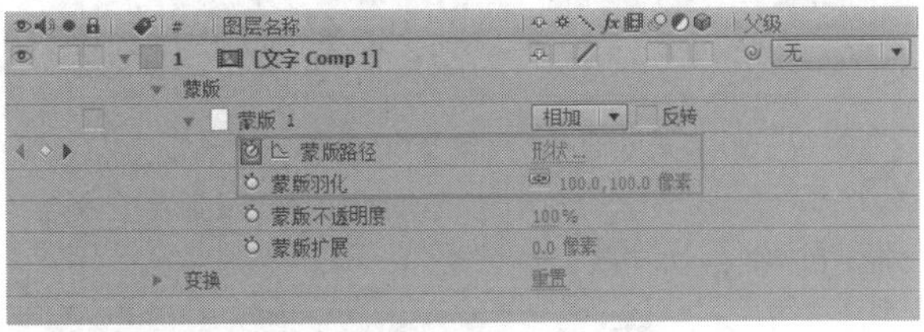

图1-21

5 选择"文字 Comp1"图层，双击"工具"栏中的"椭圆工具"，展开蒙版的属性，修改"蒙版羽化"的值为（100, 100像素），如图1-24所示。设置"蒙版路径"属性的关键帧动画，使其由小变大，出现渐出的效果（第0帧、第22帧和第1秒20帧的效果如图1-25所示）。

图1-24

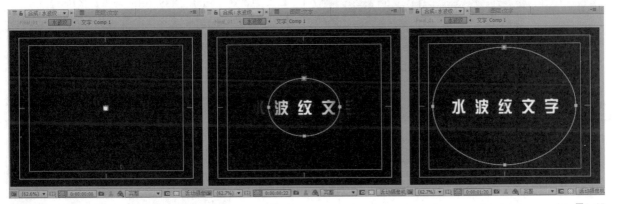

图1-25

6 执行"合成>新建合成"菜单命令，选择一个预设为PAL D1/DV的合成，设置合成的持续时间为5秒，最后将其命名为"波浪置换"，如图1-26所示。

7 按Ctrl+Y快捷键，新建一个黑色的纯色图层，并将其命名为"波浪"。选择该图层，执行"效果>模拟>波形环境"菜单命

令，设置视图模式为"高度地图"，在"模拟"参数项中设置"预滚动（秒）"的值为2.5，在"创建程序1"中设置"高度/长度"和"宽度"的值为0.2。最后设置"振幅"属性的关键帧动画，在第0帧处，设置其值为0.5；在第2秒处，设置其值为0，如图1-27所示。

13

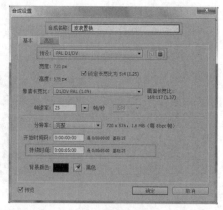

图1-26

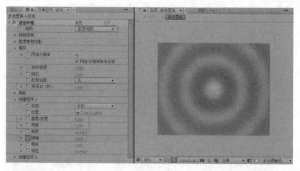

图1-27

── 提示 ──

"波形环境"效果用于模拟液体波纹效果，系统从效果点发射波纹并与周围环境相互影响，可以设置波纹的方向、力量、速度和大小等。

8 执行"合成>新建合成"菜单命令，选择一个预设为PAL D1/DV的合成，设置合成的持续时间为5秒，最后将其命名为Final_01，如图1-28所示。

图1-28

9 将项目窗口中的"水波纹"和"波浪置换"合成拖曳到Final_01合成中，关闭"波浪置换"合成的显示。选择"水波纹"图层，执行"效果>模拟>焦散"菜单命令，在"水"参数项中设置"水面"为"2.波浪置换"、"波形高度"值为0.9、"平滑"值为10、"水深度"值为0.06、"表面不透明度"值为0，最后在"灯光"参数项中设置"灯光颜色"为(R:0, G:185, B:135)，如图1-29所示。

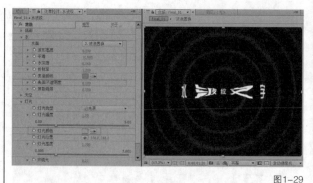

图1-29

── 提示 ──

"焦散"效果可以模拟水中折射和反射的自然效果，配合"无线电波"和"波形环境"效果使用，可以产生奇妙的效果。

10 选择"水波纹"图层，执行"效果>Trapcode>Starglow（星光闪耀）"菜单命令，Starglow（星光闪耀）效果的具体参数设置如图1-30所示。

图1-30

11 按Ctrl+Y快捷键，新建一个纯色图层，将纯色图层的颜色设置为(R:0, G:185, B:135)，最后将其命名为bg。选择该图层，执行"效果>过渡>百叶窗"菜单命令（此命令要执行两次），相关的参数设置如图1-31所示。最后将该图层移到所有图层的最下面。

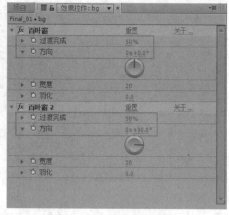

图1-31

12 将"水波纹"合成中"文字 Comp1"图层的"蒙版1"复制并粘贴到bg图层，修改"蒙版羽化"的值为(100, 100像素)，如图1-32所示。

图1-32

13 按小键盘上的数字键0，预览最终效果，如图1-33所示。

图1-33

1.3 光晕文字

学习目的

掌握自定义文字动画的设定和使用方法。

学习资源路径

▶ 在线教学视频：

在线教学视频 > 第1章 > 光晕文字 .flv

▶ 案例源文件：

案例源文件 > 第1章 > 1.3 > 光晕文字 .aep

案例描述

本例主要介绍使用文字的自定义动画和"镜头光晕"来完成镜头光晕文字特效的制作。通过学习本例，读者可以深入掌握自定义文字动画的核心技术，案例如图1-34所示。

本例难易指数：★ ★ ★ ☆ ☆

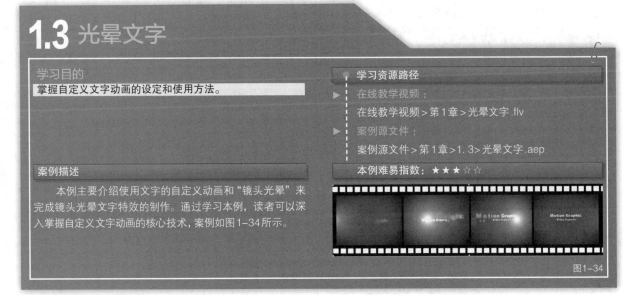

图1-34

操作流程

1 执行"合成>新建合成"菜单命令，选择一个预设为PAL D1/DV的合成，设置合成的持续时间为3秒，最后将其命名为"镜头光晕文字特效"，如图1-35所示。

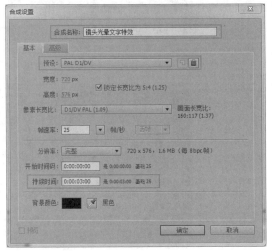

图1-35

2 按Ctrl+Y快捷键，新建一个颜色为绿色（R:13, G:75, B:26）的纯色图层，并将其命名为BG；再次按Ctrl+Y快捷键，新建一个颜色为黑色的纯色图层，并将其命名为Mask。选择Mask图层，双击"工具"栏中的"椭圆工具" ，展开蒙版属性后，设置"蒙版羽化"的值为（200, 200像素），最后设置该图层的"缩放"属性值为（113, 113%），具体参数设置如图1-36所示。预览效果如图1-37所示。

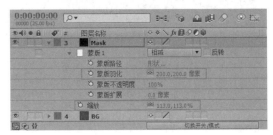

图1-36

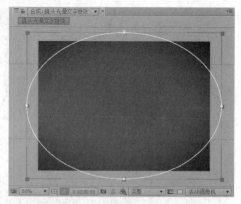

图1-37

3 使用"横排文字工具" T 创建一个Motion Graphic Video Experts文字图层，设置字体格式为Arial，Motion Graphic的字体大小为60像素，Video Experts的字体大小为40像素，行间距为10像素，最后字体使用"在描边上填充"的形式，具体的参数设置如图1-38所示。

图1-38

4 选择"文字"图层，执行"效果>透视>投影"菜单命令，设置"距离"值为3，如图1-39所示。

图1-39

5 展开"文字"图层，单击"文本"属性的"动画"属性按钮，然后按顺序添加"缩放""不透明度""填充颜色"和"模糊"属性，如图1-40所示。

图1-40

6 展开"文本>动画制作工具1"属性，设置"缩放"的值为400、"不透明度"的值为0、"填充颜色"为浅黄色、"模糊"的值

为100。展开"高级"属性，设置"依据"为"不包含空格的字符"、"形状"类型为"下斜坡"、"缓解低"为100%。设置"偏移"属性的关键帧动画。在第0帧处，设置关键帧为100%；在第1秒10帧处，设置关键帧为-100%。最后开启图层的运动模糊，如图1-41所示。

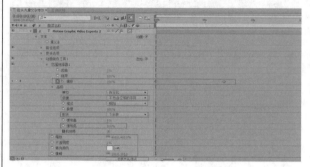

图1-41

7 按Ctrl+Y快捷键，新建一个黑色的纯色图层，并将其命名为Flare。选择该图层，执行"效果>生成>镜头光晕"菜单命令，设置镜头类型为"105毫米定焦"；继续选择该图层，执行"效果>颜色校正>色相/饱和度"菜单命令，勾选"彩色化"选项，修改"着色色相"的值为（0×+126°）、"着色饱和度"的值为1，如图1-42所示。

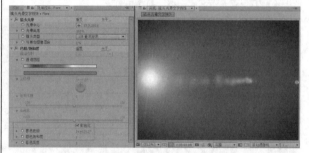

图1-42

8 设置"镜头光晕"效果相关属性的关键帧动画。在第0帧处，设置"光晕中心"的值为（-218，280）；在第1秒10帧处，设置"光晕中心"的值为（988，280）。设置该图层"不透明度"属性的关键帧动画。在第1秒05帧处，设置"不透明度"的值为100%；在第1秒15帧处，设置"不透明度"的值为0%。最后修改该图层的图层叠加模式为"相加"，如图1-43所示。

图1-43

9 按小键盘上的数字键0，预览最终效果，如图1-44所示。

图1-44

1.4 光闪抖动文字

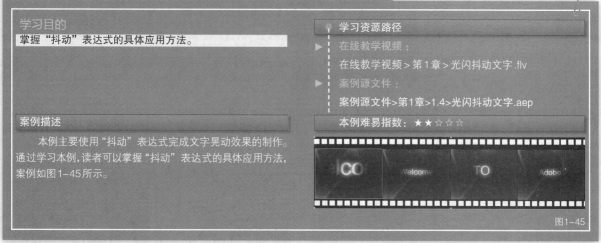

图1-45

操作流程

1 执行"合成>新建合成"菜单命令，选择预设为PAL D1/DV的合成，设置合成的持续时间为3秒，最后将其命名为"光闪抖动文字特效"，如图1-46所示。

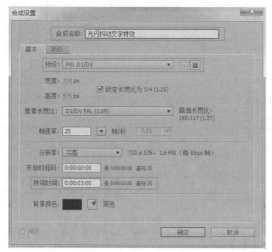

图1-46

2 使用"横排文字工具" T 创建一个Welcome文字图层，设置字体格式为Arial、字体大小为90像素、字符间距为-10，最后将文字图层的轴心点移动到图1-47所示的文字中心点处。

图1-47

3 将Welcome图层转化为三维图层，然后在第1秒08帧处按Alt +]快捷键设置该图层的结束点，接着设置该图层"位置"和"不透明度"属性的关键帧。在第0帧处，设置"位置"值为（360，288，-600）；在第8帧处，设置"位置"值为（360，288，0）；在第1秒处，设置"位置"值为（360，288，100）；在第1秒08帧处，设置"位置"值为（360，288，1800）。在第1秒处，设置"不透明度"值为100%；在第1秒08帧处，设置"不透明度"值为0%。最后开启图层的运动模糊，如图1-48所示。

图1-48

4 选择Welcome图层，执行"效果>生成>梯度渐变"菜单命令，设置"渐变起点"值为（360，226）、"起始颜色"为灰色（R:146，G:146，B:146）、"渐变终点"值为（360，422）、"结束颜色"为黑色、"渐变形状"为"径向渐变"。继续选择该图层，执行"效果>颜色校正>色相/饱和度"菜单命令，勾选"彩色化"选项，修改"着色色相"值为（0×+200°）、"着色饱和度"值为100。继续选择该图层，执行"效果>颜色校正>色阶"菜单命令，修改"输入黑色"值为23、"输入白色"值为211，如图1-49所示。

图1-49

5 使用同样的方式创建To和Adobe文字图层，将其转化为三维图层后，设置这两个图层的"位置"和"不透明度"属性的关键帧动画以及
图层的结束点，最后添加第4步中的
"梯度渐变""色相/饱和度"和"色阶"
效果。移动To文字图层的入点时间到第1
秒处、Adobe文字图层的入点时间到第2
秒处，最后开启这两个文字图层的运动
模糊，如图1-50所示。

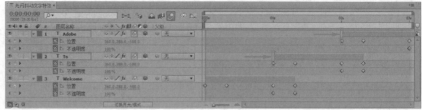

图1-50

6 执行"图层>新建>摄像机"菜单命令，创建一个摄像机，将其
命名为"摄像机"，修改"缩放"值为200毫米，如图1-51所示。

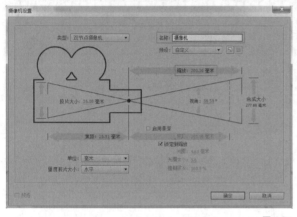

图1-51

7 执行"图层>新建>调整图层"菜单命令，创建一个调整图层。选
择该图层，执行"效果>风格化>发光"菜单命令，设置"发光阈
值"为50%、"发光半径"为60、"发光强度"为2，如图1-52所示。

图1-52

8 执行"图层>新建>空对象"菜单命令，展开该图层的"位置"属性，为其添加一个表达式wiggle(5, 10);，用来控制"位置"随机抖动的
效果，最后将"摄像机"图层指定为
"空1"图层的子物体，如图1-53所示。

图1-53

9 执行"文件>导入>文件"菜单命令，打开本书学习资源中的"案
例源文件>第1章>1.4>背景素材.mov"文件，将该素材拖曳到
"光闪抖动文字特效"合成的时间线上，并移动到所有素材的最下
面。将"背景素材.mov"图层转化为三维图层，设置图层的"位置"
值为（360，288，600）、"缩放"值为（220，220，220%），如图1-54
所示。

图1-54

10 按小键盘上的数字键0，预览最终效果，如图1-55所示。

图1-55

1.5 飞舞文字

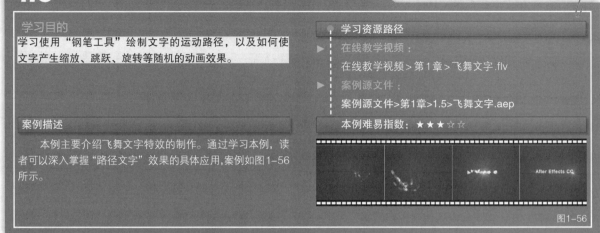

学习目的

学习使用"钢笔工具"绘制文字的运动路径,以及如何使文字产生缩放、跳跃、旋转等随机的动画效果。

学习资源路径

在线教学视频:

在线教学视频 > 第1章 > 飞舞文字.flv

案例源文件:

案例源文件 > 第1章 > 1.5 > 飞舞文字.aep

本例难易指数:★ ★ ★ ☆ ☆

案例描述

本例主要介绍飞舞文字特效的制作。通过学习本例,读者可以深入掌握"路径文字"效果的具体应用,案例如图1-56所示。

图1-56

操作流程

1 执行"合成>新建合成"菜单命令,选择一个预设为PAL D1/DV的合成,设置合成的持续时间为5秒,最后将其命名为"文字",如图1-57所示。

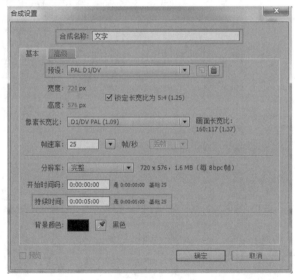

图1-57

2 按Ctrl+Y快捷键,新建一个黑色的纯色图层,并将其命名为"文字"图层。选择该图层,执行"效果>过时>路径文字"菜单命令,在打开的"路径文字"对话框中输入After Effects CC,设置字体类型为Arial,样式为Regular,如图1-58所示。

图1-58

3 选择"文字"图层,使用"钢笔工具"绘制一条文字的运动路径,如图1-59所示。在"路径文本"效果中,将"自定义路径"设置为"蒙版1";在"填充和描边"选项组中,设置"选项"为"在描边上填充"、"填充颜色"为(R:166、G:214、B:255)、"描边颜色"为(R:53、G:35、B:102)、"描边宽度"值为6;在"字符"选项组中,修改"字符间距"的值为5,如图1-60所示。

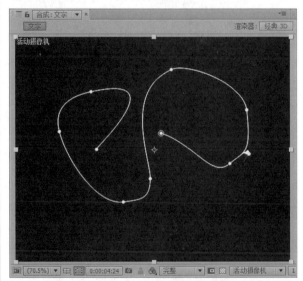

图1-59

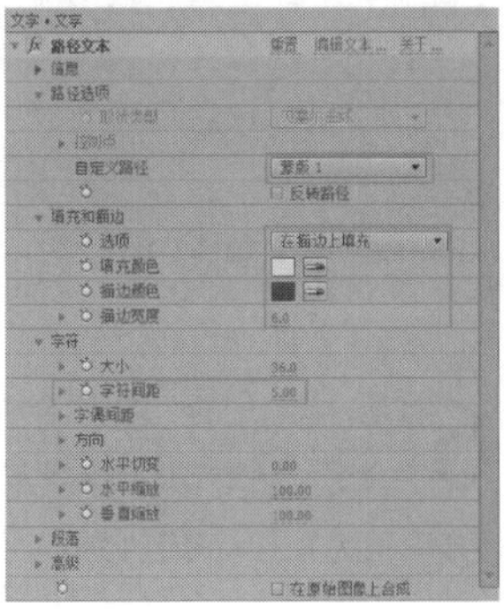

图1-60

提示

结尾处线的方向一定要保持水平，这样才可以保证文字最后停留时是水平放置的。

4 设置"路径文字"效果中相关属性的关键帧动画。

设置"大小"属性的关键帧动画。第0帧处，设置为0；第3秒18帧处，设置为40；第4秒24帧处，设置为48。

设置"左边距"属性的关键帧动画。第0帧处，设置为0；第23帧处，设置为300；第1秒16帧处，设置为925；第2秒13帧处，设置为1725。

设置"基线抖动最大值"属性的关键帧动画。第1秒16帧处，设置为120；第3秒18帧处，设置为0。

设置"字偶间距抖动最大值"属性的关键帧动画。第1秒16帧处，设置为300；第3秒18帧处，设置为0。

设置"旋转抖动最大值"属性的关键帧动画。第1秒16帧处，设置为300；第3秒18帧处，设置为0。

设置"缩放抖动最大值"属性的关键帧动画。第1秒16帧处，设置为250；第3秒18帧处，设置为0，如图1-61所示。

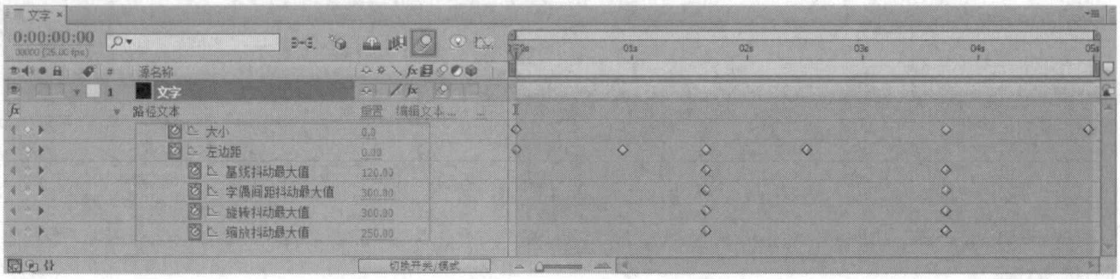

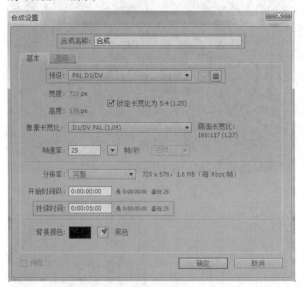

图1-61

提示

为了让文字能够飞舞起来，需要调整它的高级属性栏中的参数，设置"基线抖动最大值""字偶间距抖动最大值""旋转抖动最大值"和"缩放抖动最大值"等参数的关键帧，使文字产生缩放、跳跃、旋转的随机动画，就好像文字在三维空间中互相盘旋、旋转等，表现的立体感非常强。

5 执行"合成>新建合成"菜单命令，选择一个预设为PAL D1/DV的合成，设置合成的持续时间为5秒，最后将其命名为"合成"，如图1-62所示。

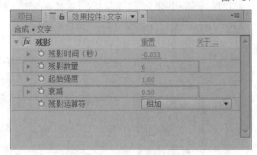

图1-63

7 修改"文字"图层的图层叠加方式为"相加"，并开启图层的运动模糊效果，如图1-64所示。

图1-64

8 设置"残影"效果中"残影数量"属性的关键帧动画。在第2秒，设置其值为6；在第2秒18帧，设置其值为5；在第3秒22帧，设置其值为2。选择"文字"图层，执行Ctrl+D快捷键，将"文字"图层进行复制，将复制得到的图层重新命名为"文字1"。最后，设置"文字"图层"不透明度"属性的关键帧动画。在第4秒20帧处，设置其值为100%；在第4秒24帧处，设置其值为0%，如图1-65所示。

图1-62

6 将项目窗口中的"文字"合成拖曳到"合成"的时间线上，选择"文字"图层，执行"效果>时间>残影"菜单命令，修改"残影数量"值为6、"衰减"值为0.5，如图1-63所示。

图1-65

9 按Ctrl+Y快捷键，新建一个黑色的纯色图层，并将其命名为"背景"。执行"效果>生成>梯度渐变"菜单命令，设置"渐变起点"值为（340，224）、"起始颜色"为灰色（R:43，G:48，B:155）、"渐变终点"值为（932，1266）、"结束颜色"为黑色、"渐变形状"为"径向渐变"，如图1-66所示。

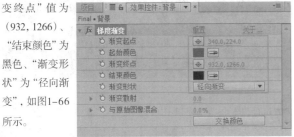

图1-66

10 按Ctrl+Y快捷键，新建一个黑色的纯色图层，并将其命名为"光线"。执行"效果>Video Copilot>Optical Flares"菜单命令，设置Optical Flares效果中相关属性的关键帧动画。在第1秒24帧，设置Position XY（灯光位置）的值为（173，296）；在第4秒24帧，设置Position XY（灯光位置）的值为（575、296）。在第2秒2帧，设置Brightness（亮度）的值为0、Scale（缩放）的值为0；在第2秒9帧，设置Brightness（亮度）的值为100、Scale（缩放）的值为80；在第2秒14帧，设置Brightness（亮度）的值为80、Scale（缩放）的值为60，如图1-67所示。

图1-67

11 按小键盘上的数字键0，预览最终效果，如图1-68所示。

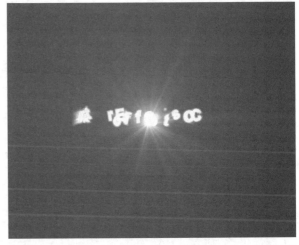

图1-68

1.6 融合文字

学习目的

掌握"毛边"效果的应用，以及CC Vector Blur（矢量模糊）效果的应用。

学习资源路径

在线教学视频：

在线教学视频>第1章>融合文字.flv

案例源文件：

案例源文件>第1章>1.6>融合文字.aep

案例描述

本例主要介绍"毛边"效果的使用方法以及"CC Vector Blur"（CC矢量模糊）效果的常规使用方法。通过学习本例，读者可以掌握"毛边"效果在制作文字特效时的实际应用，案例如图1-69所示。

本例难易指数：★★★☆☆

图1-69

操作流程

1 执行"合成>新建合成"菜单命令，选择一个预设为PAL D1/DV的合成，设置合成的持续时间为3秒，最后将其命名为"定版文字动画"，如图1-70所示。

图1-70

2 执行"文件>导入>文件"菜单命令，打开本书学习资源中的"案例源文件>第1章>1.6"文件夹，导入其中的"文字"素材，在打开的"文字.psd"对话框中，设置"导入种类"为"合成-保持图层大小"、"图层选项"为"可编辑的图层样式"，最后单击"确定"按钮，如图1-71所示。

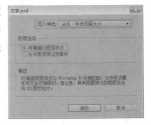

图1-71

3 执行"文件>导入>文件"菜单命令，打开本书学习资源中的"案例源文件>第1章>1.6>Bg.jpg"文件，最后将"文字"和"背景"素材添加到"定版文字动画"合成的"时间线"上，如图1-72所示。

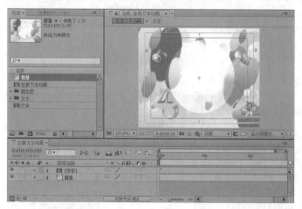

图1-72

4 双击"文字"图层，进入"文字"合成，如图1-73所示。

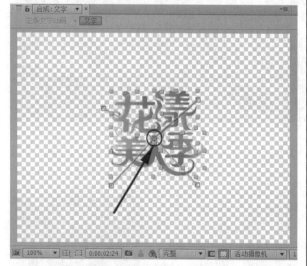

图1-73

5 使用"轴心点工具" 将"花""漾""美人"和"季"图层的轴心点调节到画面的中心点处，如图1-74所示。

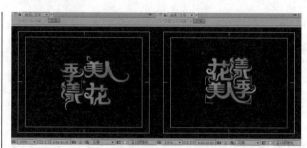

图1-75

7 执行"图层>新建>调整图层"菜单命令，新建一个调整图层。选择该图层，然后执行"效果>风格化>毛边"菜单命令，如图1-76所示。

图1-76

8 在"毛边"效果中设置"边界"属性的关键帧动画。在第0帧处，设置"边界"的值为8；在第1秒处，设置"边界"的值为30；在第2秒处，设置"边界"的值为0，如图1-77所示。

图1-77

9 选择"调整图层1"，执行"效果>模糊和锐化> CC Vector Blur（矢量模糊）"菜单命令，修改Type（类型）为 Perpendicular（垂直的）、Property（属性）为Red（红色）。设置Amount（数量）属性的关键帧动画。在第0帧处，设置Amount（数量）的值为50；在第2秒处，设置Amount（数量）的值为3；在第3秒处，设置Amount（数量）的值为0，如图1-78所示。

图1-78

10 返回"定版文字动画"合成，设置"文字"图层的关键帧动画。在第0帧处，设置"缩放"的值为（120，120%）；在第3秒处，设置"缩放"的值为（100，100%）。在第0帧处，设置"不透明度"的值为0%；在第1秒18帧处，设置"不透明度"的值为100%。选择"背景"图层，设置"缩放"的值为（105，105%）。最

图1-74

6 分别设置"花""漾""美人"和"季"图层的"位置"属性的关键帧动画，在第0帧和第2秒处的位置参考图1-75。

后设置"位置"属性的关键帧动画,在第0帧处,设置"位置"的值为(375, 288);在第3秒处,设置"位置"的值为(350, 288),如图1-79所示。

图1-79

11 按小键盘上的数字键0,预览最终效果,如图1-80所示。

图1-80

1.7 轮廓文字

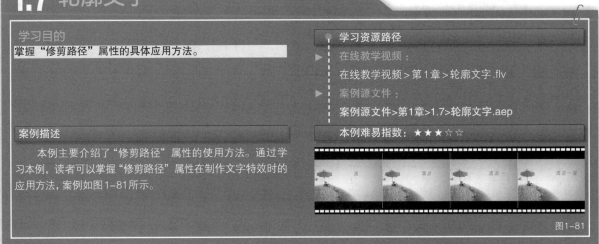

图1-81

操作流程

1 执行"合成>新建合成"菜单命令,选择一个预设为PAL D1/DV的合成,设置合成的持续时间为5秒,最后将其命名为"轮廓文字",如图1-82所示。

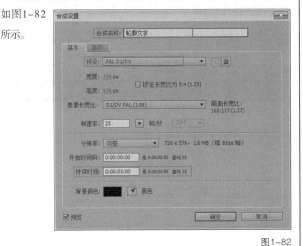

图1-82

2 执行"文件>导入>文件"菜单命令,打开本书学习资源中的"案例源文件>第1章>1.7>背景.jpg"文件,将"背景"添加到"轮廓文字"合成的时间线上,如图1-83所示。

图1-83

3 使用"横排文字工具" $\boxed{T}$ 创建"清凉一夏"文字图层,设置字体为"微软雅黑"、字体颜色为(R:77, G:171, B:14)、字体大小为50像素、字符间距的值为300，如图1-84所示。

图1-84

4 选择"清凉一夏"图层，执行"图层>从文本创建形状"菜单命令，如图1-85所示。

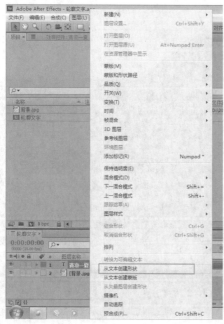

图1-85

5 系统在关闭"清凉一夏"文字图层的显示时，会自动生成一个新的轮廓图层，展开轮廓图层，单击"内容"选项组后面的"添加"按钮，在弹出的菜单中选择"修剪路径"命令，如图1-86所示。

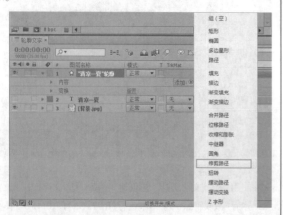

图1-86

6 展开"内容>修剪路径1"，设置"结束"属性的关键帧动画。在第0帧处，设置其值为0%；在第4秒处，设置其值为100%。最后在"修剪多重形状"选项中选择"单独"属性，如图1-87所示。

图1-87

7 选择轮廓图层，执行"效果>透视>投影"菜单命令，然后修改"不透明度"值为10%、"距离"值为3，如图1-88所示。

图1-88

8 按小键盘上的数字键0，预览最终效果，如图1-89所示。

图1-89

1.8 三维文字1

案例描述

本例主要介绍使用"梯度渐变""投影""斜面Alpha""曲线""色相/饱和度"和"色阶"效果完成三维金属质感文字的制作。通过学习本例，读者可以掌握三维金属质感文字制作的相关技术，案例如图1-90所示。

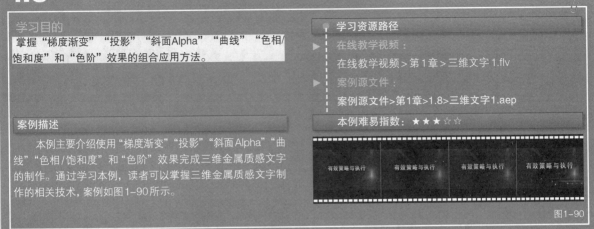

图1-90

操作流程

1 执行"合成>新建合成"菜单命令，选择一个预设为PAL D1/DV的合成，设置合成的持续时间为3秒，最后将其命名为"文字"，如图1-91所示。

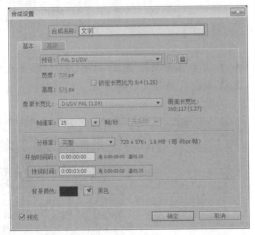

图1-91

2 在"段落"面板中选择居中对齐文本，然后使用"横排文字工具" T 创建"有效策略与执行"文字图层，设置字体为"黑体"、字体颜色为白色、字体大小为70像素、字符间距为100，最后开启"仿粗体"功能，如图1-92所示。

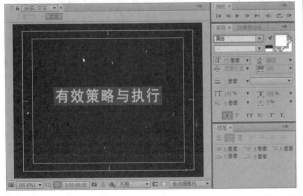

图1-92

3 选择"有效策略与执行"图层并按回车键（Enter键），将该图层重命名为"最新动态"；然后展开"文字"图层的属性，在"文本"属性中，执行"动画>字符间距"命令，如图1-93所示。

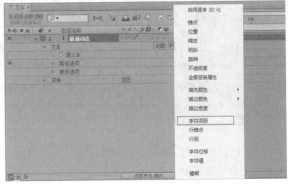

图1-93

4 展开"文本>动画制作工具1"属性，设置"字符间距大小"的关键帧动画，在第0帧处，设置其值为0；在第2秒24帧处，设置其值为10，如图1-94所示。

图1-94

5 选择"最新动态"图层，设置该图层"缩放"属性的关键帧动画，在第0帧处，设置其值为80%；在第2秒24帧处，设置其值为100%，如图1-95所示。

图1-95

6 选择"最新动态"图层，执行"效果>生成>梯度渐变"菜单命令，修改"渐变起点"的值为（360, 200）、"渐变终点"的值为（360, 300）、"起始颜色"为（R:246, G:246, B:246）、"结束颜色"为（R:26, G:26, B:26），如图1-96所示。

图1-96

7 选择"最新动态"图层，执行"效果>透视>投影"菜单命令，然后修改"不透明度"的值为30%、"距离"的值为2，如图1-97所示。

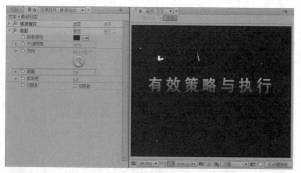

图1-97

8 选择"最新动态"图层，执行"效果>透视>斜面 Alpha"菜单命令，然后修改"边缘厚度"的值为1、"灯光角度"的值为（0×-325°），如图1-98所示。

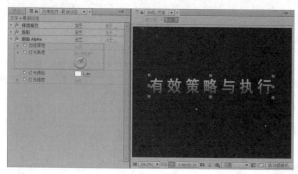

图1-98

9 选择"最新动态"图层，执行"效果>颜色校正>曲线"菜单命令，然后调整RBG（三原色通道）的曲线，如图1-99所示。

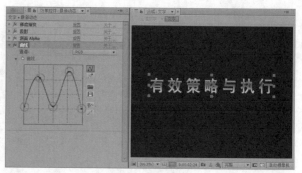

图1-99

10 选择"最新动态"图层，执行"效果>颜色校正>色相/饱和度"菜单命令。勾选"彩色化"选项，修改"着色色相"的值（0×+45°）、"着色饱和度"的值为100，如图1-100所示。

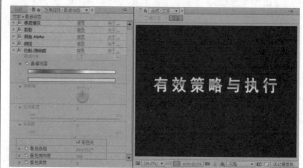

图1-100

11 选择"最新动态"图层，执行"效果>颜色校正>色阶"菜单命令，然后修改"输入白色"的值为235、"灰度系数"的值为0.7，如图1-101所示。

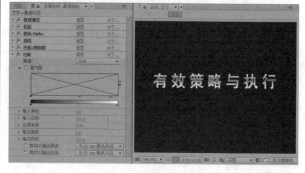

图1-101

12 执行"合成>新建合成"菜单命令，选择一个预设为PAL D1/DV的合成，设置合成的持续时间为3秒，最后将其命名为"三维文字"，如图1-102所示。

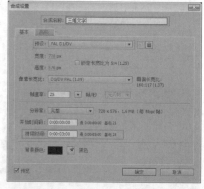

图1-102

13 执行"文件>导入>文件"菜单命令,打开本书学习资源中的"案例源文件>第1章>1.8>背景.mov"文件。将项目窗口中的"背景.mov"素材和"文字"合成添加到"三维文字"合成的时间线上,如图1-103所示。

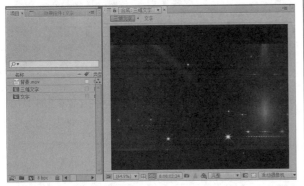

图1-103

14 按小键盘上的数字键0,预览最终效果,如图1-104所示。

图1-104

1.9 三维文字2

学习目的

掌握"图层样式"和CC Light Sweep(CC扫光)效果的应用方法。

学习资源路径

在线教学视频:

在线教学视频>第1章>三维文字2.flv

案例源文件:

案例源文件>第1章>1.9>三维文字2.aep

本例难易指数:★ ★ ★ ☆ ☆

案例描述

本例主要介绍了如何利用 After Effects 的 script:void(0) 图层的"图层样式"来完成具有立体感的文字的制作。最后利用CC Light Sweep(CC扫光)效果来完成定版文字扫光效果的制作。通过学习本例,读者可以掌握"图层样式"在实际工作中的具体应用方法,案例如图1-105所示。

图1-105

操作流程

1 执行"合成>新建合成"菜单命令,选择一个预设为PAL D1/DV的合成,设置合成的持续时间为3秒,最后将其命名为LOGO,如图1-106所示。

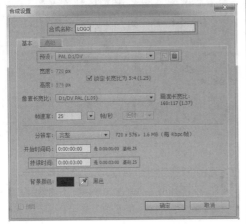

图1-106

2 执行"文件>导入>文件"菜单命令,打开本书学习资源中的"案例源文件>第1章>1.9> LOGO.png"文件,然后将其拖曳到LOGO合成的时间线上,如图1-107所示。

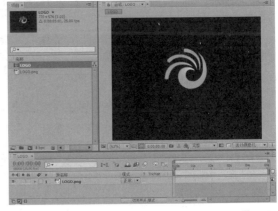

图1-107

3 选择LOGO图层，执行"图层>预合成"菜单命令，并将预合并的图层命名为LOGO，如图1-108所示。

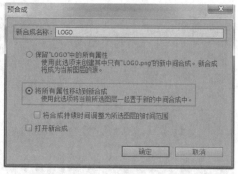

图1-108

4 选择LOGO图层，修改该图层"位置"的值为（347，236）、"缩放"的值为（88，88%），如图1-109所示。

图1-109

5 选择LOGO图层，执行"图层>图层样式>斜边和浮雕"菜单命令，设置"大小"的值为2、"角度"的值为（0×+100°）、"高光不透明度"的值为100%，如图1-110所示。

图1-110

6 选择LOGO图层，执行"图层>图层样式>投影"菜单命令，设置"不透明度"的值为15%、"大小"的值为6，如图1-111所示。画面的预览效果如图1-112所示。

图1-111

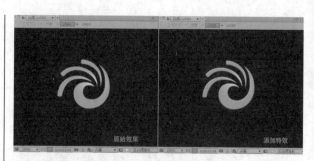

图1-112

7 执行"合成>新建合成"菜单命令，选择一个预设为PAL D1/DV的合成，设置合成的持续时间为3秒，最后将其命名为"文字"，如图1-113所示。

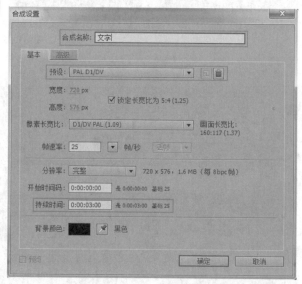

图1-113

8 使用"横排文字工具" T 创建"文艺频道"文字图层，设置字体为"黑体"、字体颜色为"白色"、字体大小为66像素、"设置基线偏移"值为37像素，最后开启"仿粗体"功能，如图1-114所示。

图1-114

9 选择"文字"图层，执行"图层>图层样式>渐变叠加"菜单命令，设置"角度"的值为（0×+90°），如图1-115所示。设置"颜色"为黄色渐变，具体颜色设置如图1-116所示。

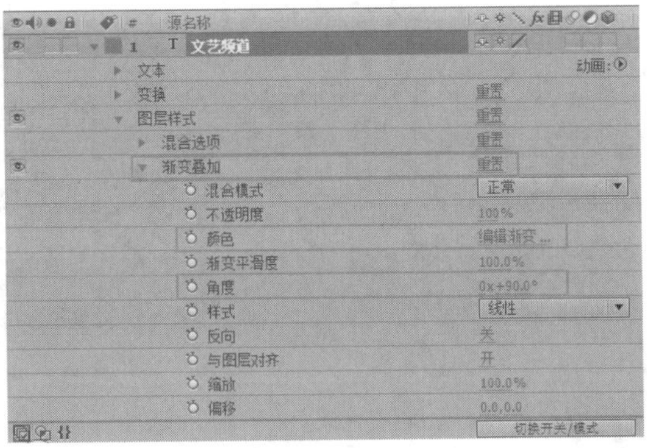

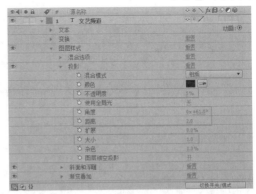

图1-115

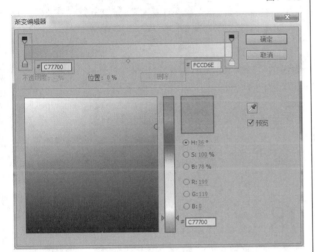

图1-116

10 选择"文字"图层,执行"图层>图层样式>斜边和浮雕"菜单命令,设置"大小"的值为0、"角度"的值为(0×+90°),如图1-117所示。

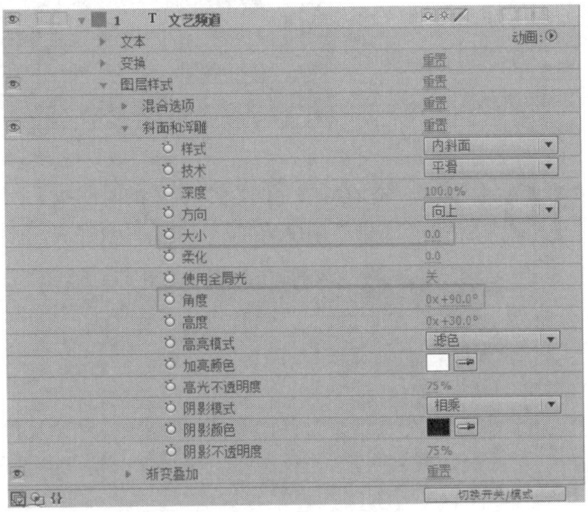

图1-117

11 选择"文字"图层,执行"图层>图层样式>投影"菜单命令,设置"不透明度"的值为5%、"角度"的值为(0×+61°)、"距离"的值为2、"大小"的值为1,如图1-118所示。添加"图层样式"前后的画面对比效果如图1-119所示。

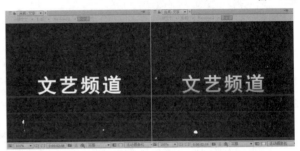

图1-118

图1-119

12 使用"横排文字工具" ▧创建ARTS CHANNEL文字图层。选择该图层,分别添加"渐变叠加""斜边和浮雕"和"投影"图层样式,其属性的数值设置与"文艺频道"一样,画面的最终效果如图1-120所示。

图1-120

13 选择"文艺频道"和ARTS CHANNEL图层,执行"图层>预合成"菜单命令,并将预合并的图层命名为"文字"。将"文字"图层转化为三维图层,选择"文字"图层,按两次Ctrl+D快捷键,复制出两个"文字"图层,分别调整图层"位置"属性的z轴数值,这样可以强化文字整体的厚度感和立体感,如图1-121所示。

图1-121

14 执行"合成>新建合成"菜单命令，选择一个预设为PAL D1/DV的合成，设置合成的持续时间为3秒，最后将其命名为"标版"。将LOGO和"文字"合成添加到"标版"合成中，按两次Ctrl+Y快捷键，分别创建一个名为01的黑色图层和一个名为02的灰色图层。修改01图层"位置"的值为（360，166）、"缩放"的值为（100，46%）；修改02图层"位置"的值为（360，428）、"缩放"的值为（100，46%），如图1-122所示。

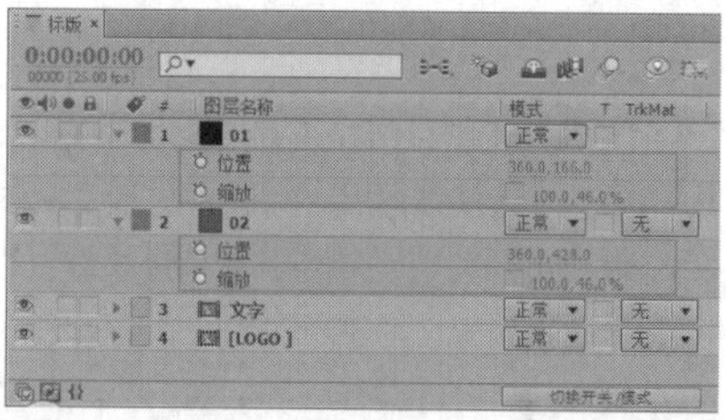

图1-122

15 调整01和02图层的顺序，将01图层作为"文字"图层的"Alpha反转遮罩'01'"；将02图层作为LOGO图层的"Alpha反转遮罩'02'"，如图1-123所示。

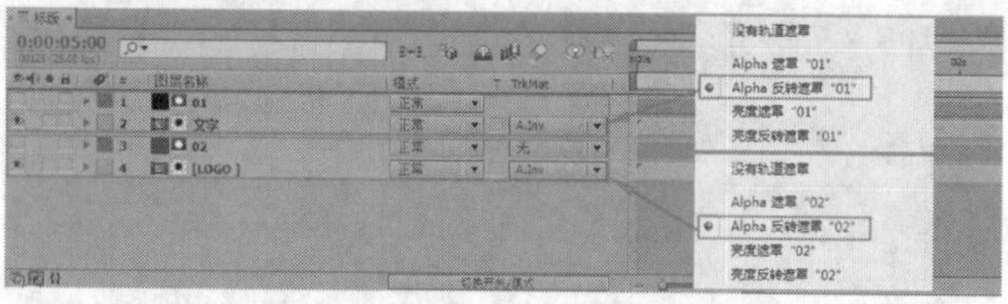

图1-123

16 设置"文字"和LOGO图层的关键帧动画。在第0帧处，设置"文字"图层的"位置"值为（360，241.2）；在第1秒15帧处，设置"位置"值为（360，357.2）。在第0帧处，设置LOGO图层的"位置"值为（360，474）；在第1秒15帧处，设置"位置"值为（360，288），如图1-124所示。预览效果如图1-125所示。

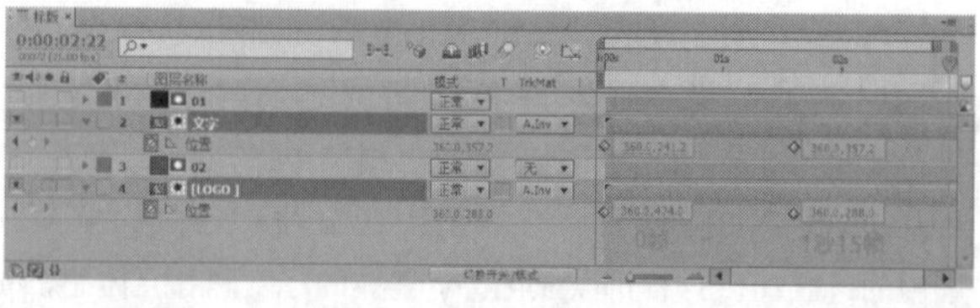

图1-124

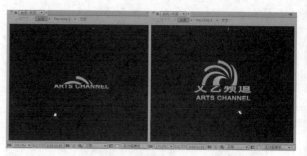

图1-125

17 执行"合成>新建合成"菜单命令，选择一个预设为PAL D1/DV的合成，设置合成的持续时间为3秒，最后将其命名为"三维文字"，如图1-126所示。

图1-126

18 执行"文件>导入>文件"菜单命令，打开本书学习资源中的"案例源文件>第1章>1.9>背景"文件，导入"背景"素材，在弹出的"背景.psd"对话框中选择"导入种类"为"合成-保持图层大小"，设置"图层选项"为"可编辑的图层样式"，最后单击"确定"按钮，如图1-127所示。

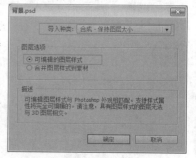

图1-127

19 将"背景"添加到"三维文字"合成的时间线上，最后将其移动到"标版"图层的下面，如图1-128所示。

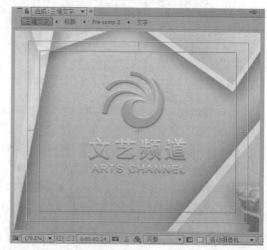

图1-128

20 设置"背景"图层的"缩放"和"旋转"属性的关键帧动画。在第0帧，设置"缩放"的值为（106, 106%）；在第3秒处，设置"缩放"的值为（100, 100%）。在第0帧，设置"旋转"的值为（0×+3°）；在第3秒处，设置"旋转"的值为（0×+0°），如图1-129所示。

图1-129

21 按Ctrl+Y快捷键，创建一个黑色的纯色图层，并将其命名为Light。执行"效果>生成>镜头光晕"菜单命令，设置"光晕中心"属性的关键帧动画。在第0帧处，设置其值为（18, -170）；在第3秒处，设置其值为（-172, -170），最后将该图层的图层叠加模式修改为"相加"，如图1-130所示。

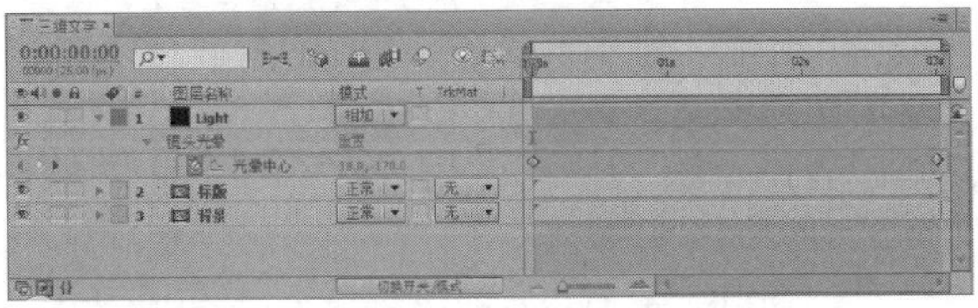

图1-130

22 选择"标版"图层，执行"效果>生成>CC Light Sweep（CC扫光）"菜单命令，设置Direction（方向）值为（0×-10°）、Sweep Intensity（扫光强度）值为20。最后设置"Center（中心）"属性的关键帧动画，在第1秒13帧处，设置其值为（115, 90）；在第2秒13帧处，设置其值为（550, 90），如图1-131所示。

图1-131

23 按小键盘上的数字键0，预览最终效果，如图1-132所示。

图1-132

1.10 三维文字3

学习目的
掌握3D Serpentine（3D路径生长）效果在实际工作中的应用方法。

学习资源路径
▶ 在线教学视频：
  在线教学视频>第1章>三维文字3.flv
▶ 案例源文件：
  案例源文件>第1章>1.10>三维文字3.aep

案例描述
本例主要介绍使用3D Serpentine（3D路径生长）效果提取3D图层的运动路径信息，并以此来模拟生成三维文字效果。通过学习本例，读者可以掌握3D Serpentine（3D路径生长）效果中生长动画、颜色贴图、反射贴图和纹理贴图的核心应用方法，案例如图1-133所示。

本例难易指数：★★★☆☆

图1-133

操作流程

1 执行"合成>新建合成"菜单命令，选择一个预设为PAL D1/DV的合成，设置合成的持续时间为3秒，最后将其命名为"三维文字03"，如图1-134所示。

2 使用Ctrl+Y快捷键，创建一个白色的纯色图层，设置"宽度"和"高度"均为100像素，最后将其命名为"Path_路径"，如图1-135所示。

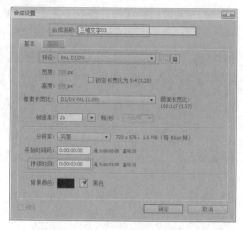

图1-134

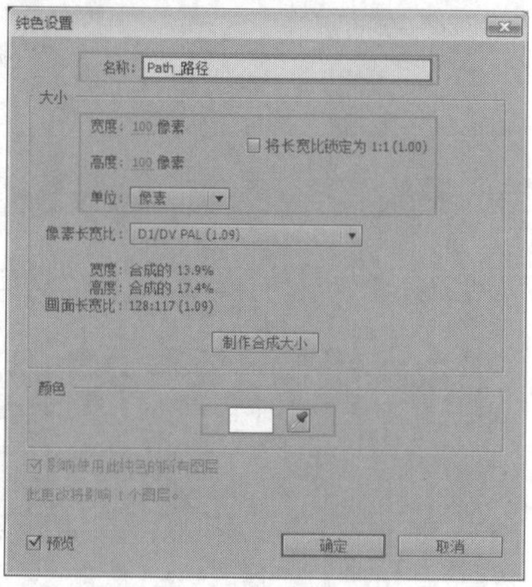

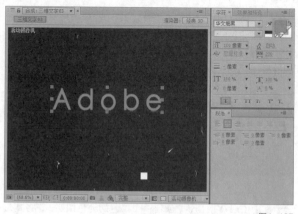

图1-137

5 关闭Adobe和"Path_路径"图层的显示，最后锁定这两个图层。按Ctrl+Y快捷键，创建一个"宽度"为720像素、"高度"为576像素、"名称"为Path的黑色纯色图层，如图1-138所示。

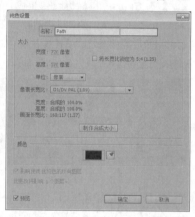

图1-138

图1-135

3 将"Path_路径"图层转化为三维图层，然后在第0秒处设置Position（位置）为（524, 575, 249）、设置Scale（缩放）为（30, 30, 30%），接着在第1秒10帧处设置Position（位置）为（67, 288, 36）、设置Scale（缩放）为（50, 50, 50%），最后在第3秒处设置Position（位置）为（333, 288, -150）、设置Scale（缩放）为（80, 80, 80%），如图1-136所示。

6 选择Path图层，执行"效果>Zaxwerks>3D Serpentine（3D路径生长）"菜单命令，然后展开Serpent 1 Globals（弯曲控制1）参数项，将Extrude Path（挤压路径）指定为"3.Path_路径"，如图1-139所示。

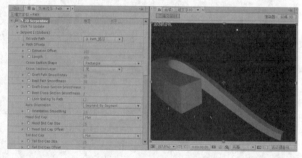

图1-139

7 设置Cross Section Shape（截面形状）为Use Cross Section Layer（使用横截面图层），设置Cross Section Layer（截面图层）为2.Adobe，如图1-140所示。

图1-136

4 使用"横排文字工具" 创建一个Adobe文字图层，设置字体格式为"华文细黑"，字体大小为100像素、行间距为200、字体颜色为红色，最后将字体加粗，如图1-137所示。

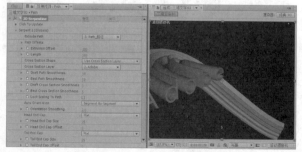

图1-140

8 展开Path Offsets（路径偏移）参数项，设置Path Offset X（轴路径偏移X）为240、Path Offset Y（轴路径偏移Y）为60、Path Offset Z（轴路径偏移Z）为110、Path Rot X（轴路径旋转X）为0、Path Rot Y（轴路径旋转Y）为-10，如图1-141所示。

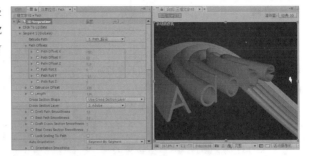

图1-141

9 设置Extrusion Offset（挤出的偏移）的关键帧动画，在第0秒处设置为10，在第2秒05帧处设置为100，如图1-142所示。

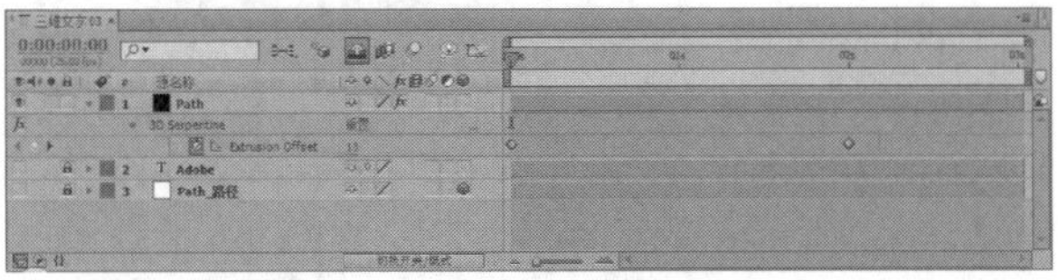

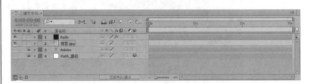

图1-144

10 在Color（颜色）属性模块中，设置Body Color为（R:0, G:102, B:206）、Head Color为（R:160, G:207, B:255）、TailColor为（R:0, G:102, B:206），如图1-143所示。

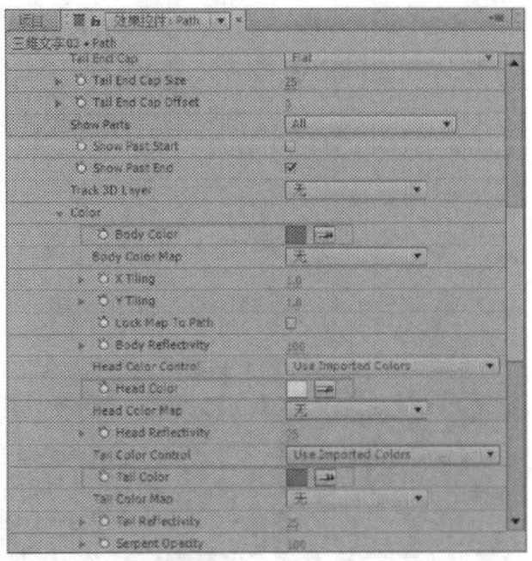

图1-142

图1-143

11 执行"文件>导入>文件"菜单命令，打开本书学习资源中的"案例源文件>第1章>1.10>背景.jpg"文件，然后将其拖曳到"三维文字03"合成的时间线上，如图1-144所示。

12 按小键盘上的数字键0，预览最终效果，如图1-145所示。

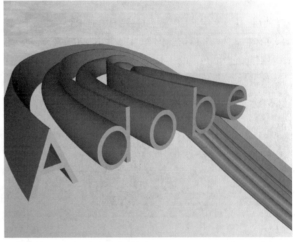

图1-145

1.11 三维文字4

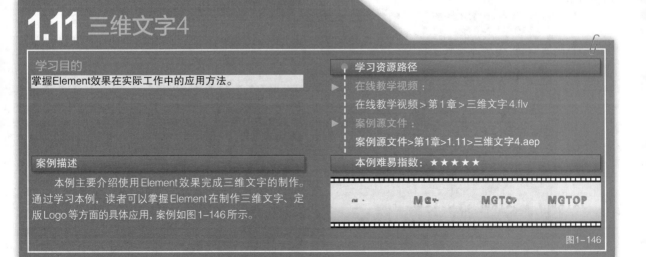

学习目的

掌握Element效果在实际工作中的应用方法。

学习资源路径

▶ 在线教学视频：

在线教学视频 > 第1章 > 三维文字4.flv

▶ 案例源文件：

案例源文件>第1章>1.11>三维文字4.aep

案例描述

本例主要介绍使用Element效果完成三维文字的制作。通过学习本例，读者可以掌握Element在制作三维文字、定版Logo等方面的具体应用，案例如图1-146所示。

本例难易指数：★★★★★

图1-146

操作流程

1 执行"合成>新建合成"菜单命令,创建一个"宽度"为720px、"高度"为405px、"像素长宽比"为D1/DV PAL(1.09)的合成,最后设置合成的持续时间为3秒,并将其命名为"三维文字04",如图1-147所示。

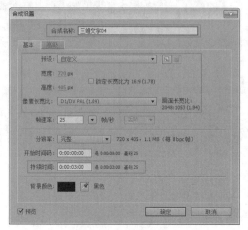

图1-147

2 使用"横排文字工具"创建一个MGTOP文字图层,设置字体格式为"方正综艺简体"、字体大小为70像素、行间距为120、字体颜色为白色,如图1-148所示。

图1-148

3 按Ctrl+Y快捷键,创建一个黑色的纯色图层,将其命名为E3D,如图1-149所示。关闭MGTOP图层的显示,然后锁定该图层,如图1-150所示。

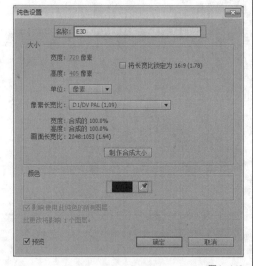

图1-149

图1-150

4 使用E3D图层,执行"效果>Video Copilot>Element"菜单命令。展开"Custom Layers(自定义图层)>Custom Text and Masks(自定义文字和蒙版)"属性栏,在"Path Layer 1(图层路径1)"中选择2.MGTOP;然后单击"Scene Setup(场景设置)"按钮,进入"Scene Setup(场景设置)"属性调整界面,如图1-151所示。

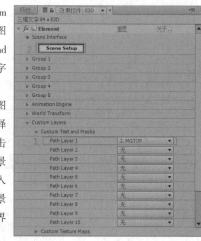

图1-151

5 在"Scene Setup(场景设置)"界面中,单击"EXTRUDE(挤出)"按钮,挤出文字的厚度,如图1-152所示。

图1-152

6 将Presets(预设)>Materials(材质)中的Paint材质拖曳到挤出的文字上,如图1-153所示。

图1-153

7 在 Materials（材质）面板中，单击 Paint 材质球，然后在 Bevel（倒角）属性栏中修改"Extrude（挤出）"的值为 0.7，如图1-154所示。

8 执行"图层>新建>摄像机"菜单命令，创建一个新的摄像机，调整"预设"为28毫米，如图1-155所示；然后修改"摄像机"图层中的"目标点"值为（350，235，0）、"位置"值为（335，388，-995），如图1-156所示。添加摄像机后画面的预览效果如图1-157所示。

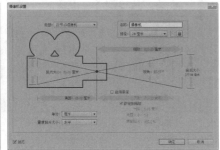

图1-154　　　　　　　　　　　图1-155

图1-156

图1-157

9 展开"Group 1（组1）>Particle Look（查看粒子）>Multi-object（多目标）"选项，勾选 Enable Multi-Object（开启多目标）属性，如图1-158所示。

图1-158

10 展开"Group 2（组2）>Particle Look（查看粒子）>Rotation Random XYZ（旋转、随机XYZ）"选项，修改 2.X Rotation Random（2.X轴随机旋转）的值为（0 × -300°），如图1-159所示。

图1-159

11 展开"Animation Engine（动画引擎）"属性栏，将 Enable（开关）开启，然后在 Group Direction（组的方向）中选择 Backwards（向后）。设置 Animation（动画）属性的关键帧动画，在第0帧处设置其值为0%；在第2秒处设置其值为96%，如图1-160所示。

图1-160

12 调整文字的整体色调。进入 Scene Setup（场景设置）属性界面，单击 ENVIRONMENT（环境）按钮，然后在 Texture Channel（纹理通道）对话框中选择 Roof 选项，如图1-161所示。

图1-161

13 展开 Render Settings（渲染设置）属性栏，在 Rotate Environment（旋转环境）中设置 Y Rotate Environment（y轴的旋转环境）属性的关键帧动画，在第0帧，设置其值为0%；在第3秒，设置其值为（0 × +35°），如图1-162所示。

图1-162

14 执行"文件>导入>文件"菜单命令，打开本书学习资源中的"案例源文件>第1章>1.11>背景.jpg"文件，然后将其添加到"三维文字04"合成的时间线上，如图1-163所示。

图1-163

15 选择E3D图层，执行"效果>颜色校正>曲线"菜单命令，调整RBG（三原色通道）的曲线，如图1-164所示。

图1-164

16 选择E3D图层，执行"效果>颜色校正>亮度和对比度"菜单命令，调整"亮度"值为25、"对比度"值为10，如图1-165所示。

图1-165

17 选择E3D图层，执行"效果>Video Copilot>VC Reflect（VC反射）"菜单命令，设置Floor Position（地板层位置）的值为（360, 229）、Reflection Distance（反射距离）的值为50%、Reflection Falloff（反射衰减）的值为0.25、Opacity（不透明度）的值为20%、Blur Type（模糊类型）为Falloff（衰减）、Blur Amount（模糊强度）的值为2，如图1-166所示。

图1-166

18 按小键盘上的数字键0，预览最终效果，如图1-167所示。

图1-167

1.12 飞散文字1

学习目的
学习CC Particle World（粒子世界）效果的使用方法。

学习资源路径
▶ 在线教学视频：

在线教学视频 > 第1章 > 飞散文字1.flv

▶ 案例源文件：

案例源文件>第1章>1.12>飞散文字1.aep

本例难易指数：★★★★☆

案例描述
　　本例主要介绍使用CC Particle World（粒子世界）效果来完成飞散文字动画的制作。通过学习本例，读者可以掌握CC Particle World（粒子世界）中粒子的发射、属性设置和物理系统设置。CC Particle World（粒子世界）特效参数设置虽然相对比较简单，但效果出众，在实际工作中应用较为广泛，案例如图1-168所示。

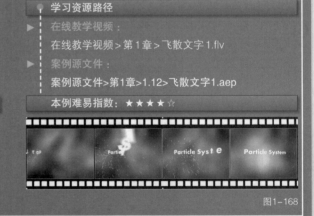

图1-168

操作流程

1 执行"合成>新建合成"菜单命令, 选择一个预设为PAL D1/DV 的合成, 设置合成的持续时间为3秒, 最后将其命名为"定版文字", 如图1-169所示。

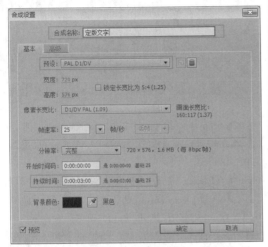

图1-169

2 使用"横排文字工具" ▌创建一个Particle System文字图层, 设置文字的字体为Aharonl、字体大小为60像素、字符间距为10、字体颜色为白色, 如图1-170所示。

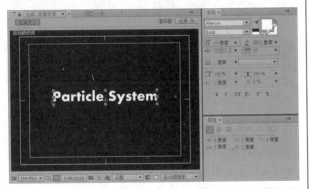

图1-170

3 选择Particle System图层, 展开图层的文本属性, 执行"动画>启用逐字3D化"命令, 如图1-171所示。

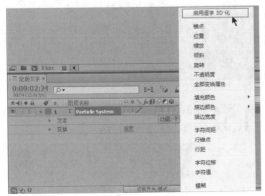

图1-171

4 选择Particle System图层, 执行"动画>位置"命令, 如图1-172所示。

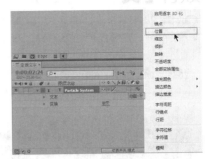

图1-172

5 单击"添加"按钮, 执行"属性>旋转"命令, 为图层添加"旋转"属性, 如图1-173所示。

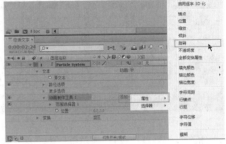

图1-173

6 设置"文本"属性中的"位置"值为(0, 0, -800)、"X轴旋转"的值为(0×+90°)、"Y轴旋转"的值为(0× -76°), 在"高级"选项中设置"形状"为"上斜坡"。设置"偏移"属性的关键帧动画, 在第0帧处设置其值为-30%; 在第2秒处设置其值为100%, 如图1-174所示。

图1-174

7 执行"图层>新建>摄像机"菜单命令, 创建一个名为Camera的摄像机, 设置"缩放"值为170毫米, 如图1-175所示。

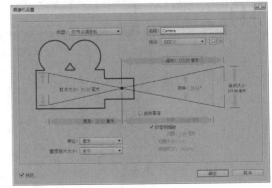

图1-175

8 设置"摄像机"中的"目标点"和"位置"属性的关键帧动画。在第0帧，设置目标点的值为（388，288，22）；在第2秒24帧，设置目标点的值为（331，281，39）。在第0帧，设置"位置"的值为（635，304，-348）；在第2秒24帧，设置"位置"的值为（228，300，-385），如图1-176所示。

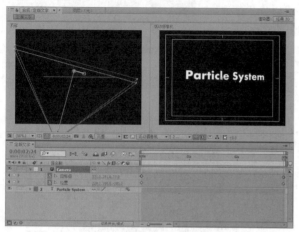

图1-176

9 执行"文件>导入>文件"菜单命令，打开本书学习资源中的"案例源文件>第1章>1.12>背景.mov"文件，将其拖曳到"定版文字"合成的时间线上，最后将其移动到所有图层的最下面，如图1-177所示。

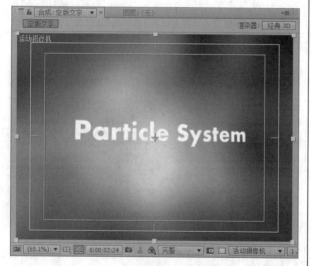

图1-177

10 执行"图层>新建>纯色"菜单命令，创建一个白色的纯色图层，将其命名为Particle，如图1-178所示。

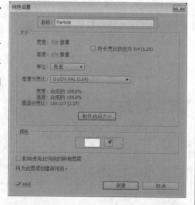

图1-178

11 选择Particle图层，执行"效果>模拟>CC Particle World（粒子世界）"菜单命令，如图1-179所示。

图1-179

12 在Physics（物理）参数项中，设置Velocity（速率）为1.6、Inherit Velocity%（速度继承）为46、Gravity（重力）为0.4，如图1-180所示。

13 在Particle（粒子）参数项中，设置Particle Type（粒子的类型）为Lens Convex（凸透镜）、Birth Size（粒子大小）为0.044、Death Size（消失大小）为0.12，如图1-181所示。

图1-180   图1-181

14 设置Birth Rate（速率）和Position X（位置X）属性的关键帧动画。在第3帧处设置Birth Rate（速率）为0，在第4帧处设置Birth Rate（速率）为3，在第2秒23帧处设置Birth Rate（速率）为1.5，在第3秒处设置Birth Rate（速率）为0；然后在第3帧处设置Position X（位置X）为-1，在第12帧处设置Position X（位置X）为-0.3，在第1秒05帧处设置Position X（位置X）为-0.28，在第3秒处设置Position X（位置X）为0.68，如图1-182所示。

图1-182

15 在"时间线"上开启Particle和Particle System图层的"运动模糊"按钮，如图1-183所示。

图1-183

16 按小键盘上的数字键0，预览最终效果，如图1-184所示。

图1-184

1.13 飞散文字2

学习目的
学习CC Pixel Polly（像素多边形）效果的使用方法。

学习资源路径
▶ 在线教学视频：
在线教学视频 > 第1章 > 飞散文字2.flv

▶ 案例源文件：
案例源文件 > 第1章 > 1.13 > 飞散文字2.aep

案例描述
本例主要介绍使用CC Pixel Polly（像素多边形）和RSMB效果来完成文字破碎特效的制作。通过学习本例，读者可以掌握CC Pixel Polly（像素多边形）效果的实际应用，以及RSMB在模拟运动模糊方面的真实表现，案例如图1-185所示。

本例难易指数：★ ★ ★ ☆ ☆

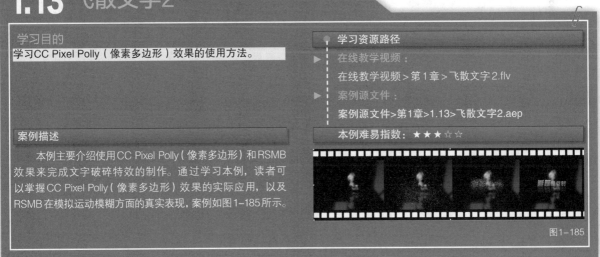

图1-185

操作流程

1 执行"合成>新建合成"菜单命令，选择一个预设为PAL D1/DV的合成，设置合成的持续时间为3秒，最后将其命名为"定版文字"，如图1-186所示。

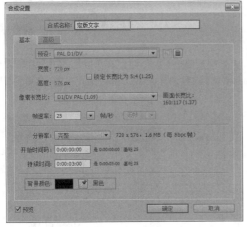

图1-186

2 使用"横排文字工具" T 创建一个"追踪进行时"文字图层，设置"追踪"文字的字体为"黑体"、字体大小为80像素、字符间距为100、字体颜色为红色，最后开启"仿粗体"和"仿斜体"，如图1-187所示。设置"进行时"文字的字体为"黑体"、字体大小为60像素、字符间距为100、字体颜色为红色，最后开启"仿粗体"，如图1-188所示。

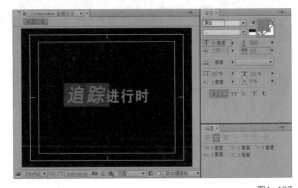

图1-187

图1-188

3 选择"追踪进行时"图层，首先执行"图层>图层样式>斜面和浮雕"菜单命令，然后执行"图层>图层样式>渐变叠加"菜单命令，如图1-189所示。

图1-189

4 展开"斜面和浮雕"属性栏，设置"大小"的值为1、"角度"的值为（0×+80°）、"高度"的值为（0×+30°），如图1-190所示。

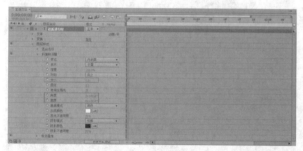

图1-190

5 展开"渐变叠加"属性栏，单击"颜色"属性，编辑其颜色为（R:255, G:215, B:108）和（R:201, G:48, B:2），最后设置"角度"的值为（0×+270°），如图1-191所示。

图1-191

6 选择"追踪进行时"图层，执行"图层>预合成"菜单命令，合并图层，并将合并的图层命名为"追踪进行时"，如图1-192所示。

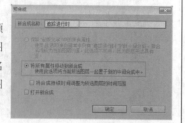

图1-192

7 选择合并后的图层，然后按Ctrl+D快捷键复制图层，并将复制得到的新图层命名为"追踪进行时_阴影"。选择"追踪进行时_阴影"图层，然后使用"椭圆工具" ⬭ 创建蒙版，如图1-193所示；接着设置该图层的"位置"值为（360, 335）、"缩放"值为（100, -100%）；最后展开该图层蒙版的属性，设置"蒙版羽化"的值为（100, 100像素）、"蒙版不透明度"的值为35%，如图1-194所示。

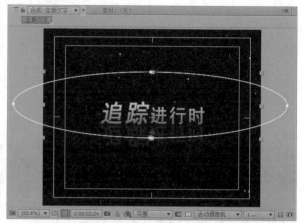

图1-193

图1-194

8 执行"合成>新建合成"菜单命令，选择一个预设为PAL D1/DV的合成，设置合成的持续时间为3秒，将其命名为Final，如图1-195所示。

图1-195

9 执行"文件>导入>文件"菜单命令，打开本书学习资源中的"案例源文件>第1章>1.13>背景.mov"文件，然后将其拖曳到Final合成的时间线上，同时也将项目窗口中的"定版文字"合成添加到Final合成的时间线上，如图1-196所示。

图1-196

10 选择"定版文字"图层，执行"效果>模拟>CC Pixel Polly（像素多边形）"菜单命令，如图1-197所示。

图1-197

11 在"CC Pixel Polly（像素多边形）"效果中，设置Direction Randomness（方向随机值）的值为100%、Speed Randomness（速度随机值）的值为100%、Grid Spacing（网格间距）的值为2，开启Enable Depth Sort（开启深度）选项。设置"Force（作用力）和Gravity（重力）"属性的关键帧动画，在第0帧处，设置Force（作用力）的值为0、Gravity（重力）的值为0；在第2秒处，设置Force（作用力）的值为100、Gravity（重力）的值为1.2，如图1-198所示。

图1-198

12 选择"定版文字"图层，执行"图层>预合成"菜单命令，合并图层，然后把合并的图层命名为"定版文字_Up"，如图1-199所示。

图1-199

13 选择"定版文字_Up"图层，按Ctrl+Alt+R快捷键对该图层做"倒放"效果的设置，如图1-200所示。

图1-200

14 选择"定版文字_Up"图层，执行"效果>RE:Vision Plug-ins>RSMB"菜单命令，设置Blur Amount（模糊强度）的值为1、Motion Sensitivity（运动灵敏度）的值为100，如图1-201所示。

图1-201

15 按小键盘上的数字键0，预览最终效果，如图1-202所示。

图1-202

1.14 弹跳文字

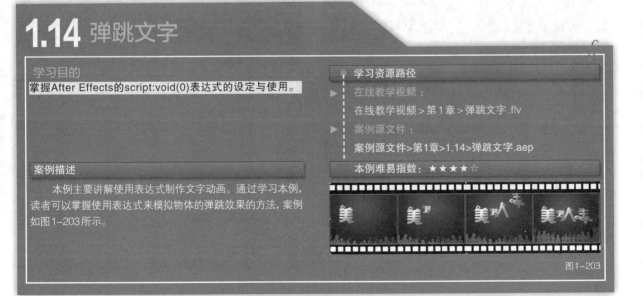

学习目的

掌握After Effects的script:void(0)表达式的设定与使用。

学习资源路径

▶ 在线教学视频：

在线教学视频>第1章>弹跳文字.flv

▶ 案例源文件：

案例源文件>第1章>1.14>弹跳文字.aep

案例描述

本例主要讲解使用表达式制作文字动画。通过学习本例，读者可以掌握使用表达式来模拟物体的弹跳效果的方法，案例如图1-203所示。

本例难易指数：★ ★ ★ ★ ☆

图1-203

操作流程

1 执行"合成>新建合成"菜单命令，创建一个预设为PAL D1/DV 的合成，然后设置合成的持续时间为3秒，并将其命名为"弹跳文字特效"，如图1-204所示。

图1-204

2 执行"文件>导入>文件"菜单命令，打开本书学习资源中的"案例源文件>第1章>1.14>素材"文件，然后将素材拖曳到"时间线"上，如图1-205所示。预览效果如图1-206所示。

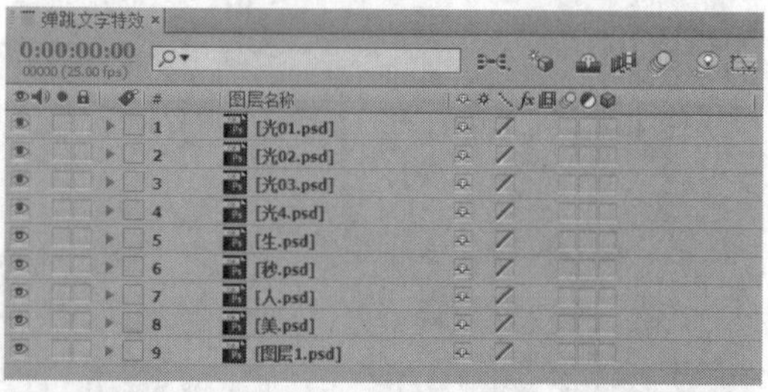

图1-205

图1-206

3 选择"美"图层，然后执行"图层>预合成"菜单命令，并将其命名为"美 合成1"，如图1-207所示。

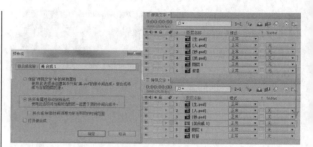

图1-207

4 使用"轴心点工具" 将"美 合成1"图层的轴心点调节到"美"字的中心点处，如图1-208所示。

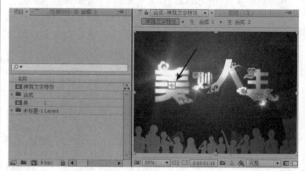

图1-208

5 使用同样的方式，完成"妙"图层、"人"图层和"生"图层的合并以及轴心点的调整工作，如图1-209所示。

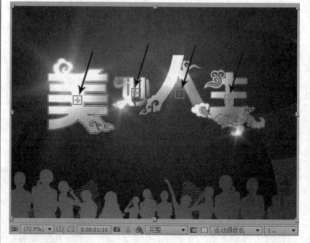

图1-209

6 选择"美"字图层，按P键调出其"位置"属性，为该属性添加表达式，表达式的具体内容如下。

```
p=10;
f=20;
m=2;
t=0.25;
Tantiao=f*Math.cos(p*time);
Weizhi=2/Math.exp(m*Math.log(time+t));
y=-Math.abs(Tantiao*Weizhi);
position+[0,y]
```

7 使用同样的方法，完成"妙"图层、"人"图层和"生"图层中的"位置"属性的表达式的创建。选择"美 合成1"图层，执行"图层>预合成"菜单命令，如图1-210所示，最后使用同样的方法完成其他文字图层的合并。

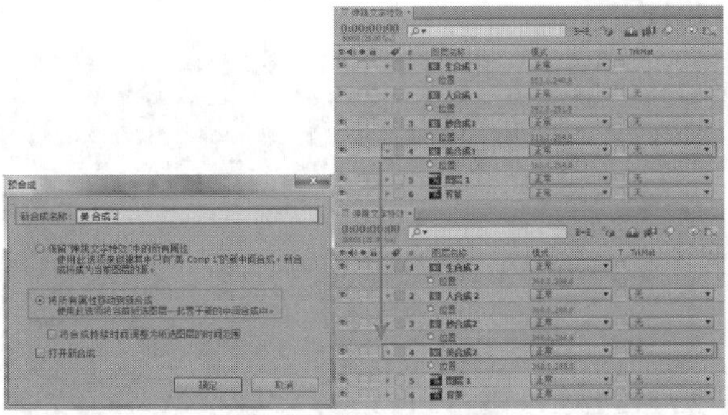

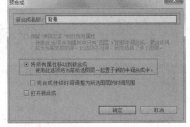

图1-210

8 设置"妙"图层、"人"图层和"生"图层的入点。"妙"图层的入点在第5帧处，"人"图层的入点在第10帧处，"生"图层的入点在第15帧处，如图1-211所示。

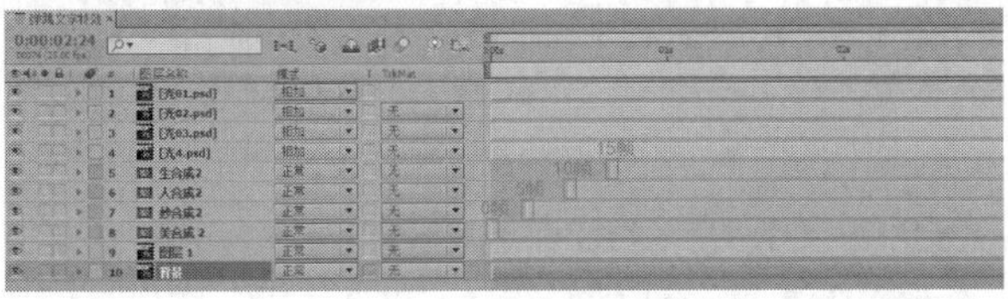

图1-211

9 选择"图层1"和"背景"图层，执行"图层>预合成"菜单命令，然后把合并后的图层命名为"背景"，如图1-212所示。

图1-212

10 设置"背景"图层的"位置"和"缩放"属性的关键帧动画。在第0帧，设置"位置"的值为（360, 318）；在第3秒处，设置"位置"的值为（360, 288）；在第0帧，设置"缩放"的值为（118, 118%）；在第3秒处，设置"缩放"的值为（100, 100%），如图1-213所示。

图1-213

11 选择"光01"图层，设置"缩放"和"不透明度"属性的关键帧动画。在第0帧处，设置"缩放"的值为（0, 0%）；在第6帧处，设置"缩放"的值为（110, 110%）；在第15帧处，设置"缩放"的值为（80, 80%）；在第20帧处，设置"缩放"的值为（0, 0%）。在第0帧处，设置"不透明度"为（0, 0%）；在第3帧处，设置"不透明度"为（100, 100%）；在第12帧处，设置"不透明度"为（100, 100%）；在第20帧处，设置"不透明度"为（0, 0%），如图1-214所示。

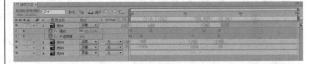

图1-214

12 使用同样的方式完成"光02"图层、"光03"图层和"光04"图层的"缩放"和"不透明度"属性的关键帧动画设置，如图1-215所示。

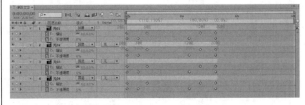

图1-215

13 设置"光01"图层、"光02"图层、"光03"图层和"光04"图层的入点。"光01"图层的入点在第1秒10帧处，"光02"图层的入点在第1秒15帧处，"光03"图层的入点在第1秒20帧处，"光04"图层的入点在第2秒处，如图1-216所示。

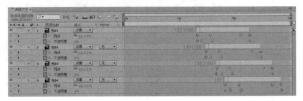

图1-216

14 按小键盘上的数字键0，预览最终效果，如图1-217所示。

图1-217

1.15 模糊文字

学习目的

学习文字动画预设的具体使用方法。

学习资源路径

► 在线教学视频：

在线教学视频 > 第1章 > 模糊文字 .flv

► 案例源文件：

案例源文件 > 第1章 > 1.15 > 模糊文字 .aep

案例描述

　　本例主要使用文字的动画预设来完成模糊文字效果的制作。通过学习本例，读者可以掌握文字动画预设的使用方法，案例如图1-218所示。

本例难易指数：★ ★ ★ ☆ ☆

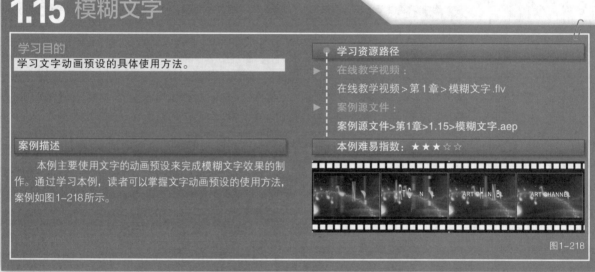

图1-218

操作流程

1 执行"合成>新建合成"菜单命令，创建一个预设为PAL D1/DV 的合成，设置"持续时间"为5秒，将其命名为"模糊文字"，如图1-219所示。

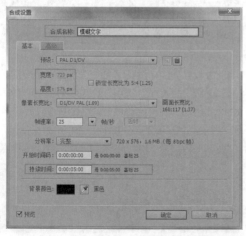

图1-219

2 执行"文件>导入>文件"菜单命令，打开本书学习资源中的"案例源文件>第1章>1.15>Image.jpg"文件，然后将该素材拖曳到"模糊文字"合成的时间线上，如图1-220所示。

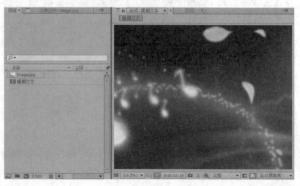

图1-220

3 使用"横排文字工具" T 创建一个ART CHANNEL文字图层，设置字体为Arial、字体大小为60像素、字符间距为50、字体颜色为白色，最后将字体加粗，如图1-221所示。画面的预览效果如图1-222所示。

图1-221　　　　　　　　　　　　　图1-222

4 选择ART CHANNEL文字图层，执行"效果>透视>投影"菜单命令，在"投影"效果中设置"不透明度"为60%、"距离"为2，如图1-223所示。

图1-223

5 选择ART CHANNEL文字图层，执行"动画>浏览预设"菜单命令，打开"预设"面板，在"内容"栏中双击Text（文字），进入文字动画预设模块，如图1-224所示。

图1-224

6 双击Blurs（模糊）文件夹，打开文字模糊的动画预设，如图1-225所示。

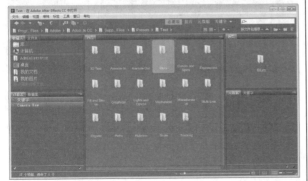

图1-225

7 双击Transporter.ffx动画预设，将其效果添加到ART CHANNEL文字图层上，如图1-226所示。

图1-226

8 选择ART CHANNEL文字图层，展开Transporter Animator（动画变化）属性，将"偏移"值为100%的关键帧移动到第3秒处，最后修改"模糊"属性的值为（100，25），如图1-227所示。

图1-227

9 执行"图层>新建>纯色"菜单命令，创建一个黑色的纯色图层，将其命名为"遮幅"，如图1-228所示。

图1-228

10 选择"遮幅"图层，使用"矩形工具" □为该图层添加一个蒙版，在"蒙版1"属性中设置蒙版的叠加模式为"相减"，如图1-229所示。

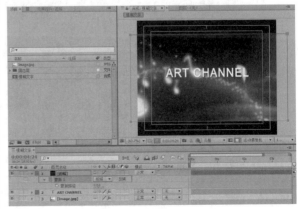

图1-229

11 按小键盘上的数字键0，预览最终效果，如图1-230所示。

图1-230

1.16 卡片式文字

学习目的

学习"卡片擦除""定向模糊"和"镜头光晕"效果的使用方法。

案例描述

本例主要使用"镜头光晕"和"卡片擦除"效果来完成卡片式文字特效的制作。通过学习本例，读者可以深入掌握"卡片擦除"效果的具体应用方法，案例如图1-231所示。

学习资源路径

▶ 在线教学视频：

在线教学视频 > 第1章 > 卡片式文字.flv

▶ 案例源文件：

案例源文件 > 第1章 > 1.16 > 卡片式文字.aep

本例难易指数：★★★☆☆

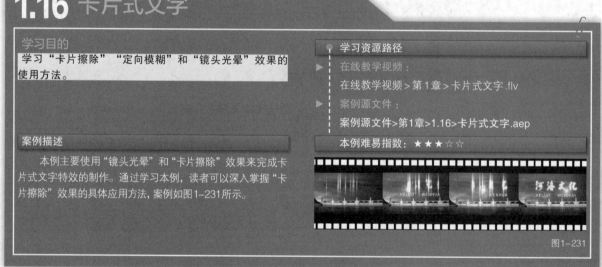

图1-231

操作流程

1 执行"合成>新建合成"菜单命令，创建一个预设为PAL D1/DV的合成，设置"持续时间"为3秒，将其命名为Text，如图1-232所示。

图1-232

2 使用"横排文字工具"创建一个"河洛文化"文字图层，设置字体为"方正黄草简体"、字体大小为121像素、字体颜色为白色，并将字体加粗，最后使用"选取工具"将该文字移动到图1-233所示的位置。

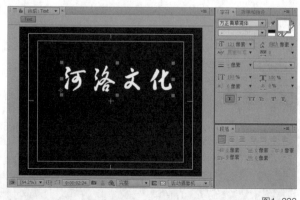

图1-233

3 选择"河洛文化"文字图层,然后按Ctrl+Shift+C快捷键合并图层,如图1-234所示。

4 选择"河洛文化"文字图层,执行"效果>过渡>卡片擦除"菜单命令,然后设置"行数"为1、"列数"为20、"卡片缩放"为1、"翻转轴"为Y轴,最后设置"随机时间"为0.5,如图1-235所示。

图1-234 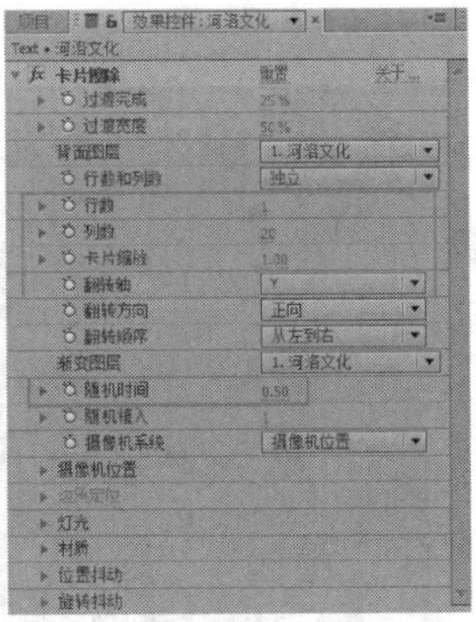   图1-235

5 在第2秒处,展开"卡片擦除"效果中的"摄像机位置"属性的参数项,设置"Y轴旋转"的值为(0×+0°);展开"位置抖动"参数项,设置"X抖动量"和"Z抖动量"的值均为0;展开"旋转抖动"参数项,设置"Z旋转抖动量"的值为0。在第0帧处,设置"Y旋转轴"的值为(0×+285°)、"X抖动量"的值为5、"Z抖动量"的值为5,"Z旋转抖动量"的值为10,如图1-236所示。

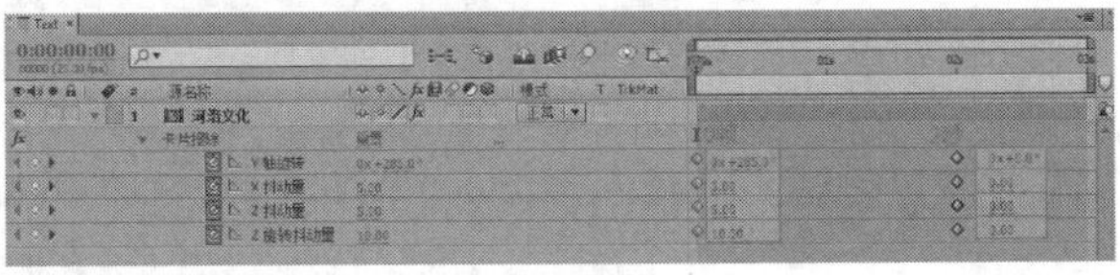

图1-236

6 为"过渡完成"属性设置关键帧动画。在第1秒处,设置"过渡完成"的值为0%;在第2秒10帧处,设置"过渡完成"的值为100%,如图1-237所示。

图1-237

7 执行"合成>新建合成"菜单命令,创建一个预设为PAL D1/DV的合成,设置其"持续时间"为3秒,名称为"卡片式文字",如图1-238所示。

图1-238

8 执行"文件>导入>文件"菜单命令,打开本书学习资源中的"案例源文件>第1章>1.16>背景.mov"文件,然后将项目窗口中的"背景.mov"素材和Text合成拖曳到"卡片式文字"合成的时间线上,如图1-239所示。

图1-239

9 选择Text图层,执行"效果>风格化>发光"菜单命令,设置"发光阈值"为50%、"发光半径"为20、"发光强度"为1.5、"发光颜色"为"A和B颜色"、"颜色A"为黄色、"颜色B"为红色,最后设置Text(文本)图层的模式为"相加",如图1-240和图1-241所示。

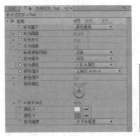

图1-240   图1-241

10 选择Text图层,按Ctrl+D快捷键复制一个图层,然后选择复制得到的新图层,执行"效果>颜色校正>色阶"菜单命令,设置"输入白色"值为82,最后将"色阶"效果置于"发光"效果之上,如图1-242和图1-243所示。

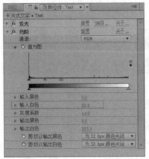

图1-242   图1-243

11 选择通过复制得到的图层,执行"效果>模糊与锐化>定向模糊"菜单命令,设置"模糊长度"的值为150,最后将"定向模糊"效果放置在"色阶"和"发光"效果之间,如图1-244所示。画面的预览效果如图1-245所示。

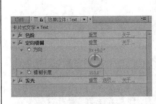

图1-244   图1-245

12 继续选择复制得到的新图层,按快捷键T展开图层的"不透明度"属性。在第15帧处,设置"不透明度"的值为0%;在第1秒和第2秒处,设置"不透明度"的值为100%;在第2秒5帧处,设置"不透明度"的值为0%,如图1-246所示。

图1-246

13 为了将光效制作得更加明显，将Text图层继续复制，如图1-247所示，经过"相加"混合后的点光效果更明显。

图1-247

14 按Ctrl+Y快捷键，创建一个黑色的纯色图层，将其命名为Lens Flare，如图1-248所示。

图1-248

15 选择Lens Flare图层，执行"效果>生成>镜头光晕"菜单命令。在第1秒10帧处，设置"光晕中心"的值为（197.2，243.1）、"光晕亮度"的值为0%；在第1秒15帧和第2秒05帧处，设置"光晕亮度"的值为100%；在第2秒10帧处，设置"光晕中心"的值为（568.7，251.5）、"光晕亮度"的值为0%，这样一个镜头光斑效果的位移和淡入淡出动画就制作完成了。最后，在"时间线"面板中将"镜头光晕"图层的模式设置为"相加"，如图1-249所示。预览效果如图1-250所示。

图1-249

图1-250

16 使用"横排文字工具" T创建一个HELUO WENHUA文字图层，设置字体为Arial、字体大小为40像素、字体颜色为白色，并将字体加粗，最后使用"选取工具"将该文字移动到图1-251所示的位置。

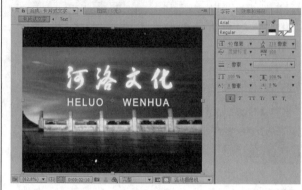

图1-251

17 选择HELUO WENHUA文字图层，执行"效果>过渡>卡片擦除"菜单命令，设置"行数"为1、"列数"为20、"卡片缩放"为1，接着设置"翻转轴"为Y、"翻转方向"为"正向"，如图1-252所示。

图1-252

18 在第1秒10帧处，设置"过渡完成"的值为0%；在第2秒10帧处，设置"过渡完成"的值为100%，如图1-253所示。

图1-253

19 将HELUO WENHUA文字图层的叠加模式设置为"相加"，最后将该图层移动到"背景"图层之上，如图1-254所示。

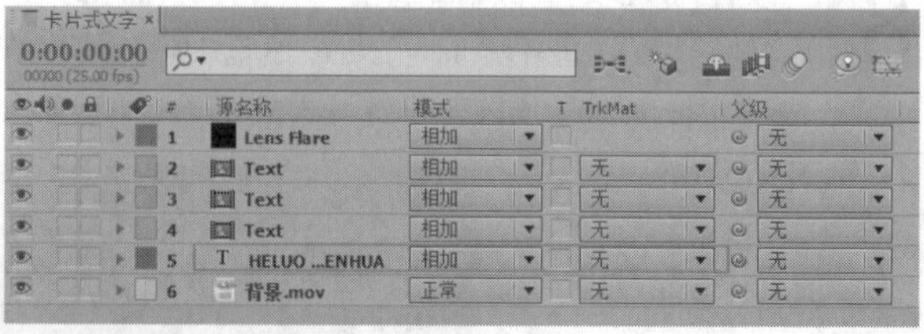

◉◄》●	🔒	☰	#	源名称	模式	T	TrkMat	父级	
◉		▶	1	◼ Lens Flare	相加 ▼			◎ 无 ▼	
◉		▶	2	▦ Text	相加 ▼		无 ▼	◎ 无 ▼	
◉		▶	3	▦ Text	相加 ▼		无 ▼	◎ 无 ▼	
◉		▶	4	▦ Text	相加 ▼		无 ▼	◎ 无 ▼	
◉		▶	5	T HELUO ...ENHUA	相加 ▼		无 ▼	◎ 无 ▼	
◉		▶	6	▦ 背景.mov	正常 ▼		无 ▼	◎ 无 ▼	

图1-254

20 选择HELUO WENHUA文字图层，按快捷键T展开其图层的"不透明度"属性。在第1秒10帧处，设置"不透明度"的值为0%；在第1秒15帧处，设置"不透明度"的值为100%，如图1-255所示。

图1-255

21 执行"图层>新建>纯色"菜单命令，创建一个黑色的纯色图层，并将其命名为"遮幅"，如图1-256所示。

图1-256

22 选择"遮幅"图层，使用"矩形工具" ■ 为该图层添加一个蒙版。在"蒙版1"属性中，设置蒙版的叠加模式为"相减"，如图1-257所示。

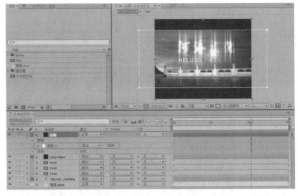

图1-257

23 按小键盘上的数字键0，预览最终效果，如图1-258所示。

图1-258

1.17 文字倒影

学习目的

掌握VC Reflect（反射倒影）效果的应用方法。

学习资源路径

▶ 在线教学视频：

在线教学视频>第1章>文字倒影.flv

▶ 案例源文件：

案例源文件>第1章>1.17>文字倒影.aep

案例描述

本例主要介绍高级文字倒影效果的制作。通过学习本例，读者可以深入掌握VC Reflect（反射倒影）效果的高级应用方法，案例如图1-259所示。

本例难易指数：★ ★ ☆ ☆ ☆

图1-259

操作流程

1 执行"合成>新建合成"菜单命令，创建一个预设为PAL D1/DV的合成，设置合成的"持续时间"为3秒，并将其命名为"定版文字动画"，如图1-260所示。

2 执行"文件>导入>文件"菜单命令，打开本书学习资源中的"案例源文件>第1章>1.17>LOGO.tga"文件，将LOGO.tga素材拖曳到"定版文字动画"合成的时间线上，如图1-261所示。

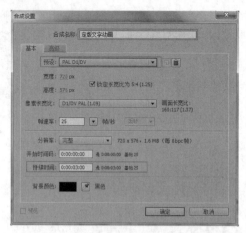

图1-260

图1-261

3 执行"图层>新建>纯色"菜单命令，创建一个纯色图层，设置
图层颜色为黑色，将其命名为"背景"，如图1-262所示。将"背景"图层移动到LOGO图层的下面，如图1-263所示。

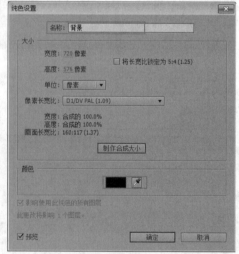

图1-262

图1-263

4 选择"背景"图层，执行"效果>生成>梯度渐变"菜单命令，设置"渐变起点"为（360, 339）、"起始颜色"为白色、"渐变终点"为（360, 572）、"结束颜色"为灰色，如图1-264所示。

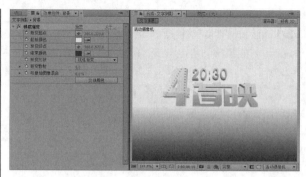

图1-264

5 选择LOGO图层，执行"效果>Video Copilot>VC Reflect（VC反射）"菜单命令，设置Floor Position（地板层位置）的值为（360, 372）、Reflection Falloff（反射衰减）的值为0.62、Opacity（不透明度）的值为20%、Blur Type（模糊类型）为Falloff（衰减）、Blur Amount（模糊强度）的值为1.3、Blur Offset（模糊偏移）的值为23、Blur Falloff（模糊衰减）的值为0.6，如图1-265所示。

图1-265

6 将LOGO图层转化为三维图层，然后执行"图层>新建>摄像机"菜单命令，添加一个摄像机，如图1-266所示。

图1-266

7 设置摄像机的"目标点"和"位置"属性的关键帧动画。在第0帧处，设置"目标点"的值为（337, 282, 975）；在第3秒处，设置"目标点"的值为（337, 308, 5）。在第0帧处，设置"位置"的值为（337, 355, -22）；在第3秒处，设置"位置"的值为（337, 381, -999），如图1-267所示。

图1-267

8 执行"文件>导入>文件"菜单命令，打开本书学习资源中的"案例源文件>第1章 >1.17>Guang.tga"文件，将Guang素材拖曳到"定版文字动画"合成的时间线上，设置Guang图层的叠加模式为"相加"，如图1-268所示。

图1-268

9 设置Guang图层的"位置""缩放"和"不透明度"属性的关键帧动画。在第2秒处，设置"位置"的值为(148, 325)；在第3秒处，设置"位置"的值为(569, 325)。在第2秒处，设置"缩放"的值为(0, 0%)；在第2秒05帧和第2秒20帧处，设置"缩放"的值为(100, 100%)；在第3秒处，设置"缩放"的值为(0, 0%)。在第2秒处，设置"不透明度"的值为0%；在第2秒05帧处，设置"不透明度"的值为80%；在第2秒20帧处，设置"不透明度"的值为60%；在第3秒处，设置"不透明度"的值为0%，如图1-269所示。

图1-269

10 按小键盘上的数字键0，预览最终效果，如图1-270所示。

图1-270

1.18 波浪渐显文字

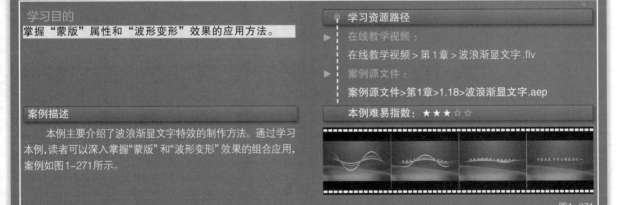

学习目的

掌握"蒙版"属性和"波形变形"效果的应用方法。

案例描述

本例主要介绍了波浪渐显文字特效的制作方法。通过学习本例，读者可以深入掌握"蒙版"和"波形变形"效果的组合应用，案例如图1-271所示。

学习资源路径

▶ 在线教学视频：

在线教学视频 > 第1章 > 波浪渐显文字.flv

▶ 案例源文件：

案例源文件 > 第1章 > 1.18 > 波浪渐显文字.aep

本例难易指数： ★ ★ ★ ☆ ☆

图1-271

操作流程

1 执行"合成 > 新建合成"菜单命令，创建一个预设为PAL D1/DV的合成，设置"持续时间"为3秒，最后将其命名为"波浪"，如图1-272所示。

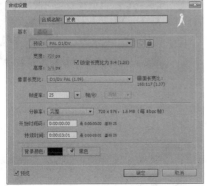

图1-272

2 执行"文件 > 导入 > 文件"菜单命令，打开本书学习资源中的"案例源文件 > 第1章 > 1.18 > 河图洛书.mov"文件，将该素材拖曳到"波浪"合成的时间线上，如图1-273所示。

图1-273

3 选择"河图洛书.mov"图层，执行"效果>扭曲>波浪变形"菜单命令，设置"波形高度"为30、"波形宽度"为240、"波形速度"为1.5，最后设置"消除锯齿（最佳品质）"为"高"，如图1-274所示。

图1-274

4 设置"波形变形"效果中的"波形高度"属性的关键帧动画。在第0帧，设置其值为30；在第1秒13帧，设置其值为0，如图1-275所示。

图1-275

5 执行"合成>新建合成"菜单命令，创建一个预设为PAL D1/DV的合成，设置其"持续时间"为3秒，将其命名为"曲线"，如图1-276所示。

图1-276

6 按Ctrl+Y快捷键，新建一个白色的纯色图层，并将其命名为"曲线"。选择该图层，使用"矩形工具" ▣为该图层添加一个蒙版，其形状如图1-277所示。展开"蒙版"属性，设置"蒙版羽化"的值为（200，1像素），如图1-278所示。调整之后的画面预览效果如图1-279所示。

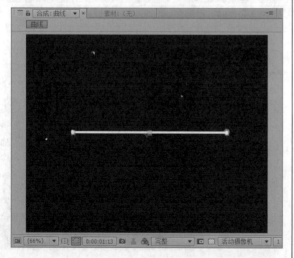

图1-277

图1-278

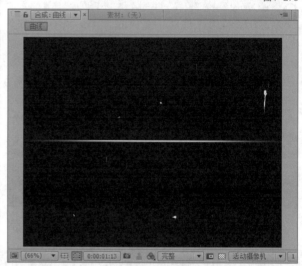

图1-279

7 执行"合成>新建合成"菜单命令，创建一个预设为PAL D1/DV的合成，设置其"持续时间"为3秒，将其命名为"遮罩"，如图1-280所示。

图1-280

8 按Ctrl+Y快捷键，新建一个白色的纯色图层，并将其命名为"遮罩"。选择该图层，使用"矩形工具" ▣为该图层添加一个"蒙版"，其形状如图1-281所示。

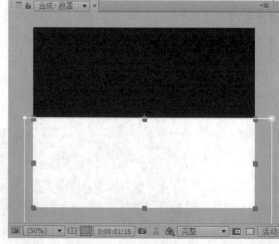

图1-281

9 选择"遮罩"图层，然后执行"效果>扭曲>波形变形"菜单命令，设置"波形高度"为120、"波形宽度"为240、"波形速度"为1.5，最后设置"消除锯齿（最佳品质）"为"高"，如图1-282所示。

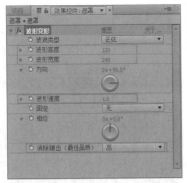

图1-282

10 设置"波形变形"效果中的"波形高度"属性的关键帧动画。在第0帧处设置其值为120；在第1秒11帧处设置其值为0，如图1-283所示。

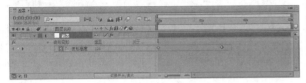

图1-283

11 执行"合成>新建合成"菜单命令，创建一个预设为PAL D1/DV的合成，设置其"持续时间"为3秒，将其命名为"波浪渐显文字"，如图1-284所示。

图1-284

12 将项目窗口中的"曲线""波浪"和"遮罩"合成添加到"波浪渐显文字"合成的时间线上，如图1-285所示。

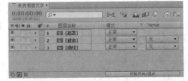

图1-285

13 选择"曲线"图层，执行"效果>扭曲>波形变形"菜单命令，设置"波形高度"为120、"波形宽度"为240、"波形速度"为1.5，最后设置"消除锯齿（最佳品质）"为"高"，如图1-286所示。

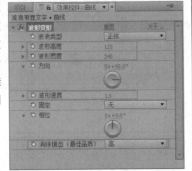

图1-286

14 设置"波形变形"效果中的"波形高度"属性的关键帧动画。在第0帧处，设置其值为120；在第1秒11帧处，设置其值为0。设置该图层的"不透明度"属性的关键帧动画，在第0帧处，设置其值为0%；在第3帧处，设置其值为100%；在第1秒09帧处，设置其值为100%；在第1秒17帧处，设置其值为0%，如图1-287所示。

图1-287

15 选择"曲线"图层，执行"效果>风格化>发光"菜单命令，设置"发光阈值"为20%、"发光半径"为10、"发光强度"为2、"发光颜色"为"A和B颜色"、"颜色A"为黄色（R:255, G:239, B:105）、"颜色B"为红色，如图1-288所示。

图1-288

16 选择"曲线"图层，按Ctrl+D快捷键将其复制出两个图层，然后分别将其命名为"曲线1"和"曲线2"。将时间标签移动到第0帧处，选择"曲线1"图层，设置"波形变形"效果中的"波形高度"为60，如图1-289所示。设置"发光"效果中的"颜色A"为粉色（R:192, G:0, B:255），如图1-290所示。

图1-289

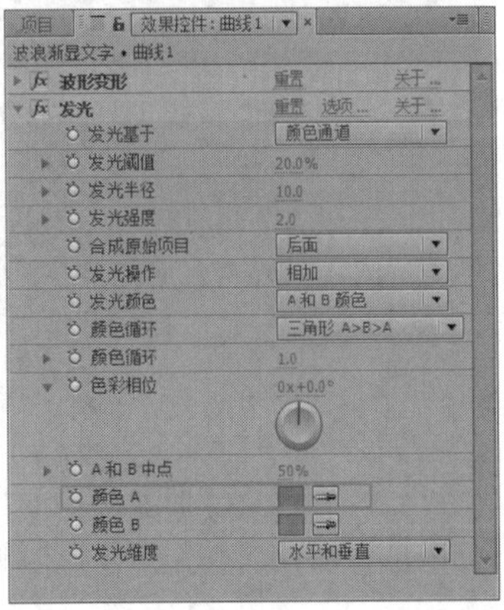

图1-290

17 将时间标签移动到第0帧处，选择"曲线2"图层，设置"波形变形"效果中的"波形高度"为30，如图1-291所示。设置"发光"效果中的"颜色A"为浅蓝色（R:45, G:161, B:251）、"颜色B"为深蓝色（R:0, G:18, B:255），如图1-292所示。

图1-291

图1-292

18 设置"遮罩"图层为"波浪"图层的"亮度反转遮罩'[遮罩]'"，然后设置"遮罩"图层"不透明度"属性的关键帧动画，在第1秒2帧处，设置其值为100%；在第1秒14帧处，设置其值为0%。设置"波浪"图层的"不透明度"属性的关键帧动画，在第7帧处，设置其值为0%；在第15帧处，设置其值为100%，如图1-293所示。

图1-293

19 执行"文件>导入>文件"菜单命令，打开本书学习资源中的"案例源文件>第1章>1.18>背景.mov"文件，然后将其拖曳到"波浪渐显文字"合成的时间线上作为背景，如图1-294所示。

图1-294

20 按小键盘上的数字键0，预览最终效果，如图1-295所示。

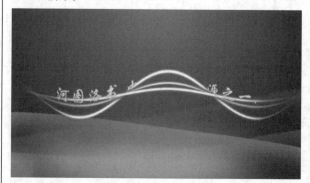

图1-295

1.19 跳闪文字

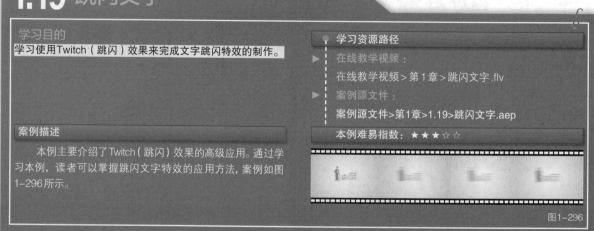

学习目的

学习使用Twitch（跳闪）效果来完成文字跳闪特效的制作。

学习资源路径

▶ 在线教学视频：

在线教学视频 > 第1章 > 跳闪文字.flv

▶ 案例源文件：

案例源文件>第1章>1.19>跳闪文字.aep

案例描述

本例主要介绍了Twitch（跳闪）效果的高级应用。通过学习本例，读者可以掌握跳闪文字特效的应用方法，案例如图1-296所示。

本例难易指数：★ ★ ★ ☆ ☆

图1-296

操作流程

1 执行"合成>新建合成"菜单命令，创建一个"宽度"为720px、"高度"为405px、"像素长宽比"为"方形像素"的合成，设置合成的"持续时间"为3秒，并将其命名为"跳闪文字"，如图1-297所示。

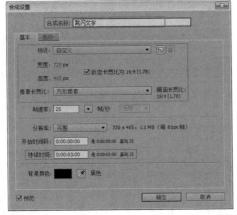

图1-297

2 执行"文件>导入>文件"菜单命令，打开本书学习资源中的"案例源文件>第1章>1.19>定版文字.mov、背景.jpg"文件，然后将这两个素材拖曳到"跳闪文字"合成的时间线上，如图1-298所示。画面效果如图1-299所示。

图1-298

图1-299

3 选择"定版文字"图层，执行"效果>颜色校正>色相/饱和度"菜单命令，勾选"彩色化"选项，设置"着色色相"的值为（0×+322°）、"着色饱和度"的值为80、"着色亮度"的值为40，如图1-300所示。画面的预览效果如图1-301所示。

图1-300

图1-301

4 选择"定版文字"图层，按Ctrl+Shift+C快捷键合并图层，并将其命名为"定版文字_合成"，如图1-302所示。

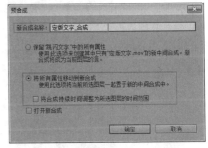

图1-302

5 选择"定版文字_合成"图层，执行"效果>Video Copilt>Twitch（跳闪）"菜单命令，展开Enable（开关）参数项，勾选Color（颜色）、Light（亮度）和Slide（滑动）选项，如图1-303所示。

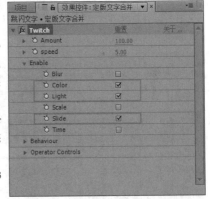

图1-303

6 展开Operator Controls（操控选项）参数项下的Light（光亮）参数，设置Light Amount（光亮幅值）的值为120、Light Twitches [sec]（闪光速度[秒]）的值为6，如图1-304所示。

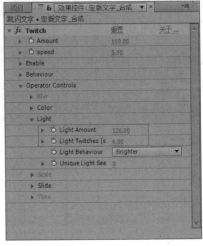

图1-304

7 展开Operator Controls（操控选项）参数项下的Slide（滑动）参数，设置Slide Direction（滑动方向）的值为（0×+90°）、Slide Spread（滑动延伸）的值为0、Slide RGB Split（滑动RGB分离）的值为30，如图1-305所示。

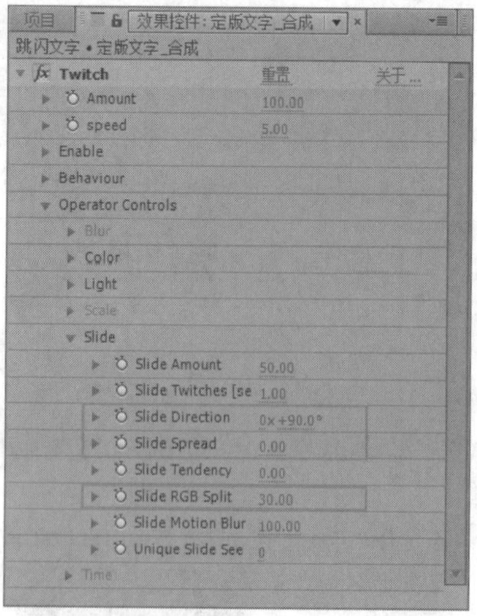

图1-305

8 设置speed（速度）的值为6，如图1-306所示。

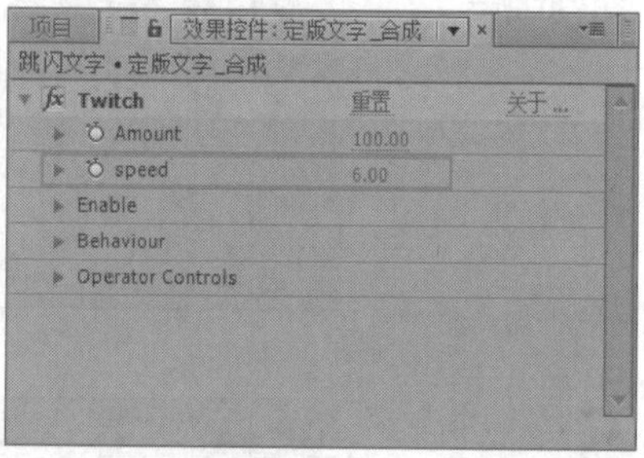

图1-306

9 设置"Twitch（跳闪）"效果中的Amount（幅度）参数的关键帧动画。在第10帧处，设置其值为0%；在第20帧处，设置其值为100%；在第1秒15帧处，设置其值为为100%；在第1秒24帧处，设置其值为0%，如图1-307所示。

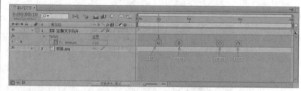

图1-307

10 按小键盘上的数字键0，预览最终效果，如图1-308所示。

图1-308

1.20 文字键入

学习目的
学习并掌握文字键入的具体应用方法。

学习资源路径
► 在线教学视频：
在线教学视频 > 第1章 > 文字键入 .flv
► 案例源文件：
案例源文件 > 第1章 > 1.20 > 文字键入 .aep

本例难易指数：★ ★ ★ ☆ ☆

案例描述
本例主要介绍文字键入的基本流程和步骤。通过学习本例，读者可以掌握文字键入的具体应用方法，案例如图1-309所示。

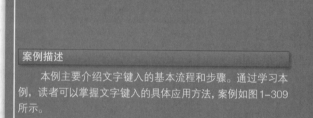

图1-309

操作流程

1 执行"合成>新建合成"菜单命令，创建一个预设为PAL D1/DV的合成，设置其"持续时间"为4秒，将其命名为"文字键入"，如图1-310所示。

2 使用"横排文字工具" T创建一个文字图层，设置文字的字体为"华文隶书"、字体大小为30像素、字符间距为200、字体颜色为白色。在"段落"面板中，设置文本居左对齐，文本的段前间距为5像素，如图1-311所示。文字的预览效果如图1-312所示。

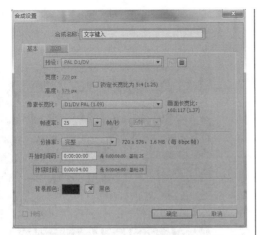

图1-310

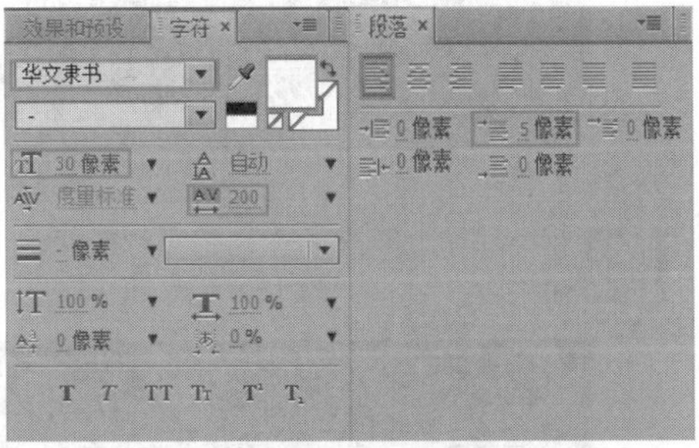

图1-314

5 展开"文字"图层的文本属性，在"动画"菜单中添加一个"字符值"属性，然后设置"字符值"为95（在选择器内的文字变成"输入光标"的形状），如图1-315和图1-316所示。

图1-315

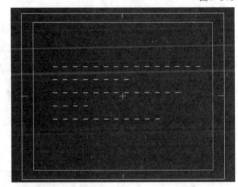

图1-316

6 在"高级"属性栏中，设置"单位"为"索引"选项，修改"平滑度"值为0%。在"范围选择器1"属性栏中设置"结束"的值为6，如图1-317和图1-318所示。

图1-311

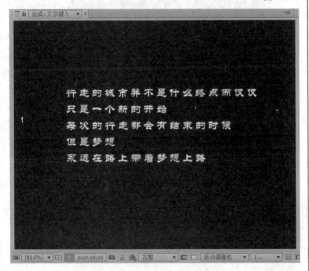

图1-312

3 选择文字图层，执行"效果>表达式控制>滑块控制"菜单命令。在"滤镜控制"面板中选择"滑块控制"后按Enter键进行重命名，然后在输入框中输入Type_on，最后按Enter键确认，如图1-313所示。

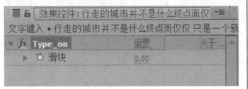

图1-313

4 设置"滑块"属性的关键帧动画。在第0帧处，设置"滑块"的值为0；在第4秒处，设置"滑块"的值为60，如图1-314所示。

图1-317

图1-318

7 按住Alt键的同时单击“偏移”属性前面的“码表”按钮，然后在表达式输入框中输入effect(“Type_on”)(“滑块”)，这样就可以让“偏移”属性的数值与“滑块控制”效果中的“滑块”数值相关联。将“范围选择器1”的名称修改为“输入光标”，如图1-319所示。

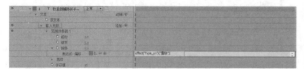

图1-319

8 选择“输入光标”动画组，按Ctrl+D快捷键复制出一个副本动画组，将复制得到的副本动画组重命名为“修正光标”，如图1-320所示。

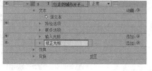

图1-320

9 展开“修正光标”动画组，设置“结束”的值为100。在“偏移”表达式输入框中将effect(“Type_on”)(“滑块”)修改为effect(“Type_on”)(“滑块”)+1，如图1-321所示。

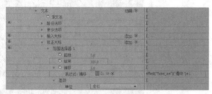

图1-321

10 在“修正光标”属性栏中删除“字符值”属性，然后在动画组中添加一个“不透明度”属性，并设置“不透明度”的值为0%，如图1-322所示。

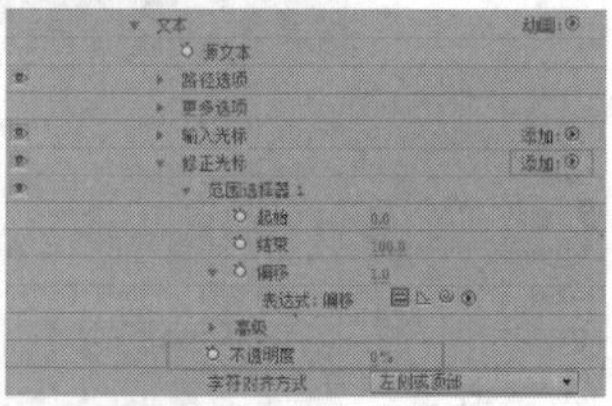

图1-322

11 执行“文件>导入>文件”菜单命令，打开本书学习资源中的“案例源文件>第1章>1.20>背景.mov”文件，将其拖曳到“文字键入”合成的时间线上作为背景，如图1-323所示。

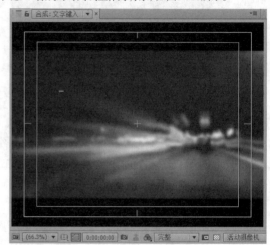

图1-323

12 按小键盘上的数字键0，预览最终效果，如图1-324所示。

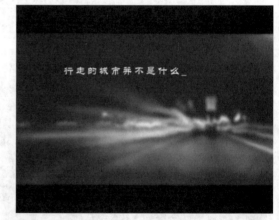

图1-324

1.21 多彩文字

学习目的

掌握文字属性动画、“CC透镜”和RSMB效果的使用方法。

学习资源路径

▶ 在线教学视频：

在线教学视频>第1章>多彩文字.flv

▶ 案例源文件：

案例源文件>第1章>1.21>多彩文字.aep

本例难易指数：★★★☆☆

案例描述

本例主要介绍使用文字属性来制作多彩文字动画，通过学习本例，读者可以深入掌握文字属性动画、“斜面Alpha”“投影”“CC透镜”和“CC扫光”等效果的实际运用方法，案例如图1-325所示。

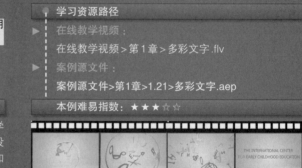

图1-325

操作流程

1 执行 "合成>新建合成" 菜单命令, 创建一个 "宽度" 为720px、"高度" 为405px、"像素长宽比" 为 "方形像素" 的合成, 设置合成的 "持续时间" 为3秒, 并将其命名为 "多彩文字", 如图1-326所示。

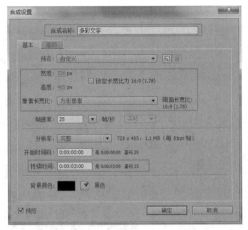

图1-326

2 执行 "图层>新建>纯色" 菜单命令, 创建一个颜色为白色的纯色图层, 并将其命名为 "背景", 如图1-327所示。

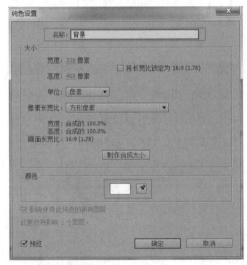

图1-327

3 选择 "背景" 图层, 执行 "效果>生成>梯度渐变" 菜单命令, 然后设置 "渐变起点" 的值为(360, 202)、"起始颜色" 为浅灰色(R:236, G:236, B:236)、"渐变终点" 的值为(740, 425)、"结束颜色" 为深灰色(R:167, G:167, B:167)、"渐变形状" 为 "径向渐变", 如图1-328所示。画面预览效果如图1-329所示。

图1-328

图1-329

4 执行 "图层>新建>纯色" 菜单命令, 创建一个颜色为浅蓝色(R:143, G:183, B:255)的纯色图层, 并将其命名为 "边缘过渡色", 如图1-330所示。

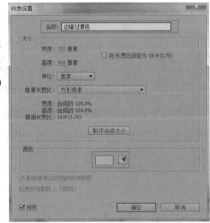

图1-330

5 选择 "边缘过渡色" 图层, 使用工具栏上的 "椭圆工具" 为该图层添加一个蒙版, 设置 "蒙版羽化" 的值为(300, 300像素)、"蒙版扩展" 的值为50像素, 如图1-331所示。画面的预览效果如图1-332所示。

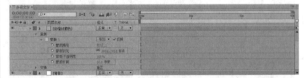

图1-331

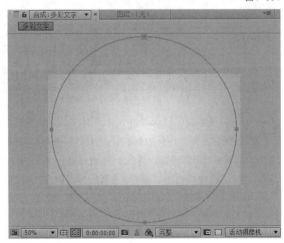

图1-332

6 使用"横排文字工具" **T** 创建一个THE INTERNATIONAL CENTER FOR EARLY CHILDHOOD EDUCATION文字图层，设置字体为微软雅黑、字体大小为50像素、行间距为95像素、字体颜色为橙色（R:255, G:84, B:0），如图1-333所示。

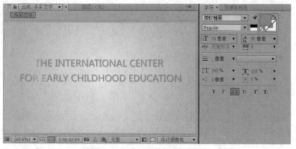

图1-333

7 设置"文字"图层的"缩放"属性的关键帧动画，在第0帧处，设置"缩放"的值为63%；第3秒处，设置"缩放"的值为68%，如图1-334所示。

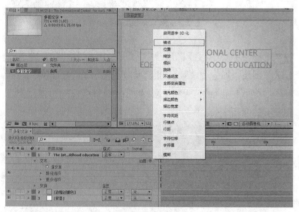

图1-334

8 展开"文字"图层，单击图层的"文本"属性，执行"动画>锚点"命令，如图1-335所示，修改"锚点"属性的值为（0，–30），如图1-336所示。

图1-335

图1-336

9 选择上一步生成的"动画制作工具1"，按Ctrl+D快捷键进行复制，复制后将会得到"动画制作工具2"，展开"动画制作工具2"属性项，修改"锚点"属性的值为（0，0）。单击"添加"按钮，执行"选择器>摆动"命令，为其添加摆动选择器。展开"摆动选择器1"属性，修改"摇摆/秒"的值为0、"关联"的值为73%，然后设置相关属性的关键帧动画，在第0帧处，设置"时间

相位"的值为（2×+0°）、"空间相位"的值为（2×+0°）；在第10帧处，设置"时间相位"的值为（2×+200°）、"空间相位"的值为（2×+150°）；在第20帧处，设置"时间相位"的值为（4×+160°）、"空间相位"的值为（4×+125°）；在第1秒05帧处，设置"时间相位"的值为（4×+150°）、"空间相位"的值为（4×+110°），如图1-337所示。

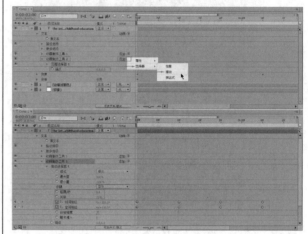

图1-337

10 单击"添加"按钮，执行"属性>位置"功能，为图层添加"位置"属性。用同样的方法完成"缩放""旋转"和"填充颜色>色相"属性的添加，如图1-338所示。

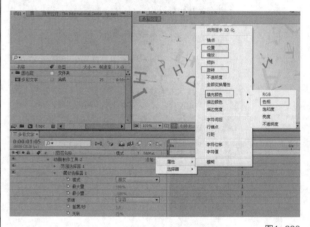

图1-338

11 在第1秒05帧处，设置"位置"属性的值为（400，400）、"缩放"属性的值为（600%，600%）、"旋转"属性的值为（1×+115°）、"填充色相"的值为（0×+60°）；在第2秒处，设置"位置"属性的值为（0，0）、"缩放"属性的值为（100%，100%）、"旋转"属性的值为（0×+0°）、"填充色相"的值为（0×+0°），如图1-339所示。画面预览的效果如图1-340所示。

图1-339

图1-340

12 选择"文字"图层,执行"效果>透视>斜面Alpha"菜单命令,设置"边缘厚度"属性的值为0.5、"灯光强度"属性的值为0.1,如图1-341所示。

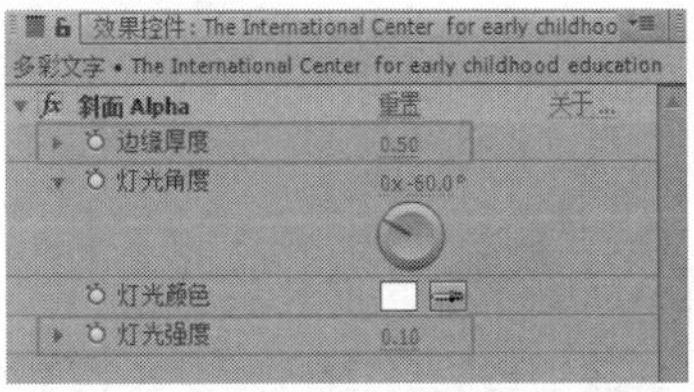

图1-341

13 选择"文字"图层,执行"效果>透视>投影"菜单命令,设置"不透明度"属性的值为30%、"距离"属性的值为2,如图1-342所示。

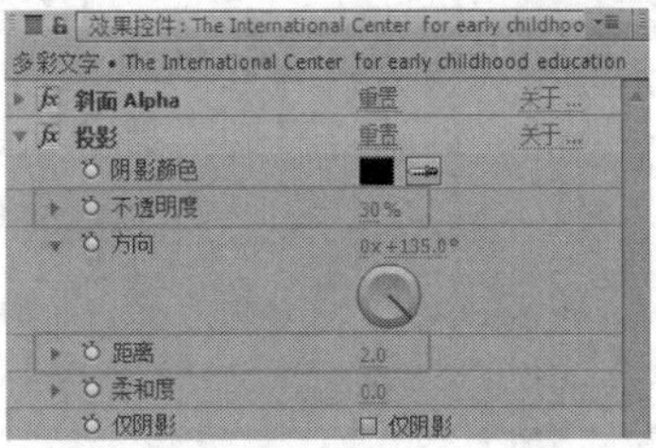

图1-342

14 选择"文字"图层,执行"效果>扭曲>CC lens(CC透镜)"菜单命令,在第0帧处,设置Size(大小)属性的值为0;在第1秒05帧处,设置Size(大小)属性的值为100;在第2秒处,设置Size(大小)属性的值为500,如图1-343所示。画面的预览效果如图1-344所示。

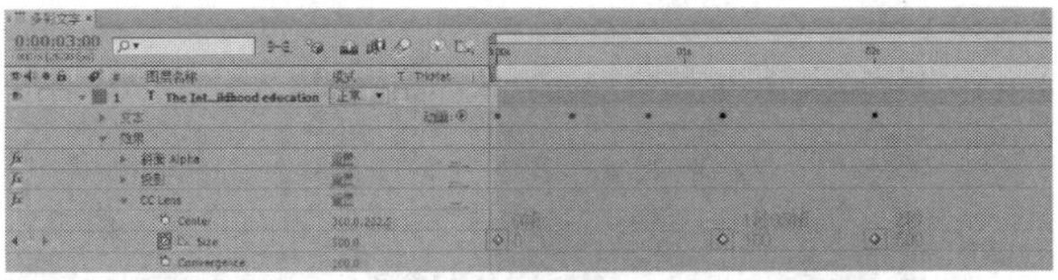

图1-343

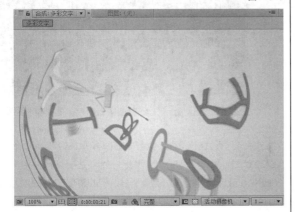

图1-344

15 选择"文字"图层,执行"效果>生成>CC Light Sweep(CC扫光)"菜单命令,设置Direction(方向)的值为(0×-20°)、Sweep Intensity(扫光强度)的值为20,如图1-345所示。

图1-345

16 设置Center(中心)属性的关键帧动画,在第2秒处,设置其值为(-20, 100);在第3秒处,设置其值为(683, 100),完成文字图层的扫光动画,如图1-346所示。

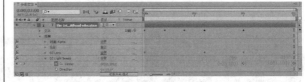

图1-346

17 选择"文字"图层,执行"效果>RE:Vision Plug-ins>RSMB"菜单命令,设置Motion Sensitivity(运动精度)的值80,如图1-347所示。

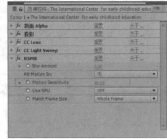

图1-347

18 执行"图层>新建>纯色"菜单命令,创建一个颜色为白色的纯色图层,并将其命名为"地面分界线",如图1-348所示。

图1-348

19 选择"地面分界线"图层,使用"钢笔工具" ，在该图层上绘制蒙版,设置"蒙版羽化"的值为(5, 5像素),修改该图层"不透明度"属性的值为20%,如图1-349和图1-350所示。

图1-349

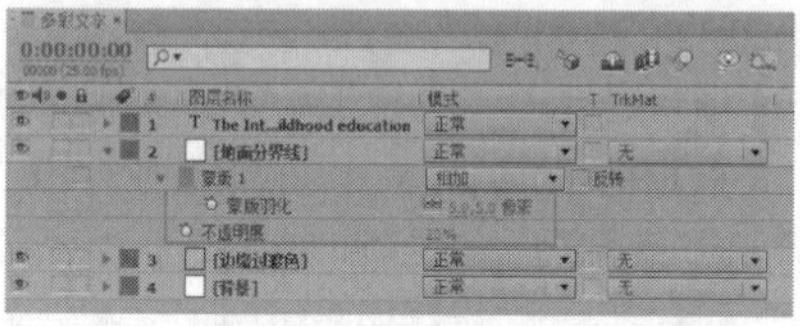

20 按小键盘上的数字键0，预览最终效果，如图1-351所示。

图1-351

图1-350

1.22 破碎文字

学习目的

学习"碎片"和"残影"效果的应用方法。

学习资源路径

▶ 在线教学视频：

在线教学视频 > 第1章 > 破碎文字.flv

▶ 案例源文件：

案例源文件 > 第1章 > 1.22 > 破碎文字.aep

案例描述

本例主要介绍"碎片"和"残影"效果的配合使用，通过学习本例，读者可以掌握破碎文字特效的制作方法，案例如图1-352所示。

本例难易指数：★★☆☆☆

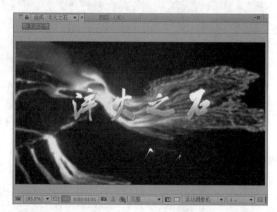

图1-352

操作流程

1 执行"合成>新建合成"菜单命令，创建一个"宽度"为720px、"高度"为405px、"像素长宽比"为"方形像素"的合成，设置合成的"持续时间"为4秒，并将其命名为"破碎文字效果"，如图1-353所示。

图1-353

2 执行"文件>导入>文件"菜单命令，打开本书学习资源中的"案例源文件>第1章>1.22>背景.mov、淬火之石.mov"文件，将其拖曳到"破碎文字效果"合成的时间线上，如图1-354所示。画面的预览效果如图1-355所示。

图1-354

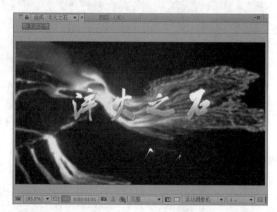

图1-355

3 选择"淬火之石"图层，执行"效果>模拟>碎片"菜单命令，设置"视图"为"已渲染"，展开"形状"选项，设置"图案"为"砖块"，最后设置"重复"数值为35、"凸出深度"数值为0.35，如图1-356所示。

4 展开"作用力1"参数项，在第0帧处，设置"半径"的值为0；在第20帧处，设置"半径"的值为5，如图1-357和图1-358所示。

图1-356 图1-357

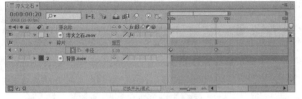

图1-358

5 展开"作用力2"参数项，设置"位置"的值为（720, 202），如图1-359所示。

图1-359

6 选择"淬火之石"图层，按U键展开关键帧，框选"半径"属性中的两个关键帧后，在任一关键帧上单击鼠标右键，在弹出的菜单中选择"切换定格关键帧"命令，如图1-360所示。

图1-360

7 选择"淬火之石"图层，按Ctrl+Alt+R快捷键反转素材，如图1-361所示。

图1-361

8 选择"淬火之石"图层，按Ctrl+Shift+C快捷键，对图层进行"预合成"设置，将新合成命名为"淬火之石合成"，如图1-362所示。

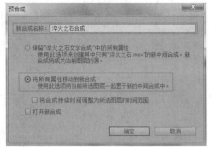

图1-362

9 选择"淬火之石合成"图层，执行"效果>时间>残影"菜单命令，设置"残影数量"的值为5、"衰减"的值为0.5、"残影运算符"为"相加"，如图1-363所示。在第3秒10帧处，设置"残影数量"为5；在第4秒处，设置"残影数量"为0。在第3秒10帧处，设置"衰减"为0.5；在第4秒处，设置"衰减"为0，如图1-364所示。

图1-363

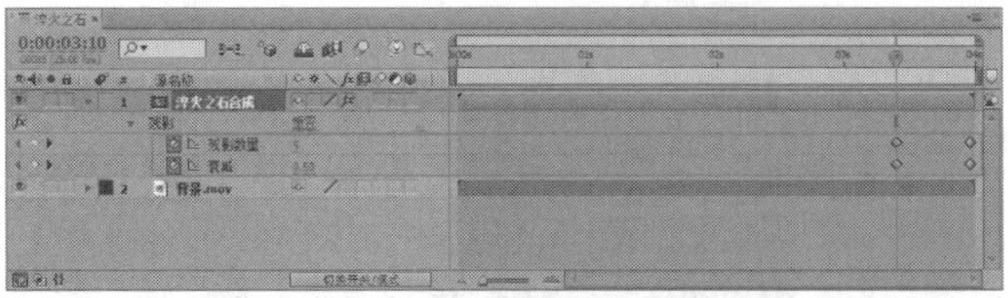

图1-364

10 选择"背景"图层，执行"效果>颜色校正>色相/饱和度"菜单命令，为背景图层进行校色处理，设置"主色相"为（0× -50°）、"主饱和度"的值为-60、"主亮度"的值为-30，如图1-365所示。

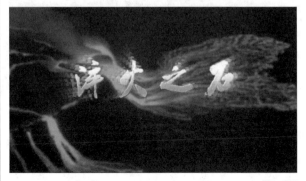

图1-365

11 按小键盘上的数字键0，预览最终效果，如图1-366所示。

图1-366

1.23 卡片翻转式文字

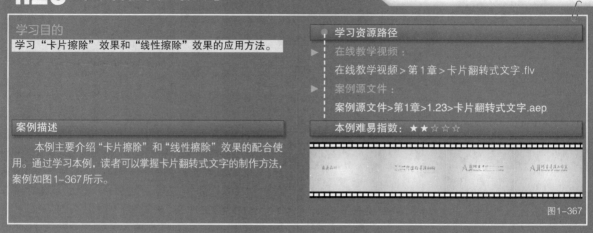

学习目的

学习"卡片擦除"效果和"线性擦除"效果的应用方法。

学习资源路径
- ▶ 在线教学视频：
  在线教学视频>第1章>卡片翻转式文字.flv
- ▶ 案例源文件：
  案例源文件>第1章>1.23>卡片翻转式文字.aep

案例描述

本例主要介绍"卡片擦除"和"线性擦除"效果的配合使用。通过学习本例，读者可以掌握卡片翻转式文字的制作方法，案例如图1-367所示。

本例难易指数：★ ★ ☆ ☆ ☆

图1-367

操作流程

1 执行"合成>新建合成"菜单命令，创建一个"宽度"为720px、"高度"为405px、"像素长宽比"为"方形像素"的合成，设置合成的"持续时间"为4秒，将其命名为"卡片翻转式文字"，如图1-368所示。

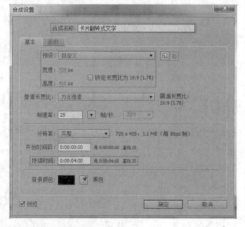

图1-368

2 执行"文件>导入>文件"菜单命令，打开本书学习资源中的"案例源文件>第1章>1.23>背景.mov、Aji.mov、机构.mov"文件，并将其添加到"卡片翻转式文字"合成的时间线上，如图1-369所示。

图1-369

3 关闭Aji.mov图层的显示，如图1-370所示。选择"机构.mov"图层，执行"效果>过渡>线性擦除"菜单命令，在"线性擦除"面板中设置"过渡完成"值为95、"擦出角度"值为（0×-90°）、"羽化"值为100，如图1-371所示。

图1-370

图1-371

4 设置"过渡完成"属性的关键帧动画。在第0帧处，设置"过渡完成"的值为95%；在第20帧处，设置"过渡完成"的值为0%，如图1-372所示。

图1-372

5 选择"机构.mov"图层，执行"效果>过渡>卡片擦除"菜单命令，设置"背面图层"的选项为2.Aji.mov，"翻转方向"设置为"反向"，"渐变图层"设置为2.Aji.mov，如图1-373所示。

图1-373

6 设置"卡片擦除"效果中"过渡完成"属性的关键帧动画。在第1秒15帧,设置"过渡完成"的值为0%;在第3秒处,设置"过渡完成"的值为100%,如图1-374所示。

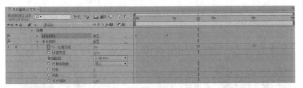

图1-374

7 按小键盘上的数字键0,预览最终效果,如图1-375所示。

图1-375

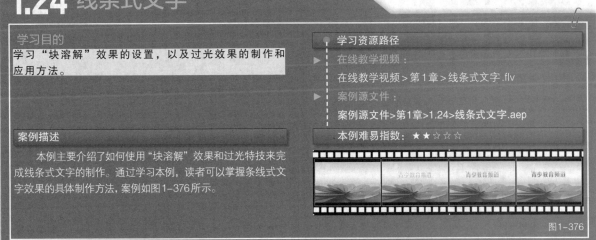

1.24 线条式文字

学习目的

学习"块溶解"效果的设置,以及过光效果的制作和应用方法。

学习资源路径

▶ 在线教学视频:

在线教学视频>第1章>线条式文字.flv

▶ 案例源文件:

案例源文件>第1章>1.24>线条式文字.aep

案例描述

本例主要介绍了如何使用"块溶解"效果和过光特技来完成线条式文字的制作。通过学习本例,读者可以掌握条线式文字效果的具体制作方法,案例如图1-376所示。

本例难易指数:★ ★ ☆ ☆ ☆

图1-376

操作流程

1 执行"合成>新建合成"菜单命令,创建一个预设为PAL D1/DV的合成,设置其"持续时间"为3秒,并将其命名为"线条文字",如图1-377所示。

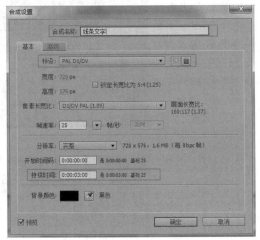

图1-377

2 执行"文件>导入>文件"菜单命令,导入本书学习资源中的"案例源文件>第1章>1.24>背景.mov、定版文字.mov"素材文件。选

择导入的素材,按快捷键Ctrl+/将其添加到"时间线"面板中,如图1-378所示。画面预览效果如图1-379所示。

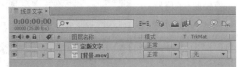

图1-378

图1-379

3 执行"图层>新建>调整图层"菜单命令,创建一个调整图层,然后将其命名为"视觉中心",接着将该图层移动到"定版文字"图层的下面,最后使用"椭圆工具"  为该图层添加蒙版,如图1-380所示。

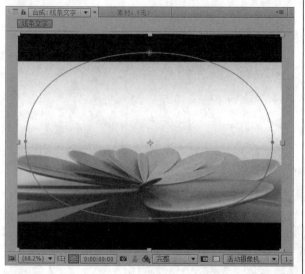

图1-380

4 展开"蒙版1"属性,修改"蒙版羽化"的值为(200,200像素),将蒙版的叠加模式设置为"相减",如图1-381所示。

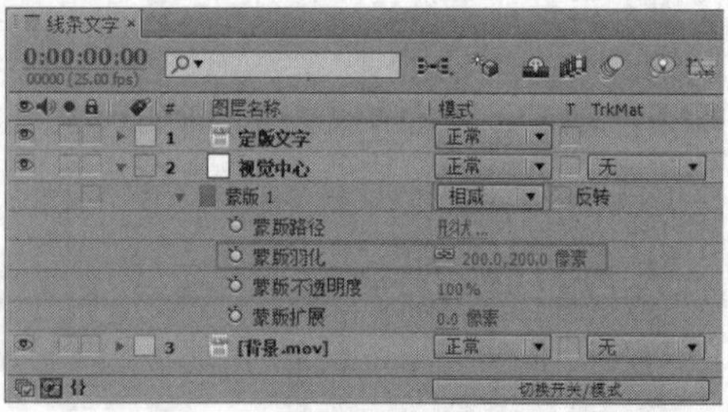

图1-381

5 选择"视觉中心"图层,执行"效果>模糊和锐化>快速模糊"菜单命令,设置"模糊度"的值为3,勾选"重复边缘像素"选项,如图1-382所示。

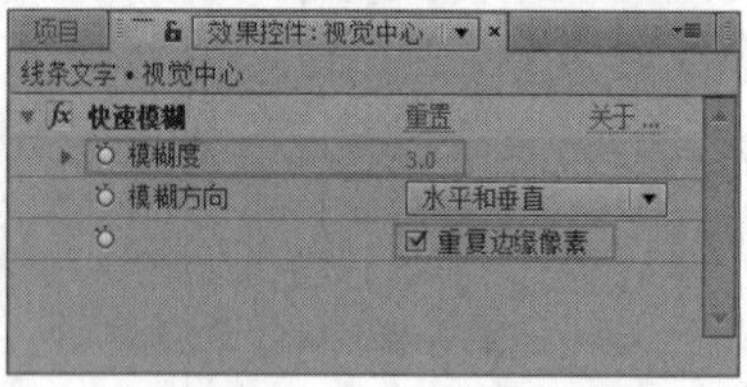

图1-382

6 选择"定版文字"图层,执行"效果>过渡>块溶解"菜单命令,设置"块宽度"的值为1000,如图1-383所示。

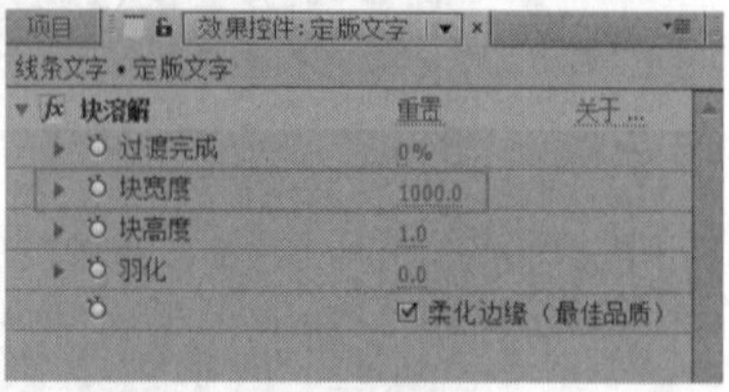

图1-383

7 设置"过渡完成"属性的关键帧动画。在第0帧处,设置"过渡完成"的值为100%;在第1秒15帧处,设置"过渡完成"的值为0%,如图1-384所示,画面的预览效果如图1-385所示。

图1-384

图1-385

8 为文字图层增加过光效果。选择"定版文字"图层,按Ctrl+D快捷键复制一个文字图层,将其重命名为"定版文字2",如图1-386所示。

图1-386

9 执行"图层>新建>纯色"菜单命令,新建一个颜色为橙色(R:255,G:150,B:0)的图层,并将其命名为"扫光",如图1-387所示。修改该图层"不透明度"属性的值为45%,如图1-388所示。

图1-387

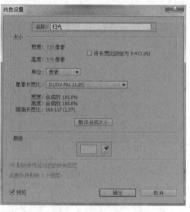

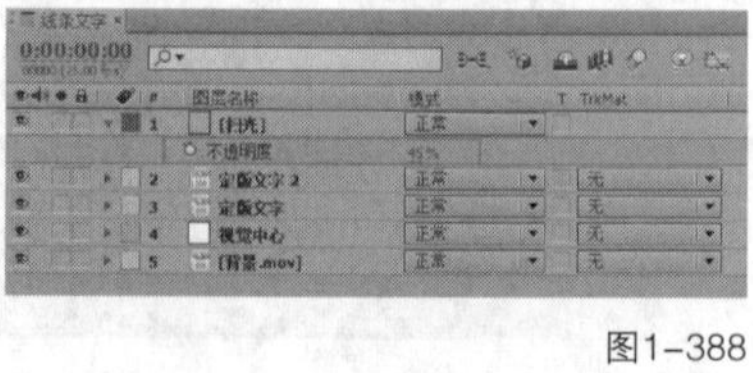

图1-388

10 选择"扫光"图层,为该图层添加椭圆蒙版,将时间线滑块放置在第1秒13帧处,调整图层的"位置"属性值为（360，288）；在第2秒18帧处，调整图层的"位置"属性值为（841，288），如图1-389和图1-390所示。

图1-389

图1-390

11 将"扫光"图层调整至"定版文字2"图层下面，将"定版文字2"图层作为"扫光"图层的"Alpha遮罩'定版文字2'"轨道遮罩，将"扫光"图层的叠加模式修改为"屏幕"，如图1-391所示。

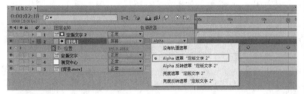

图1-391

12 按Ctrl+Y快捷键，新建一个黑色的纯色图层，并将其命名为"光晕"，然后执行"效果>生成>镜头光晕"菜单命令，设置"镜头类型"为"50-300毫米变焦"，如图1-392所示。

图1-392

13 设置"镜头光晕"效果的"光晕中心"属性的关键帧动画。在第0帧处，设置其值为（-150，-118）；在第2秒24帧处，设置其值为（0，-118），最后修改"光晕"图层的图层叠加模式为"相加"，如图1-393所示。

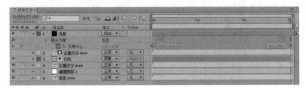

图1-393

14 执行"图层>新建>纯色"菜单命令，创建一个黑色的纯色图层，将其命名为"遮幅"，如图1-394所示。

图1-394

15 选择"遮幅"图层，使用"矩形工具" ▯ 为该图层添加一个蒙版。在"蒙版1"属性中，设置蒙版的叠加模式为"相减"，如图1-395所示。

图1-395

16 按小键盘上的数字键0，预览最终效果，如图1-396所示。

图1-396

1.25 描边文字

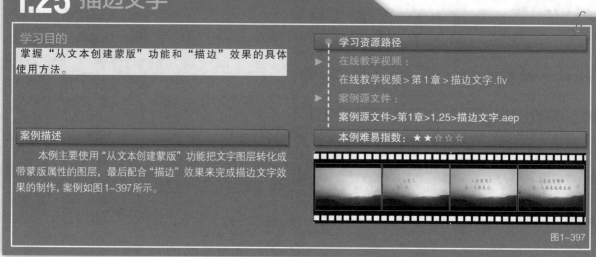

学习目的

掌握"从文本创建蒙版"功能和"描边"效果的具体使用方法。

学习资源路径

▶ 在线教学视频：
  在线教学视频 > 第1章 > 描边文字.flv
▶ 案例源文件：
  案例源文件 > 第1章 > 1.25 > 描边文字.aep

本例难易指数：★ ★ ☆ ☆ ☆

案例描述

本例主要使用"从文本创建蒙版"功能把文字图层转化成带蒙版属性的图层，最后配合"描边"效果来完成描边文字效果的制作，案例如图1-397所示。

图1-397

操作流程

1 执行"合成>新建合成"菜单命令，创建一个"宽度"为720px、"高度"为405px、"像素长宽比"为"方形像素"的合成，设置合成的"持续时间"为4秒，并将其命名为"描边文字"，如图1-398所示。

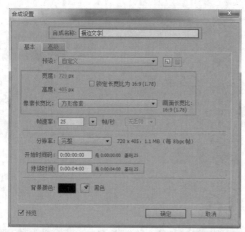

图1-398

2 执行"文件>导入>文件"菜单命令，打开本书学习资源中的"案例源文件>第1章>1.25>背景.mov"文件，将其添加到"描边文字"合成的时间线上，如图1-399所示。

图1-399

3 使用"横排文字工具" T 创建一个"人生没有彩排"的文字图层，设置字体为"罗西钢笔行楷"、字体大小为45像素、字间距为100、字体颜色为橙色（R:252，G:101，B:0），如图1-400所示。

图1-400

4 选择"人生没有彩排"文字图层，按Ctrl+D快捷键复制该文字图层，将复制得到的文字图层的内容修改为"每一天都是现场直播"，然后修改这两个文字图层的"位置"值均为（359，140），如图1-401所示。

图1-401

5 选择"人生没有彩排"文字图层，执行"图层>从文本创建蒙版"菜单命令，如图1-402所示。

图1-402

6 隐藏"每一天都是现场直播"图层,选择"人生没有彩排 轮廓"图层,执行"效果>生成>描边"菜单命令,勾选"所有蒙版"选项,设置"颜色"为橙黄色(R:252, G:101, B:0),修改"画笔大小"为1.4、"画笔硬度"为100%,最后将"绘画方式"修改为"在透明背景上",如图1-403所示。

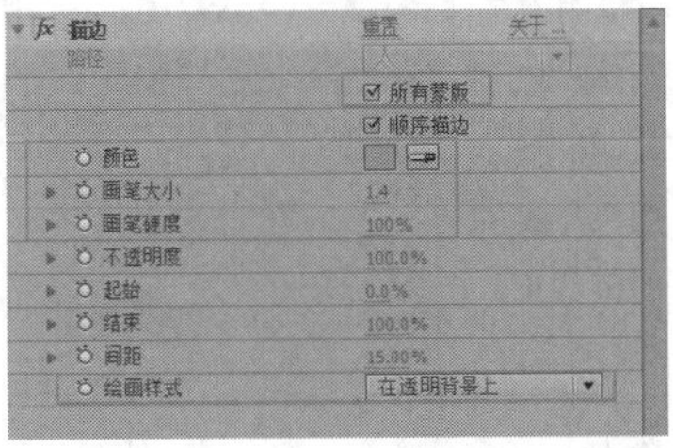

图1-403

7 设置图层的描边动画。在第0帧处,设置"结束"属性值为0%;在第3秒08帧时,设置"结束"属性值为100%,如图1-404所示。画面的预览效果如图1-405所示。

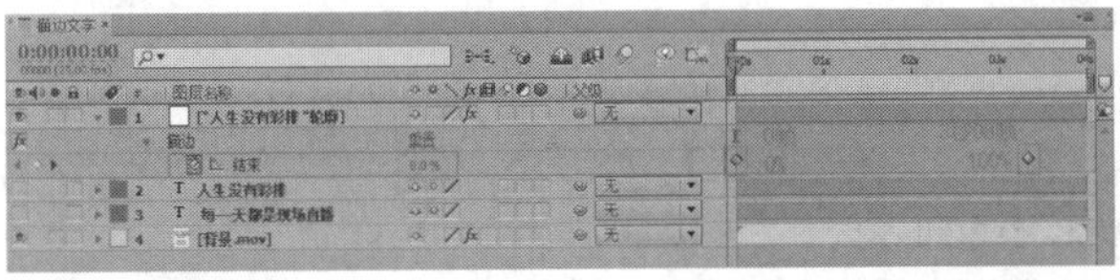

图1-404

图1-405

8 显示"每一天都是现场直播"文字图层,执行与上一个文字图层同样的操作,创建"每一天都是现场直播 轮廓"图层。执行"效果>生成>描边"菜单命令,为其添加"描边"效果,然后设置

描边动画,在第0帧处,设置"结束"属性值为0%;在第3秒08帧处,设置"结束"属性值为100%,如图1-406所示。画面的预览效果如图1-407所示。

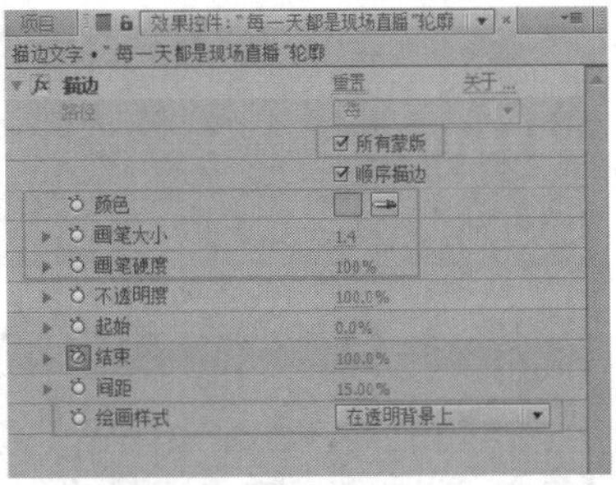

图1-406

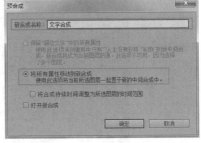

图1-407

9 选择"人生没有彩排 轮廓"和"每一天都是现场直播 轮廓"图层,按Ctrl+Shift+C快捷键合并图层,并将其命名为"文字合成",如图1-408所示。

图1-408

10 选择"文字合成"图层,设置该图层"缩放"属性的关键帧动画,在第0帧处,设置"缩放"的值为(95, 95%);在第3秒20帧处,设置"缩放"的值为(100, 100%),如图1-409所示。

图1-409

11 按小键盘上的数字键0,预览最终效果,如图1-410所示。

图1-410

1.26 组合定版

学习目的

学习“卡片动画”效果的高级应用。

学习资源路径

▶ 在线教学视频：

在线教学视频 > 第 1 章 > 组合定版 .flv

▶ 案例源文件：

案例源文件>第1章>1.26>组合定版.aep

案例描述

本例主要介绍“卡片动画”效果的高级应用。通过学习本例，读者可以掌握“卡片动画”效果在模拟图片组合特效方面的应用，案例如图1-411所示。

本例难易指数：★★☆☆☆

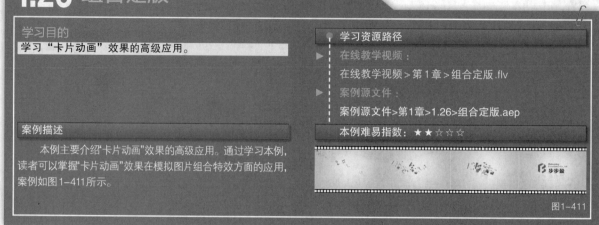

图1-411

操作流程

1 执行“合成>新建合成”菜单命令，创建一个“宽度”为720px、“高度”为405px、“像素长宽比”为“方形像素”的合成，设置合成的“持续时间”为3秒，并将其命名为“组合定版”，如图1-412所示。

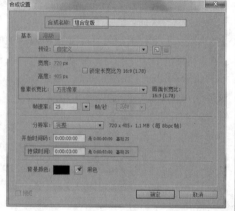

图1-412

2 执行“文件>导入>文件”菜单命令，打开本书学习资源中的“案例源文件>第1章>1.26>背景.jpeg、定版.png”文件，将这两个素材拖曳到“组合定版”合成的时间线上，如图1-413所示。

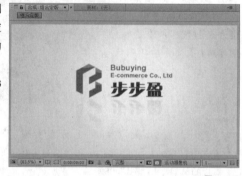

图1-413

3 选择“定版”图层，执行“效果>颜色校正>曲线”菜单命令，分别调整RGB、红色和蓝色通道中的曲线，如图1-414所示。画面的预览效果如图1-415所示。

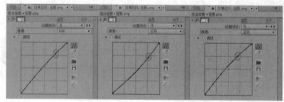

图1-414

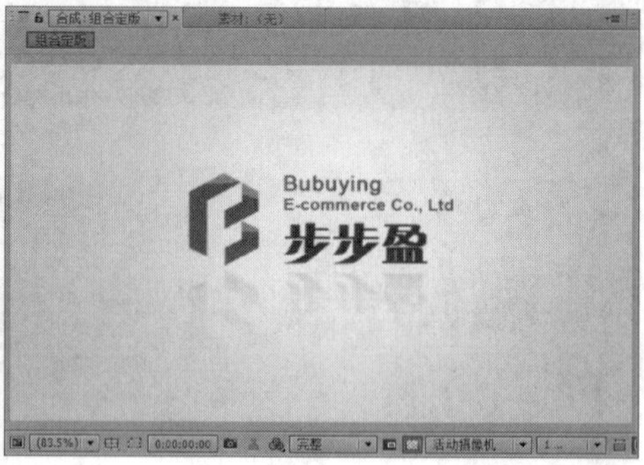

图1-415

4 选择“定版”图层，执行“效果>模拟>卡片动画”菜单命令，设置“行数”和“列数”为35、“渐变图层1”和“渐变图层2”均为“1.定版.png ”、“变换顺序”为“位置，旋转，缩放”，如图1-416所示。

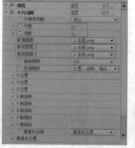

图1-416

5 展开“X位置”参数项，设置“源”为“强度1”。在第0帧处，设置“乘数”为8、“偏移”为3；在第1秒20帧处，设置“乘数”为0.8、“偏移”为0.3；在第2秒15帧处，设置“乘数”为0、“偏移”为0，如图1-417所示。

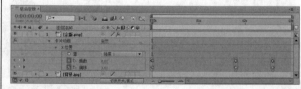

图1-417

6 展开"Z位置"参数项，设置"源"为"强度1"。在第0帧处，设置"乘数"为15、"偏移"为-20；在第1秒20帧处，设置"乘数"为1.5、"偏移"为-2；在第2秒15帧处，设置"乘数"为0、"偏移"为0，如图1-418所示。

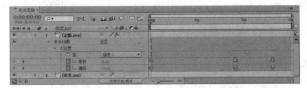

图1-418

7 展开"X轴旋转"参数项，设置"源"为"强度1"。在第0帧处，设置"乘数"为60；在第1秒20帧处，设置"乘数"为6；在第2秒15帧处，设置"乘数"为0。展开"Y轴旋转"参数项，设置"源"为"强度1"。在第0帧处，设置"乘数"为60；在第1秒20帧处，设置"乘数"为6；在第2秒15帧处，设置"乘数"为0，如图1-419所示。

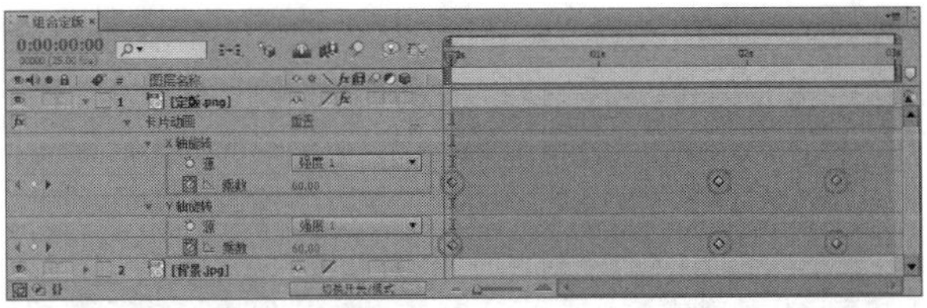

图1-419

8 展开"摄像机位置"参数项，在第0帧处，设置"Z轴旋转"的值为（0×-180°）、"X、Y位置"的值为（-9，288）、"Z位置"的值为10、"焦距"的值为70；在第1秒20帧处，设置"Z轴旋转"的值为（0×-18°）、"X、Y位置"的值为（322，205）、"Z位置"的值为2.8、"焦距"为100；在第2秒15帧处，"Z轴旋转"的值为（0×+0°）、"X、Y位置"的值为（360，200）、"Z位置"的值为2、"焦距"的值为70，如图1-420所示。画面的预览效果如图1-421所示。

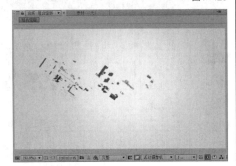

图1-420

图1-421

9 执行"图层>新建>空对象"菜单命令，创建一个新的"空1"虚拟体图层，将其命名为"抖动控制"，最后将"定版"图层作为"抖动控制"图层的子级，如图1-422所示。

图1-422

10 选择"抖动控制"图层，执行"效果>表达式控制>滑块控制"菜单命令，然后展开该图层的"位置"属性，为其添加一个随机抖动的表达式wiggle(10,effect("滑块控制")("滑块"));，接着将抖动强度的值关联到"滑块"属性上。在第0帧处，设置"滑块"的值为0；在第10帧处，设置"滑块"的值为5；在第1秒15帧处，设置"滑块"的值为5；在第2秒处，设置"滑块"的值为0，如图1-423所示。

图1-423

11 执行"图层>新建>调整图层"菜单命令，创建一个新的调整图层，并将其命名为"运动模糊"，然后选择该图层，执行"效果>模糊和锐化>快速模糊"菜单命令。在第1秒10帧处，设置"模糊度"的值为1；在第1秒20帧处，设置"模糊度"的值为0，最后开启"重复边缘像素"选项，如图1-424所示。

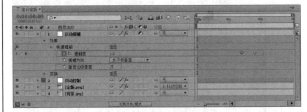

图1-424

12 选择"定版"图层，设置其"缩放"属性的关键帧动画。在第2秒15帧处，设置其值为（100，100%）；在第3秒处，设置其值为（102，102%），如图1-425所示。

图1-425

13 按小键盘上的数字键0，预览最终效果，如图1-426所示。

图1-426

71

1.27 切割文字

学习资源路径

▶ 在线教学视频：

在线教学视频 > 第1章 > 切割文字.flv

▶ 案例源文件：

案例源文件 > 第1章 > 1.27 > 切割文字.aep

本例难易指数：★ ★ ★ ☆ ☆

案例描述

本例主要介绍切割文字光效的制作方法。通过学习本例，读者可以掌握"描边""快速模糊""残影""高斯模糊""发光"和CC Toner（CC填色）等效果的综合应用，案例如图1-427所示。

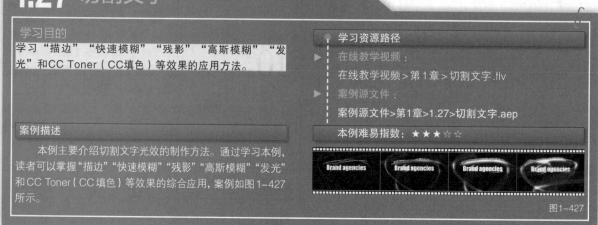

图1-427

操作流程

1 执行"合成>新建合成"菜单命令，创建一个"宽度"为720px、"高度"为405px、"像素长宽比"为"方形像素"的合成，设置合成的"持续时间"为5秒，并将其命名为"线条"，如图1-428所示。

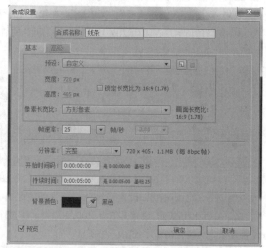

图1-428

2 按Ctrl+Y快捷键，创建一个黑色的纯色图层，将其命名为"线条"。选择该图层，使用"钢笔工具" ◢ 绘制图1-429所示的蒙版。

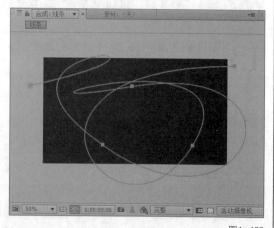

图1-429

3 展开"蒙版1"属性，在第0帧处，创建"蒙版路径"属性的关键帧；将时间移动到第3秒处，修改蒙版的形状，系统会自动生成关键帧，关键帧显示如图1-430所示，第3秒处的蒙版形状如图1-431所示。

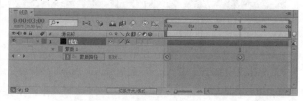

图1-430

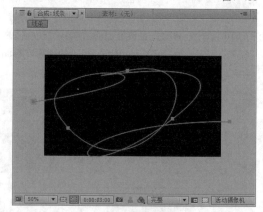

图1-431

4 选择"线条"图层，执行"效果>生成>描边"菜单命令，设置"画笔大小"的值为1，如图1-432所示。

图1-432

5 选择"线条"图层,执行"效果>模糊与锐化>快速模糊"菜单命令,设置"模糊度"的值为2,勾选"重复边缘像素"选项,如图1-433所示。

图1-433

6 执行"合成>新建合成"菜单命令,创建一个"宽度"为720px、"高度"为405px、"像素长宽比"为"方形像素"的合成,设置合成的"持续时间"为5秒,并将其命名为"光效",如图1-434所示。

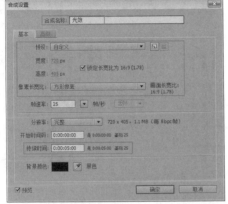

图1-434

7 将"线条"合成添加到"光效"合成中,选择"线条"图层,执行"效果>时间>残影"菜单命令,设置"残影数量"的值为90、"起始强度"的值为0.1,如图1-435所示。效果预览如图1-436所示。

图1-435

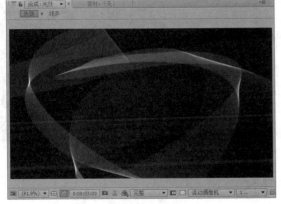

图1-436

8 选择"线条"图层,执行"效果>模糊与锐化>高斯模糊"菜单命令,设置"糊模度"的值为2,如图1-437所示。

图1-437

9 选择"线条"图层,执行"效果>风格化>发光"菜单命令,设置"发光阈值"的值为25%、"发光半径"的值为25、"发光强度"的值为2,如图1-438所示。

10 选择"线条"图层,执行"效果>色彩校正>CC Toner(CC调色)"菜单命令,设置Midtones的颜色为(R:225, G:125, B:0),如图1-439所示,画面的预览效果如图1-440所示。

图1-438

图1-439

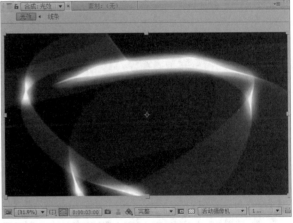

图1-440

11 执行"合成>新建合成"菜单命令,创建一个"宽度"为720px、"高度"为405px、"像素长宽比"为"方形像素"的合成,设置合成的"持续时间"为5秒,并将其命名为"切割文字",如图1-441所示。

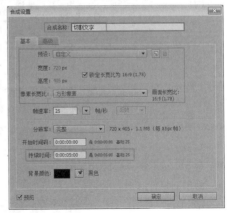

图1-441

12 使用"横排文字工具" T 创建一个Brand agencies文字图层,设置字体为Impact、字体大小为65像素、字体颜色为

白色, 如图1-442所示。画面的预览效果
如图1-443所示。

图1-442

图1-443

13 将项目窗口中的"光效"合成添加到"切割文字"合成的
时间线
上, 如图1-444
所示。

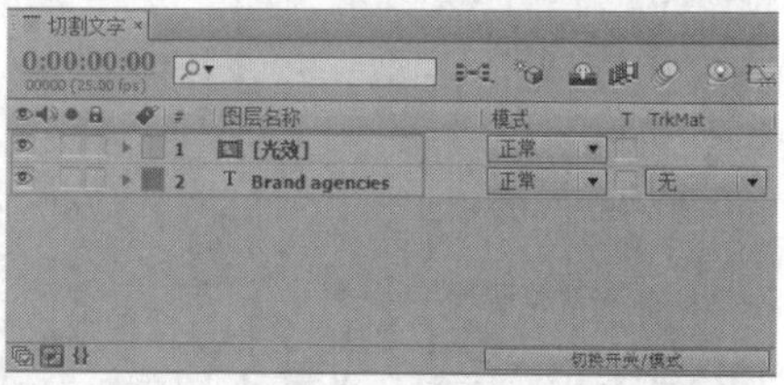

图1-444

14 选择Brand agencies图层, 按Ctrl+D快捷键复制出一个
图层, 然后选择复制得到的图层, 设置其叠加模式为"叠
加", 最后将其
移到"光效"图
层上面, 如图
1-445所示。

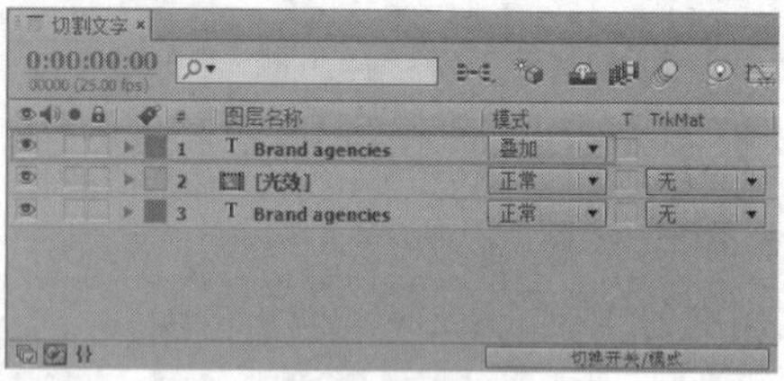

图1-445

15 选择通过复制得到的Brand agencies图层, 执行"效果>风
格化>CC Glass(CC玻璃)"菜单命令, 设置Bump Map(凹凸
贴图)为"2.光效"、Property(特性)为Red(红色)、Softness(柔
和度)为5、Height(高度)
为50、Displacement(置
换)为200, 如图1-446所
示。画面的预览效果如图
1-447所示。

图1-446

图1-447

16 选择"光效"图
层, 执行"效果>
通道>通道合成器"菜单
命令, 设置"自"为"RGB
最大值"、"收件人"为
Alpha, 如图1-448所示。

图1-448

17 选择"光效"图层, 执行"效果>通道>移除颜色遮罩"菜单
命令, 如图1-449
所示。画面预览效果如
图1-450所示。

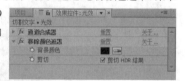

图1-449

图1-450

18 选择初始的Brand agencies图层, 执行"效果>模糊和锐化>
复合模糊"菜单命令, 设置"模糊图层"为"2.光效"、"最
大模糊"的值为100, 如图
1-451所示。

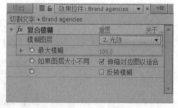

图1-451

19 按小键盘上的数字键0，预览最终效果，如图1-452所示。

图1-452

1.28 飞沙文字

学习目的

学习"粒子运动场"效果的具体应用。

学习资源路径

▶ 在线教学视频：

在线教学视频>第1章>飞沙文字.flv

▶ 案例源文件：

案例源文件>第1章>1.28>飞沙文字.aep

本例难易指数：★★★☆☆

案例描述

本例主要介绍了飞沙文字特效的制作方法。通过学习本例，读者可以掌握"粒子运动场"效果的高级应用，案例如图1-453所示。

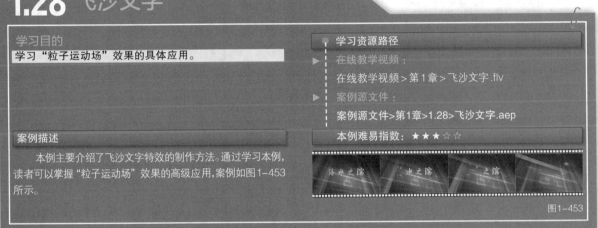

图1-453

操作流程

1 执行"合成>新建合成"菜单命令，创建一个"宽度"为720px、"高度"为405px、"像素长宽比"为"方形像素"的合成，设置合成的"持续时间"为4秒，并将其命名为"蒙版"，如图1-454所示。

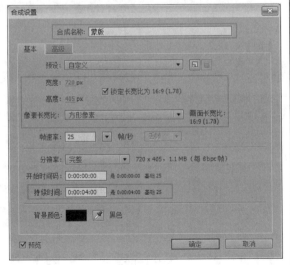

图1-454

2 执行"图层>新建>纯色"菜单命令，创建一个白色的纯色图层，然后将其命名为Mask，选择该图层，使用"钢笔工具" [图标] 绘制图1-455所示的蒙版。

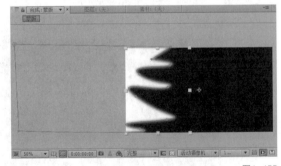

图1-455

3 设置"蒙版羽化"的值为(15, 15像素)，然后设置"蒙版路径"属性的关键帧动画，在第0帧处，创建一个关键帧（保持遮罩初始的位置不变），如图1-456所示；在第2秒15帧处，调整遮罩的形状，如图1-457所示。

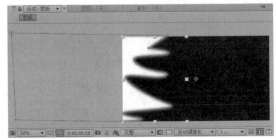

图1-456

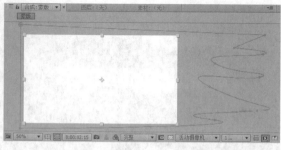

图1-457

4 执行"合成>新建合成"菜单命令,创建一个"宽度"为720px、"高度"为405px、"像素长宽比"为"方形像素"的合成,设置合成的"持续时间"为4秒,并将其命名为"飞沙文字",如图1-458所示。

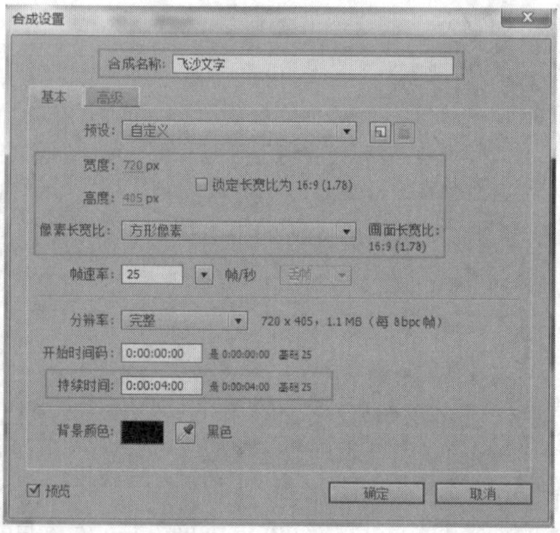

图1-458

5 执行"文件>导入>文件"菜单命令,打开本书学习资源中的"案例源文件>第1章>1.28>背景.mov"文件,然后将该素材拖曳到"飞沙文字"合成的时间线上,如图1-459所示。

图1-459

6 使用"横排文字工具" 创建一个"洛水之滨"文字图层,设置字体为"方正黄草简体"、字体大小为65像素、字间距为100、字体颜色为橙黄色(R:255, G:194, B:46),如图1-460所示。

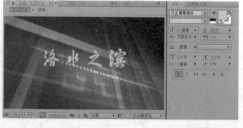

图1-460

7 将项目窗口中的"蒙版"合成拖曳到"飞沙文字"合成的时间线上,为了让文字在飞沙之前有短暂的停留,将"蒙版"图层的入点时间设置到第6帧处,最后关闭"蒙版"图层的显示,如图1-461所示。

图1-461

8 选择"洛水之滨"图层,执行"效果>模拟>粒子运动场"菜单命令,在"发射"选项组中设置"每秒粒子数"为0;在"图层爆炸"选项组中,设置"引爆图层"为"2.洛水之滨"、"新粒子半径"的值为0;在"重力"选项组中,设置"力"的值为0,如图1-462所示。

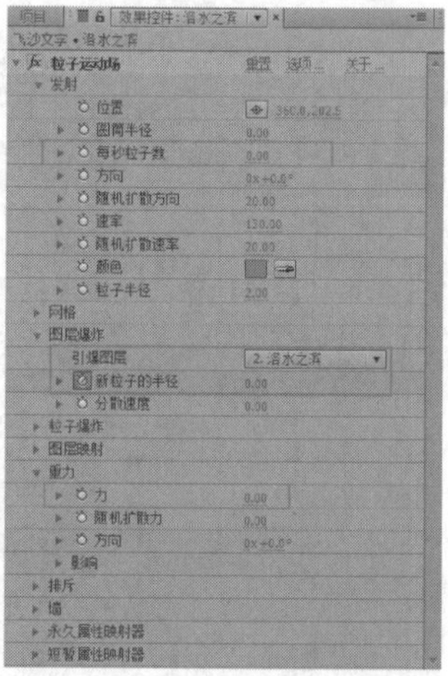

图1-462

9 在"洛水之滨"图层中设置"新粒子的半径"的关键帧动画,在第0帧处,设置"新粒子的半径"的值为0.5;在第5帧处,设置"新粒子的半径"的值为0,如图1-463所示。

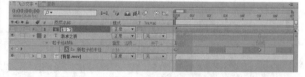

图1-463

10 在"排斥"选项组中,设置"力"的值为1、"力半径"的值为5,将"粒子来源"设置为"图层爆炸","选区映射"设置为"1.蒙版",如图1-464所示。

图1-464

11 开启"洛水之滨"图层及合成的运动模糊开关,以增强视觉效果,如图1-465所示。

图1-465

12 按小键盘上的数字键0，预览最终效果，如图1-466所示。

图1-466

1.29 墙面显字

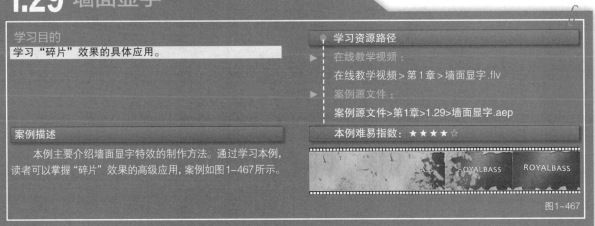

学习目的

学习"碎片"效果的具体应用。

学习资源路径

▶ 在线教学视频：

在线教学视频>第1章>墙面显字.flv

▶ 案例源文件：

案例源文件>第1章>1.29>墙面显字.aep

案例描述

本例主要介绍墙面显字特效的制作方法。通过学习本例，读者可以掌握"碎片"效果的高级应用，案例如图1-467所示。

本例难易指数：★★★★☆

图1-467

操作流程

1 执行"合成>新建合成"菜单命令，创建一个"宽度"为720px、"高度"为405px、"像素长宽比"为"方形像素"的合成，设置合成的"持续时间"为6秒，并将其命名为"蒙版"，如图1-468所示。

图1-468

2 按Ctrl+Y快捷键创建一个白色的纯色图层，将其命名为"蒙版"，如图1-469所示。选择该图层，使用"矩形工具" ▢ 创建一个矩形的蒙版，如图1-470所示。

图1-469

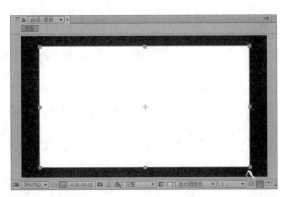

图1-470

3 选择"蒙版"图层，执行"效果>风格化>毛边"菜单命令，设置"边缘类型"为"刺状"、"边界"的值为25、"比例"的值为340，如图1-471所示。画面的预览效果如图1-472所示。

图1-471

图1-472

4 执行"合成>新建合成"菜单命令，创建一个"宽度"为720px、"高度"为405px、"像素长宽比"为"方形像素"的合成，设置合成的"持续时间"为6秒，并将其命名为"墙面1"，如图1-473所示。

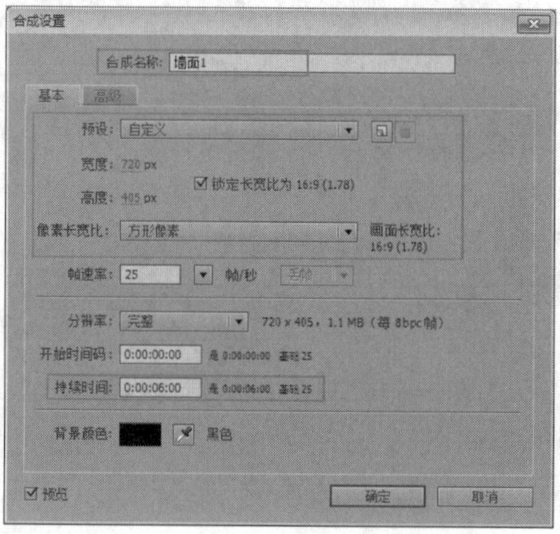

图1-473

5 执行"文件>导入>文件"菜单命令，打开本书学习资源中的"案例源文件>第1章>1.29>墙面1.jpg"文件，然后将其添加到"墙面1"合成的时间线上。将项目窗口中的"蒙版"合成也添加到"墙面1"合成的时间线上，最后将"蒙版"图层作为"墙面1"图层的"Alpha遮罩'蒙版'"，如图1-474所示。画面预览效果如图1-475所示。

图1-474

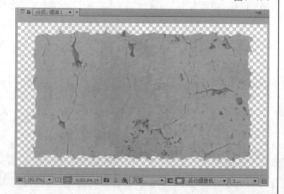

图1-475

6 执行"合成>新建合成"菜单命令，创建一个"宽度"为720px、"高度"为405px、"像素长宽比"为"方形像素"的合成，设置合成的"持续时间"为6秒，并将其命名为"显示文字"，如图1-476所示。

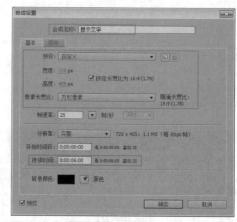

图1-476

7 执行"文件>导入>文件"菜单命令，打开本书学习资源中的"案例源文件>第1章>1.29>文字.jpg"文件并将其添加到"显示文字"合成的时间线上。将项目窗口中的"墙面1"合成也添加到"显示文字"合成的时间线上。最后将"墙面1"图层作为"文字"图层的"Alpha遮罩'墙面1'"，如图1-477所示。

图1-477

8 选择"墙面1"图层，执行"效果>模拟>碎片"菜单命令，设置"视图"选项为"已渲染"、"渲染"选项为"块"；在"形状"属性中，设置"图案"为"玻璃"、"重复"的值为22、"方向"的值为（0×+0°）、"源点"的值为（220, 203）、"凸出深度"的值为0.08；在"作用力1"属性中，设置"位置"的值为（995, 199）、"深度"的值为0.05、"半径"的值为0.18、"强度"的值为0；在"作用力2"属性中，设置"位置"的值为（1069, 205）、"深度"的值为0.05、"半径"的值为0.1、"强度"的值为0；在"物理学"属性中，设置"旋转速度"的值为0、"倾覆轴"为"自由"、"随机性"的值为0、"粘度"的值为0、"大规模方差"的值为0%、"重力"的值为0，如图1-478所示。

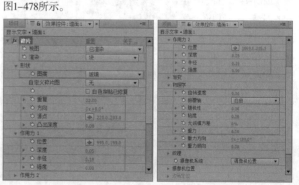

图1-478

9 设置"作用力1"中"位置"属性的关键帧动画。在第19帧处，设置"位置"的值为（995，199）；在第5秒24帧处，设置"位置"的值为（-261，208），然后选择所有的关键帧并按F9键，如图1-479所示。画面预览效果如图1-480所示。

图1-479

图1-480

10 执行"合成>新建合成"菜单命令，创建一个"宽度"为720px、"高度"为405px、"像素长宽比"为"方形像素"的合成，设置合成的"持续时间"为6秒，并将其命名为"碎片"，如图1-481所示。

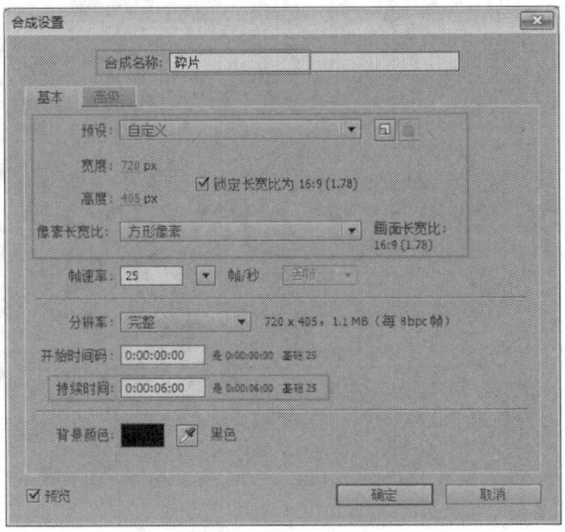

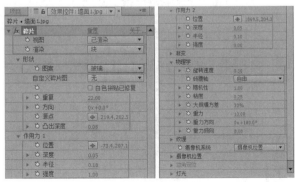

图1-481

11 将项目窗口中的"墙面1.jpg"素材添加到"碎片"合成的时间线上，然后选择"墙面1.jpg"素材，执行"效果>模拟>碎片"菜单命令，碎片的具体参数设置如图1-482所示。

图1-482

12 设置"作用力1"中"位置"属性的关键帧动画。在第19帧处，设置"位置"的值为（995，199）；在第5秒24帧处，设置"位置"的值为（-261，208），最后选择所有的关键帧并按F9键，如图1-483所示。画面预览效果如图1-484所示。

图1-483

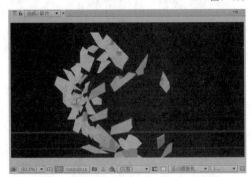

图1-484

13 执行"合成>新建合成"菜单命令，创建一个"宽度"为720px、"高度"为405px、"像素长宽比"为"方形像素"的合成，设置合成的"持续时间"为6秒，并将其命名为"墙面碎片"，如图1-485所示。

图1-485

14 将项目窗口中的"碎片"合成，添加到"墙面碎片"合成的时间线上。选择"碎片"图层，执行两次Ctrl+D快捷键复制图层的操作。将这3个"碎片"图层分别命名为"碎片""碎片阴影1"和"碎片阴影2"，如图1-486所示。

图1-486

15 选择"碎片阴影1"图层，执行"效果>生成>填充"菜单命令，设置"颜色"为灰色（R:85，G:92，B:92），如图1-487所示。

图1-487

16 选择"碎片阴影2"图层，执行"效果>生成>填充"菜单命令，设置"颜色"为灰色（R:35、G:35、B:35），如图1-488所示。继续选择该图层，执行"效果>模糊和锐化>CC Radial Blur"菜单命令，设置Type为Fading Zoom、Amount的值为2.5、Center的值为（364.5，-883.1），如图1-489所示。画面的预览效果如图1-490所示。

图1-488　　　　　　　　图1-489

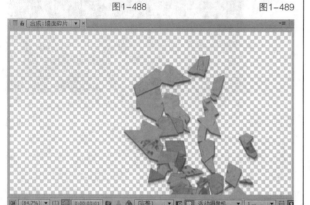

图1-490

17 执行"合成>新建合成"菜单命令，创建一个"宽度"为720px、"高度"为405px、"像素长宽比"为"方形像素"的合成，设置合成的"持续时间"为6秒，将其命名为"墙面显字"，如图1-491所示。

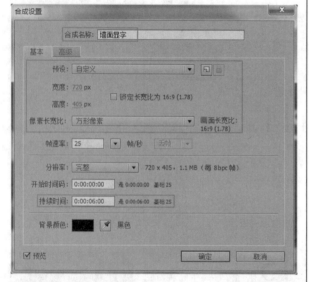

图1-491

18 将项目窗口中的"墙面1.jpg"素材、"显示文字"和"墙面碎片"合成分别添加到"墙面显字"合成的时间线上，然后开启这3个图层的"运动模糊"和"三维图层"按钮，最后开启"墙面显字"图层的"栅格化"按钮，如图1-492所示。

图1-492

19 选择"显示文字"图层，执行"效果>风格化>CC Glass"菜单命令。在Surface属性中，设置Bump Map为"2.显示文字"、Softness的值为1、Height的值为5、Displacement的值为0；在Light属性中，设置Light Intensity的值为145、Light Height的值为75、Light Direction的值为（0×+45°），如图1-493所示。画面预览效果如图1-494所示。

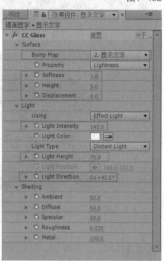

图1-493

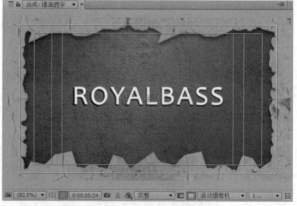

图1-494

20 执行"文件>导入>文件"菜单命令，打开本书学习资源中的"案例源文件>第1章>1.29>光影.png"文件并将其添加到"墙面显字"合成的时间线上，然后修改"光影.png"图层的"不透明度"的值为30%，最后修改该图层的图层叠加模式为"柔光"，如图1-495所示。

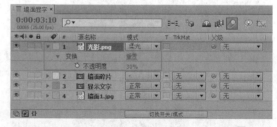

图1-495

21 执行"图层>新建>调整图层"菜单命令，创建一个调整图层，并将其命名为"整体调色"。选择该图层，执行

"效果>颜色校正>颜色平衡"菜单命令,修改"阴影红色平衡"的值为5、"高光蓝色平衡"的值为-35,如图1-496所示。

图1-496

22 选择"整体调色"图层,执行"效果>颜色校正>曲线"菜单命令,然后调整RBG(三原色通道)的曲线,如图1-497所示。画面的预览效果如图1-498所示。

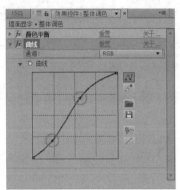

图1-497

图1-498

23 执行"图层>新建>摄像机"菜单命令,创建一个摄像机,设置摄像机的名称为"摄像机1"、"预设"设置为28毫米,开启"启用景深"选项,设置"焦距"为197.56毫米,如图1-499所示。

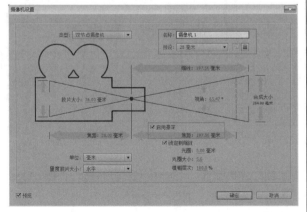

图1-499

24 设置摄像机"目标点"和"位置"属性的关键帧动画。在第0帧处,设置"目标点"的值为(360, 202.5, 0),"位置"的值为(360, 202.5, -560);在第5秒24帧处,设置"目标点"的值为(345, 216, 8),"位置"的值为(290, 315, -386),如图1-500所示。

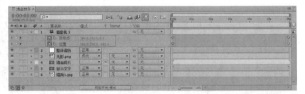

图1-500

25 执行"图层>新建>空对象"菜单命令,创建一个新的"空1"虚拟体图层,将"摄像机1"图层作为"空1"图层的子级,如图1-501所示。

图1-501

26 选择"空1"图层,执行"效果>表达式控制>滑块控制"菜单命令,然后展开该图层的"位置"属性,为其添加一个随机抖动的表达式wiggle(10,effect("滑块控制")("滑块")),将抖动强度的值关联到"滑块"属性上。在第1秒13帧处,设置"滑块"的值为0;在第1秒24帧处,设置"滑块"的值为15;在第4秒19帧处,设置"滑块"的值为10;在第5秒5帧处,设置"滑块"的值为0,如图1-502所示。

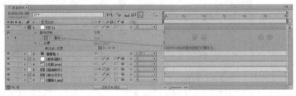

图1-502

27 为了增强碎片的动态模糊感,选择"墙面碎片"图层,执行"效果>时间> CC Force Motion Blur"菜单命令,如图1-503所示。

图1-503

28 按小键盘上的数字键0,预览最终效果,如图1-504所示。

图1-504

81

1.30 破碎文字汇聚

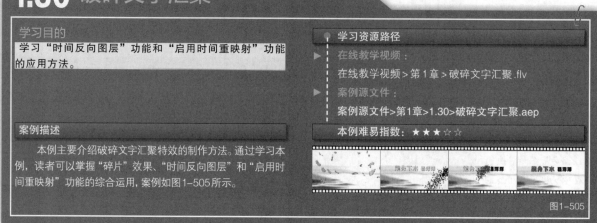

学习目的

学习"时间反向图层"功能和"启用时间重映射"功能的应用方法。

学习资源路径

▶ 在线教学视频：
　在线教学视频 > 第1章 > 破碎文字汇聚.flv

▶ 案例源文件：
　案例源文件 > 第1章 > 1.30 > 破碎文字汇聚.aep

案例描述

　　本例主要介绍破碎文字汇聚特效的制作方法。通过学习本例，读者可以掌握"碎片"效果、"时间反向图层"和"启用时间重映射"功能的综合运用，案例如图1-505所示。

本例难易指数：★★★☆☆

图1-505

操作流程

1 执行"合成 > 新建合成"菜单命令，创建一个"宽度"为720px、"高度"为405px、"像素长宽比"为"方形像素"的合成，设置合成的"持续时间"为5秒，将其命名为"碎片文字汇聚"，如图1-506所示。

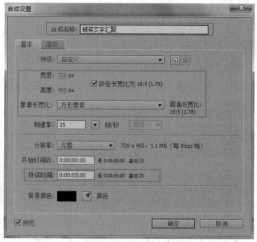

图1-506

2 执行"文件 > 导入 > 文件"菜单命令，打开本书学习资源中的"案例源文件 > 第1章 > 1.30 > 背景.jpg"文件，然后将其拖曳到"碎片文字汇聚"合成的时间线上，如图1-507所示。

图1-507

3 使用"横排文字工具" T 创建"龙舟下水喜洋洋"文字图层，设置"龙舟下水"的字体为"经典趣体繁"、字体大小为60像素、字符间距为50、字体颜色为红色（R:207, G:11, B:44）；设置"喜洋洋"的字体为"经典趣体繁"、字体大小为50像素、字符间距为50、字体颜色为黑色，如图1-508所示，效果如图1-509所示。

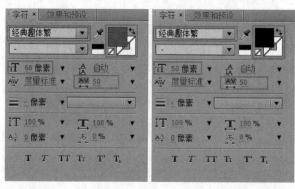

图1-508

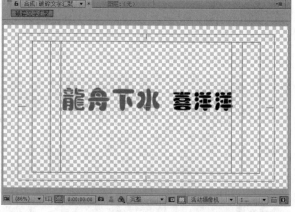

图1-509

4 选择文字图层，按Ctrl+Shift+C快捷键合并图层，并将该图层命名为"文字合并"，如图1-510所示。

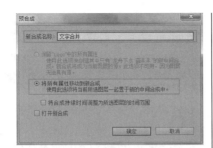

图1-510

5 选择"文字合并"图层，执行"效果>颜色校正>CC Toner"菜单命令，为文字调整颜色，修改Midtones的颜色为（R:229，G:229，B:229），Shadows的颜色为（R:232，G:232，B:232），如图1-511所示。画面的预览效果如图1-512所示。

图1-511

图1-512

6 选择"文字合并"图层，执行"效果>模拟>碎片"菜单命令，设置"视图"为"已渲染"，展开"形状"选项，设置"图案"为"玻璃"、"重复"值为12、"凸出深度"值为0.2，如图1-513所示。画面的预览效果如图1-514所示。

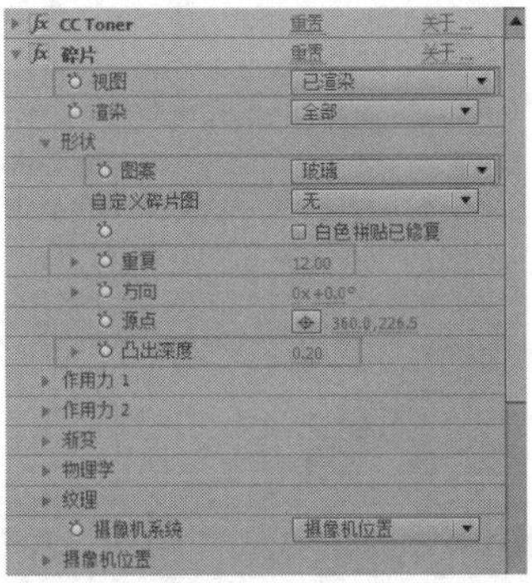

图1-513

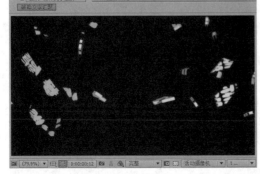

图1-514

7 选择"文字合并"图层，按Ctrl+D快捷键复制该图层，然后选择第2个"文字合并"图层，按Ctrl+Shift+C快捷键合并图层，并将该层命名为"文字合并_白色"，如图1-515所示。

图1-515

8 选择"文字合并_白色"图层，执行"效果>透视>投影"菜单命令，设置"不透明度"的值为80%、"距离"的值为3、"柔和度"的值为5，如图1-516所示。

图1-516

9 选择"文字合并"图层，修改"碎片"效果中的相关属性，在"形状"属性栏中，选择"图案"为"菱形"，设置"重复"的值为74，如图1-517所示。

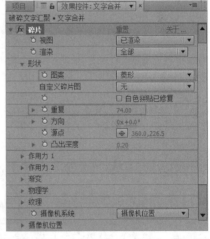

图1-517

10 选择"文字合并"和"文字合并_白色"图层，按Ctrl+Alt+R快捷键执行"时间反向图层"命令。选择"文字合并_白色"图层，按Ctrl+Alt+T快捷键，执行"启用时间重映射"命令，如图1-518所示。

图1-518

11 将时间指针移动到第2秒处，选择"文字合并_白色"图层后按]键，完成该图层出点的调整，如图1-519所示。

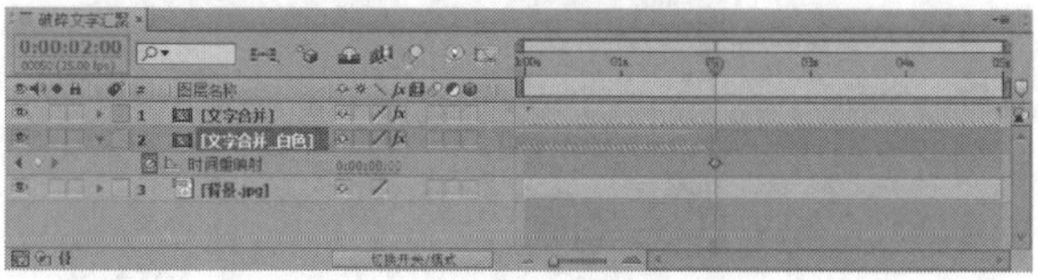

图1-519

12 将"文字合并_白色"图层的结束点拖曳到第4秒24帧处，如图1-520所示。

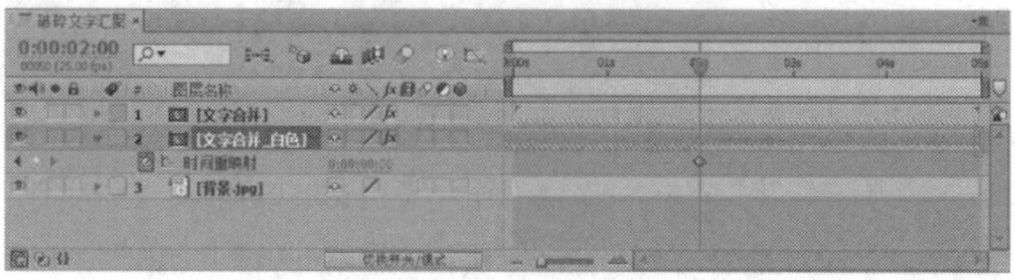

图1-520

13 选择"文字合并"图层，按Ctrl+Alt+T快捷键，执行"启用时间重映射"命令，如图1-521所示。

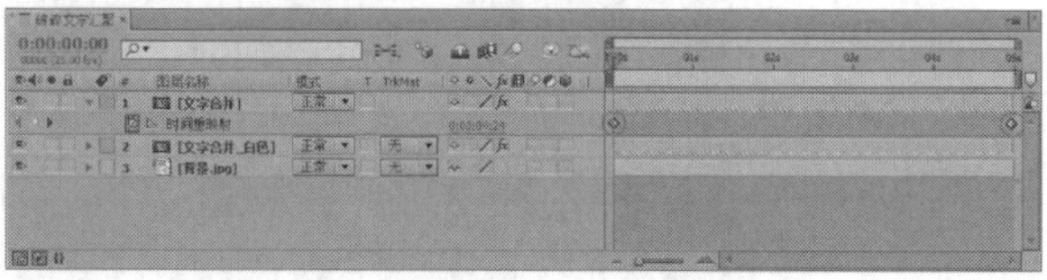

图1-521

14 将时间指针移动到第3秒15帧处，选择"文字合并"图层后按]键，完成该图层出点的调整，如图1-522所示。

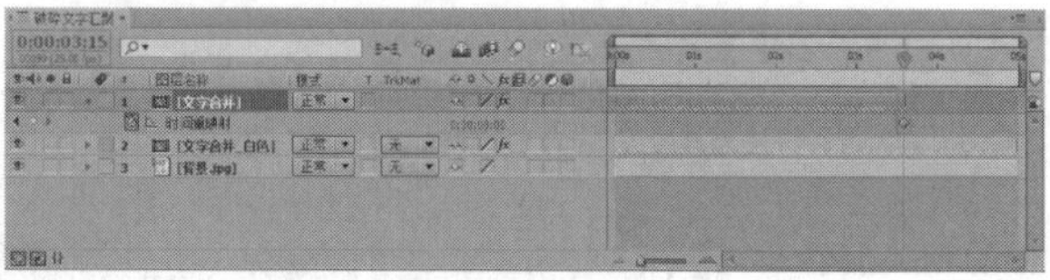

图1-522

15 将时间指针移动到第1秒16帧处，选择"文字合并"图层后按Alt+[快捷键，完成该图层入点的处理，如图1-523所示。

图1-523

16 将"文字合并"图层的结束点拖曳到第4秒24帧处，如图1-524所示。

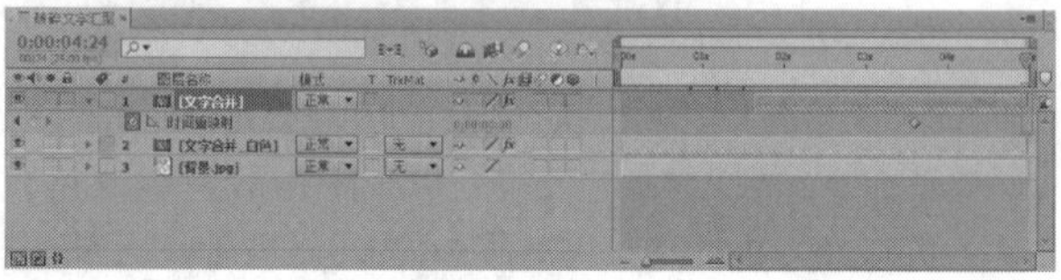

图1-524

17 在"文字合并"图层中，设置"碎片"效果的"作用力1"属性的"位置"的关键帧动画。在第1秒24帧处，设置"位置"的值为（769，210）；在第3秒15帧处，设置"位置"的值为（-244，193），如图1-525所示。

图1-525

18 按小键盘上的数字键0，预览最终效果，如图1-526所示。

图1-526

1.31 文字手写

学习目的

学习"线性擦除"效果和"蒙版"属性的应用方法。

学习资源路径

▶ 在线教学视频：

在线教学视频 > 第1章 > 文字手写.flv

▶ 案例源文件：

案例源文件 > 第1章 > 1.31 > 文字手写.aep

本例难易指数：★ ★ ★ ☆ ☆

案例描述

本例主要介绍了常规文字手写效果的制作流程。通过学习本例，读者可以掌握"线性擦除"效果和"蒙版"属性在文字手写效果制作中的综合使用，案例如图1-527所示。

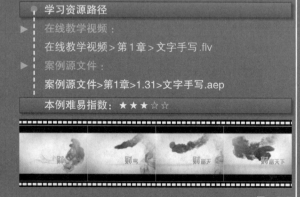

图1-527

操作流程

1 执行"文件>导入>文件"菜单命令，打开本书学习资源中的"案例源文件>第1章>1.31>LOGO.psd"文件，以"合成-保持图层大小"的方式导入，在"图层选项"中选择"可编辑的图层样式"，如图1-528所示。

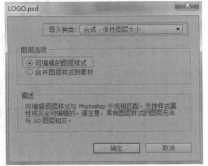

图1-528

2 双击项目窗口中的LOGO合成，在LOGO的时间线面板中选择"财"图层，然后执行"效果>过渡>线性擦除"菜单命令，设置"擦除角度"的值为（0×+0°）、"羽化"的值为2，如图1-529所示。

图1-529

3 设置"线性擦除"效果中"过渡完成"属性的关键帧动画。在第0帧处，设置其值为100%；在第5帧处，设置其值为0%，如图1-530所示。这样就完成了"财"字的第一笔书写动画，如图1-531所示。

图1-530

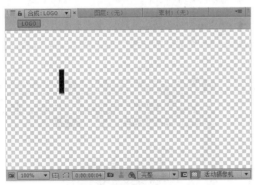

图1-531

4 "财"字剩下的笔画使用上一步同样的方法的来完成制作，绘制完成之后错开每个笔画之间的时间，如图1-532所示。"财"字的预览效果如图1-533所示。

图1-532

图1-533

5 继续使用上述的方法完成"富""天"和"下"字的制作，最终图层的排序效果如图1-534所示，"财富天下"书写的预览效果如图1-535所示。

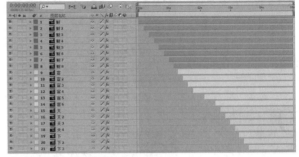

图1-534

图1-535

6 执行"合成>新建合成"菜单命令，创建一个预设为PAL D1/DV的合成，设置其"持续时间"为5秒，并将其命名为LOGO_Up，如图1-536所示。

图1-536

7 将项目窗口中的LOGO合成拖曳到LOGO_Up合成的时间线上，然后选择LOGO图层，按Ctrl+D快捷键复制图层，将复制得到的图层重命名为"LOGO_高光"。选择"LOGO_高光"图层，使用"椭圆工具" 为该图层添加蒙版，如图1-537所示。修改该图层的"不透明度"的值为30%，如图1-538所示。

图1-537

图1-538

8 选择"LOGO_高光"图层，执行"效果>颜色校正>色调"菜单命令，"将黑色映射到"调整为"白色"，如图1-539所示。

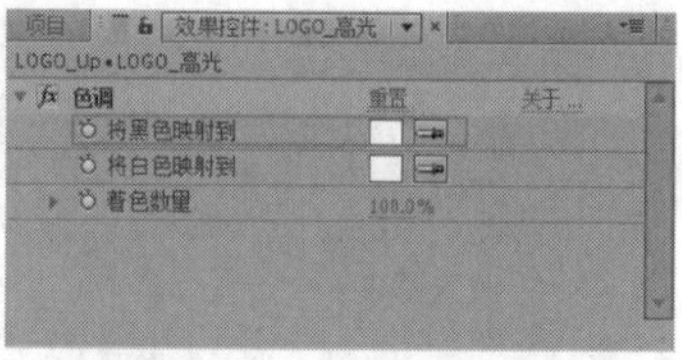

图1-539

9 执行"图层>新建>调整图层"菜单命令，创建一个调整图层，将其命名为"整体调色"。选择该图层，执行"效果>颜色校正>色相/饱和度"菜单命令，勾选"彩色化"选项，修改"着色色相"的值为（0×+30°）、"着色饱和度"的值为100、"着色亮度"的值为60，如图1-540所示。

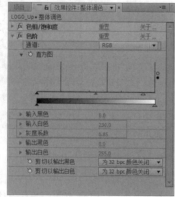

图1-540

10 选择"整体调色"图层，执行"效果>颜色校正>色阶"菜单命令，在RGB通道中，修改"输入白色"的值为230、"灰度系数"的值为0.85，如图1-541所示。

图1-541

11 选择"整体调色"图层，执行"效果>颜色校正>曲线"菜单命令，调整RGB通道中的曲线，如图1-542所示。画面的预览效果如图1-543所示。

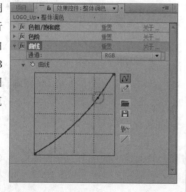

图1-542

图1-543

12 执行"合成>新建合成"菜单命令，创建一个预设为PAL D1/DV的合成，然后设置其"持续时间"为5秒，并将其命名为"手写文字"，如图1-544所示。

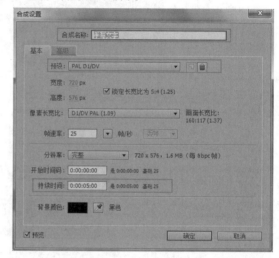

图1-544

13 执行"文件>导入>文件"菜单命令，打开本书学习资源中的"案例源文件>第1章>1.31>背景.mov"文件，然后将素材拖曳到"手写文字"合成的时间线上，如图1-545所示。

图1-545

14 选择"背景.mov"图层，执行"效果>颜色校正>色调"菜单命令，将"着色数量"的值改为35%，如图1-546所示。

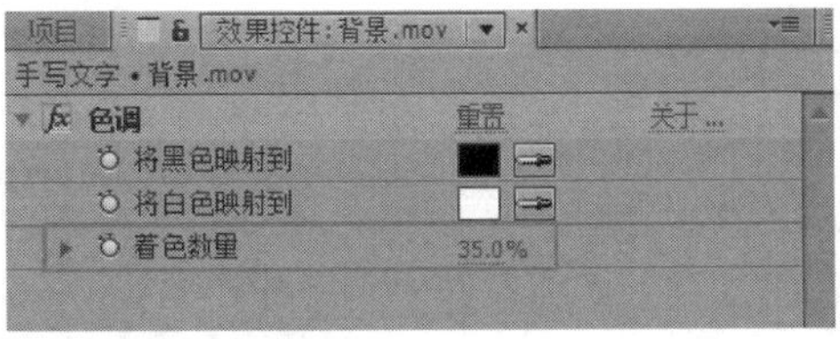

图1-546

15 选择"背景.mov"图层,执行"效果>模糊和锐化>快速模糊"菜单命令,设置"模糊度"的值为5,勾选"重复边缘像素"选项,如图1-547所示。画面预览效果如图1-548所示。

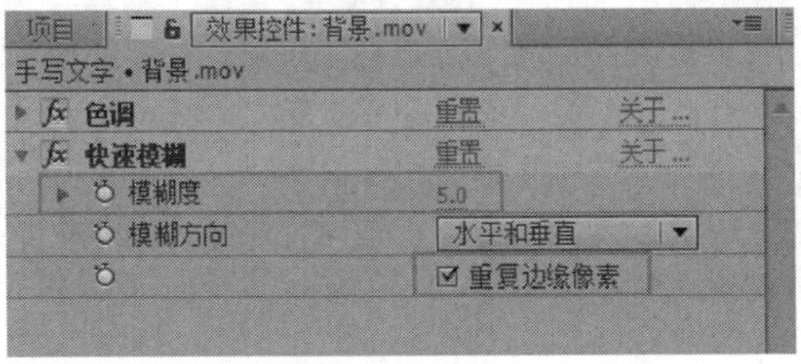

图1-547

图1-548

16 将项目窗口中的LOGO_Up合成拖曳到"手写文字"合成的时间线上,选择LOGO_Up图层并按Ctrl+D快捷键复制图层,最后分别重新命名这两个图层为"定版"和"倒影",如图1-549所示。

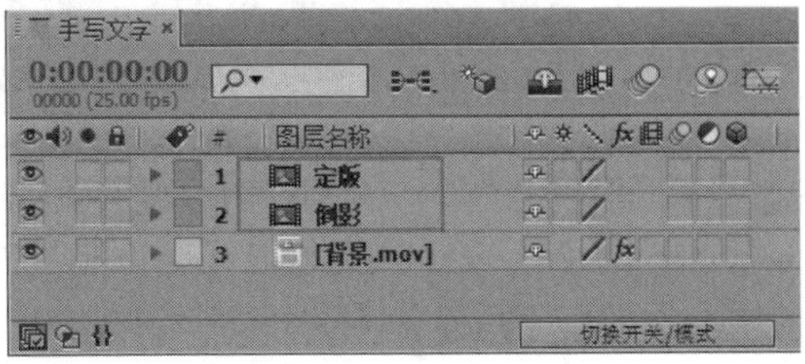

图1-549

17 修改"定版"图层的"位置"的值为(478,393),修改"倒影"图层"位置"的值为(478,404)、"缩放"的值为(100,-100%)、"不透明度"的值为12%,如图1-550所示。

图1-550

18 选择"倒影"图层,然后使用"椭圆工具"  为该图层添加蒙版,修改"蒙版羽化"的值为(50,50像素),如图1-551所示,效果如图1-552所示。

图1-551

图1-552

19 按小键盘上的数字键0,预览最终效果,如图1-553所示。

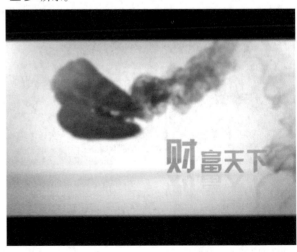

图1-553

1.32 厚重感文字

学习目的

学习"勾画"效果和"发光"效果的应用方法。

学习资源路径

▶ 在线教学视频：

在线教学视频>第1章>厚重感文字.flv

▶ 案例源文件：

案例源文件>第1章>1.32>厚重感文字.aep

本例难易指数：★ ★ ★ ★ ☆

案例描述

　　本例主要介绍厚重感文字效果的制作方法。通过学习本例，读者可以掌握"勾画""发光"等效果和"蒙版"的运用，案例如图1-554所示。

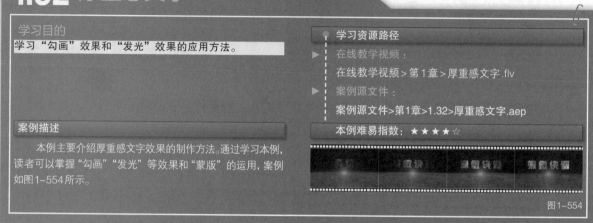

图1-554

操作流程

1 执行"合成>新建合成"菜单命令，创建一个"宽度"为720px、"高度"为405px、"像素长宽比"为"方形像素"的合成，设置合成的"持续时间"为5秒，并将其命名为"定版文字"，如图1-555所示。

图1-555

2 使用"横排文字工具" T 创建"探微诀源"文字图层，设置其字体为"汉真广标"、字体大小为90像素、字符间距为300、字体颜色为白色，如图1-556所示。

图1-556

3 选择"探微诀源"文字图层，执行"效果>生成>梯度渐变"菜单命令，设置"渐变起点"为（360，125）、"起始颜色"为（R:52，G:54，B:63）、"渐变终点"为（360，220）、"结束颜色"为（R:3，G:2，B:13），如图1-557所示。

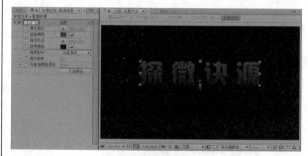

图1-557

4 执行"合成>新建合成"菜单命令，创建一个"宽度"为720px、"高度"为405px、"像素长宽比"为"方形像素"的合成，设置合成的"持续时间"为5秒，并将其命名为"定版文字合成"，如图1-558所示。

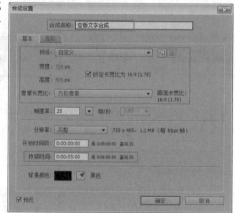

图1-558

5 将项目窗口中的"定版文字"合成拖曳到"定版文字合成"的时间线上。选择"定版文字"图层，按Ctrl+D快捷键复制图层，将通过复制得到的图层重新命名为"蒙版"，如图1-559所示。

图1-559

6 执行"文件>导入>文件"菜单命令，打开本书学习资源中的"案例源文件>第1章>1.32>文字纹理.jpg"文件，然后将其添加到"定版文字合成"的时间线上。将"蒙版"图层作为"文字纹理"图层的"Alpha遮罩'蒙版'"，将"文字纹理"图层的叠加模式修改为"叠加"，如图1-560所示。

图1-560

7 选择"蒙版"图层，执行"效果>遮罩>简单阻塞工具"菜单命令，修改"阻塞遮罩"的值为1，如图1-561所示。画面的预览效果如图1-562所示。

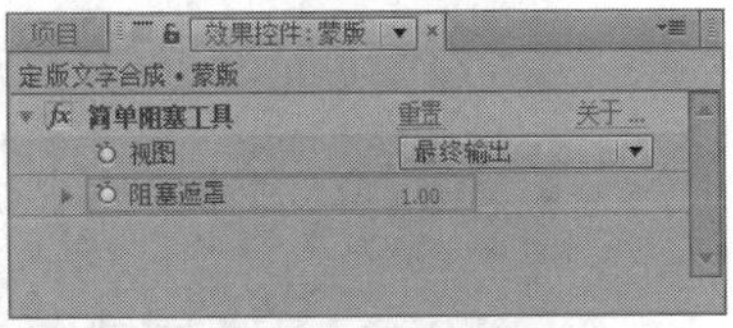

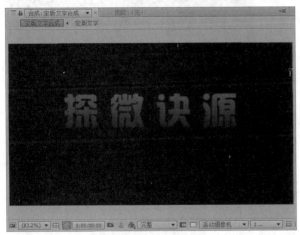

图1-561

图1-562

8 选择"定版文字"图层，执行"效果>生成>CC Light Sweep"菜单命令，设置Direction的值为（0×+100°）、Width的值为60、Edge Intensity的值为70、Edge Thicknes的值为0.5，如图1-563所示。

图1-563

9 设置CC Light Sweep效果中Center和Direction属性的关键帧动画。在第0帧处，设置Center的值为（151,160）、Direction的值为（0×+100°）；在第4秒24帧处，设置Center的值为（151,208）、Direction的值为（0×+80°），如图1-564所示。

图1-564

10 选择"定版文字"图层，执行"效果>生成>CC Light Sweep"菜单命令，修改Direction的值为（0×+45°），Width的值为30、Sweep Intensity的值为55、Edge Intensity的值为70、Edge Thicknes的值为2，如图1-565所示。

图1-565

11 设置CC Light Sweep 2效果中Center属性的关键帧动画。在第0帧处，设置Center的值为（-37,195）；在第4秒24帧处，设置Center的值为（576,195），如图1-566所示。

图1-566

12 选择"定版文字"图层，执行"效果>透视>斜面Alpha"菜单命令，修改灯光角度的值为（0×+270°），灯光强度的值为0.5，如图1-567所示。

图1-567

13 设置"斜面Alpha"效果中"灯光角度"属性的关键帧动画。在第0帧处，设置其值为（0×+270°）；在第4秒24帧处，设置其值为（1×+130°），如图1-568所示。画面的预览效果如图1-569所示。

图1-568

图1-569

14 执行"合成>新建合成"菜单命令,创建一个"宽度"为720px、"高度"为405px、"像素长宽比"为"方形像素"的合成,设置合成的"持续时间"为5秒,并将其命名为"文字外轮廓",如图1-570所示。

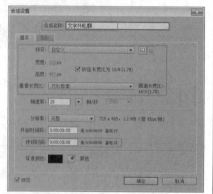

图1-570

15 将项目窗口中的"文字纹理.jpg"素材和"定版文字"合成拖曳到"文字外轮廓"的时间线上,然后将"定版文字"图层作为"文字纹理"图层的"Alpha遮罩'定版文字'",如图1-571所示。

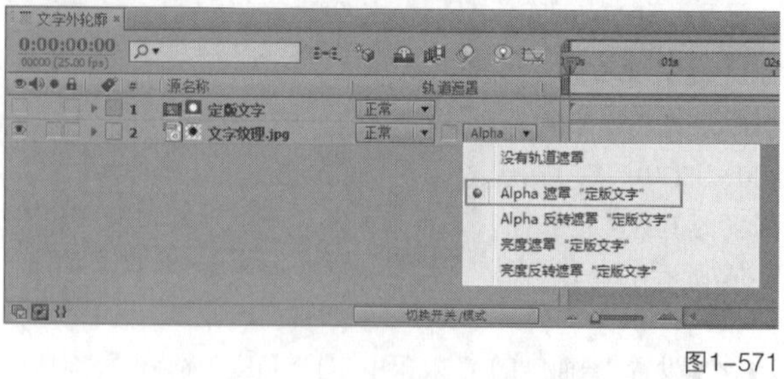

图1-571

16 选择"定版文字"图层,执行"图层>图层样式>描边"菜单命令,设置"颜色"为黑色、"大小"值为1,最后在图层"混合选项>高级混合"中修改"填充不透明度"的值为0%,如图1-572所示。

图1-572

17 执行"图层>新建>调整图层"菜单命令,创建一个调整图层,然后选择该图层,执行"效果>风格化>发光"菜单命令,设置"发光阈值"为50%、"发光半径"为3、"发光颜色"为"A和B颜色",如图1-573所示。画面的预览效果如图1-574所示。

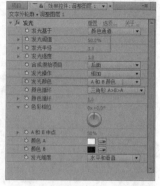

图1-573

图1-574

18 执行"合成>新建合成"菜单命令,创建一个"宽度"为720px、"高度"为405px、"像素长宽比"为"方形像素"的合成,设置合成的"持续时间"为5秒,并将其命名为"文字动画",如图1-575所示。

图1-575

19 将项目窗口中的"定版文字合成"拖曳到"文字动画"合成的时间线上,然后按Ctrl+Y快捷键新建一个黑色的纯色图层,并将其命名为"遮罩动画",如图1-576所示。

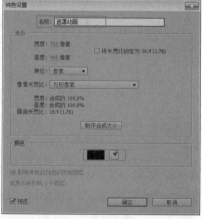

图1-576

20 选择"遮罩动画"图层,使用"矩形工具" ▢ 为该图层添加一个蒙版,如图1-577所示。

21 分别在第0帧处和第3秒15帧处,设置"蒙版"中"蒙版路径"属性的关键帧动画,最后修改"蒙版羽化"的值为(150,150像素),如图1-578所示,效果如图1-579所示。

图1-577

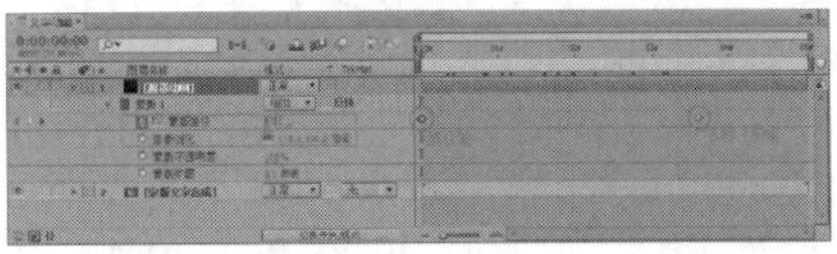

图1-578

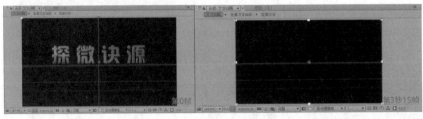

图1-579

22 将"遮罩动画"图层作为"定版文字合成"图层的"Alpha遮罩'[遮罩动画]'",如图1-580所示。

图1-580

23 将项目窗口中的"文字外轮廓"合成拖曳到"文字动画"合成的时间线上。选择"遮罩动画"图层,然后按Ctrl+D快捷键复制图层,将复制得到的"遮罩动画"合成移动到"文字外轮廓"图层的上面,最后将 "遮罩动画"合成作为"文字外轮廓"图层的"Alpha遮罩'[遮罩动画]'",如图1-581所示。画面的预览效果如图1-582所示。

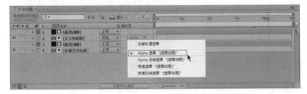

图1-581

图1-582

24 执行"合成>新建合成"菜单命令,创建一个"宽度"为720px、"高度"为405px、"像素长宽比"为"方形像素"的合成,设置合成的"持续时间"为5秒,并将其命名为"文字边缘光",如图1-583所示。

图1-583

25 将项目窗口中的"定版文字"合成拖曳到"文字边缘光"合成的时间线上,选择"定版文字"图层并执行"效果>生成>勾画"菜单命令,接着在"图像等高线"属性栏中设置"输入图层"为"1.定版文字"、"通道"为Alpha;在"片段"属性栏中设置"片段"的值为1、"长度"的值为0.25、"旋转"的值为(0×-35°);在"正在渲染"属性栏中设置"混合模式"为"透明"、"颜色"为白色、"宽度"的值为1、"起始点不透明度"的值为0、"中点不透明度"的值为1,如图1-584所示。

图1-584

26 设置"勾画"中的"长度"和"旋转"属性的关键帧动画。在第0帧处，设置"长度"的值为0.25；在第4秒24帧处，设置"长度"的值为0.5。在第0帧处，设置"旋转"的值为（0×-35°）；在第4秒24帧处，设置"旋转"的值为（0×+245°），如图1-585所示。

图1-585

27 按Ctrl+Y快捷键，新建一个黑色的纯色图层，并将其命名为"蒙版动画"，如图1-586所示。

图1-586

28 选择"蒙版动画"图层，为其添加"矩形蒙版"。分别在第0帧处和第3秒处，设置"蒙版"中的"蒙版路径"属性的关键帧动画，最后修改"蒙版羽化"的值为（150, 150像素），如图1-587所示，效果如图1-588所示。

图1-587

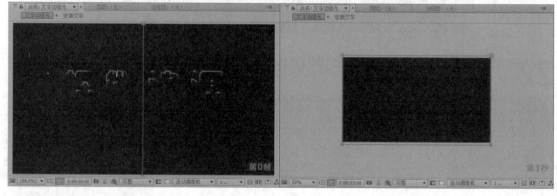

图1-588

29 将"蒙版动画"图层作为"定版文字"图层的"Alpha遮罩'[遮罩动画]'"，如图1-589所示。画面的最终预览效果如图1-590所示。

图1-589

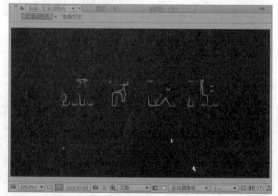

图1-590

30 执行"合成>新建合成"菜单命令，创建一个"宽度"为720px、"高度"为405px、"像素长宽比"为"方形像素"的合成，设置合成的"持续时间"为5秒，并将其命名为"文字整体效果"，如图1-591所示。

图1-591

31 将项目窗口中的"文字动画"和"文字边缘光"合成拖曳到"文字整体效果"合成的时间线上，最后修改"文字边缘光"图层的叠加模式为"相加"，如图1-592所示。

图1-592

32 选择"文字边缘光"图层，执行"效果>风格化>发光"菜单命令，设置"发光阈值"为50%、"发光半径"为3、"发光强度"为2，"颜色 B"为白色，如图1-593 所示。

图1-597

的合成，设置合成的"持续时间"为5秒，并将其命名为"厚重感文字"，如图1-597所示。

图1-593

33 选择"文字边缘光"图层，再次执行"效果>风格化>发光"菜单命令，设置"发光阈值"为50%、"发光半径"的值为15、"发光强度"的值为2、"颜色 B"为白色，如图1-594所示。

图1-594

36 执行"文件>导入>文件"菜单命令，打开本书学习资源中的"案例源文件>第1章>1.32 >背景.mov和光.jpg"文件，将它们添加到"厚重感文字"合成的时间线上，修改"光"图层的图层叠加模式为"相加"，最后将项目窗口中的"文字整体效果"合成也添加到"厚重感文字"合成的时间线上，如图1-598所示。画面的预览效果如图1-599所示。

图1-598

34 选择"文字边缘光"图层，执行"效果>颜色校正>色调"菜单命令，设置"将黑色映射到"的颜色为（R:152，G:205，B:255）、"将白色映射到"的颜色为（R:50，G:150，B:250）、"着色数量"的值为85%，如图1-595所示，画面预览效果如图1-596所示。

图1-595

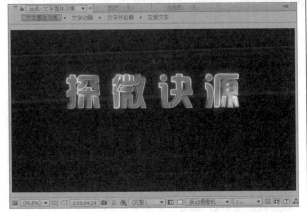

图1-596

图1-599

37 选择"光.jpg"图层，执行"效果>模糊和锐化>快速模糊"菜单命令，设置"模糊度"的值为35，勾选"重复边缘像素"选项，如图1-600所示。

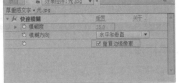

图1-600

38 选择"光.jpg"图层，为"缩放"和"不透明度"属性添加表达式wiggle(5,10);，如图1-601所示。

图1-601

35 执行"合成>新建合成"菜单命令，创建一个"宽度"为720px、"高度"为405px、"像素长宽比"为"方形像素"

39 选择"文字整体效果"图层，按Ctrl+D快捷键复制图层，然后修改第2个图层的名称为"文字合并_阴影"，选择该图层并使用"椭圆工具" ○ 绘制蒙版，修改"蒙版羽化"的值为（50，50像素），最后修改该图层"位置"属性的值为（360，251，5）、"缩放"属性的值为（100%，-100%）、"不透明度"属性的值为30%，如图1-602所示，效果如图1-603所示。

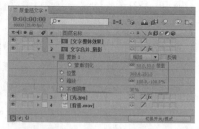

图1-602

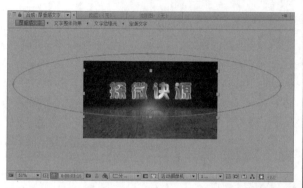

图1-603

40 选择"文字合并_阴影"图层，执行"效果>模糊和锐化>快速模糊"菜单命令，设置"模糊度"的值为8，勾选"重复边缘像素"选项，如图1-604所示。

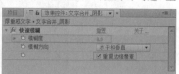

图1-604

41 按小键盘上的数字键0，预览最终效果，如图1-605所示。

图1-605

1.33 炫彩文字

学习目的
学习3D Stroke（3D 描边）和Starglow（星光闪耀）效果的应用方法。

学习资源路径
- 在线教学视频
  在线教学视频>第1章>炫彩文字.flv
- 案例源文件：
  案例源文件>第1章>1.33>炫彩文字.aep

案例描述
本例主要介绍3D Stroke（3D 描边）效果和Starglow（星光闪耀）效果的高级应用。通过学习本例，读者可以深入掌握3D Stroke（3D 描边）效果中的Taper（锥化）和Advanced（高级）属性的具体应用，案例如图1-606所示。

本例难易指数：★ ★ ★ ☆ ☆

图1-606

操作流程

1 执行"合成>新建合成"菜单命令，创建一个"宽度"为720px、"高度"为405px、"像素长宽比"为"方形像素"的合成，设置合成的"持续时间"为2秒15帧，并将其命名为"炫彩出字"，如图1-607所示。

图1-607

2 使用"横排文字工具"创建"谱写河洛文化新的辉煌乐章"文字图层，设置字体为"汉真广标"、字体大小为40像素、字符间距为200，如图1-608所示。

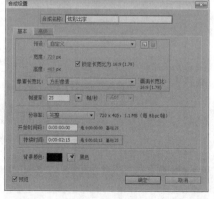

图1-608

3 选择文字图层，执行"图层>自动跟踪"菜单命令，如图1-609所示。

图1-609

4 关闭文字图层的显示，如图1-610所示。选择"自动追踪的谱写河洛文化新的辉煌乐章"图层，执行"效果>Trapcode>3D Stroke（3D描边）"菜单命令，设置Color（颜色）为（R:255, G:230, B:140）、Thickness（厚度）为1.5，如图1-611所示。

图1-610

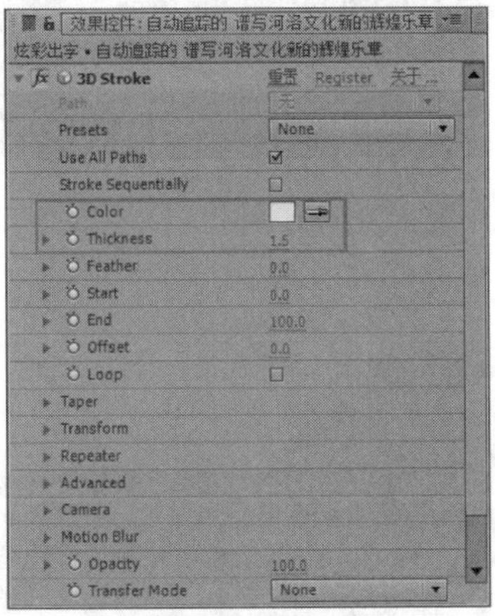

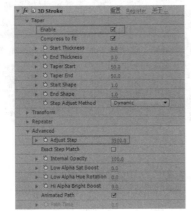

图1-611

5 在Taper（锥化）属性栏中勾选Enable（启用）选项，在Advanced（高级）属性栏中设置Adjust Step（调节步幅）为3500，如图1-612所示。

图1-612

6 在Repeater（重复）属性栏中勾选Enable（激活）选项，设置Factor（系数）为0.2，如图1-613所示。

图1-613

7 设置"3D Stroke（3D描边）"效果中相关属性的关键帧动画。在第0帧处，设置Factor（系数）的值为0.2；在第18帧和第1秒10帧处，设置Factor（系数）的值为1.2；在第2秒10帧处，设置Factor（系数）的值为0.1。

在第2秒处，设置Z Displace（z轴置换）的值为30；在第2秒10帧处，设置Z Displace（z轴置换）的值为0。

在第0帧处，设置Adjust Step（调节步幅）的值为3500；在第2秒处，设置Adjust Step（调节步幅）的值为1400；在第2秒10帧处，设置Adjust Step（调节步幅）的值为100，如图1-614所示。

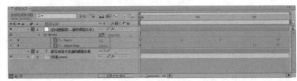

图1-614

8 选择"自动追踪的 谱写河洛文化新的辉煌乐章"图层，执行"效果>Trapcode>Starglow（星光闪耀）"菜单命令，如图1-615所示。

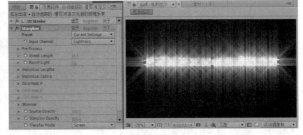

图1-615

9 在Starglow（星光闪耀）效果中设置Preset（预设）为White Star 2（白色星光2），修改Input Channel（输出的通道）为Luminance（发光），如图1-616所示。最后设置Starglow Opacity（光线不透明度）属性的关键帧动画，在第2秒时设置其值为100%，在第2秒10帧时设置其值为0%。

图1-616

10 选择"自动追踪的 谱写河洛文化新的辉煌乐章"图层,执行"效果>风格化>辉光"菜单命令,设置"发光阈值"为85%、"发光半径"为1、"发光强度"为1,设置"发光颜色"为"A和B颜色"、"色彩相位"为(0×+106°),如图1-617所示。

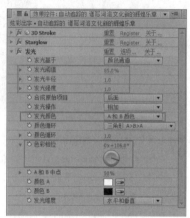

图1-617

11 执行"文件>导入>文件"菜单命令,打开本书学习资源中的"案例源文件>第1章>1.33>背景.mov"文件,将其添加到"炫彩文字"合成的时间线上,如图1-618所示。

图1-618

12 选择"背景.mov"图层,执行"效果>颜色校正>曲线"菜单命令,调整RGB通道中的曲线,如图1-619所示。

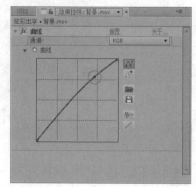

图1-619

13 按小键盘上的数字键0,预览最终效果,如图1-620所示。

图1-620

1.34 光影文字

学习目的

掌握Keylight(1.2)和CC Light Rays效果的组合应用。

学习资源路径

案例描述

本例主要介绍光影文字效果的高级应用。通过学习本例,读者可以深入掌握Keylight(1.2)和CC Light Rays效果的组合应用,案例如图1-621所示。

本例难易指数:★★★☆☆

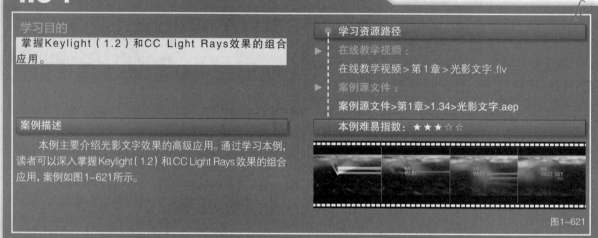

图1-621

操作流程

1 执行"合成>新建合成"菜单命令,创建一个预设为PAL D1/DV的合成,设置其"持续时间"为2秒,并将其命名为"光影文字",如图1-622所示。

2 执行"文件>导入>文件"菜单命令,打开本书学习资源中的"案例源文件>第1章>1.34>标题.mov、背景.mov"文件,将它们拖曳到"光影文字"合成的时间线上,如图1-623所示,效果如图1-624所示。

图1-622

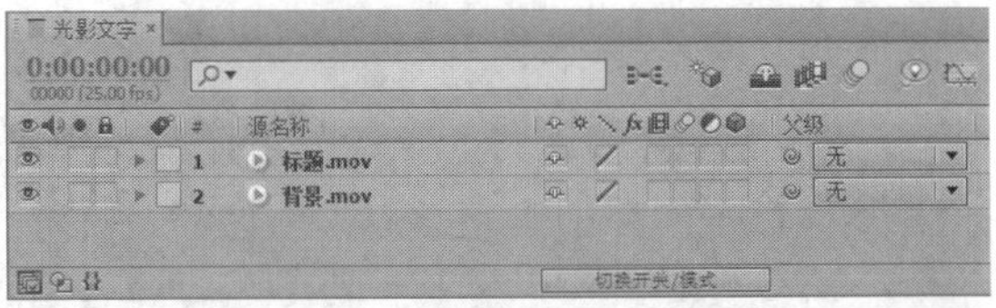

图1-623

图1-624

3 选择"标题.mov"图层,执行"效果>生成>梯度渐变"菜单命令,设置"渐变起点"的值为(360, 189)、"起始颜色"为浅蓝色(R:118, G:199, B:225)、"渐变终点"的值为(360, 345)、"结束颜色"为深蓝色(R:0, G:116, B:198),如图1-625所示。

4 选择"标题.mov"图层,执行"效果>键控>Keylight(1.2)"菜单命令,在Keylight(1.2)面板中修改Source Crops中的X Metod和Y Metod为Repeat,修改Right的值为30,如图1-626所示。

图1-625 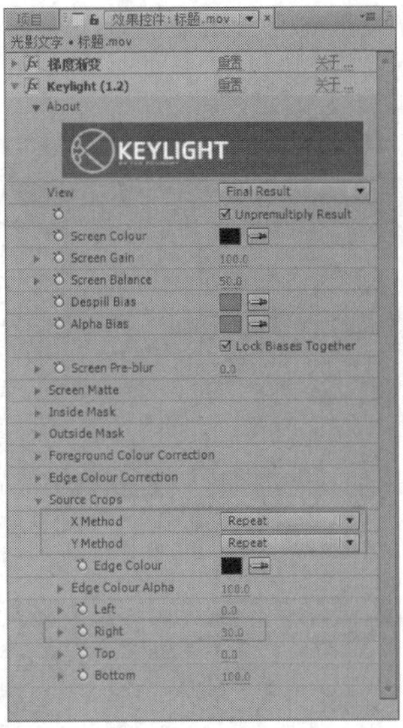   图1-626

5 设置Right属性的关键帧动画,在第0帧处,设置其值为30;在第16帧处,设置其值为70,如图1-627所示。

图1-627

6 选择"标题.mov"图层,为其"位置"属性添加表达式wiggle(5,2);,如图1-628所示。画面的预览效果如图1-629所示。

图1-628

图1-629

7 选择"标题.mov"图层,执行"效果>生成> CC Light Rays"菜单命令,设置Intensity 的值为300、Center 的值为(218, 300)、Radius 的值 为0、Warp Softness 的值为0,如图1-630所示。

图1-630

8 设置CC Light Rays效果中的相关属性的关键帧动画。在第0帧处,设置Intensity 的值为300、Center 的值为(218, 300)、Radius 的值为0、Warp Softness的值为0;在第16帧处,设置Intensity 的值为0、Center 的值为(523, 300)、Radius 的值为1000、Warp Softness的值为400,如图1-631所示,效果如图1-632所示。

图1-631

图1-632

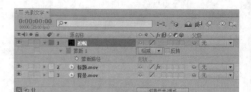

图1-635

9 执行"图层>新建>纯色"菜单命令，创建一个黑色的纯色图层，然后将其命名为"遮幅"，如图1-633所示。

图1-633

11 按小键盘上的数字键0，预览最终效果，如图1-636所示。

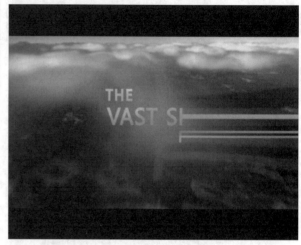

图1-636

10 选择"遮幅"图层，使用"矩形工具" ▢为该图层添加一个蒙版，如图1-634所示。展开蒙版属性，将蒙版的叠加方式改为"相减"，如图1-635所示。

图1-634

1.35 光影字效

学习目的

学习"分形杂色""复合模糊""置换图""发光"和CC Light Sweep（CC扫光）效果的使用方法。

案例描述

本例主要介绍光影字效的制作方法，通过学习本例，读者可以掌握"分形杂色""复合模糊""置换图""发光"和CC Light Sweep（CC扫光）效果的综合应用，案例如图1-637所示。

学习资源路径

▶ 在线教学视频：
在线教学视频>第1章>光影字效.flv

▶ 案例源文件：
案例源文件>第1章>1.35>光影字效.aep

本例难易指数：★★★★☆

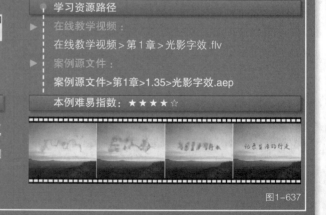

图1-637

操作流程

1 执行"合成>新建合成"菜单命令,选择一个预设为PAL D1/DV 的合成,设置合成的"持续时间"为5秒,将其命名为"光效",如图1-638所示。

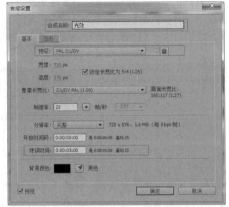

图1-638

2 按Ctrl+Y快捷键,创建一个黑色的纯色图层,并将其命名为"光效"。选择该图层,执行"效果>杂色和颗粒>分形杂色"菜单命令,然后设置"对比度"的值为200、"溢出"选项为"剪切"、"复杂度"的值为2,如图1-639所示。

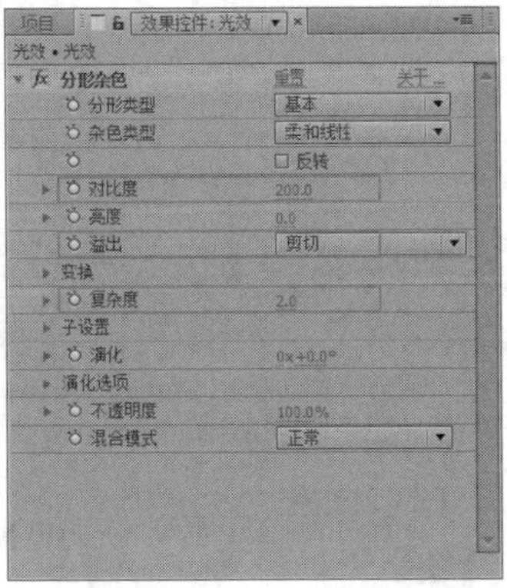

图1-639

3 选择"光效"图层,执行"效果>色彩校正>色阶"菜单命令,在"红色"通道中修改"红色灰度系数"的值为1.1、"红色输出黑色"的值为185,如图1-640所示。画面的预览效果如图1-641所示。

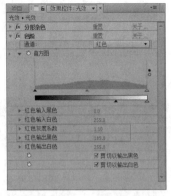

图1-640

图1-641

4 设置"分形杂色"的"演化"属性的关键帧动画,在第0帧处,设置"演化"的值为(0×+0°);在第3秒处,设置"演化"的值为(1×+150°)。设置"光效"图层中的"不透明度"属性的关键帧动画,在第1秒15帧处,设置"不透明度"的值为100%;在第3秒处,设置"不透明度"的值为0%,如图1-642所示。

图1-642

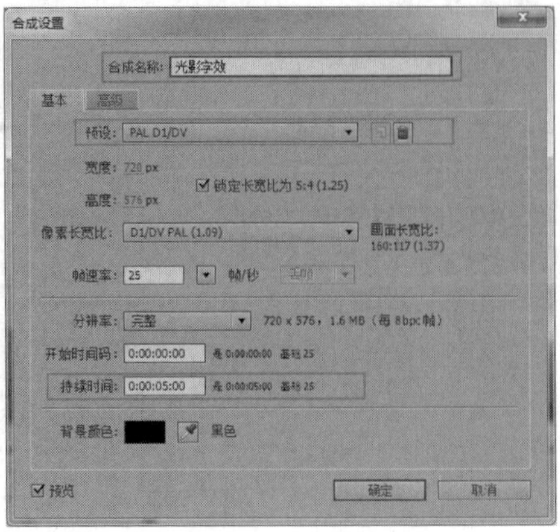

5 执行"合成>新建合成"菜单命令,选择一个预设为PAL D1/DV的合成,设置合成的"持续时间"为5秒,最后将其命名为"光影字效",如图1-643所示。

6 执行"文件>导入>文件"菜单命令,打开本书学习资源中的"案例源文件>第1章>1.35>背景.mov"文件,将"项目"窗口中的"光效"合成和"背景"素材添加到"光影字效"的时间线上,最后锁定并关闭"光效"的显示,如图1-644所示。

图1-644

图1-643

7 使用"横排文字工具" 创建一个"记录生活的行走"文字图层,设置字体为"禹卫书法行书简体"、字体大小为70像素、字符间距为100、字体的颜色为(R:138, G:55, B:5),如图1-645所示。

8 选择该文字图层,设置其"缩放"属性的关键帧动画。在第0帧处,设置"缩放"的值为(90, 90%);在第5秒处,设置"缩放"的值为(100, 100%),如图1-646所示。

图1-645

图1-646

9 选择文字图层，执行"效果>模糊与锐化>复合模糊"菜单命令，设置"模糊图层"为"3.光效"，设置"最大模糊"的值为30，如图1-647所示。

10 选择文字图层，执行"效果>扭曲>置换图"菜单命令，设置"置换图层"为"3.光效"选项、"用于水平置换"为"明亮度"、"最大水平置换"的值为-35、"用于垂直置换"为"明亮度"、"最大垂直置换"的值为95、"置换图特征"为"伸缩对应图以适合"，最后"在边缘特性"选项中勾选"像素回绕"选项，如图1-648所示。

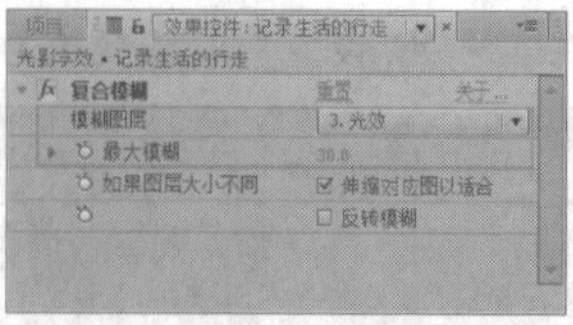

图1-647 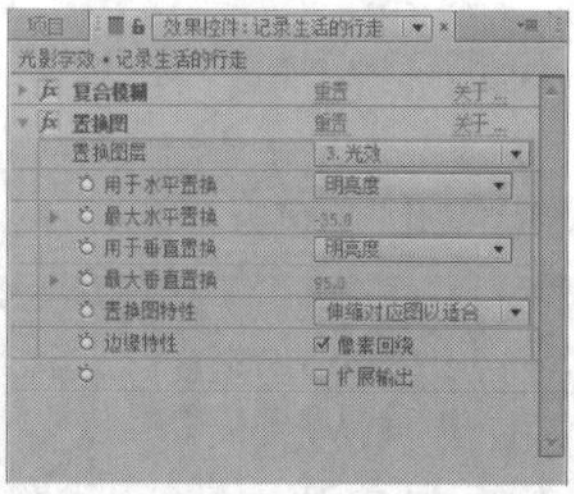　　　　图1-648

11 选择文字图层，执行"效果>风格化>发光"菜单命令，设置"发光阈值"为10%、"发光半径"为180、"发光强度"为2、"发光颜色"为"A和B颜色"、"颜色A"为浅黄色（R:255，G:230，B:194）、"颜色B"为粉色（R:231，G:131，B:113），如图1-649所示。

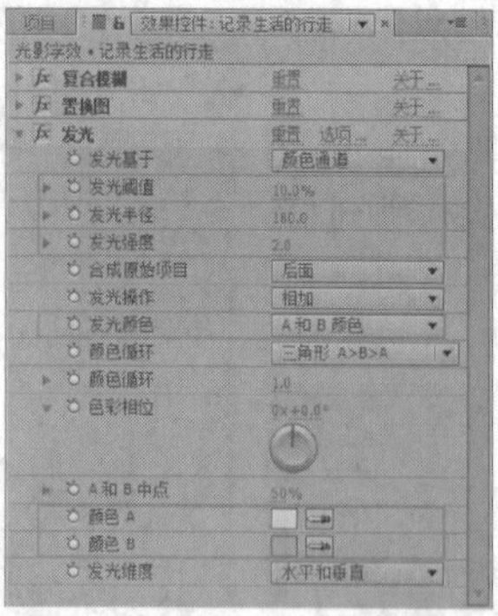

图1-649

12 选择文字图层，执行"效果>生成>CC Light Sweep（CC扫光）"菜单命令，修改Edge Intensity（边缘强度）的值为25、Edge Thickness（边缘厚度）的值为1.5，如图1-650所示。设置Center（中心）属性的关键帧动画，在第3秒处，设置Center（中

心）的值为（62，172）；在第5秒处，设置Center（中心）的值为（630，172），如图1-651所示。

图1-650

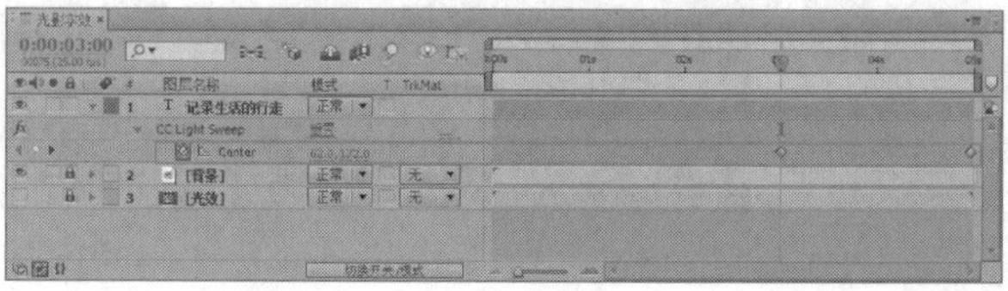

图1-651

13 选择文字图层，设置其"不透明度"属性的关键帧动画。在第0帧处，设置"不透明度"的值为0%；在第20帧处，设置"不透明度"的值为100%，如图1-652所示。

图1-652

14 按小键盘上的数字键0，预览最终效果，如图1-653所示。

图1-653

第2章 常规特效

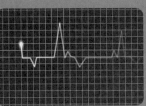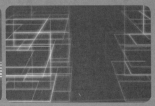

◎ **本章导读**

　　本章将对影视制作中的一些常规特效和技术做详细讲解，通过学习这些案例，读者可以了解和掌握日常合成工作中使用频率较高的特效的制作思路和方法。

◎ **本章所用外挂插件**

» Trapcode Particular

» Trapcode 3D Stroke

» Trapcode Starglow

» Trapcode Shine

» FEC Kaleida

» Trapcode Form

2.1 万花筒效果

学习目的

学习CC Kaleida（CC 万花筒）、“色光”和“查找边缘”效果的组合应用。

学习资源路径

▶ 在线教学视频：

在线教学视频 > 第2章 > 万花筒效果.flv

▶ 案例源文件：

案例源文件>第2章>2.1>万花筒效果.aep

本例难易指数：★★☆☆☆

案例描述

本例主要介绍了CC Kaleida（CC 万花筒）和“色光”效果的使用方法。通过学习本例，读者能够掌握万花筒效果的制作方法，案例如图2-1所示。

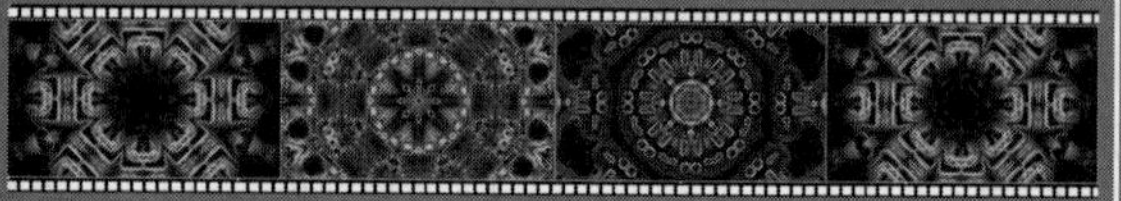

图2-1

操作流程

1 执行“合成>新建合成”菜单命令，创建一个“宽度”为720px、“高度”为405px、“像素长宽比”为“方形像素”的合成，设置合成的“持续时间”为5秒，并将其命名为“万花筒”，如图2-2所示。

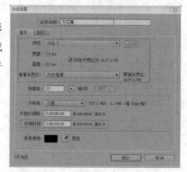

图2-2

2 执行“图层>新建>纯色”菜单命令，创建一个黑色的纯色图层，将其命名为“万花筒”，如图2-3所示。

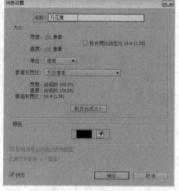

图2-3

3 选择纯色图层，执行“效果>杂色和颗粒>分形杂色”菜单命令，设置“分形类型”为“最大值”，勾选“反转”选项，设置“对比度”值为200、“亮度”值为10、“溢出”为“剪切”，最后展开“演变选项”参数项，勾选“循环演化”选项，如图2-4所示。

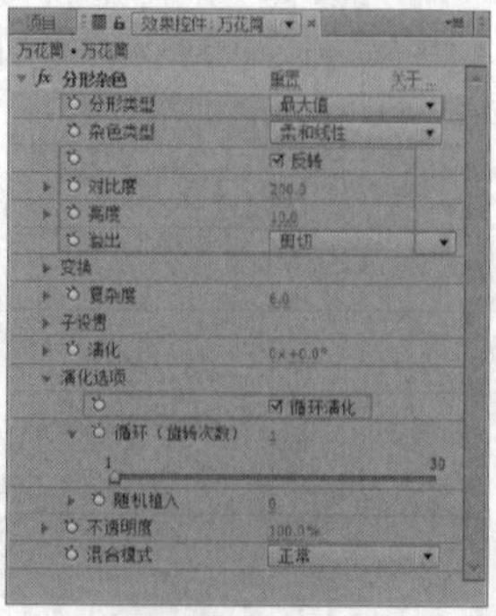

图2-4

4 选择纯色图层，执行“效果>风格化>CC Kaleida（CC 万花筒）”菜单命令，设置Size（大小）的值为100、Mirroring（镜像）为Starlish（时尚），如图2-5所示。画面的预览效果如图2-6所示。

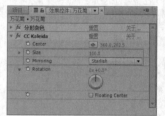

图2-5

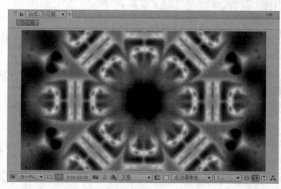

图2-6

5 选择纯色图层，执行“效果>颜色校正>色光”菜单命令，在“输出循环”属性中分别调整色轮上色块的位置（A处的颜色为（R:1, G:89, B:228），B处的颜色为（R:1, G:1, B:82），C处的颜色为（R:0, G:0, B:0），D处的颜色为（R:252, G:252, B:252），E处的颜色为（R:179, G:232, B:249），如图2-7所示。画面的预览效果如图2-8所示。

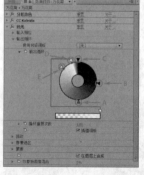

图2-7

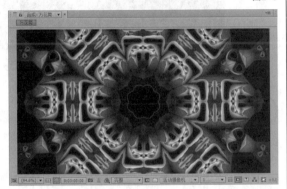

图2-8

6 选择纯色图层, 执行"效果>风格化>查找边缘"菜单命令, 勾选"反转"选项, 如图2-9所示。画面的预览效果如图2-10所示。

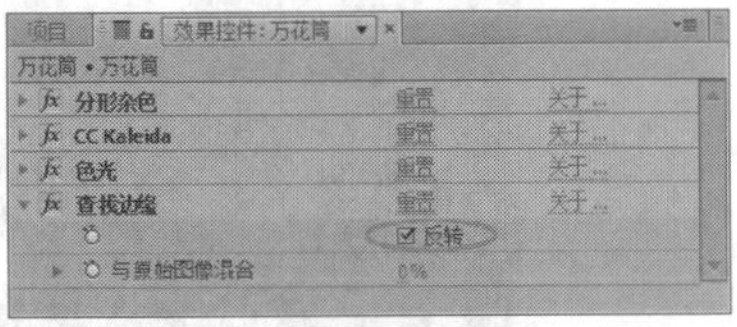

图2-9

图2-10

7 设置"分形杂色"效果中的"演化"属性的关键帧动画。在第0秒, 设置其值为(0×+0°), 在第4秒24帧处, 设置其值为(1×+0°), 如图2-11所示。

图2-11

8 按小键盘上的数字键0, 预览最终效果, 如图2-12所示。

图2-12

2.2 定版动画1

学习目的

学习"蒙版""定向模糊""线性擦除"和"发光"效果的组合应用。

学习资源路径

▶ 在线教学视频:

在线教学视频>第2章>定版动画1.flv

▶ 案例源文件:

案例源文件>第2章>2.2>定版动画1.aep

案例描述

本例主要讲解使用蒙版来拼贴定版动画, 同时讲解了如何配合使用"定向模糊""线性擦除"和"发光"效果来完成定版动画的制作。通过学习本例, 读者能够掌握拼贴定版动画的制作方法, 案例如图2-13所示。

本例难易指数: ★★★☆☆

图2-13

操作流程

1 执行"合成>新建合成"菜单命令, 创建一个"宽度"为720px、"高度"为405px、"像素长宽比"为"方形像素"的合成, 设置合成的"持续时间"为5秒, 并将其命名为"定版文字旋转", 如图2-14所示。

2 执行"文件>导入>文件"菜单命令, 打开本书学习资源中的"案例源文件>第2章>2.2>定版文字.mov", 将其添加到时间线上, 修改图层"旋转"属性的值为(0×-45°), 如图2-15所示。

图2-14

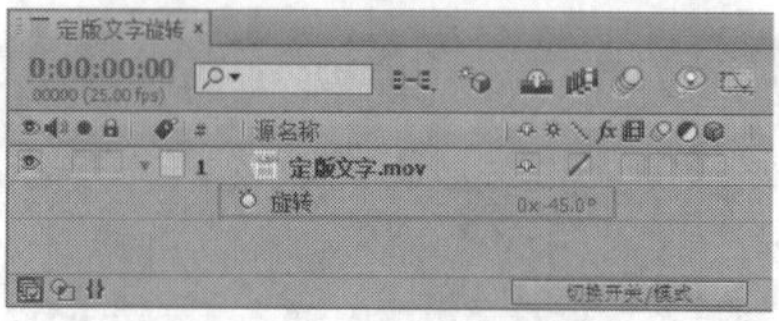

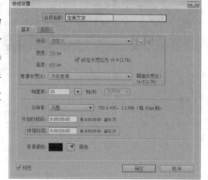

图2-15

3 执行"合成>新建合成"菜单命令，创建一个"宽度"为720px、
"高度"为405px、
"像素长宽比"为
"方形像素"的合
成，设置合成的"持
续时间"为5秒，并
将其命名为"定版文
字"，如图2-16所示。

图2-16

4 将项目窗口中的"定版文字旋转"合成拖曳到"定版文字"合
成的时间线上，然后选择"定版文字旋转"图层，连续按8次
Ctrl+D快捷键复制图层，开启所有图层的三维按钮，最后设置
所有图层"Y轴旋转"属性的关键帧动画，在第0帧处，设置其值为
（0×−100°）；在第8帧处，设置其值为（0×+40°）；在第15帧处，
设置其值为（0×+0°），如图2-17所示。

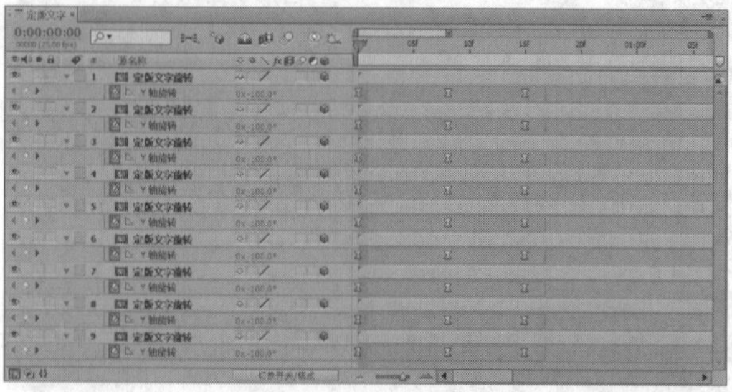

图2-17

5 选择第1个图层，使用"矩形工具"为该图层添加一个蒙版，
然后使用"轴心点工具"将该图层的轴心点移到蒙版的中心
点处，如图2-18所示。使用同样的方法，为其余的8个图层添加蒙
版，效果如图2-19所示。

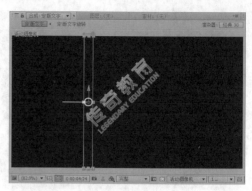

图2-18

图2-19

6 修改第2个图层的入点时间在第4帧处，第3个图层的入点时间
在第8帧处，第4个图层的入点时间在第12帧处，第5个图层的
入点时间在第16帧处，第6个图层的入点时间在第20帧处，第7个图
层的入点时间在第24帧处，第8个图层的入点时间在第28帧处，第
9个图层的入点时间在第32帧处，如图2-20所示。画面的预览效果
如图2-21所示。

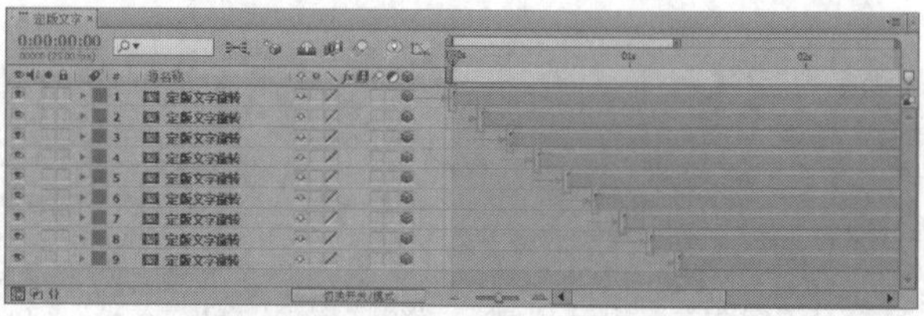

图2-20

图2-21

7 执行"图层>新建>灯光"菜单命令，创建一个点光源，设置灯
光的名称为Light 1，调整灯光的颜色为白色，设置灯光的强度
为100%，如图2-22所示。

图2-22

图2-26

8 展开创建的"灯光"图层的"位置"属性，修改其值为（298，45，–300），如图2-23所示。

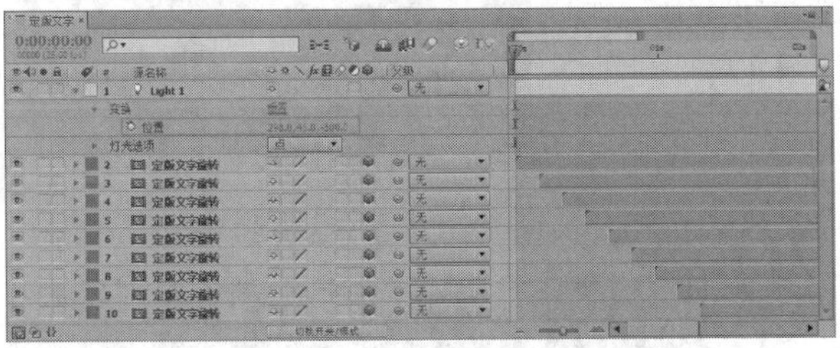

图2-23

9 执行"合成>新建合成"菜单命令，创建一个"宽度"为720px、"高度"为405px、"像素长宽比"为"方形像素"的合成，设置合成的"持续时间"为5秒，并将其命名为"传奇教育"。执行"文件>导入>文件"菜单命令，打开本书学习资源中的"案例源文件>第2章>2.2>背景.mov"，将其添加到"传奇教育"合成的时间线上，最后将项目窗口中的"定版文字"合成也添加到"传奇教育"合成的时间线上，修改图层的"旋转"属性的值为（0×+45°），如图2-24所示。

图2-24

10 选择"定版文字"图层，设置其"不透明度"属性的关键帧动画。在第0帧处，设置其值为0%；在第3帧处，设置其值为100%，如图2-25所示。

图2-25

11 选择"定版文字"图层，执行"效果>风格化>发光"菜单命令，设置"发光阈值"为10%、"发光强度"为2。然后设置"发光半径"属性的关键帧动画。在第1秒11帧处，设置其值为100；在第3秒5帧处，设置其值为1000，如图2-26所示。

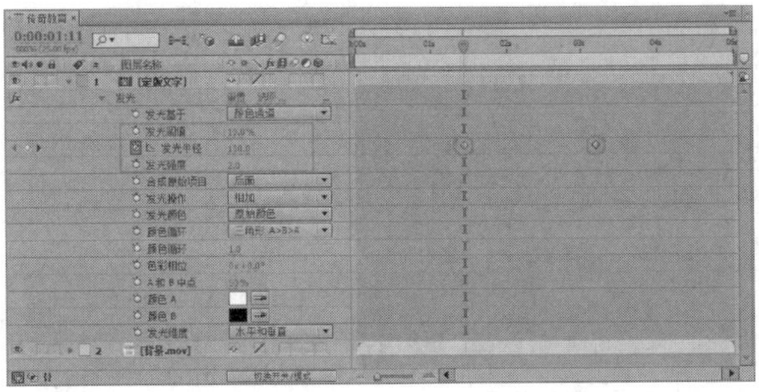

12 选择"定版文字"图层，执行"效果>过渡>CC Light Sweep"菜单命令，设置Direction的值为（0×–30°）、Width的值为20、Sweep Intensity的值为20、Edge Intensity的值为30、Edge Thickness的值为2。设置Center属性的关键帧动画，在第3秒1帧处，设置其值为（163，257）；在第4秒24帧处，设置其值为（441，–20），如图2-27所示。

图2-27

13 将项目窗口中的"定版文字"合成添加到"传奇教育"合成的时间线上，然后修改图层的叠加模式为"叠加"，最后修改图层的"旋转"属性的值为（0×+45°），如图2-28所示。

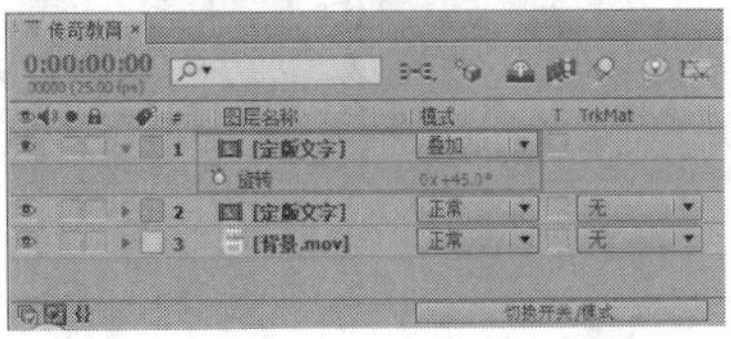

图2-28

14 选择第1个图层，执行"效果>颜色校正>色调"菜单命令，设置"将黑色映射到"为白色，如图2-29所示。

图2-29

15 选择第1个图层，执行"效果>模糊和锐化>定向模糊"菜单命令，设置"模糊长度"的值为100，如图2-30所示。

16 选择第1个图层，执行"效果>过渡>线性擦除"菜单命令，设置"擦除角度"的值为（0×–90°）、"羽化"的值为100。设置"过渡完成"属性的关键帧动画，在第0帧处，设置其值为89%；在第1秒10帧处，设置其值为0%，如图2-31所示。

图2-30

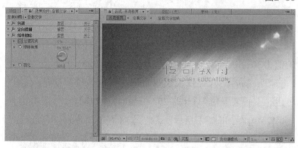

图2-31

17 选择第1个图层,执行"效果>过渡>线性擦除"菜单命令,设置"擦除角度"的值为(0×+46°)、"羽化"的值为100。设置"过渡完成"属性的关键帧动画,在第17帧处,设置其值为32%;在第1秒10帧处,设置其值为85%,如图2-32所示。

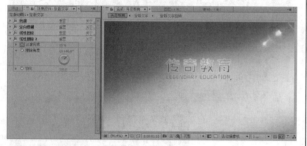

图2-32

18 选择第1个图层,执行"效果>风格化>发光"菜单命令,设置"发光阈值"为25%、"发光半径"为200、"发光强度"为1,如图2-33所示。

图2-33

19 执行"文件>导入>文件"菜单命令,打开本书学习资源中的"案例源文件>第2章>2.2>Light.mov"文件,然后将其添加到时间线上,最后修改该图层的叠加模式为"相加",如图2-34所示。

图2-34

20 按小键盘上的数字键0,预览最终效果,如图2-35所示。

图2-35

2.3 定版动画2

学习目的
使用"梯度渐变"和"单元格图案"效果完成背景的制作,使用Particular效果完成定版文字的渐显效果。

案例描述
本例主要介绍了如何使用"梯度渐变"和"单元格图案"效果来完成背景的制作,同时讲解了如何使用Particular效果来完成定版文字的动画制作。通过学习本例,读者能够掌握定版动画制作的另一技巧,案例如图2-36所示。

学习资源路径
▶ 在线教学视频:
在线教学视频>第2章>定版动画2.flv
▶ 案例源文件:
案例源文件>第2章>2.3>定版动画2.aep

本例难易指数:★★★☆☆

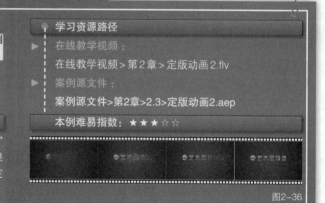

图2-36

操作流程

1 执行"合成>新建合成"菜单命令,创建一个"宽度"为960px、"高度"为540px、"像素长宽比"为"方形像素"的合成,设置合成的"持续时间"为5秒,并将其命名为"定版动画2",如图2-37所示。

图2-37

2 按Ctrl+Y快捷键，新建一个黑色的纯色图层，并将其命名为"背景"。选择该图层，执行"效果>生成>梯度渐变"菜单命令，设置"渐变起点"为(480, 270)、"渐变终点"为(982, 554)、"起始颜色"为暗红色(R:110, G:0, B:0)、"结束颜色"为(R:41, G:0, B:0)，最后设置"渐变形状"为"径向渐变"，如图2-38所示。

3 继续选择"背景"图层，然后执行"效果>颜色校正>曲线"菜单命令，接着调整RGB通道的曲线，如图2-39所示。

图2-38 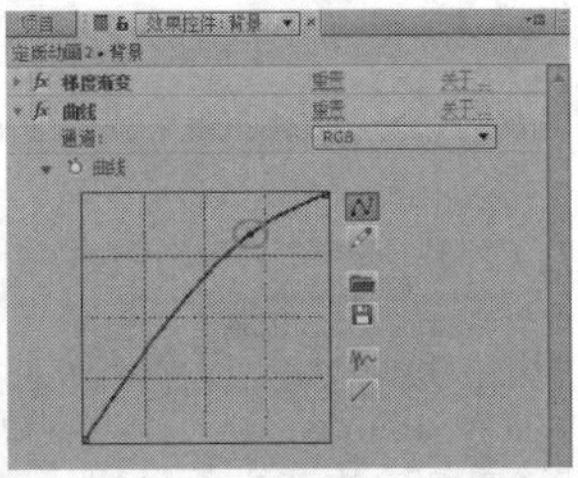　　　　　　　　　　图2-39

4 继续按Ctrl+Y快捷键，新建一个黑色的纯色图层，并将其命名为"纹理"，然后执行"效果>生成>单元格图案"菜单命令，设置"单元格图案"为"晶体"，同时勾选"反转"选项，最后设置"对比度"的值为1000、"分散"的值为1.5、"大小"的值为30，如图2-40所示。

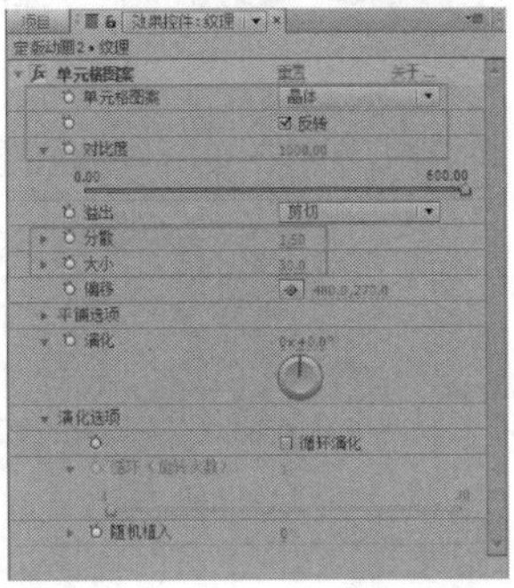

图2-40

5 选择"纹理"图层，设置该图层的"不透明度"为20%，并设置该图层的叠加模式为"柔光"，如图2-41所示。此时的预览效果如图2-42所示。

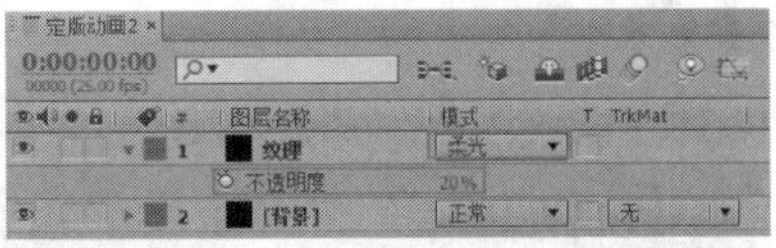

图2-41

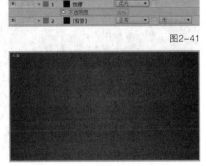

图2-42

6 执行"文件>导入>文件"菜单命令，打开本书学习资源中的"案例源文件>第2章>2.3>艺术品投资.tga"文件，将其添加到时间线上；然后使用"矩形工具" ▭ 为该图层创建蒙版，分别在第0帧和第4秒06帧创建蒙版路径的关键帧动画，设置"蒙版羽化"为(200, 200像素)，如图2-43所示，效果如图2-44所示。

图2-43

图2-44

7 选择"艺术品投资"图层，按Ctrl+D快捷键复制一个新图层并命名为"柔光"，选中该图层，执行"效果>模糊和锐化>快速模糊"菜单命令，将"模糊度"的值修改为3，同时勾选"重复边缘像素"选项，如图2-45所示。

8 选择"柔光"图层，修改该图层的"不透明度"为30%，并将该图层的叠加方式修改为"相加"，如图2-46所示。画面预览效果如图2-47所示。

图2-45

图2-46

图2-47

9 将项目窗口中的"艺术品投资.tga"文件添加到时间线上，使用"矩形工具" ▭ 为该图层创建蒙版，分别在第0帧和第3秒处创建蒙版路径的关键帧动画，设置"蒙版羽化"的值为(200, 200像素)，如图2-48所示。选择该图层，按Ctrl+Shift+C快捷键进行图层的合并，把合并后的图层命名为"贴图"，最后关闭该图层的显示。

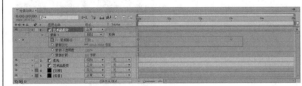

图2-48

10 继续按Ctrl+Y快捷键，新建一个白色的纯色图层，并将其命名为"粒子"，然后执行"效果>Trapcode>Particular（粒子）"菜单命令，在Emitter（发射器）参数项中设置Particles/Sec（粒子数量/秒）为400000，然后设置Emitter Type（发射器类型）为Layer（图层），接着设置Direction（方向）为Directional（方向）、X Rotation（X旋转）为（0×+5°）、Y Rotation（Y旋转）为（0×+17°）、Z Rotation（Z旋转）为（0×+38°）、Velocity（速度）的值为900、Velocity Random（随机速度）的值为58，如图2-49所示。

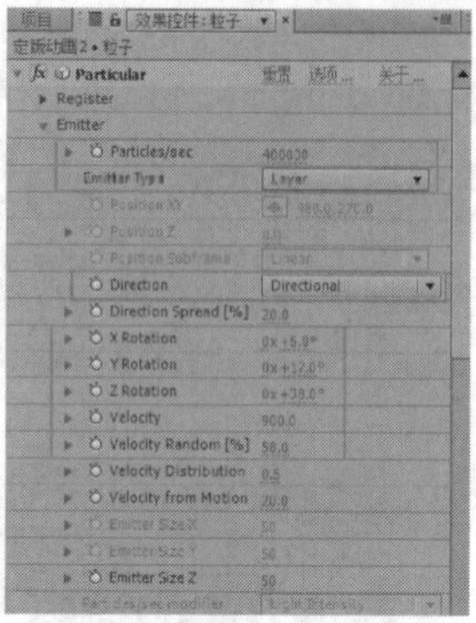

图2-49

11 展开Layer Emitter（图层发射器）选项，将Layer（图层）选项设置为"贴图"、Layer Sampling（图层采样）设置为Particular Birth Time（粒子生成时间），调整Random Seed（随机种子）的值为100300，如图2-50所示。

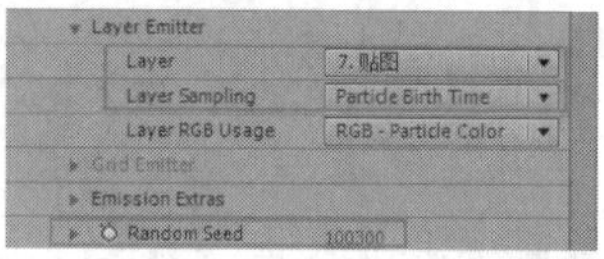

图2-50

12 在Particle（粒子）属性栏中设置Life[sec]（生命[秒]）为0.8、Life Random[%]（生命随机）为40、Particle Type（粒子类型）为Cloudlet（云块）、Cloudlet Feather（云块羽化）为40、Size（大小）为2、Size Random[%]（大小随机）为100、Sice Over Life（粒子消亡后的大小）为线性衰减、Opacity Random[%]（不透明度随机）为5.2、Opaciey Over Life（粒子消亡后的不透明度）为线性衰减，如图2-51所示。

13 展开Physics（物理学）参数栏，设置Gravity（重力）为0.5、Physics Time Factor（物理系数）为0.6、Wind X（X轴的风力）为1，如图2-52所示。

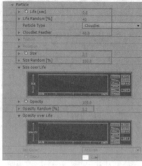

图2-51 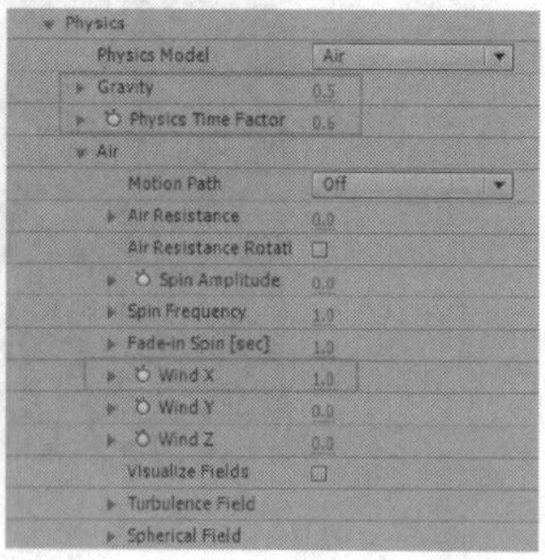　　　　　　　　　　图2-52

14 展开Rendering（渲染）参数栏，设置Motion Blur（运动模糊）为On（开启）、Shutter Angle（快门角度）为360，如图2-53所示。

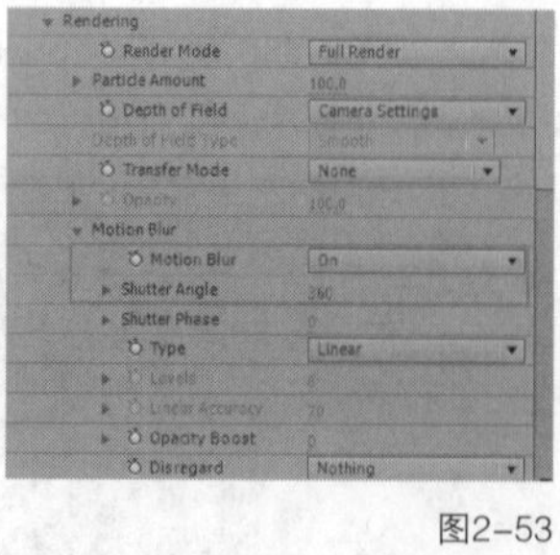

图2-53

15 为动画设置过光效果。首先选择"艺术品投资"图层，按Ctrl+D快捷键复制该图层，将复制后的图层命名为"蒙版"，并放置在时间线最上层。按Ctrl+Y快捷键，新建一个白色的纯色图层，并将其命名为"过光"，同时设置该图层的"不透明度"为40%、"旋转"为（0×+25°），将"过光"图层放置在"蒙版"图层下面，如图2-54所示。

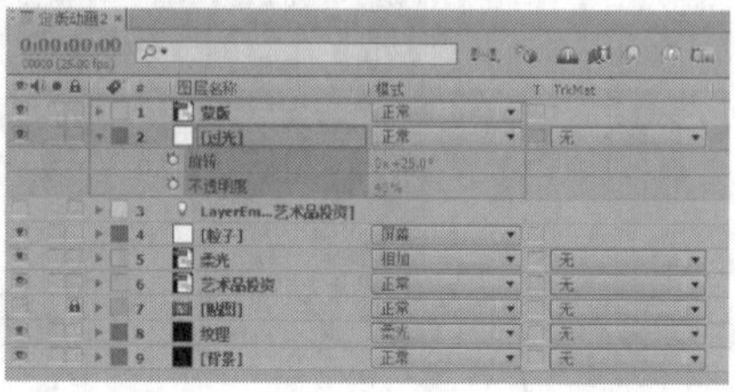

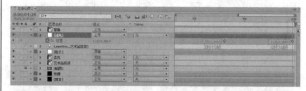

图2-54

16 为"过光"图层创建两个蒙版，设置"过光"图层"位置"属性的关键帧动画，在第3秒15帧处，设置"位置"属性的值为（334，344）；在第4秒24帧处，设置"位置"属性的值为（1103，344），如图2-55所示，预览效果如图2-56所示。

图2-55

图2-56

17 将"蒙版"图层设置为"过光"图层的轨道蒙版，将"过光"图层的图层模式设置为"相加"，如图2-57所示。

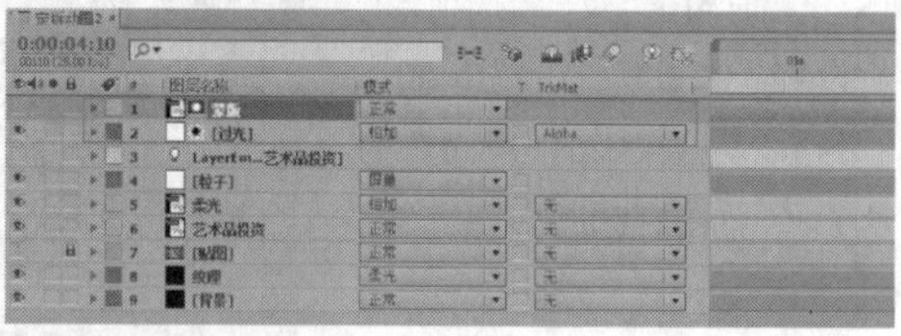

图2-57

18 按小键盘上的数字键0，预览最终效果，如图2-58所示。

图2-58

2.4 璀璨星空

学习目的

学习使用Particular（粒子）效果完成璀璨星空特效的制作。

学习资源路径

▶ 在线教学视频：

在线教学视频>第2章>璀璨星空.flv

▶ 案例源文件：

案例源文件>第2章>2.4>璀璨星空.aep

案例描述

本例主要介绍Particular（粒子）效果的使用方法。通过学习本例，读者能够掌握模拟星空特效的制作方法，案例如图2-59所示。

本例难易指数： ★ ★ ★ ☆ ☆

图2-59

操作流程

1 执行"合成>新建合成"菜单命令，创建一个"宽度"为720px、"高度"为405px、"像素长宽比"为"方形像素"的合成，设置合成的"持续时间"为5秒，并将其命名为"璀璨星空"，如图2-60所示。

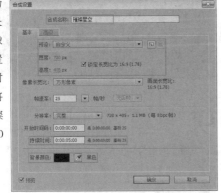

图2-60

2 执行"图层>新建>纯色"菜单命令，创建一个黑色的纯色图层，然后将其命名为"粒子1"，如图2-61所示。

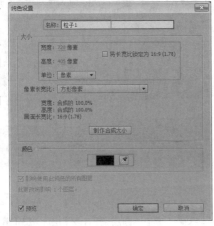

图2-61

3 选择"粒子1"图层，执行"效果>Trapcode>Particular（粒子）"菜单命令，在Emitter（发射器）参数项中设置Particles/Sec（粒子数量/秒）为30、Emitter Type（发射器类型）为Box（盒子）、Position XY（XY轴位置）为（360，358）、Velocity（速度）为0、Emitter Size X（X轴向发射器大小）为6000、Emitter Size Y（Y轴向发射器大小）为0、Emitter Size Z（Z轴向发射器大小）为6000、Pre Run（预运行）为100，如图2-62所示。

4 在Particle（粒子）属性栏中，设置Life[sec]（生命[秒]）的值为45；展开Opacity Over Life（不透明度消亡时间）选项，设置其属性为RANDOM（随机）、Set Color（设置颜色）选项为Over Life；展开Color Over Life（颜色消亡时间）选项，为其添加一个蓝色过渡，最后设置Transfer Mode（应用模式）为Add（相加），如图2-63所示。画面的预览效果如图2-64所示。

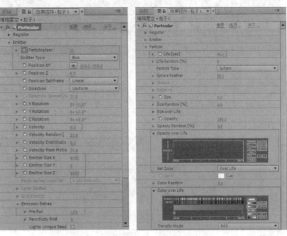

图2-62　　　　　　　　图2-63

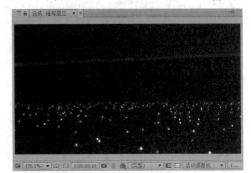

图2-64

5 选择"粒子1"图层，执行"效果>风格化>发光"菜单命令。设置"发光阈值"的值为42%，"发光半径"的值为37，如图2-65所示。画面的预览效果如图2-66所示。

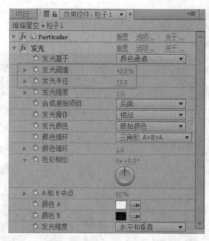

图2-65

图2-66

6 选择"粒子1"图层,按Ctrl+D快捷键复制图层,并将通过复制得到的图层重新命名为"粒子2"。修改该图层的叠加模式为"相加",如图2-67所示。

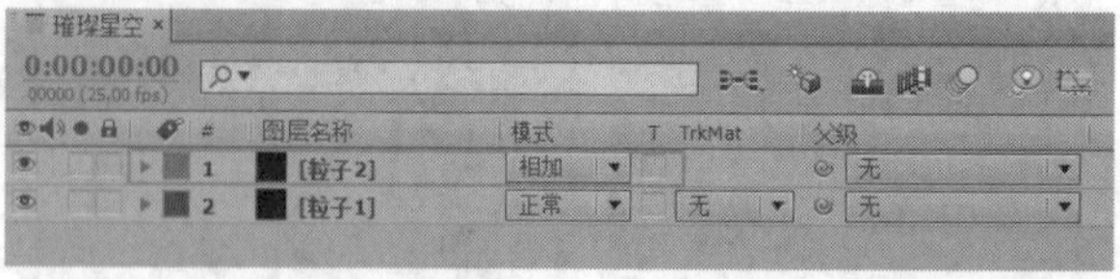

图2-67

7 选择"粒子2"图层,修改Particular(粒子)效果中的相关属性。展开Emitter(发射器)选项,修改Position XY(XY轴位置)的值为(360,48),如图2-68所示。展开Particular(粒子)选项,设置Set Color(设置颜色)的选项为Random from Gradient(渐变随机值),修改Transfer Mode(应用模式)为Normal(正常),如图2-69所示。

图2-68 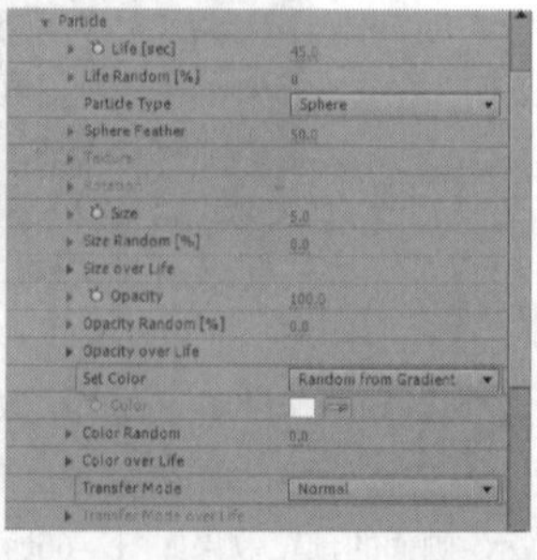　　　　　图2-69

8 选择"粒子2"图层,执行"效果>风格化>发光"菜单命令。修改"发光阈值"的值为42.7%,"发光半径"的值为128,如图2-70所示。画面的预览效果如图2-71所示。

图2-70

图2-71

9 执行"图层>新建>摄像机"菜单命令,创建一个预设为"24毫米",名为"摄像机1"的摄像机,取消"锁定到缩放"选项,修改"焦距"的值为500毫米,最后开启"启用景深"选项,如图2-72所示。

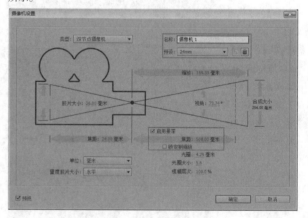

图2-72

10 执行"图层>新建>空对象"菜单命令,创建一个新的"空1"虚拟体图层,开启该图层的"三维开关"按钮,将"摄像机1"图层作为该图层的子物体,如图2-73所示。

图2-73

11 设置"空1"图层中"位置"和"Y轴旋转"属性的关键帧动画。在第0帧处，设置其位置的值为（360，202.5，-768），Y轴旋转的值为（0×+0.0°）；在第4秒24帧处，设置其位置的值为（444，203，476），Y轴旋转的值为（0× +15°），最后修改"Z轴旋转"的值为（0×+10°），如图2-74所示。

图2-74

12 执行"图层>新建>调整图层"命令，创建一个调整图层。选择该图层，执行"效果>模糊和锐化>CC Radial Blur（径向模糊）"命令，设置Type（类型）选项为Fading Zoom、Amount（数量）的值为5，如图2-75所示。

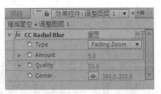

图2-75

13 按小键盘上的数字键0，预览最终效果，如图2-76所示。

图2-76

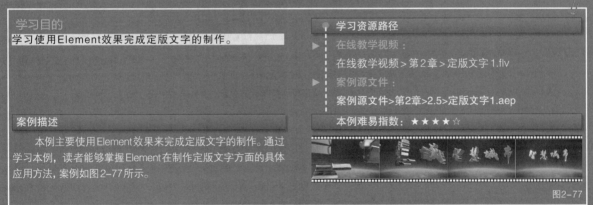

2.5 定版文字1

学习目的
学习使用Element效果完成定版文字的制作。

案例描述
　　本例主要使用Element效果来完成定版文字的制作。通过学习本例，读者能够掌握Element在制作定版文字方面的具体应用方法，案例如图2-77所示。

学习资源路径
▶ 在线教学视频：
在线教学视频 > 第2章 > 定版文字1.flv

▶ 案例源文件：
案例源文件>第2章>2.5>定版文字1.aep

本例难易指数：★ ★ ★ ★ ☆

图2-77

操作流程

1 执行"合成>新建合成"菜单命令，创建一个"宽度"为960px、"高度"为540px、"像素长宽比"为"方形像素"的合成，设置合成的"持续时间"为4秒01帧，并将其命名为"智慧城市"，如图2-78所示。

图2-78

2 执行"文件>导入>文件"菜单命令，打开本书学习资源中的"案例源文件>第2章>2.5>背景.mov"文件，将其添加到时间线上，如图2-79所示。

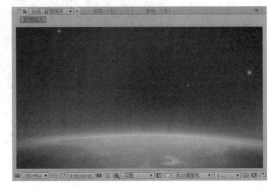

图2-79

3 使用"横排文字工具" **T** 创建一个"智慧城市"文字图层,设置字体为"书体坊米蒂体"、字体大小为130像素、行间距为200、字体颜色为白色,如图2-80所示。

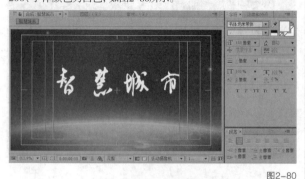

图2-80

4 按Ctrl+Y快捷键创建一个黑色的纯色图层,将其命名为E,如图2-81所示。关闭"智慧城市"图层的显示,最后锁定该图层,如图2-82所示。

图2-81

图2-82

5 选择E图层,执行"效果>Video Copilot>Element"菜单命令,然后展开"Custom Layers(自定义图层)>Custom Text and Masks(自定义文字和蒙版)"属性栏,在Path Layer 1(图层路径1)中选择"2.智慧城市",接着单击Scene Setup(场景设置)按钮,进入Scene Setup(场景设置)属性界面,如图2-83所示。

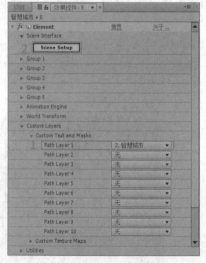

图2-83

6 在Scene Setup(场景设置)属性界面中单击EXTRUDE(挤出)按钮,挤出文字的厚度,如图2-84所示。

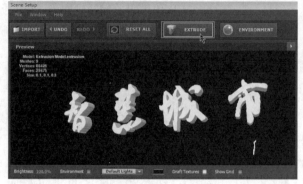

图2-84

7 将Presets(预设)>Materials(材质)中的Gold_Basic材质拖曳到挤出的文字上,如图2-85所示。

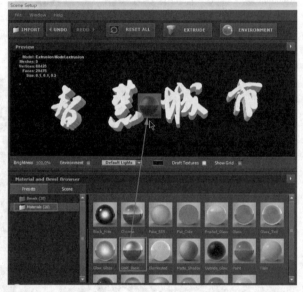

图2-85

8 调整文字和环境的整体匹配。单击ENVIRONMENT(环境)按钮,在Texture Channel(纹理通道)属性界面中选择Town选项,修改Gamma的值为2.01、Contrast的值为1%、Saturation的值为-35%,如图2-86所示。

图2-86

9 选择E图层,执行"效果>颜色校正>曲线"菜单命令,然后调整RBG(三原色通道)和红色通道的曲线,如图2-87和图2-88所示。

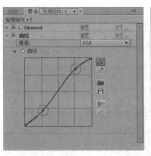
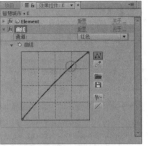

图2-87　　　　　　　　　　　图2-88

10 执行"图层>新建>摄像机"菜单命令,创建一个新的摄像机,然后在"预设"中选择28毫米,如图2-89所示。

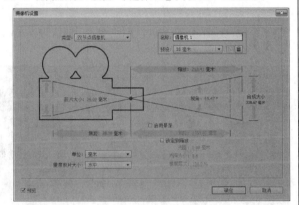

图2-89

11 修改"摄像机1"图层中的"目标点"的值为(0.3, 118.8, 15.3)、"位置"的值为(-34.4, 316.9, -1523.8),如图2-90所示。

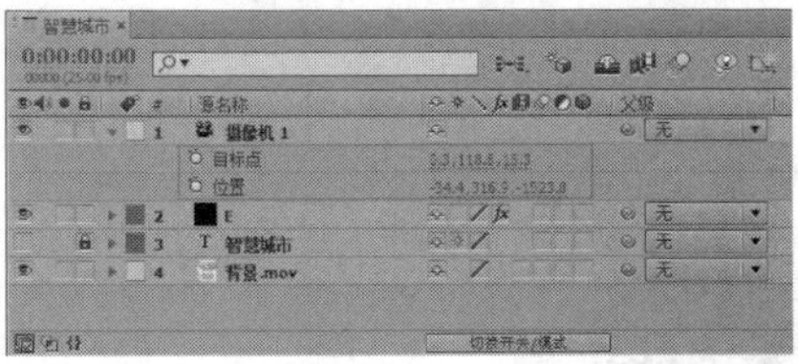

图2-90

12 执行"图层>新建>空对象"菜单命令,创建一个新的"空1"虚拟体图层并开启其"三维开关"按钮,然后将"摄像机1"图层作为"空1"图层的子物体,最后设置该图层"位置"属性的值为(480, 270, 45),如图2-91所示。

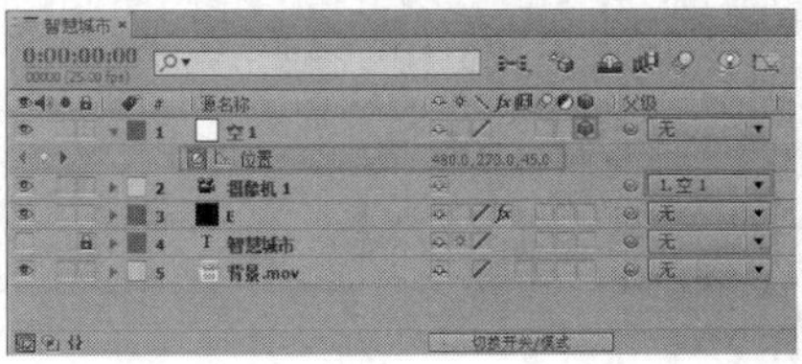

图2-91

13 设置"空1"图层的"位置"属性的关键帧动画。在第0帧处,设置其值为(480, 270, 45);在第4秒处,设置其值为(480, 270, 90),如图2-92所示。

图2-92

14 展开"Group 1(组1)>Particle Look(查看粒子)>Multi-object(多目标)"选项,勾选Enable Multi-Object(开启多目标)选项,如图2-93所示。

图2-93

15 展开"Group 1(组1)>Particle Look(查看粒子)> Multi-object(多目标)> Rotation(旋转)"选项,设置"1.Y Rotation Random(1.Y轴随机旋转)"属性的关键帧动画,在第0帧处,设置其值为(0×+80°);在第2秒处,设置其值为(0×+0°)。在World Transform(世界坐标)参数组中,设置World Position XY(XY轴坐标)和World Position Z(Z轴坐标)属性的关键帧动画,在第0帧处,设置World Position XY(XY轴坐标)的值为(0, 300)、World Position Z(Z轴坐标)的值为-1500;在第2秒处,设置World Position XY(XY轴坐标)的值为(0, 35),World Position Z(Z轴坐标)的值为0,如图2-94所示。

图2-94

16 展开Render Settings(渲染设置)属性栏,在Glow(光晕)中开启Enable Glow(开启光晕)选项,设置Glow Intensity(发光强度)的值为0.5、Glow Radius(发光半径)的值为0.5,如图2-95所示。

17 展开Render Settings(渲染设置)属性栏,在Rotate Environment(旋转环境)中设置X Rotate Environment(X轴的旋转环境)的值为(0×+20°),如图2-96所示。

图2-95　　　　　　　　　图2-96

18 展开Render Settings(渲染设置)属性栏,在Ambient Occlusion(SSAO)(环境光散射)中开启Enable AO(激活环境光散射)选项,设置AO Color(散色颜色)为(R:25,

G：57，B：132）、
AO Intensity（散
色强度）为2.3、
AO Samples（散色
采样）为35，如图
2-97所示。画面
的预览效果如图
2-98所示。

图2-97

图2-98

19 执行"文件>导入>文件"菜单命令，打开本书学习资源中的"案例源文件>第2章>2.5>Light.mov"文件，将其添加到时间线上，修改图层的叠加模式为"相加"，如图2-99所示。

图2-99

20 按小键盘上的数字键0，预览最终效果，如图2-100所示。

图2-100

2.6 定版文字2

学习目的

使用"自动追踪"功能为图层添加蒙版，学习3D Stroke（3D描边）和Starglow（星光）效果的组合应用。

学习资源路径

▶ 在线教学视频：
在线教学视频>第2章>定版文字2.flv

▶ 案例源文件：
案例源文件>第2章>2.6>定版文字2.aep

本例难易指数：★★★☆☆

案例描述

本例主要讲解利用"自动追踪"、3D Stroke（3D描边）、Starglow（星光）和"蒙版"来完成描边光效定版文字的制作。通过学习本例，读者能够掌握制作描边光效定版文字的方法，案例如图2-101所示。

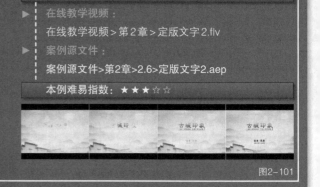

图2-101

操作流程

1 执行"合成>新建合成"菜单命令，选择一个预设为"PAL D1/DV"的合成，设置合成的"持续时间"为5秒22帧、背景颜色为黑色，将其命名为"古城印象"，如图2-102所示。

2 执行"文件>导入>文件"菜单命令，打开本书学习资源中的"案例源文件>第2章>2.6>背景.mov、古城印象.png、文字.png、下标文字.png和线条.png"文件，把"背景.mov"添加到"古城印象"合成的时间线上，如图2-103所示。

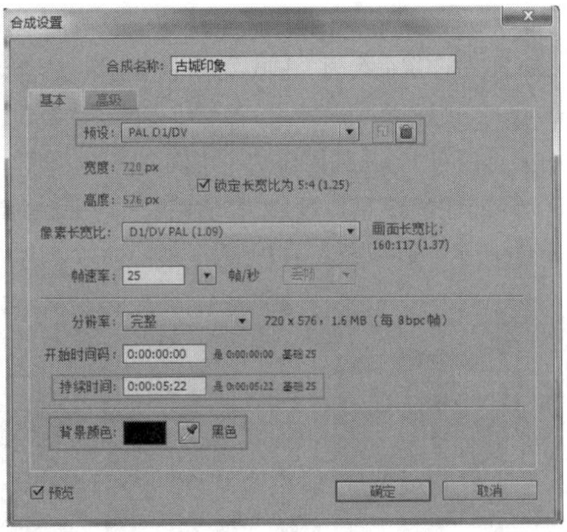

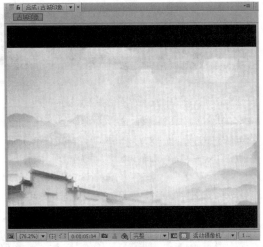

图2-102

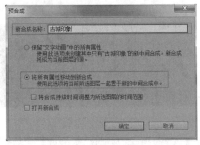

图2-103

3 将素材"古城印象.png"添加到时间线上，选择该图层，执行"图层>预合成"菜单命令，合并图层，然后把合并的图层命名为"古城印象"。为了方便后面效果的制作，这里可以先关闭"背景.mov"图层的显示，如图2-104所示。

图2-104

4 选择合并后的"古城印象"图层，执行"图层>自动追踪"菜单命令，为该图层添加自动追踪，设置"容差值"为0.1px，取消对"应用到新图层"的选择，最后单击"确定"按钮，如图2-105所示。

图2-105

5 选择合并后的"古城印象"图层，按3次Ctrl+D快捷键复制该图层，把图层从下至上依次重新命名为"古""城""印""象"。选择"古"图层，展开该图层的"蒙版"属性，删除"蒙版3"到"蒙版12"，同时将"蒙版1"和"蒙版2"的叠加模式修改为"差值"选项，如图2-106所示，效果如图2-107所示。

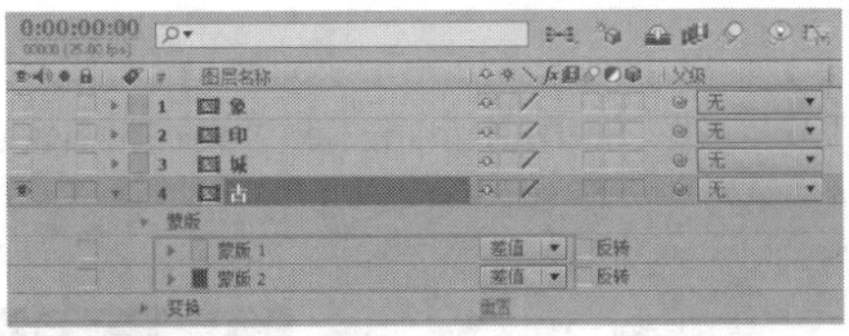

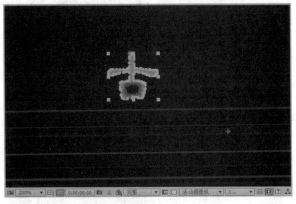

图2-106

图2-107

6 分别选择"城""印""象"图层，执行相同的操作，具体参数设置如图2-108所示。

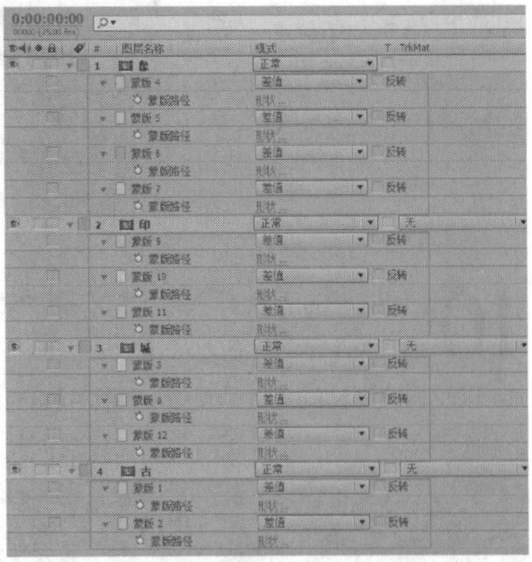

图2-108

7 选择"古"图层，执行"效果>Trapcode>3D Stroke（3D描边）"菜单命令，设置Color（颜色）为红色、Thickness（厚度）为0.8、End（结束）为45。在第0帧处，设置Offset（偏移）的值为-54；在第5秒21帧处，设置Offset（偏移）的值为200，如图2-109和图2-110所示。

图2-109

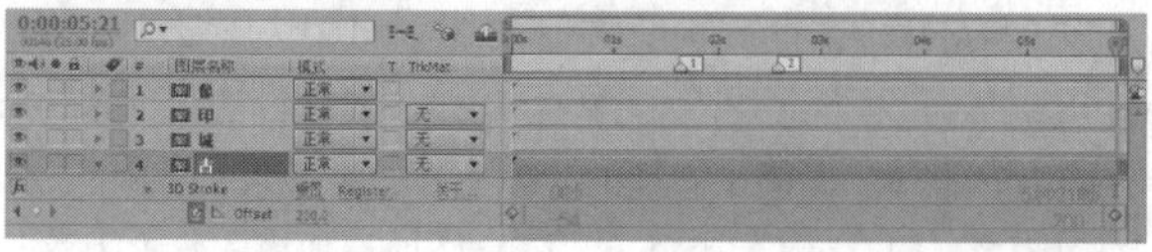

图2-110

8 展开Taper（锥化）选项，勾选Enable（启用）选项，其他参数保持不变，如图2-111所示。预览效果如图2-112所示。

图2-111　　　　　　　　　图2-112

9 选择"古"图层，执行"效果>Trapcode>Starglow（星光）"菜单命令，设置Input Channel（输入通道）为Red（红色）。展开ColormapA（颜色A）选项，设置Preset（预设）为One Color（单色）、颜色为中黄色（R:250，G:165，B:1）。在第1秒01帧处，设置Streak Length（线条长度）为8；在第1秒06帧处，设置Streak Length（线条长度）为0，如图2-113所示。

图2-113

10 使用同样的方法对"城""印"和"象"这3个图层进行"3D Stroke（3D描边）"和"Starglow（星光）"效果的添加，以及相应属性的关键帧设置，如图2-114所示。预览效果如图2-115所示。

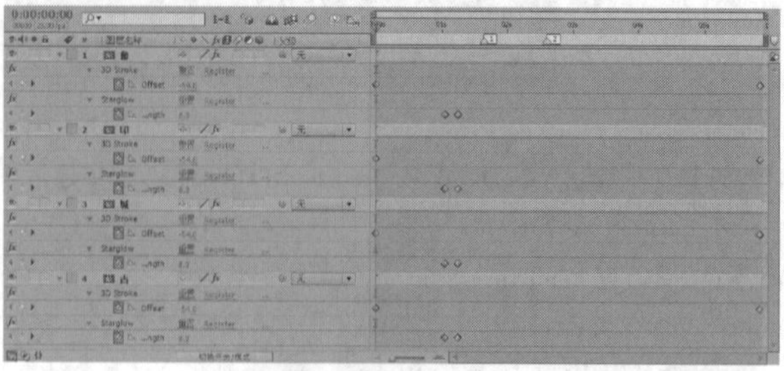

图2-114

图2-115

11 选择"古"图层，按Ctrl+D快捷键复制该图层，将复制后的图层命名为"古城印象"，并删除"古城印象"图层中的所有的蒙版和添加的效果，然后将该图层入点时间设置在第1秒01帧处，同时为该图层添加一个椭圆蒙版，设置"蒙版羽化"为（25，25像素），最后设置"蒙版路径"属性的关键帧动画，如图2-116所示，效果如图2-117所示。

图2-116

图2-117

12 将项目窗口中的"文字.png"添加到时间线上，选择该图层，执行"图层>预合成"菜单命令合并图层，把合并的图层命名为"文字"。将"文字"图层放在"古城印象"下面，然后将该图层的入点设置在第2秒10帧处，并为该图层添加矩形蒙版，设置"蒙版羽化"为（5，0像素），最后设置"蒙版路径"属性的关键帧动画，如图2-118所示，效果如图2-119所示。

图2-118

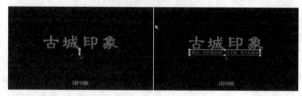

图2-119

13 将项目窗口中的"线条.png"添加到时间线上，选择该图层，执行"图层>预合成"菜单命令合并图层，把合并的图层命名为"线条"，然后将"线条"图层置于时间线最下层，接着设置"蒙版羽化"的值为（1，0像素），最后在第1秒16帧、第1秒21帧和第2秒15帧处分别设置"蒙版路径"属性的关键帧动画，如图2-120所示，效果如图2-121所示。

图2-120

图2-121

14 框选所有图层，执行"图层>预合成"菜单命令合并图层，把合并的图层命名为"文字动画"，如图2-122所示。

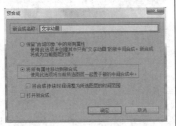

图2-122

15 选择"文字动画"图层，按Ctrl+D快捷键复制图层，将复制后的图层命名为"高光"，然后为该图层绘制蒙版，设置"蒙版羽化"为（0，5像素），设置图层的"不透明度"为80%，最后开启"背景.mov"图层的显示，如图2-123所示，效果如图2-124所示。

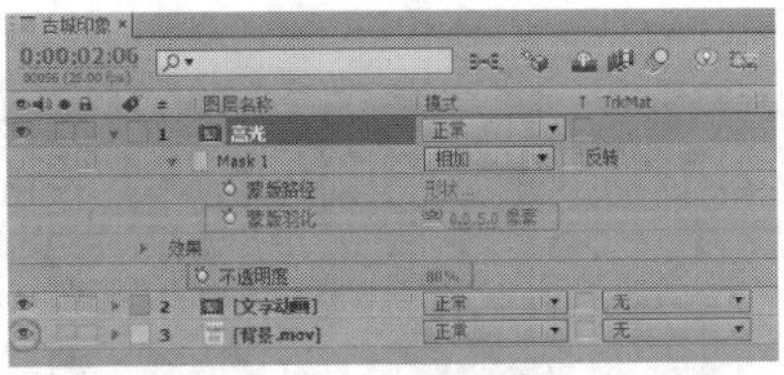

图2-123

图2-124

16 选择"高光"图层，执行"效果>颜色校正>色调"菜单命令，把"将黑色映射到"和"将白色映射到"同时设置为淡红色（R:255，G:186，B:186），如图2-125所示。显示效果如图2-126所示。

图2-125

图2-126

17 将项目窗口中的"下标文字.png"放置在时间线的最上层，并将入点时间设置在第2秒20帧处。选择该图层，执行"效果>过渡>卡片擦除"菜单命令，设置"过渡宽度"为57%、"行数"为56、"列数"为33、"翻转轴"为Y、"翻转方向"为"随机"。最后设置"过渡完成"属性的关键帧动画，在第2秒20帧处，设置其值为48%；在第4秒处，设置其值为82%，如图2-127和图2-128所示。

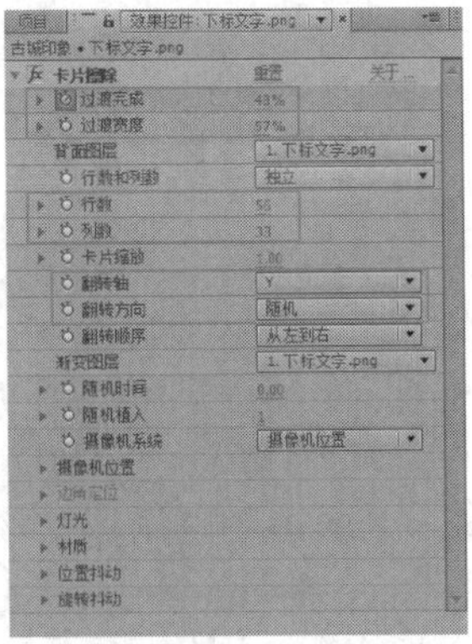

图2-127

图2-128

18 选择"下标文字"图层，设置该图层的"不透明度"属性的关键帧动画。在第2秒20帧处，设置该图层的"不透明度"为0；在第4秒处，设置该图层的"不透明度"为100%，如图2-129所示。预览效果如图2-130所示。

图2-129

图2-130

19 按小键盘上的数字键0，预览最终效果，如图2-131所示。

图2-131

2.7 音频特效

学习目的

学习“将音频转换为关键帧”功能和表达式的整合应用。

学习资源路径

▶ 在线教学视频：

在线教学视频 > 第 2 章 > 音频特效 .flv

▶ 案例源文件：

案例源文件>第2章>2.7>音频特效.aep

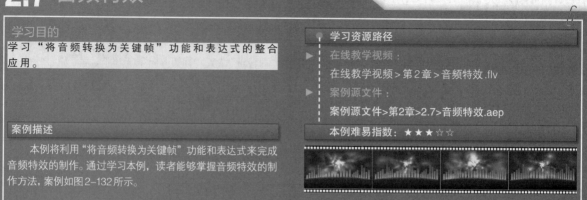

案例描述

本例将利用“将音频转换为关键帧”功能和表达式来完成音频特效的制作。通过学习本例，读者能够掌握音频特效的制作方法，案例如图2-132所示。

本例难易指数：★★★☆☆

图2-132

操作流程

1 执行“合成>新建合成”菜单命令，创建一个“宽度”为720px、“高度”为405px、“像素长宽比”为“方形像素”的合成，设置合成的“持续时间”为10秒，并将其命名为Audio，如图2-133所示。

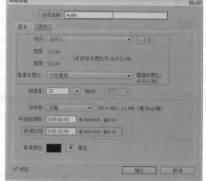

图2-133

2 执行“文件>导入>文件”菜单命令，打开本书学习资源中的“案例源文件>第2章>2.7>Audio.wma”文件，将其添加到Audio合成的时间线上，如图2-134所示。

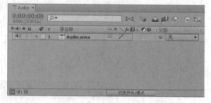

图2-134

3 选择Audio.wma图层，执行“动画>关键帧辅助>将音频转换为关键帧”菜单命令，如图2-135所示，效果如图2-136所示。

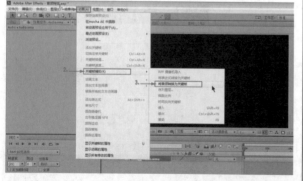

图2-135

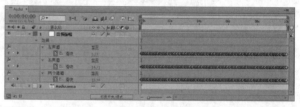

图2-136

4 执行“图层>新建>纯色”菜单命令，创建一个红色的纯色图层，如图2-137所示。

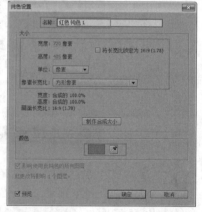

图2-137

5 展开“红色纯色1”图层，修改其“位置”属性的值为（40，405），如图2-138所示。

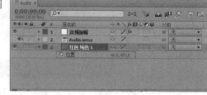

图2-138

6 执行“图层>新建>空对象”菜单命令，创建一个新的“空1”虚拟体图层，对其执行“效果>表达式控制>滑块控制”菜单命令，在按住Alt键的同时单击“滑块”属性前的“秒表”，将其链接到“音频振幅”图层“两个通道”属性的“滑块”属性上，如图2-139所示。

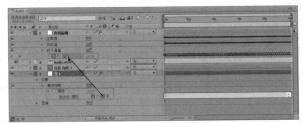

图2-139

7 展开"红色纯色1"图层的"缩放"属性，为其添加表达式。在按住Alt键的同时单击"缩放"属性前的"秒表"，首先将其链接到"音频振幅"图层"两个通道"属性的"滑块"属性上，修改[temp, temp]为[8, temp]，在[8, temp]后面输入+[0, X]；框选X（注意，这里X只是一个内容表示符，它代表的具体内容请参考下面给出的完整表达式，下同），将其链接到"空1"图层中的"滑块"属性上，如图2-140所示。最终完成的表达式如下。

```
temp = thisComp.layer("音频振幅").effect("两个通道")
("滑块");
[8, temp]+[0,thisComp.layer("空 1").effect("滑块控制")
("滑块")];
```

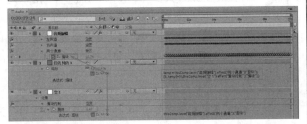

图2-140

8 执行"图层>新建>纯色"菜单命令，创建一个红色的纯色图层，展开"红色纯色2"图层，修改其"位置"属性的值为（120, 405），设置该图层"缩放"属性的表达式。按住Alt键同时单击"缩放"属性前的"秒表"，首先将其链接到"音频振幅"图层"两个通道"属性的"滑块"属性上，修改[temp, temp]为[8, temp]，在[8, temp]后面输入+[0, X]；框选X，然后将其链接到"空1"图层中的"滑块"属性上，最后输入+[0, 10]，如图2-141所示。最终完成的表达式如下。

```
temp = thisComp.layer("音频振幅").effect("两个通道")
("滑块");
[8, temp]+[0,thisComp.layer("空 1").effect("滑块控制")
("滑块")]+[0,10];
```

图2-141

9 执行"图层>新建>纯色"菜单命令，创建一个红色的纯色图层。展开"红色纯色3"图层，修改其"位置"属性为（200,

405），然后设置该图层"缩放"属性的表达式。按住Alt键同时单击"缩放"属性前的"秒表"，首先将其链接到"音频振幅"图层"两个通道"属性的"滑块"属性上，修改[temp, temp]为[8, temp]，在[8, temp]后面输入+[0, X]；框选X，然后将其链接到"空1"图层中的"滑块"属性上，最后输入+[0, 20]，如图2-142所示。最终完成的表达式如下。

```
temp = thisComp.layer("音频振幅").effect("两个通道")
("滑块");
[8, temp]+[0,thisComp.layer("空 1").effect("滑块控制")
("滑块")]+[0,20];
```

图2-142

10 执行"图层>新建>纯色"菜单命令，创建一个红色的纯色图层。展开"红色纯色4"图层，修改其"位置"属性为（280, 405），然后设置该图层"缩放"属性的表达式。按住Alt键同时单击"缩放"属性前的"秒表"，首先将其链接到"音频振幅"图层"两个通道"属性的"滑块"属性上，修改[temp, temp]为[8, temp]，在[8, temp]后面输入+[0, X]；框选X，然后将其链接到"空1"图层中的"滑块"属性上，最后输入+[0, 30]，如图2-143所示。最终完成的表达式如下。

```
temp = thisComp.layer("音频振幅").effect("两个通道")
("滑块");
[8, temp]+[0,thisComp.layer("空 1").effect("滑块控制")
("滑块")]+[0,30];
```

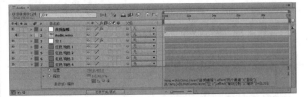

图2-143

11 执行"图层>新建>纯色"菜单命令，创建一个红色的纯色图层。展开"红色纯色5"图层，修改其"位置"属性的值为（360, 405），最后设置该图层"缩放"属性的表达式。按住Alt键的同时，单击"缩放"属性前的"秒表"，首先将其链接到"音频振幅"图层"两个通道"属性的"滑块"属性上，修改[temp, temp]为[8, temp]，最后在[8, temp]后面输入+[0, X]；框选X，然后将其链接到"空1"图层中的"滑块"属性上，如图2-144所示。最终完成的表达式如下。

```
temp = thisComp.layer("音频振幅").effect("两个通道")
("滑块");
[8, temp]+[0,thisComp.layer("空 1").effect("滑块控制")
("滑块")];
```

图2-144

12 执行"图层>新建>纯色"菜单命令,创建一个红色的纯色图层。展开"红色纯色6"图层,修改其"位置"属性为(440, 405),然后设置该图层"缩放"属性的表达式。按住Alt键的同时单击"缩放"属性前的"秒表",首先将其链接到"音频振幅"图层"两个通道"属性的"滑块"属性上,修改[temp, temp]为[8, temp],在[8, temp]后面输入+[0, X];框选X,然后将其链接到"空1"图层中的"滑块"属性上,最后输入+[0, 60],如图2-145所示。最终完成的表达式如下。

temp = thisComp.layer("音频振幅").effect("两个通道")("滑块");
[8, temp]+[0,thisComp.layer("空 1").effect("滑块控制")("滑块")]+[0,60];

图2-145

13 执行"图层>新建>纯色"菜单命令,创建一个红色的纯色图层。展开"红色纯色7"图层,修改其"位置"属性为(520, 405),然后设置该图层"缩放"属性的表达式。按住Alt键的同时单击"缩放"属性前的"秒表",首先将其链接到"音频振幅"图层"两个通道"属性的"滑块"属性上,修改[temp, temp]为[8, temp],在[8, temp]后面输入+[0, X];框选X,然后将其链接到"空1"图层中的"滑块"属性上,最后输入+[0, 45],如图2-146所示。最终完成的表达式如下。

temp = thisComp.layer("音频振幅").effect("两个通道")("滑块");
[8, temp]+[0,thisComp.layer("空 1").effect("滑块控制")("滑块")]+[0,45];

图2-146

14 执行"图层>新建>纯色"菜单命令,创建一个红色的纯色图层。展开"红色纯色8"图层,修改其"位置"属性为

(600, 405),然后设置该图层"缩放"属性的表达式。按住Alt键的同时单击"缩放"属性前的"秒表",首先将其链接到"音频振幅"图层"两个通道"属性的"滑块"属性上,修改[temp, temp]为[8, temp],在[8, temp]后面输入+[0, X];框选X,然后将其链接到"空1"图层中的"滑块"属性上,最后输入+[0, 20],如图2-147所示。最终完成的表达式如下。

temp = thisComp.layer("音频振幅").effect("两个通道")("滑块");
[8, temp]+[0,thisComp.layer("空 1").effect("滑块控制")("滑块")]+[0,20];

图2-147

15 执行"图层>新建>纯色"菜单命令,创建一个红色的纯色图层。展开"红色纯色9"图层,修改其"位置"属性为(680, 405),然后设置该图层"缩放"属性的表达式。按住Alt键的同时单击"缩放"属性前的"秒表",首先将其链接到"音频振幅"图层"两个通道"属性的"滑块"属性上,修改[temp, temp]为[8, temp],在[8, temp]后面输入+[0, X];框选X,然后将其链接到"空1"图层中的"滑块"属性上,最后输入+[0, 30],如图2-148所示。最终完成的表达式如下。

temp = thisComp.layer("音频振幅").effect("两个通道")("滑块");
[8, temp]+[0,thisComp.layer("空 1").effect("滑块控制")("滑块")]+[0,30];

图2-148

16 按小键盘上的数字键0,预览画面效果,如图2-149所示。

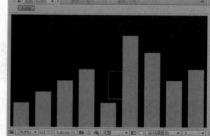

图2-149

17 执行"图层>新建>调整图层"菜单命令,创建一个新的调整图层,选择该调整图层,执行"效果>生成>梯度渐变"菜单命令,然后设置"渐变起点"为(360, 0)、"起始颜色"为红色、"渐变终点"为(360, 405)、"结束颜色"为绿色,如图2-150所示。

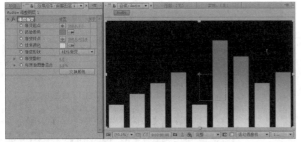

图2-150

18 执行"图层>新建>纯色"菜单命令,创建一个黑色的纯色图层;选择该图层,然后执行"效果>生成>网格"菜单命令,接着修改"锚点"的值为(329, 215),选择"大小依据"为"边角点",修改"边角"的值为(488, 244)、"边界"的值为10,如图2-151所示。

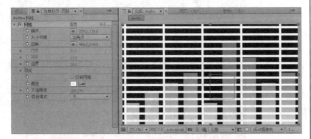

图2-151

19 修改黑色的"纯色"图层的叠加模式为"轮廓Alpha",如图2-152所示。画面预览效果如图2-153所示。

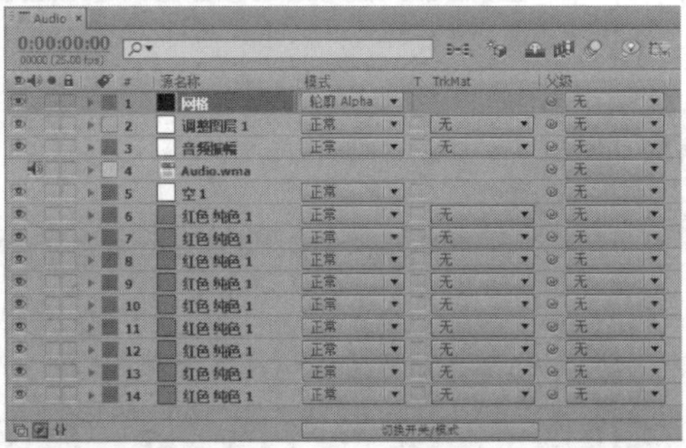

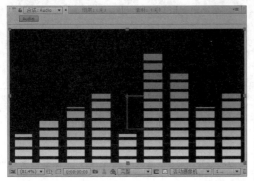

图2-152

图2-153

20 执行"合成>新建合成"菜单命令,创建一个"宽度"为720px、"高度"为405px、"像素长宽比"为"方形像素"的合成,设置合成的"持续时间"为10秒,并将其命名为"音频特效",如图2-154所示。

图2-154

21 将项目窗口中的Audio合成添加到"音频特效"合成的时间线上。选择Audio图层,连续按两次Ctrl+D快捷键来复制图层,然后开启3个图层的三维开关,最后设置第1个Audio图层的"位置"为(-48.8, 217, 800)、"缩放"为(70, 70, 70%)、"Y轴旋转"为(0×-60°);设置第2个Audio图层的"位置"为(771, 217, 800)、"缩放"为(70, 70, 70%)、"Y轴旋转"为(0×+60°);设置第3个Audio图层的"位置"为(360, 205.5, 800)、"缩放"为(70, 70, 70%),如图2-155所示。

图2-155

22 选择第1个Audio图层,执行"效果>Video Copilot>VC Reflect(VC反射)"菜单命令,设置Floor Position(地板层位置)的值为(360, 405)、Reflection Distance(反射距离)的值为70%、Reflection Falloff(反射衰减)的值为0.3、Opacity(不透明度)的值为10%、Blur Amount(模糊强度)的值为3、Blur Offset(模糊偏移)的值为0、Blur Falloff(模糊衰减)的值为0.5,如图2-156所示。

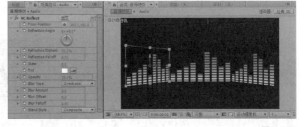

图2-156

23 使用同样的方法,完成第2个和第3个Audio图层倒影的制作,如图2-157所示。

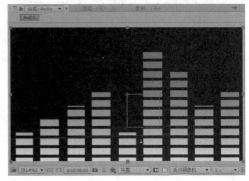

图2-157

24 将项目窗口中的Audio.wma音频素材合成添加到"音频特效"合成的时间线上，最后关闭3个Audio图层的声音开关，如图2-158所示。

图2-158

25 执行"文件>导入>文件"菜单命令，打开本书学习资源中的"案例源文件>第2章>2.7>背景.mov"文件，将其添加到"音频特效"合成的时间线上，如图2-159所示。

图2-159

26 执行"图层>新建>纯色"菜单命令，创建一个白色的纯色图层，如图2-160所示。

图2-160

27 选择白色的纯色图层，然后使用"椭圆工具" 创建蒙版，接着展开该图层的蒙版属性，设置"蒙版羽化"的值为（10, 10像素），最后设置该图层的"不透明度"值为20%，如图2-161所示，效果如图2-162所示。

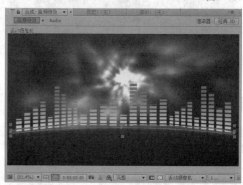

图2-161

图2-162

28 按小键盘上的数字键0，预览最终效果，如图2-163所示。

图2-163

2.8 百叶窗效果

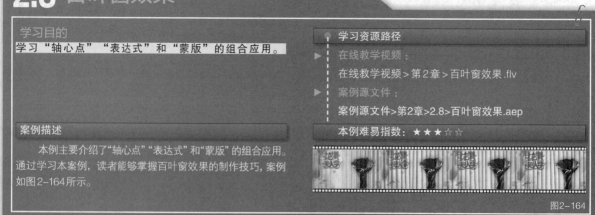

学习目的

学习"轴心点""表达式"和"蒙版"的组合应用。

学习资源路径

▶ 在线教学视频：
在线教学视频>第2章>百叶窗效果.flv

▶ 案例源文件：
案例源文件>第2章>2.8>百叶窗效果.aep

本例难易指数：★★★☆☆

案例描述

本例主要介绍了"轴心点""表达式"和"蒙版"的组合应用。通过学习本案例，读者能够掌握百叶窗效果的制作技巧，案例如图2-164所示。

图2-164

操作流程

1 执行"合成>新建合成"菜单命令，创建一个"宽度"为960px、"高度"为540px、"像素长宽比"为"方形像素"的合成，设置合成的"持续时间"为5秒，并将其命名为"定版"，如图2-165所示。

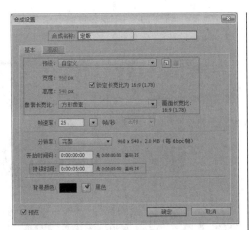

图2-165

图2-168

2 执行"文件>导入>文件"菜单命令,打开本书学习资源中的"案例源文件>第2章>2.8>image.jpg",将其添加到"定版"合成的时间线上,如图2-166所示。

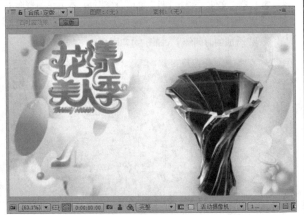

图2-166

3 执行"合成>新建合成"菜单命令,创建一个"宽度"为960px、"高度"为540px、"像素长宽比"为"方形像素"的合成,设置合成的"持续时间"为5秒,并将其命名为"百叶窗效果",如图2-167所示。

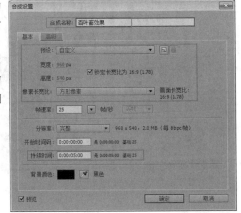

图2-167

4 将项目窗口中的"定版"合成添加到"百叶窗效果"合成的时间线上。选择"定版"图层,将其重新命名为"定版1",开启图层的三维开关,设置"缩放"的值为(105, 105, 105%),如图2-168所示。

5 使用"轴心点工具" ,将"定版1"图层的轴心点移动到图2-169所示的地方。

图2-169

6 执行"图层>新建>空对象"菜单命令,创建一个新的"空1"虚拟体图层。为其添加"效果>表达式控制>滑块控制"菜单命令。设置滑块属性的关键帧动画,在第0帧处,设置滑块的值为84;在第2秒01帧处,设置滑块的值为0,如图2-170所示。

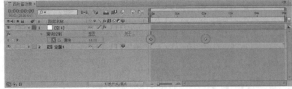

图2-170

7 展开"定版1"图层中的"Y轴旋转"属性,按住Alt键的同时,单击"Y轴旋转"属性前的"秒表",最后将其链接到"空1"图层"滑块控制"效果的"滑块"属性上,如图2-171所示。

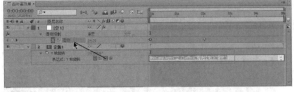

图2-171

8 展开"定版1"图层中的"Z轴旋转"属性,为其添加表达式,如图2-172所示。最终完成的表达式如下。

Wiggle(0.5,3)

图2-172

9 使用"矩形工具" ▢为该"定版1"图层添加一个蒙版，如图2-173所示。

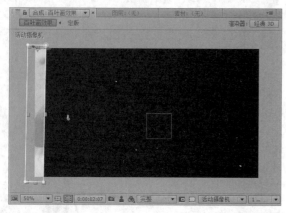

图2-173

10 选择"定版1"图层，执行"图层>图层样式>投影"菜单命令，设置"大小"的值为40，如图2-174所示。继续选择该图层，执行"图层>图层样式>斜面和浮雕"菜单命令，如图2-175所示。

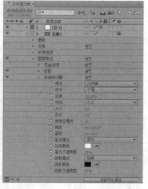

图2-174   图2-175

11 画面的预览效果如图2-176所示。

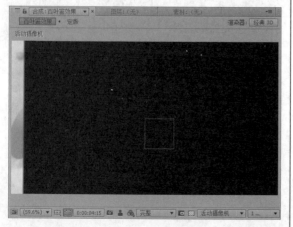

图2-176

12 使用同样的方法完成画面其余部分的制作，如图2-177所示。

图2-177

13 执行"文件>导入>文件"菜单命令，打开本书学习资源中的"案例源文件>第2章>2.8>image.jpg"，将其添加到"百叶窗效果"合成的时间线上，如图2-178所示。

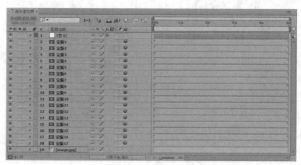

图2-178

14 按小键盘上的数字键0，预览最终效果，如图2-179所示。

图2-179

2.9 网格空间

学习目的

学习CC Wide Time（多重帧融合效果）、"马赛克""最大/最小"和"查找边缘"特效的使用方法。

学习资源路径

▶ 在线教学视频：
在线教学视频>第2章>网格空间.flv

▶ 案例源文件：
案例源文件>第2章>2.9>网格空间.aep

本例难易指数：★★★☆☆

案例描述

本例主要介绍CC Wide Time（多重帧融合效果）和"查找边缘"特效的综合运用。通过学习本例，读者能够掌握网格空间特效的制作方法，案例如图2-180所示。

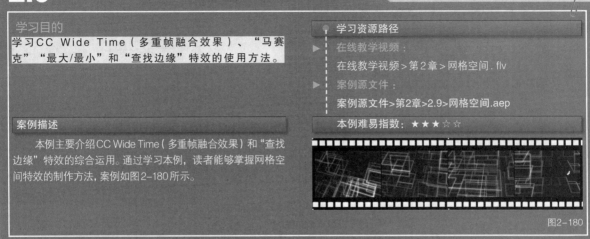

图2-180

操作流程

1 执行"合成>新建合成"菜单命令，创建一个预设为PAL D1/DV的合成，然后设置其"持续时间"为4秒，并将其命名为"网格"，如图2-181所示。

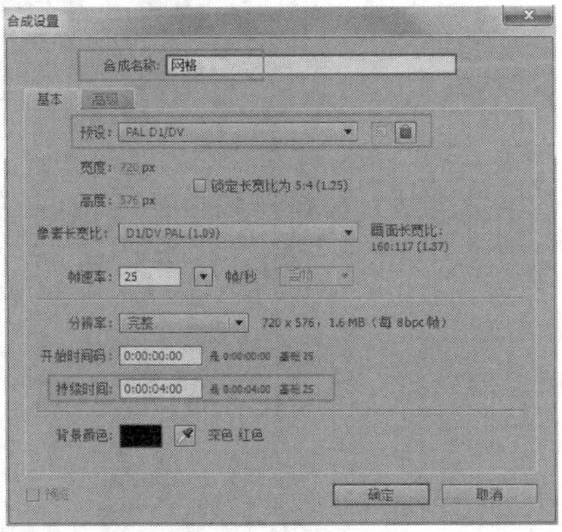

图2-181

2 使用"横排文字工具" T 创建一个123456789的数字图层，设置字体为Consolas、字体大小为150像素、字符间距为10、字体颜色为白色，如图2-182所示。

图2-182

3 选择数字图层，在"效果和预设"面板中输入Kinematic，然后双击Kinematic，将该文字动画预设效果添加到数字图层上，如图2-183所示。

图2-183

4 选择数字图层，执行"效果>时间>CC Wide Time（多重帧融合效果）"菜单命令，设置Forward Steps（向前取样数）为16，如图2-184所示。

5 选择数字图层，执行"效果>风格化>马赛克"菜单命令，勾选"锐化颜色"选项，如图2-185所示。

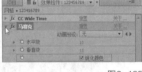

图2-184　　　　　　　　　　　图2-185

6 选择数字图层，执行"效果>通道>最大/最小"菜单命令，设置"半径"为33、"通道"为"Alpha和颜色"，勾选"不要收缩边缘"选项，如图2-186所示。预览效果如图2-187所示。

图2-186

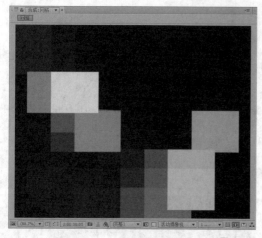

图2-187

7 再次选择数字图层，然后执行"效果>风格化>查找边缘"菜单命令，勾选"反转"选项，如图2-188所示。

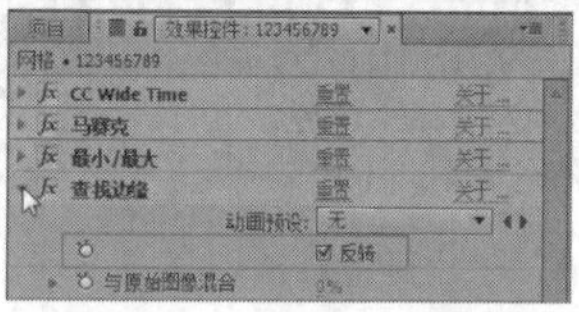

图2-188

8 执行"图层>新建>调整图层"菜单命令，创建一个调整图层；然后选择调整图层，接着执行"效果>风格化>发光"菜单命令，参数保持默认即可，执行"效果>颜色校正>色阶"菜单命令；最后设置"灰度系数"为1.34，如图2-189所示。

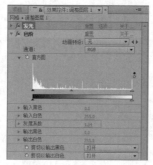

图2-189

9 选择上一步创建的调整图层，然后执行"效果>颜色校正>CC Toner（CC 调色）"菜单命令，接着设置Midtones（中值）为浅蓝色（R:0, G:216, B:255），如图2-190所示。预览效果如图2-191所示。

图2-190

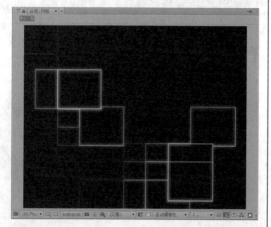

图2-191

10 执行"合成>新建合成"菜单命令，创建一个预设为"自定义"的合成，设置合成大小为400px×300px，设置其"持续时间"为4秒，并将其命名为"空间"，如图2-192所示。

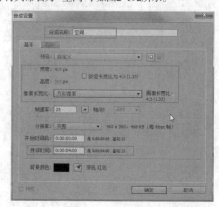

图2-192

11 将"网格"合成导入到"空间"合成中；接着按Ctrl+Y快捷键创建一个新的纯色层，并将其命名为BG；最后设置"颜色"为深蓝色（R:2, G:11, B:31），如图2-193所示。

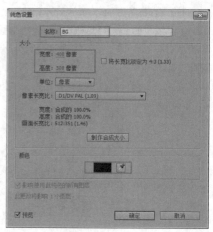

图2-193

12 选择"网格"图层，并打开图层的三维开关，设置"X轴旋转"值为-60；然后按Ctrl+D快捷键复制出3个图层，相关参数设置如图2-194所示；最后选择所有的"网格"图层，将图层的叠加模式修改为"屏幕"模式。

图2-194

13 执行"图层>新建>调整图层"菜单命令,创建一个调整图层,然后选择调整图层,执行"效果>风格化>发光"菜单命令,设置"发光颜色"为"A和B颜色",如图2-195所示。

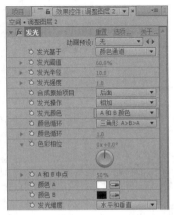

图2-195

14 执行"图层>新建>摄像机"菜单命令,创建一个摄像机,设置相关属性的关键帧动画。在第0帧处,设置"位置"为(450,-290,-600)、"目标点"为(210,150,0);在第3秒24帧处,设置"位置"为(200,150,-600)、"目标点"为(200,150,0),如图2-196所示。

图2-196

15 按小键盘上的数字键0,预览最终效果,如图2-197所示。

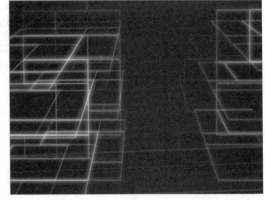

图2-197

2.10 音速波浪特技

学习目的

掌握"分形杂色"效果的参数设置,学习使用CC Cylinder(CC 圆柱体)将二维图像转换成三维图像,学习"焦散"效果的运用。

学习资源路径

▶ 在线教学视频:
  在线教学视频>第2章>音速波浪特技.flv

▶ 案例源文件:
  案例源文件>第2章>2.10>音速波浪特技.aep

案例描述

本例主要介绍CC Cylinder(CC 圆柱体)和"焦散"效果的综合运用。通过学习本例,读者能够掌握音速波浪特技的制作方法,案例如图2-198所示。

本例难易指数:★ ★ ☆ ☆ ☆

图2-198

操作流程

1 执行"合成>新建合成"菜单命令,创建一个"宽度"为640px、"高度"为1280px、"持续时间"为5秒的合成,将其命名为"波浪1",如图2-199所示。

图2-199

2 在"波浪1"合成的"时间线"面板中创建一个纯色图层,然后将其命名为"波浪",接着设置"大小"为640px×1280 px,最后设置"颜色"为黑色,如图2-200所示。

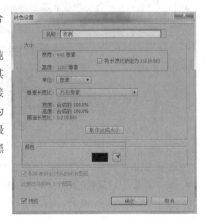

图2-200

3 选择"波浪"图层，然后执行"效果>杂色和颗粒>分形杂色"菜单命令，设置"杂色类型"为"样条"；展开"变换"参数项，设置"缩放宽度"为10000、"缩放高度"为50、"复杂度"为3，如图2-201所示。

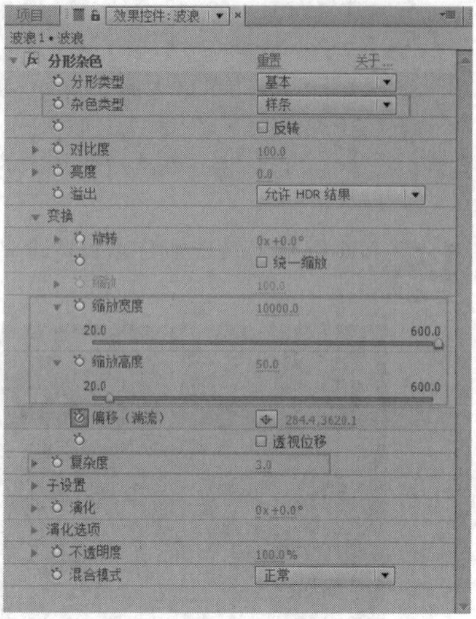

图2-201

4 选择"波浪"图层，展开"波浪"属性栏，在第0秒处，设置"偏移（湍流）"的值为（248.4，0）；在第5秒处，设置"偏移（湍流）"的值为（284.4，4445），如图2-202所示。

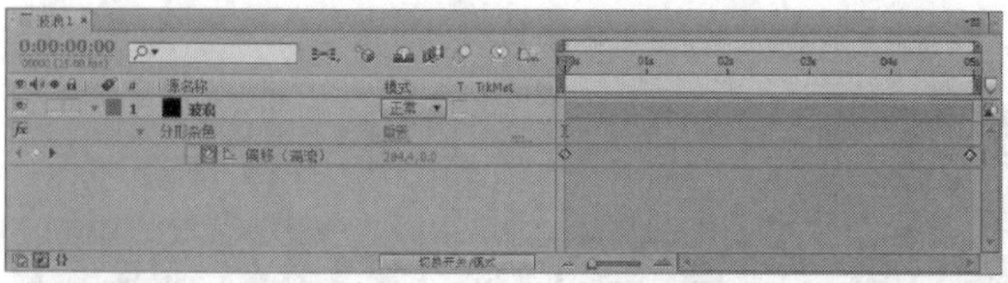

图2-202

5 执行"合成>新建合成"菜单命令，创建一个"宽度"为640px、"高度"为480px、"持续时间"为5秒的合成，将其命名为"波浪2"，如图2-203所示。

图2-203

6 执行"图层>新建>纯色"菜单命令，创建一个灰色的纯色图层，将其命名为"背景"。将项目窗口中的"波浪1"合成添加到"波浪2"合成的时间线上，如图2-204所示。

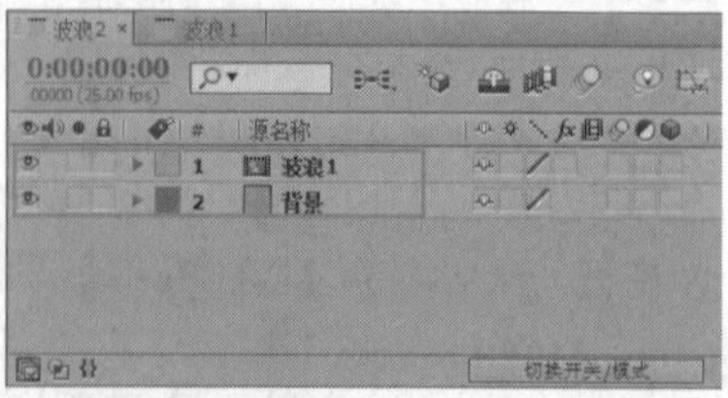

图2-204

7 选择"波浪1"图层，执行"效果>透视>CC Cylinder（CC 圆柱体）"菜单命令，设置Radius（半径）为51、Position Z（位置Z）为-810、Rotation X（X轴旋转）为（0×-90°）、Light Intensity（灯光强度）为0、Lihgt Height（灯光高度）为0、Light Direction（灯光

角度）为（0×+0°）、Ambient（环境）为100、Diffuse（漫反射）为0、Specular（高光）为0、Roughness（粗糙度）为0.001、Metal（金属）的值为0，如图2-205所示。

图2-205

8 执行"图层>新建>摄像机"菜单命令，创建一个预设为"50毫米"、名为Camera1的摄像机，如图2-206所示。

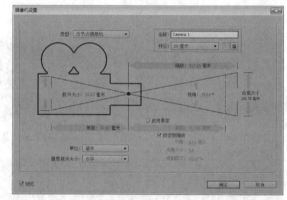

图2-206

9 设置摄像机的"目标点"为（359，249，45）、"位置"为（285，239，-1018），如图2-207所示。画面的预览效果如图2-208所示。

图2-207

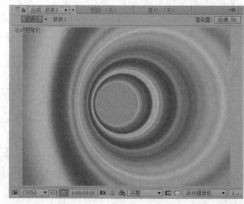

图2-208

$\bf 10$ 执行"合成>新建合成"菜单命令,创建一个"宽度"为640px、"高度"为480px、"持续时间"为5秒的合成,将其命名为"波浪3",如图2-209所示。

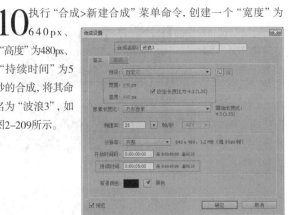

图2-209

$\bf 11$ 将项目窗口中的"波浪2"合成添加到"波浪3"合成的时间线上。执行"文件>导入>文件"菜单命令,打开本书学习资源中的"案例源文件>第2章>2.10>素材.avi",将其添加到"波浪3"合成的时间线上,如图2-210所示。

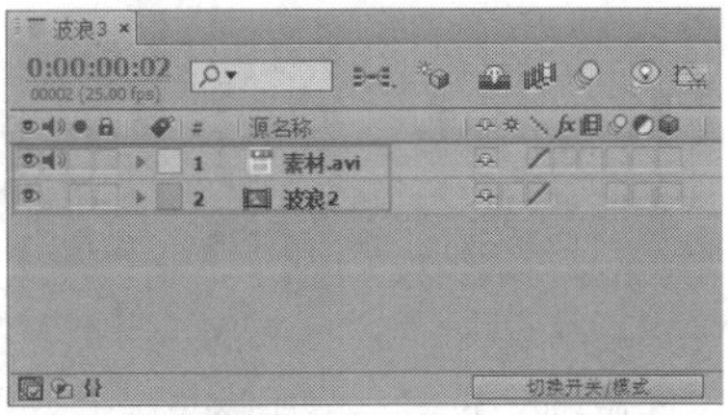

图2-210

$\bf 12$ 选择"素材"图层,执行"效果>模拟>焦散"菜单命令,展开"底部"参数项,设置"底部"为"无";展开"水"参数项,设置"水面"为"2.波浪2"、"波形高度"为0.5、"平滑"为20、"水深度"为0.2、"折射率"为1.4、"表面颜色"为黑色、"表面不透明度"为0;展开"灯光"参数项,设置"环境光"为0;展开"材质"参数项,设置"漫反射"为0、"镜面反射"为0、"高光锐度"为0,如图2-211所示。

图2-211

$\bf 13$ 按小键盘上的数字键0,预览最终效果,如图2-212所示。

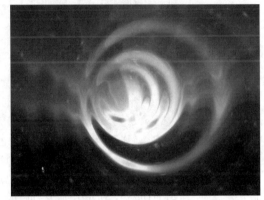

图2-212

2.11 心电图特技

学习目的
使用"网格"效果制作网格,掌握"蒙版"的绘制和编辑方法,掌握"勾画"特效参数的设置方法。

学习资源路径
▶ 在线教学视频:
在线教学视频>第2章>心电图特技.flv

▶ 案例源文件:
案例源文件>第2章>2.11>心电图特技.aep

案例描述
本例主要介绍"网格""蒙版"和"勾画"特效的综合应用。通过学习本例,读者能够掌握心电图特效的制作方法,案例如图2-213所示。

本例难易指数:★ ★ ☆ ☆ ☆

图2-213

操作流程

$\bf 1$ 执行"合成>新建合成"菜单命令,创建一个"宽度"为720px、"高度"为720px、"持续时间"为4秒的合成,将其命名为"心电图",如图2-214所示。

$\bf 2$ 执行"图层>新建>纯色"菜单命令,创建一个纯色图层作为背景网格的画面,将其命名为"网格",设置"宽度"和"高度"均为720 px,最后设置"颜色"为黑色,如图2-215所示。

图2-214

图2-215

3 选择"网格"图层，执行"效果>生成>网格"菜单命令，设置"锚点"的值为（360, 288）、"大小依据"为"宽度滑块"、"宽度"的值为32、"颜色"为深绿色（R:22, G:159, B:0），如图2-216所示。

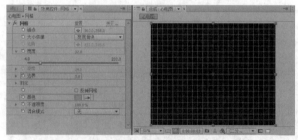

图2-216

4 执行"图层>新建>纯色"菜单命令，创建一个黑色的纯色图层，将其命名为"曲线"，如图2-217所示。

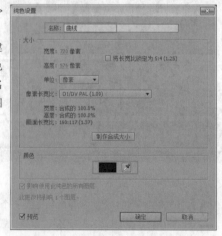

图2-217

5 选择"曲线"图层，使用"钢笔工具" 绘制一条波形的蒙版，如图2-218所示。将该图层的图层叠加模式设置为"相加"，如图2-219所示。

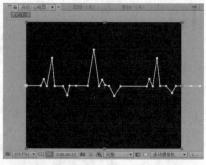

图2-218

图2-219

6 选择"曲线"图层，执行"效果>生成>勾画"菜单命令，设置"描边"选项为"蒙版/路径"；展开"片段"参数项，设置"片段"的值为1、"长度"的值为0.9；展开"正在渲染"参数项，设置"宽度"的值为4.5，如图2-220所示。预览效果如图2-221所示。

图2-220

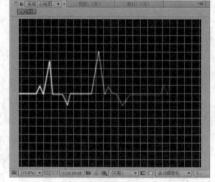

图2-221

7 设置"勾画"效果中"旋转"属性的关键帧动画，在第0秒处，设置其值为（0×-55°）；在第4秒处，设置其值为（-2×-66°），如图2-222所示。

图2-222

8 选择"曲线"图层，按Ctrl+D快捷键复制出一个"曲线"图层，并将其命名为"光点"；选择"光点"图层，在"勾画"效果中修改"长度"的值为0.02、"宽度"的值为15，如图2-223所示。

图2-223

9 修改"光点"图层的叠加模式为"相加"，选择"光点"图层，按Ctrl+D快捷键复制出图层，如图2-224所示。

图2-224

10 按小键盘上的数字键0，预览最终效果，如图2-225所示。

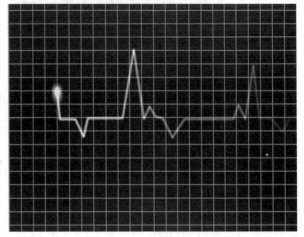

图2-225

2.12 球体运动

学习目的

使用"分形杂色"和CC Ball Action（CC 球体运动）效果制作虚拟小球，使用"曲线特效"和"色相/饱和度"效果调节图像的颜色。

学习资源路径

▶ 在线教学视频：
在线教学视频>第2章>球体运动.flv

▶ 案例源文件：
案例源文件>第2章>2.12>球体运动.aep

案例描述

本例主要介绍"分形杂色"和CC Ball Action（CC 球体运动）效果的综合应用。通过学习本例，读者能够掌握球体运动特效的高级运用，案例如图2-226所示。

本例难易指数： ★ ★ ☆ ☆ ☆

图2-226

操作流程

1 执行"合成>新建合成"菜单命令，创建一个预设为PAL D1/DV的合成，设置其"持续时间"为3秒，将其命名为"球体运动"，如图2-227所示。

图2-227

2 按Ctrl+Y快捷键新建一个黑色的纯色图层，将其命名为"背景"。选择"背景"图层，执行"效果>生成>梯度渐变"菜单命令，设置"渐变起点"的值为（440，226）、"起始颜色"为（R:128，G:92，B:92）、"渐变终点"的值为（360，576），如图2-228所示。预览效果如图2-229所示。

图2-228

图2-229

3 按Ctrl+Y快捷键新建一个黑色的纯色图层，将其命名为"元素"。选择"元素"图层，执行"效果>杂色和颗粒>分形杂色"菜单命令，设置"分形类型"为"基本"、"杂色类型"为"块"、"溢出"为"剪切"，如图2-230所示。

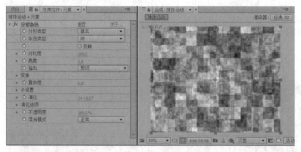

图2-230

4 选择"元素"图层，执行"效果>模拟>CC Ball Action（CC 球体运动）"菜单命令，展开CC Ball Action（CC 球体运动）参数栏，设置Scatter（散射）为200、Grid Spacing（网格间隔）为50、Ball Size（球大小）为30，如图2-231所示。

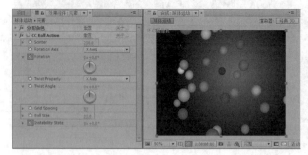

图2-231

5 展开CC Ball Action（CC 球体运动）参数栏，在第0帧处，设置Rotation（旋转）的值为（0×+0°），在第3秒处，设置Rotation（旋转）的值为（0×+118°）；在第0帧处，设置Instability State（变换的状态）的值为（0×+0°），在第3秒处，设置Instability State（变换的状态）的值为（0×+118°），如图2-232所示。

图2-232

6 选择"元素"图层，执行"效果>颜色校正>曲线"菜单命令，分别在RGB和红色通道中调整曲线，如图2-233所示。画面的预览效果如图2-234所示。

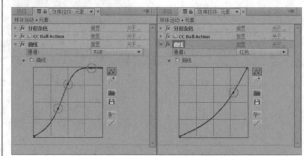

图2-233

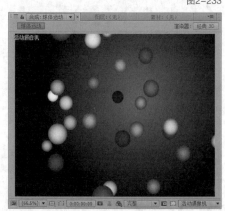

图2-234

7 执行"图层>新建>调整图层"菜单命令，创建一个调整图层；然后选择调整图层并执行"效果>通道>反转"菜单命令；继续选择调整图层并执行"效果>颜色校正>色相/饱和度"菜单命令，勾选"彩色化"选项，设置"着色色相"的值为（0×+130°）、"着色饱和度"的值为50、"着色亮度"的值为0，如图2-235所示。

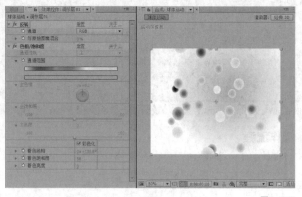

图2-235

8 执行"图层>新建>调整图层"菜单命令，创建一个调整图层；然后选择该调整图层并执行"效果>模糊与锐化>快速模糊"菜单命令，设置"模糊度"的值为100；最后勾选"重复边缘像素"选项，如图2-236所示。

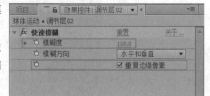

图2-236

9 使用"椭圆工具" ○ 绘制一个蒙版,设置"蒙版羽化"的值为(100,100像素),勾选"反转"选项,如图2-237和图2-238所示。

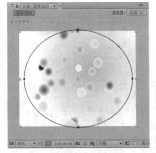

图2-237

图2-238

10 按Ctrl+Y快捷键,新建一个绿色的纯色图层,将其命名为"遮罩"。然后使用"钢笔工具" ○ 绘制一个蒙版,设置"蒙版羽化"的值为(100,100像素)、"蒙版不透明度"的值为80%、"蒙版扩展"的值为80像素;最后设置蒙版的叠加模式为"相减",如图2-239和图2-240所示。

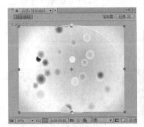

图2-239

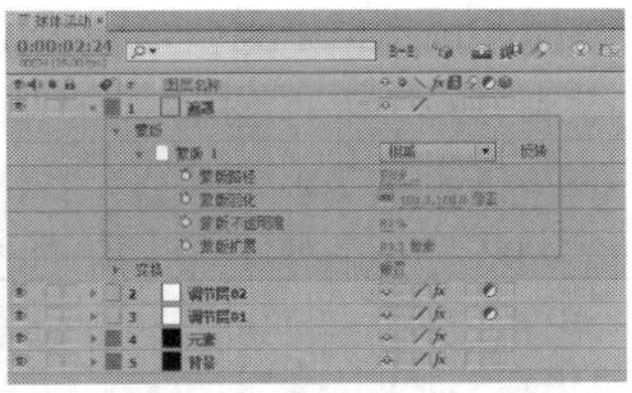

图2-240

11 执行"图层>新建>摄像机"菜单命令,创建一个摄像机,设置预设为28毫米,勾选"启用景深"选项,如图2-241所示。

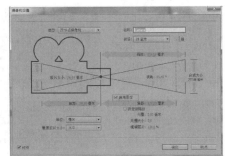

图2-241

12 设置摄像机的"目标点"和"位置"属性的关键帧动画。在第0帧处,设置"目标点"的值为(360,288,0)、"位置"的值为(360,288,-612);在第3秒处,设置"目标点"的值为(360,288,928)、"位置"为(360,288,328),如图2-242所示。

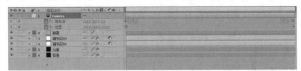

图2-242

13 按小键盘上的数字键0,预览最终效果,如图2-243所示。

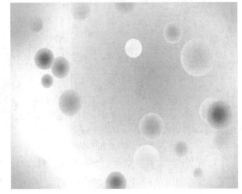

图2-243

2.13 浮雕效果

学习目的

学习"分形杂色"效果的使用方法。

学习资源路径

▶ 在线教学视频:
在线教学视频>第2章>浮雕效果.flv

▶ 案例源文件:
案例源文件>第2章>2.13>浮雕效果.aep

案例描述

本例主要介绍"分形杂色"效果的使用方法。通过学习本例,读者可以掌握浮雕效果的制作方法,案例如图2-244所示。

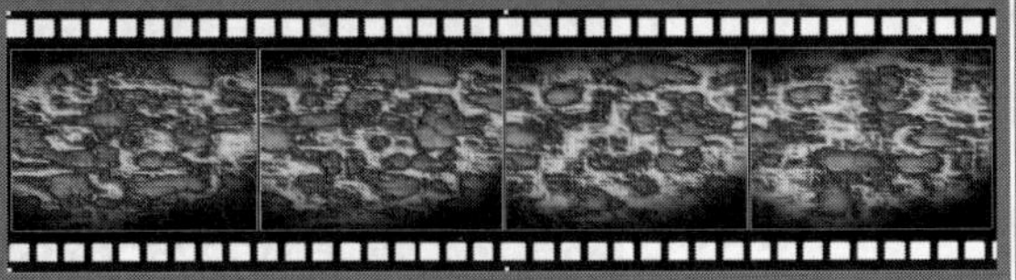

本例难易指数:★ ★ ★ ☆ ☆

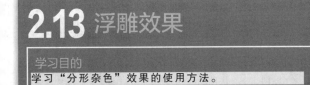

图2-244

操作流程

1 执行"合成>新建合成"菜单命令，创建一个预设为PAL D1/DV的合成，设置其"持续时间"为3秒01帧，将其命名为"浮雕空间"，如图2-245所示。

图2-245

2 执行"图层>新建>纯色"菜单命令，创建一个黑色的纯色图层，设置其"宽度"为720像素、"高度"为576像素，将其命名为"浮雕空间"，如图2-246所示。

3 选择"浮雕空间"图层，执行"效果>杂色和颗粒>分形杂色"菜单命令，设置"分形类型"为"湍流锐化"、"杂色类型"为"柔和线性"，勾选"反转"选项，然后设置"对比度"为100、"亮度"为-20、"溢出"为"反绕"。在"变换"参数栏中，设置"缩放宽度"为200、"缩放高度"为100，"偏移（湍流）"为（303.8，240），如图2-247所示。

图2-246　　　　　　　　　图2-247

4 设置"分形杂色"效果中相关属性的关键帧动画。在第0帧处，设置"对比度"的值为100、"亮度"的值为-20、"旋转"的值为（0×+0°）、"演化"的值为（0×+0°）；在第3秒处，设置"对比度"的值为111.3、"亮度"的值为-8.7、"旋转"的值为（0×+2.3°）、"演化"的值为（0×+162.2°），如图2-248所示。预览效果如图2-249所示。

图2-248

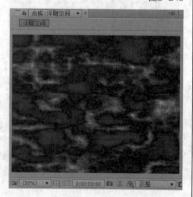

图2-249

5 选择"浮雕空间"图层，执行"效果>模糊和锐化>CC Vector Blur（CC 矢量模糊）"菜单命令，设置Type（类型）为Perpendicular（垂直），最后设置Amount（数量）为25，如图2-250所示。

6 选择"浮雕空间"图层，执行"效果>颜色校正>色阶"菜单命令，设置"输入白色"的值为121，如图2-251所示。

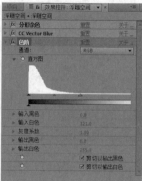

图2-250　　　　　　　　　图2-251

7 选择"浮雕空间"图层，执行"效果>风格化>彩色浮雕"菜单命令，设置"起伏"的值为2、"对比度"的值为500、"与原始图像混合"的值为50%；继续选择该图层，执行"效果>色彩校正>CC Toner（CC 调色）"菜单命令，设置Highlights（高光）的颜色为（R:230，G:208，B:170）、Midtones（中间调）的颜色为（R:250，G:150，B:0），如图2-252所示。预览效果如图2-253所示。

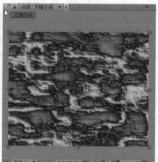

图2-252　　　　　　　　　图2-253

8 选择"浮雕空间"图层，执行"效果>色彩校正>曲线"菜单命令，在RGB通道中修改曲线，如图2-254所示。

9 执行"图层>新建>纯色"菜单命令，创建一个黑色的纯色图层，将其命名为"遮幅"；然后选择该图层，使用"钢笔工具"绘制一个蒙版，设置"蒙版羽化"的值为（100，100像素），设置蒙版的叠加模式为"相减"，如图2-255所示。预览效果如图2-256所示。

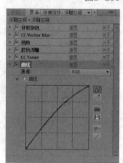

图2-254

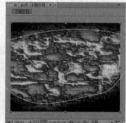

图2-255　　　　　　　　　图2-256

10 按小键盘上的数字键0，预览最终效果，如图2-257所示。

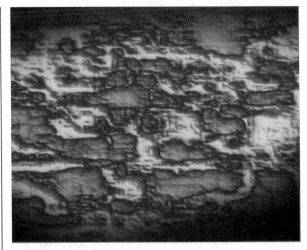

图2-257

2.14 花瓣背景

学习目的

学习“分形杂色”、CC Toner（CC 调色）、“极坐标”“快速模糊”和CC Radial Blur（径向模糊）效果的应用。

学习资源路径

在线教学视频：

在线教学视频 > 第2章 > 花瓣背景.flv

案例源文件：

案例源文件>第2章>2.14>花瓣背景.aep

案例描述

本例主要介绍“分形杂色”和“极坐标”效果的运用。通过学习本例，读者可以掌握花瓣背景特效的制作方法，案例如图2-258所示。

本例难易指数：★★☆☆☆

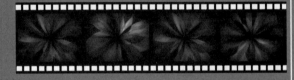

图2-258

操作流程

1 执行“合成>新建合成”菜单命令，创建一个预设为PAL D1/DV的合成，设置其“持续时间”为10秒，并将其命名为“背景”，如图2-259所示。

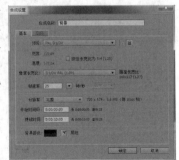

图2-259

2 执行“图层>新建>纯色”菜单命令，创建一个黑色的纯色图层，设置其“宽度”为1200像素、“高度”为1200像素，最后将其命名为“噪波”，如图2-260所示。

3 选择“噪波”图层，执行“效果>杂色和颗粒>分形杂色”菜单命令，设置“分形类型”为“阴天”、“杂色类型”为“块”，勾选“反转”选项，设置“溢出”为“剪切”；展开“变换”参数项，设置“旋转”的值为（0×+30°），取消勾选“统一缩放”选项，设置“缩放宽度”的值为75、“缩放高度”的值为485、“复杂度”的值为1.5；展开“演变选项”参数项，勾选“循环演化”选项，如图2-261所示。

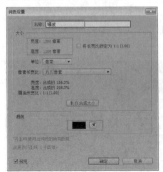

图2-260

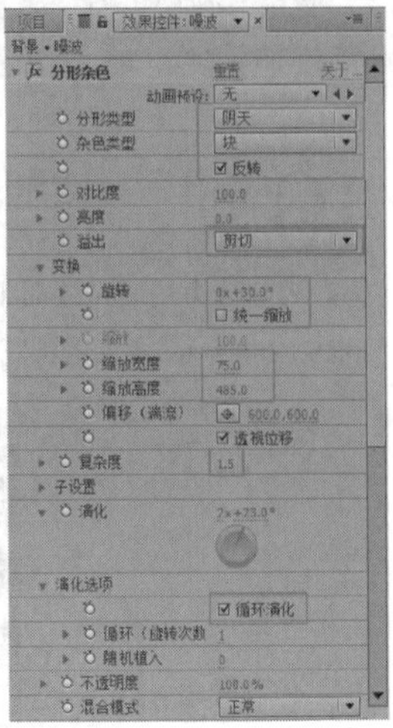

图2-261

4 选择“噪波”图层，执行“效果>扭曲>极坐标”菜单命令，设置“插值”为100%、“转换类型”为“矩形到极线”，如图2-262所示。

5 选择"噪波"图层，执行"效果>模糊和锐化>快速模糊"菜单命令，设置"模糊度"的值为3，如图2-263所示。

图2-262 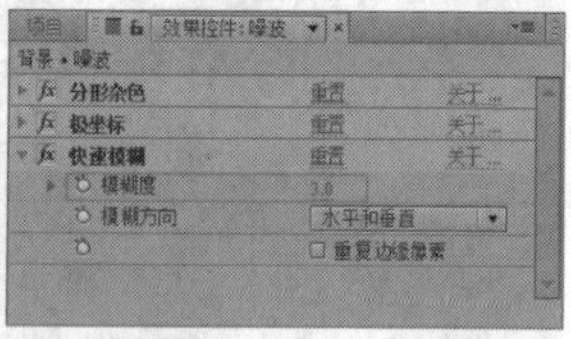　　　　　　　图2-263

6 选择"噪波"图层，然后执行"效果>颜色校正>CC Toner（CC调色）"菜单命令，设置Midtones（中间调）为（R:125，G:40，B:0），如图2-264所示。

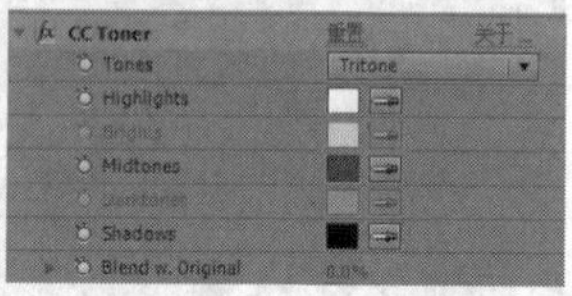

图2-264

7 展开"分形杂色"效果，为"演化"属性添加一个表达式（time*108），该表达式的含义是"演化"参数值将随时间变化而产生变化，如图2-265所示。

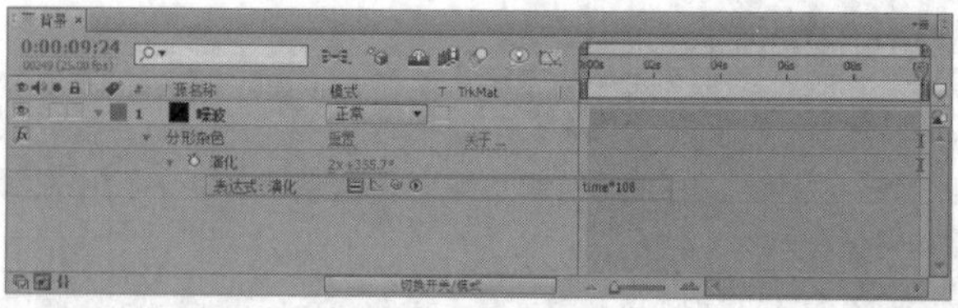

图2-265

8 选择"噪波"图层，按Ctrl+D快捷键复制出一个图层，选择通过复制得到的"噪波"图层，修改其CC Toner（CC调色）效果的Midtones（中间值）为（R:205，G:160，B:0），如图2-266所示。

9 修改通过复制得到的"噪波"图层，调整该图层的叠加模式为"叠加"，如图2-267所示。

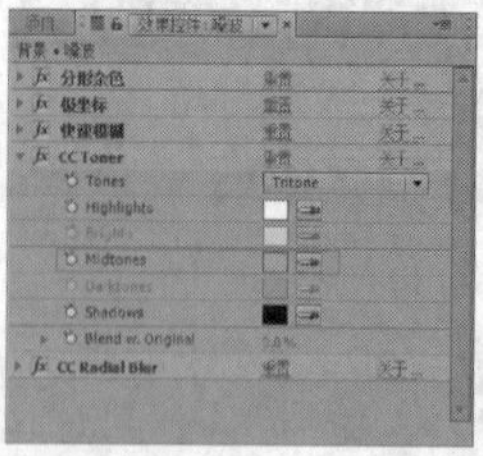

图2-266 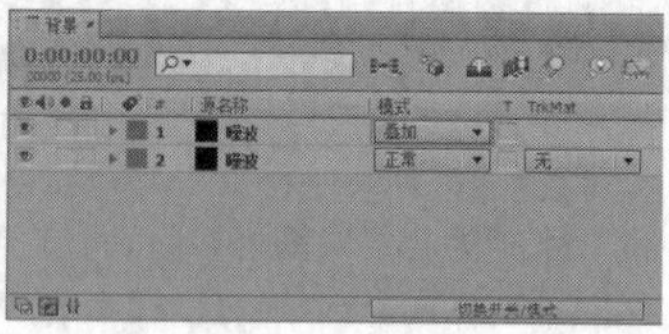　　　　　　　图2-267

10 继续选择通过复制得到的"噪波"图层，执行"效果>模糊和锐化> CC Radial Blur（径向模糊）"菜单命令，设置Type（类型）为Straight Zoom（连续变焦）、Amount（数量）为100，如图2-268所示。画面的预览效果如图2-269所示。

图2-268　　　　　　　图2-269

11 执行"图层>新建>纯色"菜单命令，创建一个名为"内遮罩"的黑色纯色图层，然后使用"椭圆工具"创建一个蒙版，其形状如图2-270所示。修改"蒙版羽化"的值为（100,100像素），如图2-271所示。

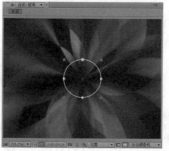

图2-270 　　　　　　　图2-271

12 执行"图层>新建>纯色"菜单命令，创建一个名为"外遮罩"的黑色纯色图层，然后使用"椭圆工具"创建一个蒙版，其形状如图2-272所示。设置蒙版的叠加模式为"相减"、"蒙版羽化"的值为（150,150像素），如图2-273所示。

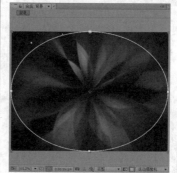

图2-272 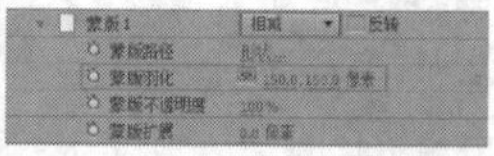　　　　　　　图2-273

13 按小键盘上的数字键0，预览最终效果，如图2-274所示。

图2-274

2.15 绿色线条

学习目的

学习"网格""高斯模糊"、CC Bend It（CC弯曲）和CC Lens（CC透镜）效果的运用。

学习资源路径

▶ 在线教学视频：
在线教学视频>第2章>绿色线条.flv

▶ 案例源文件：
案例源文件>第2章>2.15>绿色线条.aep

本例难易指数：★★☆☆☆

案例描述

本例主要介绍"网格"和CC Lens（CC透镜）效果的使用方法。通过学习本例，读者可以掌握线条特效的制作方法，案例如图2-275所示。

图2-275

操作流程

1 执行"合成>新建合成"菜单命令，创建一个预设为PAL D1/DV的合成，设置其"持续时间"为3秒，并将其命名为"网格"，如图2-276所示。

图2-276

2 在"网格"合成的"时间线"面板中创建一个纯色图层，然后将其命名为"网格"，设置"大小"为720像素×576像素、"颜色"为黑色，如图2-277所示。

3 选择"网格"图层，执行"效果>生成>网格"菜单命令，选择"大小依据"为"宽度和高度滑块"，设置"高度"为25、"边界"为3，如图2-278所示。

图2-277　　　　　图2-278

4 展开"网格"属性栏，在第0帧处设置"宽度"的值为60，在第3秒处设置"宽度"的值为40，如图2-279所示。

图2-279

5 选择"网格"图层，执行"效果>扭曲>CC Bend It（CC弯曲）"菜单命令，设置Blend（弯曲）为105、Start（开始）为（352.7，420）、End（结束）为（16.8，420）、Render Prestart（渲染启动前）为Mirror（镜子）、Distort（扭曲）为Exteded（扩展），如图2-280所示。

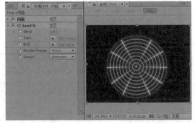

图2-280

6 选择"网格"图层，按Ctrl+D快捷键复制出一个图层，把新图层的图层模式设置为"相加"，如图2-281所示。

图2-281

7 选择复制得到的"网格"图层，执行"效果>模糊和锐化>高斯模糊"菜单命令，设置"模糊度"的值为20，如图2-282所示。预览效果如图2-283所示。

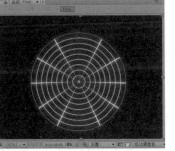

图2-282　　　　　图2-283

8 选择两个"网格"图层，按Ctrl+Shift+C快捷键合并图层，将其命名为Final，如图2-284所示。

9 选择Final图层，执行"效果>颜色校正>色光"菜单命令，展开"输入相位"参数项，设置"获取相位，自"为Alpha；展开"输出循环"参数项，设置"使用预设调板"为"渐变绿色"，如图

2-285所示。

图2-284　　　　　图2-285

秒处，设置Center（中心）为（172.7，164）；在第0帧处，设置Scale（缩放）为（160，160%），在第3秒处，设置Scale（缩放）为（200，200%），如图2-287所示。

图2-287

10 选择Final图层，执行"效果>扭曲>CC Lens（CC 透镜）"菜单命令，设置Size（大小）为100、Convergence（聚合）为100，如图2-286所示。

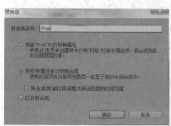

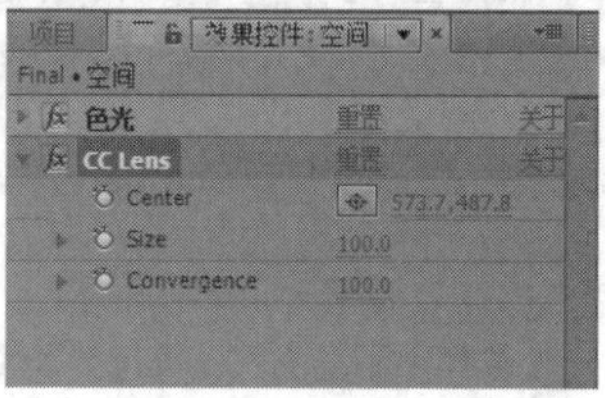

图2-286

11 设置CC Lens（CC 透镜）效果中相关属性的关键帧动画。在第0帧处，设置Center（中心）为（573.7，487.8）；在第3

12 按小键盘上的数字键0，预览最终效果，如图2-288所示。

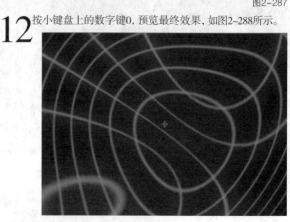

图2-288

2.16　空间幻影

学习目的

学习"分形杂色"、CC Radial Fast Blur（CC 放射状模糊）和CC Toner（CC 调色）效果的综合运用。

学习资源路径

▶ 在线教学视频：
在线教学视频 > 第2章 > 空间幻影 .flv

▶ 案例源文件：
案例源文件 > 第2章 > 2.16 空间幻影 .aep

案例描述

本例主要介绍"分形杂色"效果的使用方法以及CC Radial Fast Blur（CC 放射状模糊）效果的应用。通过学习本例，读者可以掌握空间幻影特效的制作方法，案例如图2-289所示。

本例难易指数：★ ★ ★ ☆ ☆

图2-289

操作流程

1 执行"合成>新建合成"菜单命令，创建一个预设为PAL D1/DV的合成，设置其"持续时间"为3秒，将其命名为"空间幻影"，如图2-290所示。

图2-290

2 执行"图层>新建>纯色"菜单命令，创建一个新的纯色图层，将其命名为"空间幻影"，设置"大小"为720像素×576像素、"颜色"为黑色，如图2-291所示。

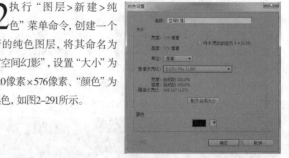

图2-291

3 选择"空间幻影"图层，执行"效果>杂色和颗粒>分形杂色"菜单命令，设置"分形类型"为"湍流平滑"、"杂色类型"为"块"、"对比度"为100、"亮度"为0、"旋转"为（0×–10°）、"偏移（湍流）"为（5.1, 475）、"复杂度"为2，如图2-292所示。画面的预览效果如图2-293所示。

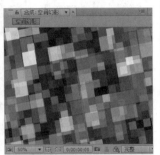

图2-292　　　　　　　　　　图2-293

4 展开"分形杂色"属性栏，在第0帧处设置"旋转"的值为（0×–10°）、"缩放"的值为100、"演化"的值为（0×+0°）；在第3秒处设置"旋转"的值为（0×+10°）、"缩放"的值为200、"演化"的值为（2×+0°），如图2-294所示。

图2-294

5 选择"空间幻影"图层，执行"效果>模糊和锐化>快速模糊"菜单命令，设置"模糊度"的值为3，最后勾选"重复边缘像素"选项，如图2-295所示。

6 选择"空间幻影"图层，执行"效果>模糊和锐化>CC Radial Fast Blur（CC 放射状模糊）"菜单命令，设置Center（中心）的值为（–2, 480）、Amount（数量）的值为100、Zoom（缩放）为Brightest（亮度），如图2-296所示。

图2-295　　　　　　　　图2-296

7 展开CC Radial Fast Blur（CC 放射状模糊）属性栏，在第0帧处，设置Center（中心）的值为（–2, 480）；在第3秒处，设置Center（中心）的值为（608.3, 0），如图2-297所示。

图2-297

8 选择"空间幻影"图层，执行"效果>颜色校正>CC Toner（CC 调色）"菜单命令，设置Highlights（高光）为白色、Midtones（中值）为紫色、Shadows（阴影）为黑色，如图2-298所示。

图2-298

9 按小键盘上的数字键0，预览最终效果，如图2-299所示。

图2-299

2.17 线条动画1

学习目的

学习3D Stroke（3D描边）效果的高级运用。

学习资源路径

在线教学视频：
在线教学视频>第2章>线条动画1.flv

案例源文件：
案例源文件>第2章>2.17>线条动画1.aep

案例描述

本例主要介绍3D Stroke（3D描边）效果的使用方法。通过学习本例，读者可以掌握空间线条动画的制作方法，案例如图2-300所示。

本例难易指数：★★★☆☆

图2-300

操作流程

1 执行 "合成>新建合成" 菜单命令，创建一个预设为PAL D1/DV 的合成，设置其 "持续时间" 为3秒，并将其命名为 "3D Stroke 滤镜"，如图2-301所示。

图2-301

2 执行 "图层>新建>纯色" 菜单命令，创建一个新的纯色图层，将其命名为3D Stroke，设置 "大小" 为720像素×576像素、"颜色" 为黑色，如图2-302所示。

图2-302

3 选择3D Stroke图层，使用 "椭圆工具" 绘制一个蒙版，如图2-303所示。

4 选择3D Stroke图层，执行 "效果>Trapcode>3D Stroke（3D描边）" 菜单命令，设置Color（颜色）为蓝色、Thickness（厚度）为5、End（结束）为30、Offset（偏移）为39，如图2-304所示。

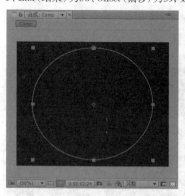

图2-303　　　　　　　　　图2-304

5 展开Taper（锥化）参数项，勾选Enable（启用）选项，如图2-305所示。

6 展开Transform（变换）参数项，设置Blend（弯曲）为8、Bend Aixe（弯曲角度）为（0×+90°），勾选 "Bend Around Center（绕过中心）" 选项，设置Z Position（Z轴位置）为-600、Y Rotation（Y轴

旋转）为（0×+90°），如图2-306所示。

图2-305

图3-306

7 展开Repeater（重复）参数项，勾选Enable（启用）选项，设置Instances（重复量）为3、Scale（缩放）为116、Facotr（伸展）为0.1、X Rotation（X轴旋转）为（0×+90°），如图2-307所示。

8 展开Advanced（高级）参数项，设置Adjust Setp（调节步幅）为1000，如图2-308所示。

图2-307　　　　　　　　　图2-308

9 展开3D Stroke（3D 描边）属性栏，在第0帧处，设置Offset（偏移）为39，在第3秒处，设置Offset（偏移）为20；在第0帧处，设置Zoom（变焦）为355.6，在第3秒处，设置Zoom（变焦）为936.6；在第0帧处，设置Z Rotation（Z轴旋转）为（0×+0°），在第3秒处，设置Z Rotation（Z轴旋转）为（0×+30°），如图2-309所示。

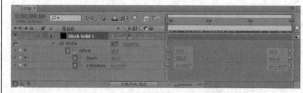

图2-309

10 按小键盘上的数字键0，预览最终效果，如图2-310所示。

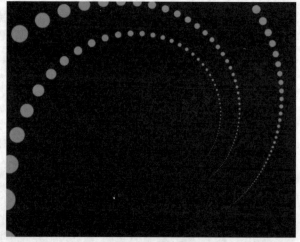

图2-310

2.18 线条动画2

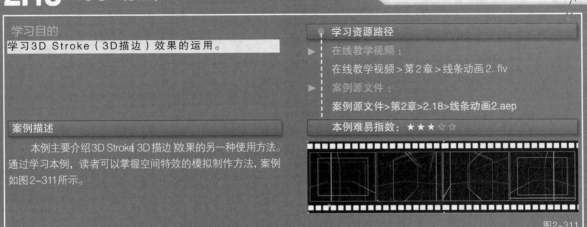

图2-311

操作流程

1 执行"合成>新建合成"菜单命令，创建一个预设为PAL D1/DV的合成，然后设置其"持续时间"为3秒，并将其命名为3D Stroke，如图2-312所示。

图2-312

2 执行"图层>新建>纯色"菜单命令，创建一个新的纯色图层，将其命名为3D Stroke，设置"大小"为720像素×576像素、"颜色"为黑色，如图2-313所示。

图2-313

3 选择3D Stroke图层，使用"矩形工具" 为该图层添加一个蒙版，如图2-314所示。

4 选择3D Stroke图层，执行"效果>Trapcode>3D Stroke（3D描边）"菜单命令，设置Color（颜色）为黄色、Thickness（厚度）为2，如图2-315所示。

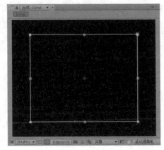

图2-314

图2-315

5 展开Repeater（重复）参数项，勾选Enable（启用）选项；设置Instances（重复量）为8、Opacity（透明度）为50、X Displace（X轴移动）为50、Y Displace（Y轴移动）为40、X Rotation（X轴旋转）为（0×+90°）、Y Rotation（Y轴旋转）为（0×+90°），如图2-316所示。

图2-316

6 展开Transform（变换）属性栏，在第0帧处，设置Y Rotation（Y轴旋转）为（0×+180°）；在第3秒处，设置Y Rotation（Y轴旋转）为（0×+0°），如图2-317所示。

图2-317

7 按小键盘上的数字键0，预览最终效果，如图2-318所示。

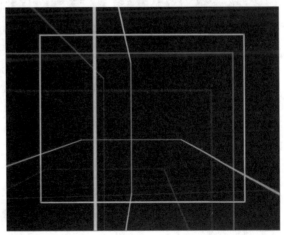

图2-318

2.19 碎花背景

案例描述

本例主要介绍FEC Kaleida（FEC万花筒）和"马赛克"效果的运用。通过学习本例，读者可以掌握碎花背景特效的制作方法，案例如图2-319所示。

图2-319

操作流程

1 执行"合成>新建合成"菜单命令，创建一个预置为PAL D1/DV的合成，设置其"持续时间"为3秒，并将其命名为"背景"，如图2-320所示。

2 按Ctrl+Y快捷键创建一个名为"噪波"的黑色纯色图层，然后选择该纯色图层，执行"效果>杂色和颗粒>分形杂色"菜单命令，设置"杂色类型"为"样条"、"对比度"为190、"溢出"为"剪切"；展开"变换"参数项，取消勾选"统一缩放"选项，设置"缩放宽度"为20、"缩放高度"为800、"复杂度"为1；最后展开"演化选项"参数项，勾选"循环演化"选项，设置"循环（旋转次数）"为3，如图2-321所示。

图2-320　　　　　　　图2-321

3 继续选择该纯色图层，执行"效果>颜色校正>CC Toner（CC调色）"菜单命令，设置Midtones（中间色调）为蓝色（R:20, G:69, B:135），如图2-322所示。

4 继续选择纯色图层，执行"效果>风格化>马赛克"菜单命令，设置"水平块"为30、"垂直块"为20，如图2-323所示。

图2-322　　　　　　　图2-323

5 继续选择纯色图层，展开"分形杂色"属性栏，在第0秒处，设置"演化"的值为（0×+0°）；在第3秒处，设置"演化"的值为（0×+200°），如图2-324所示。预览效果如图2-325所示。

6 执行"图层>新建>调整图层"命令，创建一个名为find edges的调整图层。选择该调整图层，执行"效果>风格化>查找边缘"菜单命令，勾选"反转"选项，设置"与原始图像混合"的值为50%，如图2-326所示。

图2-324

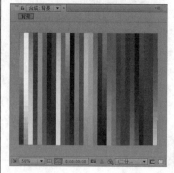

图2-325　　　　　　　图2-326

7 选择调整图层，执行"效果>其他>FEC Kaleida（FEC万花筒）"菜单命令，设置Size（大小）为20、Kaleida Type（类型）为Starlish（时尚）、Rotation（旋转）为（0×+90°），最后勾选Floating Center（浮动中心）选项，如图2-327所示。

图2-327

8 展开FEC Kaleida（FEC万花筒）属性栏，在第0秒处，设置Set Center（设置中心）为（588，288）；在第3秒处，设置Set Center（设置中心）为（660，288），如图2-328所示。

图2-328

9 按小键盘上的数字键0，预览最终效果，如图2-329所示。

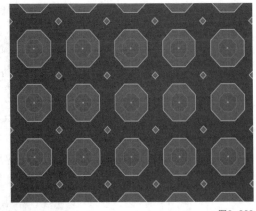

图2-329

2.20 星星旋转

学习目的

使用"无线电波"效果模拟旋转星星，掌握Starglow（星光闪耀）效果的使用方法。

学习资源路径

▶ 在线教学视频：
在线教学视频 > 第2章 > 星星旋转 .flv

▶ 案例源文件：
案例源文件 > 第2章 > 2.20 > 星星旋转 .aep

案例描述

本例主要介绍了"无线电波"和"Starglow（星空光耀）"效果的使用方法。通过学习本例，读者可以掌握星星的旋转特效的制作方法，案例如图2-330所示。

本例难易指数：★★★☆☆

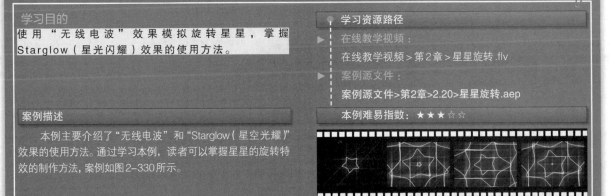

图2-330

操作流程

1 执行"合成>新建合成"菜单命令，创建一个预设为"自定义"的合成，设置其大小为720像素×480像素、"持续时间"为10秒，并将其命名为"星星"，如图2-331所示。

2 执行"图层>新建>纯色"菜单命令，创建一个纯色图层，将其命名为Black Solid，设置"大小"为720像素×480像素、"颜色"为黑色，如图2-332所示。

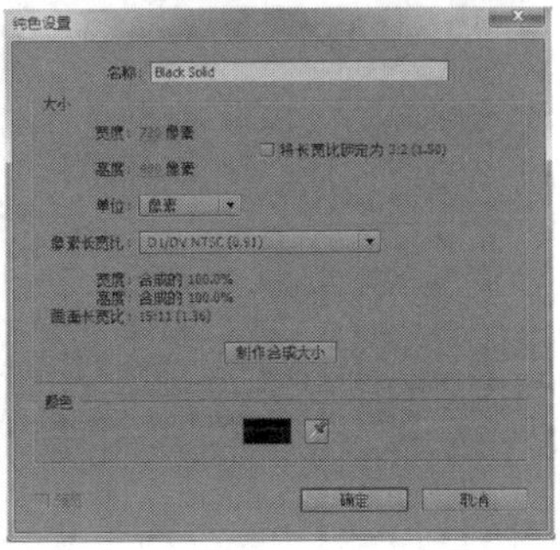

图2-331

图2-332

3 选择纯色图层，执行"效果>生成>无线电波"菜单命令，设置"渲染品质"为10；展开"多边形"参数项，设置"边"的值为5、"曲线大小"的值为0.54、"曲线弯曲度"的值为0.25、"星深度"的值为 –0.31，勾选"星形"选项，如图2-333所示。

4 展开"波形"参数项，设置"旋转"的值为40、"寿命（秒）"的值为14.1；展开"描边"参数项，设置"颜色"为白色，如图2-334所示。预览效果如图2-335所示。

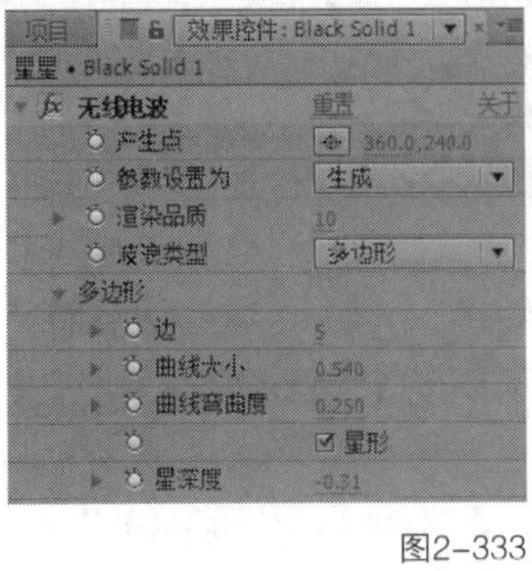

图2-333

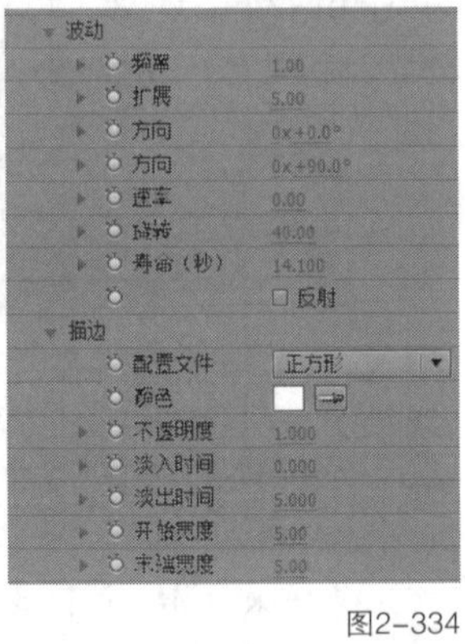

图2-334

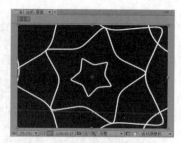

图2-335

5 选择纯色图层，执行"效果>Trapcode>Starglow（星光闪耀）"
菜单命令，设置Preset为Romantic
（浪漫）、Streak Length（光线长度）的
值为200、Boost Light（光线亮度）的值
为15.0、Startglow Opacity（星光不透明
度）的值为80.0、Transfer Mode（叠加
模式）为Hard Light（强光），如图2-336
所示。

图2-336

6 按小键盘上的数字键0，预览最终效果，如图2-337所示。

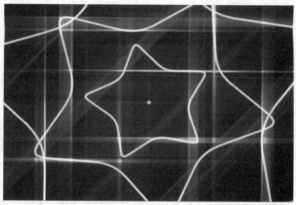

图2-337

2.21 流线动画

学习目的
学习"粒子运动场""变换""快速模糊"和"发
光"效果的组合运用。

学习资源路径
▶ 在线教学视频：
在线教学视频 > 第2章 > 流线动画 .flv
▶ 案例源文件：
案例源文件 > 第2章 > 2.21 > 流线动画 .aep

案例描述
本例主要介绍了"粒子运动场"效果的使用。通过学习本例，
读者可以掌握流线动画的制作方法，案例如图2-338所示。

本例难易指数：★★★☆☆

图2-338

操作流程

1 执行"合成>新建合成"
菜单命令，创建一个预设
为PAL D1/DV的合成，设置其
"持续时间"为7秒，并将其命
名为"光效"，如图2-339所示。

图2-339

2 执行"图层>新建>纯色"菜单命令，创建一个纯色图层，将其
命名为"光效"，设置"大小"为720像素×576像素、"颜色"为
黑色，如图2-340所示。

3 选择"光效"图层，执行"效果>模拟>粒子运动场"菜单命令，
展开"发射"参数项，设置"圆筒半径"为300、"每秒粒子数"为

100、"方向"为（0×+180°）、"随机扩散方向"为360、"速率"为0、"随
机扩散速率"为20、"颜色"为白色、"粒子半径"为2；最后展开"重力"
参数项，设置"力"的值为120、"随机扩散力"的值为0、"方向"的值为
（0×+90°），如图2-341所示。

图2-340

图2-341

4 选择"光效"图层,执行"效果>扭曲>变换"菜单命令,取消勾选"统一缩放"选项,设置"缩放高度"的值为100、"缩放宽度"的值为3700,如图2-342所示。预览效果如图2-343所示。

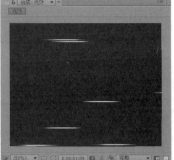

图2-342　　　　　　　　　　　　　图2-343

5 选择"光效"图层,执行"效果>模糊和锐化>快速模糊"菜单命令,设置"模糊度"的值为400,选择"模糊方向"为"水平",如图2-344所示。预览效果如图2-345所示。

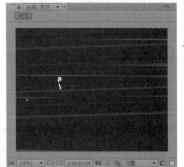

图2-344　　　　　　　　　　　　　图2-345

6 选择"光效"图层,执行"效果>风格化>发光"菜单命令,选择"发光基于"为"Alpha通道",设置"发光阈值"为15%、"发光半径"为7、"发光强度"为2,选择"发光颜色"为"A和B颜色",设置"颜色A"为白色、"颜色B"为绿色(R:0, G:255, B:0),如图

2-346所示。预览效果如图2-347所示。

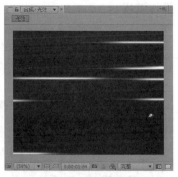

图2-346　　　　　　　　　　　　　图2-347

7 执行"文件>导入>文件"菜单命令,打开本书学习资源中的"案例源文件>第2章>2.21>BG.mov"文件,将其拖曳到"光效"合成的时间线上。选择"光效"图层,设置其叠加模式为"相加",如图2-348所示。

图2-348

8 按小键盘上的数字键0,预览最终效果,如图2-349所示。

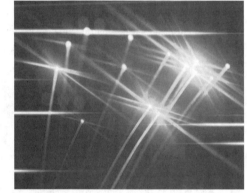

图2-349

2.22 时光隧道

学习目的
学习如何使用"分形杂色""发光"和Shine(扫光)制作光辉效果。

学习资源路径
▶ 在线教学视频:
在线教学视频>第2章>时光隧道.flv

▶ 案例源文件:
案例源文件>第2章>2.22>时光隧道.aep

案例描述
本例主要介绍了"分形杂色"和Shine(扫光)效果的综合运用。通过学习本例,读者可以掌握时光隧道效果的制作方法,案例如图2-350所示。

本例难易指数:★★☆☆☆

图2-350

操作流程

1 执行"合成>新建合成"菜单命令，创建一个预设为PAL D1/ DV的合成，设置其"持续时间"为5秒，并将其命名为Comp，如图2-351所示。

2 执行"图层>新建>纯色"菜单命令，创建一个新的纯色图层。选择该图层，执行"效果>生成>椭圆"菜单命令，修改"厚度"的值为2，"内部颜色"为白色，"外部颜色"为（R:0、G:255、B:186），如图2-352所示。

图2-351 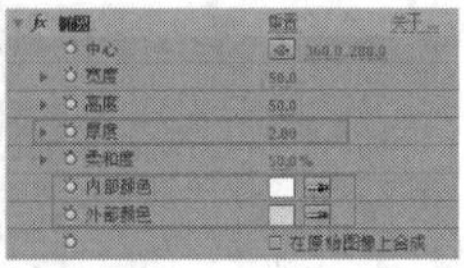   图2-352

3 使用"椭圆"效果制作一个由小变大的圆形动画，在第0帧处，设置"宽度"的值为50，"高度"的值为50，"厚度"的值为2，"柔和度"的值为50%；在第10帧和第20帧处，设置"宽度"的值为120，"高度"的值为120，"厚度"的值为12；在第1秒05帧处，设置"宽度"的值为200，"高度"的值为200，"厚度"的值为30；在第1秒15帧处，设置"宽度"的值为200，"高度"的值为200，"厚度"的值为30，"柔和度"的值为100%，如图2-353所示。

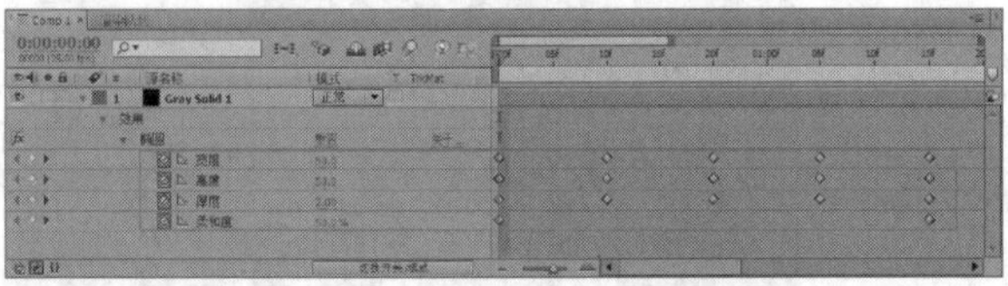

图2-353

4 选择纯色图层，执行"效果>杂色和颗粒>分形杂色"菜单命令，设置"溢出"为"剪切"，如图2-354所示。

5 设置"分形杂色"效果中相关属性的关键帧动画。在第0帧处，设置"对比度"的值为100，"亮度"的值为0，"复杂度"的值为6，"演化"的值为（0×+0°）；在第10帧处，设置"对比度"的值为110，"亮度"的值为-30，"复杂度"的值为10，"演化"的值为（1×+120°）；在第20帧处，设置"对比度"的值为120，"复杂度"的值为15，"演化"的值为（3×+120°）；在第1秒05帧处，设置"对比度"的值为130，"复杂度"的值为20，"演化"的值为（5×+120°）；在第1秒15帧处，设置"亮度"的值为-60，"复杂度"的值为20，如图2-355所示。

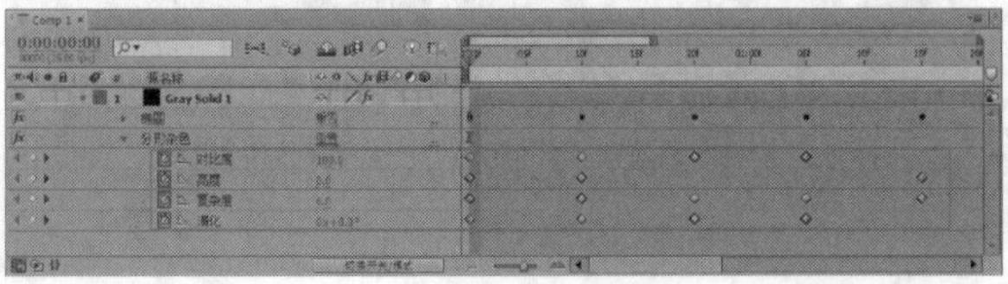

图2-354

图2-355

6 选择纯色图层，执行"效果>风格化>发光"菜单命令，设置"发光颜色"为"A和B颜色"，"颜色A"为（R:0，G:255，B:96），"颜色B"为（R:0，G:255，B:138），如图2-356所示。

7 选择纯色图层，执行"效果>Trapcode>Shine（扫光）"菜单命令，修改Ray Length（光线长度）的值为5，Boost Light（光线亮度）的值20，如图2-357所示。

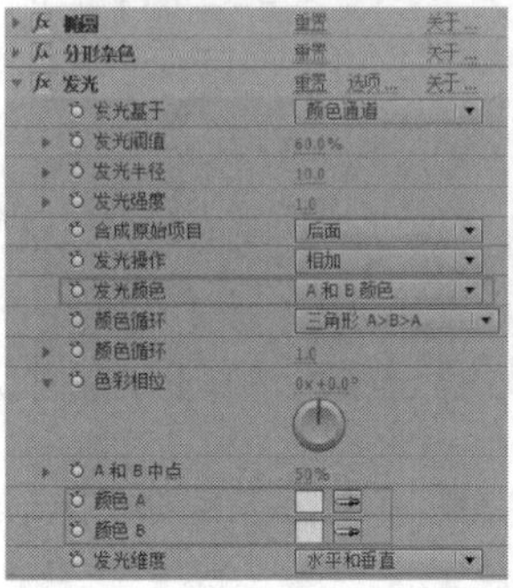

图2-356 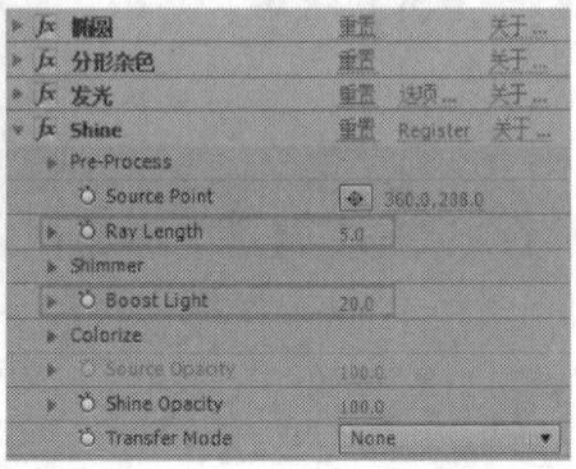   图2-357

8 将纯色图层的出点设置在第1秒21帧处，如图2-358所示。选择纯色图层，执行Ctrl+D快捷键复制出12个纯色图层。将时间指针放置到第0帧后，选择所有的纯色图层，执行"动画>关键帧辅助>图层排序"菜单命令，勾选"重叠"选项，设置"持续时间"为1秒1帧，如图2-359所示。

图 2-358

图 2-359

9 将所有图层的叠加模式设置为"相加"来提升画面的整体亮度，如图2-360所示。

图 2-360

10 按小键盘上的数字键0，预览最终效果，如图2-361所示。

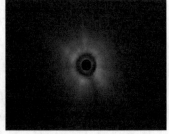

图2-361

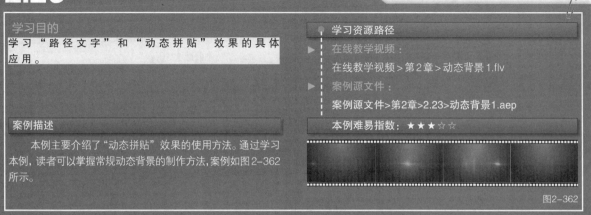

2.23 动态背景1

学习目的

学习"路径文字"和"动态拼贴"效果的具体应用。

学习资源路径

▶ 在线教学视频：

在线教学视频 > 第2章 > 动态背景1.flv

▶ 案例源文件：

案例源文件 > 第2章 > 2.23 > 动态背景1.aep

案例描述

本例主要介绍了"动态拼贴"效果的使用方法。通过学习本例，读者可以掌握常规动态背景的制作方法，案例如图2-362所示。

本例难易指数：★★★☆☆

图2-362

操作流程

1 执行"合成>新建合成"菜单命令，创建一个"宽度"为720px、"高度"为405px、"像素长宽比"为"方形像素"的合成，设置合成的"持续时间"为3秒，并将其命名为"动态背景"，如图2-363所示。

2 执行"图层>新建>纯色"菜单命令，创建一个新的纯色图层，将其命名为"元素"，设置"颜色"为黑色，如图2-264所示。

图2-363

图2-264

3 选择"元素"图层，执行"效果>过时>路径文本"菜单命令，在打开的"路径文本"对话框中输入一行"0"，如图2-265所示。

图2-365

4 在"路径文本"效果的"路径选项"参数栏下，修改"形状类型"为"圆形"；展开"填充和描边"参数项，设置"选项"为"在描边上填充"、"填充颜色"为（R:100, G:255, B:0）、"描边宽度"的值为3；展开"字符"参数项，设置"大小"为30、"字符间距"为20，如图2-366所示，画面的预览效果如图2-367所示。

图2-366

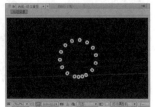

图2-367

5 展开"路径文本"属性栏，在第0帧处，设置"左边距"的值为0，在第2秒24帧处，设置"左边距"的值为80；在第0帧处，设置"缩放"的值为（100, 100%），在第2秒24帧处，设置"缩放"的值为（120, 120%），如图2-368所示。

图2-368

6 选择"路径文本"效果，按Ctrl+D快捷键复制出一个"路径文本2"，然后展开"路径文本2"效果中的"填充和描边"参数项，修改"描边宽度"的值为5；展开"字符"参数项，设置"大小"的值为50、"字符间距"为40，勾选"在原始图像上合成"选项；最后在第2秒24帧处修改"左边距"的值为100，如图2-369所示。

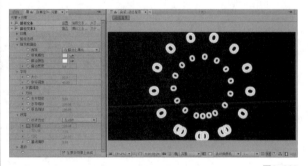

图2-369

7 选择"路径文本2"效果，按Ctrl+D快捷键复制出一个"路径文本3"，展开"填充和描边"参数项，修改"描边宽度"为6；展开"字符"参数项，修改"大小"为80、"字符间距"为50，勾选"在原始图像上合成"选项；在第2秒24帧处修改"左边距"的值为120，如图2-370所示。

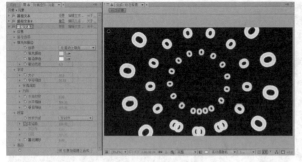

图2-370

8 选择"元素"图层，设置其"缩放"属性的关键帧动画。在第0帧处，设置其值为100%；在第2秒24帧处，设置其值为120%，如图2-371所示。

图2-371

9 选择"元素"图层，执行Ctrl+Shift+C快捷键合并图层，如图2-372所示。

图2-372

10 选择"元素"图层，执行"效果>风格化>动态拼贴"菜单命令，设置"拼贴宽度"和"拼贴高度"的值为10，勾选"镜像边缘"选项，设置"相位"的值为(0×+180°)。继续选择"元素"图层，执行"效果>透视>阴影"菜单命令，设置"距离"为3，如图2-373所示。

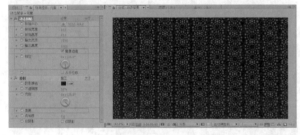

图2-373

11 设置"动态拼贴"效果中相关属性的关键帧动画。在第0帧处，设置"拼贴中心"的值为(360, 404)；在第2秒24帧处，设置"拼贴中心"的值为(360, 205)，最后为"相位"属性添加表达式time*100，如图2-374所示。

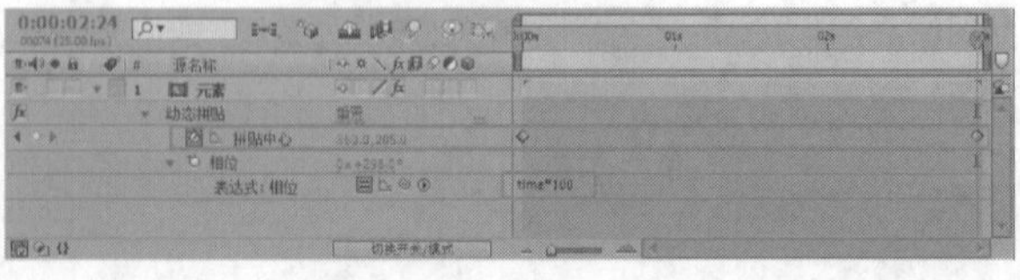

图2-374

12 执行"图层>新建>纯色"菜单命令，创建一个新的纯色图层，然后将其命名为"背景"。选择"背景"图层，执行"效果>生成>梯度渐变"菜单命令，设置"渐变起点"的值为(360, 0)、"起始颜色"为(R:255, G:0, B:80)、"渐变终点"的值为(360, −420)、"结束颜色"为(R:40, G:0, B:15)、"渐变形状"为"径向渐变"，如图2-375所示。

13 执行"图层>新建>调整图层"菜单命令，创建一个新的调整图层，然后使用"椭圆工具"  创建蒙版，如图2-376所示。

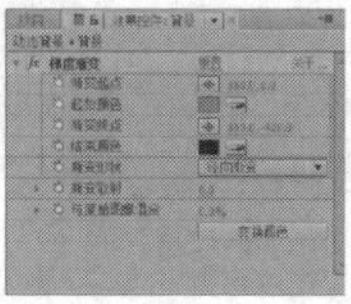

图2-375　　　　　　　　图2-376

14 选择上一步创建的调整图层，展开"蒙版1"属性栏，设置"蒙版羽化"为(100, 100像素)，选择"蒙版"的叠加模式为"相减"，如图2-377所示。

15 选择调整图层，执行"效果>模糊和锐化>快速模糊"菜单命令，设置"模糊度"的值为5，最后勾选"重复边缘像素"选项，如图2-378所示。

图2-377　　　　　　　　图2-378

16 执行"文件>导入>文件"菜单命令，打开本书学习资源中的"案例源文件>第2章>2.23>Light.mov"文件，将其添加到时间线上，修改该图层的叠加模式为"相加"，如图2-379所示。

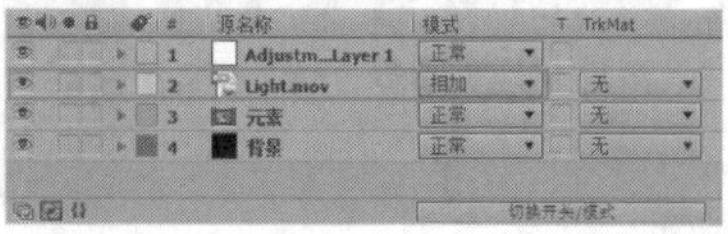

图2-379

17 按小键盘上的数字键0，预览最终效果，如图2-380所示。

图2-380

2.24 动态背景2

学习目的

学习CC Kaleida（CC 万花筒）效果的使用方法。

学习资源路径

在线教学视频：
在线教学视频＞第2章＞动态背景2.flv

案例源文件：
案例源文件＞第2章＞2.24＞动态背景2.aep

本例难易指数：★★★☆☆

案例描述

本例主要介绍了CC Kaleida（CC 万花筒）效果的使用方法。通过学习本例，读者可以掌握动态背景的另一制作方法和思路，案例如图2-381所示。

图2-381

操作流程

1 执行"合成>新建合成"菜单命令，创建一个预置为"自定义"的合成，设置其大小为1024像素×768像素，设置其"持续时间"为10秒，并将其命名为"背景"，如图2-382所示。

2 执行"图层>新建>纯色"菜单命令，创建一个名为Fractal Noise的黑色纯色图层；然后选择Fractal Noise图层，执行"效果>杂色和颗粒>分形杂色"菜单命令，接着设置"分形类型"为"最大值"，勾选"反转"选项，设置"对比度"为200、"亮度"为10、"溢出"为"剪切"；最后展开"演化选项"参数项，勾选"循环演化"选项，如图2-383所示。

图2-382

图2-383

3 选择Fractal Noise图层，执行"效果>风格化>CC Kaleida（CC 万花筒）"菜单命令，设置Size（大小）为100，选择Mirroring（镜像）为Starlish（时尚），如图2-384所示。预览效果如图2-385所示。

图2-384

图2-385

4 选择Fractal Noise图层，执行"效果>风格化>查找边缘"菜单命令，勾选"反转"选项，如图2-386所示。预览效果如图

2-387所示。

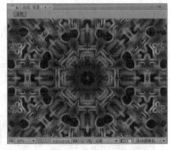

图2-386

图2-387

5 选择Fractal Noise图层，执行"效果>风格化>三色调"菜单命令，设置"中间调"为灰色（R:75，G:115，B:148），如图2-388所示。

图2-388

6 选择Fractal Noise图层，展开"分形杂色"属性栏，接着在第0秒处，设置"演化"为（0×+0°）；在第9秒24帧处，设置"演化"为（1×+180°），如图2-389所示。

图2-389

7 执行"图层>新建>纯色"菜单命令，创建一个"颜色"为（R:0，G:0，B:41）、名称为"优化"的纯色图层。选择该图层，使用"椭圆工具"绘制出一个蒙版，形状如图2-390所示。

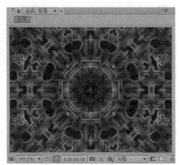

图2-390

8 展开"优化"图层的"蒙版"参数栏，设置"蒙版羽化"为（100，100 像素），修改该图层的叠加模式为"相乘"，如图2-391所示。

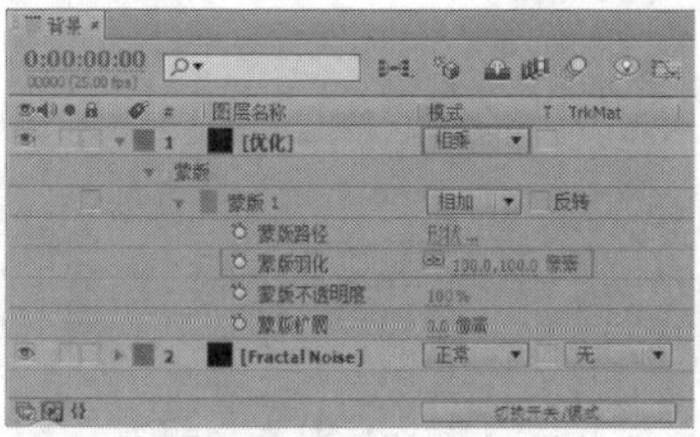

图2-391

9 按小键盘上的数字键0，预览最终效果，如图2-392所示。

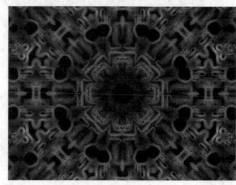

图2-392

2.25 深隧空间

学习目的

学习"色调"、CC Star Burst（CC 星爆）、"光学补偿"和CC Radial Blur（CC 放射状模糊）效果的用法。

案例描述

本例主要介绍了CC Star Burst（CC 星爆）效果的使用方法以及CC Radial Blur（CC 放射状模糊）效果的应用。通过学习本例，读者可以掌握深邃空间特效的制作方法，案例如图2-393所示。

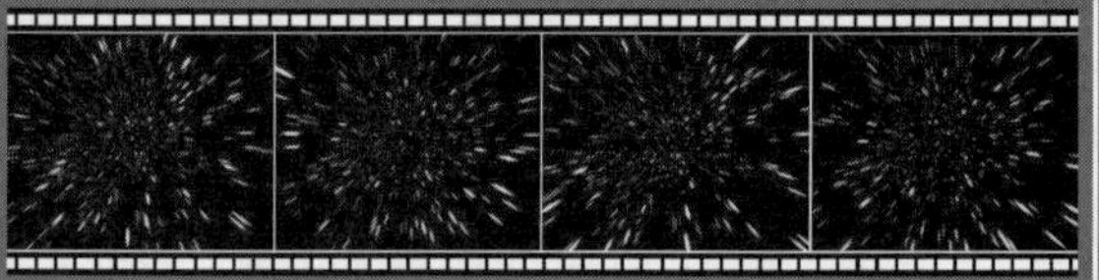

学习资源路径

▶ 在线教学视频：

在线教学视频>第2章>深隧空间.flv

▶ 案例源文件：

案例源文件>第2章>2.25>深隧空间.aep

本例难易指数：★★★☆☆

图2-393

操作流程

1 执行"合成>新建合成"菜单命令，创建一个预设为PAL D1/DV的合成，设置其"持续时间"为3秒，并将其命名为"深邃空间"，如图2-394所示。

图2-394

2 执行"图层>新建>纯色"菜单命令，创建一个新的纯色图层，将其命名为"深邃空间"，接着设置"大小"为720像素×576像素、"颜色"为黑色，如图2-395所示。

图2-395

3 选择"深邃空间"图层，执行"效果>颜色校正>色调"菜单命令，设置"将黑色映射到"为蓝色、"将白色映射到"为淡蓝色，如图2-396所示。

4 选择"深邃空间"图层，执行"效果>模拟> CC Star Burst（CC 星爆）"菜单命令，设置Speed（速度）为-1、Grid Spacing（网格间隔）为5、Size（大小）为50，如图2-397所示。

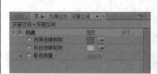

图2-396 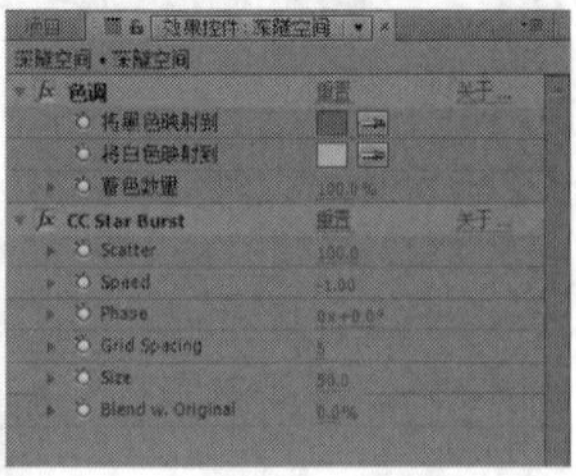　　　　　　　　图2-397

5 选择"深邃空间"图层，执行"效果>扭曲>光学补偿"菜单命令，设置"视场（FOV）"为100，勾选"反转镜头扭曲"选项，如图2-398所示。

6 选择"深邃空间"图层，执行"效果>模糊和锐化>CC Radial Blur（CC 放射状模糊）"菜单命令，设置Type（类型）为Centered Zoom（为中心的变焦镜头）、Amount（数量）为20、Quality（品质）为100，如图2-399所示。

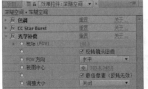

图2-398

图2-399

7 选择"深遂空间"图层，执行"效果>风格化>发光"菜单命令，设置"发光强度"的值为5、"发光半径"的值为45，如图2-400所示。

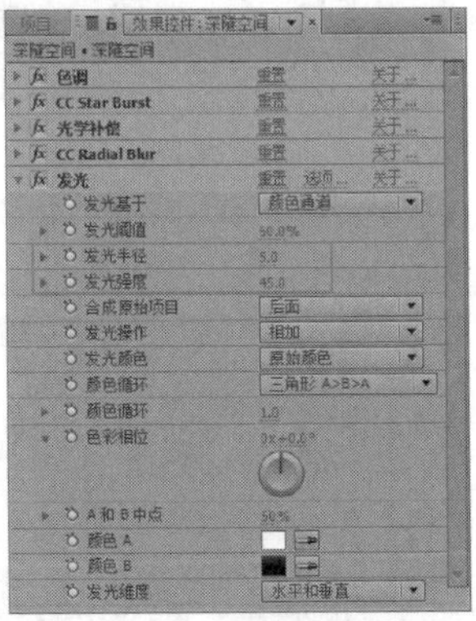

图2-400

8 按小键盘上的数字键0，预览最终效果，如图2-401所示。

图2-401

2.26 块状背景

学习目的

学习"分形杂色"、CC Toner（CC调色）和"百叶窗"效果的运用。

案例描述

本例主要介绍"分形杂色"和"百叶窗"效果的使用。通过学习本例，读者可以掌握块状动态背景的制作方法，案例如图2-402所示。

学习资源路径

▶ 在线教学视频：
在线教学视频>第2章>块状背景.flv

▶ 案例源文件：
案例源文件>第2章>2.26>块状背景.aep

本例难易指数：★ ★ ★ ☆ ☆

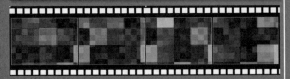

图2-402

操作流程

1 执行"合成>新建合成"菜单命令，创建一个预设为PAL D1/DV的合成，设置其"持续时间"为3秒，并将其命名为"背景"，如图2-403所示。

图2-403

2 执行"图层>新建>纯色"菜单命令，创建一个名为Fractal Noise的黑色纯色图层。选择该图层，执行"效果>杂色和颗粒>分形杂色"菜单命令，设置"分形类型"为"湍流基本"、"杂色类型"为"块"、"对比度"为85、"溢出"为"剪切"；展开"变换"参数项，设置"缩放"为300、"偏移（湍流）"为（454，288）、"复杂度"为2.5；展开"子设置"参数项，设置"子影响"为50、"子缩放"为35；最后展开"演变选项"参数项，勾选"循环演化"选项，如图2-404所示。

图2-404

3 展开"分形杂色"属性栏，为"演化"属性添加表达式time*72。

4 选择Fractal Noise图层，执行"效果>颜色校正> CC Toner（CC调色）"菜单命令，设置Midtones（中间色）为灰色（R:90，G:105，B:125），如图2-405所示。画面的预览效果如图2-406所示。

图2-405

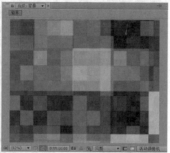
图2-406

5 执行"图层>新建>纯色"菜单命令，创建一个名为"优化1"的黑色纯色图层。选择该图层，执行"效果>过渡>百叶窗"菜单命令，设置"过渡完成"为55%、"方向"为（0×+90°）、"宽度"为5、"羽化"为1，如图2-407所示。

6 设置该纯色图层的叠加模式为"叠加"，最后设置其"不透明度"的属性为10%，预览效果如图2-408所示。

图2-407

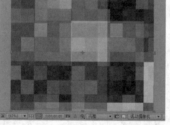
图2-408

7 执行Ctrl+Alt+Y快捷键，创建一个调整图层，选择调整图层，执行"效果>颜色校正>曲线"菜单命令，分别调整RGB、"红色"和"蓝色"通道中的曲线，如图2-409所示。

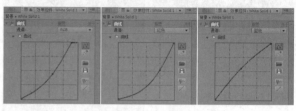
图2-409

8 按小键盘上的数字键0，预览最终效果，如图2-410所示。

图2-410

2.27 动态色块1

学习目的
使用"分形杂色"效果制作移动的色块，以及学习"三色调"效果的使用方法。

学习资源路径

▶ 在线教学视频：
在线教学视频 > 第2章 > 动态色块 1.flv

▶ 案例源文件：
案例源文件 > 第2章 > 2.27 > 动态色块 1.aep

案例描述
本例主要介绍了"分形杂色"和"三色调"效果的使用方法。通过学习本例，读者可以掌握动态色块背景的制作方法，案例如图2-411所示。

本例难易指数：★ ★ ☆ ☆ ☆

图2-411

操作流程

1 执行"合成>新建合成"菜单命令，创建一个预设为PAL D1/DV的合成，设置其"持续时间"为5秒，并将其命名为"动态色块"，如图2-412所示。

2 执行"图层>新建>纯色"菜单命令，创建一个新的纯色图层，将其命名为White Solid 1，设置"大小"为720像素×576像素，使大小与合成相匹配，最后设置"颜色"为白色，如图2-413所示。

图2-412

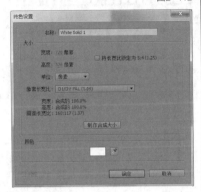

图2-413

3 选择White Solid 1图层, 执行"效果>杂色和颗粒>分形杂色"菜单命令, 设置"分形类型"为"最大值"、"杂色类型"为"块"、"对比度"为500、"亮度"为-250, 如图2-414所示。预览效果如图2-415所示。

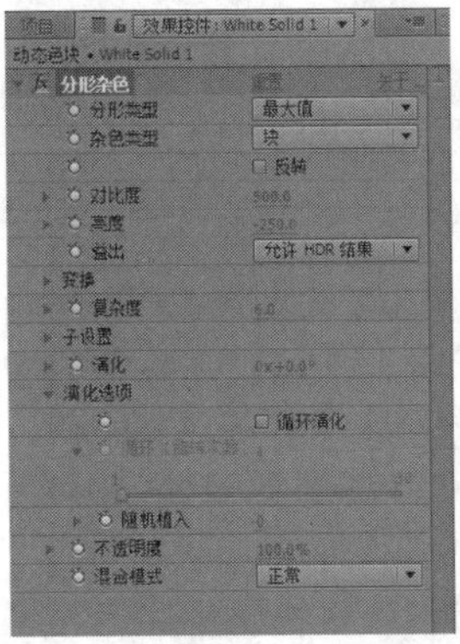

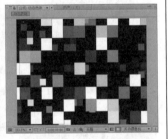

图2-414　　　　图2-415

4 展开"变换"参数项, 取消勾选"统一缩放"选项, 设置"缩放宽度"为100、"缩放高度"为500; 展开"子设置"参数项, 设置"子影响"为50、"子缩放"为25, 如图2-416所示。

图2-416

5 展开"分形杂色"属性栏, 在第0秒处, 设置"缩放宽度"为100、"缩放高度"为500、"子影响"为50、"子缩放"为25、"演化"为(0×+0°); 在第4秒24帧处, 设置"缩放宽度"为500、"缩放高度"为100、"子影响"为75、"子缩放"为100、"演化"为(2×+0°), 如图2-417所示。

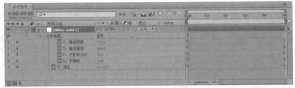

图2-417

6 选择White Solid 1图层, 执行"效果>通道>最大/最小"菜单命令, 设置"操作"为"先最大值再最小值"、"半径"为150, 勾选"不要收缩边缘"选项, 如图2-418所示。

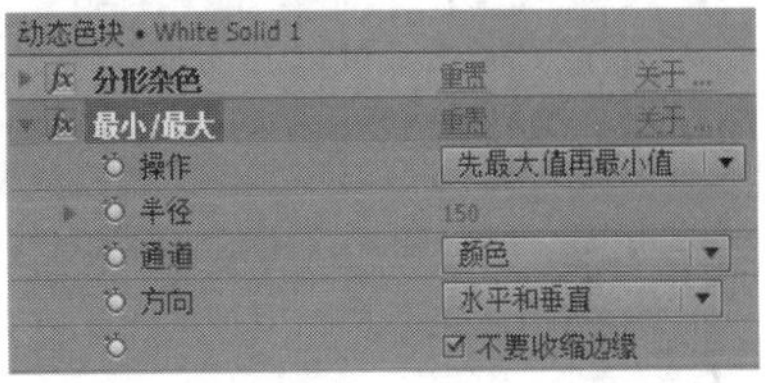

图2-418

7 选择White Solid 1图层, 执行"效果>颜色校正>三色调"菜单命令, 设置"高光"为白色、"中间调"为浅蓝色、"阴影"为深蓝色, 如图2-419所示。

图2-419

8 按小键盘上的数字键0, 预览最终效果, 如图2-420所示。

图2-420

153

2.28 动态色块2

学习目的

学习"单元格图案"、CC Radial Fast Blur（CC 放射状高速模糊）和CC Toner（CC 调色）效果的使用方法。

学习资源路径

▶ 在线教学视频：
在线教学视频>第2章>动态色块2.flv

▶ 案例源文件：
案例源文件>第2章>2.28>动态色块2.aep

本例难易指数：★★☆☆☆

案例描述

本例主要介绍"单元格图案"和CC Radial Fast Blur（CC 放射状高速模糊）效果的运用。通过学习本例，读者可以掌握动态色块背景的另一种制作方法，案例如图2-421所示。

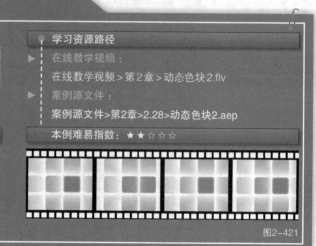

图2-421

操作流程

1 执行"合成>新建合成"菜单命令，创建一个预设为PAL D1/DV 的合成，设置其"持续时间"为10秒，并将其命名为"方格"，如图2-422所示。

2 执行"图层>新建>纯色"菜单命令，创建一个名为"方格"的黑色纯色图层，选择"方格"图层，执行"效果>生成>单元格图案"菜单命令，设置"单元格图案"为"枕状"，勾选"反转"选项，设置"对比度"为200、"分散"为0、"大小"为200，如图2-423所示。

图2-422　　　　　　　　图2-423

3 选择"方格"图层，执行"效果>模糊和锐化>CC Radial Fast Blur（CC 放射状高速模糊）"菜单命令，设置Center（中心）为（480，288）、Amount（数量）为100、Zoom（缩放）为Brightest（最亮），如图2-424所示。预览效果如图2-425所示。

图2-424　　　　　　　　图2-425

4 选择"方格"图层，执行"效果>颜色校正>CC Toner（CC 调色）"菜单命令，设置Midtones（中值）为浅蓝色（R:37，G:183，B:251）、Shadows（阴影）为蓝色（R:15，G:135，B:189），如图2-426所示。预览效果如图2-427所示。

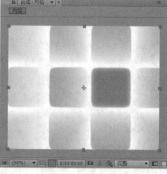

图2-426　　　　　　　　图2-427

5 选择"方格"图层，展开"单元格图案"属性栏，在第0秒处，设置"偏移"为（590，386），在第9秒24帧处，设置"偏移"为（360，288），如图2-428所示。

图2-428

6 按小键盘上的数字键0，预览最终效果，如图2-429所示。

图2-429

2.29 音频特效

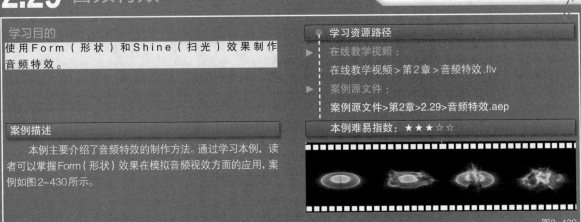

图2-430

操作流程

1 执行"合成>新建合成"菜单命令，创建一个预设为"NTSC D1"的合成，设置其"持续时间"为30秒，并将其命名为"音频"，如图2-431所示。

图2-431

2 执行"文件>导入>文件"菜单命令，打开本书学习资源中的"案例源文件>第2章>2.29> Audio.wav"文件，然后将其拖曳到"音频"合成的时间线上，如图2-432所示。

图2-432

3 按Ctrl+Y快捷键，创建一个名为From的黑色纯色图层，选择该图层，执行"效果>Trapcode>Form"菜单命令，展开Base Form（基础形式）参数项，设置Base Form（基础形式）为Sphere-Layered（球面-图层）、Size X（X大小）为400、Size Y（Y大小）为400、Size Z（Z大小）为100、Particles in X（X中的粒子）为200、Particles in Y（Y中的粒子）为200、Sphere Lyaers（球面图层）为2，如图2-433所示。

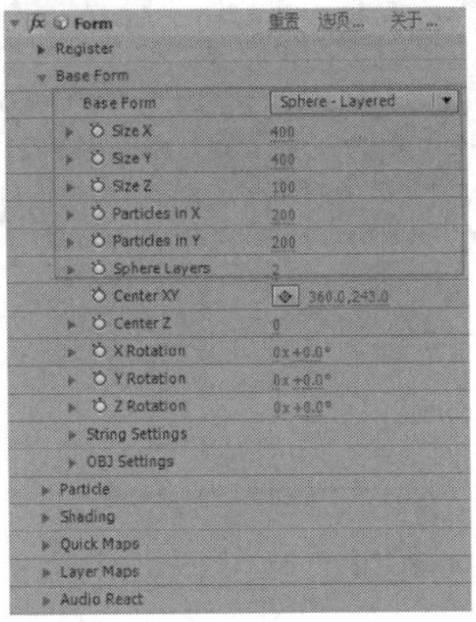

图2-433

4 展开Quick Maps（快速贴图）参数项，设置Map Opac+Color over（图像的透明度+颜色覆盖）为Y、Map#1 to为Opacity（不透明度）、Map#1 over为Y、Map#1 Offset为100，如图2-434所示。

5 展开Audio React（音频反应）参数项，设置Audio Layer（音频图层）为3. Audio；展开Reactor1（反应器1）参数项，设置Strength（强度）为200、Map To（贴图）为Fractal（不规则的碎片）、Delay Direction（延迟的方向）为X Outwards（X轴向外）；最后展开Reactor 2（反应器2）参数项，设置Map To（贴图）为Disperse（分散）、Delay Direction（延迟的方向）为X Outwards（X轴向外），如图2-435所示。

图2-434　　　　　　　　　　图2-435

6 展开Disperse & Twist（分散与扭曲）参数项，设置Disperse（分散）为10；展开Fractal Field（分形场）参数项，设置Displace（置换）为100，如图2-436所示。

7 选择From图层，执行"效果>Trapcode>Shine（扫光）"菜单命令，设置Ray Length（光芒长度）为1.3、Boost Light（提升亮度）为0.3，设置Colorize（颜色模式）为None（无）、Transfer Mode（混合模式）为Normal（常规），如图2-437所示。

155

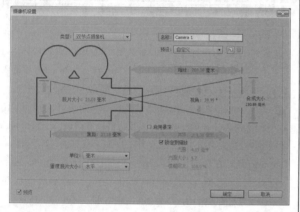

图2-436　　　　　　　图2-437

8 执行"图层>新建>摄像机"菜单命令,创建一个"缩放"属性为200毫米、名称为Camera 1的摄像机,如图2-438所示。

图2-438

9 展开"摄像机"图层属性,修改其"位置"为(360, 838, -205),如图2-439所示。

图2-439

10 按小键盘上的数字键0,预览最终效果,如图2-440所示。

图2-440

2.30 空间光波

学习目的

学习"圆形""快速模糊""发光""基础3D"和"残影"效果的使用方法。

学习资源路径

在线教学视频:

在线教学视频>第2章>空间光波.flv

案例源文件:

案例源文件>第2章>2.30>空间光波.aep

本例难易指数:★★★☆☆

案例描述

本例主要介绍"圆形"和"残影"效果的综合使用。通过学习本例,读者可以掌握空间光波的模拟制作,案例如图2-441所示。

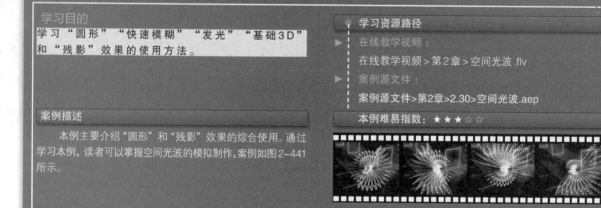

图2-441

操作流程

1 执行"合成>新建合成"菜单命令,创建一个预设为PAL D1/DV的合成,设置其"持续时间"为7秒,并将其命名为"空间",如图2-442所示。

2 执行"图层>新建>纯色"菜单命令,创建一个黄色(R:255,G:242, B:30)的纯色图层,将其命名为"光环"。选择"光环"图层,执行"效果>生成>圆形"菜单命令,设置"半径"的值为203、"边缘"为"厚度"、"厚度"的值为6、"颜色"为黄色(R:255,

G:223，B:48)，如图2-443所示。

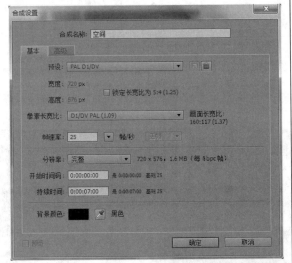

图2-442

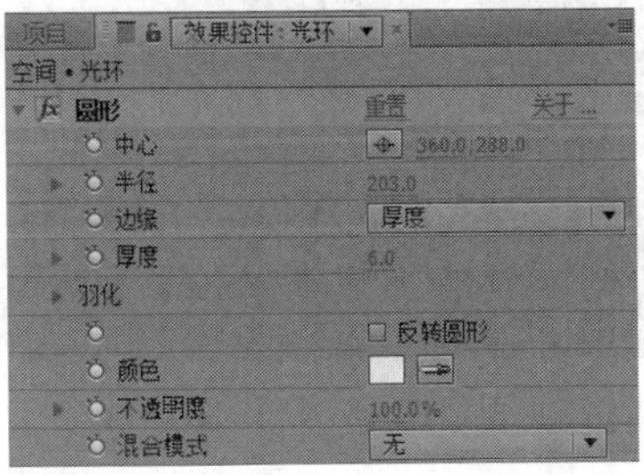

图2-446

6 选择"光环"图层，连续按Ctrl+D快捷键5次，复制出5个图层，然后在"时间线"面板中选择所有的图层，执行"动画>关键帧辅助>序列图层"菜单命令，在打开的对话框中勾选"重叠"选项，设置"持续时间"为6秒16帧，如图2-447所示。

图2-447

7 执行"图层>新建>调整图层"菜单命令，创建一个调整图层，然后选择调整图层，执行"效果>过时>基本3D"菜单命令，设置"旋转"为(0×+82°)，如图2-448所示。

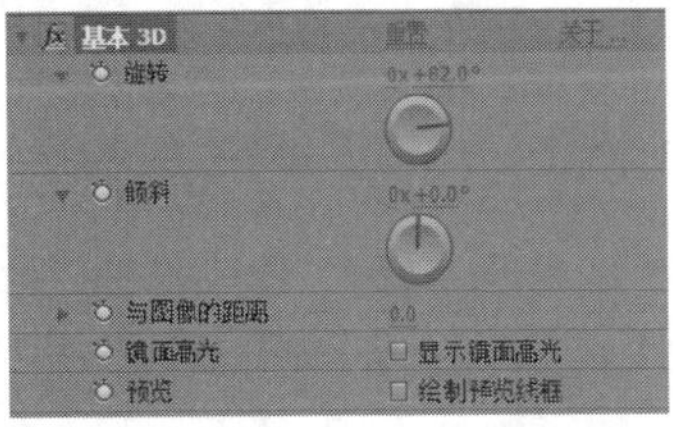

图2-448

图2-443

3 选择"光环"图层，执行"效果>模糊和锐化>快速模糊"菜单命令，设置"模糊度"的值为3.5，如图2-444所示。

图2-444

4 选择"光环"图层，执行"效果>风格化>发光"菜单命令，设置"发光阈值"的值为10%、"发光半径"的值为20、"发光强度"的值为1.5、"发光颜色"为"A和B颜色"、"颜色A"为黄色、"颜色B"为红色，如图2-445所示。

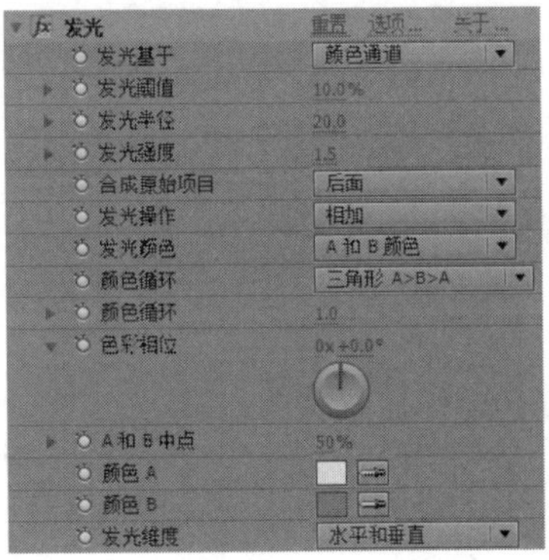

8 选择调整图层，展开"基本3D"效果属性栏，在第0秒处，设置"倾斜"为(0×+0°)；在第6秒24帧处，设置"倾斜"为(7×+0°)，如图2-449所示。

图2-449

9 执行"合成>新建合成"菜单命令，创建一个预设为PAL D1/DV的合成，设置其"持续时间"为7秒，并将其命名为"空间2"，然后将项目窗口中的"空间"合成添加到"空间2"合成中的时间线上，选择"空间"合成，执行"效果>时间>残影"菜单命令，设置"残影数量"为15，如图2-450所示。

图2-450

图2-445

5 选择"光环"图层，展开"光环"的图层属性，在第0秒处，设置"位置"为(360, 288)、"缩放"为(100, 100%)；在第2秒12帧处，设置"位置"为(662, 58)、"缩放"为(20, 20%)，如图2-446所示。

10 执行"文件>导入>文件"菜单命令，打开本书学习资源中的"案例源文件>第2章>2.30>空间.mov"文件，然后将其

拖曳到"时间线"上作为背景，设置"空间"图层的叠加模式为
"相加"，如图2-451所示。

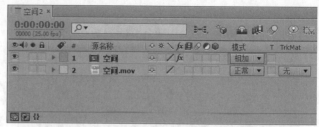

图2-451

11 按小键盘上的数字键0，预览最终效果，如图2-452
所示。

图2-452

第3章 颜色校正

◎ **本章导读**

  不同的色彩会给观众带来不同的心理感受，营造出各种独特的视听氛围和意境，在拍摄过程中由于受到自然环境、拍摄设备以及摄影师等客观因素的影响，拍摄画面与真实效果有一定的偏差，这就需要对画面进行色彩校正，最大限度还原色彩的本来面目。有时导演会根据片子的情节、氛围或意境提出色彩方面的要求，这时设计师就需要根据具体需求对画面进行艺术化的加工处理。

◎ **本章所用外挂插件**

  » Magic Bullet Looks
  » Magic Bullet Mojo
  » Optical Flares

3.1 季节更替

学习目的

使用"色相/饱和度"效果为画面做局部调色，掌握"镜头光晕"效果的使用方法。

学习资源路径

▶ 在线教学视频：

在线教学视频>第3章>季节更替.flv

▶ 案例源文件：

案例源文件>第3章>3.1>季节更替.aep

本例难易指数：★★☆☆☆

案例描述

本例主要介绍"色相/饱和度"和"镜头光晕"效果的使用方法。通过学习本例，读者能够掌握"色相/饱和度"和"镜头光晕"效果的使用方法，案例如图3-1所示。

图3-1

操作流程

1 执行"文件>导入>文件"菜单命令，打开本书学习资源中的"案例源文件>第3章>3.1>季节更换.tga"文件，然后将其拖曳到如图3-2所示的"创建合成"按钮上，创建一个与源素材同样分辨率的合成。

图3-2

2 按Ctrl+K快捷键，打开"合成设置"对话框，将合成重新命名为"季节更替"，合成的"持续时间"为3秒，如图3-3所示。

图3-3

3 选择"季节更换.tga"图层，设置其"位置"和"缩放"属性的关键帧动画。在第0帧处，设置"位置"值为（360，288）、"缩放"值为（100%，100%）；在第3秒处，设置"位置"值为（396，288）、"缩放"值为（110%，110%），如图3-4所示。

图3-4

4 选择"季节更换.tga"图层，执行"效果>颜色校正>色相/饱和度"菜单命令，为其添加"色相/饱和度"效果，设置"通道控制"为"绿色"、"绿色色相"为（0×-80°）、"绿色饱和度"为15，如图3-5所示。

5 执行"图层>新建>纯色"菜单命令，新建一个名为Light的黑色纯色图层，如图3-6所示。

图3-5

图3-6

6 选择Light图层，执行"效果>生成>镜头光晕"菜单命令，为其添加"镜头光晕"效果。在第0帧处，设置"光晕中心"的值为（160，70）；在第3秒处，设置"光晕中心"的值为（4，70），最后修改Light图层的叠加模式为"相加"，如图3-7所示。

图3-7

7 执行"图层>新建>纯色"菜单命令,创建一个黑色的纯色图层,将其命名为"遮幅",如图3-8所示。

图3-8

8 选择"遮幅"图层,使用"矩形工具" ▢ 为该图层添加一个蒙版,设置蒙版的叠加模式为"相减",如图3-9和图3-10所示。

图3-9   图3-10

9 按小键盘上的数字键0,预览最终效果,如图3-11所示。

图3-11

3.2 常规校色1

学习目的

使用"曲线"和"快速模糊"效果完成常规的画面校色处理。

案例描述

本例主要使用"曲线"效果进行画面校色,以及使用"快速模糊"效果来模拟景深。通过学习本例,读者能够掌握常规的画面校色方法,案例如图3-12所示。

学习资源路径

▶ 在线教学视频:

在线教学视频>第3章>常规校色1.flv

▶ 案例源文件:

案例源文件>第3章>3.2>常规校色1.aep

本例难易指数:★★★☆☆

图3-12

操作流程

1 执行"文件>导入>文件"菜单命令,打开本书学习资源中的"案例源文件>第3章>3.2>草丛校色.mov"文件,然后将其拖曳到"创建合成"按钮上,释放鼠标,系统自动创建一个名为"草丛校色"的合成,如图3-13所示。

图3-13

2 选择"草丛校色"图层，按Ctrl+D快捷键复制出一个图层，修改新图层的叠加模式为"屏幕"模式，调整"不透明度"的值为50%，如图3-14所示。

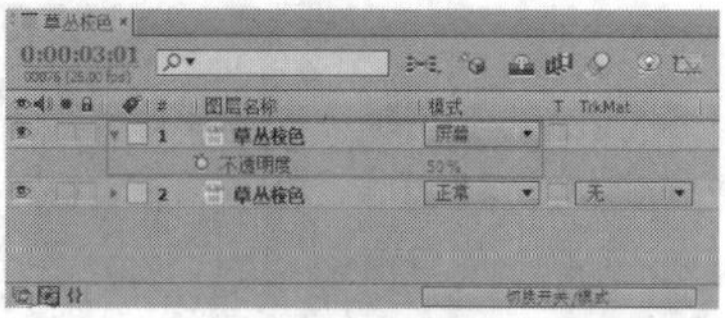

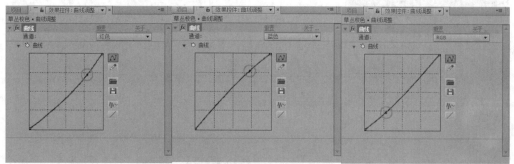

图3-14

3 执行"图层>新建>调整图层"菜单命令，创建一个调整图层，将其重命名为"曲线调整"，如图3-15所示。

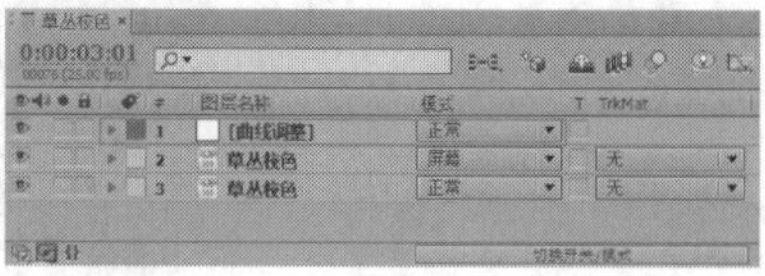

图3-15

4 选择"曲线调整"图层，执行"效果>颜色校正>曲线"菜单命令，分别调整"红色""蓝色"和"RGB（三原色）"通道的曲线，如图3-16所示。预览效果如图3-17所示。

5 执行"图层>新建>调整图层"菜单命令，继续创建一个调整图层，将其命名为"视觉中心模糊"。使用"椭圆工具" ○ 为该图层添加一个蒙版，然后设置"蒙版羽化"为(60, 60像素)，将蒙版的叠加模式设置为"相减"。继续选择该图层，执行"效果>模糊和锐化>快速模糊"菜单命令，设置"模糊度"为5，勾选"重复边缘像素"选项，如图3-18所示。

图3-16

图3-17

图3-18

6 执行"图层>新建>纯色"菜单命令，创建一个黑色的纯色图层，将其命名为"压角控制"。使用"钢笔工具" ✎ 为该图层添加一个蒙版，设置蒙版的叠加模式为"相减"，设置"蒙版羽化"为(100, 100像素)、"不透明度"为85%，如图3-19所示。

图3-19

7 执行"图层>新建>纯色"菜单命令,创建一个黑色的纯色图层,将其命名为"遮幅",然后使用"矩形工具" ▣ 为该图层添加一个蒙版,设置蒙版的叠加模式为"相减",如图3-20所示。

图3-20

8 按小键盘上的数字键0,预览最终效果,如图3-21所示。

图3-21

3.3 常规校色2

学习目的

学习"色阶"和"曲线"效果在调色中的应用。

学习资源路径

🔵 在线教学视频:

　在线教学视频>第3章>常规校色2.flv

▶ 案例源文件:

　案例源文件>第3章>3.3>常规校色2.aep

案例描述

　　本例主要介绍"色阶"和"曲线"效果,以及配合动态光线素材在画面校色中的应用。通过学习本例,读者能够掌握常规画面校色处理的相关技术,案例如图3-22所示。

本例难易指数:★★★☆☆

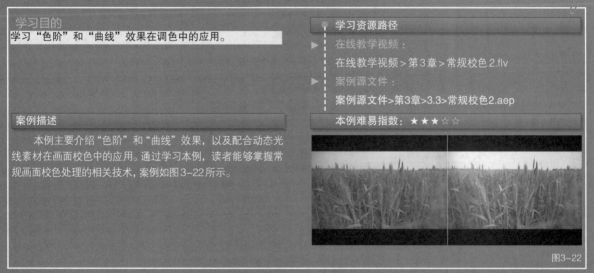

图3-22

操作流程

1 执行"合成>新建合成"菜单命令,选择一个预设为PAL D1/DV的合成,设置合成的"持续时间"为1秒19帧,并将其命名为"常规校色02",如图3-23所示。

图3-23

2 执行"文件>导入>文件"菜单命令,打开本书学习资源中的"案例源文件>第3章>3.3>麦穗.mov"文件,然后将其拖曳到"常规

校色02"合成的时间线上,如图3-24所示。

图3-24

3 选择"麦穗"图层,执行"效果>颜色校正>色阶"菜单命令,在"RGB(三原色)"通道中修改"灰度系数"的值为0.8,如图

3-25所示。

4 在"红色"通道选项中，修改"红色灰度系数"的值为0.6，如图3-26所示。

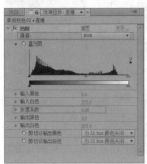

图3-25　　　　　　　　　　　　　　　　图3-26

5 选择"麦穗"图层，执行"效果>颜色校正>曲线"菜单命令，首先在"RGB（三原色）"通道中调整曲线，如图3-27所示，然后在"蓝色"通道中调整曲线，如图3-28所示。

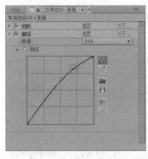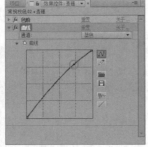

图3-27　　　　　　　　　　　　　　　　图3-28

6 执行"文件>导入>文件"菜单命令，打开本书学习资源中的"案例源文件>第3章>3.3>光线.mov"文件，然后将其拖曳到"常规校色02"合成的时间线上，如图3-29所示。

图3-29

7 使用"钢笔工具" ▣ 为该图层添加一个蒙版，如图3-30所示，然后修改"蒙版羽化"为（400，400像素），接着修改该图层的叠加模式为"相加"，如图3-31所示。

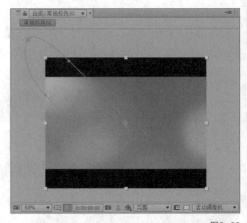

图3-30

图3-31

8 选择"光线"图层，执行"效果>颜色校正>色阶"菜单命令，在"RGB（三原色）"通道中修改"灰度系数"的值为0.8，如图3-32所示。

9 执行"图层>新建>纯色"菜单命令，创建一个黑色的纯色图层，将其命名为"遮幅"，如图3-33所示。

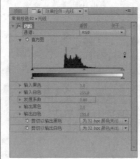

图3-32　　　　　　　　　　　　　　　　图3-33

10 选择"遮幅"图层，使用"矩形工具" ▣ 为该图层添加一个蒙版，然后在"蒙版1"属性中勾选"反转"选项，如图3-34和图3-35所示。

图3-34

图3-35

图3-36

11 按小键盘上的数字键0，预览最终效果，如图3-36所示。

3.4 金属质感定版

学习目的

学习"梯度渐变""投影""斜面Alpha""曲线"和"照片滤镜"效果在调色中的应用。

学习资源路径

▶ 在线教学视频：

在线教学视频 > 第3章 > 金属质感定版 .flv

▶ 案例源文件：

案例源文件 > 第3章 > 3.4 金属质感定版 .aep

案例描述

本例组合运用"梯度渐变""投影""斜面Alpha""曲线"和"照片滤镜"效果来制作金属质感的定版效果。通过学习本例，读者能够掌握常规金属质感画面的表现技术，案例如图3-37所示。

本例难易指数：★★★★☆

图3-37

操作流程

1 执行"合成>新建合成"菜单命令，创建一个"宽度"为960px、"高度"为540px、"像素长宽比"为"方形像素"、"持续时间"为5秒的合成，最后将其命名为"金属质感"，如图3-38所示。

图3-38

2 执行"文件>导入>文件"菜单命令，打开本书学习资源中的"案例源文件>第3章>3.4>BG.mov"文件，然后将其拖曳到"金属质感"合成的时间线上，如图3-39所示。

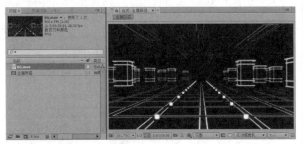

图3-39

3 选择BG图层，执行"效果>颜色校正>三色调"菜单命令，修改"中间调"的颜色为（R:70, G:125, B:125），如图3-40所示。

图3-40

4 执行"图层>新建>调整图层"菜单命令，创建一个调整图层，将其命名为"视觉中心"，然后使用"钢笔工具" █ 为该图层添加一个蒙版，如图3-41所示。设置"蒙版羽化"为（200, 200像素），勾选"反转"选项，如图3-42所示。

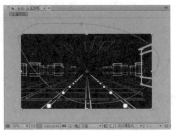

图3-41

图3-42

5 选择"视觉中心"图层，执行"效果>模糊与锐化>快速模糊"菜单命令，设置"模糊度"为10，勾选"重复边缘像素"选项，如图3-43所示。

图3-43

6 执行"图层>新建>纯色"菜单命令，新建一个名为"压角"的纯色图层，设置颜色为（R:0, G:25, B:50）。使用"钢笔工具" ✎ 为该图层添加一个蒙版，如图3-44所示。设置"蒙版羽化"为（200, 200像素），勾选"反转"选项，如图3-45所示。

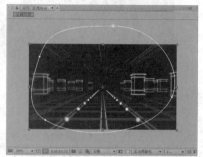

图3-44

图3-45

7 执行"图层>新建>纯色"菜单命令，新建一个名为"镜头光晕"的黑色纯色图层。选择该图层，执行"效果>生成>镜头光晕"菜单命令，为其添加"镜头光晕"效果，然后设置"光晕中心"的值为（−25, −10）、"镜头类型"为"105毫米定焦"，如图3-46所示。

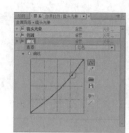

图3-46

8 为"光晕亮度"属性添加一个表达式Wiggle (8, 10)，最后修改该图层的叠加模式为"相加"，如图3-47所示。

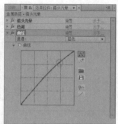

图3-47

9 选择"镜头光晕"图层，执行"效果>颜色校正>色调"菜单命令，如图3-48所示；继续选择该图层，执行"效果>颜色校正>曲线"菜单命令，分别在"RGB（三原色）""红色"和"蓝色"通道中调整曲线，如图3-49、图3-50和图3-51所示。

图3-48

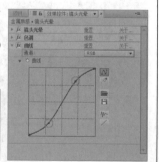

图3-49

图3-50　　　　　　　　　　图3-51

10 执行"文件>导入>文件"菜单命令，打开本书学习资源中的"案例源文件>第3章>3.4>Line One.mov"文件，然后将其拖曳到"金属质感"合成的时间线上，如图3-52所示。

图3-52

11 选择Line One图层，执行"效果>生成>梯度渐变"菜单命令，设置"渐变起点"的值为（480, 165）、"渐变终点"的值为（480, 275）、"起始颜色"为（R:115, G:115, B:115）、"结束颜色"为（R:217, G:217, B:217），如图3-53所示。

图3-53

12 选择Line One图层，执行"效果>透视>投影"菜单命令，修改"阴影颜色"为（R:110, G:0, B:31）、"不透明度"的值为60%、"方向"的值为（0×+200°）、"距离"的值为3，如图3-54所示。

图3-54

13 选择Line One图层，执行"效果>透视>斜面 Alpha"菜单命令，设置"灯光强度"的值为0.3，如图3-55所示。

图3-55

14 选择Line One图层，执行"效果>颜色校正>曲线"菜单命令，调整"RBG（三原色）"通道的曲线，如图3-56所示。

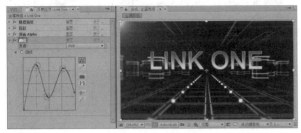

图3-56

15 选择Line One图层，执行"效果>颜色校正>照片滤镜"菜单命令，在滤镜类型中选择"深黄"，设置"密度"值为100%，如图3-57所示。

图3-57

16 设置Line One图层的"不透明度"属性的关键帧动画。在第0帧处，设置"不透明度"的值为0%；在第15帧处，设置"不透明度"的值为100%，如图3-58所示。

图3-58

17 将"项目"窗口中的Line One素材再次拖曳到"金属质感"合成的时间线上，并重新将其命名为"高光"，然后设置该图层"不透明度"属性的关键帧动画，在第0帧处，设置"不透明度"的值为0%；在第15帧处，设置"不透明度"的值为15%，如图3-59所示。

图3-59

18 选择"高光"图层，使用"钢笔工具" 为该图层添加一个蒙版，如图3-60所示。

19 执行"文件>导入>文件"菜单命令，打开本书学习资源中的"案例源文件>第3章>3.4>Line.mov"文件，然后将其拖曳到"金属质感"合成的时间线上，如图3-61所示。

图3-60

图3-61

20 按小键盘上的数字键0，预览最终效果，如图3-62所示。

图3-62

3.5 场景匹配

学习目的

使用"色阶"效果来完成场景颜色的匹配工作。

学习资源路径

在线教学视频：

在线教学视频>第3章>场景匹配.flv

案例源文件：

案例源文件>第3章>3.5>场景匹配.aep

案例描述

本例主要讲解"色阶"效果在场景匹配领域的具体应用。通过学习本例，读者能够掌握画面场景匹配的相关技术，案例如图3-63所示。

本例难易指数：★★★★☆

图3-63

操作流程

1 执行"文件>导入>文件"菜单命令,打开本书学习资源中的"案例源文件>第3章>3.5>场景匹配.mov"文件,然后将其拖曳到"创建合成"按钮上,释放鼠标后系统自动创建名为"场景匹配"的合成,如图3-64所示。

图3-64

2 执行"文件>导入>文件"菜单命令,打开本书学习资源中的"案例源文件>第3章>3.5> ff.png"文件,然后将其拖曳到"场景匹配"合成的时间线上,接着设置素材的"位置"属性为(573, 383),如图3-65所示。

图3-65

3 选择ff图层,按Ctrl+D快捷键复制出一个新图层,然后修改新图层的"位置"为(482, 392),如图3-66所示。

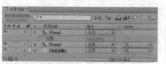

图3-66

4 选择两个ff图层,按Ctrl+Shift+C快捷键合并图层,将其命名为"啤酒",如图3-67所示。

图3-67

5 选择"啤酒"图层,执行"效果>颜色校正>色阶"菜单命令,在"红色"通道中设置"红色灰度系数"0.95,如图3-68所示;在"绿色"通道中设置"绿色灰度系数"为1.23,如图3-69所示;在"蓝色"通道中设置"蓝色灰度系数"为0.65,如图3-70所示;在"RGB(三原色)"通道中设置"灰度系数"为1.39,如图3-71所示。调整之后的画面预览效果如图3-72所示。

图3-68

图3-69

图3-70

图3-71

图3-72

6 继续选择"啤酒"图层，执行"效果>颜色校正>曲线"菜单命令，调整"RBG（三原色）"通道中的曲线，如图3-73所示。

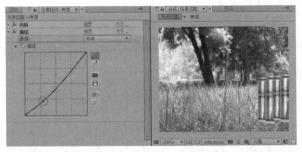

图3-73

7 执行"图层>新建>纯色"菜单命令，创建一个黑色的纯色图层，将其命名为"遮幅"，然后使用"矩形工具"为该图层添加一个蒙版，设置蒙版的叠加模式为"相减"，如图3-74和图3-75所示。

8 修改"场景匹配"图层中的"位置"为（360, 225），以适应整个画面构图的需要，如图3-76所示。

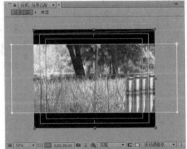

图3-74

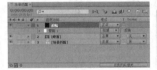

图3-75

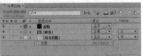

图3-76

9 执行"图层>新建>纯色"菜单命令，创建一个黑色的纯色图层，将其命名为"压角控制"，然后使用"钢笔工具"为该图层添加一个蒙版，设置蒙版的叠加模式为"相减"，最后修改"蒙版羽化"为（100, 100像素），如图3-77和图3-78所示。

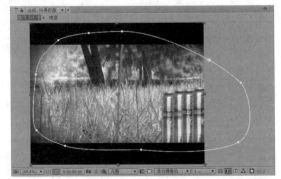

图3-77

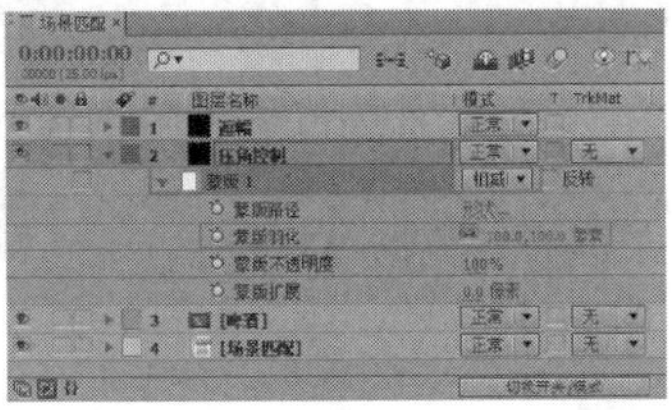

图3-78

10 选择"场景匹配"图层，执行"效果>模糊与锐化>快速模糊"菜单命令，设置"模糊度"为30，勾选"重复边缘像素"选项，如图3-79所示。

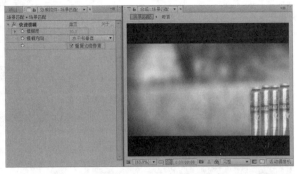

图3-79

11 使用"横排文字工具"添加一个文字标版，根据画面的构图，调整好文字图层的位置，如图3-80所示。

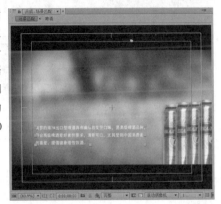

图3-80

提示

步骤11中输入的文字是"波罗的海7#出口型啤酒具有幽香的麦芽口味，是高级啤酒品种，符合高级啤酒爱好者的要求，清新可口，尤其受到中国消费者的喜爱。提倡健康理性饮酒。"

12 选择文字图层，执行"效果>透视>投影"菜单命令，设置"不透明度"为10%、"距离"为1，如图3-81所示。

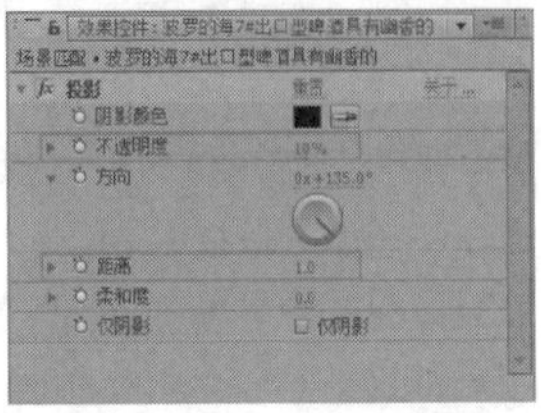

图3-81

13 按小键盘上的数字键0，预览最终效果，如图3-82所示。

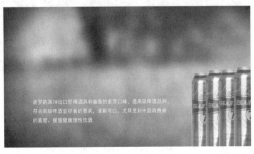

图3-82

3.6 冷色氛围处理

学习目的

学习"色调""曲线"和"颜色平衡"效果的组合应用。

学习资源路径

▶ 在线教学视频：

在线教学视频 > 第3章 > 冷色氛围处理.flv

▶ 案例源文件：

案例源文件 > 第3章 > 3.6 > 冷色氛围处理.aep

本例难易指数：★ ★ ★ ★ ☆

案例描述

本例主要讲解"色调""曲线"和"颜色平衡"效果的应用方法。通过学习本例，读者能够掌握将画面镜头处理成电影中常见的冷色调的方法，案例如图3-83所示。

图3-83

操作流程

1 执行"文件>导入>文件"菜单命令，打开本书学习资源中的"案例源文件>第3章>3.6>源素材01.mov"文件，然后将其拖曳到"创建合成"按钮上，释放鼠标后，系统自动创建名为"源素材01"的合成，如图3-84所示。

图3-84

2 选择"源素材01"图层，执行"效果>颜色校正>色调"菜单命令，这样可以把更多的画面颜色信息控制在中间调部分（灰度信息部分），设置"着色数量"的值为40%，如图3-85所示。

图3-85

3 选择"源素材01"图层，执行"效果>颜色校正>曲线"菜单命令，分别设置"RGB（三原色）""红色""绿色"和"蓝色"通道中的曲线，如图3-86、图3-87、图3-88和图3-89所示。

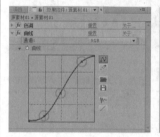

图3-86

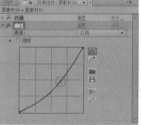

图3-87

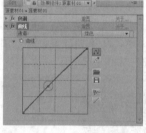

图3-88

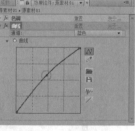

图3-89

4 选择"源素材01"图层，执行"效果>颜色校正>色调"菜单命令，设置"着色数量"为50%，这样可以让画面的颜色过渡更加柔和，如图3-90所示。

图3-90

5 选择"源素材01"图层,执行"效果>颜色校正>颜色平衡"菜单命令,分别设置其阴影、中间调和高光"部分的参数,如图3-91所示。预览效果如图3-92所示。

图3-91

图3-92

6 执行"图层>新建>调整图层"菜单命令,创建一个调整图层,将其命名为"视觉中心",然后使用"钢笔工具"为该图层添加一个蒙版,如图3-93所示。

7 设置蒙版的叠加模式为"相减",修改"蒙版羽化"为(100,100像素),如图3-94所示。

8 选择"视觉中心"图层,执行"效果>模糊与锐化>镜头模糊"菜单命令,设置"模糊焦距"为50、"光圈叶片弯度"为10,最后勾选"重复边缘像素"选项,如图3-95所示。

图3-94　　　　　图3-95

9 执行"图层>新建>纯色"菜单命令,创建一个黑色的纯色图层,将其命名为"遮幅",然后使用"矩形工具"为该图层添加一个蒙版,最后设置蒙版的叠加模式为"相减",如图3-96和图3-97所示。

图3-96　　　　　图3-97

10 按小键盘上的数字键0,预览最终效果,如图3-98所示。

图3-98

3.7 风格校色

学习目的
学习"色阶""照片滤镜""色调""曲线"和"颜色平衡"效果的高级应用。

案例描述
　　本例主要讲解"色阶""照片滤镜""色调""曲线"和"颜色平衡"效果的综合运用。通过学习本例,读者能够掌握电影或电视剧风格校色的方法,案例如图3-99所示。

学习资源路径
▶ 在线教学视频:
在线教学视频>第3章>风格校色.flv
▶ 案例源文件:
案例源文件>第3章>3.7>风格校色.aep

本例难易指数:★★★☆☆

图3-99

操作流程

1 执行"文件>导入>文件"菜单命令, 打开本书学习资源中的"案例源文件>第3章>3.7>风格校色.mov"文件, 然后将其拖曳到"创建合成"按钮上, 释放鼠标后, 系统自动创建名为"风格校色"的合成, 如图3-100所示。

图3-100

2 选择"风格校色"图层, 执行"效果>颜色校正>色阶"菜单命令, 设置"灰度系数"为0.88、"输出黑色"为30, 如图3-101所示。

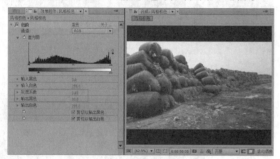

图3-101

3 选择"风格校色"图层, 执行"效果>颜色校正>照片滤镜"菜单命令, 设置"滤镜"类型为"暖色滤镜(81)"、"密度"为30%, 如图3-102所示。

图3-102

4 选择"风格校色"图层, 执行"效果>颜色校正>色调"菜单命令, 设置"着色数量"为30%, 如图3-103所示。

图3-103

5 选择"风格校色"图层, 执行"效果>颜色校正>曲线"菜单命令, 分别调整"RGB(三原色)""红色""绿色"和"蓝色"通道中的曲线, 如图3-104、图3-105、图3-106和图3-107所示。画面预览效果如图3-108所示。

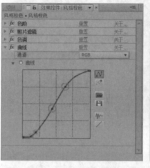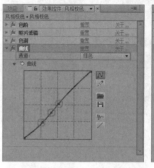

图3-104　　　　　　　　　　图3-105

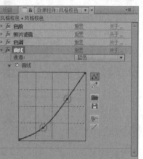

图3-106　　　　　　　　　　图3-107

图3-108

6 选择"风格校色"图层, 执行"效果>颜色校正>色调"菜单命令, 设置"着色数量"为40%, 如图3-109所示。

图3-109

7 选择"风格校色"图层,执行"效果>颜色校正>颜色平衡"菜单命令,分别设置阴影、中间调和高光属性参数,如图3-110所示。

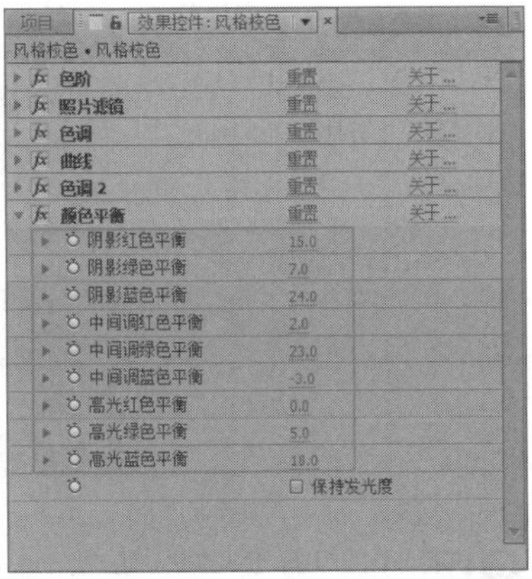

图3-110

8 按小键盘上的数字键0,预览最终效果,如图3-111所示。

图3-111

3.8 抠像校色

学习目的

学习Keylight抠像和校色的组合应用。

学习资源路径

▶ 在线教学视频:

在线教学视频 > 第3章 > 抠像校色.flv

▶ 案例源文件:

案例源文件 > 第3章 > 3.8 > 抠像校色.aep

案例描述

本例主要讲解了Keylight(1.2)、"溢出抑制"和"色相/饱和度"效果的使用方法。通过学习本例,读者能够掌握抠像校色方面的相关技术,案例如图3-112所示。

本例难易指数:★★★☆☆

图3-112

操作流程

1 执行"文件>导入>文件"菜单命令,打开本书学习资源中的"案例源文件>第3章>3.8>换色.mov"文件,然后将其拖曳到"创建合成"按钮上,释放鼠标后,系统自动创建名为"换色"的合成,如图3-113所示。

图3-113

2 选择"换色"图层,按Ctrl+D快捷键复制出一个图层,然后把原图层重新命名为"单色",把复制得到的新图层重命名为"抠像",如图3-114所示。

图3-114

3 选择"抠像"图层,执行"效果>键控>Keylight(1.2)"菜单命令,使用Screen Color(画面颜色)中的吸管工具吸取人物上衣的蓝色部分,其他的参数设置如图3-115所示。

图3-115

173

4 选择"抠像"图层，执行"效果>键控>溢出抑制"菜单命令，设置"要抑制的颜色"为蓝色上衣的颜色，调整"抑制"的值为200，如图3-116所示。

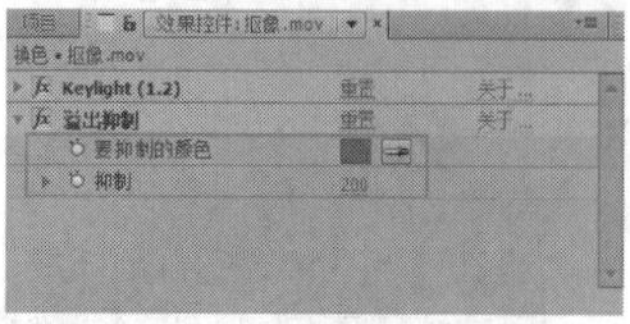

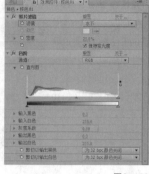

图3-116

5 选择"单色"图层，执行"效果>颜色校正>色相/饱和度"菜单命令，修改"主饱和度"的值为-100，对画面进行去色处理；关闭"抠像"图层的显示，这样可以单独查看"单色"图层的效果，如图3-117所示。

图3-117

6 选择"单色"图层，执行"效果>颜色校正>色阶"菜单命令，修改"灰度系数"的值为1.35，主要用来控制画面整体的灰色对比度，如图3-118所示。开启"换色"图层的显示，画面的预览效果如图3-119所示。

图3-118

图3-119

7 执行"图层>新建>调整图层"菜单命令，创建一个调整图层，将其命名为"校色01"，选择该图层，然后执行"效果>颜色校正>照片滤镜"菜单命令，设置"滤镜"类型为"水下"。执行"效果>颜

色校正>色阶"菜单命令，设置"灰度系数"的值为0.88，提高画面整体的对比度，如图3-120所示。

图3-120

8 执行"图层>新建>调整图层"菜单命令，创建一个调整图层，将其命名为"视觉中心模糊"。使用"钢笔工具" 为该图层添加一个蒙版，设置蒙版的叠加模式为"相减"，设置"蒙版羽化"为（200，200像素）、"蒙版扩展"为100像素，最后设置"蒙版路径"属性的关键帧以匹配场景中人物的行走，如图3-121和图3-122所示。

图3-121

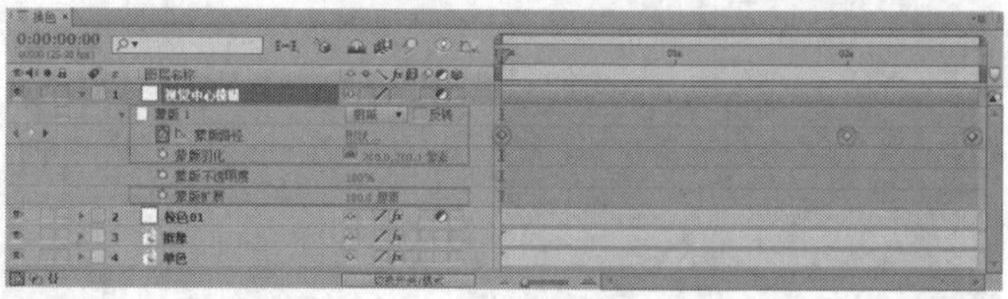

图3-122

9 选择"视觉中心模糊"图层，执行"效果>模糊与锐化>快速模糊"菜单命令，设置"模糊度"为3，勾选"重复边缘像素"选项，如图3-123所示。

图3-123

10 执行"图层>新建>纯色"菜单命令，创建一个黑色的纯色图层，将其命名为"压角控制"，然后使用"钢笔工具" 为该图层添加一个蒙版，设置蒙版的叠加模式为"相减"，最后修改"蒙版羽化"为（100，100像素），如图3-124和图3-125所示。

图3-124

图3-125

11 执行"图层>新建>纯色"菜单命令,创建一个黑色的纯
色图层,将其命名为"遮幅",然后使用"矩形工具"
为该图层添加一个
蒙版,设置蒙版的叠
加模式为"相减",
如图3-126和图3-127
所示。

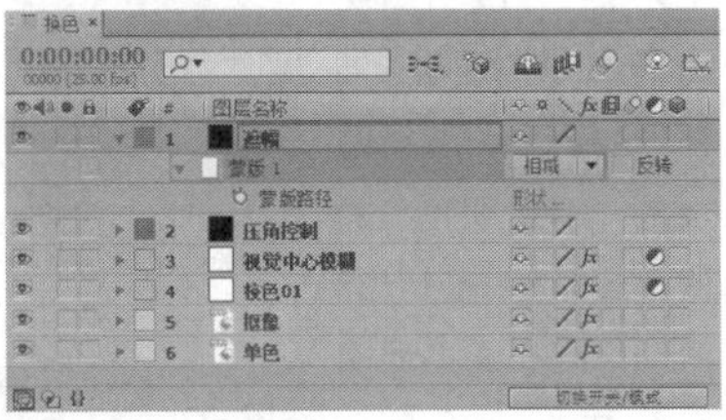

图3-126

图3-127

12 按小键盘上的数字键0,预览最终效果,如图3-128
所示。

图3-128

3.9 镜头着色

学习目的
使用"色相/饱和度"效果来完成素材的快速着色。

学习资源路径

▶ 在线教学视频:
在线教学视频 > 第3章 > 镜头着色.flv

▶ 案例源文件:
案例源文件 > 第3章 > 3.9 > 镜头着色.aep

案例描述
本例主要介绍了镜头着色的相关技术。通过学习本例,读者能够掌握渲染素材在After Effects中的色调优化处理技术,案例如图3-129所示。

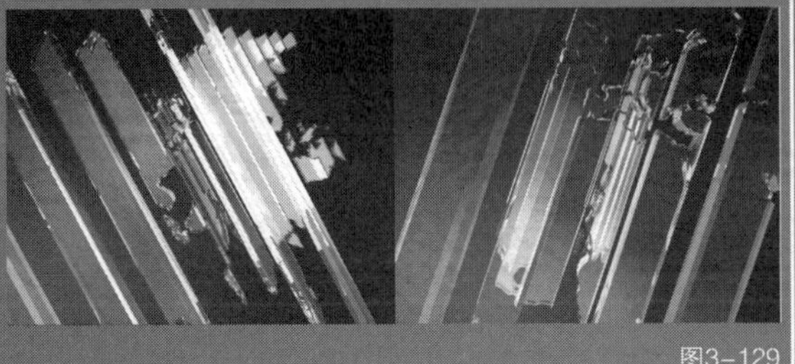

本例难易指数:★ ★ ★ ★ ☆

图3-129

操作流程

1 执行"文件>导入>文件"菜单命令，打开本书学习资源中的"案例源文件>第3章>3.9>Glass.mov"文件，然后将其拖曳到"创建合成"按钮上，释放鼠标后，系统自动创建名为Glass的合成，如图3-130所示。

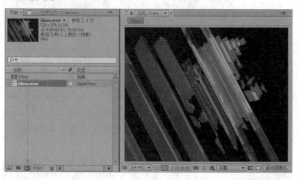

图3-130

2 按Ctrl+K快捷键，打开"合成设置"对话框，将合成重新命名为C_02，如图3-131所示。

3 在C_02合成中，将Glass.mov图层重新命名为world_map，如图3-132所示。

图3-131　　　　　　　　　　图3-132

4 执行"图层>新建>纯色"菜单命令，创建一个黑色的纯色图层，将其命名为backgroud，然后选择该图层，执行"效果>生成>四色渐变"菜单命令，修改"点1""点2""点3"和"点4"的位置，最后设置"颜色1""颜色2""颜色3"和"颜色4"的颜色，如图3-133所示。

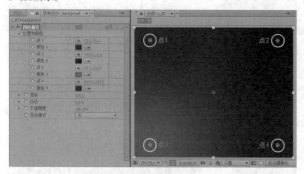

图3-133

5 将backgroud图层拖曳到最下面，修改world_map图层的叠加模式为"相加"，如图3-134所示。

图3-134

6 选择world_map图层，执行"效果>颜色校正>亮度和对比度"菜单命令，设置"亮度"为33、"对比度"为50，最后勾选"使用旧版（支持HDR）"选项，如图3-135所示。

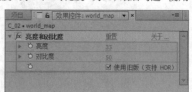

图3-135

7 选择world_map图层，执行"效果>颜色校正>色相/饱和度"菜单命令，勾选"彩色化"选项，设置"着色色相"为（0×+40°）、"着色饱和度"为70，如图3-136所示。预览效果如图3-137所示。

图3-136　　　　　　　　　　图3-137

8 选择world_map图层，按Ctrl+D快捷键复制出一个新的图层，然后修改新图层的叠加模式为"屏幕"，最后修改新图层的"不透明度"的值为50%，如图3-138所示。预览效果如图3-139所示。

图3-138

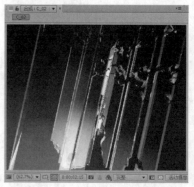

图3-139

9 执行"文件>导入>文件"菜单命令，打开本书学习资源中的"案例源文件>第3章>3.9>Glass.mov"文件，然后将其添加到C_02合成的时间线上，将该图层重新命名为MASK，如图3-140所示。

图3-140

10 执行"文件>导入>文件"菜单命令，打开本书学习资源中的"案例源文件>第3章>3.9> Worldmap.jpg"文件，然后将其添加到C_02合成的时间线上并移动到Mask图层的下面，接着设置Worldmap图层的叠加模式为"相加"、"不透明度"的值为8%，最后设置"位置"属性的关键帧动画，在第0帧处，设置"位置"的值为(-5, 296)，在第3秒处，设置"位置"的值为(200, 296)，如图3-141所示。

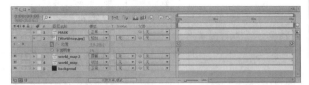

图3-141

11 设置MASK图层为Worldmap图层的"Alpha遮罩'MASK'"，如图3-142所示。

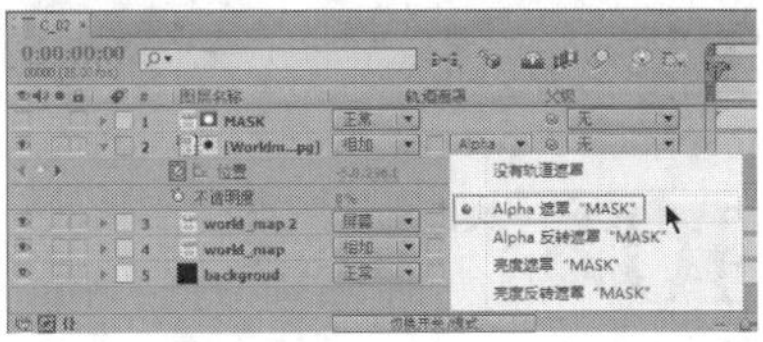

图3-142

12 按小键盘上的数字键0，预览最终效果，如图3-143所示。

图3-143

3.10 水墨画

学习目的

使用"色相/饱和度"将风景去色，打造水墨效果的基础；运用"查找边缘""发光""中间值"和"高斯模糊"实现水墨效果。

案例描述

本例主要讲解如何将一个普通的风景素材调节成水墨画效果。通过学习本例，读者能够掌握水墨画风格的校色技术，案例如图3-144所示。

学习资源路径

▶ 在线教学视频：
  在线教学视频>第3章>水墨画.flv

▶ 案例源文件：
  案例源文件>第3章>3.10>水墨画.aep

本例难易指数：★★★☆☆

图3-144

操作流程

1 执行"合成>新建合成"菜单命令，选择一个预设为PAL D1/DV的合成，设置合成的"持续时间"为4秒，并将其命名为"水墨画"，如图3-145所示。

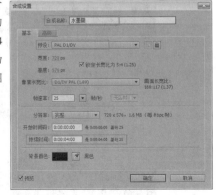

图3-145

2 执行"文件>导入>文件"菜单命令，打开本书学习资源中的"案例源文件>第3章>3.10>山峰.mov"文件，然后将其拖曳到"水墨画"合成的时间线上，如图3-146所示。

图3-146

3 选择"山峰"图层，执行"效果>颜色校正>色相/饱和度"菜单命令，为其添加"色相/饱和度"效果，设置"主饱和度"的值为-90，如图3-147所示。

4 选择"山峰"图层，执行"效果>杂色和颗粒>中间值"菜单命令，为其添加"中间值"效果，设置"半径"的值为5，如图3-148所示。

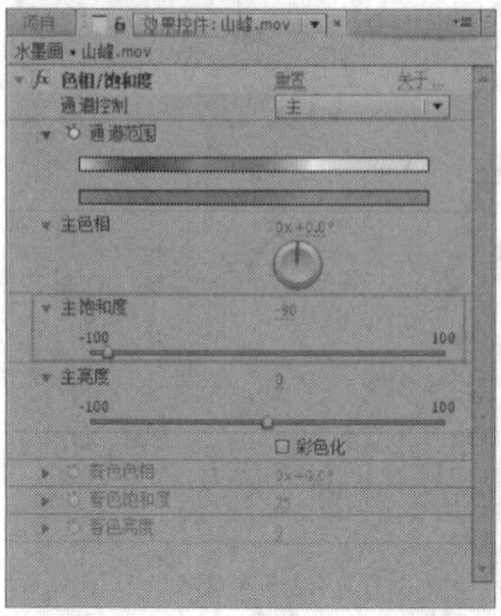

图3-147 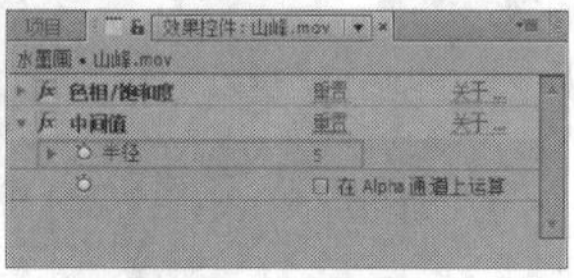　　　　　　　　　　　　　图3-148

5 选择"山峰"图层，执行"效果>模糊和锐化>高斯模糊"菜单命令，设置"模糊度"为3，如图3-149所示。画面的预览效果如图3-150所示。

图3-149　　　　　　　　　　　　　图3-150

6 将"项目"窗口中的"山峰"素材再次拖曳到"水墨画"合成的时间线上，并重新将其命名为"山峰Color"，然后修改该图层的叠加模式为"相乘"、"不透明度"的值为60%，如图3-151所示。

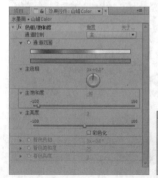

图3-151

7 选择"山峰Color"图层，执行"效果>颜色校正>色相/饱和度"菜单命令，为其添加"色相/饱和度"效果，设置"主饱和度"的值为-90，如图3-152所示。

8 选择"山峰Color"图层，执行"效果>风格化>查找边缘"菜单命令，修改"与原始图像混合"的值为80%，如图3-153所示。

图3-152 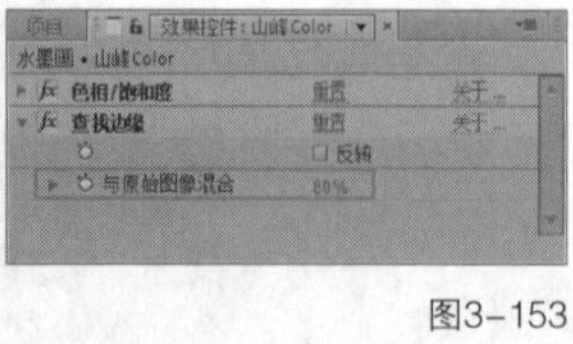　　　　　　　　　　　　　图3-153

9 选择"山峰Color"图层，执行"效果>风格化>发光"菜单命令，修改"发光阈值"为90%、"发光半径"为15、"发光强度"为0.5，如图3-154所示。画面的预览效果如图3-155所示。

图3-154　　　　　　　　　　　　　图3-155

10 执行"文件>导入>文件"菜单命令，打开本书学习资源中的"案例源文件>第3章>3.10>遮幅.tga和Text.tga"文件，然后将这两个素材拖曳到"水墨画"合成的时间线上，如图3-156所示。

11 使用"轴心点工具" 📷，将Text.tga图层的轴心点调整到图3-157所示的位置。

图3-156 　　　　　　　　　　　　　图3-157

12 设置Text.tga图层的"位置"和"缩放"属性的关键帧动画。在第0帧时，设置"位置"的值为(143, 156)、"缩放"的值为(90, 90%)；在第4秒时，设置"位置"的值为(119, 156)、"缩放"的值为(100, 100%)，如图3-158所示。

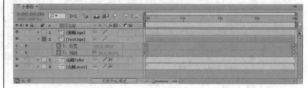

图3-158

13 按小键盘上的数字键0，预览最终效果，如图3-159所示。

图3-159

3.11 水彩画

图3-160

操作流程

1 执行"合成>新建合成"菜单命令，自定义一个"宽度"为720px、"高度"为405px、"像素长宽比"为"方形像素"、"持续时间"为5秒的合成，并将其命名为"水彩画"，如图3-161所示。

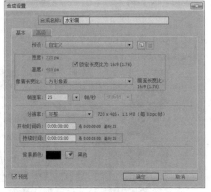

图3-161

2 执行"文件>导入>文件"菜单命令，打开本书学习资源中的"案例源文件>第3章>3.11>宣纸.jpg"文件，将其拖曳到"水彩画"合成的时间线上，修改该图层"位置"属性的值为（360，202），如图3-162所示。画面的预览效果如图3-163所示。

图3-162

图3-163

3 选择"宣纸.JPG"图层，执行"效果>颜色校正>曲线"菜单命令，然后调整"RGB（三原色）"通道中的曲线，如图3-164所示。

4 执行"文件>导入>文件"菜单命令，打开本书学习资源中的"案例源文件>第3章>3.11>水乡.mov"文件，将其拖曳到"水彩画"合成的时间线上，修改该图层的叠加模式为"相乘"，如图3-165所示。画面的预览效果如图3-166所示。

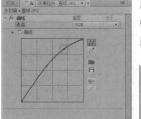

图3-164

图3-165

图3-166

5 选择"水乡"图层，执行"效果>杂色和颗粒>中间值"菜单命令，为其添加"中间值"效果，设置"半径"的值为4，如图3-167所示。

图3-167

6 选择"水乡"图层，执行"效果>颜色校正>色阶"菜单命令，在"RGB（三原色）"通道中修改"输入白色"的值为200、"灰度系数"的值为1.2，如图3-168所示。

7 选择"水乡"图层，执行"效果>颜色校正>色相/饱和度"菜单命令，为其添加"色相/饱和度"效果，设置"主饱和度"的值为-50，如图3-169所示。画面的预览效果如图3-170所示。

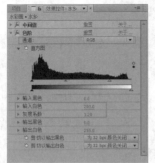

图3-168

图3-169

图3-170

8 将"项目"窗口中的"水乡"素材再次拖曳到"水彩画"合成的时间线上，并重新将其命名为"水乡_边缘"，然后修改"水乡_边缘"图层的叠加模式为"叠加"、"不透明度"的值为85%，如图3-171所示。

9 选择"水乡_边缘"图层，执行"效果>颜色校正>色相/饱和度"菜单命令，为其添加"色相/饱和度"效果，设置"主饱和度"的值为-100，如图3-172所示。

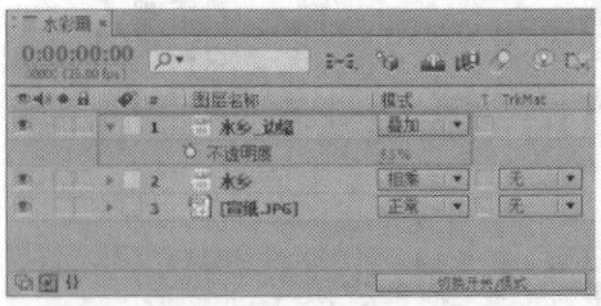

图3-171 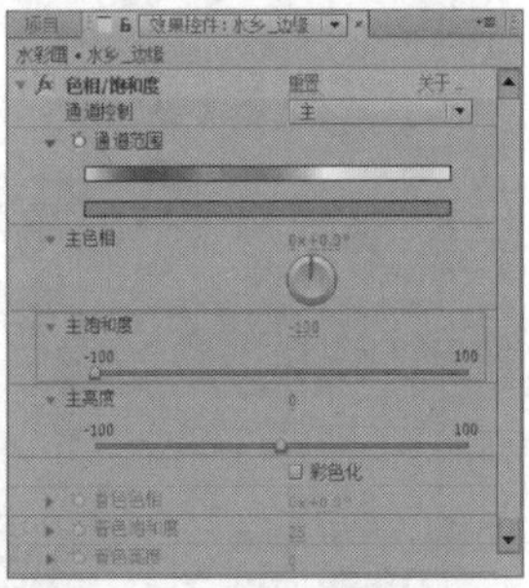　　　　　　　　图3-172

10 选择"水乡_边缘"图层，执行"效果>风格化>查找边缘"菜单命令，修改"与原始图像混合"的值为5%，如图3-173所示。

11 选择"水乡_边缘"图层，执行"效果>颜色校正>色阶"菜单命令，然后在"RGB（三原色）"通道中修改"输入白色"的值为170、"灰度系数"的值为2.0，如图3-174所示。

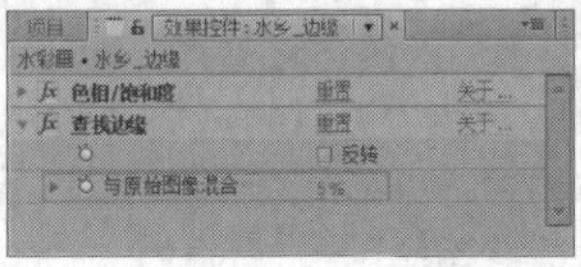

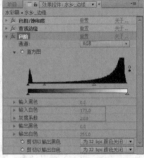

图3-173　　　　　　　　图3-174

12 选择"水乡_边缘"图层，执行"效果>模糊和锐化>快速模糊"菜单命令，设置"模糊度"为3，勾选"重复边缘像素"选项，如图3-175所示。

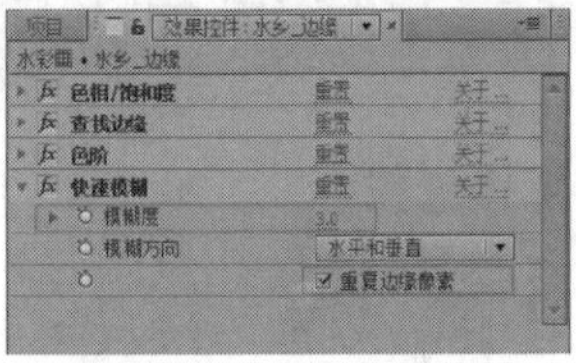

图3-175

13 按小键盘上的数字键0，预览最终效果，如图3-176所示。

图3-176

3.12 老电影效果

学习目的

学习"三色调""色阶""毛边"效果的应用。

学习资源路径

在线教学视频：
在线教学视频>第3章>老电影效果.flv

案例源文件：
案例源文件>第3章>3.12>老电影效果.aep

案例描述

本例主要讲解"三色调"效果在校色方面应用。通过学习本例，读者能够掌握将画面处理成旧画面效果的技术，案例如图3-177所示。

本例难易指数：★★★☆☆

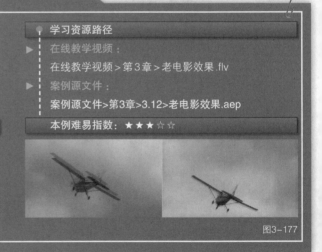

图3-177

操作流程

1 执行"合成>新建合成"菜单命令,创建一个"宽度"为720px、"高度"为405px、"像素长宽比"为"方形像素"、"持续时间"为3秒的合成,并将其命名为"老电影效果",如图3-178所示。

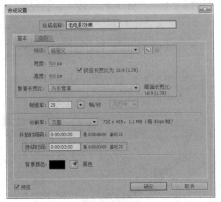

图3-178

2 执行"文件>导入>文件"菜单命令,打开本书学习资源中的"案例源文件>第3章>3.12>小型飞行器.mov"文件,然后将其拖曳到"老电影效果"合成的时间线上,如图3-179所示。

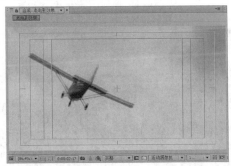

图3-179

3 选择"小型飞行器.mov"图层,执行"效果>颜色校正>三色调"菜单命令,如图3-180所示。

4 选择"小型飞行器.mov"图层,执行"效果>颜色校正>色阶"菜单命令,在"RGB(三原色)"通道中修改"灰度系数"的值为1.3,如图3-181所示。画面的预览效果如图3-182所示。

图3-180

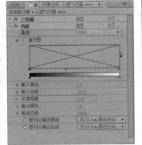

图3-181

图3-182

5 执行"文件>导入>文件"菜单命令,打开本书学习资源中的"案例源文件>第3章>3.12>划纹01.mov"文件,然后设置"划纹01.mov"图层的叠加模式为"屏幕",如图3-183所示。

图3-183

6 选择"划纹01.mov"图层,执行"效果>颜色校正>色阶"菜单命令,在"RGB(三原色)"通道中修改"灰度系数"的值为0.35,如图3-184所示。

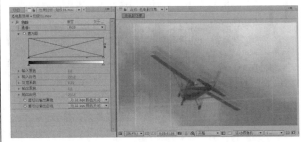

图3-184

7 执行"文件>导入>文件"菜单命令,打开本书学习资源中的"案例源文件>第3章>3.12>划纹02.mov"文件,然后设置"划纹02.mov"图层的叠加模式为"屏幕",如图3-185所示。

图3-185

8 选择"划纹02.mov"图层,执行"效果>颜色校正>色阶"菜单命令,在"RGB(三原色)"通道中修改"灰度系数"的值为0.4,如图3-186所示。

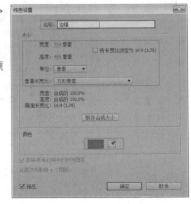

图3-186

9 执行"图层>新建>纯色"菜单命令,新建一个名为"边缘"的纯色图层,图层的颜色设置为(R:107, G:82, B:55),如图3-187所示。

图3-187

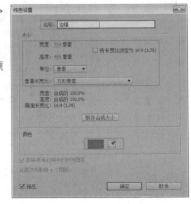

10 选择"边缘"图层，执行"效果>风格化>毛边"菜单命令，修改边缘类型为"影印"、"边界"的值为35、"复杂度"的值为3，如图3-188所示。

图3-188

11 给"毛边"效果中的"演化"属性添加表达式time*300，如图3-189所示。

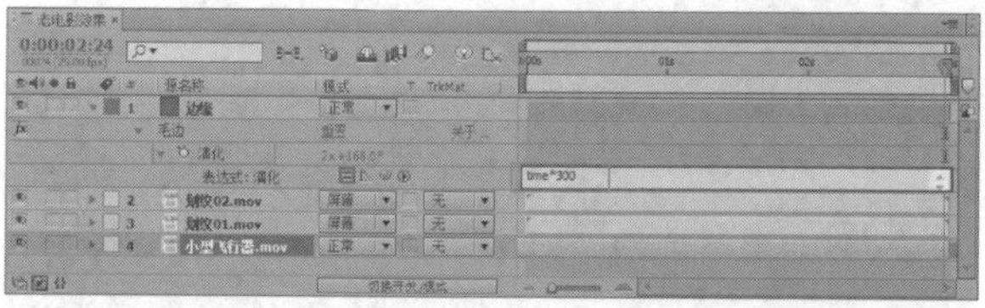

图3-189

12 修改"边缘"图层的"不透明度"属性的值为10%，如图3-190所示。

图3-190

13 按小键盘上的数字键0，预览最终效果，如图3-191所示。

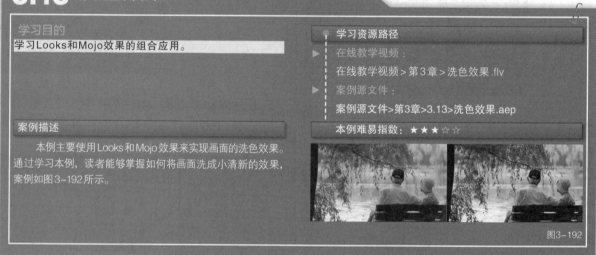

图3-191

3.13 洗色效果

学习目的
学习Looks和Mojo效果的组合应用。

案例描述
　　本例主要使用Looks和Mojo效果来实现画面的洗色效果。通过学习本例，读者能够掌握如何将画面洗成小清新的效果，案例如图3-192所示。

学习资源路径
▶ 在线教学视频：
　　在线教学视频>第3章>洗色效果.flv
▶ 案例源文件：
　　案例源文件>第3章>3.13>洗色效果.aep

本例难易指数：★ ★ ★ ☆ ☆

图3-192

操作流程

1 执行"合成>新建合成"菜单命令，自定义一个"宽度"为720px、"高度"为405px、"像素长宽比"为"方形像素"、"持续时间"为1秒的合成，并将其命名为"洗色"，如图3-193所示。

图3-193

2 执行"文件>导入>文件"菜单命令，打开本书学习资源中的"案例源文件>第3章>3.13>素材.mov"文件，然后将其拖曳到"洗色"合成的时间线上，如图3-194所示。

图3-194

3 选择"素材"图层,然后执行"效果>Magic Bullet Looks>Looks"菜单命令,单击Edit(编辑)按钮,进入Looks调色界面,如图3-195所示。

图3-195

4 在Tools(工具)面板中,把Post标签栏中的Pop和Curves添加到Looks栏中,如图3-196所示。

图3-196

5 在Looks栏中选择Pop,然后在Controls面板中修改Pop的值为+50%,如图3-197所示。

6 在Looks栏中选择Curves,然后在Controls面板中单击RGB标签,修改Contrast的值+0.1,如图3-198所示。画面的预览效果如图3-199所示。

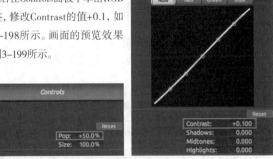

图3-197　　　　　　　图3-198

图3-199

7 选择"素材"图层,执行"效果>Magic Bullet Mojo>Mojo"菜单命令,修改Mojo的值为0、Skin Color的值为5、Skin Solo的值为100%,如图3-200所示。

8 选择"素材"图层,执行"效果> 颜色校正>色相/饱和度"菜单命令,为其添加"色相/饱和度"效果,在"红色"通道中修改

"通道范围"属性后,修改"红色色相"的值为(0×-3°)、"红色饱和度"的值为10,如图3-201所示。画面的预览效果如图3-202所示。

图3-200　　　　　　　图3-201

图3-202

9 将"项目"窗口中的"素材"文件再次拖曳到"洗色"合成的时间线上,将原"素材"图层中的Looks效果复制到该图层中,最后修改该图层的叠加模式为"变亮"、"不透明度"的值为80%,如图3-203所示。

图3-203

10 按小键盘上的数字键0,预览最终效果,如图3-204所示。

图3-204

3.14 湖面夕阳

学习目的
使用Looks和"曲线"效果来完成画面的"时间转变"效果。

案例描述
本例将使用Looks效果来完成画面的"时间转变"效果。通过学习本例，读者能够掌握如何将白天的画面效果转变成夕阳的画面氛围，案例如图3-205所示。

学习资源路径
▶ 在线教学视频：
在线教学视频>第3章>湖面夕阳.flv
▶ 案例源文件：
案例源文件>第3章>3.14>湖面夕阳.aep

本例难易指数：★ ★ ★ ☆ ☆

图3-205

操作流程

1 执行"合成>新建合成"菜单命令，自定义一个"宽度"为720px、"高度"为405px、"像素长宽比"为"方形像素"、"持续时间"为3秒的合成，并将其命名为"湖面夕阳"，如图3-206所示。

图3-206

2 执行"文件>导入>文件"菜单命令，打开本书学习资源中的"案例源文件>第3章>3.14>乘船.mov"文件，然后将其拖曳到"湖面夕阳"合成的时间线上，如图3-207所示。

图3-207

3 选择"乘船.mov"图层，执行"效果>Magic Bullet Looks>Looks"菜单命令，单击Edit（编辑）按钮，进入Looks调色界面，如图3-208所示。

图3-208

4 在Looks面板中展开People属性栏，双击Movie Star预设，如图3-209所示。删除Cosmo、Ranged Saturation和Auto Shoulder，如图3-210所示。

图3-209

图3-210

5 在Looks栏中选择Diffuse，在Controls面板中修改Size的值为25%、Glow的值为100%、Highlights Only的值为30%、Exposure Compensation的值为+0.5，修改Color中R的值为0.28、G的值为0.41、B的值为0.99，如图3-211所示。

6 在Looks栏中选择Vignette，在Controls面板中修改Center X的值为+3.3%、Y的值为-4.2%、Radius的值为0.25、Aspect的值为1.95、Spread的值为0.78、Falloff的值为1、Strength的值为50%、

Exposure Compensation的值为-0.5，如图3-212所示。

图3-211　　　　　　　　　　　　图3-212

7 在Looks栏中选择Life-Gamma-Gain，在Controls面板中修改Gamma Space的值为2.5，修改Lift中R的值为1.03、G的值为0.78、B的值为0.51，修改Gamma中R的值为0.93、G的值为0.84、B的值为0.61，修改Gain中R的值为1.2、G的值为1.18、B的值为1，如图3-213所示。画面的预览效果如图3-214所示。

图3-213　　　　　　　　　　　　图3-214

8 选择"乘船.mov"图层，执行"效果>颜色校正>曲线"菜单命令，在"RGB（三原色）"通道中调整曲线，如图3-215所示。

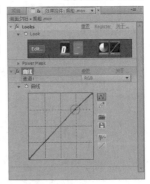

图3-215

9 按小键盘上的数字键0，预览最终效果，如图3-216所示。

图3-216

3.15 建筑动画后期调色

学习目的

使用SA Color Finesse 3、Mojo、"曲线""色相/饱和度"和"色阶"等效果进行建筑动画的后期调色。

学习资源路径

▶ 在线教学视频：
在线教学视频>第3章>建筑动画后期调色.flv

▶ 案例源文件：
案例源文件>第3章>3.15>建筑动画后期调色.aep

案例描述

本例主要介绍建筑动画镜头在After Effects中的后期调色方法，通过学习本例，读者能够掌握建筑动画后期调色的部分技法，案例如图3-217所示。

本例难易指数：★★★★☆

图3-217

操作流程

1 执行"合成>新建合成"菜单命令，创建一个"宽度"为720px、"高度"为405px、"像素长宽比"为"方形像素"、"持续时间"为3秒的合成，并将其命名为"建筑动画后期调色"，如图3-218所示。

2 执行"文件>导入>文件"菜单命令，打开本书学习资源中的"案例源文件>第3章>3.15>文化中心.tga"文件，然后将其拖曳到"建筑动画后期调色"合成的时间线上，接着设置该图层"位置"属性的关键帧动画，在第0帧处，设置"位置"的值（274, 215）；在第3秒处，设置"位置"的值(460, 215)。最后修改"缩放"属性的值为(75, 75%)，如图3-219所示。画面的预览效果如图3-220所示。

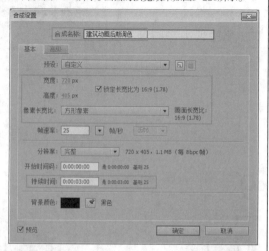

图3-218

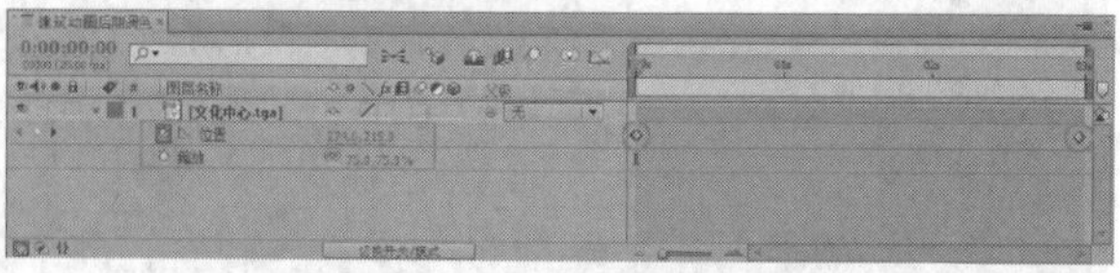

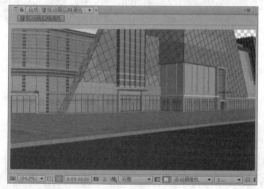

图3-219

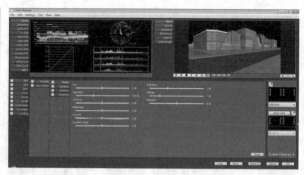

图3-223

5 在RGB属性栏中勾选Master，修改Master Gamma的值为1.2、Red Gain的值为1.09、Green Pedestal的值为0.01、Green Gain的值为1.08、Blue Pedestal的值为0.01、Blue Gain的值为1.07，如图3-224所示。

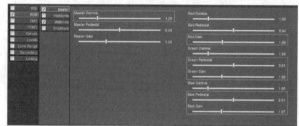

图3-224

6 在RGB属性栏中勾选Midtones，修改Master Gamma的值为1.06、Master Gain的值为0.97、Red Gamma的值为1.18、Red Pedestal的值为-0.03、Green Gamma的值为1.1、Green Gain的值为0.97、Blue Gamma的值为1.12、Blue Pedestal的值为-0.04、Blue Gain的值为1.02，如图3-225所示。画面的预览效果如图3-226所示。

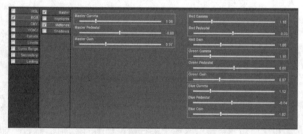

图3-225

图3-220

3 选择"文化中心.tga"图层，执行"效果>扭曲>光学补偿"菜单命令，设置视场(FOV)的值为40，开启"最佳像素(反转无效)"，最后设置"视图中心"属性的关键帧动画，在第0帧处，设置"视图中心"的值为(503, 360)；在第2秒24帧处，设置"视图中心"的值为(677, 360)，如图3-221所示。

图3-221

4 选择"文化中心.tga"图层，执行"效果> Synthetic Aperture>SA Color Finesse 3"菜单命令，单击Full Interface按钮进入Color Finesse界面，如图3-222和图3-223所示。

图3-222

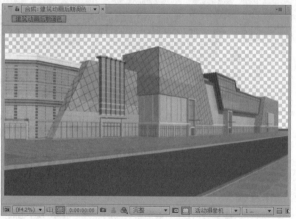

图3-226

7 选择"文化中心.tga"图层，执行"效果>Magic Bullet Mojo>Mojo"菜单命令，修改Mojo的值为55、Mojo Tint的值为

15、Mojo Balance的值为70、Warm It的值为-13、Punch It的值为50、Bleach It的值为-10，如图3-227所示。

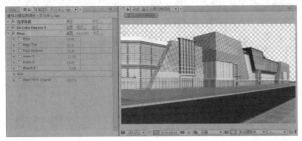

图3-227

8 选择"文化中心.tga"图层，执行"效果>颜色校正>曲线"菜单命令，在"RGB（三原色）"通道中调整曲线，如图3-228所示。

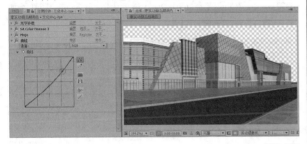

图3-228

9 选择"文化中心.tga"图层，执行"效果>颜色校正>色相/饱和度"菜单命令，为其添加"色相/饱和度"效果，在"红色"通道中修改"通道范围"属性后，修改"红色色相"的值为（0×-5°）、"红色饱和度"的值为15，如图3-229所示。

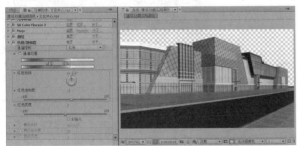

图3-229

10 选择"文化中心.tga"图层，执行"效果>颜色校正>色阶"菜单命令，在"RGB（三原色）"通道中修改"灰度系数"的值为0.8，如图3-230所示；在"绿色"通道中修改"灰度系数"的值为0.8，如图3-231所示。

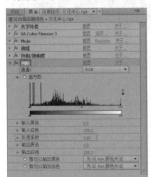
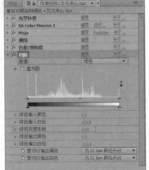

图3-230　　　　　　　　图3-231

11 执行"文件>导入>文件"菜单命令，打开本书学习资源中的"案例源文件>第3章>3.15>背景.jpg"文件，然后将其拖曳到"建筑动画后期调色"合成的时间线上，接着修改"背景.jpg"图层的"位置"的值为（729, 268）、"缩放"的值为（35, 35%），最后将"背景.jpg"图层作为"文化中心.tga"图层的子级别图层，如图3-232所示。

图3-232

12 选择"背景.jpg"图层，执行"效果>扭曲>光学补偿"菜单命令，设置视场（FOV）的值为40，开启"最佳像素（反转无效）"，然后设置"视图中心"属性的关键帧动画，在第0帧处，设置"视图中心"的值为（503, 360）；在第2秒24帧处，设置"视图中心"的值为（677, 360），如图3-233所示。

图3-233

13 选择"背景.jpg"图层，执行"效果>颜色校正>曲线"菜单命令，然后分别调整"RGB（三原色）""红色"和"蓝色"通道中的曲线，如图3-234、图3-235和图3-236所示。预览效果如图3-237所示。

图3-234　　　　　　图3-235

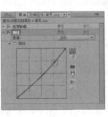

图3-236　　　　　　　　图3-237

14 选择"文化中心.tga"图层，按Ctrl+D快捷键复制出一个图层，然后命名第2个图层为"文化中心_融合"，如图3-238所示。

图3-238

15 选择"文化中心_融合"图层，删除除"光学补偿"之外的所有效果，执行"效果>模糊和锐化>高斯模糊"菜单命令，设置"模糊度"的值为10，如图3-239所示。画面的预览效果如图3-240所示。

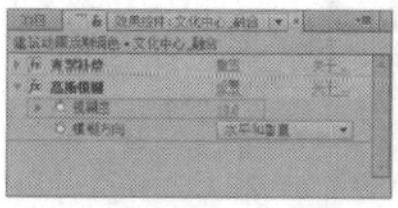

图3-239　　　　　　　　图3-240

16 选择"文化中心.tga"图层，按Ctrl+D快捷键复制出一个图层，将复制得到的图层重新命名为"文化中心_修色"，然后删除除"光学补偿"之外的所有效果，最后设置该图层的叠加模式为"色相"、图层的"不透明度"值为65%，如图3-241所示。

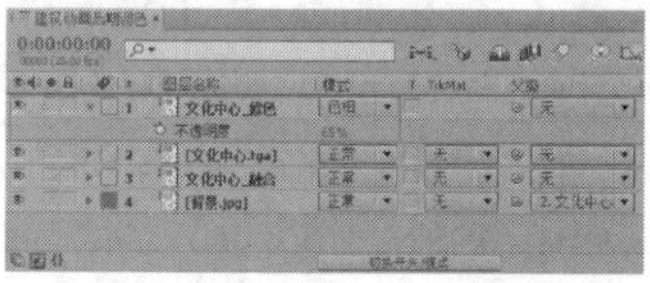

图3-241

17 选择"文化中心_修色"图层，使用"钢笔工具" 🖊 为该图层添加两个蒙版，将"行车道"分离出来，如图3-242所示；修改"蒙版2"的蒙版叠加模式为"相减"，根据镜头运动，设置"蒙版1"和"蒙版2"的关键帧动画，如图3-243所示。

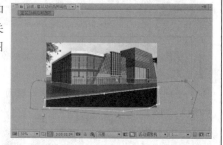

图3-242

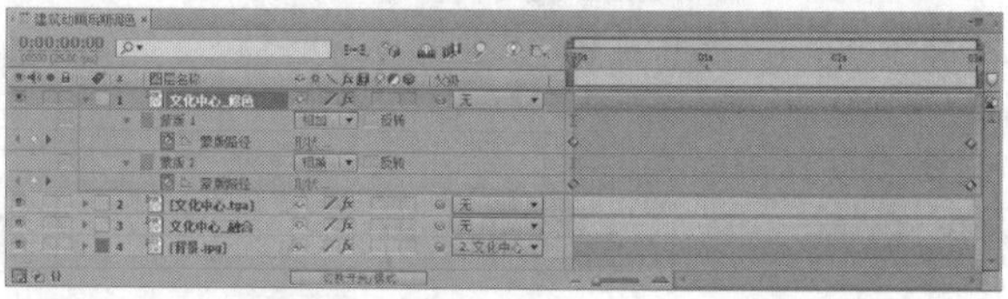

图3-243

18 执行"图层>新建>纯色"菜单命令，新建一个名为"光"的黑色纯色图层，如图3-244所示。

19 选择"光"图层，执行"效果>Video Copilot>Optical Flares"菜单命令，如图3-245所示；然后单击"选项"进入属性控制面板，在PRESET BROWSER中选择Evening Sun预设的光线，如图3-246所示。

图3-244 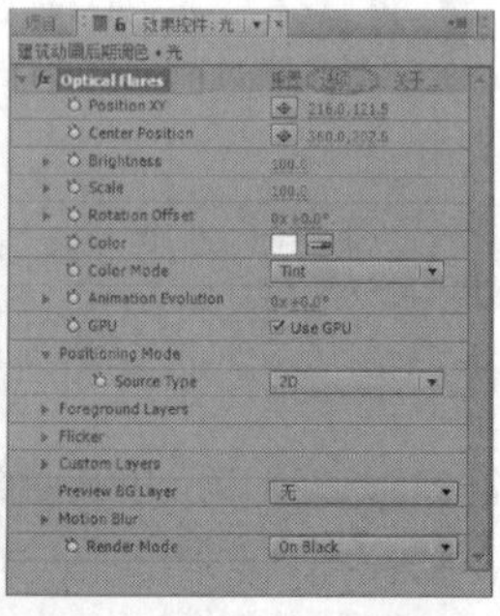　　　　　　　　图3-245

图3-246

20 在Optical Flares效果中，修改Scale的值为130，在第0帧处，设置Position XY的值为（700，20）；在第2秒24帧处，设置Position XY的值为（680，20），最后为Rotation Offset属性添加表达式time*20;，如图3-247所示。

图3-247

21 修改"光"图层的叠加模式为"屏幕"，如图3-248所示。

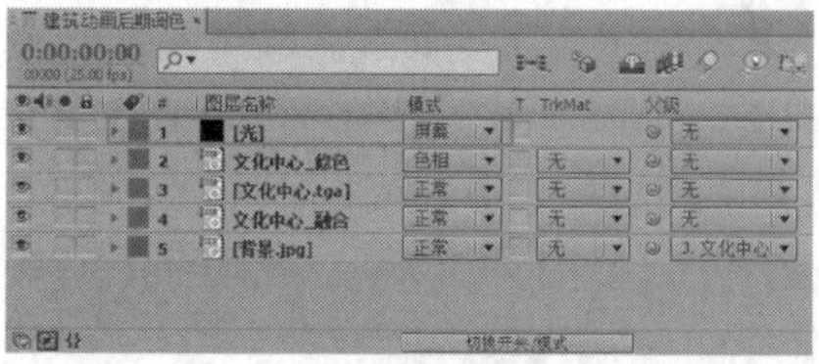

图3-248

22 按小键盘上的数字键0，预览最终效果，如图3-249所示。

图3-249

第4章 视觉光效

◎ **本章导读**

　　光是有生命的，也是具有灵性的。从创意层面来讲，光常用来表示传递、连接、激情、速度、时间（光）、空间、科技等概念。在不同风格的片子中，光也代表着不同的表达概念。同时，光效的制作和表现也是影视后期合成中永恒的主题，光效在烘托镜头的气氛、丰富画面细节等方面起着非常重要的作用。本章将讲解各类视觉光效的制作技法，以帮助设计师快速攻克光效制作的难关。

◎ **本章所用外挂插件**

　　» VC Reflect
　　» Trapcode Particular
　　» Trapcode 3D Stroke
　　» Trapcode Shine
　　» Trapcode Starglow
　　» Trapcode Form
　　» Optical Flares

4.1 扫光文字

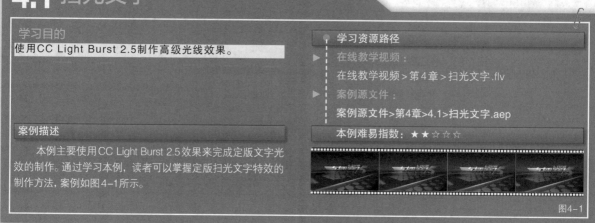

学习目的

使用CC Light Burst 2.5制作高级光线效果。

● **学习资源路径**

▶ 在线教学视频：

在线教学视频>第4章>扫光文字.flv

▶ 案例源文件：

案例源文件>第4章>4.1>扫光文字.aep

案例描述

本例主要使用CC Light Burst 2.5效果来完成定版文字光效的制作。通过学习本例，读者可以掌握定版扫光文字特效的制作方法，案例如图4-1所示。

本例难易指数：★★☆☆☆

图4-1

操作流程

1 执行"合成>新建合成"菜单命令，创建一个预设为"自定义"的合成，合成大小为720像素×405像素，"持续时间"为3秒，将其命名为"扫光文字"，如图4-2所示。

图4-2

2 执行"文件>导入>文件"菜单命令，打开本书学习资源中的"案例源文件>第4章>4.1>背景.png和定版.png"文件，然后将"背景.png"素材拖曳到"扫光文字"合成的时间线上，如图4-3所示。

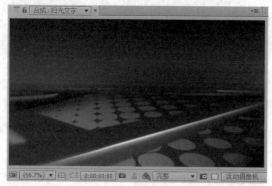

图4-3

3 将"定版.png"素材拖曳到"扫光文字"合成的时间线上，并将"定版.png"作为"背景.png"的"子物体"，如图4-4所示。

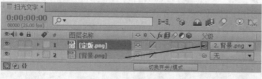

图4-4

4 选择"定版.png"图层，按Ctrl+D快捷键复制一个图层，将原"定版.png"图层重新命名为"定版_投影"，然后选择"定版_投影"图层，执行"效果>模糊和锐化>高斯模糊"菜单命令，设置"模糊度"的值为3，如图4-5所示。

5 选择"定版_投影"图层，使用"椭圆工具" ⬭ 绘制出一个椭圆蒙版，将"蒙版1"的叠加模式改为"相加"，设置"蒙版羽化"为（35, 35像素）、"位置"为（400, 225）、"缩放"为（-100, -100%）、"不透明度"为60%，最后将"定版_投影"图层作为"背景.png"图层的子物体，如图4-6所示，效果如图4-7所示。

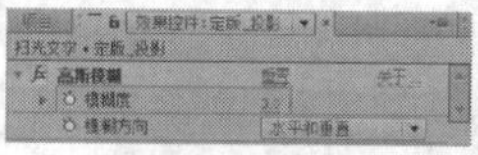

图4-5

图4-6

图4-7

6 选择"定版.png"图层，按Ctrl+D快捷键复制一个图层，将复制得到的新图层命名为"定版_扫光"，然后选择"定版_扫光"图层，执行"效果>生成> CC Light Burst 2.5"菜单命令，设置Center（中心）的值为（84, 200）、Intensity（强度）的值为300、Ray Length（光线长度）的值为100，勾选Halo Alpha（光线Alpha）和Set Color（设置颜色）选项，最后设置Color（颜色）为（R:240, G:50, B:25），如图4-8所示。

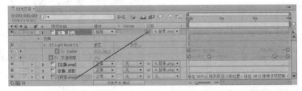

图4-8

7 将"定版_扫光"图层的叠加模式设为"相加",同时将该图层作为"背景.png"图层的"子物体"。设置CC Light Burst 2.5效果中的Center属性的关键帧动画,在第0帧处,将其设置为(84,200);在第3秒处,将其设置为(700,200)。设置该图层的"不透明度"属性的关键帧动画,在第0帧处,将其设置为0%;在第15帧和第2秒15帧处,将其均设置为100%;在第3秒处,将其设置为0%,如图4-9所示,效果如图4-10所示。

图4-9

图4-11

8 执行"图层>新建>调整图层"菜单命令,创建一个名为"视觉中心"的调整图层,然后选择该图层,使用"钢笔工具"绘制出一个蒙版,设置"蒙版羽化"为(100,100像素),将"蒙版1"的叠加模式改为"相减",如图4-11和图4-12所示。

9 选择"视觉中心"图层,执行"效果>模糊和锐化> 快速模糊"菜单命令,设置"模糊度"为3,勾选"重复边缘像素",如图4-13所示。

图4-12

图4-13

10 按小键盘上的数字键0,预览最终效果,如图4-14所示。

图4-14

4.2 过光效果

学习目的
学习过光效果的制作方法。

学习资源路径

▶ 在线教学视频:
在线教学视频>第4章>过光效果.flv

▶ 案例源文件:
案例源文件>第4章>4.2>过光效果.aep

案例描述

本例将使用轨道蒙版来完成定版文字的过光效果的制作,以及使用表达式来完成光线的"循环亮闪"效果,案例如图4-15所示。

本例难易指数:★ ★ ★ ☆ ☆ ☆

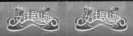

图4-15

操作流程

1 执行"合成>新建合成"菜单命令,创建一个预设为PAL D1/DV的合成,合成大小为720像素×576像素,"持续时间"为4秒,将其命名为"背景",如图4-16所示。

图4-16

2 按Ctrl+Y快捷键,创建一个黑色的纯色图层,将其命名为"背景"。选择"背景"图层,执行"文件>生成>梯度渐变"菜单命令,设置"渐变起点"为(360, 307)、"渐变终点"为(360, 543)、"起始颜色"为(R:255, G:90, B:185)、"结束颜色"为(R:149, G:0, B:84),如图4-17所示。画面的预览效果如图4-18所示。

图4-17

图4-18

3 执行"文件>导入>文件"菜单命令,打开本书学习资源中的"案例源文件>第4章>4.2>背景.png"文件,然后将其添加到"背景"合成的时间线上。选择"背景.png"图层,执行"文件>Video Copilot> VC Reflect"菜单命令,设置Floor Position的值为(360, 289)、Reflection Distance的值为75%、Opacity的值为70%、Blur Amount的值为1,如图4-19所示。画面的预览效果如图4-20所示。

图4-19

图4-20

4 执行"文件>导入>文件"菜单命令,打开本书学习资源中的"案例源文件>第4章>4.2>定版.png"文件,然后将其添加到"背景"合成的时间线上。选择"定版.png"图层,执行"文件>Video Copilot> VC Reflect"菜单命令,设置Floor Position的值为(360, 432)、Reflection Falloff的值为0.17、Opacity的值为15%,如图4-21所示。画面的预览效果如图4-22所示。

图4-21　　　　　　　　　　　　图4-22

5 执行"文件>导入>文件"菜单命令,打开本书学习资源中的"案例源文件>第4章>4.2>Light.tga"文件,然后将其添加到"背景"合成的时间线上。选择Light.tga图层,将其重新命名为"左上光",然后执行"效果>颜色校正> 色调"菜单命令,如图4-23所示。

图4-23

6 修改"左上光"图层的"位置"属性的值为(210, 151),接下来为"不透明度"属性添加表达式wiggle(10,50);,将该图层的叠加模式修改为"相加",如图4-24所示。画面的预览效果如图4-25所示。

图4-24

图4-25

7 选择"左上光"图层,按Ctrl+D快捷键复制一个图层,将复制得到的图层重新命名为"右边光",然后修改"右边光"图层的"色调"效果中的"着色数量"的值为50%,如图4-26所示;接着修改该图层的"位置"属性的值为(547, 254),如图4-27所示。画面的预览效果如图4-28所示。

图4-26

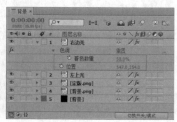

图4-27

图4-28

8 按Ctrl+Y快捷键,创建一个白色的纯色图层,将其命名为"过光",然后选择"过光"图层,使用"椭圆工具" ◯ 绘制出一个椭圆蒙版,接着修改图层的"不透明度"的值为20%,如图4-29和图4-30所示。

图4-29　　　　图4-30

9 设置"蒙版路径"属性的关键帧动画,以便完成过光的效果制作。在第2秒和第4秒处,设置"蒙版"的位置,如图4-31和图4-32所示。

图4-31

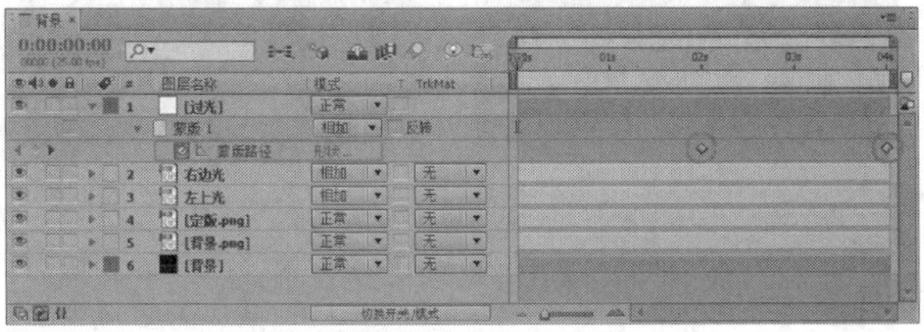

图4-32

10 选择"定版.png"图层,按Ctrl+D快捷键来复制一个新图层,然后把复制得到的"定版.png"图层移动到"过光"图层的上一层,接着将"定版.png"图层作为"过光"图层的"Alpha遮罩'[定版.png]'",如图4-33所示。

图4-33

11 执行"图层>新建>空对象"菜单命令,创建一个"空1"图层,然后将"背景.png""定版.png""左上光"和"右边光"图层均作为"空1"图层的子物体,如图4-34所示。

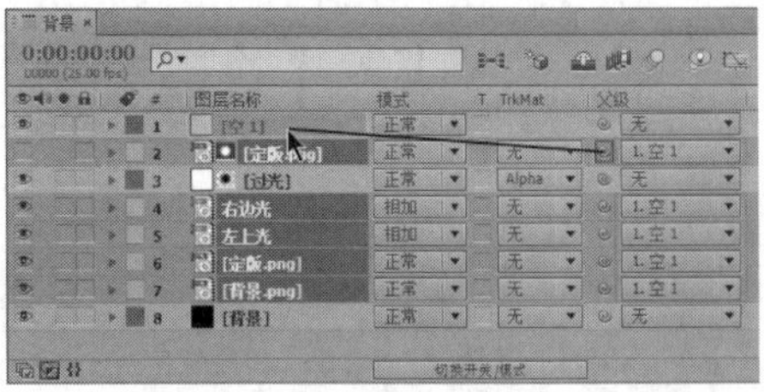

图4-34

12 设置"空1"图层的"缩放"属性的关键帧动画,在第0帧处,设置其值为(100, 100%);在第4秒处,设置其值为(105, 105%),如图4-35所示。

图4-35

13 按Ctrl+Y快捷键,创建一个名为"遮幅"的黑色纯色图层,然后选择该图层,接着使用"椭圆工具" ◯ 绘制一个矩形蒙版,然后在"遮幅"的蒙版属性中勾选"反转"选项,如图4-36和图4-37所示。

图4-36

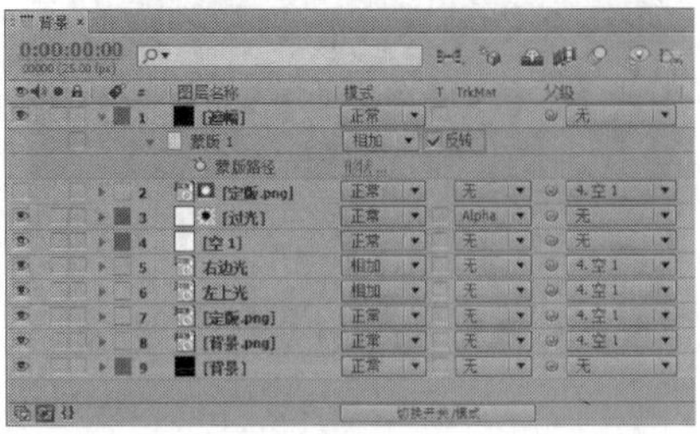

图4-37

14 按小键盘上的数字键0,预览最终效果,如图4-38所示。

图4-38

4.3 光效带出文字

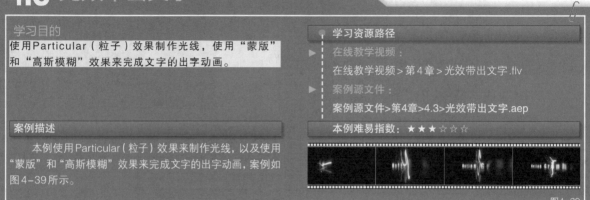

学习目的

使用Particular（粒子）效果制作光线，使用"蒙版"和"高斯模糊"效果来完成文字的出字动画。

学习资源路径

▶ 在线教学视频：

　在线教学视频 > 第4章 > 光效带出文字 .flv

▶ 案例源文件：

　案例源文件>第4章>4.3>光效带出文字.aep

案例描述

　　本例使用Particular（粒子）效果来制作光线，以及使用"蒙版"和"高斯模糊"效果来完成文字的出字动画，案例如图4-39所示。

本例难易指数：★★★☆☆☆

图4-39

操作流程

1 执行"合成>新建合成"菜单命令，创建一个预设为HDV/ HDTV 720 25的合成，合成大小为1280像素×720像素，"像素长宽比"为"方形像素"，"持续时间"为10秒，将其命名为"文字"，如图4-40所示。

图4-40

2 使用"横排文字工具" 创建出Motion Graphic文字图层，如图4-41所示，然后设置文字的字体为Impact、字体大小为46像素、字符间距为383、字体颜色为浅灰色（R:235, G:235, B:235），如图4-42所示。

图4-41　　　　　　图4-42

3 执行"合成>新建合成"菜单命令，创建一个预设为PAL D1/DV的合成，合成大小为720像素×576像素，设置"像素长宽比"为D1/DV PAL（1.09）、"持续时间"为8秒，并将其命名为"光效"，如图4-43所示。

图4-43

4 将项目窗口中的"文字"合成添加到"光效"合成的时间线上，然后选择"文字"图层，执行"效果>模糊和锐化>高斯模糊"

菜单命令，修改"模糊度"的值为2，如图4-44所示。

图4-44

5 选择"文字"图层，使用"钢笔工具" 在该图层上绘制蒙版，设置"蒙版羽化"的值为（50, 50像素），如图4-45所示。"蒙版路径"属性的关键帧动画，第0帧和第7秒处的效果如图4-46所示。

图4-45

图4-46

6 选择"文字"图层，连续按两次Ctrl+D快捷键复制出两个图层，将其分别命名为"文字2"和"文字3"，然后选择"文字2"图层，将其他两个文字图层暂时隐藏，修改"高斯模糊"参数中的"模糊度"的值为10，如图4-47所示。将"蒙版羽化"的值修改为（0, 0像素），最后修改蒙版的形状，如图4-48和图4-49所示。

图4-47

图4-48

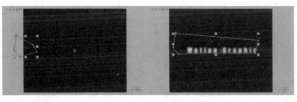

图4-50

图4-49

7 选择"文字3"图层，将其他两个文字图层暂时隐藏，然后修改"高斯模糊"参数中的"模糊度"的值为10，如图4-50所示；将"蒙版羽化"的值设为（0，0像素），最后修改蒙版的形状，如图4-51和图4-52所示。

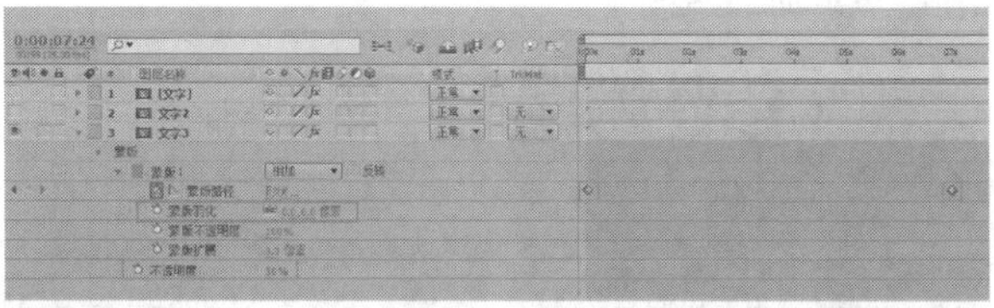

图4-51

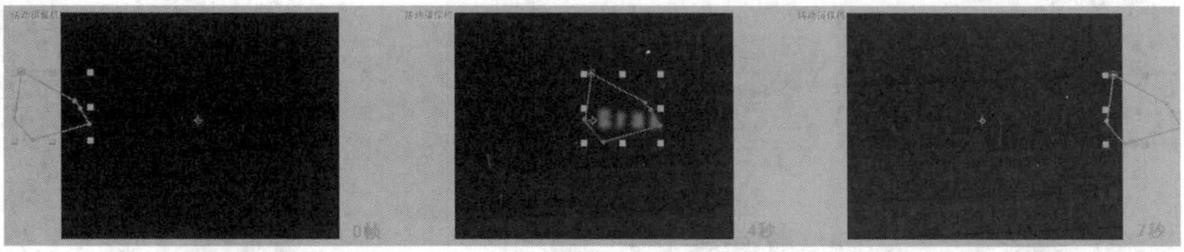

图4-52

8 执行"图层>新建>灯光"菜单命令，创建一个灯光图层，并将其命名为Emitter，设置"灯光类型"为"点"、"强度"的值为100，如图4-53所示。

图4-53

为Light（s）（灯光）、Velocity的值为0、Velocity Random[%]的值为0、Velocity Distrbution的值为1、Velocity from Motion[%]的值为0、Emitter Size X的值为0、Emitter Size Y的值为0、Emitter Size Z的值为0，如图4-57所示。

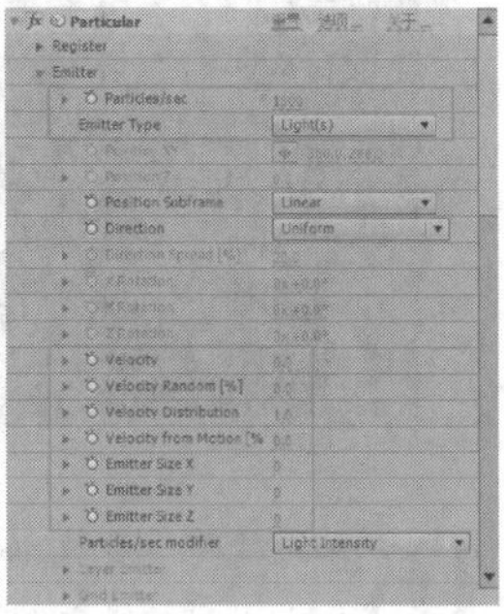

图4-56　　　　　　　　图4-57

9 设置"灯光"图层的"位置"属性的关键帧动画，如图4-54所示。灯光的运动路径如图4-55所示。

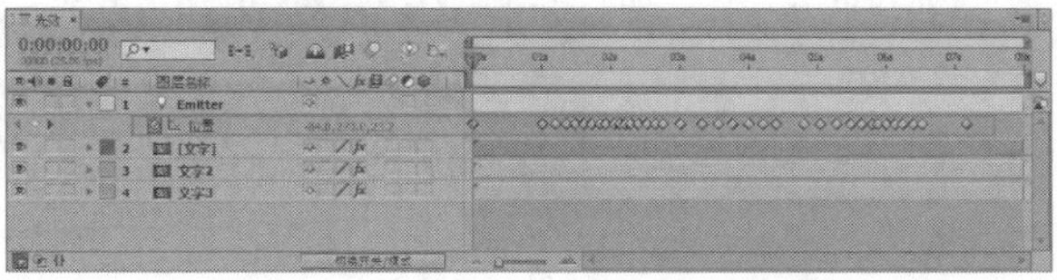

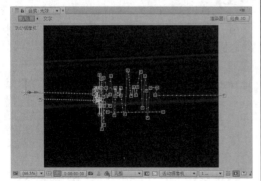

图4-54

图4-55

10 执行"图层>新建>纯色"菜单命令，新建一个黑色的纯色图层，并将其命名为"粒子"，如图4-56所示。

11 选择"粒子"图层，执行"效果>Trapcode>Particular（粒子）"菜单命令，展开Emitter（发射器）参数项，设置Particles/sec（粒子数量/秒）为1500、Emitter Type（发射器类型）

12 展开Particle（粒子）参数项，设置Life[sec]（生命[秒]）的值为1、Sphere Feather（球体羽化）的值为70、Size Random[%]的值为5、Set Color（设置颜色）为From Light Emitter（来自灯光发射器），最后设置Transfer Mode（叠加模式）为Add（相加），如图4-58所示。

13 展开Physics（物理）参数选项，设置Gravity（重力）的值为5、Wind Z（Z轴风向）的值为-104，如图4-59所示。

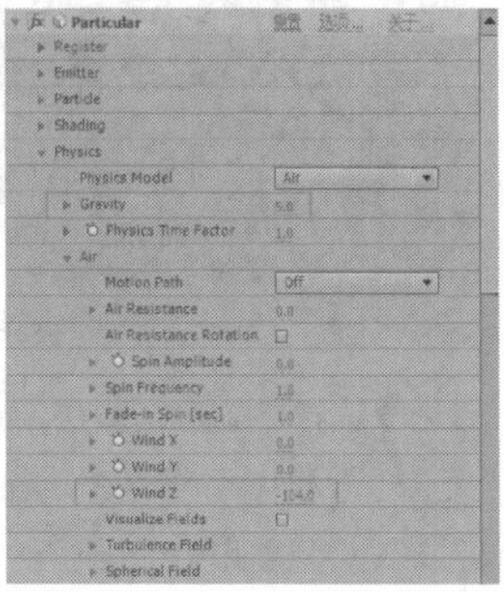

图4-58　　　　　　　　图4-59

14 继续展开Turbulence Field（扰乱场）参数选项，修改Affect Position（影响位移）的值为134，设置Fade-in Curves为

Linear（线型），如图4-60所示。

15 选择"粒子"图层，执行"效果>模糊和锐化>高斯模糊"菜单命令，修改"模糊度"的值为1，如图4-61所示。画面的预览效果如图4-62所示。

图4-60　　　　　　　　　　图4-61

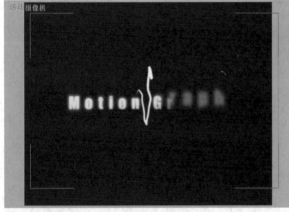

图4-62

16 选择"粒子"图层，连续按两次Ctrl+D快捷键复制两个新图层，分别将其命名为"粒子2"图层和"粒子3"图层。选择"粒子2"图层，展开Particle（粒子）选项，设置Size（大小）的值为1、Size Random（大小随机值）的值为0、Transfer Mode（叠加模式）为Normal（正常），如图4-63所示；接着修改"高斯模糊"效果下的"模糊度"的值为2，如图4-64所示。

图4-63　　　　　　　　　　图4-64

17 选择"粒子3"图层，展开Particle（粒子）选项，修改Size（大小）的值为3、Size Random（大小随机值）的值为0、Opacity（不透明度）的值为50%、Transfer Mode（叠加模式）为Normal（正常），然后修改"高斯模糊"效果下的"模糊度"的值为5，如图4-65和图4-66所示。画面的预览效果如图4-67所示。

图4-65　　　　　　　　　　图4-66

图4-67

18 执行"合成>新建合成"菜单命令，创建一个预设为HDV/HDTV 720 25的合成，合成大小为1280像素×720像素，"像素长宽比"为"方形像素"，"持续时间"为8秒，并将其命名为"光效带出文字"，如图4-68所示。

图4-68

19 将项目窗口中的"光效"合成添加到"光效带出文字"合成的时间线上，然后选择"光效"图层，执行"效果>Trapcode>Shine（扫光）"菜单命令，为该图层添加"发光"效果，设置Ray Length（光线长度）的值为0，如图4-69所示。

图4-69

20 选择"光效"图层，执行"效果>Trapcode>Starglow（星光）"菜单命令，修改Streak Length（光线长度）的值为5，展开ColormapA（颜色设置A）和ColormapB（颜色设置B）选项，将Preset（预设）设置为3-Color Gradient（三色渐变），设置Highlights（亮部）为白色、Midtones（中间调）为橙黄色（R:255，G:166，B:0），Shadows（暗部）为红色（R:255，G:0，B:0），最后设

置Transfer Mode（叠加模式）为Screen（屏幕），如图4-70所示。预览效果如图4-71所示。

图4-70　　　　　　　　图4-71

21 选择"光效"图层，开启三维开关，然后按Ctrl+D快捷键复制图层，将复制后的图层命名为"投影"并放置在"光效"图层的下面；修改"投影"图层的"缩放"值为（100，-79.9，-100%）、"位值"值为（640，372，0）、"不透明度"值为30%，如图4-72所示。画面的预览效果如图4-73所示。

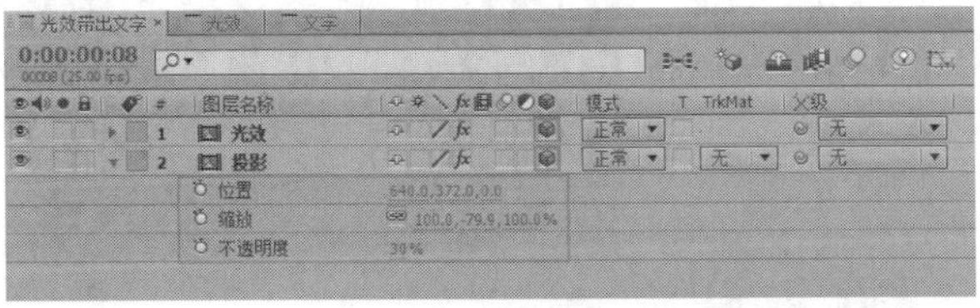

图4-72

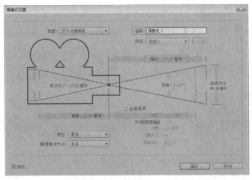

图4-73

22 执行"图层>新建>摄像机"菜单命令，创建一个名为"摄像机1"、"缩放"值为264.35毫米的摄像机图层，如图4-74所示。

图4-74

23 设置"摄像机1"图层的相关属性的关键帧动画，在第1秒16帧处，修改"目标点"的值为（122，363，435）、"位置"的值为（649，356，-92）；在第6秒19帧处，修改"目标点"的值为（406，361，284）、"位置"的值为（934，354，-244），如图4-75所示。

图4-75

24 按小键盘上的数字键0，预览最终效果，如图4-76所示。

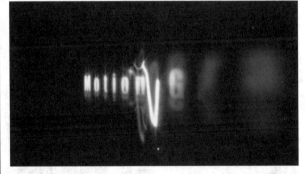

图4-76

4.4 蓝色光环

学习目的
学习Shine（扫光）和3D Stroke（3D描边）效果的组合应用。

学习资源路径

在线教学视频：
在线教学视频 > 第4章 > 蓝色光环.flv

案例源文件：
案例源文件 > 第4章 > 4.4 > 蓝色光环.aep

本例难易指数：★★★☆☆

案例描述
本例使用3D Stroke（3D描边）和Shine（扫光）效果来完成光环特效的制作。通过学习本例，读者可以掌握光环特效的制作方法，案例如图4-77所示。

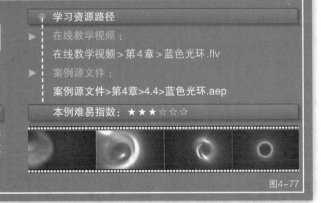

图4-77

操作流程

1 执行"合成>新建合成"菜单命令，创建一个"自定义"的合成，设置合成的"宽度"为720像素、"高度"为405像素、"像素长宽比"为"方形像素"、"持续时间"为5秒、"背景颜色"为黑色，并将其命名为"晃动的彩色光环"，如图4-78所示。

图4-78

2 执行Ctrl+Y快捷键，新建一个黑色的纯色图层，图层的宽度和高度与合成保持一致，并将其命名为"背景"，如图4-79所示。

图4-79

3 选择"背景"图层，执行"效果>生成>梯度渐变"菜单命令，设置"起始颜色"为蓝色（R:14,G:58,B:139）、"结束颜色"为黑色、"渐变起点"的值为（360, 176）、"渐变终点"的值为（888, 505），最后设置"渐变形状"为"径向渐变"、"与原始图像混合"的值为32%，如图4-80所示。画面显示效果如图4-81所示。

图4-80

图4-81

4 按Ctrl+Y快捷键，建立一个背景色为白色的纯色图层，并将该图层命名为"光效"，然后使用"椭圆工具"并配合Shift键，在该图层上创建一个圆形蒙版，如图4-82所示。

5 选择"光效"图层，执行"效果>Trapcode>3D Stroke（3D 描边）"菜单命令，在3D Stroke（3D 描边）效果中设置Thickness（厚度）为8，然后设置3D Stroke（3D 描边）相关属性的关键帧动画，在第0帧处，设置Start（起点）的值为100；在第1秒处，设置Start（起点）的值为0，如图4-83所示。

图4-82

图4-83

6 展开Transform（变换）属性，在第0帧处，设置Bend（弯曲）的值为10、XY Position（XY轴位置）的值为（270, 203）、Z Position（Z轴位置）的值为-150、X Rotation（X轴旋转）的值为（0×+90°）、Y Rotation（Y轴旋转）的值为（17×+0°）。

在第1秒处，设置XY Position（XY轴位置）的值为（300, 203）、Z Position（Z轴位置）的值为-150、X Rotation（X轴旋转）的值为（0×+70°）、Y Rotation（Y轴旋转）的值为（8×+30°）。

在第2秒处，设置XY Position（XY轴位置）的值为（426, 203）、Z Position（Z轴位置）的值为50、X Rotation（X轴旋转）的值为（0×+60°）、Y Rotation（Y轴旋转）的值为（2×+330°）。

在第4秒17帧处，设置XY Position（XY轴位置）的值为（360, 203）、Z Position（Z轴位置）的值为275、X Rotation（X轴旋转）的值为（0×+0°）、Y Rotation（Y轴旋转）的值为（0×+0°），最后将XY Position（XY轴位置），Z Position（Z轴位置）和Y Rotation（Y轴旋转）属性的关键帧设为"缓入缓出"类型，如图4-84和图4-85所示。

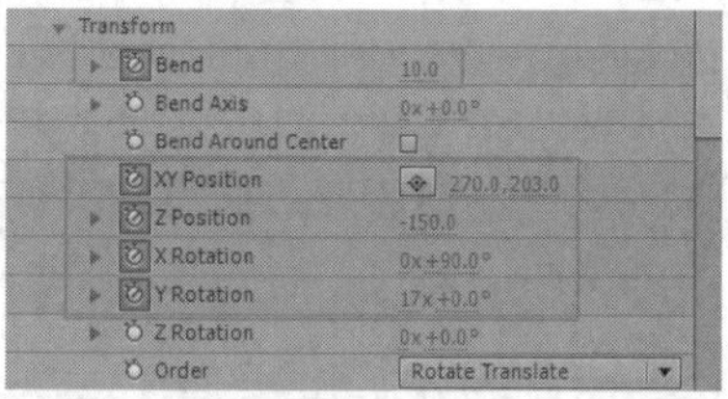

图4-84

图4-85

7 展开Repeater（重复）参数选项，勾选Enable（启用）选项，取消勾选Symmetric Double（是否对称复制）项，设置Opacity的值为20；设置缩放和旋转属性的关键帧动画，在第0帧处，设置Scale（缩放）属性的值为75、X Rotation（X轴旋转）属性的值为（0×+75°）；第3秒处，设置Scale（缩放）属性的值为78；第4秒处，设置Scale（缩放）属性的值为90；第4秒17帧处，设置Scale（缩放）属性的值为85、X Rotation（X轴旋转）属性的值为（0×+0°）；展开Motion Blur（运动模糊）属性栏，设置Motion Blur（运动模糊）为on，修改Shutter Angle（快门角度）的值为720，Shutter Phase（快门相位）的值为360，Levels（平衡）的值为64，如图4-86所示。画面显示效果如图4-87所示。

图4-86

图4-87

8 选择"光效"图层，执行"效果>Trapcode>Shine（扫光）"菜单命令，设置Ray Length（光芒长度）的值为3；展开Shimmer选项，设置Amount（数量）的值为100、Detail（细节）的值为10、Boost Light（提升亮度）的值为5；展开Colorize（色彩化）属性，设置

Colorize为Electric, 如图4-88所示。

图4-88

9 按小键盘上的数字键0, 预览最终效果, 如图4-89所示。

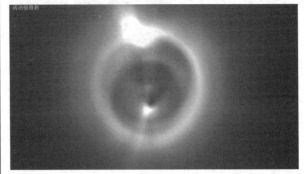

图4-89

4.5 星光轮廓

学习目的

使用"勾画"特效制作"五角形"星光运动路径, 使用"快速模糊"效果制作星光特效。

案例描述

本例主要介绍"勾画"效果的高级应用。通过学习本例, 读者可以掌握星光轮廓特效的制作方法, 案例如图4-90所示。

学习资源路径

▶ 在线教学视频:
在线教学视频 > 第4章 > 星光轮廓.flv

▶ 案例源文件:
案例源文件 > 第4章 > 4.5 > 星光轮廓.aep

本例难易指数: ★★★☆☆

图4-90

操作流程

1 执行"合成 > 新建合成"菜单命令, 创建一个预设为PAL D1/DV的合成, 然后设置其"持续时间"为5秒, 并将其命名为"轮廓", 如图4-91所示。

图4-91

2 按Ctrl+Y快捷键, 创建一个黑色的纯色图层, 并将其命名为"轮廓", 然后选择"轮廓"图层, 使用"多边形绘制工具" 为其绘制一个图4-92所示的蒙版。

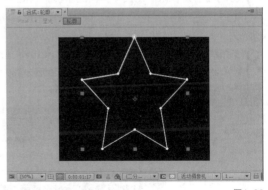

图4-92

3 选择"轮廓"图层, 执行"效果 > 生成 > 勾画"菜单命令, 然后设置"描边"为"蒙版/路径"; 展开"片段"参数项, 修改"片段"属性的值为1; 展开"正在渲染"参数项, 设置"混合模式"为"透明"、"颜色"为白色、"宽度"的值为3、"中点不透明度"的值为-0.35、"中点位置"的值为0.35, 如图4-93所示。预览效果如图4-94所示。

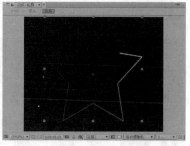

图4-93　　　　　　　　　　图4-94

4 选择"轮廓"图层，展开"轮廓"属性栏下的"勾画"，在第0秒处，设置"旋转"为（0×+0°）；将时间标签拖曳到第4秒24帧处，设置"旋转"为（-4×+0°），如图4-95所示。

图4-95

5 选择"轮廓"图层，按Ctrl+D快捷键复制出一个图层，然后选择复制得到的新图层，展开"正在渲染"参数项，设置"宽度"为10、"中点不透明度"为-1、"中点位置"为0.01，如图4-96所示。

6 选择复制得到的新图层，执行"效果>通道>最大/最小"菜单命令，设置"半径"为3、"通道"为Alpha，最后勾选"不要收缩边缘"选项，如图4-97所示。

图4-96　　　　　　　　　　图4-97

7 选择复制得到的新图层，执行"效果>通道> Alpha色阶"菜单命令，设置"输入白色阶"为33、"灰度系数"为2，如图4-98所示。

8 选择复制得到的新图层，执行"效果>模糊与锐化>快速模糊"菜单命令，设置"模糊度"的值为26，如图4-99所示。预览效果如图4-100所示。

图4-98　　　　　　　　　　图4-99

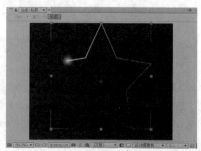

图4-100

9 执行"图层>新建>调整图层"菜单命令，创建一个调整图层，然后选择该图层，执行"效果>Trapcode>Starglow"菜单命令，设置Input Channel（输入通道）为Luminance（发光），如图4-101所示。

10 继续选择调整图层，然后执行"效果>颜色校正>色光"菜单命令，在"输入相位"参数项下设置"获取相位·自"为Alpha、"添加相位·自"为Alpha；在"输出循环"属性中设置色轮的颜色；最后在"修改"参数项中取消勾选"修改Alpha"选项，如图4-102所示。画面的预览效果如图4-103所示。

图4-101　　　　　　　　　　图4-102

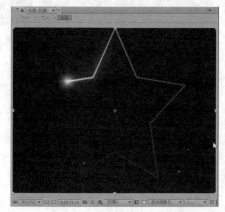

图4-103

11 执行"合成>新建合成"菜单命令，创建一个预设为PAL D1/DV的合成，设置其"持续时间"为5秒，并将其命名为"星光"，如图4-104所示。

图4-104

12 将"轮廓"合成拖曳到"星光"合成中，选择"星光"纯色图层，按Ctrl+D快捷键复制图层，将复制得到的新图层的图层叠加模式修改为"相加"，设置图层"不透明度"的值为20%，如图4-105所示。

图4-105

13 执行"合成>新建合成"菜单命令，创建一个预设为 PAL D1/DV的合成，然后设置其"持续时间"为5秒，并将其命名为Final，如图4-106所示。

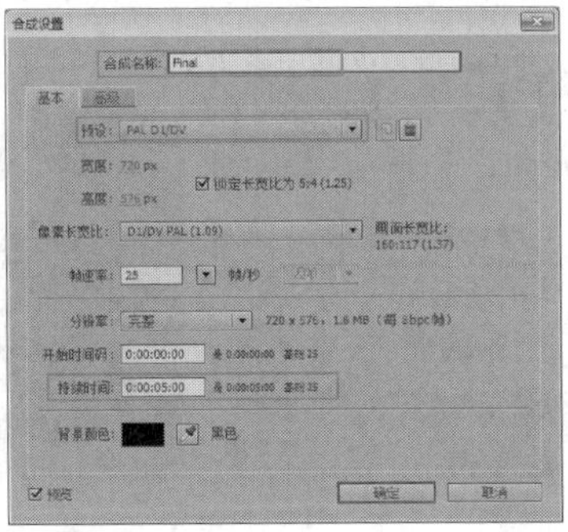

图4-106

14 将"星光"合成拖曳到Final合成中，然后选择"星光"图层，接着连续按两次Ctrl+D快捷键，复制出两个新图层，最后将所有"星光"图层的图层叠加模式修改为"相加"，设置第2个"星光"图层的"旋转"值为（0×+120°），设置第3个"星光"图层的"旋转"值为（0×+240°），如图4-107所示。

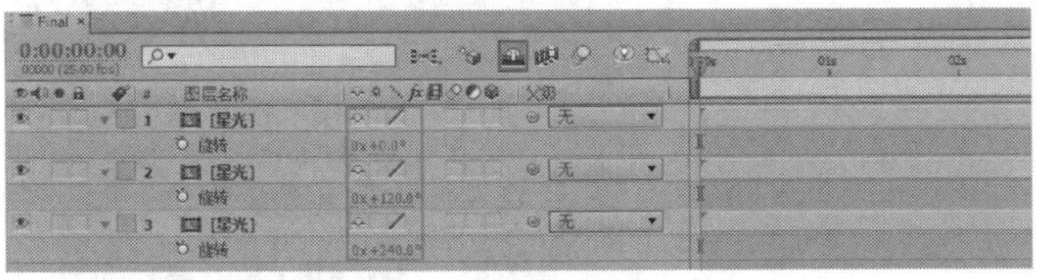

图4-107

15 执行"文件>导入>文件"菜单命令，打开本书学习资源中的"案例源文件>第4章>4.5>背景.mov"文件，然后将其拖曳到Final合成的时间线上，如图4-108所示。

图4-108

16 按小键盘上的数字键0，预览最终效果，如图4-109所示。

图4-109

4.6 辉光效果

学习目的

使用Particular（粒子）制作辉光效果。

学习资源路径

▶ 在线教学视频：
在线教学视频>第4章>辉光效果.flv

▶ 案例源文件：
案例源文件>第4章>4.6>辉光效果.aep

案例描述

本例主要使用Particular（粒子）和"镜头光晕"效果来完成辉光效果的制作。通过学习本例，读者可以掌握辉光效果的制作技巧，案例如图4-110所示。

本例难易指数：★★★☆☆

图4-110

操作流程

1 执行"合成>新建合成"菜单命令，创建一个预设为"自定义"的合成，设置合成的大小为720像素×405像素、"持续时间"为6秒、名称为"文字的辉光效果"，如图4-111所示。

2 按行Ctrl+Y快捷键，新建一个黑色的纯色图层，图层的"宽度"为1280像素、"高度"为720像素，将其命名为Particular，如图4-112所示。

图4-111

图4-112

3 选择Particular图层，执行"效果>Trapcode>Particular（粒子）"菜单命令，设置Particle中的Life[sec]（生命值）为9、Size（大小）为3、Color（颜色）为（R:173、G:82、B:28），如图4-113所示，效果如图4-114所示。

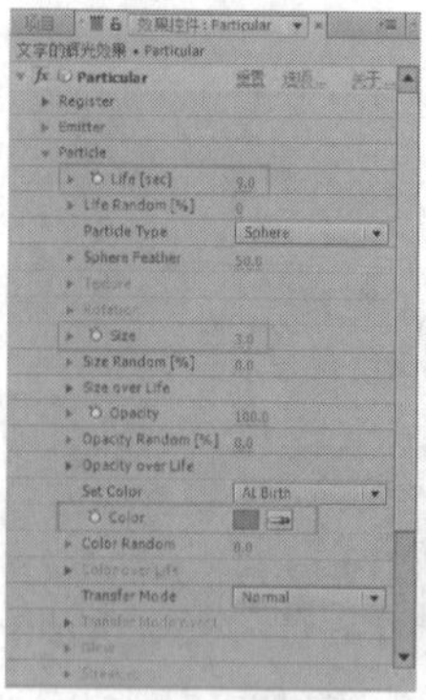

图4-113

图4-114

4 选择Particular图层，执行"效果>模糊和锐化> CC Radial Fast Blur"菜单命令，设置Amount的值为5、Zoom的类型为Brightest，如图4-115所示，效果如图4-116所示。

图4-115

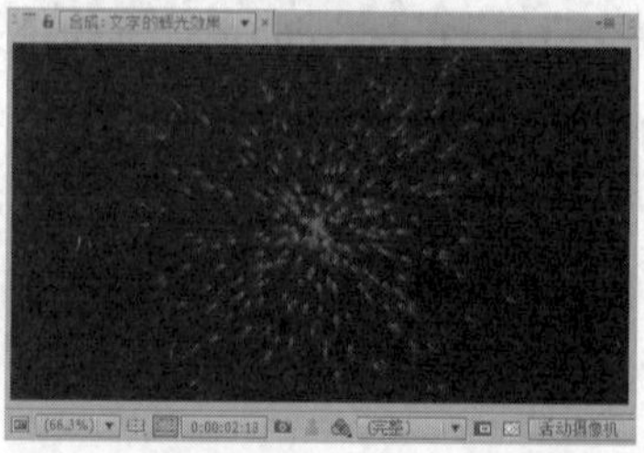

图4-116

5 选择Particular图层，执行"效果>模糊和锐化>CC Vector Blur"菜单命令，设置Amount的值为10，如图4-117所示，效果如图4-118所示。

图4-117

图4-118

6 选择Particular图层，执行"效果>模糊和锐化>锐化"菜单命令，接着设置"锐化量"的值为75，如图4-119所示，效果如图4-120所示。

图4-119

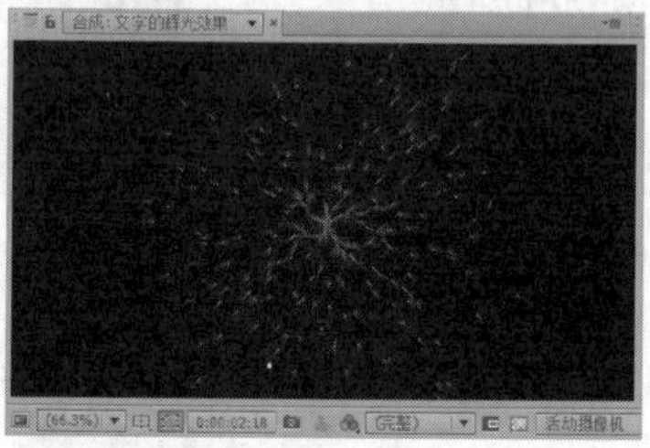

图4-120

7 按Ctrl+Y快捷键，新建一个颜色为黑色的纯色图层，设置其"宽度"为1280像素、"高度"为720像素，将其命名为"光晕"，如图4-121所示。

图4-121

8 选择"光晕"图层，执行"效果>生成>镜头光晕"菜单命令，设置"光晕中心"为（640，360）、"光晕亮度"的值为96%，如图4-122所示。

图4-122

9 设置"镜头光晕"效果中的"光晕亮度"属性的关键帧动画，在第0帧处，设置其值为200%；在第5秒处，设置其值为0%。最后将"光晕"图层的叠加模式改为"相加"，如图4-123所示。画面的预览效果如图4-124所示。

图4-123

图4-124

10 选择"光晕"图层，按Ctrl+D快捷键复制出一个图层，将复制得到的新图层重新命名为"光晕2"，然后修改"光晕2"的"缩放"值为（1342，26%），如图4-125所示。画面的预览效果如图4-126所示。

图4-125　　　　　　　　　　图4-126

11 执行"图层>新建>调整图层"菜单命令，创建一个名为Layer的调整图层，然后选择Layer图层，执行"效果>生成> CC Light Burst 2.5"菜单命令，设置Intensity的值为150、Ray Length的值为95、Burst为Straight，如图4-127所示。

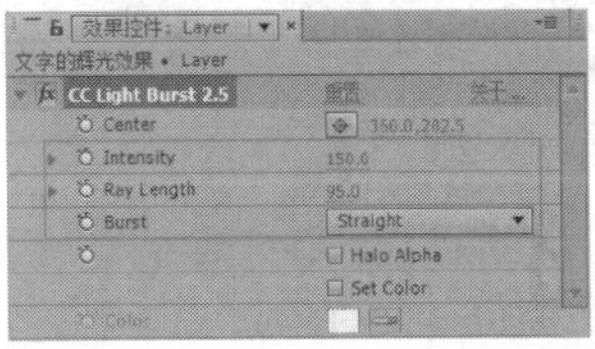

图4-127

12 设置CC Light Burst 2.5效果中的Intensity属性的关键帧动画，在第0帧处，设置其值为150；在第5秒处，设置其值为0，如图4-128所示。

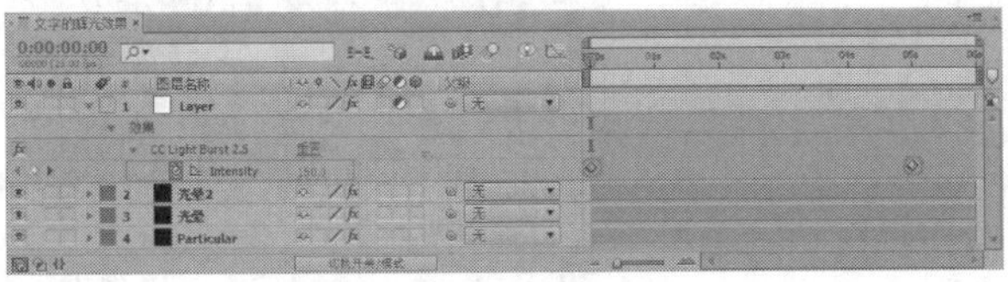

图4-128

13 选择除Particular以外的所有图层，按Ctrl+Shift+C快捷键合并图层，然后将合并的图层命名为Flare，如图4-129所示。

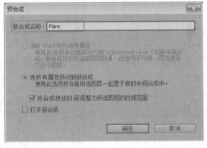

图4-129

14 使用"文字工具" [T]输入文字"峰会论坛进行时"，然后在"字符"面板中设置字体为"方正舒体"、字体大小为70像素、字符间距为200、颜色为（R:78，G:124，B:255），最后将字体加粗，如图4-130所示。

图4-130

15 选择"文字"图层，然后使用"椭圆工具" [◯]绘制一个蒙版，调整蒙版的大小，如图4-131所示。

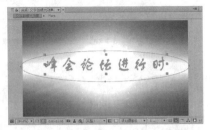

图4-131

16 展开"蒙版1"属性，修改"蒙版羽化"的值为（60，60像素），将"蒙版1"的叠加模式改为"相加"，如图4-132所示。最后设置"蒙版路径"在第0帧和第2秒处的关键帧动画，如图4-133所示。

图4-132

图4-133

17 修改Flare图层的图层叠加方式为"相加"，如图4-134所示。

图4-134

18 按小键盘上的数字键0，预览最终效果，如图4-135所示。

图4-135

203

4.7 定版文字

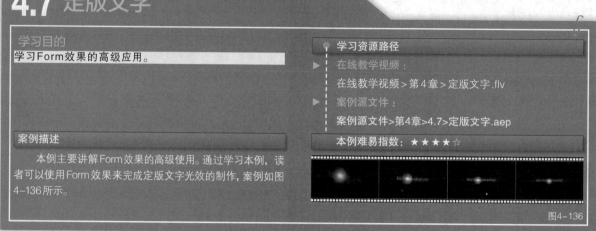

学习目的

学习Form效果的高级应用。

学习资源路径

▶ 在线教学视频：

　在线教学视频 > 第4章 > 定版文字.flv

▶ 案例源文件：

　案例源文件 > 第4章 > 4.7 > 定版文字.aep

案例描述

　　本例主要讲解Form效果的高级使用。通过学习本例，读者可以使用Form效果来完成定版文字光效的制作，案例如图4-136所示。

本例难易指数：★★★★☆

图4-136

操作流程

1 执行"合成>新建合成"菜单命令，创建一个预设为"自定义"的合成，设置合成的大小为800像素×150像素、"持续时间"为6秒、名称为"文字合成"，如图4-137所示。

图4-137

2 使用"文字工具" **T** 创建MOTION GRAPHIC文字图层，设置字体为Arial、字体颜色为白色、字体大小为85像素，如图4-138所示。

图4-138

3 设置文字图层的"不透明度"属性的关键帧动画，在第4秒处，设置其值为100%；在第4秒15帧处，设置其值为0%，如图4-139所示。

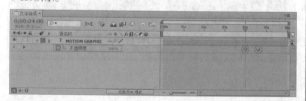

图4-139

4 执行"合成>新建合成"菜单命令，创建一个预设为HDTV 1080 25的合成，设置合成的"持续时间"为6秒，并将其命名为"定版文字"，如图4-140所示。

图4-140

5 将项目窗口中的"文字合成"添加到"定版文字"合成的时间线上，然后按Ctrl+Y快捷键，创建一个黑色的纯色图层，将其命名为"闪光"，如图4-141所示。

图4-141

6 选择"闪光"图层，执行"效果>Trapcode>Form"菜单命令，设置Base Form中Size X的值为1200、Size Y的值为150、SizeZ的值为180、Particles in X的值为800、Particles in Y的值为30、Particles in Z的值为10，如图4-142所示。

7 在Particle属性中，首先设置Size Random的值为62，然后设置Size属性的关键帧动画，在第0帧处，设置Size值为0；在第20帧处，设置Size值为1，如图4-143所示。

图4-142　　　　　　　　　　　图4-143

图4-148

8 在Quick Maps属性栏中，展开Color Map选项，首先设置Color Map的颜色，然后设置Map Opac+Color Over为Z，如图4-144所示。

9 在Layer Maps属性栏中，展开Color and Alpha选型，然后设置Layer为"文字合成"、Functionality为A to A、Map Over为XY，如图4-145所示。

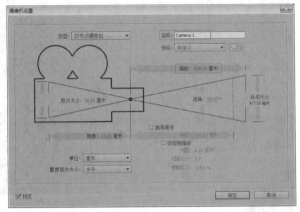

图4-149

图4-144　　　　　　　　　　　图4-145

14 设置摄像机的"位置"属性的关键帧动画，在第0帧处，设置其值为（277，2176，−126）；在第3秒20帧处，设置其值为（960，540，−1777），最后打开"闪光"图层的"运动模糊"开关，如图4-150所示。

图4-150

10 展开Disperse and Twist属性栏，设置Disperse属性的关键帧动画，在第0帧处，设置Disperse值为46；在第1秒处，设置Disperse值为0；在第3秒处，设置Disperse值为0；在第3秒20帧处，设置Disperse值为140；在第4秒15帧处，设置Disperse值为0，如图4-146所示。

11 展开Rendering属性栏，设置Render Mode为Full Render、Transfer Mode为None，如图4-147所示。

15 按小键盘上的数字键0，预览最终效果，如图4-151所示。

图4-146　　　　　　　　　　　图4-147

图4-151

12 执行"文件>导入>文件"菜单命令，打开本书学习资源中的"案例源文件>第4章>4.7>光效素材.mov"文件，然后将"光效素材.mov"拖曳到"定版文字"合成的时间线上，接着修改"光效素材"图层的图层叠加模式为"屏幕"，最后关闭"文字合成"图层的显示，如图4-148所示。

13 执行"图层>新建>摄像机"菜单命令，设置摄像机的"名称"为Camera1、"缩放"值为628毫米，如图4-149所示。

4.8 光耀特效

学习目的

使用"分形杂色"效果来制作画面光耀特效。

学习资源路径

▶ 在线教学视频：
　在线教学视频 > 第4章 > 光耀特效.flv

▶ 案例源文件：
　案例源文件 > 第4章 > 4.8 > 光耀特效.aep

本例难易指数：★ ★ ★ ☆ ☆

案例描述

　　本例主要介绍"分形杂色"效果的高级应用。通过学习本例，读者可以掌握"分形杂色"效果在模拟光耀特效方面的应用，案例如图4-152所示。

图4-152

操作流程

1 执行"合成 > 新建合成"菜单命令，创建一个预设为PAL D1/DV的合成，设置其"持续时间"为3秒，并将其命名为"光"，如图4-153所示。

图4-153

2 执行"图层 > 新建 > 纯色"菜单命令，创建一个黑色的纯色图层，然后将其命名为"光"，如图4-154所示。

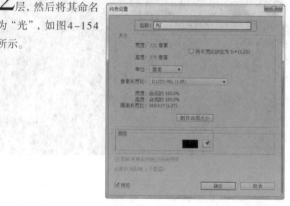

图4-154

3 选择"光"图层，执行"效果 > 杂色和颗粒 > 分形杂色"菜单命令，然后设置"分形类型"为"动态"、"对比度"为160、"亮度"为-70；展开"变换"参数项，取消勾选"统一比例"选项，设置"缩放宽度"为5、"缩放高度"为3000、"复杂度"为10，同时设置"偏移（湍流）"属性的关键帧动画，在第0帧处，设置该属性的值为（220，200）；在第3秒处，设置该属性的值为（360，288），如图4-155所示。预览效果如图4-156所示。

图4-155 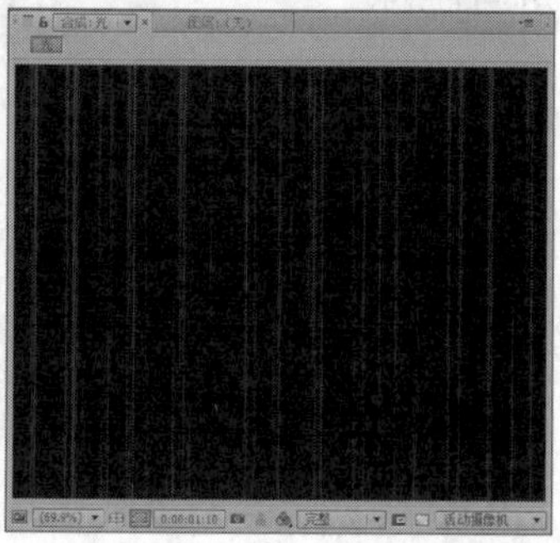　　　　　　　　图4-156

4 选择"光"图层，执行"效果 > 扭曲 > 极坐标"菜单命令，设置"插值"为100%，选择"转换类型"为"矩形到极线"，如图4-157所示。

5 选择"光"图层，执行"效果 > 模糊和锐化 > 径向模糊"菜单命令，设置"数量"的值为30，选择"类型"为"缩放"，如图4-158所示。

图4-157 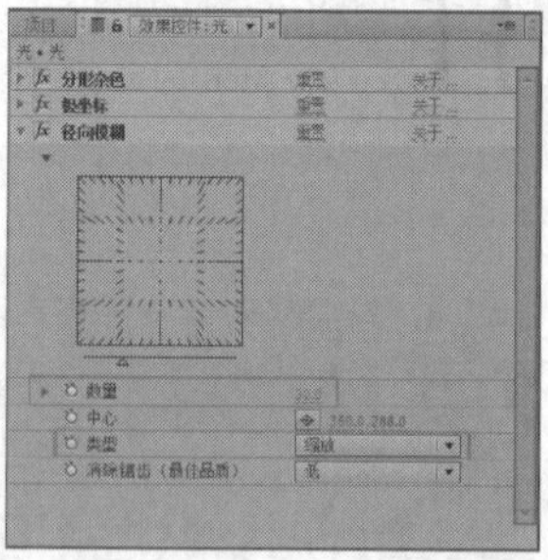　　　　　　　　图4-158

6 选择"光"图层，执行"效果 > 风格化 > 发光"菜单命令，设置"发光阈值"为3%、"发光半径"为15、"发光强度"为3、"发光颜色"为"A和B颜色"、"颜色A"为浅蓝、"颜色B"为深蓝，如图4-159所示。

图4-159

7 展开"光"图层的属性栏，在第0帧处，设置"缩放"为(160，160%)；在第3秒处，设置"缩放"为(200，200%)，如图4-160所示。预览效果如图4-161所示。

图4-160

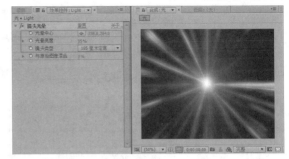

图4-162

9 按小键盘上的数字键0，预览最终效果，如图4-163所示。

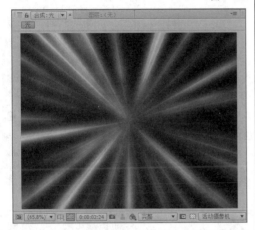

图4-161

8 执行"图层>新建>纯色"菜单命令，创建一个黑色的纯色图层，然后将其命名为Light。选择Light图层，执行"效果>生成>镜头光晕"菜单命令，设置"镜头类型"为"105毫米定焦"，设置"光晕中心"的值为(358，284)，并将"光晕亮度"调整为85%，最后设置图层的叠加模式为"相加"，如图4-162所示。

图4-163

4.9 心形光效

学习目的

学习"勾画"和Starglow（星光闪耀）效果的运用。

学习资源路径

在线教学视频：

在线教学视频>第4章>心形光效.flv

案例源文件：

案例源文件>第4章>4.9 心形光效.aep

案例描述

本例主要讲解"勾画"和Starglow(星光闪耀)效果的运用。通过学习本例，读者可以掌握心形光效的制作方法，案例如图4-164所示。

本例难易指数：★★★☆☆

图4-164

操作流程

1 执行"合成>新建合成"菜单命令，创建一个预设为PAL D1/DV的合成，设置合成大小为720像素×576像素，设置其"持续时间"为5秒，并将其命名为Comp1，如图4-165所示。

2 按Ctrl+Y快捷键，创建一个新的纯色层，然后将其命名为Block Solid1，接着设置"大小"为720像素×576像素、"颜色"为黑色，如图4-166所示。

图4-165

图4-166

3 使用"钢笔工具"绘制一个如图4-167所示的蒙版。

4 选择Block Solid1图层，执行"效果>生成>勾画"菜单命令，设置"描边"为"蒙版/路径"、"片段"为1、"长度"为0.6、"随机植入"为5，如图4-168所示。

图4-167

图4-168

5 设置"旋转"属性的关键帧动画，在第1帧处，设置其值为（0×+0°）；在第4秒24帧处，设置其值为（-4×+0°），如图4-169和图4-170所示。

图4-169 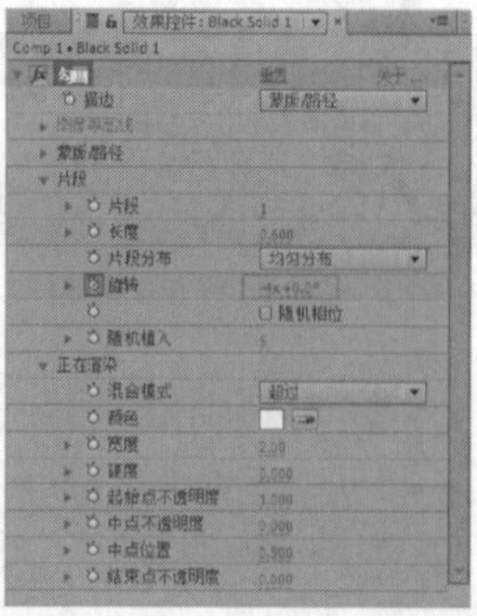　　　　　　　　图4-170

6 选择Block Solid1图层，执行"效果>Trapcode>Starglow（星光闪耀）"菜单命令，设置Preset（预设）为White Star、Input Channel（输入的通道）为Luminance（发光）、Streak Lengtht（光线长度）的值为20、Boost Light（光线的亮度提升）的值为2，如图4-171所示。

7 选择Block Solid1图层，将其复制出一个新图层，然后选择新图层，修改其中的"勾画"效果的"长度"的值为0.02，修改Starglow效果中的Boost Light的值为0.02，如图4-172所示。

图4-171 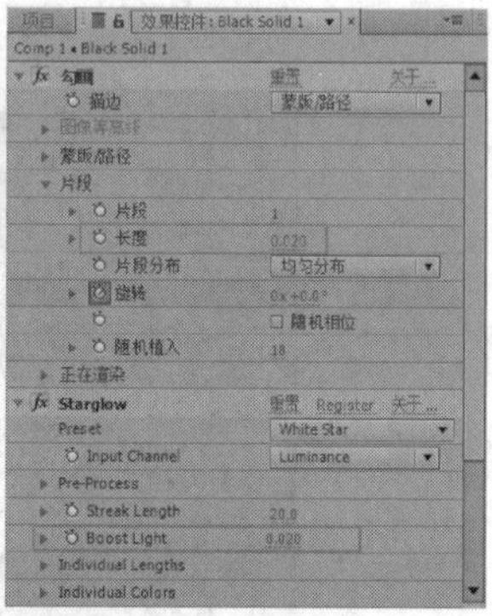　　　　　　　　图4-172

8 执行"合成>新建合成"菜单命令，创建一个预设为PAL D1/DV的合成，设置合成大小为720像素×576像素，设置其"持续时间"为5秒，并将其命名为Comp2，如图4-173所示。

图4-173

9 将项目窗口中的Comp1添加到Comp2合成的时间线上，然后设置Comp1图层的叠加模式为"相加"，接着按Ctrl+D快捷键复制出一个新图层，设置新图层的"缩放"值为（-100，100%），如图4-174所示。

10 执行"文件>导入>文件"菜单命令，打开本书学习资源中的"案例源文件>第4章>4.9>背景.jpg"文件，然后将"背景.jpg"拖曳到Comp2合成的时间线上，最后修改"背景.jpg"图层的"缩放"值为（199，199%），如图4-175所示。

图4-174 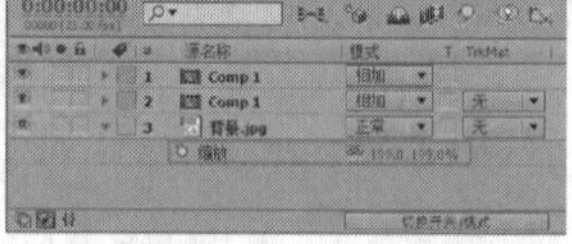　　　　　　　　图4-175

11 按小键盘上的数字键0，预览最终效果，如图4-176所示。

图4-176

4.10 扰动光线

学习目的

学习"勾画"和"湍流置换"效果的运用。

学习资源路径

▶ 在线教学视频：

在线教学视频>第4章>扰动光线.flv

▶ 案例源文件：

案例源文件>第4章>4.10>扰动光线.aep

案例描述

本例主要讲解"勾画"和"湍流置换"效果的综合运用。通过学习本例，读者可以掌握扰动光线特效的制作方法，案例如图4-177所示。

本例难易指数：★ ★ ★ ☆ ☆

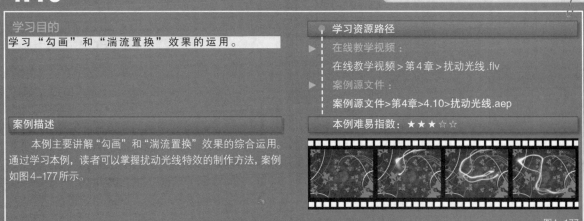

图4-177

操作流程

1 执行"合成>新建合成"菜单命令，创建一个预设为"自定义"的合成，设置合成大小为320像素×240像素、"持续时间"为5秒，并将其命名为"光线"，如图4-178所示。

图4-178

2 在"光线"合成的时间线上创建一个黑色的纯色层，然后将其命名为"线条"，最后使用"钢笔工具"为其绘制出一个蒙版，形状如图4-179所示。

图4-179

3 选择"线条"图层，执行"效果>生成>勾画"菜单命令，选择"描边"为"蒙版/路径"，设置"片段"为1、"颜色"为白色、"宽度"为1.2、"硬度"为0.44、"起始点不透明度"为0.99、"中点不透明度"为-1、"中点位置"为0.999，如图4-180所示。

4 选择"光线"图层，执行"效果>风格>发光"菜单命令，设置"发光阈值"为20%、"发光半径"为6、"发光强度"为2.5，最后设置"发光颜色"为"A和B颜色"、"颜色A"为黄色、"颜色B"为红色，如图4-181所示。

图4-180

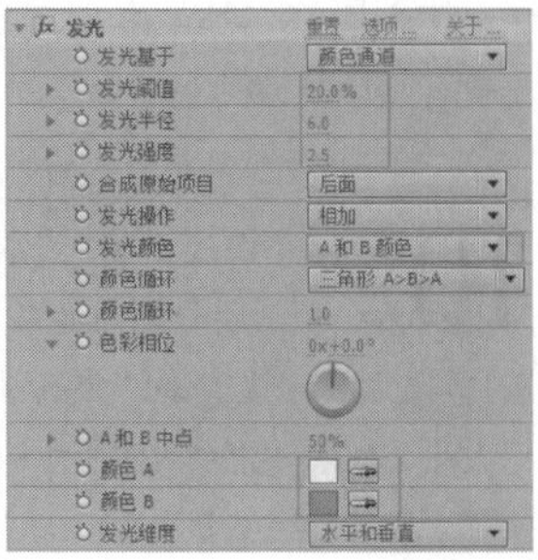

图4-181

5 选择"光线"图层，在第0帧处，展开"勾画"参数栏，设置"旋转"为（0×-47°），然后将时间标签拖曳到第2秒13帧处，设置"旋转"为（-1×-48°），如图4-182所示。

图4-182

6 按Ctrl+D快捷键将"光线"图层复制出一个图层，然后把复制得到的新图层重新命名为"蓝色光线"，接着修改"蓝色光线"图层的叠加模式为"相加"，设置"勾画"效果中的"长度"的值为0.07、"宽度"的值为6，如图4-183所示。

图4-183

7 设置"蓝色光线"图层的"发光"效果的参数，设置"发光阈值"为31%、"发光半径"为25、"发光强度"为3.4，然后设置"发光颜色"为"A和B颜色"、"颜色A"为浅蓝色（R:54，G:153，

B:252)、"颜色B"为蓝色(R:18，G:89，B:207)，如图4-184所示。

8 执行"合成>新建合成"菜单命令，创建一个预设为"自定义"的合成，设置合成大小为320像素×240像素、"持续时间"为5秒，并将其命名为"扰动的光线"，如图4-185所示。

图4-184 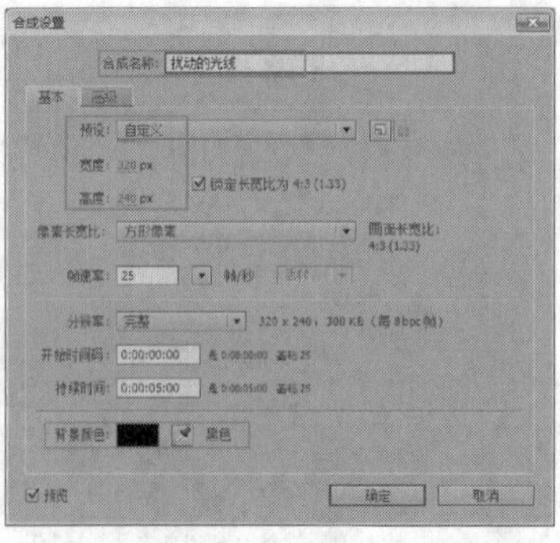　　　　　　　　　　　　　　　图4-185

9 将项目窗口中的"光线"合成添加到"扰动的光线"合成的时间线上，然后选择"光线"图层，执行"效果>扭曲>湍流置换"菜单命令，设置"数量"为140、"大小"为29，最后选择"消除锯齿（最佳品质）"为"高"，如图4-186所示。

图4-186

10 按Ctrl+D快捷键将"光线"图层复制出两个图层，然后将两个新图层分别命名为"光线0"图层和"光线1"图层。选择"光线0"图层中的"湍流置换"效果，设置"数量"为125、"大小"为25，如图4-187所示；选择"光线1"图层中的"湍流置换"效果，设置"数量"为306、"大小"为57，如图4-188所示。

图4-187　　　　　　　　　　　　　　　图4-188

11 执行"文件>导入>文件"菜单命令，打开本书学习资源中的"案例源文件>第4章>4.10>背景.psd"文件，然后将其拖曳到"扰动的光线"合成的时间线上作为背景，最后设置各个光线图层的叠加模式为"相加"，如图4-189所示。

图4-189

12 按小键盘上的数字键0，预览最终效果，如图4-190所示。

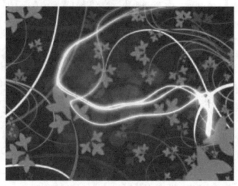

图4-190

4.11 光效匹配

学习目的

使用"跟踪运动"和Optical Flares效果来完成画面的光效跟踪任务。

学习资源路径

▶ 在线教学视频：
在线教学视频>第4章>光效匹配.flv

▶ 案例源文件：
案例源文件>第4章>4.11>光效匹配.aep

案例描述

本例主要讲解"跟踪运动"与Optical Flares效果的应用。通过学习本例，读者可以掌握"跟踪运动"技术的具体应用，案例如图4-191所示。

本例难易指数：★ ★ ★ ☆ ☆

图4-191

操作流程

1 执行"文件>导入>文件"菜单命令，打开本书学习资源中的"案例源文件>第4章>4.11>che.mov"文件，然后将che素材拖曳到

"创建合成"按钮上，系统会自动创建一个名为che的合成，如图4-192所示。

图4-192

2 执行"图层>新建>虚拟体"菜单命令，创建一个"虚拟体1"图层，如图4-193所示。

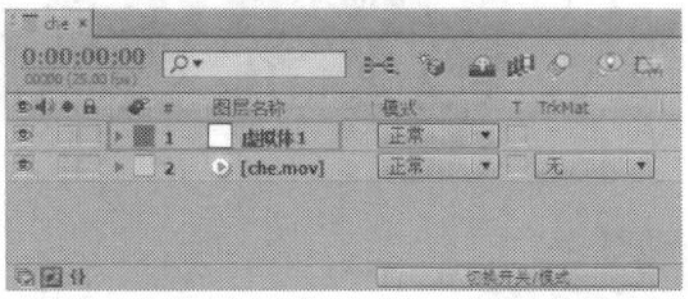

图4-193

3 选择che图层，执行"窗口>跟踪器"菜单命令，然后在"跟踪器"面板中单击"跟踪运动"按钮，接着设置"运动源"为che.mov，勾选"位置"选项，如图4-194所示。最后将跟踪点放到汽车左侧的尾灯上，执行跟踪解算，预览效果如图4-195所示。

图4-194   图4-195

4 解算完毕之后，在"跟踪器"面板中单击"编辑目标"按钮，打开"运动目标"对话框，然后在"图层"选择中选择"虚拟体1"，接着单击"确定"按钮，如图4-196所示。

5 单击"跟踪器"面板中的"应用"按钮，系统弹出"动态跟踪器应用选项"对话框，然后单击"确定"按钮，如图4-197所示。

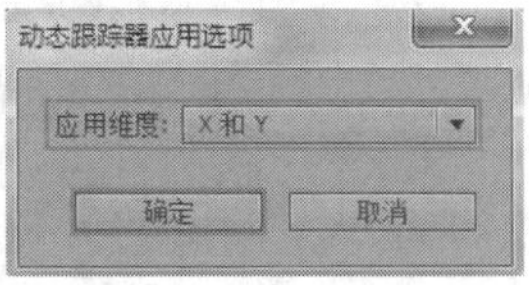

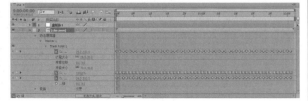

图4-196   图4-197

6 跟踪完毕之后，素材中产生的关键帧动画信息如图4-198所示。

图4-198

7 执行"图层>新建>纯色"菜单命令，创建一个黑色的纯色图层，将图层命名为Light01，然后选择Light01图层，执行"效果>Video Copilot>Optical Flares"菜单命令，设置Scale（全局比例）为5、调整Position XY的数值，使其位置与车灯保持一致，如图4-199所示。

8 选择Light01图层，执行"效果>颜色校正>色相/饱和度"菜单命令，设置"着色色相"为（0×+50°）、"着色饱和度"为30，如图4-200所示。

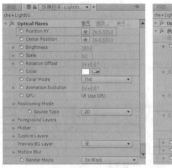

图4-199   图4-200

9 在Light01图层中，按住Alt键并单击"光晕"特效中的"光源位置"属性，再将该属性拖曳到"虚拟体1"图层的"位置"上，这样Light01图层就可以跟随着汽车尾灯运动了，如图4-201所示；最后将Light01图层的图层叠加模式修改为"相加"，画面的预览效果如图4-202所示。

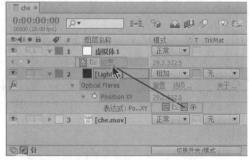

图4-201

图4-202

10 使用与上面相同的方法，完成汽车右侧尾灯的效果制作，如图4-203所示。

图4-203

11 按小键盘上的数字键0，预览最终效果，如图4-204所示。

图4-204

4.12 放射光效

学习目的

使用Shine（扫光）效果来制作发射光效。

案例描述

　　本例主要介绍Shine（扫光）效果的应用。通过学习本例，读者可以掌握Shine（扫光）效果在制作放射光效方面的应用，案例如图4-205所示。

学习资源路径

▶ 在线教学视频：
在线教学视频 > 第4章 > 放射光效.flv

▶ 案例源文件：
案例源文件 > 第4章 > 4.12 > 放射光效.aep

本例难易指数：★★★☆☆

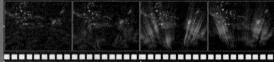

图4-205

操作流程

1 执行"合成>新建合成"菜单命令，创建一个预设为PAL D1/DV的合成，设置其"持续时间"为3秒，并将其命名为"放射光效"，如图4-206所示。

图4-206

2 执行"文件>导入>文件"菜单命令，打开本书学习资源中的"案例源文件>第4章>素材01.mov和BG.mov"文件，然后将这些素材拖曳到"放射光效"合成的时间线上，如图4-207所示。

图4-207

3 选择"素材01"图层，执行"效果>Trapcode>Shine（扫光）"菜单命令，设置Source Point（发光点）为（360, 1000）、Ray Length（光芒长度）为1.5、Boost Light（提高亮度）为65，如图4-208所示。

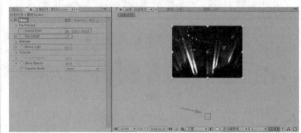

图4-208

4 展开Shimmer（微光）参数项，设置Amount（数量）为200、Detail（细节）为20，勾选Source Point affects Shimmer（发射点影响微光）选项，设置Radius（半径）为1，如图4-209所示。预览效果如图4-210所示。

图4-209　　　　　　　图4-210

5 展开Colorize（颜色模式）参数项，设置Colorize（颜色模式）为One Color（1种颜色）、Base On（基于）为Alpha Edges（Alpha 边缘），调整Color（颜色）为浅蓝，如图4-211所示。

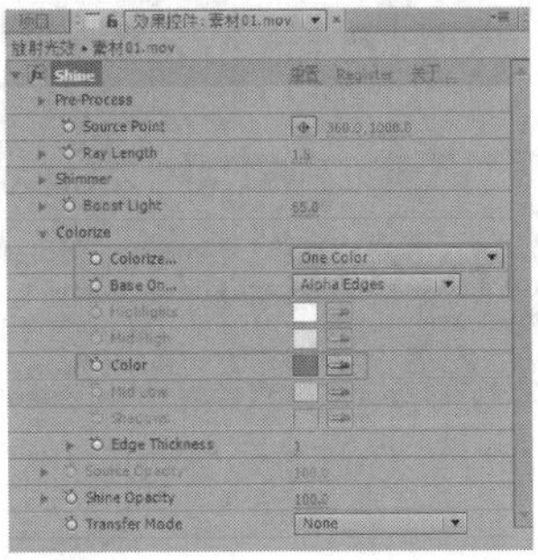

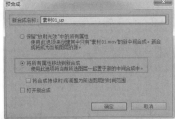

图4-211

6 设置"素材01"图层的关键帧动画，在第0帧处，设置Ray Length（光芒长度）为0，在第9帧处，设置Ray Length（光芒长度）为1.5；在第0帧处，设置Boost Light（提高亮度）为0，在第9帧处，设置Boost Length（提高亮度）为64.8；在第0帧处，设置Opacity（透明度）为0，在第9帧处，设置Opacity（透明度）为100，如图4-212所示。

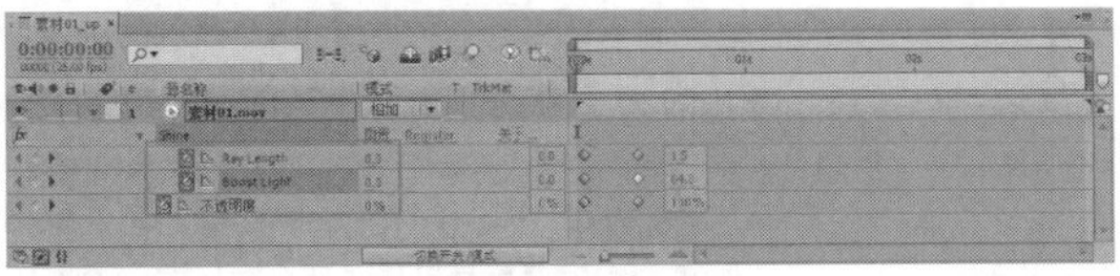

图4-212

7 选择"素材01"图层，然后按Ctrl+Shift+C快捷键合并图层，如图4-213所示。

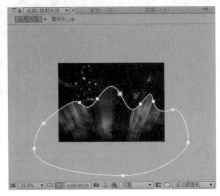

图4-213

8 选择"素材01_Up"图层，然后使用"钢笔工具"绘制一个蒙版，如图4-214所示。

图4-214

9 设置"蒙版1"的"蒙版羽化"为（200，200像素），然后设置"蒙版扩展"的关键帧动画，在第0帧处，设置"蒙版扩展"为-300；在第10帧处，设置"蒙版扩展"为500，如图4-215所示。

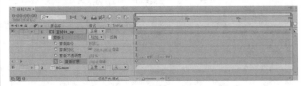

图4-215

10 选择BG图层，执行"效果>风格化>发光"菜单命令，如图4-216所示。

11 选择BG图层，执行"效果>模糊和锐化>高斯模糊"菜单命令，设置"模糊度"的值为2，如图4-217所示。

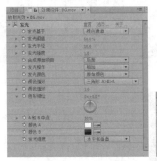

图4-216　　　　　　图4-217

12 将"素材01_Up"图层的叠加模式设置为"相加"，调节之后的预览效果如图4-218所示。

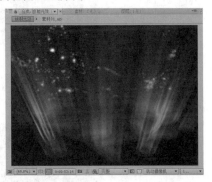

图4-218

13 按小键盘上的数字键0，预览最终效果，如图4-219所示。

图4-219

213

4.13 描边光效

学习目的

学习3D Stroke（3D描边）和Starglow（星光闪耀）效果的运用。

学习资源路径

► 在线教学视频：
在线教学视频 > 第4章 > 描边光效.flv
► 案例源文件：
案例源文件 > 第4章 > 4.13 > 描边光效.aep

本例难易指数：★★★☆☆

案例描述

本例主要介绍3D Stroke（3D描边）和Starglow（星光闪耀）效果的应用。通过学习本例，读者可以掌握描边光效的制作方法，案例如图4-220所示。

图4-220

操作流程

1 执行"合成>新建合成"菜单命令，创建一个预设为PAL D1/DV的合成，设置其"持续时间"为3秒，并将其命名为Logo，如图4-221所示。

图4-221

2 执行"文件>导入>文件"菜单命令，打开本书学习资源中的"案例源文件>第4章>4.13>LOGO.tga"文件，然后将其拖曳到Logo合成的时间线上，如图4-222所示。

图4-222

3 选择LOGO图层，执行"图层>自动跟踪"菜单命令，为该图层自动添加蒙版，如图4-223和图4-224所示。

图4-223

图4-224

4 为了方便和快捷地控制每个蒙版，下面新建8个黑色的纯色图层，然后将上一步中的8个蒙版分别剪切并复制到新建的8个纯色图层中，如图4-225所示。

图4-225

5 选择第1个图层，执行"效果>Trapcode>3D Stroke（3D描边）"菜单命令，设置Color（颜色）为粉红、Thickness（厚度）为1.6，最后勾选Enable（启用）选项，如图4-226所示。

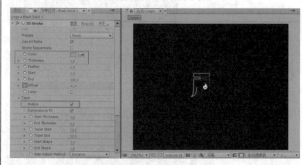

图4-226

6 展开3D Stroke（3D描边）效果，在第0秒处，设置Offset（偏移）为-3；在第2秒处，设置Offset（偏移）为104，如图4-227所示。

图4-227

7 选择第1个图层，执行"效果>Trapcode>Starglow（星光闪耀）"菜单命令，设置Streak Length（光线长度）为2.6、Boost Light（提升亮度）为0.5，设置Colormap A（颜色贴图A）和Colormap B（颜色贴图B）的预设均为One Color（单一颜色），Color（颜色）均设置为白色，如图4-228所示。

图4-228

8 使用与上一步相同的方法，设置其他图层的特效，如图4-229所示。预览效果如图4-230所示。

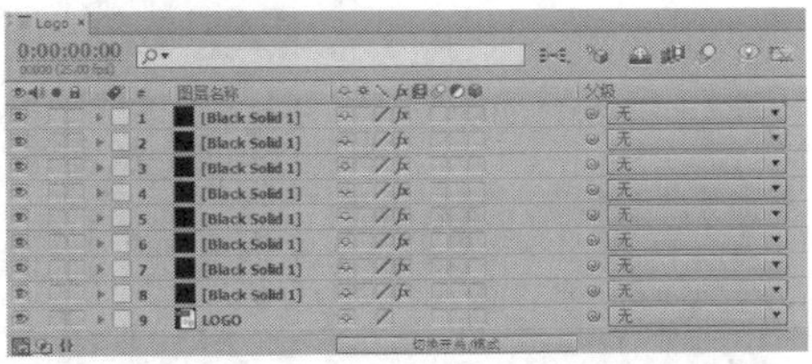

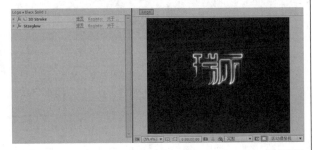

图4-229

图4-230

9 选择LOGO图层，为其添加一个蒙版，然后设置"蒙版羽化"为（50，50像素）、"蒙版扩展"为-100 像素，如图4-231所示。预览效果如图4-232所示。

图4-231

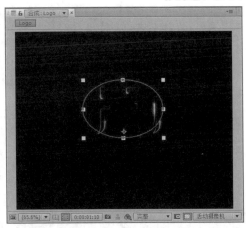

图4-232

10 展开"蒙版1"属性栏，设置"蒙版羽化"为（50，50像素），然后在第15帧处设置"蒙版扩展"为-200，在第1秒10帧处设置"蒙版扩展"为60，如图4-233所示。

图4-233

11 执行"文件>导入>文件"菜单命令，打开本书学习资源中的"案例源文件>第4章> 4.13>落版.jpg"文件，然后将其拖曳到Logo合成的时间线上，如图4-234所示。

图4-234

12 按小键盘上的数字键0，预览最终效果，如图4-235所示。

图4-235

4.14 光带特效

案例描述

　　本例主要介绍"分形杂色"和"贝塞尔曲线变形"效果的综合应用。通过学习本例，读者可以掌握光带特效的制作方法，案例如图4-236所示。

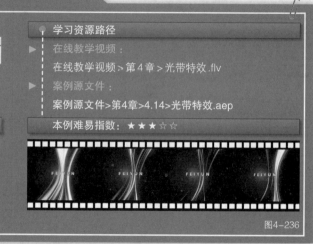

图4-236

操作流程

1 执行 "合成>新建合成" 菜单命令，新建一个预设为PAL D1/DV的合成，然后其设置"持续时间"为10秒，并将其命名为"线性"，如图4-237所示。

图4-237

2 使用"横排文字工具" 创建FEIYUN文字图层，然后在"字符"面板中设置文字的字体为Arial Black、字体大小为41像素、字体颜色为白色，如图4-238所示。

3 选择"文字"图层，执行"效果>生成>梯度渐变"菜单命令，设置"渐变起点"为（360, 240）、"渐变终点"为（360, 301.2）、"起始颜色"为浅蓝色（R:131, G:145, B:164）、"结束颜色"为白色，如图4-239所示。

图4-238

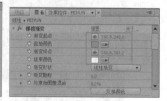

图4-239

4 选择"文字"图层，执行"效果>透视>投影"菜单命令，设置"不透明度"为100%、"距离"为2，如图4-240所示。

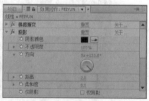

图4-240

5 选择"文字"图层，再次执行"效果>透视>阴影"菜单命令，设置"不透明度"为100%、"距离"为0、"柔和度"为14，如图4-241所示。

6 在"线性"合成的"时间线"上创建一个纯色层，将其命名为"蓝色"，设置"大小"为300像素×600像素，最后设置颜色为灰色，如图4-242所示。

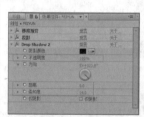

图4-241

图4-242

7 选择"蓝色"图层，执行"效果>杂色和颗粒>分形杂色"菜单命令，设置"对比度"为531、"亮度"为-97，选择"溢出"为"剪切"，取消勾选"统一比例"选项，最后设置"缩放宽度"为75、"缩放高度"为3000，如图4-243所示。

8 设置"蓝色"图层变形。执行"效果>扭曲>贝塞尔曲线变形"菜单命令，首先设置"品质"为10，然后设置12个点的位置，具体参数如图4-244所示。

图4-243　　　　　　　　　　　　　図4-244

9 选择"蓝色"图层,执行"效果>颜色校正>色相/饱和度"菜单命令,勾选"彩色化"选项,设置"着色色相"为(0×+199°)、"着色饱和度"为56,如图4-245所示。

10 选择"蓝色"图层,执行"效果>风格化>发光"菜单命令,设置"发光半径"为80,如图4-246所示。

图4-245 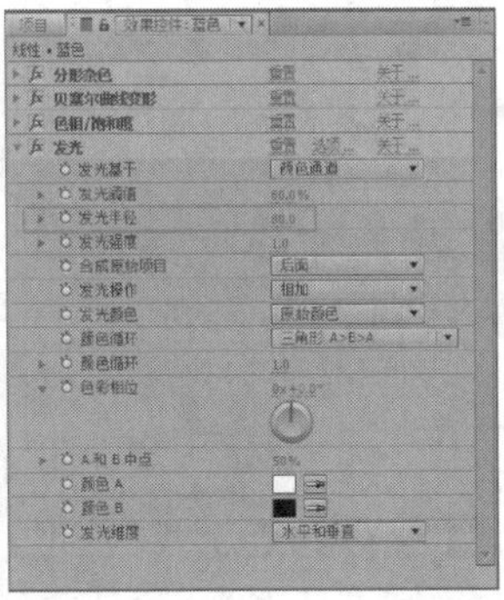　　　　　　　图4-246

11 选择"蓝色"图层,展开"分形杂色"效果,然后在第0秒处,设置演化为(0×+0°);在第6秒17帧处,设置演化为(1×+0°),如图4-247所示。

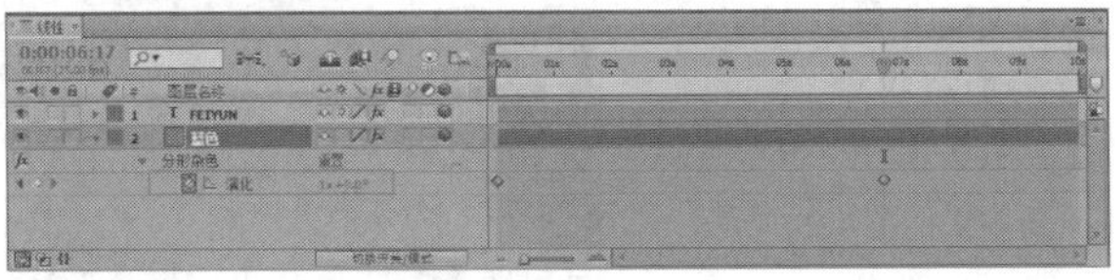

图4-247

12 选择"蓝色"图层,按Ctrl+D快捷键复制一个新图层,然后将新图层重新命名为"绿色",接着展开"绿色"图层中的"色相/饱和度"属性栏,设置"着色色相"为(1×+128°)、"着色饱和度"为42,如图4-248所示。预览效果如图4-249所示。

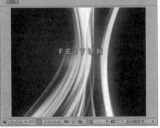

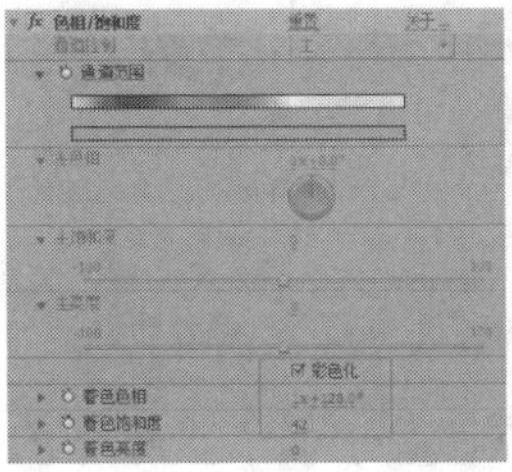

图4-248　　　　　　　图4-249

13 修改"绿色"和"蓝色"图层的叠加模式为"屏幕"模式,设置"绿色"图层在第8秒11帧处结束,如图4-250所示。

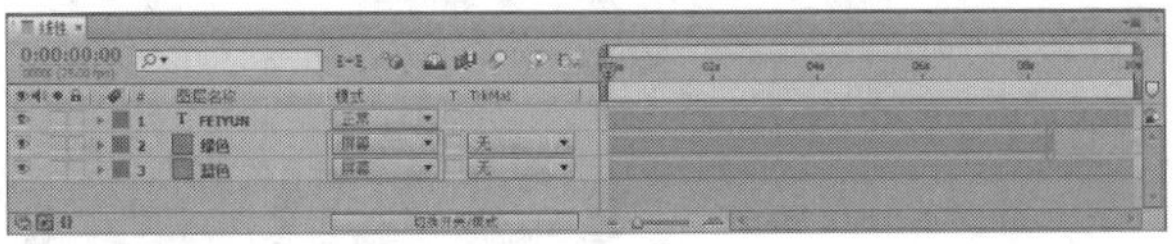

图4-250

14 执行"文件>导入>文件"菜单命令,打开本书学习资源中的"案例源文件>第4章>4.14>素材.mov"文件,然后将其拖曳到"线性"合成的时间线上,设置其图层的叠加模式为"屏幕"。 按Ctrl+Y快捷键,创建一个黑色的纯色图层,将其命名为"背景",选择"背景"图层,执行"效果>生成>镜头光晕"菜单命令,设置"光晕中心"为(316,283.2),如图4-251所示。

图4-251

15 选择"背景"图层,执行"效果>颜色校正>色相/饱和度"菜单命令,勾选"彩色化"选项,设置"着色色相"为(0×+212°)、"着色饱和度"为33、"着色亮度"为-54,如图4-252所示。

图4-252

16 执行"图层>新建>摄像机"菜单命令,创建一个摄像机。打开"文字""绿色"和"蓝色"图层的三维开关,并适当调整其位置;然后设置摄像机的"位置"属性的关键帧动画,在第0秒处,设置其值为(280.8,240,-626);在第5秒处,设置其值为(604.8,240,-590.1),如图4-253所示。

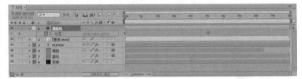

图4-253

17 按小键盘上的数字键0,预览最终效果,如图4-254所示。

图4-254

4.15 彩光特效

案例描述

本例主要介绍CC Particle World（CC粒子仿真世界）和CC Vector Blur（矢量模糊）效果的应用。通过学习本例，读者可以掌握彩光特效的制作方法，案例如图4-255所示。

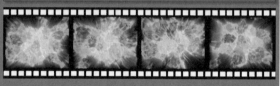

图4-255

操作流程

1 执行"合成 > 新建合成"菜单命令，创建一个预设为PAL D1/DV的合成，设置其"持续时间"为5秒，并将其命名为"彩光"，如图4-256所示。

2 按Ctrl+Y快捷键，创建一个黑色的纯色图层，将其命名为"彩光"。选择"彩光"图层，执行"效果 > 模拟 > CC Particle World（CC粒子仿真世界）"菜单命令，然后展开Producer（产生点）参数项，设置Radius Y（半径Y）为0.3；展开Physics（物理性）参数项，设置Animation（动画）为Jet Sideways（射流横向）、Gravity（重力）为0，如图4-257所示。

图4-256　　　　　　　　　　　　　图4-257

3 展开Particle（粒子）参数项，设置Birth Size（出生大小）为0.5、Death Size（死亡大小）为0.6，设置Birth Color（出生颜色）为蓝色、Death Color（死亡颜色）为红色，如图4-258所示。预览效果如图4-259所示。

图4-258

图4-259

4 选择"彩光"图层，执行"效果 > 模糊和锐化 > CC Radial Fast Blur（CC放射状模糊）"菜单命令，设置Amount（数量）为80，如图4-260所示。预览效果如图4-261所示。

图4-260　　　　　　　　　　　　　图4-261

5 选择"彩光"图层，执行"效果 > 模糊和锐化 > CC Vector Blur（CC矢量模糊）"菜单命令，设置Amount（数量）为80，如图4-262所示。预览效果如图4-263所示。

图4-262　　　　　　　　　　　　　图4-263

6 选择"彩光"图层，执行"效果 > 颜色校正 > 色阶"菜单命令，设置"输入黑色"为47、"输入白色"为196，如图4-264所示。预览效果如图4-265所示。

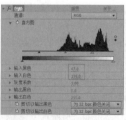
图4-264

图4-265

7 选择"彩光"图层，执行"效果>风格化>发光"菜单命令，设置"发光阈值"为10%、"发光半径"为10、"发光强度"为0.5，如图4-266所示。

图4-266

8 设置CC Particle World（CC粒子仿真世界）效果中的Position Y（Y轴位置）属性的关键帧动画，在第5帧处，设置其值为0；在第4秒24帧处，设置其值为1，如图4-267所示。

图4-267

9 按小键盘上的数字键0，预览最终效果，如图4-268所示。

图4-268

4.16 魔力光球

学习目的

学习CC Lens（CC透镜）和"高级闪电"效果的使用技巧。

学习资源路径

▶ 在线教学视频：
在线教学视频>第4章>魔力光球.flv

▶ 案例源文件：
案例源文件>第4章>4.16>魔力光球.aep

案例描述

本例主要介绍CC Lens（CC透镜）和"高级闪电"效果的综合运用。通过学习本例，读者可以掌握魔力光球效果的制作方法，案例如图4-269所示。

本例难易指数：★ ★ ★ ☆ ☆

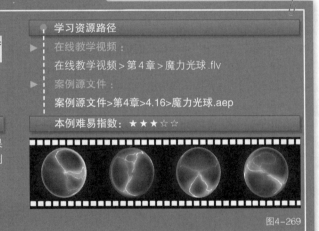

图4-269

操作流程

1 执行"合成>新建合成"菜单命令，创建一个预设为"自定义"的合成，设置其"持续时间"为10秒，并将其命名为"光球"，如图4-270所示。

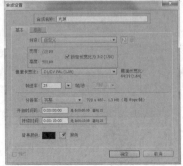

图4-270

2 按Ctrl+Y快捷键，创建一个"颜色"为粉色（R:255, G:0, B:198）的纯色图层，将其命名为"背景"。选择"背景"图层，执行"效果>生成>圆形"菜单命令，设置"羽化外侧边缘"的值为350、"混合模式"为"模板Alpha"，如图4-271所示。预览效果如图4-272所示。

图4-271

图4-272

219

3 按Ctrl+Y快捷键，创建一个黑色的纯色图层，将其命名为"闪光"。选择"闪光"图层，执行"效果>生成>高级闪电"菜单命令，设置"闪电类型"为"随机"、"源点"为（350, 288）、"外径"为（300, 0），勾选"在原始图像上合成"选项；最后展开"发光设置"参数项，设置"发光颜色"为橘黄色（R:255, G:102, B:0），如图4-273所示。

图4-273

4 选择"闪光"图层，执行"效果>扭曲>CC Lens（CC 透镜）"菜单命令，设置Size（大小）为57，如图4-274所示。预览效果如图4-275所示。

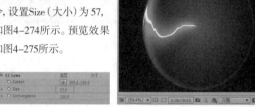

图4-274　　　　　　　图4-275

5 选择"闪光"图层，设置Advanced Lightning（高级闪电）效果的相关属性的关键帧动画。在第0帧处，设置Outer Radius（外半径）为（300, 0）、Conductivity（传导性）为10；在第2秒时，设置Outer Radius（外半径）为（600, 240）；在第3秒15帧处，设置Outer Radius（外半径）为（300, 480）；在第4秒15帧处，设置Outer Radius（外半径）为（360, 570）；在第5秒12帧处，设置Outer Radius（外半径）为（360, 570）；在第6秒10帧处，设置Outer Radius（外半径）为（300, 480）；在第8秒处，设置Outer Radius（外半径）为（600, 240）；在第10秒处，设置Outer Radius（外半径）为（300, 0）、Conductivity（传导性）为100，最后设置该图层的叠加模式为Screen（屏幕）模式，如图4-276所示。

图4-276

6 选择"闪光"图层，按Ctrl+D快捷键复制出一个新图层，然后设置新图层的"缩放"值为（-100, -100%），如图4-277所示。预览效果如图4-278所示。

7 观察预览效果时发现光球内部的光线是完全对称的，所以调整"高级闪电"特效中的"源点"为（350, 260），如图4-279所示。

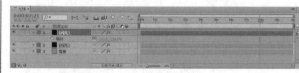

图4-277

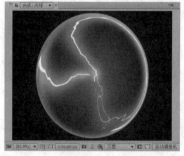

图4-278　　　　　图4-279

8 按小键盘上的数字键0，预览最终效果，如图4-280所示。

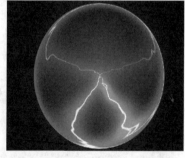

图4-280

4.17 光束效果

学习目的

学习"单元格图案"和"亮度与对比度"效果的运用。

学习资源路径

▶ 在线教学视频：
在线教学视频 > 第4章 > 光束效果.flv

▶ 案例源文件：
案例源文件 > 第4章 > 4.17 光束效果.aep

案例描述

本例主要介绍"单元格图案"效果的高级应用。通过学习本例，读者可以掌握另类光束效果的制作方法，案例如图4-281所示。

本例难易指数：★★★☆☆

图4-281

操作流程

1 执行"合成>新建合成"菜单命令,创建一个预设为PAL D1/DV的合成,设置其"持续时间"为5秒,并将其命名为"光效",如图4-282所示。

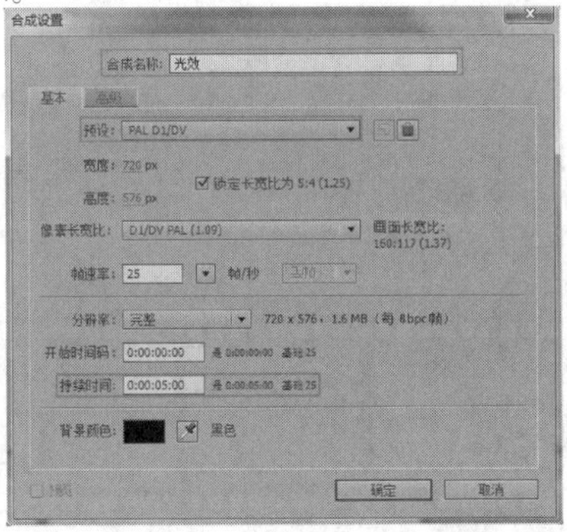

图4-282

2 使用Ctrl+Y快捷键,创建一个纯色图层,将其命名为"光效",设置"大小"为720像素×576像素,最后设置"颜色"为黑色,如图4-283所示。

图4-283

3 选择"光效"图层,执行"效果>生成>单元格图案"菜单命令,设置"单元格图案"为"印板",最后设置"分散"为0、"大小"为22,如图4-284所示。

4 选择"光效"图层,执行"效果>颜色校正>亮度和对比度"菜单命令,设置"亮度"为-55、"对比度"为100,如图4-285所示。

图4-284   图4-285

5 选择"光效"图层,执行"效果>模糊和锐化>快速模糊"菜单命令,接着设置"模糊度"为50,最后设置"模糊方向"为"水平",如图4-286所示。

6 选择"光效"图层,执行"效果>风格化>发光"菜单命令,设置"发光阈值"为40%、"发光半径"为20、"发光强度"为3,最后设置"发光颜色"为"A和B颜色","颜色A"为黄色、"颜色B"为红色,如图4-287所示。

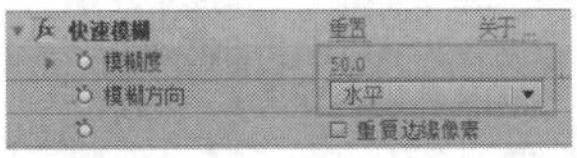

图4-286   图4-287

7 选择"光效"图层,在第0秒处,设置"单元格图案"参数栏下的"演化"为(0×+0°);在第3秒处,设置"演化"为(3×+0°),如图4-288所示。

图4-288

8 打开"光效"图层的三维开关,展开"变换"属性栏。设置"锚点"为(360, 288, 0)、"位置"为(404.8, 520, 1318.6)、"缩放"为(1286.8, 98.3, 217%)、"方向"为(161.5°, 347.3°, 319.5°)、"X轴旋转"为(0×+0°)、"Y轴旋转"为(0× –78°)、"Z轴旋转"为(0×+0°),"不透明度"为100%,如图4-289所示。

图4-289

9 按小键盘上的数字键0,预览最终效果,如图4-290所示。

图4-290

221

4.18 光影效果

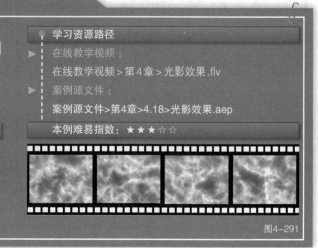

图4-291

操作流程

1 执行"合成>新建合成"菜单命令，创建一个预设为"自定义"的合成，设置大小为640像素×480像素、"持续时间"为12秒，并将其命名为"动态背景"，如图4-292所示。

图4-292

2 按Ctrl+Y快捷键，创建一个黑色的纯色图层，然后将其命名为"光效"，接着设置"大小"为640像素×480像素，最后设置"颜色"为黑色，如图4-293所示。

图4-293

3 选择"光效"图层，执行"效果>杂色和颗粒>分形杂色"菜单命令，在第0秒处，设置"分形类型"为"湍流锐化"、"杂色类型"为"样条"，设置"亮度"为14、"复杂度"为6、"演化"为（0×+0°），并单击"演化"属性前的秒表 ，创建关键帧，如图4-294所示。

图4-294

4 将时间指针拖放到最后一帧，设置"演化"的值为（6×+0°），如图4-295所示。

5 当前的画面颜色为仅为黑白色，为了让效果更加绚丽一些，可以选择"光效"图层，然后执行"效果>Trapcode>Shine（扫光）"菜单命令，设置Transfer Mode（传输模式）为Add（相加），如图4-296所示。

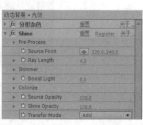

图4-295　　　　　　　　图4-296

6 按小键盘上的数字键0，预览最终效果，如图4-297所示。

图4-297

4.19 穿梭的流光

案例描述

本例主要介绍"分形杂色"和"色阶"效果的应用方法。通过学习本例，读者可以掌握穿梭流光特效的制作方法，案例如图4-298所示。

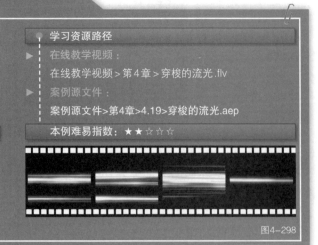

图4-298

操作流程

1 执行"合成>新建合成"菜单命令，创建一个预设为"自定义"的合成，设置合成大小为320像素×240像素、"持续时间"为2秒，并将其命名为"合成 1"，如图4-299所示。

图4-299

2 执行"图层>新建>纯色"菜单命令，创建一个纯色层，将其命名为White Solid 1，设置"大小"为320像素×240像素、"颜色"为白色，如图4-300所示。

图4-300

3 选择White Solid 1图层，执行"效果>杂色和颗粒>分形杂色"菜单命令，设置"亮度"为-55，选择"溢出"为"剪切"，设置"缩放宽度"为10000、"复杂度"为10，如图4-301所示。

图4-301

4 设置参数后，画面的预览效果如图4-302所示，可以看到杂色已经处于拉长的状态，同时通过降低杂色的亮度值使画面中的黑白对比更强烈，这样更像流光的形态。

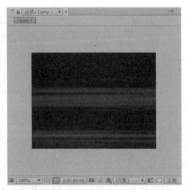

图4-302

5 当画面非常暗的时候，需要提高画面的整体亮度和对比度。选择White Solid 1图层，执行"效果>颜色校正>色阶"菜单命令，经过参数调整之后，杂色就能清楚显示，如图4-303所示。

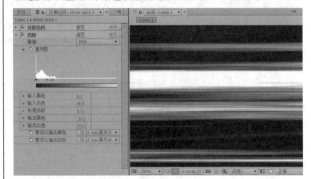

图4-303

6 下面为杂色加入光晕效果，使其更有流光的特性。选择White Solid 1图层，执行"效果>风格化>发光"菜单命令，设置"发光阈值"为35.7%、"发光半径"为20、"发光强度"为2，设置"发光颜色"为"A和B颜色"、"颜色A"为黄色、"颜色B"为橘黄色，如图4-304所示。

7 设置完成之后，发现初始状态下的灰白噪波已经有了颜色，并具有流光光晕的特征，效果如图4-305所示。

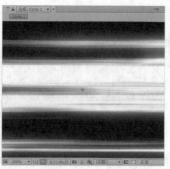

图4-304　　　　　　　　　　图4-305

图4-306　　　　　　　　图4-307

8 流光的基本形态已经制作完毕,接下来展开"分形杂色"效果,在第0秒处,设置"演化"的值为(0×-169°),如图4-306所示。

9 展开"分形杂色"效果,在第2秒处,设置"演化"的值为(0×+97°),如图4-307所示。

10 按小键盘上的数字键0,预览最终效果,如图4-308所示。

图4-308

4.20 幻境光效

学习目的

学习Cell Pattern(细胞模式)、FEC Light Rays(光射线)、Shine(扫光)和Fast Blur(快速模糊)效果的应用。

学习资源路径

▶ 在线教学视频:

在线教学视频 > 第4章 > 幻境光效.flv

▶ 案例源文件:

案例源文件>第4章>4.20>幻境光效.aep

案例描述

本例主要介绍Cell Pattern(细胞模式)和Shine(扫光)效果的综合应用。通过学习本例,读者可以掌握幻境光线特效的制作方法,案例如图4-309所示。

本例难易指数:★★★☆☆

图4-309

操作流程

1 执行"合成>新建合成"菜单命令,创建一个预设为PAL D1/DV的合成,设置其"持续时间"为10秒,并将其命名为"幻境光效",如图4-310所示。

图4-310

2 按Ctrl+Y快捷键,创建一个黑色的纯色图层,将其命名为"光效"。选择"光效"图层,执行"效果>生成>单元格图案"菜单命令,设置"单元格图案"为"枕状",勾选"反转"选项,如图4-311

所示。预览效果如图4-312所示。

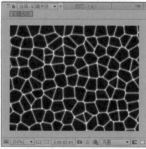

图4-311　　　　　　　　图4-312

3 选择"光效"图层,执行"效果>其他>FEC Light Rays(光射线)"菜单命令,设置Radius(半径)为2.5、Center(中心)为(259,230)、Center Area(中心区)为0.6,如图4-313所示。预览效果如图4-314所示。

視觉光效

图4-313

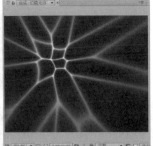

图4-314

图4-317

7 选择"光效"图层，按Ctrl+D快捷键复制出一个图层，然后选择复制出的新图层，将该图层的"快速模糊"特效删除，并设置图层的叠加模式为"相加"，最后设置图层的"不透明度"的值为30%，如图4-318所示。

图4-318

4 选择"光效"图层，执行"效果>Trapcode>Shine（扫光）"菜单命令，设置Ray Length（光芒长度）为7、Boost Light（提升亮度）为10，选择Colorize（颜色模式）为Chemistry，如图4-315所示。

5 选择"光效"图层，执行"效果>模糊和锐化>快速模糊"菜单命令，设置"模糊度"为10，如图4-316所示。

图4-315   图4-316

6 设置FEC Light Rays（光射线）效果中的Center（中心）属性的关键帧动画，在第0秒处，设置Center（中心）为（259, 230）；在第4秒处，设置Cente（中心）为（410, 228），如图4-317所示。

8 按小键盘上的数字键0，预览最终效果，如图4-319所示。

图4-319

4.21 旋转光效

学习目的
学习"无线电波"和"旋转扭曲"效果的应用。

学习资源路径
- 在线教学视频：
  在线教学视频 > 第4章 > 旋转光效.flv
- 案例源文件：
  案例源文件>第4章>4.21>旋转光效.aep

本例难易指数：★★★☆☆

案例描述
本例主要介绍"无线电波"和"旋转扭曲"效果的使用方法。通过学习本例，读者可以掌握旋转光效的制作方法，案例如图4-320所示。

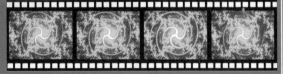

图4-320

操作流程

1 执行"合成>新建合成"菜单命令，创建一个预设为"自定义"的合成，设置合成大小为400像素×300像素、"持续时间"为5秒，并将其命名为"旋转"，如图4-321所示。

2 按Ctrl+Y快捷键，创建一个"宽度"为500像素、"高度"为400像素的黑色纯色图层，将其命名为"旋转"，如图4-322所示。

225

图4-321

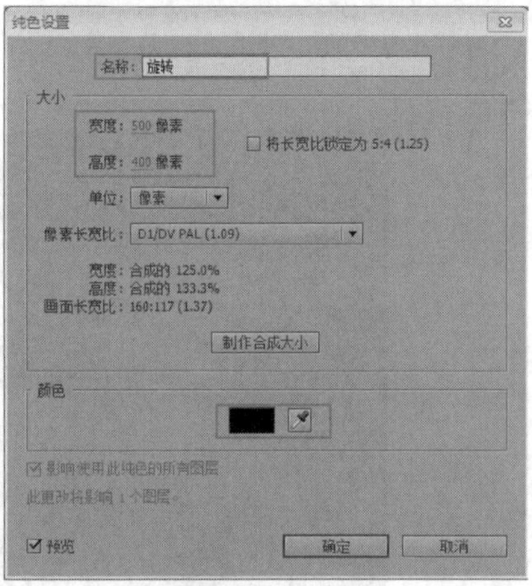

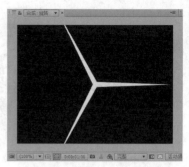

图4-325

5 选择"旋转"图层，执行"效果>扭曲>旋转扭曲"菜单命令，设置"角度"为（1×+180°）、"旋转扭曲半径"为50，如图4-326所示。预览效果如图4-327所示。

图4-322

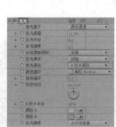

图4-326　　　　　　　　　图4-327

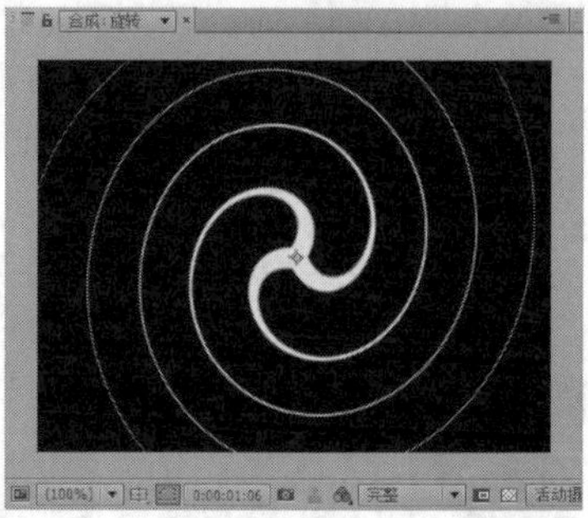

6 选择"旋转"图层，执行"效果>风格化>发光"菜单命令，设置"发光阈值"为11.4%、"发光半径"为6、"发光强度"为3.7、"发光颜色"为"A和B颜色"，最后设置"颜色循环"为2.9、"颜色A"为橘黄色（R:255，G:162，B:0）、"颜色B"为红色（R:255，G:96，B:0），如图4-328所示。预览效果如图4-329所示。

3 选择"旋转"图层，执行"效果>生成>无线电波"菜单命令，选择"参数设置为"为"每帧"；展开"多边形"参数项，设置"边"为3，勾选"星形"选项，设置"星深度"为-0.93；展开"波动"参数项，设置"频率"为18.3、"寿命（秒）"为1.6；展开"描边"参数项，设置"颜色"为浅黄色（R:254，G:232，B:190）、"淡出时间"为0、"开始宽度"为3.9、"末端宽度"为1，如图4-323所示。

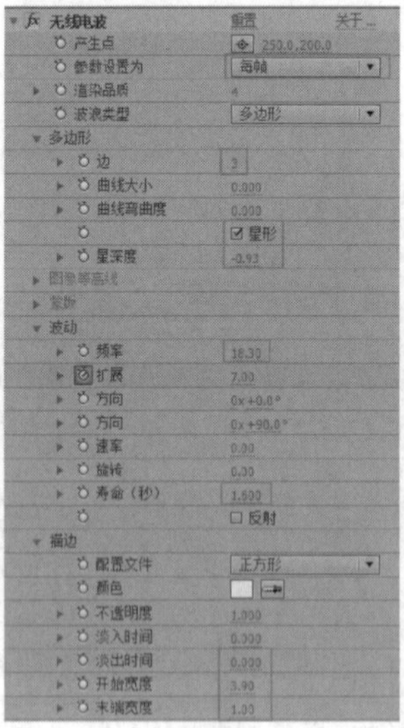

图4-323

图4-328 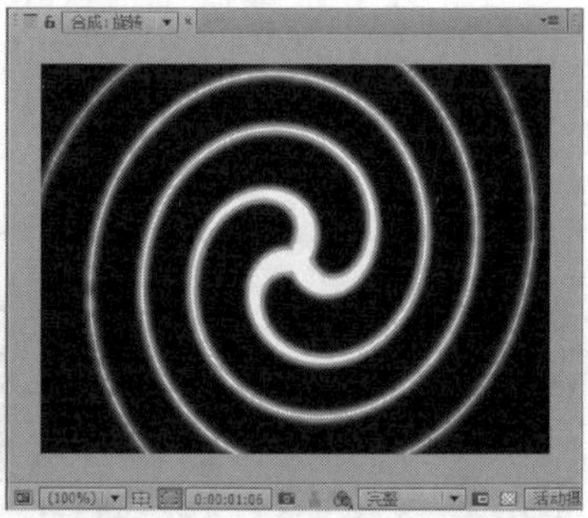　　　　　　　　　图4-329

7 按Ctrl+N快捷键，创建一个预设为"自定义"的合成，设置合成大小为400像素×300像素，设置"持续时间"为5秒，并将其命名为"光效"，如图4-330所示。

4 设置"无线电波"效果的"扩展"属性的关键帧动画，在第0帧处，设置其值为7；在第3秒处，设置其值为0，如图4-324所示。预览效果如图4-325所示。

图4-324

图4-330

8 将项目窗口中的"旋转"合成添加到"光效"合成的时间线上，选择"旋转"图层，按Ctrl+D快捷键将"光效"图层复制出一个图层，然后修改复制得到的新图层的叠加模式为"相加"，设置该图层的"不透明度"为20%，如图4-331所示。

图4-331

9 执行"文件>导入>文件"菜单命令,打开本书学习资源中的"案例源文件>第4章>4.21>背景.psd"文件,然后将其拖曳到"光效"合成的时间线上作为背景,如图4-332所示。

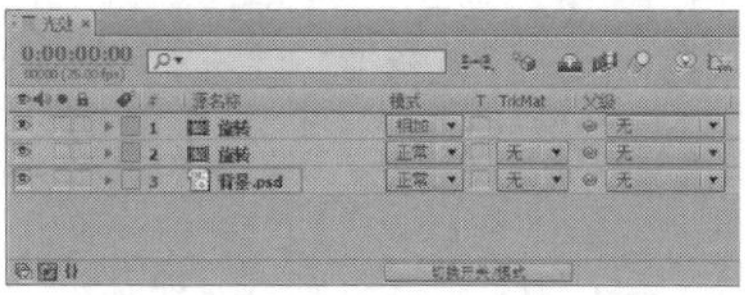

图4-332

10 按小键盘上的数字键0,预览最终效果,如图4-333所示。

图4-333

4.22 放射波

学习目的

学习"毛边"效果的使用技巧,以及绘制蒙版。

学习资源路径

▶ 在线教学视频:

在线教学视频 > 第4章 > 放射波.flv

▶ 案例源文件:

案例源文件>第4章>4.22>放射波.aep

案例描述

本例主要介绍了"毛边"效果的高级应用。通过学习本例,读者可以掌握放射波特效的制作方法,案例如图4-334所示。

本例难易指数:★★★☆☆

图4-334

操作流程

1 执行"合成>新建合成"菜单命令,创建一个预设为PAL D1/DV的合成,设置其"持续时间"为5秒,并将其命名为"光环",如图4-335所示。

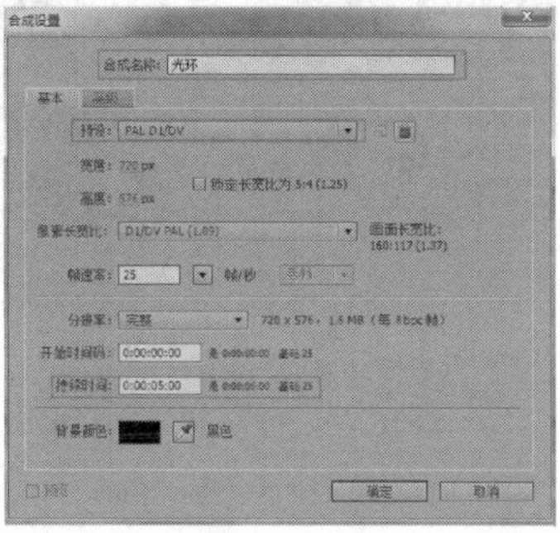

图4-335

2 按Ctrl+Y快捷键,创建一个名称为"白环"、"大小"为720像素×576像素、"颜色"为白色的纯色图层,如图4-336所示。

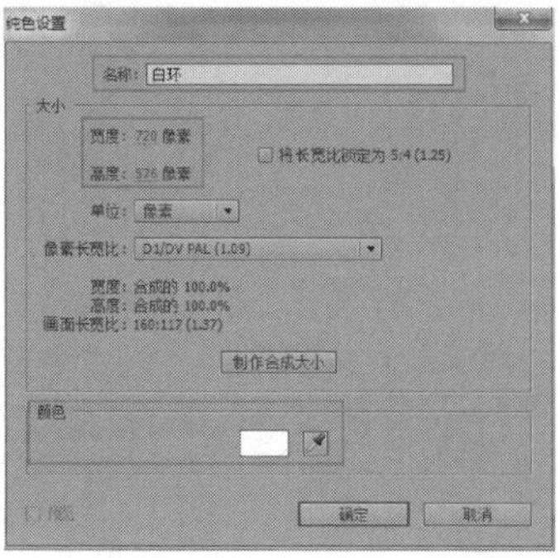

图4-336

3 选择"白环"图层,然后使用"椭圆工具"绘制一个圆形的蒙版,如图4-337所示。

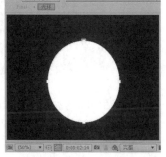

图4-337

4 按Ctrl+Y快捷键,创建一个名称为"黑环"、"大小"为720像素×576像素、"颜色"为黑色的纯色图层。选择"黑环"图层,使用"椭圆工具"绘制一个圆形的蒙版,如图4-338所示。

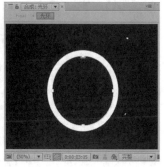

图4-338

5 选择"黑环"图层，执行"效果>风格化>毛边"菜单命令，设置 "边界"为150、边缘锐度"为5、"比例"为10，如图4-339所示。预览效果如图4-340所示。

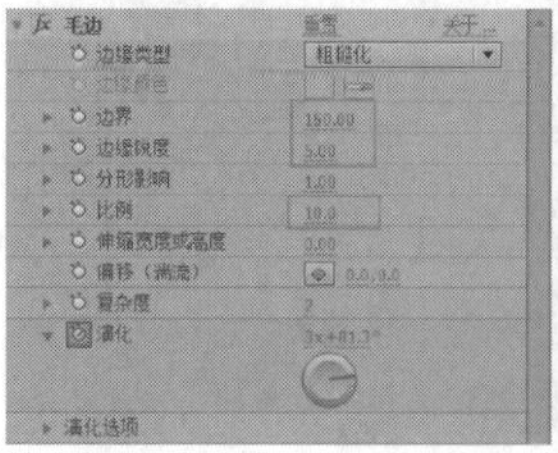

图4-339 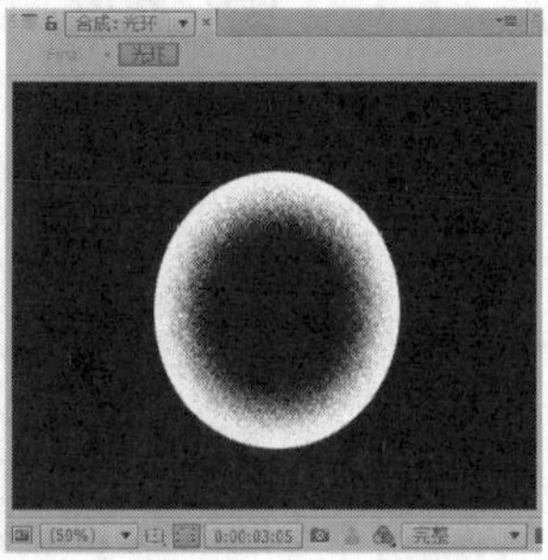　　　　　　　图4-340

6 选择"黑环"图层，展开"毛边"效果，在第0秒处，设置"演化"为（0×+0°）；在第4秒24帧处，设置"演化"为（5×+0°），如图4-341所示。

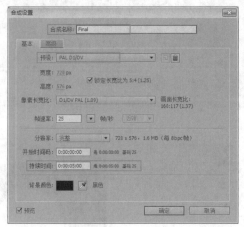

图4-341

7 执行"合成>新建合成"菜单命令，创建一个预设为PAL D1/DV 的合成，设置其"持续时间"为5秒，并将其命名为Final，如图4-342所示。

图4-342

8 将项目窗口中的"光环"合成添加到Final合成的时间线上，然后选择"光环"合成，执行"效果>Trapcode>Shine（扫光）"菜单命令，设置Ray Length（光芒长度）为0.5、Boost Light（提升亮度）为0.5，选择Colorize（颜色模式）为Fire（火）模式，如图4-343所示。预览效果如图4-344所示。

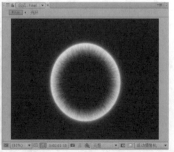

图4-343　　　　　　　图4-344

9 设置"光环"图层的"缩放"和"不透明度"属性的关键帧动画，在第0秒处，设置"缩放"值为0%；在第4秒24帧处，设置"缩放"的值为350%；在第3秒10帧处，设置"透明度"的值为100%；在第4秒24帧处，设置"透明度"的值为0%，如图4-345所示。

图4-345

10 执行"文件>导入>文件"菜单命令，打开本书学习资源中的"案例源文件>第4章>4.22>背景.mov"文件，然后将其拖曳到Final合成的时间线上作为背景，如图4-346所示。

图4-346

11 按小键盘上的数字键0，预览最终效果，如图4-347所示。

图4-347

4.23 释放光波

学习目的

使用“毛边”效果制作粗糙的边缘效果，使用Shine（扫光）效果制作放射的光效，使用Smoke Rising（烟雾上升）效果制作背景图形。

学习资源路径

▶ 在线教学视频：

在线教学视频>第4章>释放光波.flv

▶ 案例源文件：

案例源文件>第4章>4.23>释放光波.aep

本例难易指数：★★★☆☆

案例描述

本例主要介绍了“毛边”和Shine（扫光）效果的综合应用。通过学习本例，读者可以掌握释放光波特效的制作技法，案例如图4-348所示。

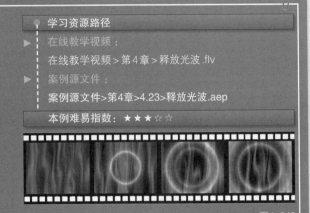

图4-348

操作流程

1 执行“合成>新建合成”菜单命令，创建一个预设为PAL D1/DV的合成，设置其“持续时间”为5秒，并将其命名为“光波”，如图4-349所示。

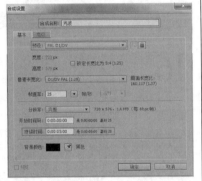

图4-349

2 按Ctrl+Y快捷键，创建一个名为“光波”、“大小”为720像素×576像素、“颜色”为白色的纯色图层，如图4-350所示。

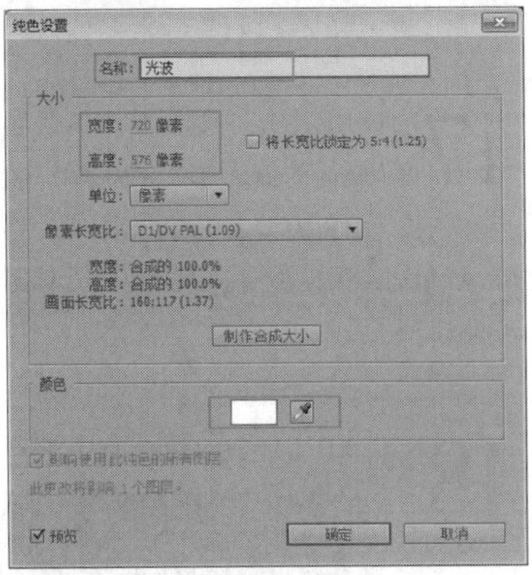

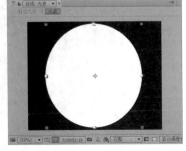

图4-350

3 选择“光波”图层，使用“椭圆工具”绘制一个圆形的蒙版，如图4-351所示。

图4-351

4 选择“光波”图层，然后按Ctrl+D快捷键复制出一个新图层，然后选择新图层，执行“图层>纯色设置”菜单命令，在打开的“纯色层设置”对话框中设置“颜色”为黑色；继续选择复制得到的新图层，设置其“蒙版扩展”为-20像素，如图4-352所示。

5 选择黑色的“光波”图层，执行“效果>风格化>毛边”菜单命令，设置“边界”为240、“边缘锐度”为7、“分形影响”为1、“比例”为10、“复杂度”为10，如图4-353所示。

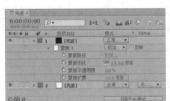

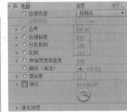

图4-352

图4-353

6 设置“毛边”效果的“演化”属性的关键帧动画，在第0帧处，设置其值为（0×+0°）；在第4秒24帧处，设置其值为（7×+0°），如图4-354所示。

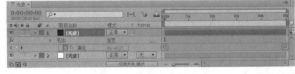

图4-354

7 选择两个“光波”图层，设置这两个图层的“缩放”值均为（70，70%），如图4-355所示。

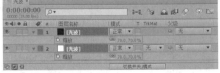

图4-355

8 执行“合成>新建合成”菜单命令，创建一个预设为PAL D1/DV的合成，设置其“持续时间”为5秒，并将其命名为“释放光波”，如图4-356所示。

图4-356

9 按Ctrl+Y快捷键，创建一个"宽度"为720像素、"高度"为576像素、"颜色"为灰色的纯色图层，将其命名为BG，如图4-357所示。

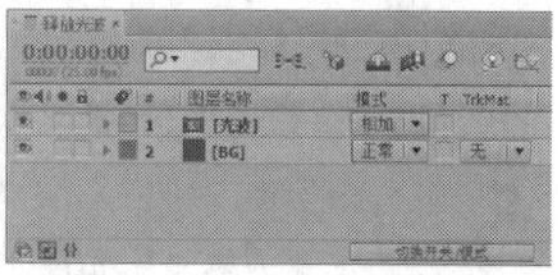

图4-357　　　　　　　　　　　图4-358

10 将项目窗口中的"光波"合成拖曳到"释放光波"合成的时间线上，将"光波"图层的叠加方式设置为"相加"，如图4-358所示。

11 选择"光波"图层，执行"效果>Trapcode>Shine（扫光）"菜单命令，设置Ray Length（光芒长度）为1.2、Boost Light（提升亮度）为1，选择Colorize（颜色模式）为Fire（火）模式，如图4-359所示。

12 选择"光波"图层，将其重命名为"光波1"，然后按Ctrl+D快捷键将"光波1"图层复制出3个，将其分别命名为"光波2""光波3"和"光波4"，如图4-360所示。

图4-359　　　　　　　　　　　图4-360

13 选择"光波1"图层，在第0秒处，设置"缩放"为（5.5，5.5%）；在第4秒处，设置"不透明度"为100%；在第4秒24帧处，设置"缩放"为（300，300%）、"不透明度"为0%，如图4-361所示。

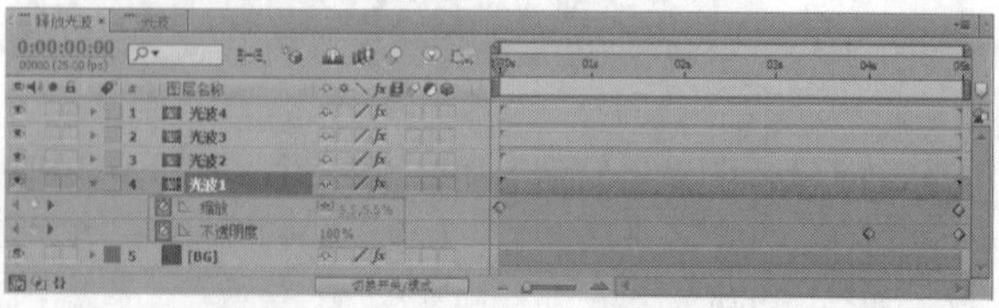

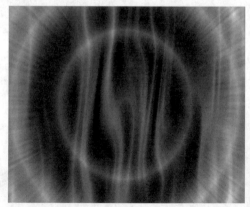

图4-361

14 选择"光波2"图层，在第1秒10帧处，设置"缩放"为（10，10%）、"不透明度"为0%；在第4秒处，设置"不透明度"为100%，在第4秒24帧处，设置"缩放"为（290，290%）、"不透明度"为0%，如图4-362所示。

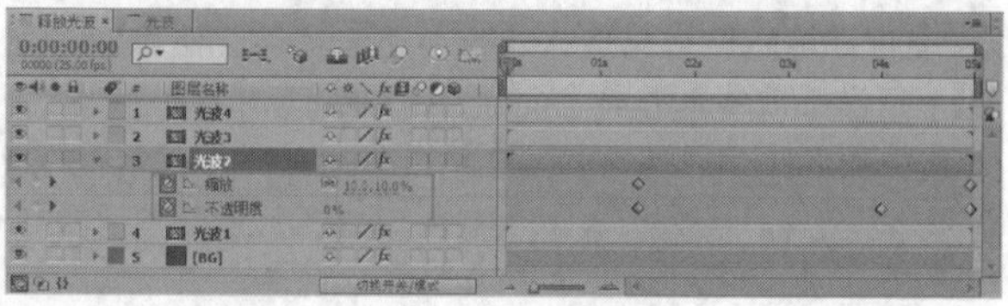

图4-362

15 选择"光波3"图层，在第2秒20帧处，设置"缩放"为（30，30%）、"不透明度"为0%；在第4秒处，设置"不透明度"为100%；在第4秒24帧处，设置"缩放"为（280，280%）、"不透明度"为0%，如图4-363所示。

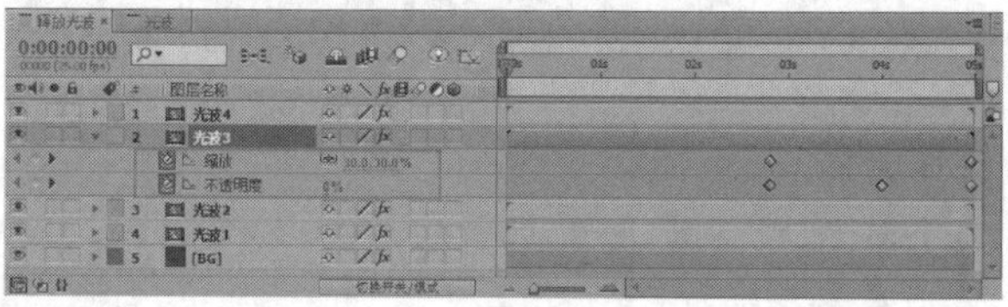

图4-363

16 选择"光波4"图层，在第4秒处，设置"缩放"为（70，70%）、"不透明度"为0%；在第4秒10帧处，设置"不透明度"为100%；在第4秒24帧处，设置"缩放"为（270，270%）、"不透明度"为0%，如图4-364所示。

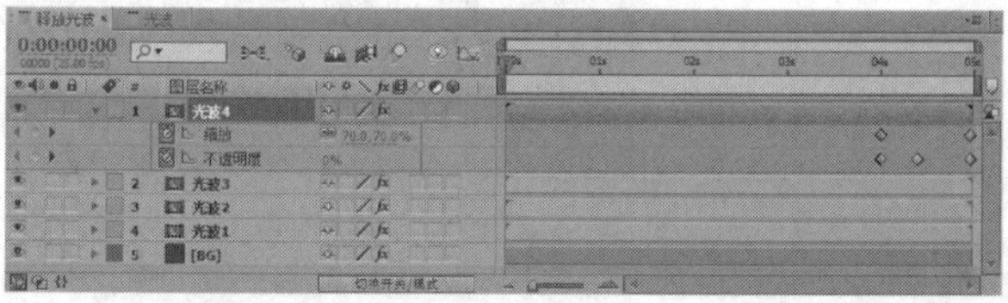

图4-364

17 选择BG图层，设置其"不透明度"属性的值为50%，然后在"效果和预设"面板中输入Smoke Rising，将Smoke Rising预设拖曳到BG图层上，如图4-365所示。

图4-365

18 按小键盘上的数字键0，预览最终效果，如图4-366所示。

图4-366

4.24 绚丽光效

学习目的

学习Colorama（彩色光）和Form（形状）效果的使用方法。

学习资源路径

▶ 在线教学视频：

在线教学视频＞第4章＞绚丽光效.flv

▶ 案例源文件：

案例源文件>第4章>4.24>绚丽光效.aep

案例描述

本例主要介绍Colorama（彩色光）效果和Form（形状）效果的应用。通过学习本例，读者可以掌握绚丽光线特效的制作技法，案例如图4-367所示。

本例难易指数：★★★☆☆

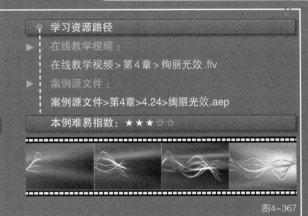

图4-367

操作流程

1 执行“合成>新建合成”菜单命令，创建一个预设为“自定义”的合成，设置其大小为720像素×300 像素、“持续时间”为30秒，并将其命名为Size Map，如图4-368所示。

图4-368

2 按Ctrl+Y快捷键，创建一个新的纯色层，设置“颜色”为白色，然后选择该图层，使用“椭圆工具”绘制出一个如图4-369所示的蒙版。

3 展开“蒙版1”参数栏，设置“蒙版羽化”的值为（65，0像素），如图4-370所示。

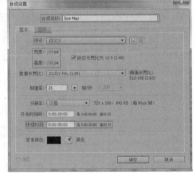

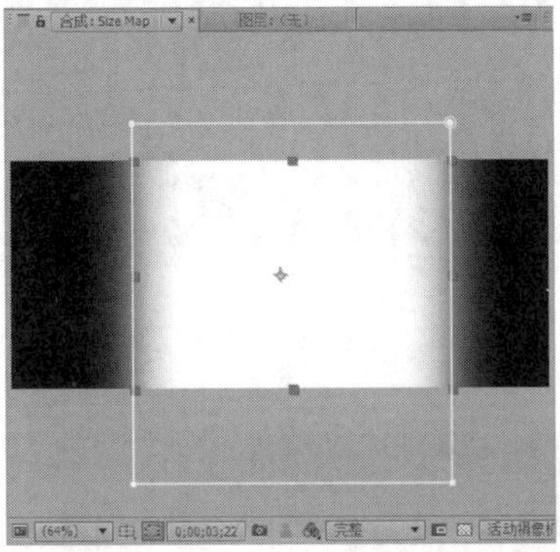

图4-369

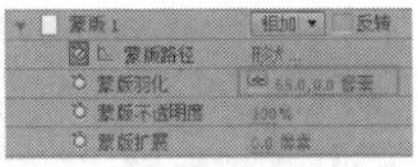

图4-370

4 继续选择该纯色图层，在第0秒处，单击“蒙版路径”的关键帧按钮，接着设置蒙版的形状，如图4-371所示。

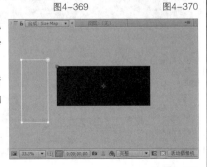

图4-371

5 在第3秒22帧处，单击“蒙版路径”的关键帧按钮，然后设置蒙版的形状，如图4-372所示。

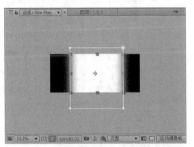

图4-372

6 执行“合成>新建合成”菜单命令，创建一个预设为“自定义”的合成，设置其大小为720像素×486像素、“持续时间”为30秒，并将其命名为Color Map，如图4-373所示。

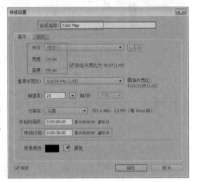

图4-373

7 按Ctrl+Y快捷键，创建一个“颜色”为白色、名称为Color Map的纯色图层，然后选择该图层，执行“效果>生成>梯度渐变”菜单命令，如图4-374所示。

8 选择Color Map图层，执行“效果>颜色校正>色光”菜单命令，设置“输出循环”的颜色，如图4-375所示。

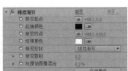

图4-374

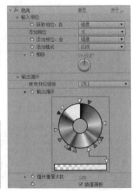

图4-375

9 选择Color Map图层，设置该图层的"缩放"值为（158，158%），然后设置"旋转"属性的关键帧动画，在第0秒处，设置其值为（0×+0°）；在第30秒处，设置其值为（3×+0°），如图4-376所示。

10 执行"合成>新建合成"菜单命令，创建一个预设为"自定义"的合成，设置其大小为720像素×486像素、"持续时间"为10秒，并将其命名为Form，如图4-377所示。

图4-376

图4-377

11 将项目窗口中的Size Map和Color Map合成拖曳到Form合成的时间线上，关闭Size Map和Color Map图层的显示。按Ctrl+Y快捷键，创建一个名为Form的灰色纯色图层，选择该图层，执行"效果>Trapcode>Form"菜单命令，展开Base Form（基本属性）参数项，其参数设置如图4-378所示。

12 展开Particle（粒子）参数项，设置Particle Type（粒子类型）为Glow Sphere（No DOF）（球体发光），如图4-379所示。

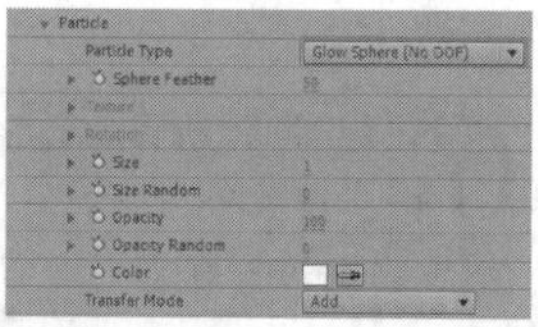

图4-378

图4-379

13 展开Layer Maps（层贴图）参数项，设置Color and Alpha（颜色和通道）和Size（大小）参数项下的Layer（层）参数，具体设置如图4-380所示。

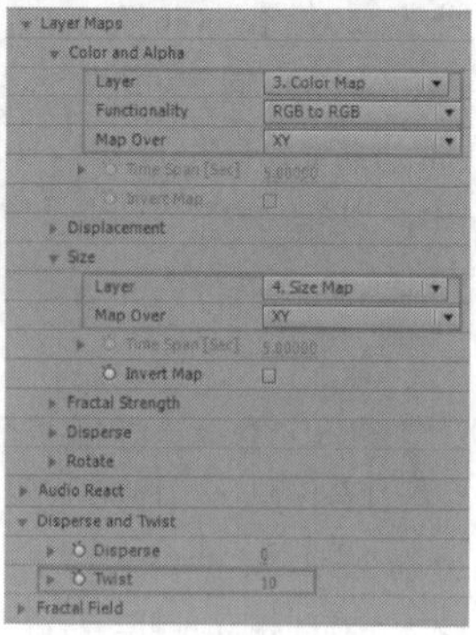

图4-380

14 选择Form图层，展开Form（形状）属性栏，在第0帧处，设置X Rotation（X轴旋转）的值为（0×+0°）；在第9秒29帧处，设置X Rotation（X轴旋转）的值为（1×+0°），如图4-381所示。预览效果如图4-382所示。

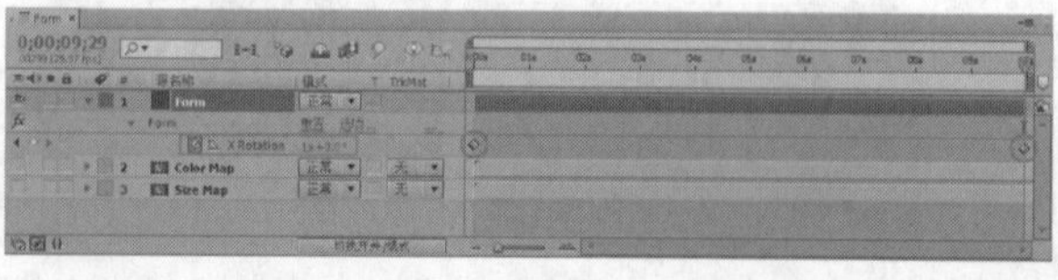

图4-381

图4-382

15 选择Form图层，执行"效果>风格化>发光"菜单命令，设置"发光阈值"为45.5%、"发光半径"为25、"发光强度"为0.2，如图4-383所示。

图4-383

16 执行"文件>导入>文件"菜单命令，打开本书学习资源中的"案例源文件>第4章>4.24>背景.mov"文件，然后将"背景.mov"素材拖曳到Form合成的时间线上，如图4-384所示。

图4-384

17 按小键盘上的数字键0，预览最终效果，如图4-385所示。

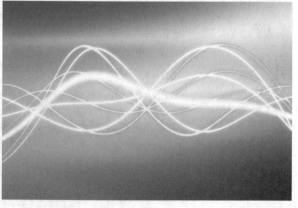

图4-385

4.25 散射光效

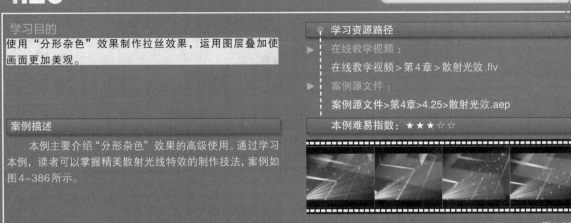

学习目的

使用"分形杂色"效果制作拉丝效果，运用图层叠加使画面更加美观。

学习资源路径

▶ 在线教学视频：

在线教学视频 > 第4章 > 散射光效.flv

▶ 案例源文件：

案例源文件 > 第4章 > 4.25 > 散射光效.aep

本例难易指数：★★★☆☆

案例描述

本例主要介绍"分形杂色"效果的高级使用。通过学习本例，读者可以掌握精美散射光线特效的制作技法，案例如图4-386所示。

图4-386

操作流程

1 执行"合成 > 新建合成"菜单命令，创建一个预设为PAL D1/DV的合成，设置其"持续时间"为5秒，并将其命名为Noise，如图4-387所示。

2 创建一个黑色的纯色图层，将其命名为Noise，然后选择Noise图层，执行"效果 > 杂色和颗粒 > 分形杂色"菜单命令，设置"对比度"为161、"亮度"为12；展开"变换"参数项，取消勾选"统一缩放"选项，设置"缩放宽度"为10000、"缩放高度"为6，如图4-388所示。

图4-387

图4-388

3 设置"分形杂色"效果的"演化"属性的关键帧动画，在第0帧处，设置其值为（0×+0°）；在第5秒处，设置其值为（4×+0°），如图4-389所示。

图4-389

4 选择Noise图层，使用"椭圆工具" ◯绘制出一个矩形蒙版，然后设置"蒙版羽化"为（150，44 像素），如图4-390和图4-391所示。

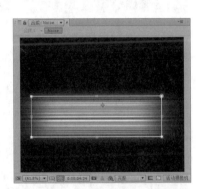

图4-390

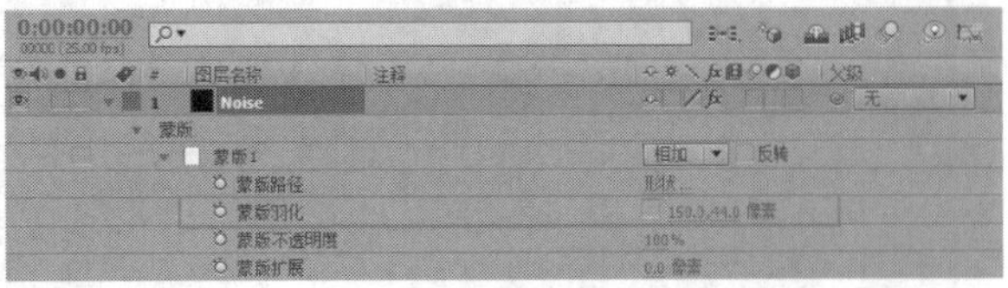

图4-391

5 执行"合成 > 新建合成"菜单命令，创建一个预设为PAL D1/DV的合成，设置其"持续时间"为5秒，并将其命名为"合成1"，如图4-392所示。

图4-392

6 将项目窗口中的Noise添加到"合成1"合成的时间线上，然后选择Noise图层，执行"效果 > 扭曲 > 边角定位"菜单命令，设置"左上"为（-44，440）、"右上"为（1222，-2448）、"左下"为（-10，528）、"右下"为（2576，1352）；选择Noise图层，执行"效果 > 颜色校正>色相/饱和度"菜单命令, 勾选"彩色化"选项, 设置"着色色相"为(0×+8°)、"着色饱和度"为78, 如图4-393所示。

7 选择Noise图层, 按Ctrl+D快捷键复制出一个新图层, 然后修改新图层的叠加方式为"相加", 接着执行"文件>导入>文件"菜单命令, 打开本书学习资源中的"案例源文件>第4章>4.25>背景.mov"素材, 然后将"背景.mov"素材拖曳到"合成1"合成的时间线上, 如图4-394所示。

图4-393

图4-394

8 按小键盘上的数字键0, 预览最终效果, 如图4-395所示。

图4-395

4.26 炫彩流光1

学习目的

使用From (形状) 效果制作炫彩流光特效。

案例描述

本例主要介绍Form (形状) 效果的高级设置。通过学习本例, 读者可以掌握炫彩流光特效的制作技法, 案例如图4-396所示。

学习资源路径

▶ 在线教学视频:

在线教学视频>第4章>炫彩流光1.flv

▶ 案例源文件:

案例源文件>第4章>4.26>炫彩流光1.aep

本例难易指数: ★★★☆☆

图4-396

操作流程

1 执行"合成>新建合成"菜单命令, 创建一个预设为PAL D1/DV的合成, 然后其设置"持续时间"为10秒, 并将其命名为"炫彩流光1", 如图4-397所示。

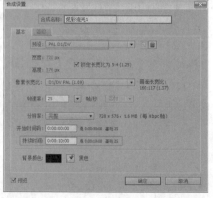

图4-397

2 按Ctrl+Y快捷键, 创建一个名为"流光"、"颜色"为黑色的纯色图层, 如图4-398所示。

图4-398

3 选择"流光"图层，执行"效果>Trapcode>From（形状）"菜单命令，展开Base Form（形态基础）参数项，设置Size X（X大小）为600、Size Y（Y大小）为600、Size Z（Z大小）为100、Particles in X（X中的粒子）为500、Particles in Y（Y中的粒子）为500、Sphere Layers（球体层）为1，如图4-399所示。

4 展开Particle（粒子）参数项，设置Size（大小）为2、Opacity（透明度）为10、Color（颜色）为红色，选择Transfer Mode（传输模式）为Add（相加）模式，如图4-400所示。

图4-399 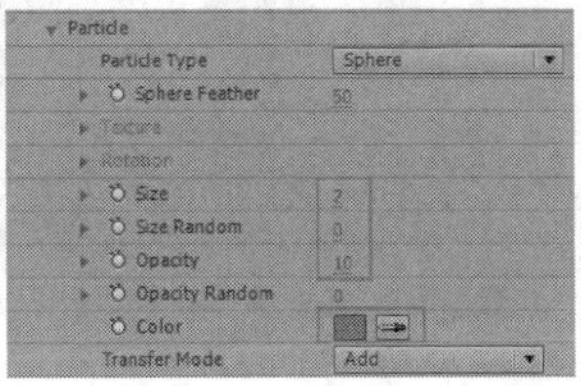   图4-400

5 展开Disperse and Twist（分散与扭曲）参数项，设置Twist（扭曲）为10；展开Fractal Field（分形领域）参数项，设置Affect Size（影响大小）为9、Affect Opacity（影响透明度）为0、Displace（置换）为100、Flow X（流量X）为25、Flow Y（流量Y）为617、Flow Z（流量Z）为259、Flow Evolution（流动演变）为321、Offset Evolution（偏移演变）为197，如图4-401所示。

6 展开Spherical Field参数项，设置Strength（强度）为100、Position XY（XY坐标）为（263，161）、Position Z（Z坐标）为320，如图4-402所示。

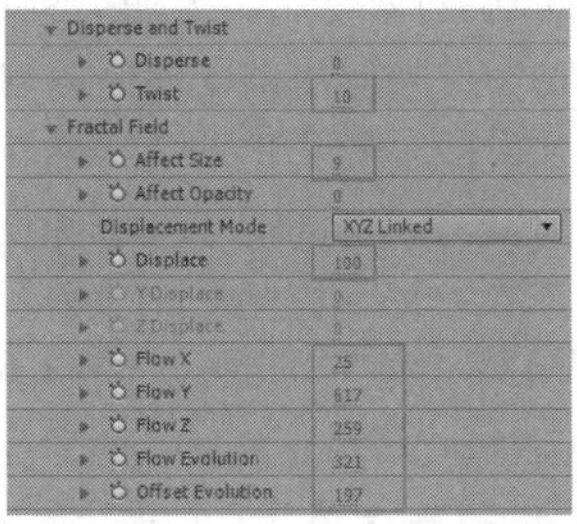

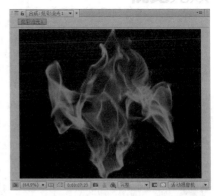

图4-405

9 选择"流光"图层，执行"效果>颜色校正>色相/饱和度"菜单命令，勾选"彩色化"选项，设置"着色饱和度"为0、"着色亮度"为99，如图4-406所示。

10 执行"文件>导入>文件"菜单命令，打开本书学习资源中的"案例源文件>第4章>4.26>背景.mov"素材，然后将"背景.mov"素材拖曳到"炫彩流光1"合成的时间线上，如图4-407所示。

图4-406   图4-407

11 按小键盘上的数字键0，预览最终效果，如图4-408所示。

图4-401   图4-402

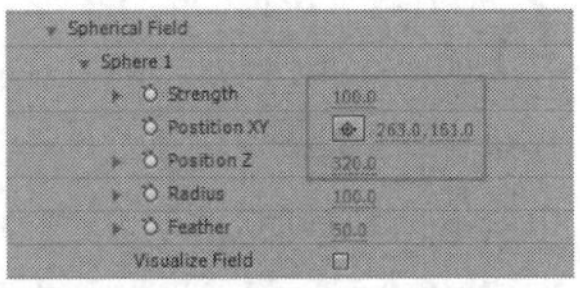

7 展开World Transform（变换）参数项，设置Scale（缩放）为90，如图4-403所示。

8 展开Motion Blur（运动模糊）参数项，选择Motion Blur（运动模糊）为On（开），如图4-404所示。画面的预览效果如图4-405所示。

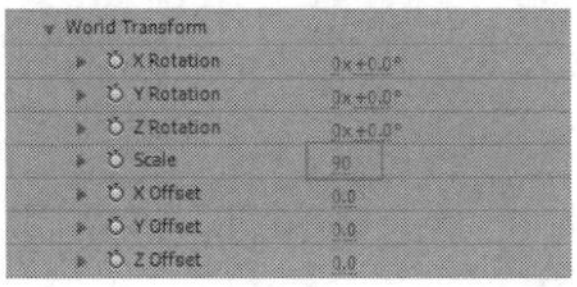

图4-403   图4-404

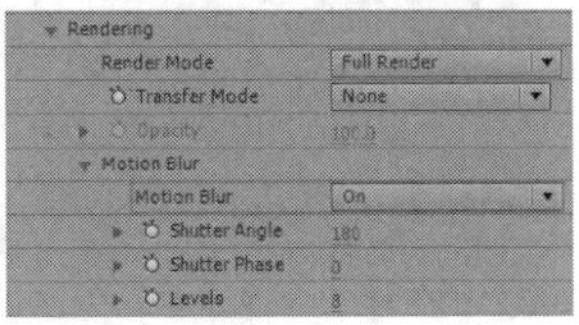

图4-408

4.27 炫彩流光2

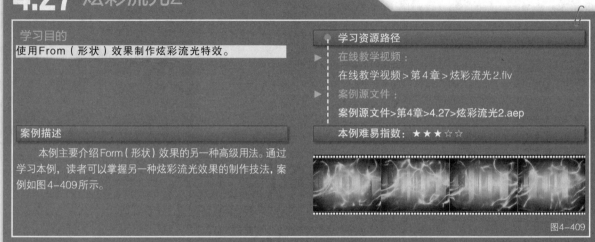

图4-409

操作流程

1 执行"合成>新建合成"菜单命令，创建一个预设为PAL D1/DV的合成，设置其"持续时间"为5秒，并将其命名为"炫彩流光2"，如图4-410所示。

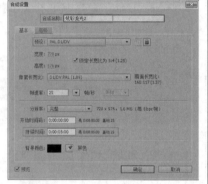

图4-410

2 按Ctrl+Y快捷键，创建一个名为"流光"、"颜色"为黑色的纯色图层，如图4-411所示。

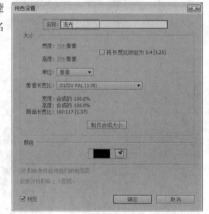

图4-411

3 选择"流光"图层，执行"效果>Trapcode>From（形状）"菜单命令，展开Base Form（基本属性）参数项，设置Size X（X大小）为500、Size Y（Y大小）为980、Size Z（Z大小）为200、Particles in X（X中的粒子）为300、Particles in Y（Y中的粒子）为300、Particles in Z（Z中的粒子）为3、Center Z（Z的中心）为270、Z Rotation（Z轴旋转）为（0×+90°），如图4-412所示。

4 展开Particle（粒子）参数栏，设置Color（颜色）为黄色，如图4-413所示。

图4-412　　　　　　　　　　图4-413

5 展开Disperse and Twist（分散与扭曲）参数项，设置Twist（扭曲）为2；展开Fractal Field（分形领域）参数项，设置Affect Size（影响大小）为1、Affect Opacity（影响透明度）为0、Displace（置换）为100、F Scale（量表）为7，如图4-414所示。

6 展开Spherical Field（球形场）参数项，在Sphere 1（球1）中设置Strength（强度）为100、PositionXY（XY坐标）为（16, 202）、Position Z（Z坐标）为250、Radius（半径）为200、Feather（羽化）为0，在Sphere 2（球2）中设置Strength（强度）为100、Position XY（XY坐标）为（540, 94）、Position Z（Z坐标）为180、Radius（半径）为100、Feather（羽化）为0，如图4-415所示。

图4-414　　　　　　　　　　图4-415

7 展开World Transform（变换）参数项，设置Scale（缩放）为130，如图4-416所示。预览效果如图4-417所示。

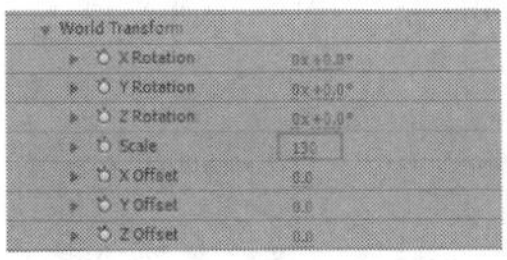

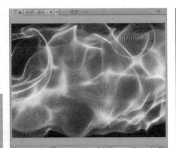

图4-416

图4-417

8 选择"流光"图层,执行"效果>Trapcode>Shine(扫光)"菜单命令,设置Ray Length(光芒长度)为0,选择Colorize(颜色模式)为Rastafari,如图4-418所示。

9 选择"流光"图层,执行"效果>颜色校正>色阶"菜单命令,选择"通道"为Alpha,设置"Alpha输入白色"为134、"Alpha灰度系数"为0.21,如图4-419所示。

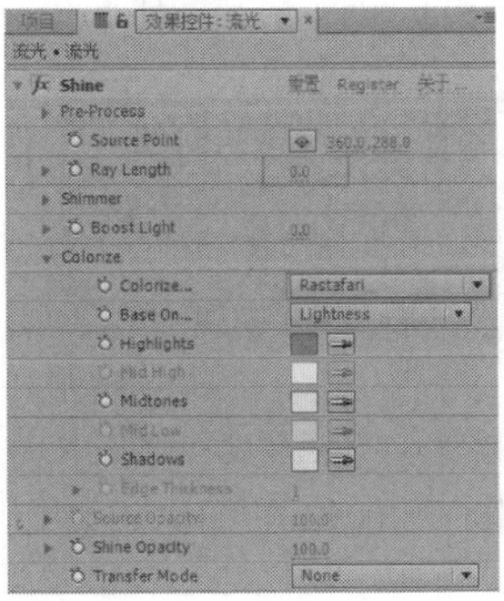

图4-418

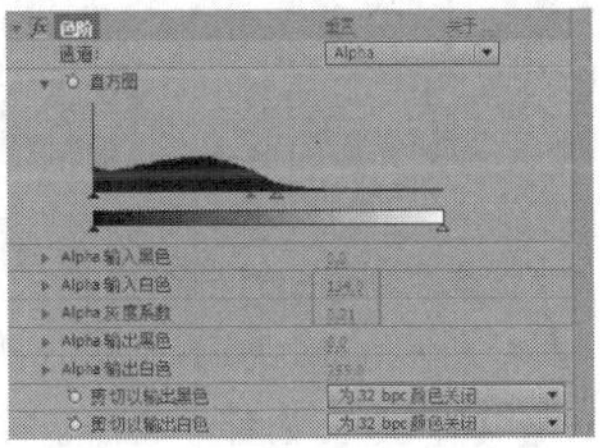

图4-419

10 选择"流光"图层,按Ctrl+D快捷键复制出一个新图层,然后选择新图层,执行"效果>模糊和锐化>快速模糊"菜单命令,设置"模糊度"为20,如图4-420所示。将该图层的叠加模式设置为"变亮",如图4-421所示。

图4-420

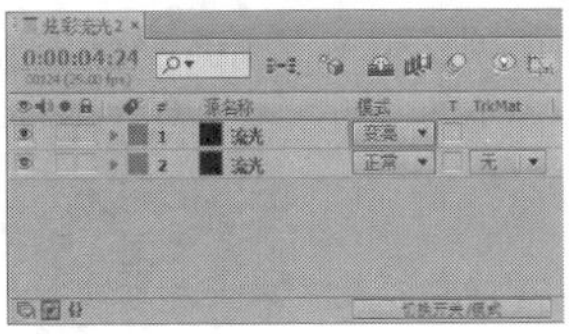

图4-421

11 执行"文件>导入>文件"菜单命令,打开本书学习资源中的"案例源文件>第4章>4.27>背景.mov"素材,然后将"背景.mov"素材拖曳到"炫彩流光2"合成的时间线上,如图4-422所示。

图4-422

12 按小键盘上的数字键0,预览最终效果,如图4-423所示。

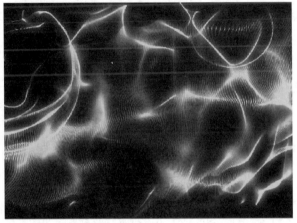

图4-423

4.28 光芒线条

学习目的

使用CC Particle World(CC粒子仿真世界)效果制作光芒线条特效。

学习资源路径

▶ 在线教学视频:
在线教学视频>第4章>光芒线条.flv

▶ 案例源文件:
案例源文件>第4章>4.28>光芒线条.aep

本例难易指数: ★★★☆☆

案例描述

本例主要讲解CC Particle World(CC粒子仿真世界)效果的又一高级应用。通过学习本例,读者可以掌握光芒线条特效的制作技法,案例如图4-424所示。

图4-424

操作流程

1 执行"合成>新建合成"菜单命令,创建一个预设为HDTV 1080 25的合成,设置其"持续时间"为4秒,并将其命名为"光芒线条",如图4-425所示。

2 按Ctrl+Y快捷键,创建一个黑色的纯色图层,将其命名为"背景",如图4-426所示。

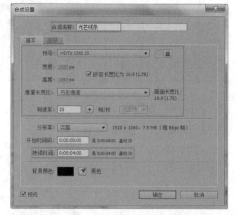

图4-425

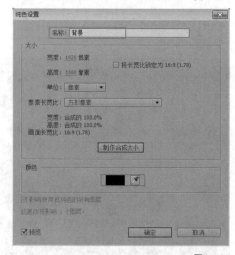

图4-426

3 选择"背景"图层，执行"效果>生成>梯度渐变"菜单命令，设置"渐变起点"为（957，537）、"渐变终点"为（-400，1872）、"起始颜色"为（R:0，G:54，B:82）、"结束颜色"为"黑色"，选择"渐变形状"为"径向渐变"，如图4-427所示。画面的预览效果如图4-428所示。

图4-427　　　　　　　　　　　图4-428

4 执行"文件>导入>文件"菜单命令，打开"案例源文件>第4章>4.28>素材"文件夹，将其中的素材添加到"光芒线条"合成的时间线上，最后将"素材"的图层叠加模式修改为"相加"，如图4-429所示。

图4-429

5 选择"素材"图层，执行"效果>风格化>发光"菜单命令，设置"发光半径"为87，如图4-430所示。

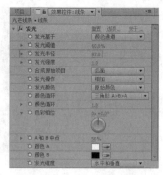

图4-430

6 选择"素材"图层，在第3秒07帧处，按Alt+[快捷键，将"素材"图层的出点时间设置在第3秒07帧处。选择"素材"图层，然后按Ctrl+D快捷键复制一个新图层，保持时间指针在第3秒07帧处，接着选择新图层，执行"图层>时间>启用时间重映射"菜单命令，如图4-431所示。

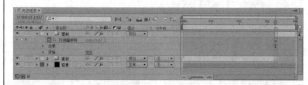

图4-431

7 选择复制得到的"素材"图层，设置其"不透明度"属性的关键帧动画，在第3秒07帧处，设置其值为100%；在第3秒24帧处，设置其值为0%，如图4-432所示。

图4-432

8 执行"图层>新建>调整图层"菜单命令，创建一个调整图层，然后选择新建的调整图层，执行"效果>颜色校正>曲线"菜单命令，在RGB通道中调整曲线，如图4-433所示。

9 按Ctrl+Y快捷键，创建一个黑色的纯色图层，将其命名为"光芒"，如图4-434所示。

图4-433　　　　　　　　　　　图4-434

10 选择"光芒"图层，执行"效果>生成>镜头光晕"菜单命令，然后设置"光晕中心"的值为（920，103）、"镜头类型"为"105毫米定焦"；接着设置"光晕亮度"属性的关键帧动画，在第3秒02帧处，设置其值为0%；在第3秒07帧处设置其值为100%；在3秒15帧处，设置其值为0%，最后设置该图层的图层叠加方式为"相加"，如图4-435所示。

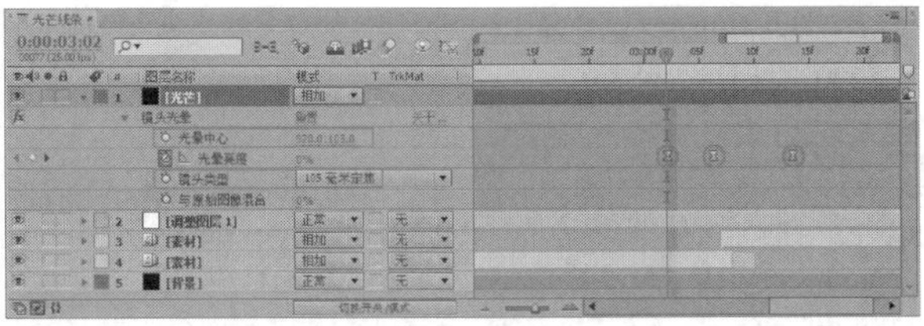

图4-435

11 按Ctrl+Y快捷键,创建一个黑色的纯色图层,将其命名为"粒子",如图4-436所示。

12 选择"粒子"图层,执行"效果>模拟>CC Particle World"菜单命令,设置Birth Rate的值为0、PositionY的值为-0.23、Velocity的值为1.4、Gravity的值为0.22,如图4-437所示。

图4-436

13 在Particle属性栏中,选择Particle Type为Motion Square,设置Birth Color为(R:0, G:102, B:255)、Death Color为白色,如图4-438所示。

图4-437

图4-438

14 设置Birth Rate属性的关键帧动画,在第2秒22帧处,设置其值为0;在第2秒24帧处,设置其值为25;在第3秒04帧处,设置其值为25;在第3秒07帧处,设置其值为0,如图4-439所示。

图4-439

15 执行"图层>新建>摄像机"菜单命令,创建出一个摄像机,然后设置其"缩放"值为275毫米,如图4-440所示。

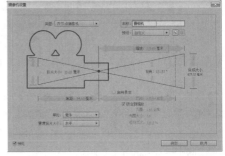

图4-440

16 展开"摄像机"图层的"位置"属性,修改其值为(960, 540, -785),如图4-441所示。

图4-441

17 按小键盘上的数字键0,预览最终效果,如图4-442所示。

图4-442

4.29 云层光效

学习目的
使用Shine(扫光)效果制作云层光效。

学习资源路径
► 在线教学视频:
在线教学视频>第4章>云层光效.flv
► 案例源文件:
案例源文件>第4章>4.29>云层光效.aep

本例难易指数:★★☆☆☆

案例描述
本例主要介绍Shine(扫光)效果的应用。通过学习本例,读者可以掌握使用Shine(扫光)效果模拟云层光效的方法,案例如图4-443所示。

图4-443

操作流程

1 执行"合成>新建合成"菜单命令，创建一个预设为"自定义"的合成，设置其大小为720像素×405像素、"持续时间"为5秒，将其命名为"云层光线"，如图4-444所示。

2 执行"文件>导入>文件"菜单命令，打开本书学习资源中的"案例源文件>第4章>4.29>天空.mov"文件，然后将其添加到"云层光线"合成的时间线上，如图4-445所示。

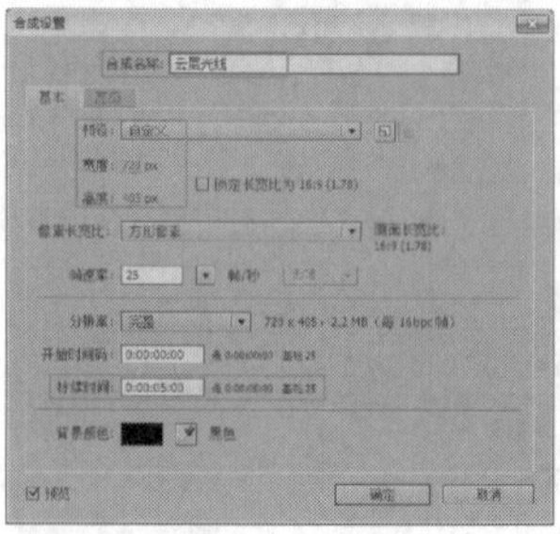

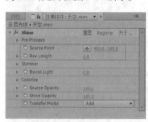

图4-444　　　　　　　　　　　　图4-445

3 选择"天空.mov"图层，执行"效果>Trapcode>Shine（扫光）"菜单命令，修改Source Point（发光点）的值为（900，-385）、Ray Length（光线长度）的值为5、Transfer Mode（传输模式）为Add（相加），如图4-446所示。

4 展开Colorize（颜色模式）参数项，修改Colorize（颜色模式）为None（无），如图4-447所示。

图4-446 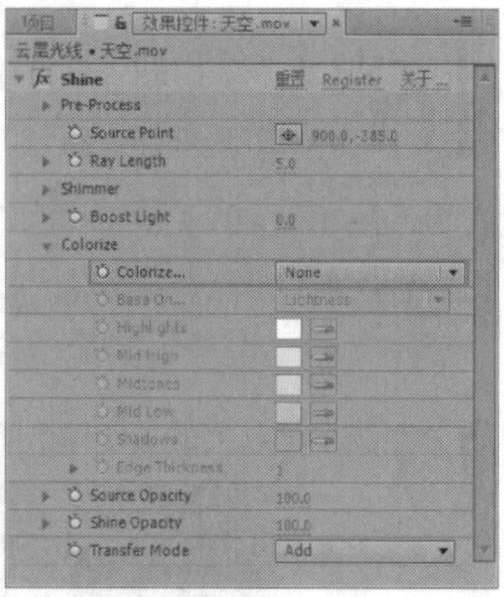　　　　　　　　　　　　图4-447

5 展开Shimmer（微光）参数项，修改Amount（数量）的值为80、Detail（细节）的值为25，最后勾选Use Loop（使用循环）选项，如图4-448所示。

6 展开Pre-Process（预先处理）参数项，修改Threshold（阈值）为200，如图4-449所示。

图4-448　　　　　　　　　　　　图4-449

7 设置Threshold（阈值）和Phase（相位）属性的关键帧动画，在第0帧处，设置Threshold（阈值）的值为200；在第3秒处，设置Threshold（阈值）的值为50。在第0帧处，设置Phase（相位）的值为（0×+0°）；在第4秒24帧处，设置Phase（相位）的值为（1×+0°），如图4-450所示。

图4-450

8 按小键盘上的数字键0，预览最终效果，如图4-451所示。

图4-451

4.30 流动光效

学习目的

使用Particular（粒子）预设制作线条效果，使用Shine（扫光）效果添加光效。

学习资源路径

▶ 在线教学视频：
　在线教学视频>第4章>流动光效.flv

▶ 案例源文件：
　案例源文件>第4章>4.30>流动光效.aep

案例描述

本例主要介绍Particular（粒子）预设和Shine（扫光）效果的高级应用。通过学习本例，读者可以掌握流动光效的制作技法，案例如图4-452所示。

本例难易指数：★★★☆☆

图4-452

操作流程

1 执行"合成>新建合成"菜单命令，创建一个预设为PAL D1/DV的合成，然后设置其"持续时间"为5秒，并将其命名为"粒子"，如图4-453所示。

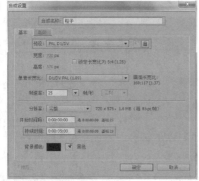

图4-453

2 在"粒子"合成的"时间线"面板中创建一个纯色图层，将其命名为"粒子"，设置"大小"为720像素×576像素、"颜色"为黑色，如图4-454所示。

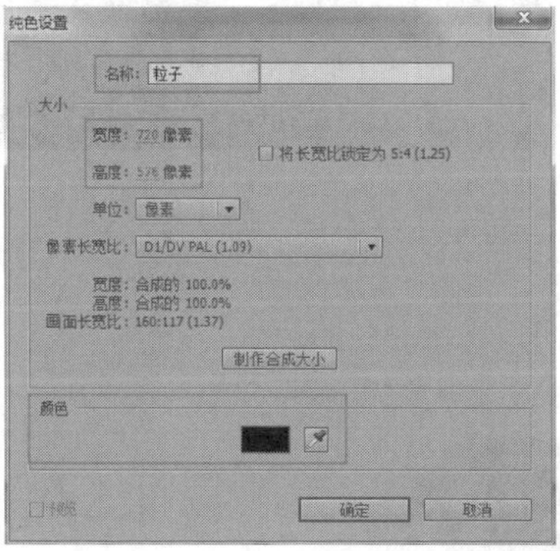

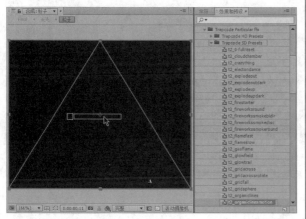

图4-454

3 将时间指针移动到第11帧处，选择"粒子"图层，然后在"效果和预设"窗口中将t2_OrganicLinesMotion预设添加到"粒子"图层上，如图4-455所示。

图4-455

4 选择"粒子"图层，执行"效果>Trapcode>Shine（扫光）"菜单命令，设置Ray Length（光芒长度）为11、Boost Litht（提升亮度）为15，选择Colorize（颜色模式）为Mars（火星），如图4-456所示。

图4-456

5 选择"粒子"图层，然后按Ctrl+D快捷键复制出一个新图层，将新图层命名为"粒子1"，如图4-457所示。

图4-457

6 选择"粒子"图层，将Shine（扫光）特效删除，预览效果如图4-458所示。

7 创建一个合成，然后将其命名为"流光"，将"粒子"合成导入到"流光"合成中。在"流光"合成的"时间线"上选择"粒子"图层，然后执行"效果>模糊和锐化>高斯模糊"菜单命令，设置"模糊度"为50、"模糊方向"为"水平"，如图4-459所示。

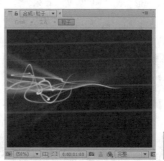

图4-458　　　　　　　　　图4-459

8 选择"粒子"图层，设置其"缩放"值为（1000，100%），如图4-460所示。

图4-460

9 创建一个新的合成Final，然后将"流光"合成导入到Final合成中，接着在Final合成的"时间线"上选择"流光"图层，再连续按两次Ctrl+D快捷键复制出两个新图层，分别将图层命名为"流光0""流光1"和"流光2"。选择"流光2"图层，执行"效果>扭曲>贝塞尔曲线变形"菜单命令，最后设置12个点的位置来改变它的流动的方向，如图4-461所示。

10 为了让光效更加突出，选择"流光2"图层，执行"效果>风格化>发光"菜单命令，设置"发光阈值"为30%、"发光半径"为50、"发光强度"为0.5、"发光颜色"为"A和B颜色"、"颜色A"为黄色（R:255，G:198，B:0）、"颜色B"为红色（R:255，G:0，B:0），如图4-462所示。预览效果如图4-463所示。

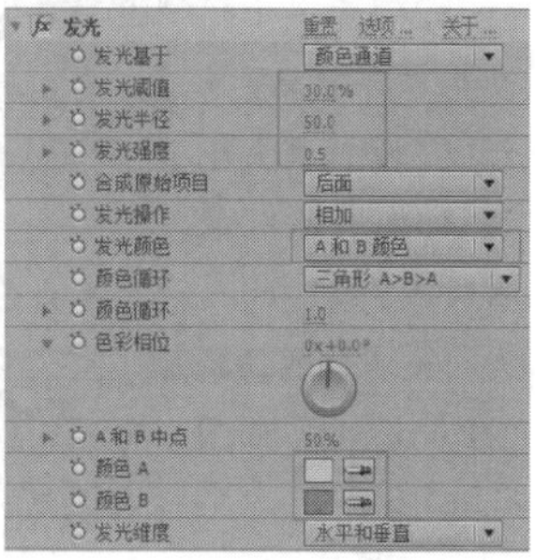

图4-461　　　　　　　　　图4-462

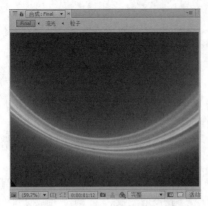

图4-463

11 使用与上两步相同的方法，为"流光0"和"流光1"图层分别添加"贝塞尔曲线变形"效果和"发光"效果，然后调整"流光0"和"流光1"图层的位置，让"流光0"图层从第1秒处开始，让"流光1"图层从第13帧处开始，如图4-464所示。

图4-464

12 按小键盘上的数字键0，预览最终效果，如图4-465所示。

图4-465

4.31 光效风暴

学习目的

使用Particular（粒子）效果制作光效基本形态，使用Fast Blur（快速模糊）效果实现光效的动态模糊，使用"贝塞尔曲线变形"效果制作光效的扭曲效果。

案例描述

本例主要介绍Particular（粒子）和"贝塞尔扭曲变形"效果的应用。通过对本例的学习，读者可以掌握光效风暴的制作技法，案例如图4-466所示。

学习资源路径

▶ 在线教学视频：

在线教学视频 > 第4章 > 光效风暴.flv

▶ 案例源文件：

案例源文件 > 第4章 > 4.31 > 光效风暴.aep

本例难易指数：★★★☆☆

图4-466

操作流程

1 执行"合成>新建合成"菜单命令，创建一个预设为"自定义"的合成，设置其大小为640像素×480像素、"持续时间"为3秒，并将其命名为Particular，如图4-467所示。

图4-467

2 在Particular合成的时间线上创建一个纯色图层，将其命名为"光效"，设置"大小"为640像素×480像素、"颜色"为黑色，如图4-468所示。

图4-468

3 将时间指针移动到第11帧处，选择"光效"图层，在"效果和预设"窗口中将t_OrganicLines预设添加到"光效"图层上，画面的预览效果如图4-469所示。

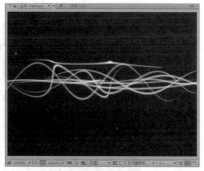

图4-469

4 选择"光效"图层，执行"效果>Trapcode>Shine（扫光）"菜单命令，设置Ray Length（发光长度）为10、Boost Light（光线亮度）为14，设置Transfer Mode（混合模式）为Add（相加），如图4-470所示。预览效果如图4-471所示。

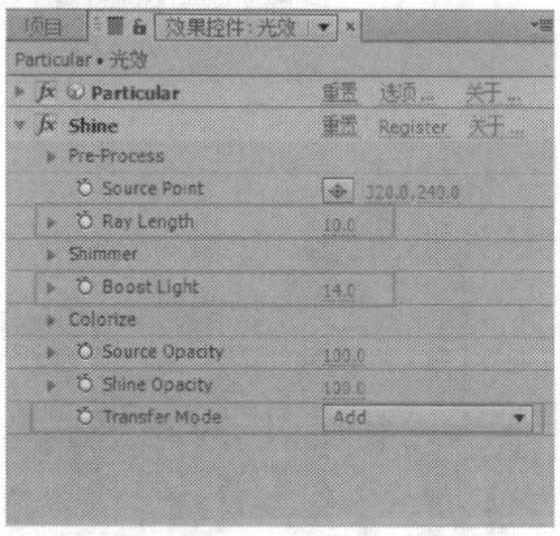

图4-470

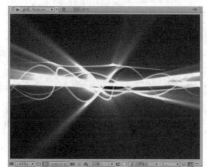

图4-471

5 为了体现光效的特点，选择"光效"图层，执行"效果>模糊和锐化>快速模糊"菜单命令，设置"模糊度"为50、"模糊方向"为"水平"，如图4-472所示。预览效果如图4-473所示。

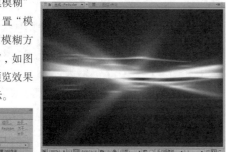

图4-472　　　　　　　　图4-473

6 下面为光线的流动增加扭曲效果，首先选择"光效"图层，然后执行"效果>扭曲>贝塞尔曲线变形"菜单命令，接着通过调节各个控制点来对图像进行扭曲，具体参数设置如图4-474所示。扭曲后的预览效果如图4-475所示。

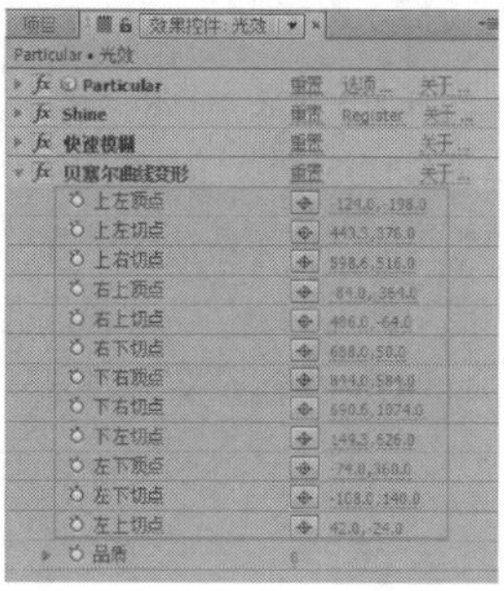

图4-474

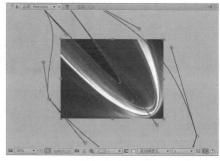

图4-475

7 为了增强光的效果，按Ctrl+D快捷键将"光效"图层复制一个新图层，接着设置新图层的叠加模式为"相乘"，如图4-476所示。

图4-476

8 按Ctrl+N快捷键创建一个新的合成，将其命名为Final，设置"大小"为640像素×480像素、"持续时间"为3秒，然后将合成Particular拖曳到新建的Final合成中，此时的光效的边缘不是很柔和，如图4-477所示。

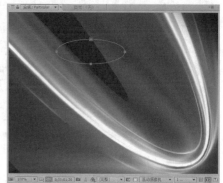

图4-477

9 使用"钢笔工具"为Particular图层绘制一个蒙版，如图4-478所示。

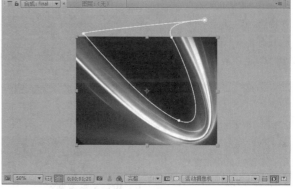

图4-478

10 设置"蒙版羽化"为（60，60像素），勾选"反转"选项，如图4-479所示。

图4-479

11 按小键盘上的数字键0，预览最终效果，如图4-480所示。

图4-480

4.32 条纹光效

学习目的

学习Particular（粒子）效果的使用方法，学习调整图层的使用方法。

学习资源路径

▶ 在线教学视频：
在线教学视频 > 第4章 > 条纹光效.flv

▶ 案例源文件：
案例源文件 > 第4章 > 4.32 > 条纹光效.aep

案例描述

本例主要介绍Particular（粒子）效果的高级应用。通过学习本例，读者可以掌握条纹光线效果的制作技法，案例如图4-481所示。

本例难易指数：★★★☆☆

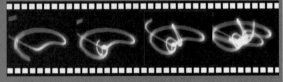

图4-481

操作流程

1 执行"合成 > 新建合成"菜单命令，创建一个预设为"自定义"的合成，设置其大小为50像素×50像素、"持续时间"为6秒，并将其命名为"粒子"，如图4-482所示。

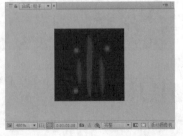

图4-482

2 在"粒子"合成的"时间线"上创建一个白色的纯色层，然后将其复制出5个图层，接着使用"钢笔工具"分别为每纯色层绘制一个蒙版，形状如图4-483所示。

图4-483

3 调节各个纯色层的"不透明度"，然后设置圆形蒙版的"不透明度"为25%、长条形蒙版的"不透明度"为10%，如图4-484所示。

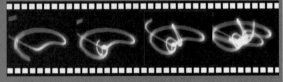

图4-484

4 创建一个预设为PAL D1/DV的合成，将其命名为"条纹"，并设置持续时间为6秒，然后将"粒子"合成导入到"条纹"合成中，关闭"粒子"图层的显示；接着按Ctrl+Y快捷键，创建一个纯色层，将其命名为"背景"，设置"颜色"为黑色，如图4-485所示。

图4-485

5 执行"图层>新建>灯光"菜单命令,创建一个灯光图层,设置"灯光类型"为"点",将其命名为Emitter,勾选"投影"选项,设置"阴影扩散"值为32像素,如图4-486所示。

6 创建一个黑色的纯色图层,将其命名为"粒子",然后选择"粒子"图层,执行"效果>Trapcode>Particular(粒子)"菜单命令,接着展开Emitter(发射器)参数项,设置Particles/sec(粒子数量/秒)为2099、Emitter Type(发射类型)为Light(灯光),其他参数设置如图4-487所示。

图4-486

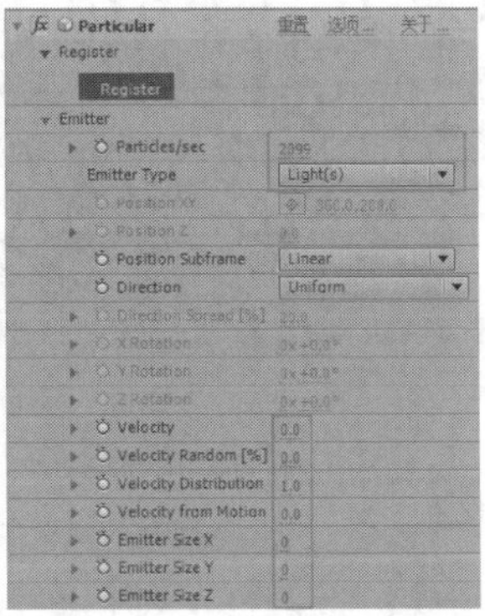

图4-487

7 展开Particle(粒子)参数项,设置Life[sec](生命[秒])为10、Particle Type(粒子类型)为custom;展开Texture(纹理)参数项,设置Layer(图层)为"4.粒子"、Time Sampling(时间采样)为Start at Birth-Loop(开始出生-循环)、Opacity(不透明度)为40,如图4-488所示。

图4-488

8 选择"灯光"图层,然后给"位置"参数添加表达式wiggle(2,100),如图4-489所示。

图4-489

9 执行"图层>新建>摄像机"菜单命令,创建一个摄像机,然后设置摄像机的"缩放"属性值为148毫米;接着设置摄像机的"目标点"和"位置"属性的关键帧动画,在第0秒处,设置"目标

点"为(414.7, 294.9, -11.3)、"位置"为(387.5, 346, -426.6);在第3秒03帧处,设置"目标点"为(241.5, 336.8, -41)、"位置"为(430.1, 363, -412.6);在第5秒24帧处,设置"目标点"为(294.3, 405.2, -30)、"位置"为(437, 316.1, -415.6);最后给"位置"属性添加表达式wiggle(5, 10),如图4-490所示。

图4-490

10 执行"图层>新建>调整图层"菜单命令,创建一个调整图层,然后选择新建的调整图层,执行"效果>颜色校正>色相/饱和度"菜单命令,勾选"彩色化"选项,设置"着色色相"为(0×+203°)、"着色饱和度"为58,如图4-491所示。

11 选择"调整图层",执行"效果>风格化>发光"菜单命令,设置"发光阈值"为53.7%、"发光半径"为61、"发光强度"为1.3,如图4-492所示。

图4-491

图4-492

12 按小键盘上的数字键0,预览最终效果,如图4-493所示。

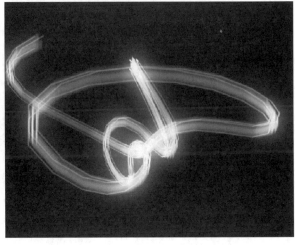

图4-493

4.33 描边光效

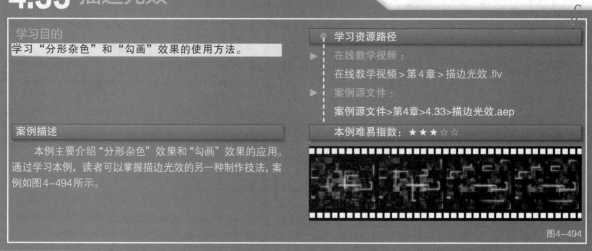

学习目的

学习"分形杂色"和"勾画"效果的使用方法。

学习资源路径

▶ 在线教学视频：
在线教学视频 > 第4章 > 描边光效.flv

▶ 案例源文件：
案例源文件 > 第4章 > 4.33 > 描边光效.aep

本例难易指数：★ ★ ★ ☆ ☆

案例描述

　　本例主要介绍"分形杂色"效果和"勾画"效果的应用。通过学习本例，读者可以掌握描边光效的另一种制作技法，案例如图4-494所示。

图4-494

操作流程

1 执行"合成 > 新建合成"菜单命令，新建一个预设为"自定义"的合成，设置其大小为640像素×480像素、"持续时间"为5秒，并将其命名为"背景"，如图4-495所示。

2 在"背景"合成的时间线面板中创建一个黑色的纯色图层，将其命名为"背景"，然后选择"背景"图层，执行"效果 > 杂色和颗粒 > 分形杂色"菜单命令，接着设置"分形类型"为"基本"、"杂色类型"为"块"，最后设置"对比度"为140、"亮度"为-50，如图4-496所示。画面的预览效果如图4-497所示。

图4-496　　　　　　　　　　　　图4-497

3 选择"背景"图层，展开"分形杂色"效果，在第0秒处，设置"演化"为（0×+0°）；在第3秒处，设置"演化"为（1×+0°），如图4-498所示。

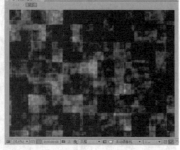

图4-498

4 按Ctrl+N快捷键，创建一个新合成，将其命名为"文字01"；然后创建一个黑色的纯色图层，并将其命名为"文字"，接着选择"文字"图层，执行"效果 > 过时 > 基本文字"菜单命令，在打开的对话框中输入字母TEI，设置字体为Arial Black、样式为Regular，如图4-499所示。

图4-499

5 展开"基本文字"属性栏，设置"填充颜色"为白色、"大小"为450、"位置"为（364，240），如图4-500所示。

6 在"项目"面板中选择"文字01"合成，然后按Ctrl+D快捷键将其复制出3个合成，分别命名为"文字02""文字03"和"文字04"，如图4-501所示。

图4-500　　　　　　　　　　　　图4-501

7 选择"文字02"合成中"文字"图层，然后设置"基本文字"效果中的"位置"为（352，240）、"大小"为380。

8 选择"文字03"合成中"文字"图层，然后设置"基本文字"效果中的"位置"为（298，125）、"大小"为354。

9 选择"文字04"合成中"文字"图层，然后设置"基本文字"效果中的"位置"为（134，445）、"大小"为649。

10 创建一个合成，将其命名为Final，然后将"文字01""文字02""文字03""文字04"和"背景"合成导入到Final合成中，最后将"文字01""文字02""文字03"和"文字04"4个图层的显示开关关闭。

11 按Ctrl+Y快捷键，创建一个黑色的纯色图层，将其命名为"线条"，然后将"线条"固态层的模式设置为"相加"；接着选择"线条"图层，执行"效果>生成>勾画"菜单命令，设置"输入图层"为"9.文字01"、"片段"为1、"长度"为0.2,勾选"随机相位"选项,设置"随机植入"为5、"颜色"为白色,如图4-502所示。

12 选择"线条01"图层，执行"效果>风格化>发光"菜单命令,设置"发光阈值"为20%、"发光半径"为20、"发光强度"为2、"发光颜色"为"A和B颜色"、"颜色A"为黄色、"颜色B"为红色,如图4-503所示。

图4-502　　　　　　　　　　图4-503

13 在第0秒处，设置"勾画"效果中的"旋转"为（0×+0°）；在第3秒处，设置"旋转"为（0×-195°），如图4-504所示。

图4-504

14 选择"线条01"图层，然后按Ctrl+D快捷键复制出3个图层，接着分别将其命名为"线条02""线条03"和"线条04"。

15 选择"线条02"图层，然后设置"勾画"效果中的"输入图层"为"10.文字02"、"随机植入"为6,设置"发光"效果中的"颜色A"为紫色、"颜色B"为粉色。

16 选择"线条03"图层，然后设置"勾画"效果中的"输入图层"为"11.文字03"、"随机植入"为7,设置"发光"效果中的"颜色A"为紫色、"颜色B"为粉色。

17 选择"线条04"图层，然后设置"勾画"效果中的"输入图层"为"12.文字04"、"随机植入"为10,设置"发光"效果中的"颜色A"为浅绿色、"颜色B"为绿色。

18 为了增强光效的光感表现，选择4个线条固态层，然后按Ctrl+D快捷键复制4个图层。

19 按小键盘上的数字键0，预览最终效果，如图4-505所示。

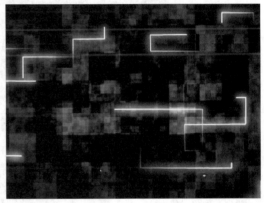

图4-505

4.34 过场光效1

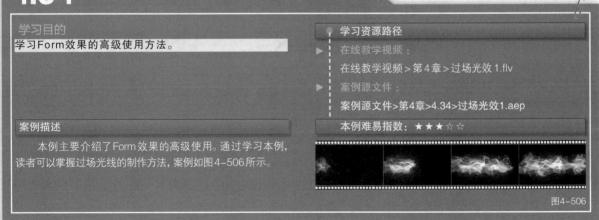

学习目的

学习Form效果的高级使用方法。

学习资源路径

► 在线教学视频：

在线教学视频 > 第4章 > 过场光效1.flv

► 案例源文件：

案例源文件 > 第4章 > 4.34 > 过场光效1.aep

案例描述

本例主要介绍了Form效果的高级使用。通过学习本例，读者可以掌握过场光线的制作方法，案例如图4-506所示。

本例难易指数：★★★☆☆

图4-506

操作流程

1 执行"合成>新建合成"菜单命令，创建一个预设为"自定义"的合成，设置合成大小为960像素×540像素、"像素长宽比"为"方形像素"、"持续时间"为10秒，并将其命名为"渐变"，如图4-507所示。

2 执行"图层>新建>纯色"菜单命令，创建一个新的纯色图层，将其命名为"渐变"，设置"大小"为960像素×540像素、"像素长宽比"为"方形像素"、"颜色"为白色,如图4-508所示。

图4-507

图4-508

3 选择"渐变"图层,执行"效果>风格化>毛边"菜单命令,设置"边界"的值为155,如图4-509所示。

图4-509

4 选择"渐变"图层,然后使用"矩形工具" ▢ 为该图层创建蒙版,分别在第0帧、第3秒和第7秒处设置蒙版的动画,如图4-510和图4-511所示。

图4-510

图4-511

5 执行"合成>新建合成"菜单命令,创建一个预设为"自定义"的合成,设置合成大小为960像素×540像素、"像素长宽比"为"方形像素"、"持续时间"为6秒,并将其命名为"过场光线",如图4-512所示。

图4-512

6 将项目窗口中的"渐变"合成添加到"过场光线"合成的时间线上,然后选择"渐变"图层,按Ctrl+Shift+C快捷键创建一个预合成,将其命名为"渐变",最后关闭"渐变"图层的显示,如图4-513所示。

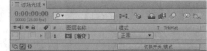

图4-513

7 执行"图层>新建>纯色"菜单命令,创建一个新的纯色图层,将其命名为Light,设置"宽度"为960像素、"高度"为540像素、"像素长宽比"为"方形像素",如图4-514所示。

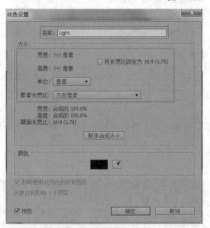

图4-514

8 选择Light图层,执行"效果>Trapcode>Form"菜单命令,设置Base Form的类型为Box-Strings、Size X为1400、Size Y为100、String in Y为5、String in Z为4、Center XY的值为(478.5, 276);展开String Settings参数项,设置Density为100、Size Random为33、Taper opacity为Linear,如图4-515所示。

图4-515

9 展开Particle参数栏,设置Sphere Feather为70、Opacity为7、Color为紫色(R:240, G:88, B:231)、Transfer Mode为Add,如图4-516所示。

10 展开Quick Maps参数栏，设置Color Map的两个色块分别是橙色（R:250, G:89, B:29）、蓝色（R:10, G:12, B:245），然后设置Map Opac+Color over为X，如图4-517所示。

图4-516　　　　　　　　　　图4-517

11 展开Layer Maps参数栏，设置Functionality为RGB to RGBA、Map Over为XY；展开Displacement参数栏，设置Map Over为XY；展开Size参数栏，设置Layer为"3.渐变"、Map Over为XY；展开Fractal Strength参数栏，设置Layer为"3.渐变"、Map Over为XY；展开Disperse参数栏，设置Map Over为XY，如图4-518所示。

12 展开Disperse and Twist参数栏，设置Disperse为25；展开Fractal Field参数栏，设置Affect Size为10、Affect Opacity为2、Displace为132、Flow X为50、Flow Y为12、Flow Z为42、Flow Evolution为30，勾选Flow Loop选项，如图4-519所示。

图4-518　　　　　　　　　　图4-519

13 展开Spherical Field参数栏，设置Sphere 1中的Position XY的值为（466.5, 279）、Radius的值为20、Feather的值为0；设置Sphere 2中Position XY的值为（288, 216），如图4-520所示。

14 展开Kaleidospace参数栏，设置Center XY的值为（288、216）；展开Rendering参数栏，设置Render Mode为Full Render，如图4-521所示。

图4-520　　　　　　　　　　图4-521

15 选择Light图层，执行"效果>模糊和锐化>CC Vector Blur"菜单命令，设置Type类型为Perpendicular、Amount的值为20，如图4-522所示，画面的预览效果如图4-523所示。

图4-522

图4-523

16 选择Light图层，执行"效果>风格化>发光"菜单命令，设置"发光阈值"为61.2%、"发光半径"为188、"发光强度"为0.5，如图4-524所示。修改Light的图层叠加模式为"屏幕"，如图4-525所示。画面的预览效果如图4-526所示。

图4-524　　　　　　　　　　图4-525

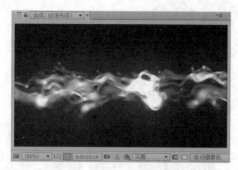

图4-526

17 选择Light图层，按Ctrl+D快捷键复制一个新图层，将新图层重新命名为Light_cc，选择Light_cc图层，在Form效果的Base Form参数栏中修改Size Y的值为200，如图4-527所示。

18 在Particle Type参数栏修改Particle Type为Cloudlet、Cloudlet Feather的值为100，如图4-528所示。

图4-527 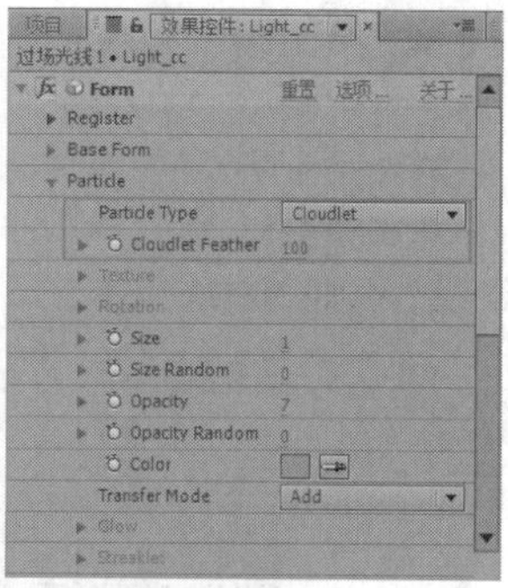　　　　　　　　　　图4-528

19 继续修改CC Vector Blur效果中的部分参数，设置Type为Natural、Amount的值为40，如图4-529所示。

20 选择Light_cc图层，修改其图层的"不透明度"的值为70%，如图4-530所示。

图4-529 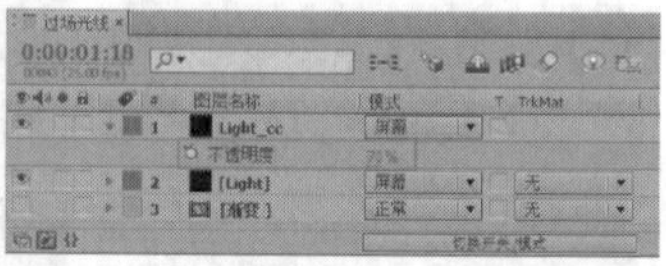　　　　　　　　　　图4-530

21 按小键盘上的数字键0，预览最终效果，如图4-531所示。

图4-531

4.35 过场光效2

学习目的
学习Form效果的高级使用方法。

学习资源路径

在线教学视频：
在线教学视频 > 第4章 > 过场光效2.flv

案例源文件：
案例源文件 > 第4章 > 4.35 > 过场光效2.aep

本例难易指数：★★★☆☆

案例描述

本例继续讲解Form效果的高级应用。通过学习本例，读者可以掌握另一种过场光线特效的制作方法，案例如图4-532所示。

图4-532

操作流程

1 执行"合成>新建合成"菜单命令，创建一个预设为"自定义"的合成，设置其大小为960像素×540像素，设置"持续时间"为9秒，并将其命名为"过场光线2"，如图4-533所示。

2 按Ctrl+Y快捷键，创建一个名为Ramp的白色纯色图层，然后使用"椭圆工具"在图层中绘制"蒙版1"，接着修改"蒙版羽化"的值为（30，30像素），在第0帧处，设置蒙版的大小为最小；在第5秒处，设置蒙版大小为最大，如图4-534和图4-535所示。

图4-533

图4-534

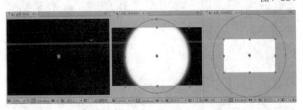

图4-535

3 再次使用"椭圆工具" 绘制"蒙版2"，设置"蒙版2"的叠加模式为"相减"、"蒙版羽化"值为（30,30像素），在第6秒处，设置蒙版的大小为最小；在第9秒处，设置蒙版的大小为最大，如图4-536和图4-537所示。

图4-536

图4-537

4 选择Ramp图层，按Ctrl+Shift+C快捷键，新建一个预合成，将其命名为Ramp；然后按Ctrl+Y快捷键，创建一个黑色的纯色图层，将其命名为Light，如图4-538所示。

图4-538

5 关闭Ramp图层的显示，选择Light图层，然后执行"效果>Trapcode>Form"菜单命令，设置Base Form的类型为Box-Strings、Size X为1200、Size Y为600、Size Z为100；展开String Settings参数栏，设置Density为5、Size Rando为0、Size Rnd Di为3、Taper Size为Smooth，如图4-539和图4-540所示。

图4-539　　　　　　　　图4-540

6 展开Particle属性栏，首先设置Sphere Feather为50、Size为2、Opacity为70、Color为蓝色（R:72、G:127、B:203），如图4-541所示；然后设置Quick Maps的相关参数，如图4-542所示。

图4-541　　　　　　　　图4-542

7 展开Layer Maps参数栏，设置Size中的Layer为2.Ramp、Map Over为XY；同样，Fractal Strength中的Layer也为2. Ramp、Map Over为XY，如图4-543所示。

8 展开Fractal Field参数栏，设置Displace为180、Flow Y为-50、Flow Evoluyion为30，勾选Flow Loop选项，设置Loop Time[sec]为3，如图4-544所示。

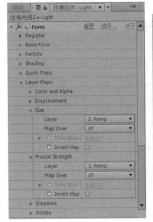

图4-543　　　　　　　　图4-544

9 展开Spherical Field参数栏，设置Sphere 1中的Strength为–100、Position X为（478.5, 273）、Radius为300、Feather为50，如图4-545所示。此时的预览效果如图4-546所示。

图4-545

图4-546

10 选择Light图层，执行"效果>模糊和锐化>CC Vector Blur"菜单命令，设置Type类型为Perpendicular、Amount为15，如图4-547所示。画面的预览效果如图4-548所示。

图4-547

图4-548

11 选择Light图层，执行"效果>风格化>发光"菜单命令，设置"发光阈值"为96.9%、"发光半径"为176、"发光强度"的值为1，如图4-549所示。

图4-549

12 按小键盘上的数字键0，预览最终效果，如图4-550所示。

图4-550

第5章 高级动画

◎ **本章导读**

本章将要学习After Effects的高级动画效果的制作，本书选取了一部分具有一定难度的案例，以及一部分相对比较简单但是很实用的案例。希望通过本章的学习，读者能够制作出属于自己的优秀动画作品。

◎ **本章所用外挂插件**

» Particular
» Optical Flares
» Form
» VC Reflect
» FEC Sphere
» Starglow
» Shine
» ToonIt! Outlines Only
» 3D Stroke
» S_WarpBubble
» S_WipeBubble
» Psunami

5.1 梦幻蝴蝶

学习目的

学习如何使用"三色调"效果、"曲线"效果和"发光"效果制作梦幻蝴蝶特效。

案例描述

本例主要讲解"三色调"效果、"曲线"效果和"发光"效果的常规使用方法，通过学习本例，读者可以掌握梦幻蝴蝶特效的制作方法，案例如图5-1所示。

学习资源路径

▶ 在线教学视频：

在线教学视频 > 第5章 > 梦幻蝴蝶.flv

▶ 案例源文件：

案例源文件 > 第5章 > 5.1 > 梦幻蝴蝶.aep

本例难易指数：★★★☆☆

图5-1

操作流程

1 执行"合成>新建合成"菜单命令，创建一个预设为"自定义"的合成，设置合成的"宽度"为720px、"高度"为405px、"像素长宽比"为"方形像素"、"持续时间"为5秒，并将其命名为"梦幻蝴蝶"，如图5-2所示。

图5-2

2 执行"文件>导入>文件"菜单命令，打开本书学习资源中的"案例源文件>第5章>5.1>蝴蝶.mov、烟雾.mov和夜景草地.mov"文件；然后将其拖曳到"梦幻蝴蝶"合成的时间线上，如图5-3所示。画面预览效果如图5-4所示。

图5-3

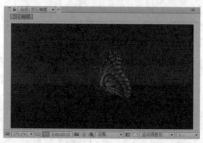

图5-4

3 选择"蝴蝶"图层，执行"效果>颜色校正>三色调"菜单命令，设置"中间调"的颜色为浅蓝色（R:89, G:143, B:223），如图5-5所示。画面的预览效果如图5-6所示。

图5-5

图5-6

4 选择"蝴蝶"图层，执行"效果>颜色校正>曲线"菜单命令，创建一个调整图层；然后将其命名为"曲线调整"，设置"通道"为RGB，调整曲线形状，如图5-7所示，画面预览效果如图5-8所示。

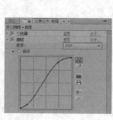

图5-7

图5-8

5 选择"蝴蝶"图层，执行"效果>风格化>发光"菜单命令，设置"发光阈值"的值为37.6%、"发光半径"的值为34%，如图5-9所示，预览效果如图5-10所示。

图5-9

图5-10

6 选择"蝴蝶"图层，然后按Ctrl+D快捷键复制图层，将复制得到的新图层命名为"蝴蝶-模糊"；接着切换到特效控制面板，删除"曲线"和"发光"效果，保留"三色调"效果；继续选择该图层，执行"效果>模糊和锐化>快速模糊"菜单命令，设置"模糊度"的值为96，如图5-11所示。

图5-11

7 选择"蝴蝶-模糊"图层，执行"效果>风格化>发光"菜单命令，设置"发光阈值"的值为16.9%，"发光半径"的值为246、"发光强度"的值为0.8，如图5-12所示。画面预览效果如图5-13所示。

图5-12　　　　　　　　　　图5-13

8 选择"蝴蝶-模糊"图层，将该图层的叠加方式修改为"相加"，并将该图层调整至"蝴蝶"图层的下面，如图5-14所示。画面预览效果如图5-15所示。

图5-14

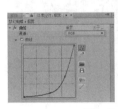

图5-15

9 选择"烟雾"图层，执行"效果>颜色校正>曲线"菜单命令，设置"通道"为RGB，调整曲线形状，如图5-16所示。画面预览效果如图5-17所示。

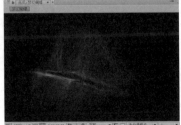

图5-16　　　　　　　　　　图5-17

10 选择"烟雾"图层，将该图层的叠加方式修改为"相加"，如图5-18所示；然后执行"效果>颜色校正>三色调"菜单命令，修改"中间调"的颜色为蓝色（R:52，G:117，B:206），如图5-19所示。画面预览效果如图5-20所示。

图5-18

图5-19　　　　　　　　　　图5-20

11 选择"烟雾"图层，执行"效果>风格化>发光"菜单命令，设置"发光阈值"的值为22%、"发光半径"的值为50、"发光强度"的值为0.5，如图5-21所示。画面预览效果如图5-22所示。

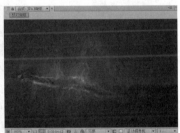

图5-21　　　　　　　　　　图5-22

12 执行"图层>新建>空对象"菜单命令，建立一个空对象图层，将该图层作为时间线上所有图层的父级对象，如图5-23所示。展开"空1"图层，按住Alt键不放并单击Position（位移）属性，为该属性添加表达式wiggle(3,10);，设置整个画面的抖动次数和抖动频率，如图5-24所示。

图5-23　　　　　　　　　　图5-24

13 为空对象添加表达式之后，"夜景草地"图层出现了画面"穿帮"现象，如图5-25所示，因此需要对背景图层做处理。选择"夜景草地"图层，执行"效果>风格化>动态拼贴"菜单命令，设置"输出宽度"的值为150、"输出高度"的值为150，同时勾选"镜像边缘"选项，如图5-26所示。

图5-25　　　　　　　　　　图5-26

14 按小键盘上的数字键0，预览最终效果，如图5-27所示。

图5-27

5.2 过场光线

学习目的

掌握Particular（粒子）和Optical Flares（OF光）效果的参数设置。

案例描述

本例主要讲解Particular（粒子）效果和Optical Flares（OF光）效果的用法，并配合"发光"效果和"色相饱和度"效果来制作过场光线。通过学习本例，读者可以掌握过场光线动画的制作方法，案例如图5-28所示。

学习资源路径

▶ 在线教学视频：
在线教学视频＞第5章＞过场光线.flv

▶ 案例源文件：
案例源文件＞第5章＞5.2＞过场光线.aep

本例难易指数：★★★☆☆

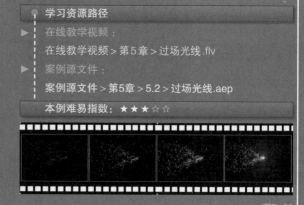

图5-28

操作流程

1 执行"合成>新建合成"菜单命令，创建一个预设为"自定义"的合成，设置合成的"宽度"为720px、"高度"为405px、"持续时间"为3秒，并将其命名为"过场光线"，如图5-29所示。

图5-29

2 按Ctrl+Y快捷键，新建一个黑色的纯色图层，设置"宽度"为720像素、"高度"为405像素，将其命名为"粒子1"，如图5-30所示。

图5-30

3 选择"粒子1"图层，执行"效果>Trapcode>Particular（粒子）"菜单命令，设置Position XY（XY轴位置）为（-2，202）、Life[sec]（生命/秒）的值为9、Size（大小）的值为3、Color（颜色）为深黄色（R:173，G:82，B:28）、Motion Blur（动态模糊）的模式为On（开启）、Shutter Angle（快门角度）为800、Shutter Phase为100，如图5-31所示。

图5-31

4 设置Position XY（XY轴位置）属性的关键帧动画，在第0帧处，设置其值为（-2，202）；在第3秒处，设置其值为（730，202），如图5-32所示。画面预览效果如图5-33所示。

图5-32

图5-33

5 选择"粒子1"图层,按Ctrl+D
快捷键复制一个新图层,然
后将其重命名为"粒子2",将"粒
子2"图层的叠加模式修改为"相
加",接着修改Particular(粒子)效
果中的Particle Type(粒子类型)为
Star(No DOF)(星型)、Size(大
小)为2.5,具体参数如图5-34和图
5-35所示。画面预览效果如图5-36
所示。

图5-34

图5-35

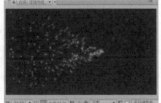

图5-36

6 执行"图层>新建>调整图层"菜单命令,创建一个调整图层,
然后选择调整图层,执行"效果>颜色校正>色相/饱和度"菜
单命令,设置"主饱和度"的值为-30,如图5-37所示。画面预览效
果如图5-38所示。

图5-37

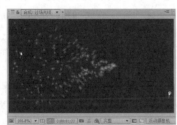

图5-38

7 继续选择"调整图层"图层,执行"效果>风格化>发光"菜单命
令,设置"发光阈值"的值为50%、"发光半径"的值为30、"发
光强度"的值为2,如图5-39所示。画面
预览效果如图5-40所示。

图5-39

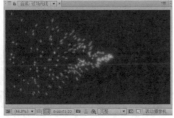

图5-40

8 按Ctrl+Y快捷键,新建一
个黑色的纯色图层,设置
"宽度"为720像素、"高度"
为405像素,将其命名为"光
线",如图5-41所示。

图5-41

9 选择"光线"图层,执行"效果>Video Copilot>Optical Flares"
菜单命令,选择合适的光线,如图5-42所示;然后设置Position
XY(XY轴位置)为(360, 202)、Brightness(亮度)的值为80、Scale
(缩放)的值为60、Render Mode(渲染模式)为On Transparent(透
明),如图5-43所示。

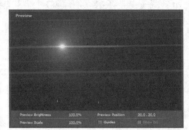

图5-42   图5-43

10 选择"光线"图层,将其图层的叠加模式修改为"相加";
设置该图层"缩放"属性的值为(50, 100%);然后设置
"位置"属性的关键帧动画,在第0帧处为(0, 202),在第3秒处
为(716, 202),如图5-44所示。

图5-44

11 按小键盘上的数字键0,预览最终效果,如图5-45所示。

图5-45

5.3 寒潮来袭

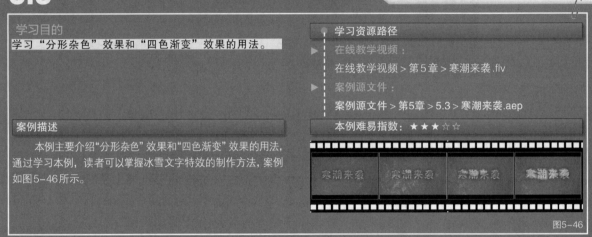

学习目的

学习"分形杂色"效果和"四色渐变"效果的用法。

学习资源路径

▶ 在线教学视频：

在线教学视频 > 第5章 > 寒潮来袭.flv

▶ 案例源文件：

案例源文件 > 第5章 > 5.3 > 寒潮来袭.aep

本例难易指数：★ ★ ★ ☆ ☆

案例描述

本例主要介绍"分形杂色"效果和"四色渐变"效果的用法，通过学习本例，读者可以掌握冰雪文字特效的制作方法，案例如图5-46所示。

图5-46

操作流程

1 执行"合成>新建合成"菜单命令，创建一个预设为"自定义"的合成，设置合成的"宽度"为720px、"高度"为405px、"持续时间"为3秒，并将其命名为"寒潮来袭"，如图5-47所示。

图5-47

2 按Ctrl+Y快捷键，新建一个纯色图层，颜色为"白色"，将其命名为"背景"，如图5-48所示。

图5-48

3 选择"背景"图层，执行"效果>生成>四色渐变"菜单命令，设置"点1"为（205，9）、"颜色1"为（R:23，G:46，B:163）、"点2"为（648，40）、"颜色2"为（R:47，G:149，B:252）、"点3"为（194，331）、"颜色3"为（R:134，G:192，B:226）、"点4"为（543，391）、"颜色4"为（R:8，G:49，B:95），如图5-49所示。画面预览效果如图5-50所示。

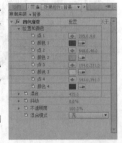

图5-49

图5-50

4 选择"背景"图层，执行"效果>杂色和颗粒>分形杂色"菜单命令，设置"分形类型"为"线程"、"杂色类型"为"柔和线性"，勾选"反转"选项，设置"对比度"的值为250、"亮度"的值为4、"溢出"模式为"剪切"；展开"变换"属性，设置"旋转"为（0×-25°）、"缩放"的值为1000、"偏移（湍流）"为（147.2，91.1）、"复杂度"的值为10；展开"子设置"属性，设置"子影响（%）"的值为100、"子缩放"的值为50、"子旋转"为（1×+0°）、"子位移"为（121.2，111.4）、"不透明度"的值为52%、"混合模式"为"相加"，如图5-51所示。

图5-51

5 设置"演化"属性和"复杂度"属性的关键帧动画，在第0帧处，设置"演化值"为（0×+ 0°）；在第3秒处，设置"演化值"为（1×+ 0°）；"复杂度"属性在第0帧和第3秒时均为10，如图5-52所示。画面预览效果如图5-53所示。

图5-52

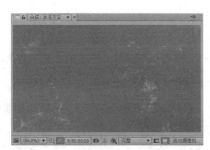

图5-53

6 使用"文字工具" **T** 输入文字"寒潮来袭"，在"字符"面板中设置字体为"方正少儿简体"、字体大小为100像素、字符间距为100，如图5-54所示。画面预览效果如图5-55所示。

图5-54　　　　　　　　　　　　　　　　图5-55

7 选择"寒潮来袭"图层，单击鼠标右键，在弹出的快捷菜单中选择"图层样式"中的"外发光"与"斜面和浮雕"命令，如图5-56所示。

8 将"寒潮来袭"图层的叠加模式修改为"相乘"，然后修改"位置"为（345，255）、"缩放"为（100，100%）；在"外发光"中设置"混合模式"为"颜色加深"、"不透明度"的值为48%、"颜色"为墨绿色（R:21，G:104，B:122）、"大小"的值为55；设置"斜面和浮雕"中的"大小"为14、"阴影模式"为"滤色"、"阴影颜色"为白色、"阴影不透明度"为78%，如图5-57所示。画面预览效果如图5-58所示。

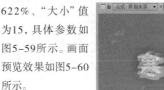

图5-56　　　　　　　　　　　　　　　　图5-57

图5-58

9 选择"寒潮来袭"图层，按Ctrl+D快捷键复制一个新图层并将其命名为"寒潮来袭2"，然后把"寒潮来袭2"图层的叠加模式修改为"冷光预乘"，修改"位置"的值为（354，255）、"缩放"的值为（93，93%）、"不透明度"的值为60%；设置"斜面和浮雕"效果中的"样式"为"外斜面"、"深度"值为622%、"大小"值为15，具体参数如图5-59所示。画面预览效果如图5-60所示。

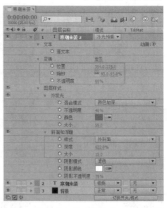

图5-59

图5-60

10 选择"寒潮来袭"图层，使用"钢笔工具" 勾画出一个不规则的形状，作为图层的蒙版，如图5-61所示。设置"蒙版1"的"蒙版羽化"值为（5，5像素），设置"蒙版扩展"值在第1秒处为-120像素、在第3秒处为100像素，如图5-62所示。

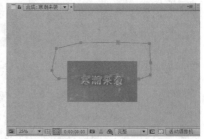

图5-61

图5-62

11 按Ctrl+Y快捷键，新建一个纯色图层，设置颜色为"黑色"，并命名为"压角"，如图5-63所示。

图5-63

12 选择"压角"图层，使用"椭圆工具" ◯ 绘制一个椭圆蒙版，如图5-64所示。设置"蒙版1"的叠加模式为"相加"，勾选"反转"选项，修改"蒙版羽化"的值为（500，500像素）、"蒙版扩展"的值为100%，最后设置该图层的"不透明度"为50%，如图5-65所示。

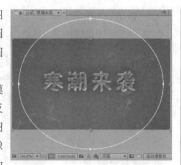
图5-64

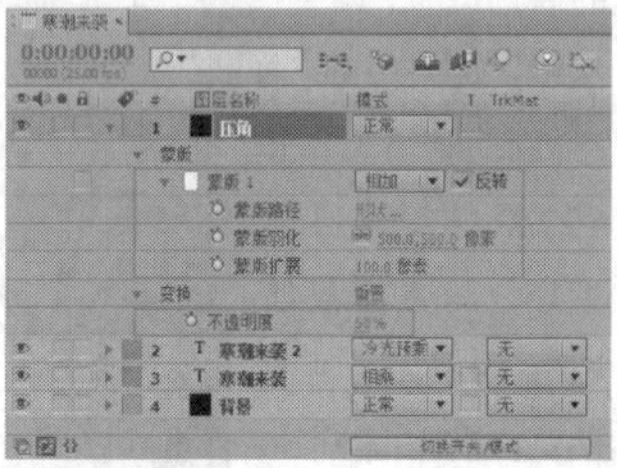

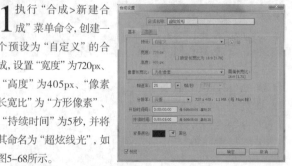
图5-65

13 按小键盘上的数字键0，预览最终效果，如图5-66所示。

图5-66

5.4 超炫拖尾特效

学习目的

使用From（形状）制作超炫拖尾特效。

案例描述

　　本例主要介绍了From（形状）效果的高级应用。通过学习本例，读者可以掌握用From（形状）制作超炫拖尾特效的方法，案例如图5-67所示。

学习资源路径

▶ 在线教学视频：

在线教学视频 > 第5章 > 超炫拖尾特效.flv

▶ 案例源文件：

案例源文件 > 第5章 > 5.4 > 超炫拖尾特效.aep

本例难易指数：★★★★☆

图5-67

操作流程

1 执行"合成>新建合成"菜单命令，创建一个预设为"自定义"的合成，设置"宽度"为720px、"高度"为405px、"像素长宽比"为"方形像素"、"持续时间"为5秒，并将其命名为"超炫线光"，如图5-68所示。

图5-68

2 按Ctrl+Y快捷键，创建一个黑色的纯色图层，将图层命名为"光线"。选择"光线"图层，执行"效果>Trapcode>Form（形状）"菜单命令，展开Base Form（形态基础）参数项，设置Base Form（形态基础）为Box-Grid（网状立方体）、Size X（X大小）的值为250、

Size Y（Y大小）的值为600、Size Z（Z大小）的值为20、Particles in X（X中的粒子）的值为200、Particles in Y（Y中的粒子）的值为300、Particles in Z（Z中的粒子）的值为2，如图5-69所示。

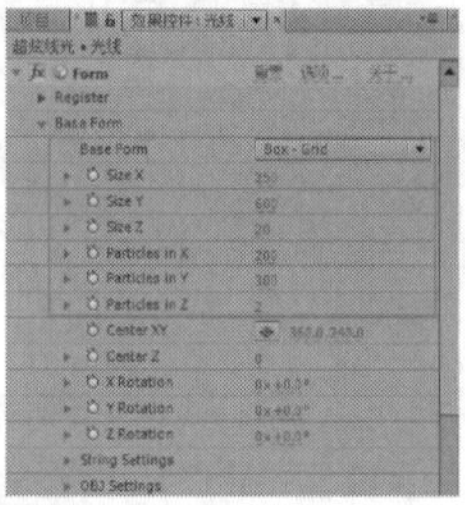

3 设置Center XY（XY轴中心）属性的关键帧动画，在第0帧处，设置Center XY（XY轴中心）的值为（-10，200）；在第5秒处，设置Center XY（XY轴中心）的值为（650，200），如图5-70所示。

图5-69

图5-70

4 展开Particle（粒子）参数项，设置Color（颜色）为蓝色（R:14，G:101, B:183）、Transfer Mode（转换模式）为Add（相加），如图5-71所示。

5 展开Fractal Field（分形域）参数项，设置Affect Size（影响大小）的值为0、Affect Opacity（影响不透明度）的值为0、Displacement Mode（置换模式）选项为XYZ Linked（XYZ链接）、Displace（位置）的值为100、Flow X（X流量）的值为0、Flow Y（Y流量）的值为0、Flow Z（Z流量）的值为0、Flow Evolution（流动演变）的值为50，接着勾选Flow Loop（循环流动）选项，最后设置Loop Time[sec]（循环时间[秒]）的值为5，如图5-72所示。

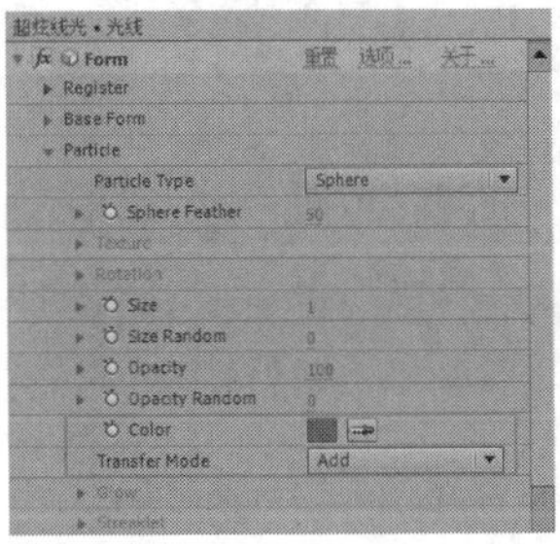

图5-71 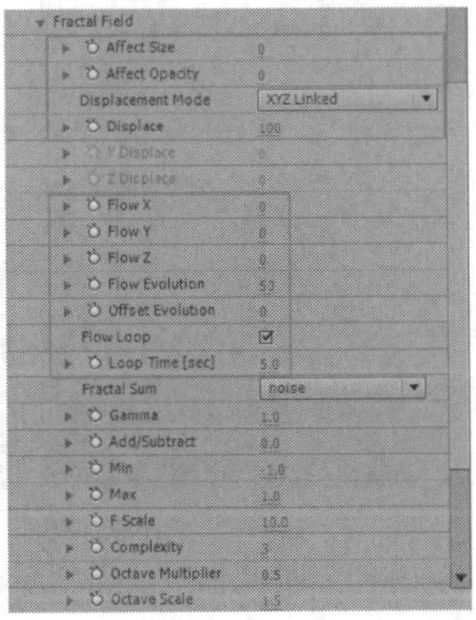　　　　　　　　　　图5-72

6 展开Spherical Field（球形场）参数项，设置Sphere 1（球1）中的Strength（强度）的值为100、Position XY（XY位置）为（230，202.5）、Position Z（Z位置）的值为-20、Radius（半径）的值为230、Feather（羽化）的值为26，如图5-73所示。

7 展开Sphere 2（球2）参数项，设置Position Z（Z位置）的值为-20，其他参数保持不变，如图5-74所示。画面预览效果如图5-75所示。

8 选择"光线"图层，执行"效果>颜色校正>曲线"菜单命令，调整画面亮度，曲线形状如图5-76所示。

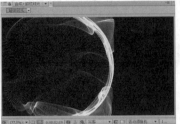
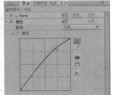

图5-73 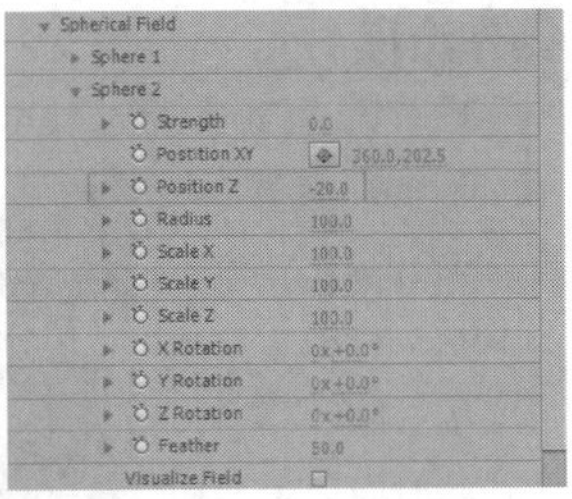　　　　　　　　　　图5-74

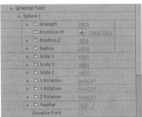

图5-75　　　　　　图5-76

9 执行"文件>导入>文件"菜单命令，打开本书学习资源中的"案例源文件>第5章>5.4>线光背景.mov"文件，然后将其拖曳到"超炫线光"合成的时间线上，并放置在"光线"图层下面，如图5-77所示。

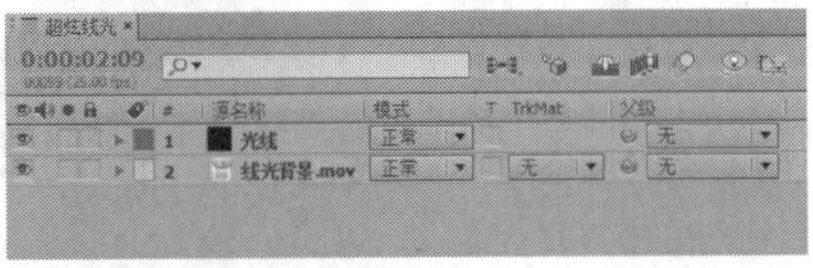

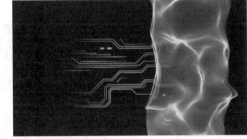

图5-77

10 按小键盘上的数字键0，预览最终效果，如图5-78所示。

图5-78

5.5 天天向上

学习目的

学习"分形杂色"效果、VC Reflect效果和CC Light Sweep（CC扫光）效果的用法。

学习资源路径

在线教学视频
在线教学视频 > 第5章 > 天天向上 .flv

案例源文件：
案例源文件 > 第5章 > 5.5 > 天天向上 .aep

案例描述

本例主要使用"分形杂色"、VC Reflect 和 CC Light Sweep（CC扫光）来制作一段动画，案例如图5-79所示。

本例难易指数：★★★★☆

图5-79

操作流程

1 执行"合成>新建合成"菜单命令，创建一个预设为"自定义"的合成，设置"宽度"为720px、"高度"为405px、"像素长宽比"为"方形像素"、"持续时间"为5秒，并将其命名为"天天向上"，如图5-80所示。

图5-80

2 执行"图层>新建>纯色"菜单命令，创建一个新的纯色图层，将其命名为"背景"，设置其"宽度"为720像素、"高度"为405像素、"像素长宽比"为"方形像素"、"颜色"为白色，如图5-81所示。

图5-81

3 执行"图层>新建>纯色"菜单命令，继续创建一个新的纯色图层，将其命名为"地面"，设置其"宽度"为2500像素、"高度"为2500像素、"像素长宽比"为"方形像素"、"颜色"为黑色，如图5-82所示。

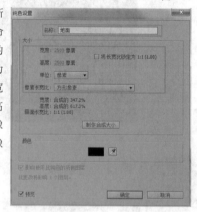

图5-82

4 选择"地面"图层，然后使用"椭圆工具" ⬭ 为该图层创建一个蒙版；接着设置"蒙版羽化"的值为（500, 500像素）、"蒙版扩展"的值为-500像素；最后开启该图层的三维开关，如图5-83和图5-84所示。

图5-83

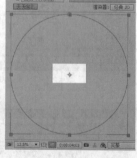

图5-84

5 选择"地面"图层，执行"效果>杂色和颗粒>分形杂色"菜单命令，设置"溢出"为"剪切"，取消勾选"统一缩放"选项，设置"缩放宽度"的值为1、"缩放高度"的值为300、"复杂度"的值为1，如图5-85所示。

6 选择"地面"图层，展开"变换"属性，设置"位置"的值为（360, 225, 0）、"方向"的值为（270, 0, 0）、"不透明度"的值为25%；然后展开"材质选项"属性，设置"漫射"的值为54%、"镜面强度"的值为24%，如图5-86所示。

图5-85

图5-86

7 执行"图层>新建>纯色"菜单命令，创建一个新的纯色图层，将其命名为"颜色修正"，设置"宽度"为720像素、"高度"为405像素、"像素长宽比"为"方形像素"、"颜色"为绿色（R:35, G:226, B:52），如图5-87所示。

图5-87

8 选择"颜色修正"图层，使用"椭圆工具" ⬭ 为该图层创建一个蒙版，然后在"蒙版1"中勾选"反转"选项，设置"蒙版羽化"的值为（300, 300 像素）、"蒙版不透明度"的值为80%、"蒙版扩展"的值为100 像素，如图5-88所示。预览效果如图5-89所示。

图5-88

图5-89

9 执行"文件>导入>文件"菜单命令，打开本书学习资源中的"案例源文件>第5章>5.5>Logo.png"文件，然后将该素材添加到"天天向上"合成的时间线上，开启三维开关，如图5-90所示。

图5-90

10 选择Logo图层，执行"效果>Video Copilot> VC Reflect"菜单命令，设置Floor Position（水平线位置）的值为（360, 222）、Reflection Distance（反射距离）的值为25%、Opacity（不透明度）的值为15%、Blur Amount（模糊数量）的值为0.5，如图5-91所示。

11 选择Logo图层，执行"效果>生成> CC Light Sweep（CC扫光）"菜单命令，设置Center（中心）在第3秒处为（50, 100）、在第5秒处为（335.7, 100）；设置Width（宽度）的值为35、Sweep Intensity（扫光强度）的值为30、Edge Intensity（边缘强度）的值为45、Edge Thickness（边缘厚度）的值为2，如图5-92所示。

图5-91   图5-92

12 执行"图层>新建>摄像机"菜单命令，创建一个摄像机，将其命名为"摄像机1"，设置"缩放"值为390毫米，最后勾选"启用景深"选项，如图5-93所示。

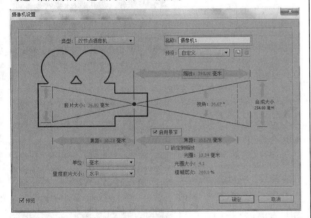

图5-93

13 选择"摄像机1"图层，设置"目标点"的值在第0帧处为（350, 206, 88），在第4秒处为（360, 205, 95）；设置"位置"的值在第0帧处为（1358, 90, –1570），在第4秒处为（355, 130, –1102.5）；设置"焦距"的值在第0帧处为500像素，在第4秒处为1000像素，如图5-94所示。

图5-95

14 执行"图层>新建>灯光"菜单命令，创建一个灯光图层，将其命名为Light1，设置"灯光类型"为"点"，勾选"投影"选项，设置"阴影深度"为100%、"阴影扩散"的值为30px，如图5-95所示。

15 选择Light1图层，设置"位置"属性的值为（321, 75, –100），如图5-96所示。

16 执行"图层>新建>灯光"菜单命令，创建一个新的灯光图层，将其命名为Light2，设置"灯光类型"为"环境"、"强度"为55%，如图5-97所示。

图5-96   图5-97

17 按小键盘上的数字键0，预览最终效果，如图5-98所示。

图5-98

图5-94

263

5.6 路径光效

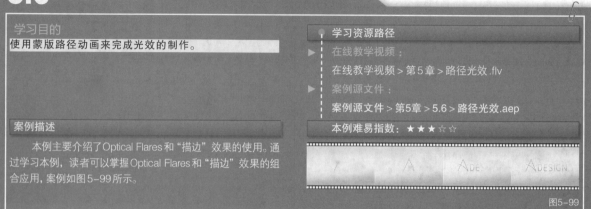

图5-99

操作流程

1 执行"合成>新建合成"菜单命令，创建一个预设为PAL D1/DV 的合成，设置合成的"宽度"为720px、"高度"为576px、"像素长宽比"为D1/DV PAL(1.09)、"持续时间"为4秒，将其命名为Path，如图5-100所示。

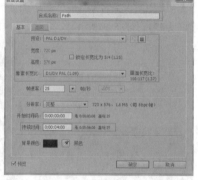

图5-100

2 执行"文件>导入>文件"菜单命令，打开本书学习资源中的"案例源文件>第5章>5.6>标示.tga"文件，将其添加到Path合成的时间线上，然后将该图层重新命名为"标示1"，使用"钢笔工具" 将图5-101所示的标示部分分离出来。

图5-101

3 继续将项目窗口中的"标示.tga"素材添加到Path合成的时间线上，将该图层重新命名为"标示2"，然后使用"钢笔工具" 将图5-102所示的标示部分分离出来。

图5-102

4 选择"标示"图层，按Ctrl+Shift+C快捷键进行图层合并，将合并后的图层命名为"标示01"，然后使用"钢笔工具" 勾绘出图5-103所示的样式（绘制的路径为非闭合路径）。

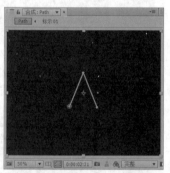

图5-103

5 选择"标示02"图层，按Ctrl+Shift+C快捷键进行图层合并，将合并后的图层命名为"标示02"，然后使用"钢笔工具" 勾绘出图5-104所示的样式（绘制的路径为非闭合路径）。

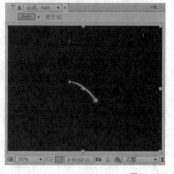

图5-104

6 选择"标示01"图层，执行"效果>生成>描边"菜单命令，设置"画笔大小"的值为3、"画笔硬度"的值为0%，设置"结束"的值在第0帧处为0%、在第1秒10帧处为100%，设置"间距"的值为0%、"绘画样式"为"显示原始图像"，如图5-105所示。

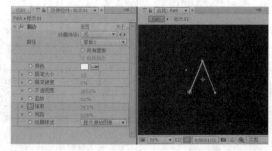

图5-105

7 选择"标示02"图层，执行"效果>生成>描边"菜单命令，设置"画笔大小"的值为20、"画笔硬度"的值为0%，设置"结束"的值在第0帧处为0%、在第1秒10帧处为100%，设置"间距"的值为0%、"绘画样式"为"显示原始图像"，如图5-106所示。

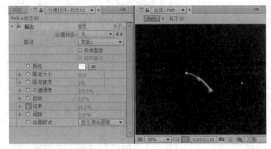

图5-106

8 设置"标示01"图层的入点时间在第0帧处、"标示02"图层的入点时间在第1秒09帧处，如图5-107所示。

图5-107

9 执行"图层>新建>空对象"菜单命令，创建一个空对象图层，将其命名为"空对象"。在第0帧处，选择"标示01"图层中的"蒙版路径"属性，然后按Ctrl+C快捷键进行复制，接着展开"空对象"图层的"变换"属性，选择其中的"位置"属性并按Ctrl+V快捷键进行粘贴，将得到的关键帧整体调整后，最后一帧放在第1秒09帧处。将时间指针移动到第1秒10帧处。展开"标示02"图层中的"蒙版路径"属性，按Ctrl+C快捷键进行复制，然后展开"空对象"图层的"变换"属性，选择其中的"位置"属性并按Ctrl+V快捷键进行粘贴，将得到的关键帧整体调整后，最后一帧放在第2秒处，如图5-108所示。

图5-108

10 执行"图层>新建>纯色"菜单命令，创建一个黑色的纯色图层，将其命名为Light；选择Light图层，然后执行"效果>Trapcode>Optical Flares"菜单命令，在选择光线（Streak Rows）后，设置Scale（缩放）属性的关键帧动画，在第0帧处，设置其值为0；在第2帧和第1秒23帧处，设置其值为35；在第2秒处，设置其值为0。设置Render Mode（渲染模式）为On Transparent（透明），如图5-109所示。画面预览效果如图5-110所示。

图5-109

图5-110

11 选择Light图层，修改图层的叠加模式为"相加"，在Optical Flares效果中，按住Alt键并单击PositionXY（XY轴位置）属性左边的秒表，然后将其连接到"空对象"图层的"位置"属性上。设置Light图层的Opacity（不透明度）属性的关键帧动画，在第0帧处，设置其值为0；在第2帧和第1秒23帧处，设置其值为100%；在第2秒处，设置其值为0，如图5-111所示。画面预览效果如图5-112所示。

图5-111

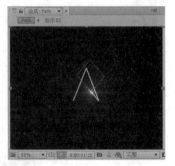

图5-112

12 执行"合成>新建合成"菜单命令，创建一个预设为"自定义"的合成，设置"宽度"为720px、"高度"为405px、"像素长宽比"为"方形像素"、"帧速率"为25、"持续时间"为4秒，并将其命名为Light，如图5-113所示。

图5-113

13 将项目窗口中的Path合成添加到Light合成的时间线上。选择Path图层，按Ctrl+D快捷键复制一个新图层，将新图层重命名为"阴影"，然后设置"阴影"图层的"位置"属性为（360，321.5）、"缩放"属性为（100，-100）、"不透明度"属性为30%，接着使用"椭圆工具"为该图层创建蒙版，设置"蒙版羽化"的值为（100，100像素），如图5-114所示。预览效果如图5-115所示。

图5-114

图5-115

14 选择"阴影"图层，执行"效果>模糊和锐化>快速模糊"菜单命令，设置"模糊度"的值为2，勾选"重复边缘像素"选项，如图5-116所示。

15 执行"合成>新建合成"菜单命令，创建一个预设为"自定义"的合成，设置"宽度"为720px、"高度"为405px、"像素长宽比"为"方形像素"、"持续时间"为4秒，并将其命名为Des，如图5-117所示。

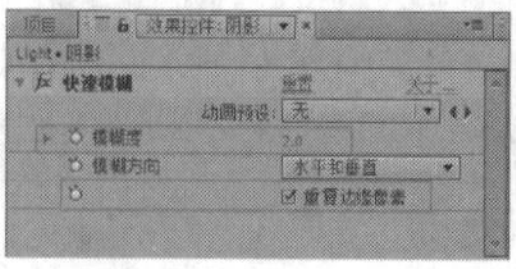

图5-116

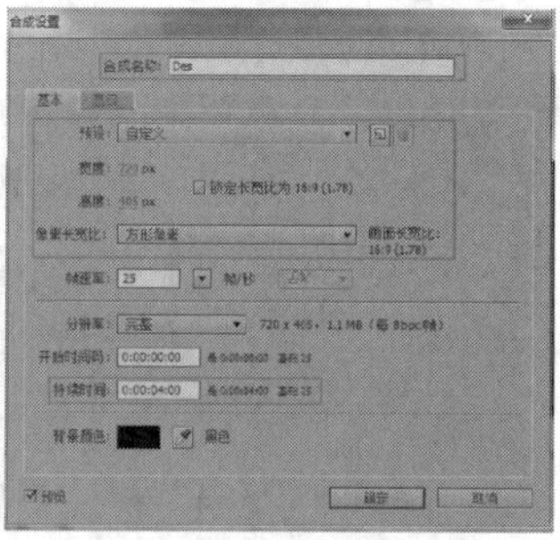

图5-117

16 执行"文件>导入>文件"菜单命令，打开本书学习资源中的"案例源文件>第5章>5.6>Des.mov"文件，将其添加到Light合成的时间线上。选择Des图层，然后按Ctrl+D快捷键复制一个新图层，将新图层重命名为"阴影2"，接着设置"阴影2"图层的"位置"属性为（360，290.5）、"缩放"属性为（100，-100）、"不透明度"属性为30%。使用"椭圆工具"为该图层创建蒙版，设置"蒙版羽化"的值为（100，100像素），如图5-118所示。预览效果如图5-119所示。

图5-118　　　　　　　　　　　　　　　图5-119

17 执行"合成>新建合成"菜单命令，创建一个预设为"自定义"的合成，设置"宽度"为720px、"高度"为405px、"像素长宽比"为"方形像素"、"持续时间"为4秒，并将其命名为"路径动画"，如图5-120所示。

图5-120

18 执行"文件>导入>文件"菜单命令，打开本书学习资源中的"案例源文件>第5章>5.6>背景.mov"文件，最后将项目窗口中的"背景"、Des和Light合成都添加到"路径动画"合成的时间线上，如图5-121所示。

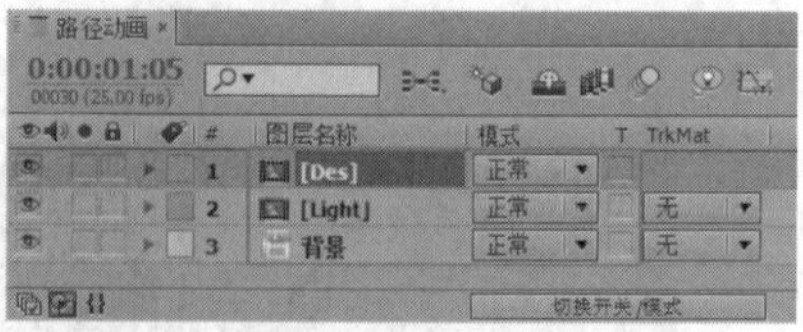

图5-121

19 选择Des图层，执行"效果>过渡>线性擦除"菜单命令，然后设置"过渡完成"属性的关键帧动画，在第2秒18帧处，设置其值为69；在第3秒18帧处，设置其值为0。接着设置"擦除角度"的值为（0×-90°）、"羽化"的值为60，如图5-122和图5-123所示。

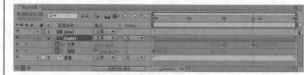

图5-122

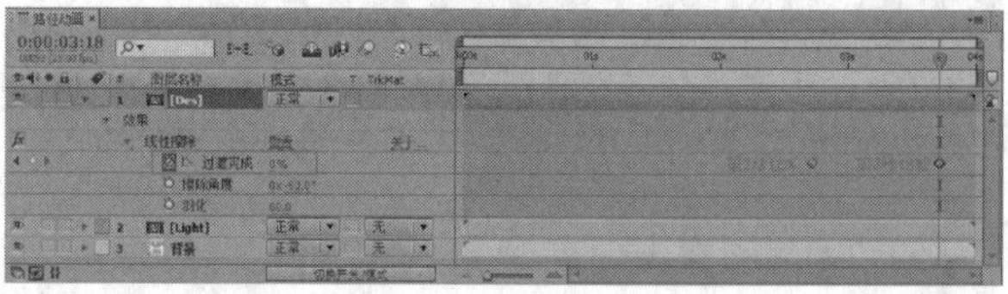

图5-123

20 选择Light图层，设置"位置"属性的关键帧动画，在第2秒处，设置其值为（360，202）；在第2秒20帧处，设置其值为（210，202）。设置"缩放"属性的关键帧动画，在第0帧处，设置其值为100；在第2秒处，设置其值为80，如图5-124所示。

图5-124

21 按小键盘上的数字键0，预览最终效果，如图5-125所示。

图5-125

5.7 文字碎片特效

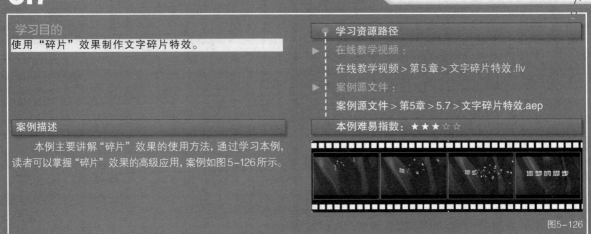

图5-126

操作流程

1 执行"合成>新建合成"菜单命令，创建一个预设为"自定义"的合成，设置合成的"宽度"为720px、"高度"为405px、"像素长宽比"为"方形像素"、"持续时间"为3秒，将其命名为"追梦的脚步"，如图5-127所示。

2 执行"图层>新建>纯色"菜单命令，创建一个黑色的纯色图层，将其命名为Ramp，设置"宽度"为720像素、"高度"为405像素、"像素长宽比"为"方形像素"，如图5-128所示。

图5-127

图5-128

3 选择Ramp图层，执行"效果>生成>梯度渐变"菜单命令，设置"渐变起点"的值为（720，202）、"起始颜色"为黑色、"渐变终点"的值为（0，202）、"结束颜色"为白色，如图5-129所示。预览效果如图5-130所示。

图5-129　　　　　图5-130

4 选择Ramp图层，按Ctrl+Shift+C快捷键合并图层，然后将合并后的图层命名为Ramp。执行"文件>导入>文件"菜单命令，打开本书学习资源中的"案例源文件>第5章>5.7"追梦的脚步.mov、背景.mov"文件，将这两个素材添加到"追梦的脚步"合成的时间线上，如图5-131所示。

图5-131

5 选择"追梦的脚步"图层，执行"效果>模拟>碎片"菜单命令，设置"视图"为"已渲染"、"图案"为"正方形"、"重复"的值为40、"源点"的值为（320，168.8）、"凸出深度"的值为0.05；展开"作用力1"属性，设置"位置"的值（320，168.8）、"深度"的值为0.2、"半径"的值为2、"强度"的值为6，如图5-132所示。

图5-132

6 展开"作用力2"属性，设置"位置"的值为（0，0）、"深度"的值为0、"强度"的值为0；展开"渐变"属性，设置"渐变图层"为3.Ramp，勾选"反转渐变"选项；设置"碎片阈值"属性的关键帧动画，在第0帧处设置数值为0%，在第1秒处，设置数值为60%，如图5-133所示。

7 展开"物理学"属性，设置"旋转速度"的值为0、"随机性"的值为0.2、"大规模方差"的值为20%、"重力"的值为6、"重力方向"的值为（0×+90°）、"重力倾向"的值为80；展开"纹理"属性，设置"摄像机系统"为"合成摄像机"，如图5-134所示。

267

图5-133 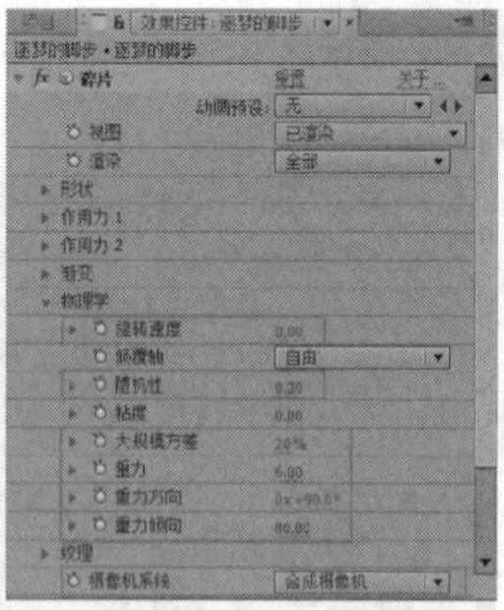　　　　　　　　图5-134

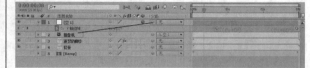

秒处，设置其值为（0×+60°），如图5-137所示。

图5-137

8 执行"图层>新建>摄像机"菜单命令，创建一个摄像机，将其命名为"摄像机"，设置"焦距"为31.11毫米、"缩放"为219.51毫米，如图5-135所示。

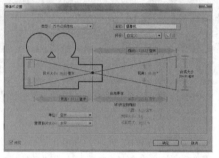

图5-135

11 执行"合成>新建合成"菜单命令，创建一个预设为"自定义"的合成，设置合成的"宽度"为720px、"高度"为405px、"像素长宽比"为"方形像素"、"持续时间"为3秒，将其命名为"总合成"，如图5-138所示。

图5-138

9 选择"摄像机"图层，设置"位置"属性的关键帧动画，在第0帧处，设置其值为（360，202.5，-643.9）；在第1秒处，设置其值为（0，250，-800），如图5-136所示。

图5-136

12 将项目窗口中的"追梦的脚步"合成添加到"总合成"合成的时间线上，选择该图层，然后按Ctrl+Alt+R快捷键，将"追梦的脚步"进行"倒放"，如图5-139所示。

图5-139

10 执行"图层>新建>空对象"菜单命令，创建一个空对象，将其命名为"空1"，打开该图层的三维开关，将"摄像机"图层作为"空1"图层的子物体。选择"空1"图层，设置"Y轴旋转"的关键帧动画，在第17帧处，设置其值为（0×+0°）；在第3

13 按小键盘上的数字键0，预览最终效果，如图5-140所示。

图5-140

5.8 生长动画

学习目的
使用蒙版制作生长动画效果。

学习资源路径
▶ 在线教学视频：
在线教学视频 > 第5章 > 生长动画.flv

▶ 案例源文件：
案例源文件 > 第5章 > 5.8 > 生长动画.aep

案例描述
本例主要介绍蒙版动画的应用。通过学习本案例，读者可以掌握生长动画效果的制作方法，案例如图5-141所示。

本例难易指数：★★★☆☆

图5-141

操作流程

1 执行"合成>新建合成"菜单命令,创建一个预设为PAL DI/DV的合成,设置合成的"宽度"为720px、"高度"为576px、"像素长宽"比为DI/DV PAL(1.09)、"持续时间"为3秒、"背景颜色"为"白色",将其命名为"花纹",如图5-142所示。

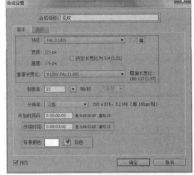

图5-142

2 执行"图层>新建>纯色"菜单命令,创建一个黑色的纯色图层,将其命名为Grow,设置"宽度"为600像素、"高度"为600像素、"像素长宽比"为D1/DV PAL(1.09),如图5-143所示。

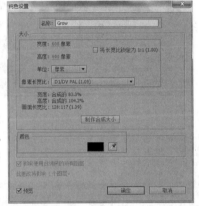

图5-143

3 选择Grow图层,然后使用"钢笔工具"  为该图层绘制花纹蒙版,设置蒙版的叠加模式为"差值",如图5-144所示。预览效果如图5-145所示。

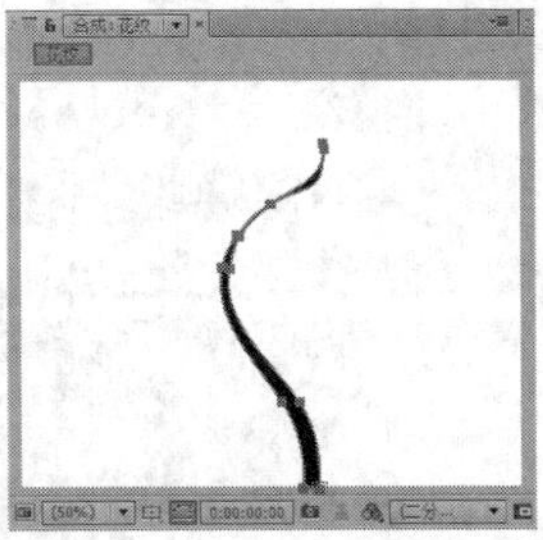

图5-144　　　　　图5-145

4 在时间线面板中按Ctrl+Shift+A快捷键,确保没有选择任何图层,然后使用"钢笔工具"顺着花纹的形状绘制一条曲线,如图5-146所示;接着在工具面板中修改"描边颜色"为红色(R:0,G:0,B:255)、"描边宽度"为30px,如图5-147所示。最终效果如图5-148所示。

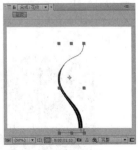

图5-146

图5-147

图5-148

5 展开形状图层,添加一个"修剪路径"属性,如图5-149所示。

图5-149

6 展开"修剪路径"属性,设置"结束"属性的关键帧动画,在第0帧处,设置其值为0%;在第2秒处,设置其值为100%,如图5-150所示。

图5-150

7 选择Grow图层,在"轨道蒙版"下拉选项中选择"Alpha遮罩'形状图层1'",如图5-151所示。

图5-151

8 继续使用上述方法,制作出其他花纹的生长动画,如图5-152所示。画面的预览效果如图5-153所示。

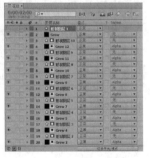

图5-152

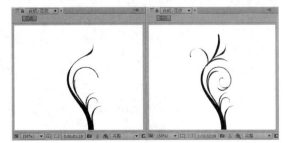

图5-153

9 执行"合成>新建合成"菜单命令，创建一个预设为"自定义"的合成，设置"宽度"为720px、"高度"为405px、"像素长宽比"为"方形像素"、"持续时间"为3秒，最后将其命名为"生长动画"，如图5-154所示。

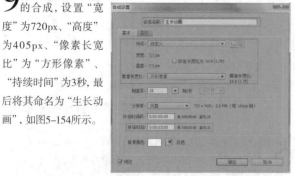

图5-154

10 执行"文件>导入>文件"菜单命令，打开本书学习资源中的"案例源文件>第5章>5.8>文字.mov、前层.mov和背景.mov"文件，然后将这些素材都添加到"生长动画"合成的时间线上，如图5-155所示。

11 从项目窗口把"花纹"合成拖曳到时间线上，放到"背景"图层的上一层。选择"花纹"图层，按Ctrl+D快捷键复制图层，然后修改第3个图层（花纹层）的"位置"值为（56，290）、"缩放"值为（-45，45%）、"不透明度"值为90%，修改

第4个图层（花纹层）"位置"值为（650，190）、"缩放"值为（70，70%），如图5-156所示。

图5-155

图5-156

12 按小键盘上的数字键0，预览最终效果，如图5-157所示。

图5-157

5.9 夜晚的霓虹灯

学习目的

使用"勾画"和"四色渐变"效果制作霓虹灯效果。

案例描述

本例主要介绍"勾画"和"四色渐变"效果的组合应用。通过学习本案例，读者可以掌握霓虹灯特效的制作方法，案例如图5-158所示。

学习资源路径

▶ 在线教学视频：
在线教学视频 > 第5章 > 夜晚的霓虹灯.flv

▶ 案例源文件：
案例源文件 > 第5章 > 5.9 > 夜晚的霓虹灯.aep

本例难易指数：★★★☆☆

图5-158

操作流程

1 执行"合成>新建合成"菜单命令，创建一个预设为"自定义"的合成，设置"宽度"为720px、"高度"为405px、"像素长宽比"为"方形像素"、"持续时间"为5秒，最后将其命名为"Text"，如图5-159所示。

图5-159

2 使用"横排文字工具" 创建DARK ROAST文字图层，设置其字体为"华文隶书"、字体大小为70像素、字符间距为50、字体颜色为白色，如图5-160所示。

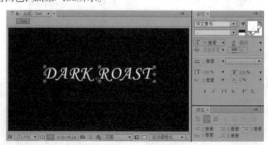

图5-160

3 选择Text图层，执行"效果>生成>勾画"菜单命令，设置"通道"为Alpha；展开"片段"属性，修改"片段"的值为2，如图5-161所示。

4 展开"正在渲染"属性，设置"混合模式"为"透明"、"颜色"为白色、"结束点不透明度"的值为1，如图5-162所示。

图5-161　　　　　图5-162

5 设置"长度""旋转"和"结束点不透明度"属性的关键帧动画，设置"长度"的值在第0帧处为0，在第2秒10帧处为1；设置"旋转"的值在第0帧处为（0×+0°），在第2秒处为（-6×+0°）；设置"结束点不透明度"的值在第0帧处为0，在第4秒24帧处为1，如图5-163所示。

图5-163

6 选择文字图层，按Ctrl+Shift+C快捷键对图层进行合并，将合并后的图层命名为Text，如图5-164所示。

7 执行"合成>新建合成"菜单命令，创建一个预设为"自定义"的合成，设置"宽度"为720px、"高度"为405px、"像素长宽比"为"方形像素"、"持续时间"为5秒，将其命名为"夜晚的霓虹"，如图5-165所示。

图5-164 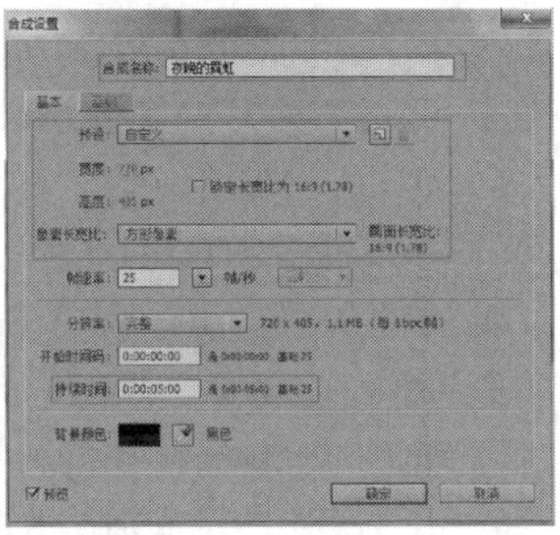　　　　　图5-165

8 执行"文件>导入>文件"菜单命令，打开本书学习资源中的"案例源文件>第5章>5.9>霓虹灯.mov"文件，然后将该素材和Text合成添加到"夜晚的霓虹"合成的时间线上，最后将Text图层的叠加模式修改为"相加"，如图5-166所示。

9 选择Text图层，执行"效果>过渡>线性擦除"菜单命令，设置"过渡完成"的值在第0帧为100%、在第4秒处为0%，设置"擦除角度"的值为（0×-90°）、"羽化"的值为100，如图5-167所示。

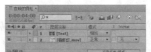

图5-166 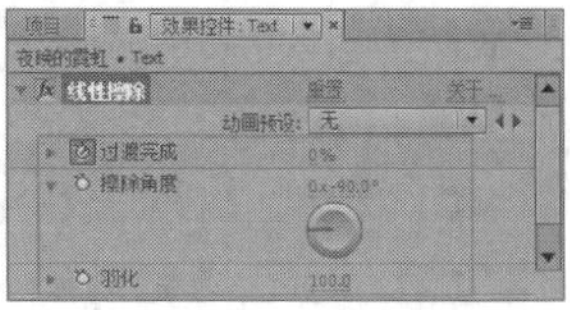　　　　　图5-167

10 选择Text图层，执行"效果>生成>四色渐变"菜单命令，展开"位置和颜色"属性，设置"点1"为（154, 144）、"颜色1"为黄色（R:255, G:255, B:0），设置"点2"为（584, 144）、"颜色2"为绿色（R:0, G:255, B:0），设置"点3"为（144, 200）、"颜色3"为紫色（R:255, G:0, B:255），设置"点4"为（590, 200）、"颜色4"为蓝色（R:0, G:0, B:255），如图5-168所示。画面的预览效果如图5-169所示。

图5-168　　　　　图5-169

11 选择Text图层，按Ctrl+D快捷键复制一个新图层，将新图层命名为Text_blur，设置Text_blur图层的叠加模式为"正常"，如图5-170所示。

12 选择Text_blur图层，执行"效果>风格化>发光"菜单命令，设置"发光阈值"为56%、"发光半径"为40、"发光强度"为2，如图5-171所示。

图5-170 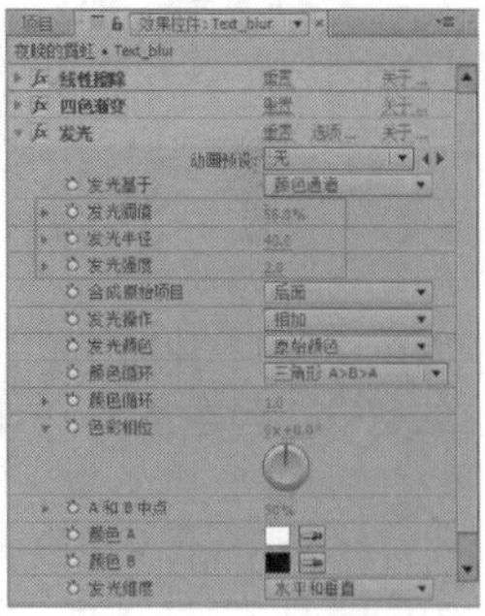　　　　　图5-171

13 选择Text_blur图层，执行"效果>模糊和锐化>快速模糊"菜单命令，设置"模糊度"的值为25，勾选"重复边缘像素"选项，如图5-172所示。

图5-172

14 按小键盘上的数字键0，预览最终效果，如图5-173所示。

图5-173

5.10 幻影魔力

学习目的

学习Particular（粒子）效果的运用。

学习资源路径

在线教学视频：
在线教学视频 > 第5章 > 幻影魔力.flv

案例源文件：
案例源文件 > 第5章 > 5.10 > 幻影魔力.aep

本例难易指数：★★★☆☆

案例描述

　　本例主要介绍Particular（粒子）效果的高级应用。通过学习本案例，读者可以掌握幻影魔力特效的制作，案例如图5-174所示。

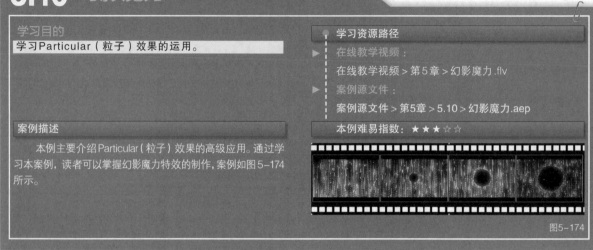

图5-174

操作流程

1 执行"合成>新建合成"菜单命令，创建一个预设为"自定义"的合成，设置"宽度"为720px、"高度"为405px、"持续时间"为4秒，并将其命名为"幻影魔力"，如图5-175所示。

图5-175

2 按Ctrl+Y快捷键，新建一个纯色图层，设置"宽度"为720像素、"高度"为405像素、"颜色"为黑色，将其命名为Particular，如图5-176所示。

图5-176

3 选择Particular图层，执行"效果>Trapcode>Particular（粒子）"菜单命令，设置Particles/sec（粒子/秒）的值为1000、Emitter Type（发射类型）为Box（盒子）、Direction（方向）为Outwards（远离中心）、Velocity（速率）的值为0、Velocity Random[%]（速率随机值）的值为0、Velocity Distribution（速率分布）的值为1、Velocity from Motion[%]的值为0、Emitter Size X（X轴发射大小）的值为1280、Emitter Size Y（Y轴发射大小）的值为720、Emitter Size Z（Z轴发射大小）的值为0、Random Seed（随机速度）的值为0，如图5-177所示。

4 展开Particle（粒子）参数栏，设置Life[sec]（生命[秒]）的值为6、Life Random[%]（生命随机值）为0、Size（大小）的值为0、Size

Random[%]（大小随机值）的值为100、Opacity（不透明度）的值为100，如图5-178所示。

图5-177

图5-178

5 展开Physics（物理）参数栏，设置Gravity（重力）的值为670、Affect Size（影响大小）的值为13、Affect Position（影响位移）的值为19、Fade-in Curve为Linear（线性）、Scale（缩放）的值为10、Complexity（复杂性）的值为5、Strength（强度）的值为100、Radius（半径）的值为0、Feather（羽化）的值为65，如图5-179所示。

6 展开Aux System（次级辅助粒子系统）参数栏，设置Emit（发射器）的模式为Continuously（连续的）、Particles/sec（粒子/秒）的值为50、Opacity（不透明度）的值为30、Feather（羽化）的值为48，如图5-180示。

图5-179

7 展开Rendering参数栏,设置Disregard的模式为Physics Time Factor (PTF),如图5-181所示。画面的预览效果如图5-182所示。

图5-180　　　　　　　　　　图5-181

图5-182

8 为Particles/sec(粒子/秒)属性添加表达式wiggle(5,5);,如图5-183所示。

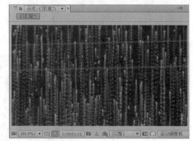

图5-183

9 展开Particular(粒子)参数栏,设置Radius(半径)属性的关键帧动画,在第1秒时设为0,在第3秒时设为200,如图5-184所示。

图5-184

10 选择Particular图层,执行"效果>风格化>发光"菜单命令,设置"发光阈值"为65%、"发光半径"为45、"发光强度"为1.5,如图5-185所示。画面的预览效果如图5-186所示。

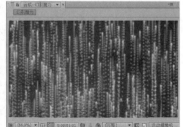

图5-185　　　　　　　　　　图5-186

11 执行"图层>新建>调整图层"菜单命令,创建一个调整图层,然后对调整图层执行"效果>颜色校正>色相/饱和度"菜单命令,勾选"彩色化"选项,如图5-187所示;接着设置"着色色相"属性的关键帧动画,在第0帧处设为(0×+0°),第3秒24帧处设为(1×+0°),如图5-188所示。画面的预览效果如图5-189所示。

图5-187

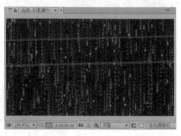

图5-188

图5-189

12 选择Particular图层,执行"效果>风格化>发光"菜单命令,设置"发光阈值"为65%、"发光半径"为45、"发光强度"为1.5,如图5-190所示。画面的预览效果如图5-191所示。

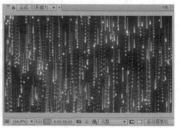

图5-190　　　　　　　　　　图5-191

13 按小键盘上的数字键0,预览最终效果,如图5-192所示。

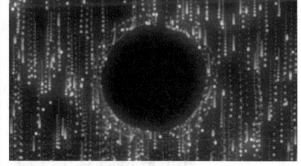

图5-192

273

5.11 消散特效

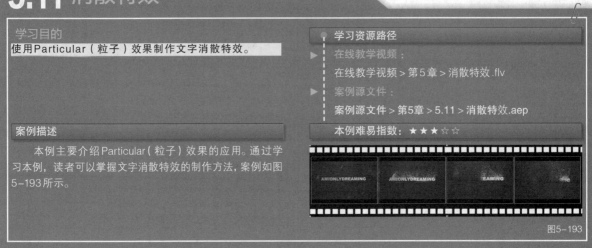

学习目的

使用Particular（粒子）效果制作文字消散特效。

学习资源路径

▶ 在线教学视频：
在线教学视频 > 第5章 > 消散特效 .flv

▶ 案例源文件：
案例源文件 > 第5章 > 5.11 > 消散特效.aep

案例描述

本例主要介绍Particular（粒子）效果的应用。通过学习本例，读者可以掌握文字消散特效的制作方法，案例如图5-193所示。

本例难易指数：★ ★ ★ ☆ ☆

图5-193

操作流程

1 执行"合成>新建合成"菜单命令，创建一个预设为"自定义"的合成，设置"宽度"为720px、"高度"为405px、"像素长宽比"为"方形像素"、"持续时间"为6秒，并将其命名为Dream，如图5-194所示。

图5-194

2 执行"文件>导入>文件"菜单命令，打开本书学习资源中的"案例源文件>第5章>5.11>Mask.mov、Dream.mov"文件，然后将素材添加到Dream合成的时间线上，如图5-195所示。

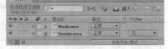

图5-195

3 将Mask.mov图层作为Dream.mov图层的亮度遮罩，如图5-196所示。画面的预览效果如图5-197所示。

图5-196

图5-197

4 执行"合成>新建合成"菜单命令，创建一个预设为"自定义"的合成，设置"宽度"为720px、"高度"为405px、"像素长宽比"为"方形像素"、"持续时间"为6秒，将其命名为"消散特效"，如图5-198所示。

图5-198

5 执行"文件>导入>文件"菜单命令，打开本书学习资源中的"案例源文件>第5章>5.11>BG.mov"文件，然后将该素材和Dream合成添加到"消散特效"合成的时间线上，如图5-199所示。画面的预览效果如图5-200所示。

图5-199

图5-200

6 执行"图层>新建>纯色"菜单命令，创建一个黑色的纯色图层，将其命名为PA，设置"宽度"为720像素、"高度"为405像素、"像素长宽比"为"方形像素"，如图5-201所示。

图5-201

7 选择Dream图层，开启该图层的三维开关 。选择PA图层，执行"效果>Trapcode>Particular（粒子）"菜单命令，然后展开Emitter（发射器）属性栏，设置Particles/sec（粒子/秒）属性的关键帧动画，在第1秒处设置其值为0，在第1秒01帧处设置其值为400000。设置Emitter Type（发射类型）为Layer（图层），修改Velocity（速率）的值为0、Velocity Random[%]（速率随机值）的值为0、Velocity Distribution（速率分布）的值为0、Velocity from Motion（运动速度）的值为0。展开Layer Emitter（图层发射器）属性栏，设置Layer（图层）为4.Dream、Layer Sampling（图层采样）为Particle Birth Time（粒子生命时间），如图5-202所示。

8 展开Particle（粒子）参数栏，设置Life[sec]（生命/秒）的值为2、Life Random[%]（生命随机值）的值为100、Sphere Feather（球体羽化）的值为10、Size（大小）的值为2.5、Size Random [%]（大小随机值）的值为100、Size over Life（粒子消亡后的大小）为线性衰减、Opacity（不透明度）的值为50、Opacity Random[%]（不透明度随机值）的值为100、Opacity over Life（粒子消亡后的不透明度）为线性衰减，如图5-203所示。

图5-205　　　　　　　　　　　图5-206

12 执行"图层>新建>灯光"菜单命令，创建一个灯光图层，将其命名为"照明灯光"，设置"灯光类型"为"点"，设置"强度"的值为150%，如图5-207所示。

13 修改"照明灯光"图层的"位置"属性的值为（968，–266，–666），如图5-208所示。

图5-202　　　　　　　　　　　图5-203

9 展开Shading（着色）参数栏，设置Shading（着色）属性为On（开启），修改Nominal Distance的值为1000，如图5-204所示。

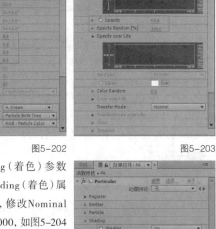

图5-204

10 展开Physics（物理）参数栏，设置Gravity（重力）的值为–90、Spin Amplitude的值为28、Spin Frequency的值为2、Fade–in Spin[sec]的值为1.5、Affect Position（影响位移）的值为107，如图5-205所示。

11 选择PA图层，开启图层的运动模糊开关 ，如图5-206所示。

图5-207　　　　　　　　　　　图5-208

14 按小键盘上的数字键0，预览最终效果，如图5-209所示。

图5-209

5.12 木星旋转

学习目的

使用FEC Sphere（球体）和Optical Flares效果制作木星旋转特效。

学习资源路径

在线教学视频：

在线教学视频 > 第5章 > 木星旋转.flv

案例源文件：

案例源文件 > 第5章 > 5.12 > 木星旋转.aep

本例难易指数：★★★☆☆

案例描述

本例主要介绍了FEC Sphere（球体）和Optical Flares效果的应用，通过学习本案例，读者能掌握FEC Sphere（球体）、Optical Flares的使用方法和木星旋转效果的制作方法，案例如图5-210所示。

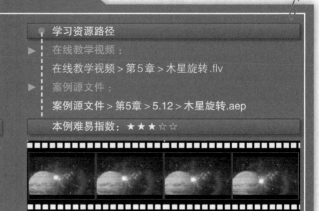

图5-210

操作流程

1 执行"合成>新建合成"菜单命令，创建一个预设为"自定义"的合成，设置"宽度"为720px、"高度"为405px、"像素长宽比"为"方形像素"，设置"持续时间"为5秒，将其命名为"木星旋转"，如图5-211所示。

图5-211

2 执行"文件>导入>文件"单命令，打开本书学习资源中的"案例源文件>第5章>5.12>星空.mov、木星贴图.jpg、云层.jpg"文件，然后将这些素材添加到"木星旋转"合成的时间线上，接着修改"云层"图层的叠加模式为"变亮"，如图5-212所示。

图5-212

3 选择"木星贴图"图层，按Ctrl+D快捷键复制一个新图层，并将复制后的图层命名为"木星贴图_发光"，然后将该图层的叠加模式修改为"相加"，如图5-213所示。画面的预览效果如图5-214所示。

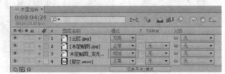

图5-213

图5-214

4 选择"木星贴图_发光"图层，执行"效果>FEC Perspective>FEC Sphere"菜单命令，修改Radius（半径）的值为0.8、Light Direction（灯光方向）的值为（0×-45°）、Specular（散射增量）的值为0.01、Reflection Map（贴图反射）为"3.木星贴图_发光"。设置Rotation Y（Y轴旋转）属性的关键帧动画，在第0帧处，设置数值为（0×+0°）；在第5秒处，设置数值为（0×-70°），如图5-215所示。

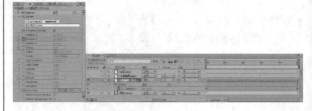

图5-215

5 选择"木星贴图_发光"图层，执行"效果>颜色校正>色调"菜单命令，设置"将黑色映射到"为蓝色（R:0, G:80, B:115）、"将白色映射到"为浅蓝色（R:175, G:230, B:255），如图5-216所示。

图5-216

6 选择"木星贴图_发光"图层，执行"效果>生成>填充"菜单命令，设置"颜色"为蓝色（R:0, G:110, B:166），如图5-217所示。

7 选择"木星贴图_发光"图层，执行"效果>模糊和锐化>高斯模糊"菜单命令，设置"模糊度"的值为60，如图5-218所示。

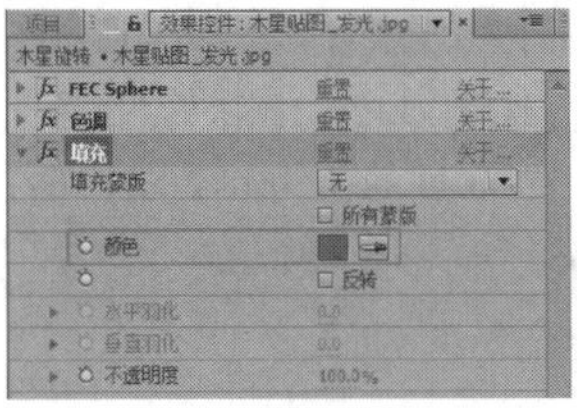

图5-217 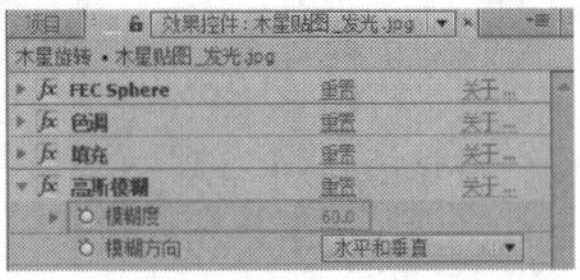　　　　　　　　　　　　　　　图5-218

8 选择"木星贴图"图层，执行"效果>FEC Perspective>FEC Sphere"菜单命令，设置Radius（半径）的值为0.8、Light Direction（灯光方向）的值为（0×-45°）、Specular（散射增量）的值为0.01、Reflection Map（贴图反射）为"3.木星贴图_发光"。设置Rotation Y（Y轴旋转）属性的关键帧动画，在第0帧处，设置数值为（0×+0°）；在第5秒处，设置数值为（0×-70°），如图5-219所示。

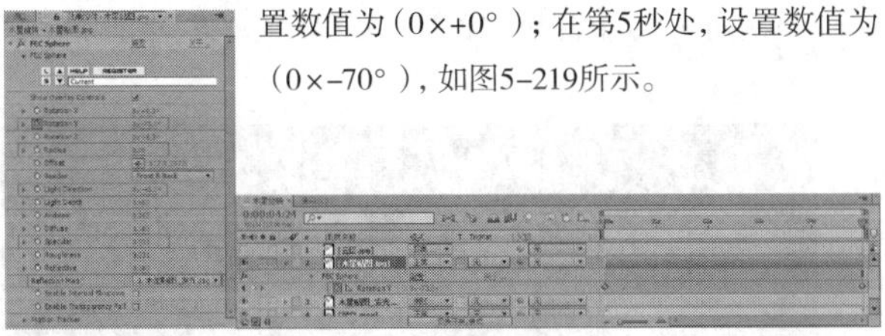

图5-219

9 选择"木星贴图"图层，执行"效果>颜色校正>色调"菜单命令，设置"将黑色映射到"为蓝色（R:0，G:80，B:115）、"将白色映射到"为浅蓝色（R:175，G:230，B:255），如图5-220所示。

图5-220

10 选择"木星贴图"图层，执行"效果>颜色校正>曲线"菜单命令，分别调整RGB和"红色"通道中的曲线，如图5-221所示。画面的预览效果如图5-222所示。

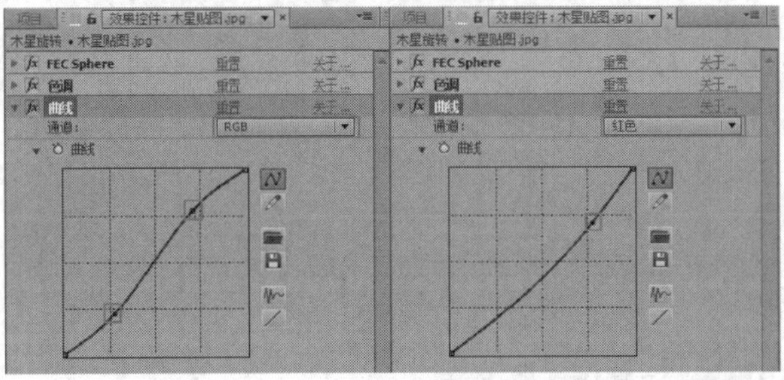

图5-221

图5-222

11 选择"云层"图层，执行"效果>键控>Keylight（1.2）"菜单命令，设置Screen Colour（屏幕颜色）为蓝色（R:1，G:135，B:185），修改Screen Balance（屏幕平衡）的值为95，如图5-223所示。

图5-223

12 选择"云层"图层，执行"效果>FEC Perspective>FEC Sphere"菜单命令，修改Radius（半径）的值为0.75、Render（渲染）为Front Only（单独显示前层）、Light Direction（亮度方向）的值为（0×-45°）、Specular（散射增量）的值为0.01、Reflection Map（贴图反射）为"3.木星贴图_发光"。设置Rotation Y（Y轴旋转）属性的关键帧动画，在第0帧处设置数值为（0×+0°）；在第5秒处，设置数值为（0×-70°），如图5-224所示。

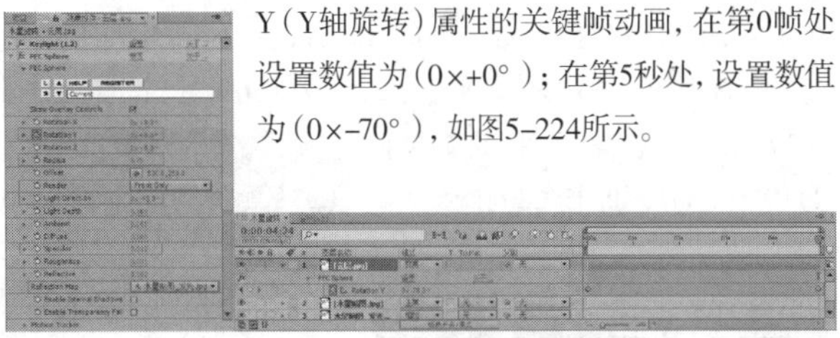

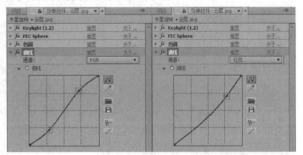

图5-224

13 选择"云层"图层，执行"效果>颜色校正>色调"菜单命令，设置"将黑色映射到"为蓝色（R:0，G:80，B:115）、"将白色映射到"为浅蓝色（R:175，G:230，B:255），如图5-225所示。

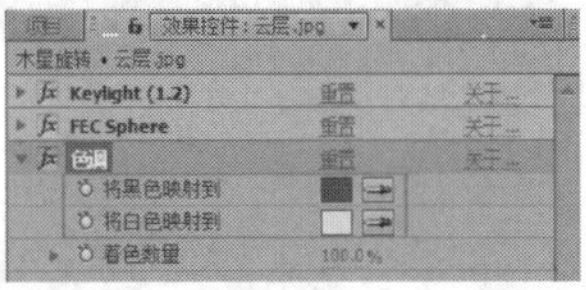

图5-225

14 选择"云层"图层，执行"效果>颜色校正>曲线"菜单命令，分别调整RGB和"红色"通道中的曲线，如图5-226所示。画面的预览效果如图5-227所示。

图5-226

图5-227

277

15 执行"图层>新建>纯色"菜单命令，创建一个黑色的纯色图层，将其命名为"光"，设置"宽度"为720像素、"高度"为405像素、"像素长宽比"为"方形像素"，如图5-228所示。

图5-228

16 选择"光"图层，将该图层的叠加模式修改为"屏幕"，然后执行"效果>Video Copical>Optical Flares"菜单命令，选择合适的镜头光晕，如图5-229所示。设置中心位置（Center Position）的值为（730, 406）、亮度（Brightness）的值为70。设置位置XY（Position XY）属性的关键帧动画，在第0帧处，设置数值为（291, 221）；在第5秒处，设置数值为（311, 260），如图5-230所示。

图5-229　　　　　　　　　　　　图5-230

17 执行"图层>新建>灯光"菜单命令，创建一个灯光图层，将其命名为Light1，设置"灯光类型"为"聚光"，修改"强度"的值为135%，如图5-231所示。

18 修改Light 1图层的"位置"属性的值为（423, 160, -266），如图5-232所示。

图5-231　　　　　　　　　　　　图5-232

19 按小键盘上的数字键0，预览最终效果，如图5-233所示。

图5-233

5.13 文字爆破

图5-234

操作流程

1 执行"合成>新建合成"菜单命令，创建一个预设为"自定义"的合成，设置"宽度"为720px、"高度"为405px、"持续时间"为5秒，并将其命名为"魅力视界"，如图5-235所示。

2 按Ctrl+Y快捷键，新建一个黑色的纯色图层，设置"宽度"为720像素、"高度"为405像素、"像素长宽比"为"方形像素"，将其命名为"背景"，如图5-236所示。

图5-235

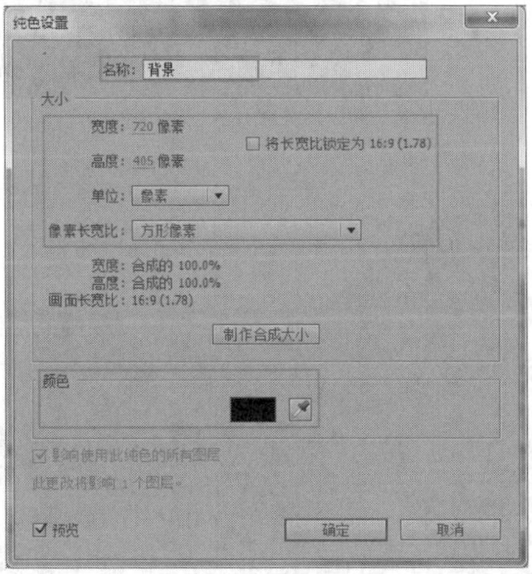

图5-240

5 选择"魅力视界"图层,执行"效果>模拟>CC Pixel Polly(CC像素破碎)"菜单命令,设置Force(作用力)的值为150、Force Center(中心力)的值为(355,200)、Direction Randomness(方向随机值)为40%、Speed Randomness(速度随机值)为40%、Grid Spacing(网格间距)的值为10、Start Time(sec)[开始时间(秒)]为3,如图5-241所示。

图5-241

图5-236

3 选择"背景"图层,执行"效果>生成>梯度渐变"菜单命令,设置"渐变起点"为(2, 400)、"起始颜色"为紫色(R:125 G:0 B:74)、"渐变终点"为(900,−100)、"结束颜色"为黑色,如图5-237所示。画面的预览效果如图5-238所示。

6 设置Gravity(重力)属性的关键帧动画,在第0帧处,设置其值为0;在第2秒处,设置其值为−0.5,如图5-242所示。

图5-242

图5-237

图5-238

4 执行"文件>导入>文件"菜单命令,打开本书学习资源中的"案例源文件>第5章>5.13>魅力视界.mov"文件,然后将该素材添加到"魅力视界"合成的时间线上,开启"魅力视界"图层的三维开关 ,然后设置"缩放"值在第0帧处为(0, 0, 100%)、在第1秒处为(100, 100, 100%),设置"不透明度"值在第0帧处为0%、在第1秒处为100%,如图5-239所示。画面的预览效果如图5-240所示。

7 选择"魅力视界"图层,执行"效果>风格化>发光"菜单命令,设置"发光半径"的值为25,如图5-243所示。画面的预览效果如图5-244所示。

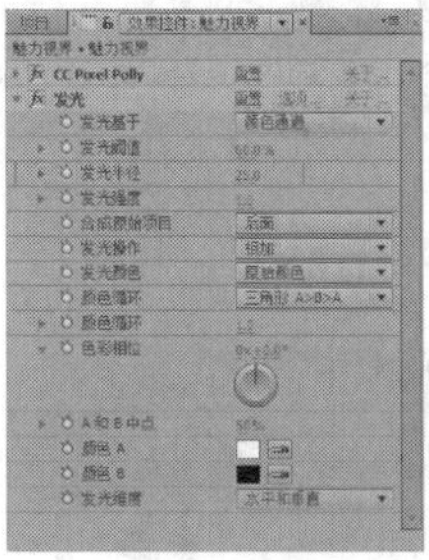

图5-243   图5-244

8 选择"魅力视界"图层,执行"效果>时间> CC Force Motion Blur(CC强力运动模糊)"菜单命令,设置Shutter Angle(快门角度)的值为250,如图5-245所示。画面的预览效果如图5-246所示。

图5-239

图5-245

图5-246

9 执行"图层>新建>摄像机"菜单命令,创建一个"摄像机"图层,设置"预设"为80毫米,如图5-247所示。

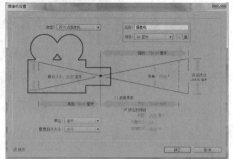

图5-247

10 选择"摄像机"图层,设置摄像机的"位置"属性,在第0帧处为(357.4, 199.8, -3000)、在第5秒处为(357, 199, -1085),设置"Z轴旋转"属性,在第0帧处为(0×+120°)、在第2秒处为(0×+0°),如图5-248所示。

图5-248

11 按小键盘上的数字键0,预览最终效果,如图5-249所示。

图5-249

5.14 流线扰动

学习目的

使用Form效果制作流线扰动特效。

案例描述

　　本例主要介绍Form效果的高级应用。通过学习本例,读者可以掌握使用Form制作线条扰动特效的方法,案例如图5-250所示。

学习资源路径

▶ 在线教学视频:

在线教学视频 > 第5章 > 流线扰动.flv

▶ 案例源文件:

案例源文件 > 第5章 > 5.14 > 流线扰动.aep

本例难易指数: ★★★☆☆

图5-250

操作流程

1 执行"合成>新建合成"菜单命令,创建一个预设为"自定义"的合成,设置"宽度"为720px、"高度"为405px、"像素长宽比"为"方形像素"、"持续时间"为5秒,并将其命名为"流线扰动",如图5-251所示。

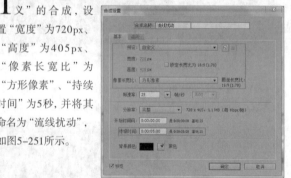

图5-251

2 按Ctrl+Y快捷键,新建一个黑色的纯色图层,设置"宽度"为720像素、"高度"为405像素、"像素长宽比"为"方形像素",将其命名为"背景",如图5-252所示。

图5-252

3 选择"背景"图层,执行"效果>生成>梯度渐变"菜单命令,设置"渐变起点"为(360, 0)、"起始颜色"为蓝色(R:4 G:48 B:85)、"渐变终点"为(356.6, 499.5)、"渐变形状"为"径向渐变"，如图5-253所示。画面的预览效果如图5-254所示。

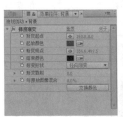

图5-253　　　　　　　　　　　　　　图5-254

4 执行"文件>导入>文件"菜单命令，打开本书学习资源中的"案例源文件>第5章>5.14>音乐.wav"文件，将该素材添加到"流线扰动"合成的时间线上，如图5-255所示。

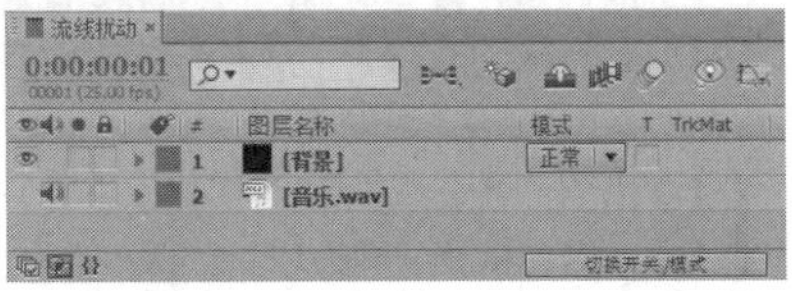

图5-255

5 使用"文字工具" T 创建We Can't Stop文字图层，设置字体为"微软雅黑"、字体颜色为白色、字体大小为40像素，设置文本为粗体，强制所有的文本为大写，如图5-256所示。画面的预览效果如图5-257所示。

图5-256　　　　　　　　　　　　　　图5-257

6 选择"文字"图层，按Ctrl+Shift+C快捷键创建一个预合成，将其命名为"文字"，然后将"文字"图层放到时间线最下层，关闭该图层的显示开关并锁定，如图5-258所示。

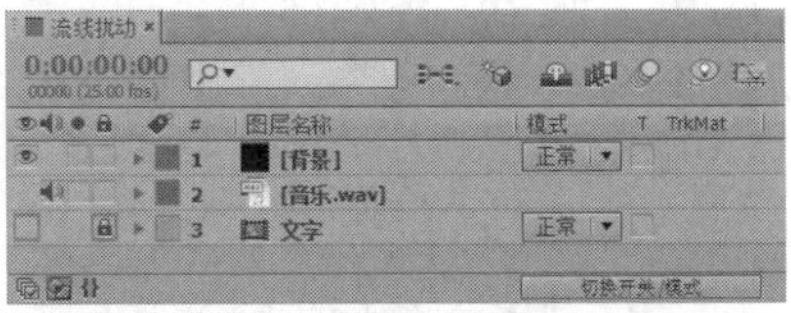

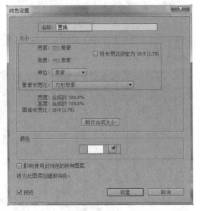

图5-258

7 按Ctrl+Y快捷键，新建一个白色的纯色图层，设置"宽度"为720像素、"高度"为405像素、"像素长宽比"为"方形像素"，将其命名为"置换"，如图5-259所示。

8 选择"置换"图层，使用"矩形工具" 画出一个矩形蒙版，然后设置"蒙版羽化"的值为（125，125像素），接着设置该

图层的"位置"属性的关键帧动画，在第0帧处，设置"位置"为（180，230）；在第4秒05帧处，设置"位置"为（884，230），如图5-260所示。画面的预览效果如图5-261所示。

图5-260

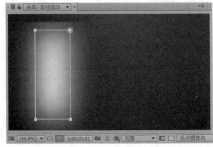

图5-261

9 选择"置换图层"，按Ctrl+Shift+C快捷键，创建一个预合成，将其命名为"置换图层"，然后将"置换图层"放到"文字"图层下面，关闭该图层的显示开关并锁定，如图5-262所示。

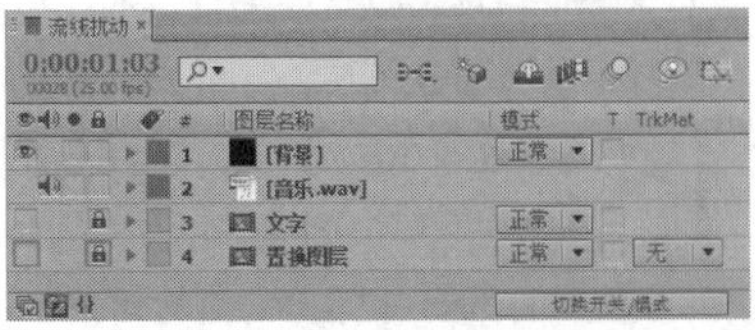

图5-262

10 按Ctrl+Y快捷键，新建一个白色的纯色图层，设置"宽度"为720像素、"高度"为405像素、"像素长宽比"为"方形像素"，将其命名为"文字"，如图5-263所示。

图5-263

11 选择"文字"图层，执行"效果>Trapcode> Form"菜单命令，设置Size X（X轴大小）的值为1280、Size Y（Y轴大小）的值为720、Size Z（Z轴大小）的值为10、Particles in X（X轴粒子）的值为2560、Particles in Y（Y轴粒子）的值为1440、Particles in Z（Z轴粒子）的值为1，如图5-264所示。

图5-264

12 展开Particle（粒子）参数栏，修改Opacity（不透明度）的值为30，如图5-265所示。

13 展开Quick Maps（快速贴图）参数栏，设置Map Opac+Color ov为X，如图5-266所示。

图5-265　　　　　　　　　　　图5-266

14 展开Layer Maps（图层贴图）>Color and Alpha（颜色和通道）属性，设置Layer（图层）为"4.文字"、Functionlity为A to A，Map Over为X Y；展开Fractal Strength属性栏，设置Layer（图层）为"5.置换图层"、Map Over为XY，如图5-267所示。

15 展开Audio React（声音反射）参数栏，设置Audio Layer（音频图层）为"3.音乐.wav"；展开Reactor1（反射器1）属性栏，设置Threshold（阈值）的值为38、Strength的值为300、Map To的模式为Fractal，如图5-268所示。

图5-267　　　　　　　　　　　图5-268

16 展开Fractal Field（分型场）属性栏，设置Displace（置换）的值为235，如图5-269所示。

图5-269

17 展开Rendering（渲染）参数栏，设置Render Mode（渲染模式）为Full Render（全屏），如图5-270所示。画面的预览效果如图5-271所示。

图5-270　　　　　　　　　　　图5-271

18 执行"图层>新建>摄像机"菜单命令，创建一个名称为"摄像机1"，"缩放"值为439毫米的摄像机，如图5-272所示。

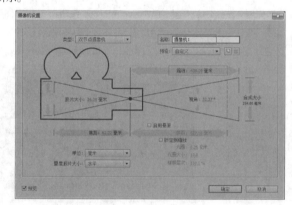

图5-272

19 选择"摄像机1"图层，在第0帧处，设置"位置"属性为（2072，1116，−1836）；在第5秒处，设置"位置"属性为（−350，−225，−927），如图5-273所示。

图5-273

20 按小键盘上的数字键0，预览最终效果，如图5-274所示。

图5-274

5.15 金属字特效

学习目的

使用"勾画""分形杂色"、CC Light Sweep（CC扫光）和"锐化"等效果来制作文字特效。

学习资源路径

▶ 在线教学视频：
在线教学视频 > 第5章 > 金属字特效.flv

▶ 案例源文件：
案例源文件 > 第5章 > 5.15 > 金属字特效.aep

案例描述

本例主要讲解"勾画""分形杂色"、CC Light Sweep（CC扫光）和"锐化"等效果的综合应用。通过学习本案例，读者可以掌握如何使用以上效果来制作文字特效，案例如图5-275所示。

本例难易指数：★ ★ ★ ☆ ☆

图5-275

操作流程

1 执行"合成>新建合成"菜单命令，创建一个预设为"自定义"的合成，设置"宽度"为720px、"高度"为360px、"像素长宽比"为"方形像素"、"持续时间"为6秒，并将其命名为"光影"，如图5-276所示。

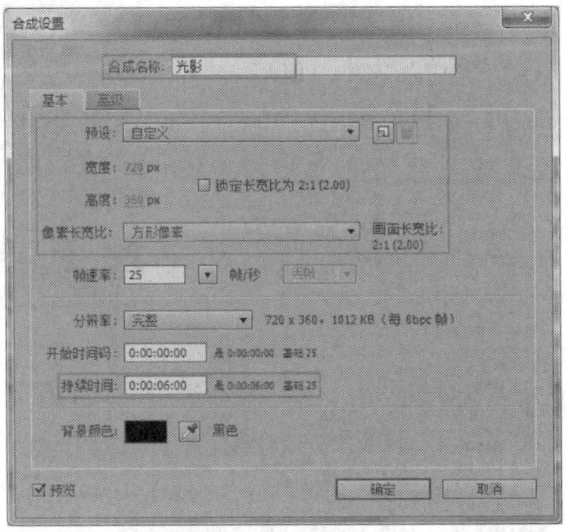

图5-276

2 执行"文件>导入>文件"菜单命令，打开本书学习资源中的"案例源文件>第5章>5.15>金属背景.mov"文件，然后将该素材添加到"光影"合成的时间线上，如图5-277所示。

图5-277

3 执行"文件>导入>文件"菜单命令，打开本书学习资源中的"案例源文件>第5章>5.15>文字.mov"文件，然后将该素材添加到"光影"合成的时间线上，如图5-278所示。

图5-278

4 选择"文字.mov"图层，执行"效果>颜色校正>色调"菜单命令，设置"将黑色映射到"颜色为白色，如图5-279所示。画面的预览效果如图5-280所示。

图5-279

图5-280

5 将"文字.mov"图层作为"金属背景.mov"图层的亮度遮罩，如图5-281所示。画面的预览效果如图5-282所示。

图5-281

图5-282

6 选择"文字.mov"图层，按Ctrl+D快捷键复制一个图层，在复制后的图层上删除色调特效，然后执行"效果>生成>勾画"菜单命令，展开"图像等高线"参数项，设置"通道"模式为Alpha、"阈值"为255、"容差"为0、"设置较短的等高线"为"少数片段"；展开"片段"参数项，设置"片段"的值为1；展开"正在渲染"参数项，设置"混合模式"为"透明"、"颜色"为褐色（R:67，G:43，B:1）、"中点不透明度"的值为1、"中点位置"的值为0.001、"结束点不透明度"的值为1，如图5-283所示。画面的预览效果如图5-284所示。

图5-283

图5-284

7 选择"文字.mov"图层,执行"效果>杂色和颗粒>分形杂色"菜单命令,设置"分形类型"为"动态渐进",修改"对比度"的值为1000、"亮度"的值为-1,如图5-285所示。

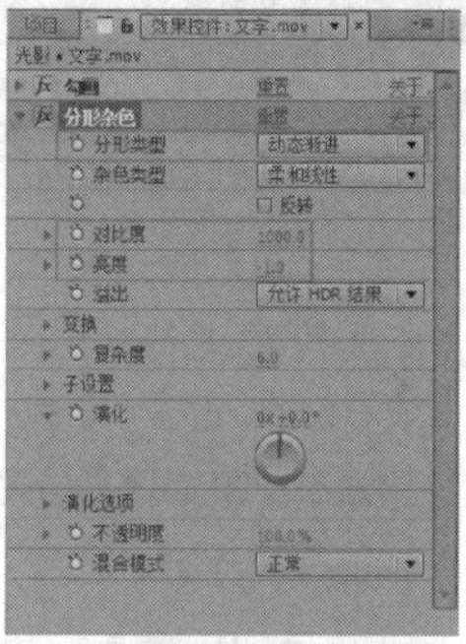

图5-285

8 设置"演化"属性的关键帧动画,在第0帧处,设置其值为(0×+0°);在第6秒处,设置其值为(0×+300°),如图5-286所示。画面的预览效果如图5-287所示。

图5-286

图5-287

9 选择"文字.mov"图层,执行"效果>颜色校正>色调"菜单命令,设置"将黑色映射到"为褐色(R:54, G:22, B:0)、"将白色映射到"为灰白色(R:255, G:251, B:235),如图5-288所示。画面的预览效果如图5-289所示。

图5-288

图5-289

10 选择"文字.mov"图层,执行"效果>透视>投影"菜单命令,设置"阴影颜色"为褐色(R:54, G:22, B:0)、"不透明度"的值为100%、"柔和度"的值为9,如图5-290所示。画面的预览效果如图5-291所示。

图5-290

图5-291

11 执行Ctrl+Y快捷键,新建一个纯色图层,将该图层命名为"过光"。选择"过光"图层,执行"效果>生成> CC Light Sweep(CC扫光)"菜单命令,设置Center(中心)的值为(323.3,109)、Direction(方向)的值为(0×+30°)、Shape(形状)为Smooth(光滑)、Width(宽度)的值为75、Sweep Intensity(扫光强度)的值为50、Edge Intensity(边缘强度)的值为27、Edge Thickness(边缘厚度)的值为2.8、Light Color(扫光颜色)为米黄色(R:255, G:212, B:131)、Light Reception(光线接受)的叠加模式为Add(相加),如图5-292所示。

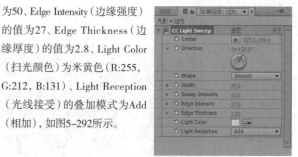

图5-292

12 选择"过光"图层,将图层的叠加模式修改为"变亮",打开"调节层"按钮,接着设置Center(中心)的值在第1秒处为(-21, 109)、第6秒处为(800, 109),如图5-293所示。

图5-293

13 执行"合成>新建合成"菜单命令,创建一个预设为"自定义"的合成,设置"宽度"为720px、"高度"为405px、"像素长宽比"为"方形像素"、"持续时间"为6秒,并将其命名为"铸信的力量",如图5-294所示。

图5-294

14 执行"文件>导入>文件"菜单命令,打开本书学习资源中的"案例源文件>第5章>5.15>背景.mov"文件,然后将该素材添加到"铸信的力量"合成的时间线上,打开该图层的三维开关，并修改"缩放"值在第0帧处为（100，100，100%）、在第6秒处为（110，110，110%），如图5-295所示。画面的预览效果如图5-296所示。

化"菜单命令，设置"锐化量"的值为50，打开该图层的"调节层"按钮，如图5-299和图5-300所示。

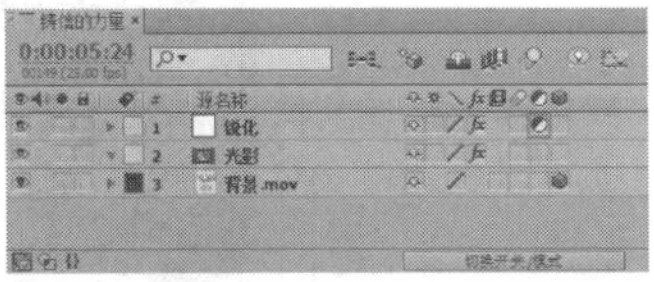

图5-295

图5-296

15 将项目窗口中的"光影"合成拖曳到"铸信的力量"合成的时间线上，选择"光影"图层，执行"效果>风格化>发光"菜单命令，如图5-297所示。画面的预览效果如图5-298所示。

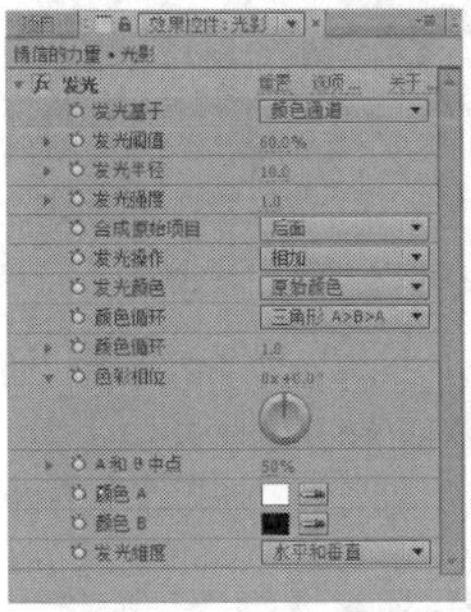

图5-297　　　　　图5-298

16 按Ctrl+Y快捷键，创建一个纯色图层，将其命名为"锐化"。选择"锐化"图层，执行"效果>模糊和锐化>锐

图5-299　　　　　图5-300

17 执行"文件>导入>文件"菜单命令，打开本书学习资源中的"案例源文件>第5章>5.15>氛围扰乱.mov"文件，然后将该素材添加到"铸信的力量"合成的时间线上，接着将该图层的叠加模式修改为"相加"，如图5-301所示。

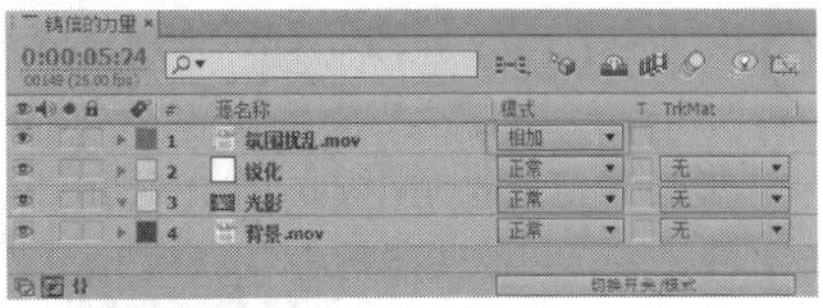

图5-301

18 按小键盘上的数字键0，预览最终效果，如图5-302所示。

图5-302

5.16 轮廓光线

学习目的

使用Starglow（星光）、"复合模糊"、"查找边缘"和"发光"效果制作轮廓光线特效。

学习资源路径

在线教学视频：

在线教学视频 > 第5章 > 轮廓光线.flv

案例源文件：

案例源文件 > 第5章 > 5.16 > 轮廓光线.aep

案例描述

本例主要讲解Starglow（星光）、"复合模糊""查找边缘"和"发光"效果的综合运用。通过学习本例，读者可以掌握轮廓光线效果的制作方法，案例如图5-303所示。

本例难易指数：★ ★ ★ ☆ ☆

图5-303

操作流程

1 执行"合成>新建合成"菜单命令，创建一个预设为"自定义"的合成，设置"宽度"为960px、"高度"为540px、"像素长宽

比"为"方形像素"、"持续时间"为3秒，并将其命名为"轮廓光线"，如图5-304所示。

图5-304

2 执行"文件>导入>文件"菜单命令，打开本书学习资源中的"案例源文件>第5章>5.16>Hand.mov"文件，然后将该素材添加到"轮廓光线"合成的时间线上，接着按Ctrl+D快捷键复制Hand图层，将复制得到的图层的叠加模式修改为"变亮"，如图5-305所示。

图5-305

3 选择第1个Hand图层，修改该图层的"不透明度"在第0帧处为0%、在第1秒20帧处为100%；选择第2个Hand图层，修改该图层的"不透明度"在第0帧处为100%、在第1秒20帧处为0%，如图5-306所示。

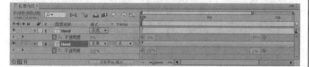

图5-306

4 选择第1个Hand图层，执行"效果>颜色校正>色阶"菜单命令，设置"输入黑色"的值为54、"灰度系数"的值为0.28，如图5-307所示。画面的预览效果如图5-308所示。

图5-307　　　　　　　　图5-308

5 选择第1个Hand图层，执行"效果>颜色校正>色相/饱和度"菜单命令，设置"主饱和度"的值为-100，如图5-309所示。画面的预览效果如图5-310所示。

图5-309　　　　　　　　图5-310

6 选择第1个Hand图层，执行"效果>风格化>查找边缘"菜单命令，勾选"反转"选项，设置"与原始图像混合"的值为1%，如图5-311所示。画面的预览效果如图5-312所示。

图5-311　　　　　　　　图5-312

7 选择第1个Hand图层，执行"效果>模糊和锐化>复合模糊"菜单命令，设置"模糊图层"属性为2.Hand，设置"最大模糊"的值为2，勾选"反转模糊"选项，如图5-313所示。画面的预览效果如图5-314所示。

图5-313　　　　　　　　图5-314

8 选择第1个Hand图层，执行"效果>风格化>发光"菜单命令，设置"发光阈值"为45%、"发光半径"的值为9、"发光强度"的值为1.3，如图5-315所示。画面的预览效果如图5-316所示。

图5-315　　　　　　　　图5-316

9 选择第1个Hand图层，执行"效果>Trapcode>Starglow（星光）"菜单命令，设置Streak Length（光线长度）的值为29、Boost Light（光线亮度）的值为1.6；展开Individual Lengths（个体长度）参数项，设置Down（向下）的值为1.8；展开Individual Colors（单个颜色）参数项，设置Down（向下）为ColormapA、Left（左边）为ColormapA、Up Right（右上）为ColormapA、Down Left（左下）为ColormapA；展开ColormapA（颜色设置A）参数项，将Preset（预设）修改为One Color（单色），设置Color（颜色）为黄色（R:255, G:166, B:0），如图5-317所示。

图5-317

10 按小键盘上的数字键0，预览最终效果，如图5-318
所示。

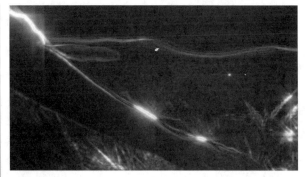

图5-318

5.17 蝴蝶飞舞

学习目的

使用表达式来完成蝴蝶飞舞的特效。

学习资源路径

在线教学视频：

在线教学视频 > 第5章 > 蝴蝶飞舞 .flv

案例源文件：

案例源文件 > 第5章 > 5.17 > 蝴蝶飞舞 .aep

案例描述

本例主要介绍了正弦表达式的应用。通过学习本例，读者可以掌握利用表达式来制作蝴蝶飞舞效果的方法，案例如图5-319所示。

本例难易指数：★★★☆☆

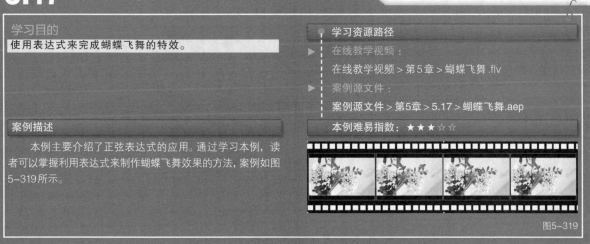

图5-319

操作流程

1 执行"合成>新建合成"菜单命令，创建一个预设为"自定义"的合成，设置"宽度"为720px、"高度"为405px、"像素长宽比"为D I/DV PAL（1.09）、"持续时间"为10秒，并将其命名为"蝴蝶飞舞"，如图5-320所示。

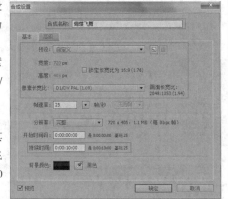

图5-320

2 执行"文件>导入>文件"菜单命令，打开本书学习资源中的"案例源文件>第5章>5.17>BG.jpg和蝴蝶组.psd"文件，然后将这些素材添加到"蝴蝶飞舞"合成的时间线上，如图5-321所示。

图5-321

3 双击开启"蝴蝶组"图层，进入"蝴蝶组"合成，使用"轴心点工具" 将"翅膀_左"图层的轴心点移动到图5-322所示的位置。

4 开启"身子"和"翅膀_左"图层的三维开关，最后设置"翅膀_左"图层为"身子"图层的子物体，如图5-323所示。

图5-322

图5-323

5 展开"翅膀_左"图层的属性，按住Alt键并单击Y Rotation（Y轴旋转）属性前的秒表按钮，然后添加表达式Math.sin(time*10)*wiggle(25,30)+50，此时的"时间线"面板如图5-324所示。

图5-324

287

6 选择"翅膀_左"图层，按Ctrl+D快捷键复制该图层，然后把复制得到的新图层重命名为"翅膀_右"，然后将其Y Rotation（Y轴旋转）属性的表达式修改成为180-thisComp.layer("翅膀_左").transform.yRotation，此时的"时间线"面板如图5-325所示。

图5-325

7 开启"翅膀_左"和"翅膀_右"图层的运动模糊开关，如图5-326所示。

8 返回"蝴蝶飞舞"合成，开启"蝴蝶组"图层的三维开关按钮和栅格化开关，如图5-327所示。

图5-326 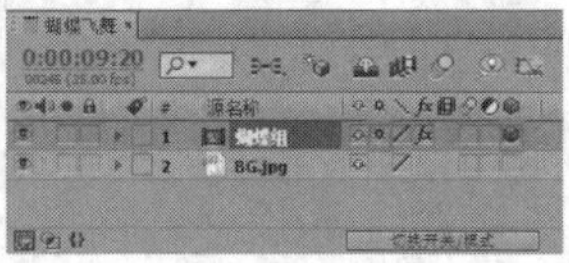　　图5-327

9 选择"蝴蝶组"图层，设置"位置"属性的值在第0帧处为（-500, 244, 4780）、在第5秒处为（1198, -326, 5500）、在第6秒处为（1445, 103, 4100）、在第9秒处为（-500, 244, 4780）。设置"Z轴旋转"属性的值在第5秒处为（0×-32°）、在第6秒处为（0×-130°）、在第9秒处为（0×-238°），如图5-328所示。

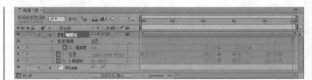

图5-328

10 选择"蝴蝶组"图层，执行"效果>模糊和锐化>快速模糊"菜单命令，设置"模糊度"属性的关键帧动画，在第5秒处，设置其值为2；在第7秒处，设置其值为0，如图5-329所示。

图5-329

11 按小键盘上的数字键0，预览最终效果，如图5-330所示。

图5-330

5.18 发光文字

操作流程

1 执行"合成>新建合成"菜单命令，创建一个预设为"自定义"的合成，设置"宽度"为720px、"高度"为405px、"像素长宽比"为"方形像素"、"持续时间"为4秒，并将其命名为"启动未来"，如图5-332所示。

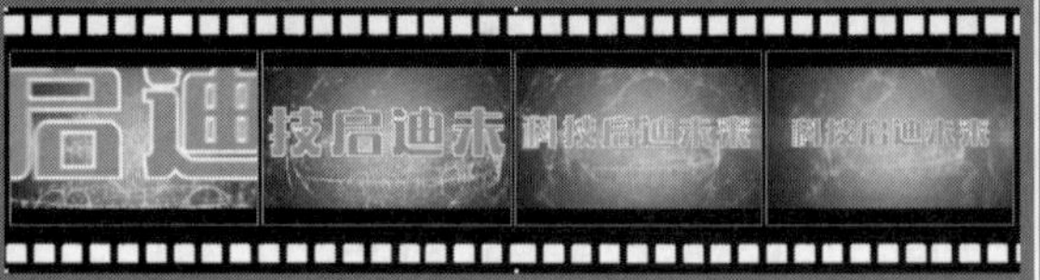

2 执行"图层>新建>纯色"菜单命令，创建一个黑色的纯色图层，将其命名为"背景"，设置"宽度"为720像素、"高度"为405像素、"像素长宽比"为"方形像素"，如图5-333所示。

图5-332

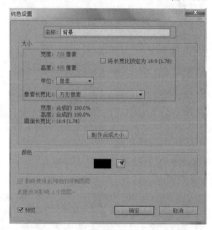

图5-333

选择"背景"图层，执行"效果>生成>梯度渐变"菜单命令，设
3 置"渐变起点"的值为（360，207）、"起始颜色"为蓝色（R：0,
G：198，B：255）、"渐变终点"的值为（730，408）、"结束颜色"为蓝
黑色（R：0，G：11，B：19）、"渐变形状"为"径向渐变"，如图5-334所
示。画面的预览效果如图5-335所示。

图5-334　　　　　　图5-335

执行"文件>导入>文件"菜单命令，打开本书学习资源中的"案
4 例源文件>第5章>5.18>背景线.mov"文件，然后将该素材添加到
"启动未来"合成的时间线上。选择"背景线"图层，开启运动模糊
和三维开关，然后选择"背景"图层并开启运动模糊，接着将"背
景线"图层的叠加模式修改为"相加"，如图5-336所示。

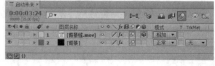

图5-336

选择"背景线"图层，执行"效果>通道>设置遮罩"菜单命
5 令，然后设置"从图层获取遮罩"属性为"4.背景线.mov"，设置

"用于遮罩"属性为"蓝色通道"，
如图5-337所示。

图5-337

执行"图层>新建>调整图层"菜单命令，创建一个调整图层，
6 将其命名为"调整图层1"，选择"调整图层1"图层，执行"效
果>颜色校正>曲线"菜单命令，分别调整RGB和"红色"通道中的
曲线，如图5-338所示。

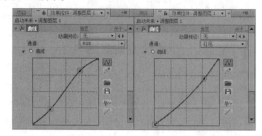

图5-338

选择"调整图层1"图层，执行"效果>模糊和锐化>快速模糊"
7 菜单命令，设置"模糊度"属性的关键帧动画，在第1秒18帧处，
设置其值为0；在第4秒处，设置其值
为8。最后勾选"重复边缘像素"选
项，如图5-339和图5-340所示。画面
的预览效果如图5-341所示。

图5-339

图5-340

图5-341

执行"图层>新建>摄像机"菜单命令，创建一个摄像机，将其命
8 名为"摄像机"，设置"预设"为28毫米、"缩放"为197.56毫米、
"焦距"为
28毫米，勾选
"启用景深"
选项，如图
5-342所示。

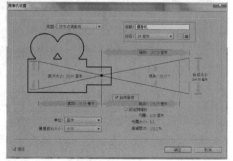

图5-342

289

9 选择"摄像机"图层，然后设置"位置"属性的关键帧动画，在第0帧处，设置"位置"为（360, 202.5, –75.7）；在第2秒18帧处，设置"位置"为（360, 202.5, –438.9）；在第4秒处，设置"位置"为（360, 202.5, –501.9）。接着设置"焦距"属性的关键帧动画，在第0帧处，设置"焦距"为2000像素；在第15帧处，设置"焦距"为1000像素；在第1秒15帧处，设置"焦距"为500像素，如图5-343所示。

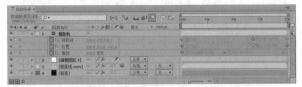

图5-343

10 使用"文字工具" **T** 创建"科技启迪未来"文字图层，设置字体为"造字工房文研"、字体大小为60像素、字体颜色为蓝色（R:20, G:165, B:226）、字符间距为100，设置文字的"描边"宽度为2像素，设置描边的颜色为白色，并选择"在填充上描边"选项，最后打开该文字图层的三维开关 和图层运动模糊开关 ，如图5-344所示。

11 选择"科技启迪未来"图层，执行"效果>透视>投影"菜单命令，设置"不透明度"的值为35%、"距离"的值为2、"柔和度"的值为5，如图5-345所示。

图5-344　　　　　　图5-345

12 选择"科技启迪未来"图层，执行"效果>Trapcode>Shine（扫光）"菜单命令，设置Ray Length（光线长度）的值为0.6、Transfer Mode（叠加方式）为Overly（叠加）。设置Source Point（源点）属性的关键帧动画，在第2秒18帧处，设置为（–3, 191.5）；在第4秒处，设为（719, 191.5）。设置Shine Opacity（发光不透明度）属性的关键帧动画，在第2秒18帧处，设为0；在第2秒23帧处，设为100；在第3秒19帧处，设为100；在第4秒处，设为0，如图5-346和图5-347所示。

图5-346

图5-347

13 选择"科技启迪未来"图层，修改其"位置"属性的值为（359, 214, –106），如图5-348所示。

图5-348

14 按小键盘上的数字键0，预览最终效果，如图5-349所示。

图5-349

5.19 球形粒子特效

案例描述

本例主要介绍CC Ball Action（CC 小球状粒子化）效果的使用。通过学习本例，读者可以掌握球形粒子特效的制作，如图5-350所示。

图5-350

操作流程

1 执行"合成>新建合成"菜单命令，创建一个预设为"自定义"的合成，设置"宽度"为720px，"高度"为405px、"像素长宽比"为"方形像素"、"持续时间"为5秒，并将其命名为"绿色环保"，如图5-351所示。

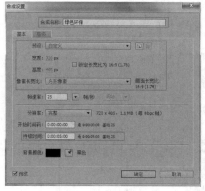
图5-351

2 按Ctrl+Y快捷键，新建一个白色的纯色图层，设置"宽度"为720像素、"高度"为405像素、"像素长宽比"为"方形像素"，将其命名为"背景"，如图5-352所示。

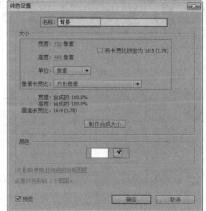
图5-352

3 执行"文件>导入>文件"菜单命令，打开本书学习资源中的"案例源文件>第5章>5.19>环保.jpg"文件，将该素材添加到"绿色环保"合成的时间线上，如图5-353所示。

4 选择"环保"图层，按Ctrl+Shift+C快捷键进行图层合并，将合并后的图层命名为"环保"，如图5-354所示。

图5-353

图5-354

5 选择"环保"图层，执行"效果>模拟仿真>CC Ball Action（CC小球状粒子化）"菜单命令，设置Twist Property（扭曲角度）属性为Radius（半径）。设置Scatter属性的关键帧动画，在第0帧处，设置Scatter为839；在第4秒处，设置Scatter为0。设置Twist Angle（扭曲角度）属性的关键帧动画，在第1秒处，设置Twist Angle（扭曲角度）为（0×+200°）；在第4秒处，设置Twist Angle（扭曲角度）为（0×+0°）。设置Grid Spacing（网格间隔）属性的关键帧动画，在第1秒处，设置Grid Spacing（网格间隔）为6；在第4秒处，设置Grid Spacing（网格间隔）为0，如图5-355和图5-356所示。

图5-355

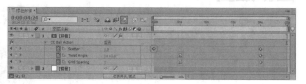
图5-356

6 选择"环保"图层，开启该图层的三维开关和图层运动模糊开关。然后设置该图层"缩放"属性的关键帧动画，在第3秒20帧处，设置其值为（155, 155, 155%）；在第4秒处，设置其值为（100, 100, 100%）；第5秒处，设置其值为（95, 95, 95%）。设置"Z轴旋转"属性的关键帧动画，在第1秒处，设置其值为（0×+180°）；在第4秒处，设置其值为（0×+0°），如图5-357所示。

图5-357

7 执行"图层>新建>摄像机"菜单命令，创建一个摄像机，并将其命名为"摄像机"，设置"缩放"为156毫米、"焦距"为22.11毫米，如图5-358所示。

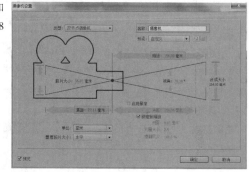
图5-358

8 选择"摄像机"图层，设置"目标点"属性的关键帧动画，在第0帧处，设置其值为（360, 202, 320）；在第4秒处，设置其值为（360, 215, 0）。设置"位置"属性的关键帧动画，在第0帧处，设置其值为（360, 202, -125）；在第4秒处，设置其值为（360, 215, -400），如图5-359所示。

图5-359

9 按小键盘上的数字键0，预览最终效果，如图5-360所示。

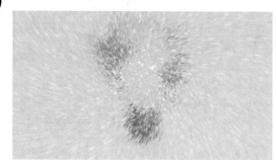
图5-360

5.20 卡通效果图像

学习目的

学习ToonIt! Outlines Only（卡通轮廓描边）效果的运用。

学习资源路径

▶ 在线教学视频：
在线教学视频 > 第5章 > 卡通效果图像.flv

▶ 案例源文件：
案例源文件 > 第5章 > 5.20 > 卡通效果图像.aep

本例难易指数：★★★☆☆

案例描述

本例主要介绍ToonIt! Outlines Only（卡通轮廓描边）的高级应用。通过学习本例，读者可以掌握卡通效果图像的表现技术，案例如图5-361所示。

图5-361

操作流程

1 执行"合成>新建合成"菜单命令，创建一个预设为"自定义"的合成，设置"宽度"为720px、"高度"为405px、"像素长宽比"为"方形像素"、"持续时间"为1秒10帧，将其命名为"轮廓提取"，如图5-362所示。

图5-362

2 执行"文件>导入>文件"菜单命令，打开本书学习资源中的"案例源文件>第5章>5.20>Dog.mov"文件，然后将其拖曳到"轮廓提取"合成的时间线上，画面预览效果如图5-363所示。

图5-363

3 选择Dog.mov图层，将时间指针放到第0帧处，然后使用"钢笔工具"将狗的形状大致勾画出来，如图5-364所示。

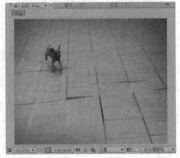

图5-364

4 画面中的狗处于运动状态，为了更好地表现卡通效果，这里设置"蒙版"关键帧动画，将每帧狗的状态勾画出来，并设置"蒙

版羽化"的值为（50, 50像素），如图5-365所示。

图5-365

5 设置Dog.mov图层的"位置"属性的关键帧动画，在第0帧处设置其值为（256, 207）；在第1秒09帧处，设置其值为（642, 131），如图5-366所示。

图5-366

6 选择Dog.mov图层，执行"图层>预合成"菜单命令，将图层进行合并，合并后的图层命名为"素材"，如图5-367所示。

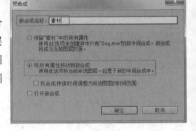

图5-367

7 选择"素材"图层，执行"效果>Red Giant ToonIT>ToonIt! Outlines Only（卡通轮廓描边）"菜单命令，展开Blur（模糊）参数项，设置Radius（半径）为2、Thresh（容差）为12；展开Soft Outlines（柔化线）参数项，勾选Soft Outlines（柔化线）选项，设置Strength（强度）为10%、Transparency（不透明度）为10%，如图5-368所示。

图5-368

8 执行"图层>新建>纯色"菜单命令,创建一个与合成大小一致的白色纯色图层,然后将纯色图层命名为"底色",如图5-369所示。

图5-369

9 按小键盘上的数字键0,预览最终效果,如图5-370所示。

图5-370

5.21 描边文字

学习目的
使用3D Stroke(3D 描边)和Shine(扫光)效果制作描边文字效果。

学习资源路径
在线教学视频:
在线教学视频 > 第5章 > 描边文字.flv
案例源文件:
案例源文件 > 第5章 > 5.21 > 描边文字.aep

案例描述
本例主要介绍3D Stroke(3D 描边)和Shine(扫光)效果的应用。通过学习本例,读者可以掌握描边文字特效的制作技法,案例如图5-371所示。

本例难易指数:★ ★ ★ ☆ ☆

图5-371

操作流程

1 执行"合成>新建合成"菜单命令,创建一个预设为"自定义"的合成,设置"宽度"为720px、"高度"为405px、"像素长宽比"为"方形像素"、"持续时间"为6秒,将其命名为"且行且珍惜",如图5-372所示。

图5-372

2 使用"横排文字工具" T创建"且行且珍惜"文字图层,设置文字的字体为"华康海报体W12"、字体大小为80像素、字符间距为100、字体颜色为白色,如图5-373所示。

图5-373

3 执行"文件>导入>文件"菜单命令,打开本书学习资源中的"案例源文件>第5章>5.21>背景.mov"文件,然后把该素材添加到"且行且珍惜"合成的时间线上,如图5-374所示。

图5-374

4 选择"且行且珍惜"图层,执行"图层>从文本创建蒙版"菜单命令,系统会自动生成"'且行且珍惜'轮廓"蒙版图层,如图5-375所示。

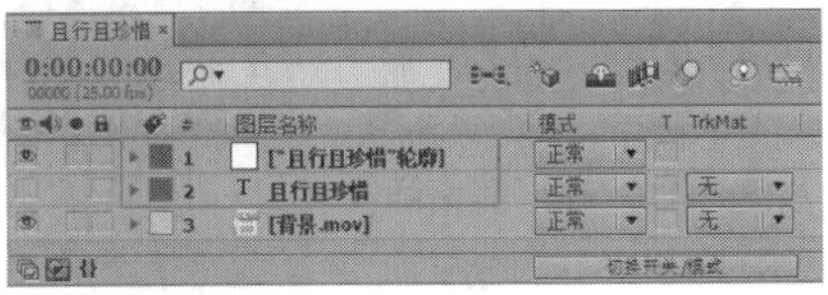

图5-375

5 选择"'且行且珍惜'轮廓"图层,执行"效果>Trapcode>3D Stroke(3D 描边)"菜单命令,设置Thickness(厚度)的值为2、Start(起点)的值为100、Offest(偏移)的值为0,勾选Loop选项。展开Transform(变换)属性项,设置Bend(弯曲)为0、Bend Axis(弯曲角度)为(0×+95°)、XY Position(XY轴位置)为(360, 190)、Z

293

Position（Z轴位置）为55、X Rotation（X轴旋转）为（0×+150°），Y Rotation（Y轴旋转）为（0×+155°），如图5-376所示。

图5-376

6 设置3D Stroke（3D 描边）效果中相关属性的关键帧动画。设置Start（起点）属性的关键帧动画，在第0帧处设为100，在第4秒处设为0；设置Offset（偏移）属性的关键帧动画，在第1帧处设为0，在第4秒处设为100；设置Bend（弯曲）属性的关键帧动画，在第0帧处设为20，在第4秒处设为0；设置Bend Axis（弯曲角度）属性的关键帧动画，在第0帧处设为（0×+95°），在第4秒处设为（0×+0°）；设置Z Position（Z轴位置）属性的关键帧动画，在第0帧处设为55，在第4秒处设为0；设置X Rotation（X轴旋转）和Y Rotation（Y轴旋转）属性的关键帧动画，在第0帧处设置它们的值均为（0×+150°），在第4秒处设置它们的值均为（0×+0°），如图5-377所示。画面的预览效果如图5-378所示。

图5-377

图5-378

7 选择"'且行且珍惜'轮廓"图层，执行"效果>风格化>发光"菜单命令，设置"发光阈值"为75%、"发光半径"为80、"发光强度"为1.5，如图5-379所示。画面的预览效果如图5-380所示。

图5-379

图5-380

8 选择"'且行且珍惜'轮廓"图层，执行"效果>Trapcode> Shine（扫光）"菜单命令，设置Source Point（源点）的值为（360, 162）、Ray Length（光线长度）的值为4；展开Shimmer（微光）参数项，设置Amount（数量）的值为30、Detail（细节）的值为100、Boost Light（光线亮度）的值为0；展开Colorize（色彩化）参数项，设置Colorize（色彩化）为 One Color（单色）、Color（颜色）为紫红色（R:255, G:0, B:150），如图5-381所示。

图5-381

9 设置Shine（扫光）效果的相关属性的关键帧动画，首先设置Ray Length（光线长度）属性的关键帧动画，在第0帧处，设置其值为4；在第1秒处，设置其值为30；在第2秒处，设置其值为0。然后设置Boost Light（光线亮度）属性的关键帧动画，在第0帧处，设置其值为0；在第1秒处，设置其值为60；在第2秒处，设置其值为0，如图5-382所示。画面的预览效果如图5-383所示。

图5-382

图5-383

10 选择"'且行且珍惜'轮廓"图层，执行"效果>生成>CC Light Sweep（CC扫光）"菜单命令，设置Center（中心）的值在第4秒处为（80, 115）、在第6秒处为（593.5, 115），如图5-384和图5-385所示。

图5-384

图5-385

11 按小键盘上的数字键0, 预览最终效果, 如图5-386所示。

图5-386

5.22 开场星星1

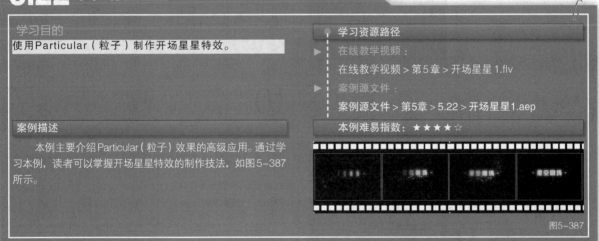

学习目的

使用Particular (粒子) 制作开场星星特效。

案例描述

本例主要介绍Particular (粒子) 效果的高级应用。通过学习本例, 读者可以掌握开场星星特效的制作技法, 如图5-387所示。

学习资源路径

▶ 在线教学视频:

在线教学视频 > 第5章 > 开场星星1.flv

▶ 案例源文件:

案例源文件 > 第5章 > 5.22 > 开场星星1.aep

本例难易指数: ★★★★☆

图5-387

操作流程

1 执行 "合成>新建合成" 菜单命令, 创建一个预设为HDV/HDTV 720 25的合成, 设置 "持续时间" 为3秒, 并将其命名为 "开场星星", 如图5-388所示。

图5-388

2 执行 "文件>导入>文件" 菜单命令, 打开本书学习资源中的 "案例源文件>第5章>5.22>星星.mov" 文件, 然后把该素材添加到 "开场星星" 合成的时间线上, 如图5-389所示。

图5-389

3 执行 "图层>新建>摄像机" 菜单命令, 创建一个摄像机, 将其命名为 "摄像机", 设置 "预设" 为 "自定义"、"缩放" 为658毫米、"焦距" 为52.46毫米, 勾选 "启用景深" 选项, 如图5-390所示。

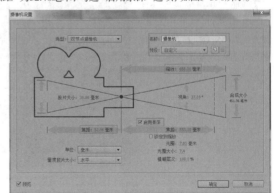

图5-390

4 执行 "图层>新建>纯色" 菜单命令, 创建一个黑色的纯色图层, 将其命名为 "路径", 设置 "宽度" 为1280像素、"高度" 为

720像素、"像素长宽
比"为"方形像素"，
如图5-391所示。

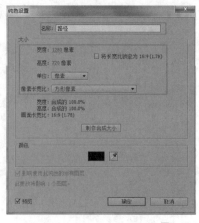

图5-391

5 选择"路径"图层，使用"钢笔工具" 为该图层创建一个蒙
版，然后关闭"星星.mov"图层的显示，如图5-392所示。画面
的预览效果如图5-393所示。

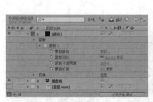 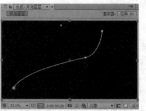

图5-392　　　　　　　　图5-393

6 使用"横排文字工具" 创建"·星空剧场·"文字图层，设置
字体为"汉真广标"、字体大小为100像素、字符间距为200、字
体颜色为蓝色（R:3，G:205，B:255），如图5-394所示。

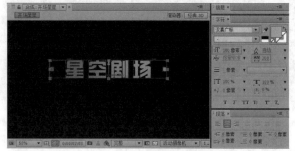

图5-394

7 选择"·星空剧场·"文字
图层，执行"效果>风格化>
发光"菜单命令，设置"发光阈
值"为20%、"发光半径"的值
为53，如图5-395所示。

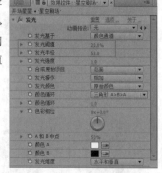

图5-395

8 选择"·星空剧场·"文字图层，展开"文本"属性，执行"动画>
启用逐字3D化"命令，如图5-396所示。

图5-396

9 选择"·星空剧场·"文字图层，展开"文本"属性，执行"动
画>旋转"命令，然后设置"Y轴旋转"属性的关键帧动画，
在第0帧处，设置其值为（0×+88°）；在第15帧处，设置其值为
（0×+30°）；在第2秒处，设置其值为（0×+0°），如图5-397所示。

图5-397

10 执行"图层>新建>
灯光"菜单命令，创
建一个灯光图层，将其命
名为Emitter，接着设置"灯
光类型"为"点"、"颜色"
为浅蓝色（R:133，G:228，
B:230），如图5-398所示。

图5-398

11 把"路径"图层的"蒙版路径"复制到Emitter图层的"位
置"属性上，然后展开"灯光选项"属性，设置"强度"的
值在第0帧处为0%、在第5帧处为100%，如图5-399所示。画面的
预览效果如图5-400所示。

图5-399

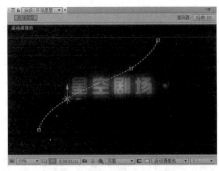

图5-400

12 选择"路径"图层，按Delete键将该图层删除，然后执行"图层>新建>纯色"菜单命令，创建一个纯色图层，将其命名为"粉尘"，设置"宽度"为1280像素、"高度"为720像素、"像素长宽比"为"方形像素"，如图5-401所示。

图5-401

13 选择"粉尘"图层，执行"效果>Trapcode>Particular（粒子）"菜单命令，展开Emitter（发射器）参数项，设置

Emitter Type（发射类型）为Light（s）（灯光）、Direction（方向）为Outwards（远离中心）、Velocity Random[%]（速率随机值）的值为45、 Velocity from Motion[%]（运动速率）的值为35、Emitter Size X（X轴发射大小）的值为209、Emitter Size Y（Y轴发射大小）的值为233、Emitter Size Z（Z轴发射大小）的值为191、Random Seed（速度随机值）的值为101610，如图5-402所示。

图5-402

14 展开Emitter（发射器）参数项，将Particles/sec（粒子/秒）属性关联到Emitter图层的"位置"属性上，然后出现一个表达式thisComp.layer("Emitter").transform.position[0]，如图5-403所示。接着将这个表达式改为thisComp.layer("Emitter").transform.position.speed*3，如图5-404所示。

图5-403

图5-404

15 展开Particle（粒子）选项，设置Life Random[%]（生命随机值）的值为42、Size（大小）的值为0.7、Size Random[%]（大小随机值）的值为26、Set Color（设置颜色）为From Light Emitter，如图5-405所示。

16 展开Physics（物理学）属性栏，设置Gravity（重力）的值为150；展开Air（空气）属性，设置Air Resistance（空气阻力）的值为3，Wind X（X轴风向）的值为-11、Affect Position（位移影响）的值为149，如图5-406所示。

图5-405　　　　　　　　　　图5-406

17 选择"粉尘"图层，执行"效果>风格化>发光"菜单命令，设置"发光阈值"为77%、"发光半径"为45、"发光强度"为3.5，如图5-407所示。画面的预览效果如图5-408所示。

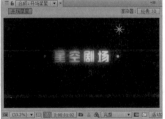

图5-407　　　　　　　　　　图5-408

18 执行"图层>新建>纯色"菜单命令，创建一个纯色图层，将其命名为"星星"，设置"宽度"为1280像素、"高度"为720像素、"像素长宽比"为"方形像素"，如图5-409所示。

图5-409

19 选择"星星"图层，执行"效果>Trapcode>Particular（粒子）"菜单命令，展开Emitter（发射器）参数项，设置Emitter Type（发射类型）为Light（s）选项、Direction（方向）为Outwards（远离中心）、Velocity（速率）的值为20、Velocity Random[%]（速率随机值）的值为45、Emitter Size X（X轴发射大小）的值为201、Emitter Size Y（Y轴发射大小）的值为142、Emitter Size Z（Z轴发射大小）的值为182、Random Seed（速度随机值）的值为100500，如图5-410所示。

图5-410

20 选择"星星"图层，展开Emitter（发射器）参数项，将Particles/sec（粒子/秒）属性关联到Emitter（发射器）图层的"位置"属性上，然后出现一个表达式thisComp.layer（"Emitter"）.transform.position[0]，如图5-411所示，接着将这个表达式改为thisComp.layer（"Emitter"）.transform.position.speed/40，如图5-412所示。

图5-411

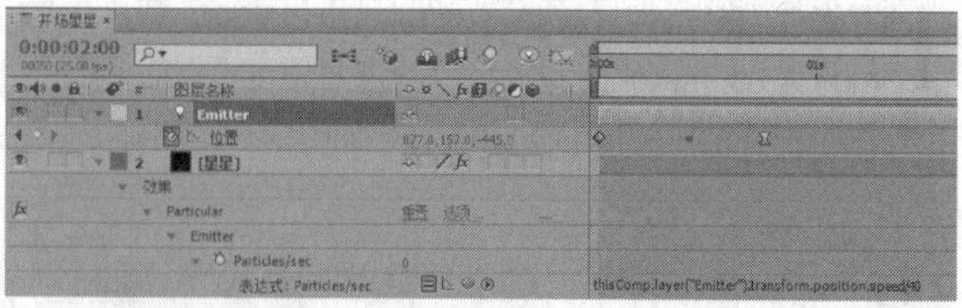

图5-412

21 展开Particle（粒子）选项，设置Life[sec]（生命[秒]）的值为2、Life Random[%]（生命随机值）的值为42、Particle Type（粒子类型）为Sprite Colorize（子画面着色）；展开Textur（纹理）选项，设置Layer（图层）选项为"6.星星.mov"、Time Sampling（时间采样）为Split Clip - Play Once、Number of Clips（片段数量）的值为3，勾选Subframe Samplin选项；展开Rotation选项，设置Random Rotation（方向随机值）的值为20、Rotation Speed Z（Z轴旋转速度）的值为0.3、Random Speed Rotation（旋转速度随机值）的值为17、Size（大小）的值为15、Size Random[%]（大小随机值）的值为10、Set Color（颜色设置）为From Light Emitter（从光发射器），如图5-413所示。

22 展开Physics（物理学）参数项，设置Gravity（重力）的值为150、Air Resistance（空气阻力）的值为3，如图5-414所示。

图5-413 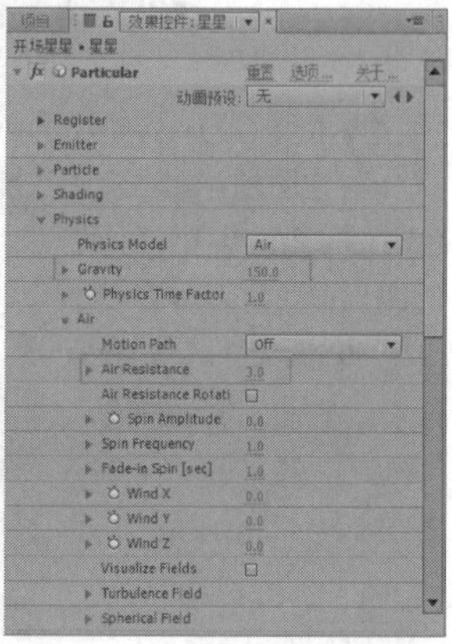　　　　　　图5-414

23 选择"星星"图层，执行"效果>风格化>发光"菜单命令，设置"发光阈值"为77%、"发光半径"为45、"发光强度"为3.5，如图5-415所示。

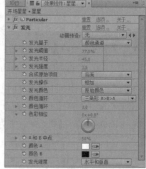

图5-415

24 按小键盘上的数字键0，预览最终效果，如图5-416所示。

图5-416

5.23 开场星星2

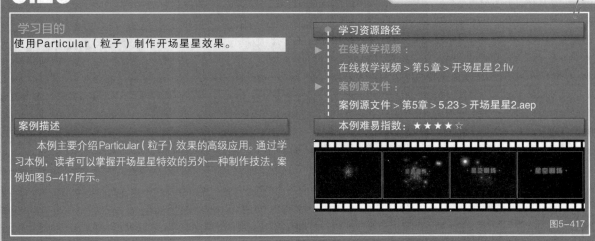

图5-417

操作流程

1 执行"合成>新建合成"菜单命令，创建一个预设为HDV/HDTV 720 25的合成，设置"持续时间"为3秒，将其命名为"开场星星2"，如图5-418所示。

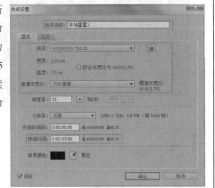

图5-418

2 执行"文件>导入>文件"菜单命令，打开本书学习资源中的"案例源文件>第5章>5.23>星星.mov"文件，将该素材添加到"开场星星2"合成的时间线上，如图5-419所示。

图5-419

3 执行"图层>新建>灯光"菜单命令，创建一个灯光，将其命名为Emitter，设置"灯光类型"为"点"、"颜色"为蓝色（R:72，G:128，B:255），如图5-420所示。

图5-420

4 选择Emitter图层，设置"位置"属性的关键帧动画，在第0帧处，设置"位置"为（643.3，360.7，800）；在第5帧处，设置"位置"为（643.3，360.7，-1000），如图5-421所示。

图5-421

5 执行"图层>新建>摄像机"菜单命令，创建一个预设为"自定义"的摄像机，设置"缩放"值为658毫米、"焦距"为52.46毫米，勾选"启用景深"选项，如图5-422所示。

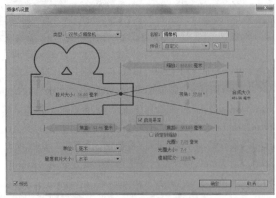

图5-422

6 执行"图层>新建>纯色"菜单命令，创建一个新的纯色图层，将其命名为"星云"，设置"宽度"为1280像素、"高度"为720像素、"像素长宽比"为"方形像素"，如图5-423所示。

图5-423

7 选择"星云"图层，执行"效果>Trapcode>Particular（粒子）"菜单命令，展开Emitter（发射器）参数项，设置Emitter Type（发射器类型）为Light（s）（灯光）、Direction（方向）为Outwards（远离中心）、Velocity Random[%]（速率随机值）的值为45、Velocity from Motion[%]（运动速率）的值为10、Emitter Size X（X轴发射大小）的值为209、Emitter Size Y（Y轴发射大小）的值为233、Emitter Size Z（Z轴发射大小）的值为191、Random Seed（速度随机值）的值为101610，如图5-424所示。

图5-424

8 选择"星云"图层，展开Emitter（发射器）参数项，将Particles/sec（粒子/秒）属性关联到Emitter图层的"位置"属性上，然后出现一个表达式thisComp.layer（"Emitter"）.transform.position[0]，如图5-425所示。接着将这个表达式改为thisComp.layer（"Emitter"）.transform.position.speed，如图5-426所示。

图5-425

图5-426

9 展开Particle（粒子）选项，设置Life [sec]（生命/秒）的值为2、Life Random[%]（生命随机值）的值为42、Size（大小）的值为0.7、Size Random[%]（大小随机值）的值为26、Set Color（颜色设置）为From Light Emitter（从光发射器），如图5-427所示。

10 展开Physics（物理学）参数项，设置Gravity（重力）的值为50；展开Air（空气）属性，设置Air Resistance（空气阻力）的值为3、Affect Position（影响位移）的值为149、Evolution Speed（演化速度）的值为20，如图5-428所示。

图5-427

图5-428

11 选择"星云"图层，执行"效果>风格化>发光"菜单命令，设置"发光阈值"为20%、"发光半径"为53，如图5-429所示。画面的预览效果如图5-430所示。

图5-429　　　　　　　　　图5-430

12 使用"横排文字工具" T 创建"·星空剧场·"文字图层，设置文字的字体为"汉真广标"、字体大小为100像素、字符间距为200、字体颜色为蓝色（R:3, G:205, B:255），如图5-431所示。

图5-431

13 选择"·星空剧场·"文字图层，执行"效果>风格化>发光"菜单命令，设置"发光阈值"为55%、"发光半径"为53，如图5-432所示。画面的预览效果如图5-433所示。

图5-432　　　　　　　　　图5-433

14 选择"·星空剧场·"文字图层，展开"文本"属性，执行"动画>启用逐字3D化"命令，如图5-434所示。画面的预览效果如图5-435所示。

图5-434

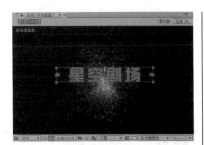

图5-435

15 选择"·星空剧场·"文字图层，展开"文本"属性，执行
"动画>旋转"命令。然后设置"Y轴旋转"属性的关键帧
动画，在第0帧处，设置其值为（0×+88°）；在第15帧处，设置其
值为（0×+30°）；在第2秒处，设置其值为（0×+0°）。接着设置
该图层的"不透明度"属性的关键帧动画，在第0帧处，设置其值
为0%；在第15帧处，设置其值为100%，如图5-436所示。

图5-436

16 选择"摄像机"图层，设置"位置"属性的关键帧动画，在
第6帧处，设置其值为（640，360，−1866）；在第2秒24帧
处，设置其值为（640，360，−1130），如图5-437所示。

图5-437

17 执行"图层>新
建>纯色"菜单
命令，创建一个纯色
图层，将其命名为"星
光"，设置"宽度"为
1280像素、"高度"为
720像素、"像素长宽
比"为"方形像素"，如
图5-438所示。

图5-438

18 选择"星光"图层，执行"效果>Trapcode>Particular（粒
子）"菜单命令，展开Emitter（发射器）参数项，设置
Emitter Type（发射器类型）为Light（s）（灯光）、Direction（方向）
为Outwards（远离中心）、 Velocity （速率）的值为20、Velocity
Random[%]（速率随机值）的值为45、Velocity from Motion[%]（运
动速度）的值为30、 Emitter Size X（X轴发射大小）的值为119、
Emitter Size Y（Y轴发射大小）的值为142、Emitter Size Z（Z轴发射
大小）的值为182、Random Seed（速度随机值）的值为100500，如

图5-439所示。

图5-439

19 选择"星光"图层，将Particles/sec（粒子/秒）属性关联
到Emitter图层的"位置"属性上，然后出现一个表达
式thisComp.layer（"Emitter"）.transform.position[0]，如图5-440所
示。接着将这个表达式改为thisComp.layer（"Emitter"）.transform.
position.speed/100，如图5-441所示。

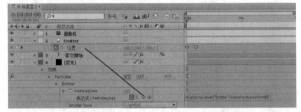

图5-440

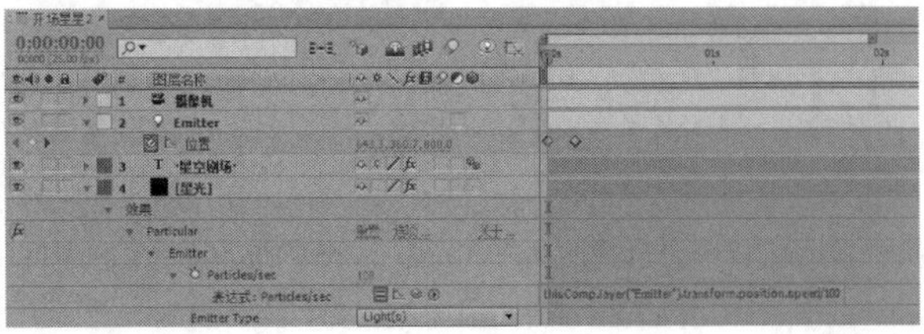

图5-441

20 展开Particle（粒子）选项，设置Life[sec]（生命[秒]）的值
为2、Life Random[%]（生命随机值）的值为42、Particle
Type（粒子类型）为Glow Sphere（No DOF）（光球）、Size（大小）的
值为2、Size Random[%]（大小随机值）的值为48、Set Color（颜色
设置）为From Light Emitter（从光发射器），如图5-442所示。

21 展开Physics（物理学）参数项，设置Gravity（重力）的值
为−75、Air Resistance（空气）的值为3、Spin Amplitude（旋
转振幅）的值
为59、Fade−in
Spin[sec]（在
自旋中淡出的
时间）的值为
0，如图5−443
所示。

图5-442 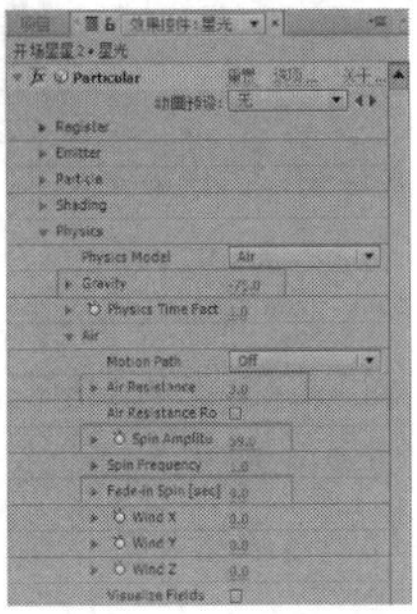　　　图5-443

22 选择"星光"图层，执行"效果>风格化>发光"菜单命令，设置"发光阈值"为20%、"发光半径"为53、"发光强度"为1，如图5-444所示。

23 执行"图层>新建>纯色"菜单命令，创建一个纯色图层，将其命名为"星星"，设置"宽度"为1280像素、"高度"为720像素、"像素长宽比"为"方形像素"。选择"星星"图层，执行"效果>Trapcode>Particular（粒子）"菜单命令，展开Emitter（发射器）参数项，设置Emitter Type（发射类型）为Light（s）（灯光）、Velocity（速率）的值为200、Velocity Random[%]（速率随机值）的值为82、Velocity Distribution（速率）的值为1、Velocity from Motion[%]（允许粒子继承发射器）的值为3、Emitter Size Y（Y轴发射大小）的值为99、Random Seed（随机速度）的值为0，如图5-445所示。

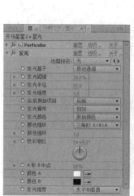

图5-444 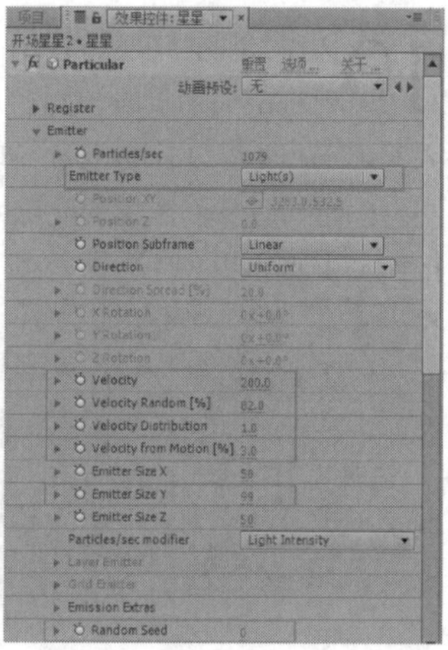　　　　　　　　　　图5-445

24 选择"星星"图层，将Particles/sec（粒子/秒）属性关联到Emitter图层的"位置"属性上，然后出现一个表达式thisComp.layer("Emitter").transform.position[0]，如图5-446所示。接着将这个表达式改为thisComp.layer("Emitter").transform.position.speed/10，如图5-447所示。

图5-446

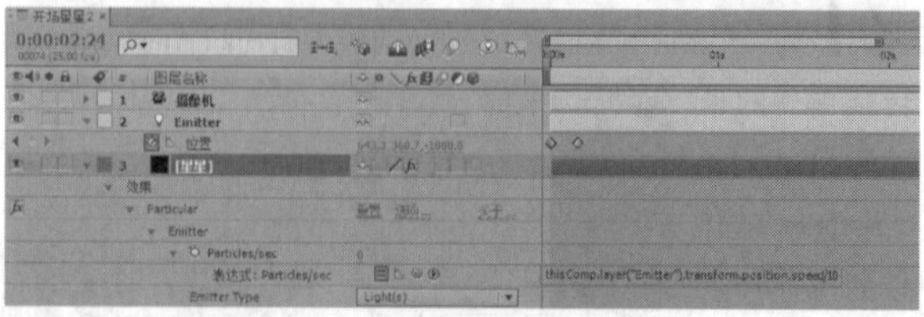

图5-447

25 展开Particle（粒子）属性，设置Life[sec]（生命/秒）的值为1、Life Random[%]（生命随机值）的值为50、Particle Type（粒子类型）为Sprite Colorize；展开Texture（纹理）属性，设置Layer（图层）为"7.星星.mov"、Time Sampling（时间采样）属性为Random - Loop（随机循环）、Random Seed（随机种子）的值为

0；展开Rotation（旋转）属性，设置 Random　Rotation（旋转随机值）的值为10、Rotation Speed Z（Z轴旋转速度）的值为0.1、Size Random（大小随机值）的值为100；设置Set Color（颜色设置）属性为From Light Emitter（从光发射器），如图5-448所示。

26 展开Physics（物理学）参数项，设置Gravity（重力）的值为0、Air Resistance（空气阻力）的值为1.5、Spin Amplitude（旋转振幅）的值为33、Fade-in Spin[sec]的值为0.1，如图5-449所示。

图5-448 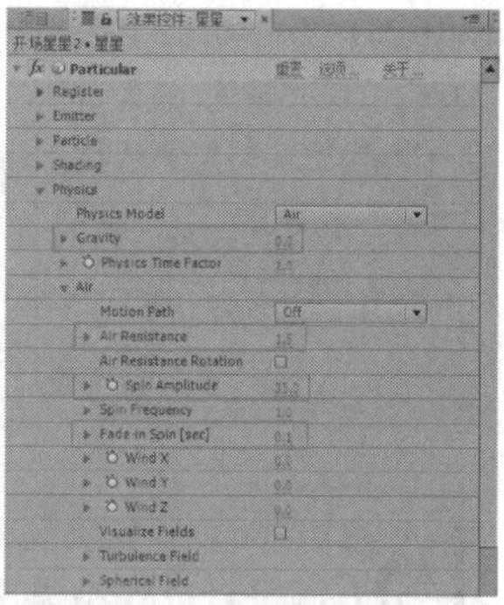　　　　　　　　图5-449

27 选择"星星"图层，执行"效果>风格化>发光"菜单命令，设置"发光阈值"为20%、"发光半径"为53、"发光强度"为1，如图5-450所示。

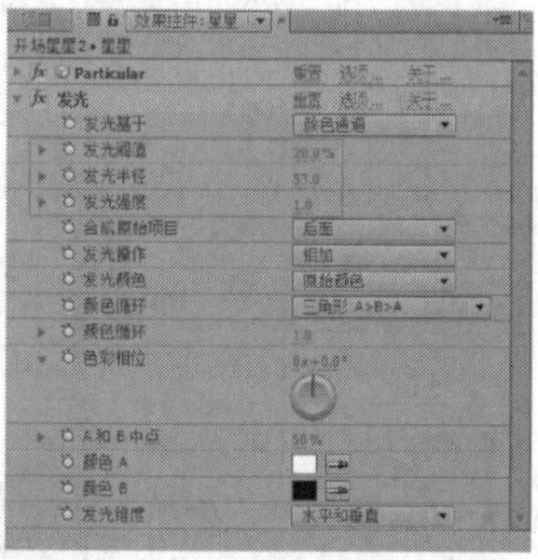

图5-450

28 按小键盘上的数字键0，预览最终效果，如图5-451所示。

图5-451

5.24 数字星球

学习目的

学习CC Sphere（CC球体）和Particular（粒子）效果的用法。

学习资源路径

在线教学视频：

在线教学视频 > 第5章 > 数字星球.flv

案例源文件：

案例源文件 > 第5章 > 5.24 > 数字星球.aep

本例难易指数：★★★☆☆

案例描述

本例主要介绍CC Sphere（CC球体）和Particular（粒子）特效的综合应用。通过学习本案例，读者可以掌握数字星球特效的模拟制作，案例如图5-452所示。

图5-452

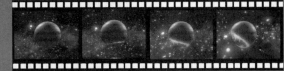

操作流程

1 执行“合成>新建合成”菜单命令，创建一个预设为“自定义”的合成，设置“宽度”为720px、“高度”为405px、“像素长宽比”为“方形像素”、“持续时间”为6秒，并将其命名为“数字星球”，如图5-453所示。

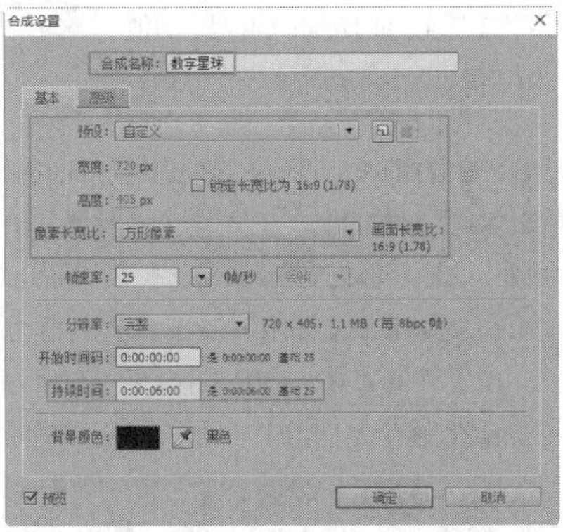

图5-453

2 执行“文件>导入>文件”菜单命令，打开本书学习资源中的“案例源文件>第5章>5.24>星空.mov”文件，将该素材添加到“数字星球”合成的时间线上，并设置“缩放”的值为（93，93%），如图5-454所示。画面的预览效果如图5-455所示。

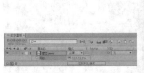

图5-454

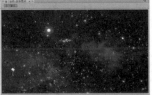

图5-455

3 选择“星空.mov”图层，执行“效果>模糊和锐化> CC Radial Blur（CC径向模糊）”菜单命令，设置Type（类型）为Centered Zoom、Amount（数量）的值为5，如图5-456所示。画面的预览效果如图5-457所示。

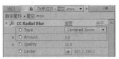

图5-456

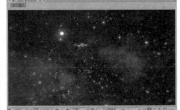

图5-457

4 执行“文件>导入>文件”菜单命令，打开本书学习资源中的“案例源文件>第5章>5.24>木星贴图.jpg”文件，将该素材添加到“数字星球”合成的时间线上，并设置“缩放”的值为（71，71%），如图5-458所示。画面的预览效果如图5-459所示。

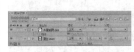

图5-458

图5-459

5 选择“木星贴图.jpg”图层，按Ctrl+Shift+C快捷键创建一个预合成，将其命名为木星，然后选择木星图层，执行“效果>透视> CC Sphere（CC球体）”菜单命令，设置Rotation Y（Y轴旋转）的值为（0×+90°）、Radius（半径）的值为160、Light Height（高亮）的值为-37、Light Direction（光的方向）的值为（0×+55°）、Ambient（环境）的值为5、Specular的值为30，如图5-460所示。

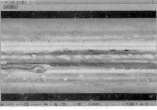

图5-460

6 设置Rotation Y（Y轴旋转）属性的关键帧动画。在第0帧处，设置其值为（0×+0°）；在第6秒处，设置其值为（0×+90°），如图5-461所示。画面的预览效果如图5-462所示。

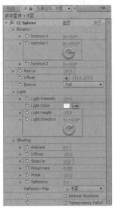

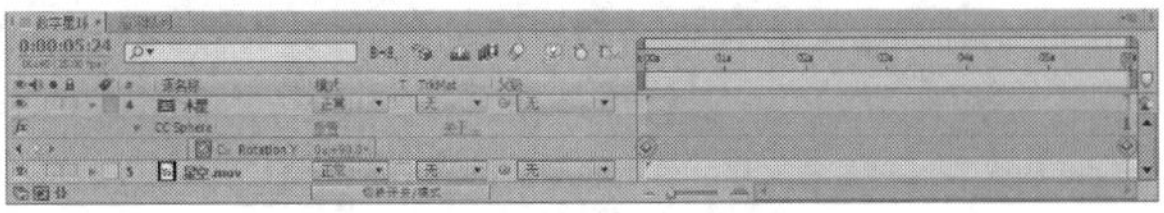

图5-461

图5-462

7 选择木星图层，按Ctrl+D快捷键复制一个新图层，然后修改新图层的CC Sphere效果的相关属性，设置Light Height（高亮）的值为-39、Light Direction（光方向）的值为（0×-34°）、Ambient（环境）的值为7、Specular的值为76，如图5-463所示。

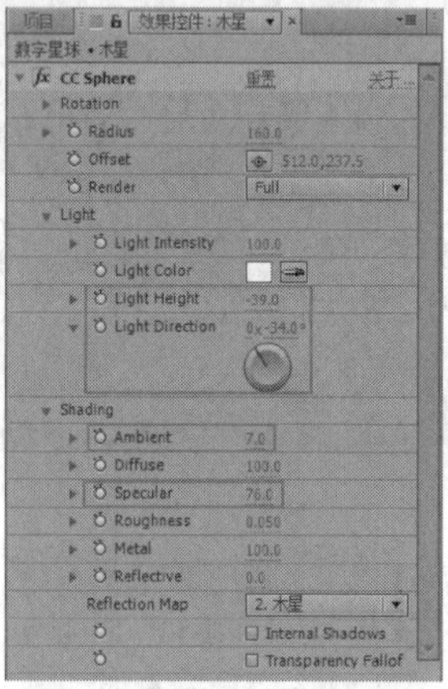

图5-463

8 选择第1个木星图层，将其叠加模式修改为"屏幕"，如图5-464所示。画面的预览效果如图5-465所示。

图5-464 　　　　　　　　图5-465

9 执行"文件>导入>文件"菜单命令，打开本书学习资源中的"案例源文件>第5章>5.24>Texture.jpg"文件，然后将该素材添加到"数字星球"合成的时间线上，选择Texture.jpg图层，按Ctrl+D快捷键复制一个新图层，隐藏复制得到的新图层，如图5-466所示。画面的预览效果如图5-467所示。

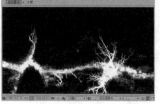

图5-466　　　　　　　　图5-467

10 选择第2个Texture.jpg图层作为第1个Texture.jpg图层的"亮度遮罩 '[Texture.jpg]'"图层的轨道蒙版，如图5-468所示。画面的预览效果如图5-469所示。

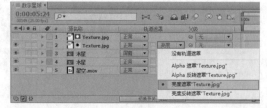

图5-468

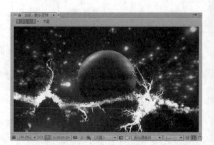

图5-469

11 选择两个Texture.jpg图层，按Ctrl+Shift+C快捷键创建一个预合成，并命名为Texture，然后选择Texture图层，执行"效果>透视> CC Sphere（CC球体）"菜单命令，设置Rotation Y（Y轴旋转）的值为（0×+0°）、Rotation Z（Z轴旋转）的值为（0×+0°）、Radius（半径）的值为113、Render（渲染）的模式为Outside（向外）、Light Intensity（灯光强度）的值为217、Light Height（高亮）的值为100，如图5-470所示。

图5-470

12 选择Texture图层，首先设置Rotation Y（Y轴旋转）属性的关键帧动画，在第0帧处，设置其值为（0×+0°）；在第6秒处，设置其值为（0×+30°）。然后设置Rotation Z（Z轴旋转）属性的关键帧动画，在第0帧处，设置其值为（0×+0°）；在第6秒处，设置其值为（0×+50°），如图5-471所示。最后，将该图层的叠加模式修改为"相加"。画面预览效果如图5-472所示。

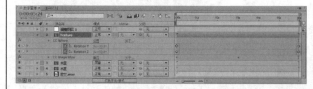

图5-471

图5-472

13 选择Texture图层，执行"效果>颜色校正> 色调"菜单命令，设置"将黑色映射到"为深褐色（R:46, G:7, B:7）、"将白色映射到"为橘黄色（R:255, G:96, B:0），如图5-473所示。画面的预览效果如图5-474所示。

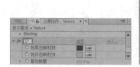

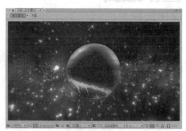

图5-473

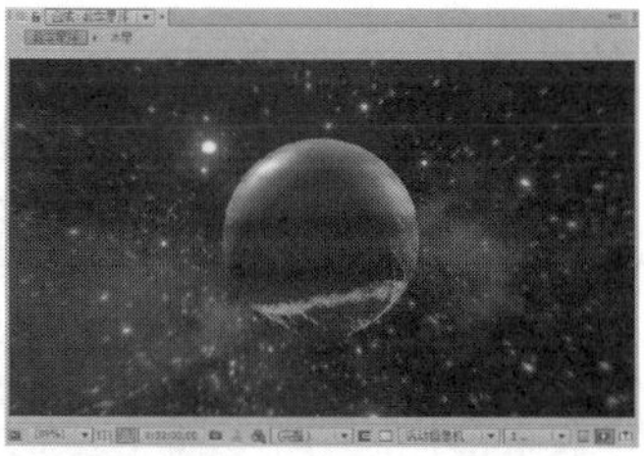

图5-474

14 选择Texture图层，执行“效果>风格化>发光”菜单命令，设置“发光阈值”为35.7%、“发光半径”为28，如图5-475所示。画面的预览效果如图5-476所示。

图5-475

图5-476

15 选择Texture图层，执行“效果>过渡> CC Image Wipe（CC图像擦除）”菜单命令，然后设置Completion（完成）属性的关键帧动画，在第0帧处，设置其值为100%；在第3秒处，设置其值为0%。接着设置Border Softness（边界柔化）的值为25%、Blur（模糊）的值为9.6，如图5-477所示。画面的预览效果如图5-478所示。

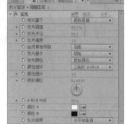

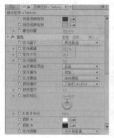

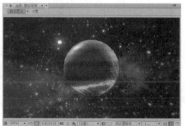

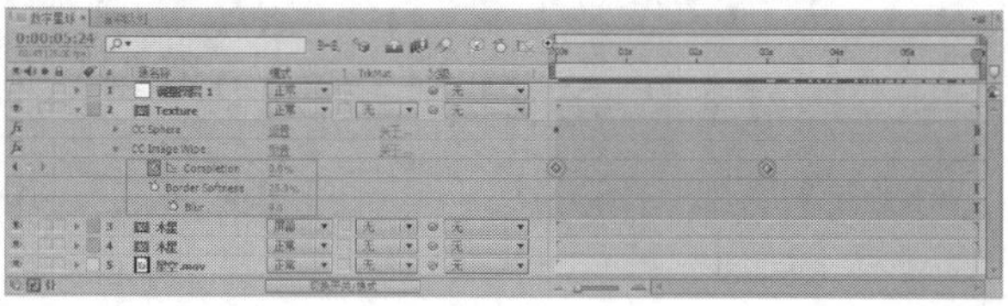

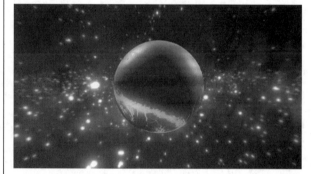

图5-477

图5-478

16 执行“图层>新建>调整图层”菜单命令，新建一个名为“调整图层”的图层，然后选择该图层，执行“效果>风格化>发光”菜单命令，设置“发光阈值”为65%、“发光半径”为60，如图5-479所示。

图5-479

17 按小键盘上的数字键0，预览最终效果，如图5-480所示。

图5-480

5.25 墨滴过渡

学习目的

学习S_WarpBubble（水泡变形）和S_WipeBubble（液化转场）效果的使用方法。

学习资源路径

在线教学视频：

在线教学视频 > 第5章 > 墨滴过渡.flv

案例源文件：

案例源文件 > 第5章 > 5.25 > 墨滴过渡.aep

本例难易指数：★★★☆☆

案例描述

本例主要介绍S_WarpBubble（水泡变形）和S_WipeBubble（液化转场）效果插件的使用方法。通过学习本例，读者可以掌握墨滴过渡效果的制作方法，案例如图5-481所示。

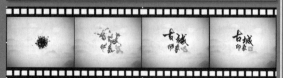

图5-481

操作流程

1 执行"合成>新建合成"菜单命令，创建一个预设为"自定义"的合成，设置"宽度"为720px、"高度"为405px、"持续时间"为3秒，将其命名为"墨滴过渡"，如图5-482所示。

图5-482

2 执行"文件>导入>文件"菜单命令，打开本书学习资源中的"案例源文件>第5章>5.25>背景.jpg"文件，然后将该素材添加到"墨滴过渡"合成的时间线上，如图5-483所示。

图5-483

3 执行"文件>导入>文件"菜单命令，打开本书学习资源中的"案例源文件>第5章>5.25> LOGO.mov"文件，将该素材添加到"墨滴过渡"合成的时间线上。选择LOGO图层，将素材的开始点设置到第18帧处，然后设置"不透明度"值在第0帧处为0%，在第1秒01帧处为100%，接着设置"缩放"值在第1秒处为(130%, 130%)，在第1秒11帧处为(118, 118%)，在第3秒处为(100%, 100%)，如图5-484所示。

图5-484

4 选择LOGO图层，执行"效果>Sapphire Distort（蓝宝石扭曲）>S_WarpBubble（水泡变形）"菜单命令，设置Matte from Layer的模式为"2.背景"；设置LOGO图层的关键帧动画，设置S_WarpBubble（水泡变形）的Amplitude（幅度）在第18帧处为0.25，在第2秒18帧为0；设置Frequency（频率）的值在第18帧为16，在第2秒18帧为0.1；最后设置Shitt Speed X的值为36，如图5-485和图5-486所示。画面的预览效果如图5-487所示。

图5-485

图5-486

图5-487

5 选择LOGO图层，执行"效果>Sapphire Transitions（蓝宝石转场）>S_WipeBubble（液化转场）"菜单命令，设置Wipe Percent（擦除百分比）的值在第18帧处为100%，在第1秒18帧处为0%；设置Edge width（边缘宽度）的值为500、Angle（角度）的值为90，如图5-488和图5-489所示。画面的预览效果如图5-490所示。

图5-488

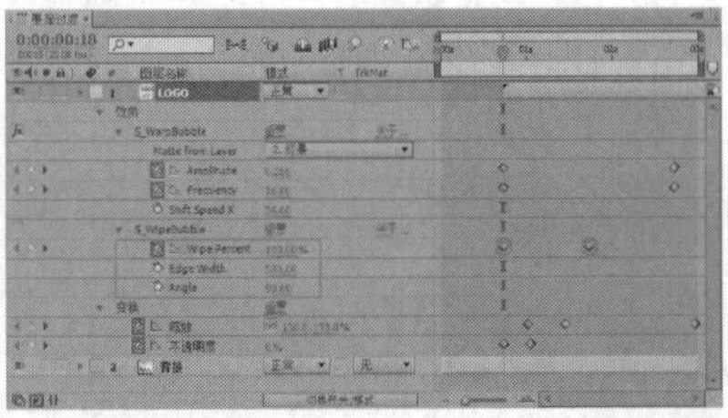

图5-489

图5-490

6 执行"文件>导入>文件"菜单命令，打开本书学习资源中的"案例源文件>第5章>5.25>水墨.mov"文件，然后将该素材添加到"墨滴过渡"合成的时间线上，如图5-491所示。

图5-491

7 选择"水墨"图层，设置"位置"的值在第0帧时为(372, -20)，在第9帧处为(372, 210)；设置"缩放"的值在第0帧处为(100, 91%)，在第1秒14帧时为(339, 310%)；设置"不透明度"

的值在第18帧处为100%, 在第1秒14帧处为0%, 如图5-492所示。

图5-492

图5-494

图5-495

8 选择"水墨"图层, 执行"效果>通道>反转"菜单命令, 其他参数保持不变, 如图5-493所示。

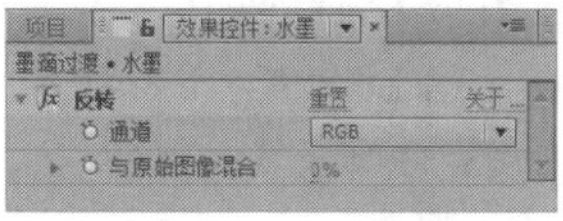

图5-493

9 选择"水墨"图层, 执行"效果>通道>设置遮罩"菜单命令, 设置"用于遮罩"的模式为"明亮度", 如图5-494所示。画面的预览效果如图5-495所示。

10 按小键盘上的数字键0, 预览最终效果, 如图5-496所示。

图5-496

5.26 海洋效果应用1

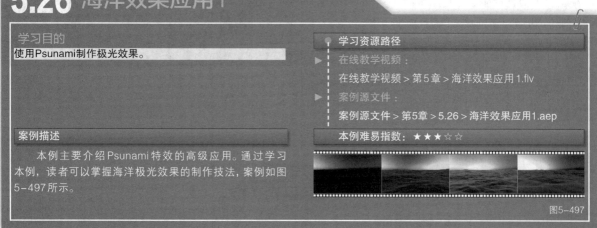

学习目的

使用Psunami制作极光效果。

案例描述

本例主要介绍Psunami特效的高级应用。通过学习本例, 读者可以掌握海洋极光效果的制作技法, 案例如图5-497所示。

学习资源路径

► 在线教学视频:

在线教学视频 > 第5章 > 海洋效果应用1.flv

► 案例源文件:

案例源文件 > 第5章 > 5.26 > 海洋效果应用1.aep

本例难易指数: ★★★☆☆

图5-497

操作流程

1 执行"合成>新建合成"菜单命令, 创建一个预设为"自定义"的合成, 设置其"持续时间"为6秒, 将其命名为"海洋效果应用1", 如图5-498所示。

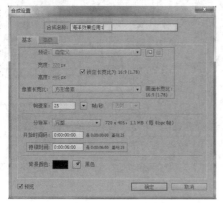

图5-498

2 按Ctrl+Y快捷键, 创建一个黑色的纯色图层, 将其命名为"极光"。选择"极光"图层, 执行"效果>Red Giant Psunami>Psunami"菜单命令, 展开Presets(预设)参数项, 在下拉菜单中选择Atmospherics(大气)>Aurora Borealis(北极光)命令, 如图5-499所示。

图5-499

3 单击Custom(预设)参数项右侧的"GO! "按钮, 画面预览效果如图5-500所示。

4 选择"极光"图层，设置Render Mode（渲染模式）为Realistic，修改Gamma Scale的值为0.7、Color Min Scale的值为0.3，如图5-501所示。

图5-500 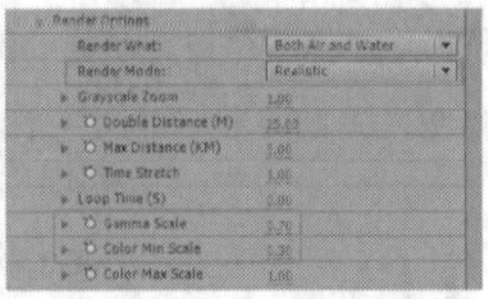　　　　　　　　　　图5-501

5 展开Psunami特效中的Air Optics（空气光学）参数项，设置Haze Visibilty（KM）的值为1、Haze Height（M）的值为150，设置Rainbow Style属性为Haze Rainbow[Best]，调整Rainbow Intensity的值为7.5、Rainbow Thickness的值为30，如图5-502所示。

图5-502

6 在第0帧处，设置Rainbow Radius（彩虹半径）的值为0；在第3秒处，设置Rainbow Radius（彩虹半径）的值为150；在第5秒24帧处，设置Rainbow Radius（彩虹半径）为60，如图5-503所示。

图5-503

7 展开Ocean Optics选项，修改Water Color Scale的值为4；展开Primary Waves选项，修改Wind Speed（M/S）的值为9、Vertical Scale（M）的值为2.75，如图5-504和图5-505所示。

图5-504　　　　　　　　　　图5-505

8 展开Light1选项，修改Light Elevation的值为（0×-75°）、Light Azimuth的值为（0×+90°），如图5-506所示。

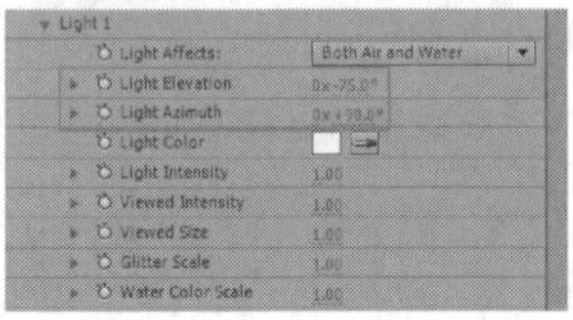

图5-506

9 按小键盘上的数字键0，预览最终效果，如图5-507所示。

图5-507

5.27 海洋效果应用2

学习目的

使用Psunami制作海水效果。

学习资源路径

▶ 在线教学视频：
在线教学视频 > 第5章 > 海洋效果应用2.flv

▶ 案例源文件：
案例源文件 > 第5章 > 5.27 > 海洋效果应用2.aep

案例描述

本例主要介绍Psunami特效的高级使用。通过学习本例，读者可以掌握海上日出效果的模拟方法，案例如图5-508所示。

本例难易指数：★★★☆☆

图5-508

操作流程

1 执行"合成>新建合成"菜单命令，创建一个预设为PAL D1/DV的合成，设置其"持续时间"为5秒，将其命名为"海洋效果应用2"，如图5-509所示。

2 按Ctrl+Y快捷键，创建一个黑色的纯色图层，将其命名为"日出"。选择"日出"图层，执行"效果>Red Giant Psunami>Psunami"菜单命令，展开Presets（预设）参数项，在下拉菜单中选择"Sunrise-Sunset（日出-日落）>Big Gold Sunset（金色的太阳）"命令，如图5-510所示。

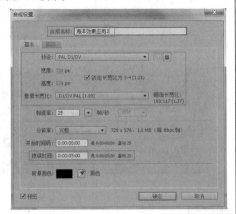

图5-509

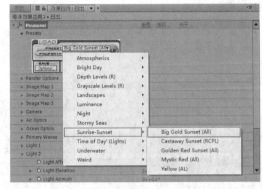

图5-510

3 单击"预设"参数栏左边的"GO！"按钮，画面预览效果如图5-511所示。

图5-511

4 展开Air Optics（大气设置）选项，设置Scattering Bias的值为-2.49、Haze Visibilty（KM）的值为3.42、Haze Height（M）的值为99、Haze Diffusility的值为0.03、Haze Color为橘色（R:255, G:147, B:95），勾选Haze On选项，如图5-512所示。

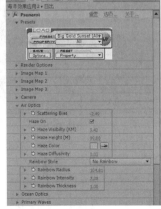

图5-512

5 展开Ocean Optics（海洋设置）选项，设置Index of Refraction的值为1.27、 Water Color（海水颜色）为蓝色（R:98 G:129 B:163），如图5-513所示。

6 展开Primary Waves选项，设置Ocean Complexity（海洋复杂属性）选项为Viedo Detail，设置Coarse Grid Size（M）的值为4、Wind Speed（M/S）的值为10、Wave Smoothness的值为0.21，如图5-514所示。

图5-513

图5-514

7 展开Light1属性，选择Light Affects属性为Air，设置Viewed Intensity的值为0.14、Viewed Size的值为17、Glitter Scale的值为3.23、Water Color Scale的值为0.3、Light Elevation（灯光的高度）为（0×+93°）、Light Color（灯光颜色）为橘红色（R:231, G:56, B:2）、Light Intensity（灯光强度）为0.5，如图5-515所示。

图5-515

8 在第0秒处，设置Light Elevation（灯光的高度）为（0×+93°）、Light Color（灯光颜色）为橘红色（R:231, G:56, B:2）、Light Intensity（灯光强度）为0.5；在第4秒24帧处，设置Light Elevation（灯光的高度）为（0×+78°）、Light Color（灯光颜色）为黄色（R:252, G:251, B:212）、Light Intensity（灯光强度）为2，如图5-516所示。

图5-516

9 展开Light2属性，选择Light Affects属性为Water，设置Light Elevation为（0×+64°）、Light Intensity的值为2.09、Viewed Size的值为3.9、Glitter Scale的值为0.35、Water Color Scale的值为1、Light Color（灯光颜色）为红色（R:236, G:105, B:55），如图5-517所示。

图5-517

10 按小键盘上的数字键0，预览最终效果，如图5-518所示。

图5-518

5.28 油滴融合效果

学习目的
学习CC Mr. Mercury（CC 水滴）、"分形杂色"和CC Toner（CC调色）效果的应用。

案例描述
本例主要介绍CC Mr. Mercury（CC 水滴）、"分形杂色"和CC Toner（CC调色）效果的综合应用。通过学习本案例，读者可以掌握油滴融合特效的制作方法，案例如图5-519所示。

学习资源路径
► 在线教学视频：
在线教学视频 > 第5章 > 油滴融合效果 .flv
► 案例源文件：
案例源文件 > 第5章 > 5.28 > 油滴融合效果.aep
本例难易指数：★★★☆☆

图5-519

操作流程

1 执行"合成>新建合成"菜单命令，创建一个预设为"自定义"的合成，设置"宽度"为720px、"高度"为405px、"像素长宽比"为"方形像素"、"持续时间"为3秒，并将其命名为"油滴"，如图5-520所示。

图5-520

2 执行"图层>新建>纯色"菜单命令，创建一个新的纯色图层，将其命名为"油滴"，设置"宽度"为720像素、"高度"为405像素、"颜色"为黑色，如图5-521所示。

图5-521

3 选择"油滴"图层，执行"效果>杂色和颗粒>分形杂色"菜单命令，设置"分形类型"为"最大值"、"杂色类型"为"样条"、"溢出"为"剪切"，设置"偏移（湍流）"的值为（303.8, 170.9），如图5-522所示。画面的预览效果如图5-523所示。

图5-522

图5-523

4 选择"油滴"图层，执行"效果>模拟>CC Mr. Mercury（CC 水滴）"菜单命令，设置X Radius（X半径）的值为0、Y Radius（Y半径）的值为0、Producer（产生点）的值为（303.8, 170.9）、Direction（方向）的值为（0×+112°）、Velocity（速率）为9.8；设置Longevity(sec) [寿命（秒）]的值为3、Gravity（重力）的值为0；设

置Animation（动画）属性为Jet（喷射）、Influence Map（影响贴图）为Blob out（粒子向外）；最后设置Blob Birth Size（圆点出生大小）的值为2、Blob Death Size（圆点消逝大小）的值为0，如图5-524所示。

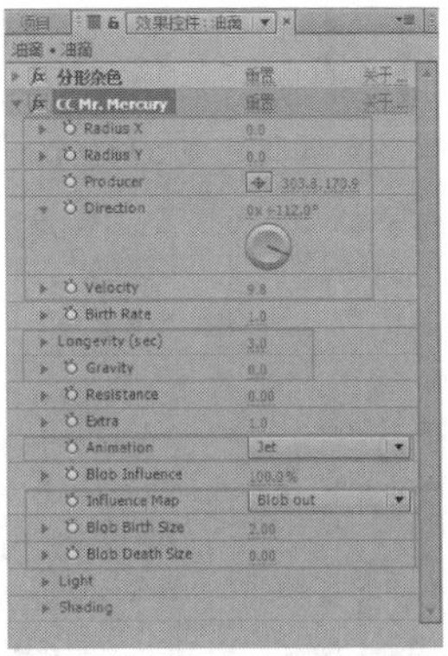

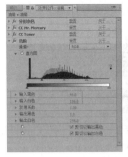

图5-524

5 展开CC Mr. Mercury（CC 水滴）参数栏，在第0帧处，设置Direction（方向）的值为（0×+0°）；在第3秒处，设置Direction（方向）的值为（0×+112°）。然后在第0帧处，设置Velocity（速率）的值为0.2；在第3秒处，设置Velocity（速率）的值为9.8。接着在第0帧处，设置Blob Birth size（圆点出生大小）的值为2；在第3秒处，设置Blob Birth size（圆点消逝大小）的值为2，如图5-525所示。画面的预览效果如图5-526所示。

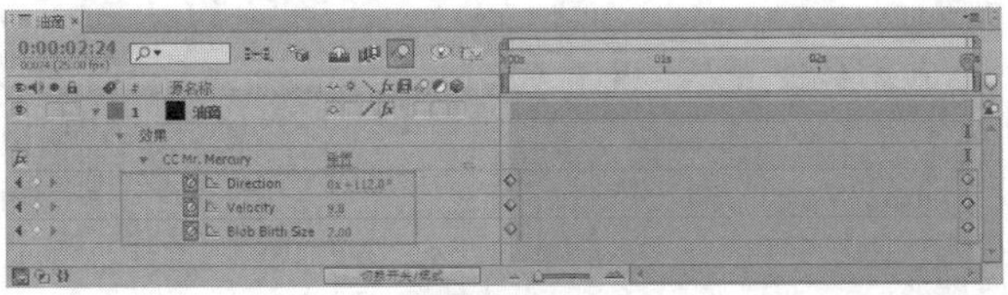

图5-525

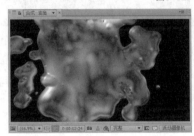

图5-526

6 选择"油滴"图层，执行"效果>颜色校正> CC Toner（CC调色）"菜单命令，选择Tones（色调）的模式为Tritone（三色调），设置Highlights（高光）为米黄色（R:251, G:228, B:183）、Midtones（中值）为深黄色（R:185, G:129, B:13）、Shadows（阴影）为褐色（R:72, G:33, B:6），如图5-527所示。画面的预览效果如图5-528所示。

图5-527

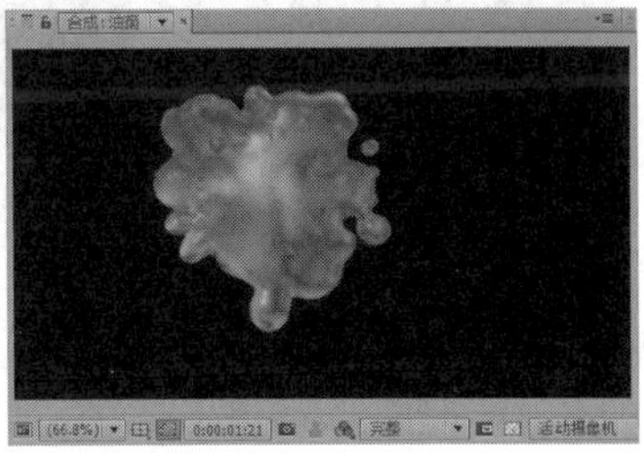

图5-528

7 选择"油滴"图层，执行"效果>颜色校正>色阶"菜单命令，选择"通道"为RGB，设置"输入黑色"的值为48、"输入白色"的值为186，如图5-529所示。画面的预览效果如图5-530所示。

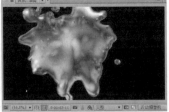

图5-529

图5-530

8 执行"合成>新建合成"菜单命令，创建一个预设为"自定义"的合成，设置"宽度"为720px、"高度"为405px、"持续时间"为3秒，并将其命名为"融合特效"，如图5-531所示。

图5-531

9 将项目窗口中的"油滴"合成添加到"融合特效"合成的时间线中，如图5-532所示。

图5-532

10 选择"油滴"合成，执行"效果>风格化>发光"菜单命令，设置"发光阈值"为90%、"发光半径"为200、"发光强度"为4.7，如图5-533所示。画面的预览效果如图5-534所示。

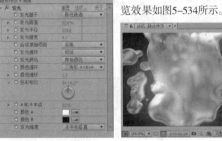

图5-533

图5-534

11 选择"油滴"合成，执行"效果>颜色校正>曲线"菜单命令，调整"红色"通道中的曲线，如图5-535所示。画面的预览效果如图5-536所示。

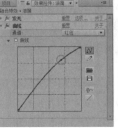

图5-535

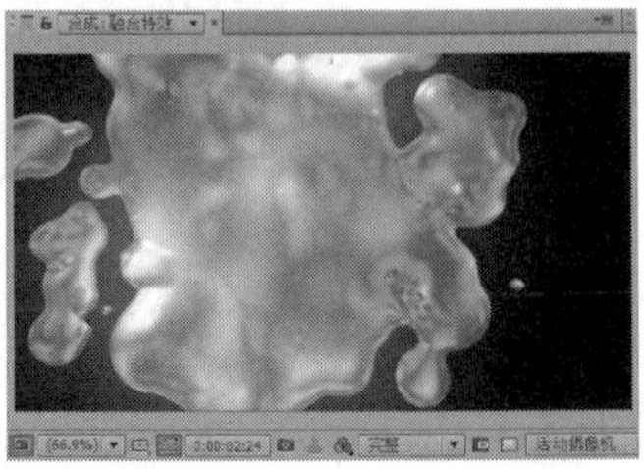

图5-536

311

12 选择"油滴"图层，按Ctrl+Alt+R快捷键将该图层进行倒放操作，如图5-537所示。

图5-537

13 执行"文件>导入>文件"菜单命令，打开本书学习资源中的"案例源文件>第5章>5.28>融合背景.mov"文件，然后将该素材添加到"融合特效"合成的时间线上，如图5-538所示。

图5-538

14 按小键盘上的数字键0，预览最终效果，如图5-539所示。

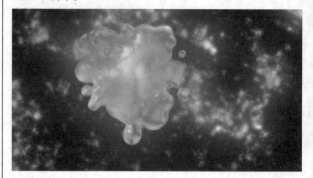

图5-539

5.29 深邃空间

学习目的

使用"动态拼贴"效果和摄像机制作深邃空间效果。

学习资源路径

▶ 在线教学视频：
在线教学视频 > 第5章 > 深邃空间.flv

▶ 案例源文件：
案例源文件 > 第5章 > 5.29 > 深邃空间.aep

案例描述

本例主要介绍了"动态拼贴"效果的应用。通过学习本例，读者可以掌握3D空间特效的制作方法，案例如图5-540所示。

本例难易指数：★ ★ ★ ☆ ☆

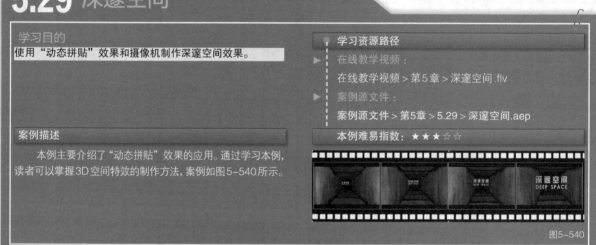

图5-540

操作流程

1 执行"合成>新建合成"菜单命令，创建一个预设为"自定义"的合成，设置"宽度"为720px、"高度"为405px、"持续时间"为3秒，将其命名为"深邃空间"，如图5-541所示。

图5-541

2 执行"文件>导入>文件"菜单命令，打开本书学习资源中的"案例源文件>第5章>5.29 >背景.jpg"文件，然后将其添加到"深邃空间"合成的时间线上，将图层重新命名为"右"，接着打开图层的三维开关，最后修改图层的"位置"为（633，234.5，-132）、"方向"为（0°，270°，0°），如图5-542和图5-543所示。

图5-542

图5-543

3 选择"右"图层，连续按3次Ctrl+D快捷键复制出3个图层，并将其分别命名为"左""下"和"上"，然后打开每个图层的三维开关。修改"上"图层的"位置"为（397，-5.5，70）、"方向"为（270°，0°，0°），修改"下"图层的"位置"为（402，466.5，37）、"方向"为（270°，0°，0°），修改"左"图层的"位置"为（193，234.5，-146）、"方向"为（0°，270°，0°），如图5-544和图5-545所示。

图5-544　　　　　　　　　　图5-545

4 选择"右"图层,执行"效果>风格化>动态拼贴"菜单命令,设置"输出宽度"的值为500,如图5-546所示。画面的预览效果如图5-547所示。

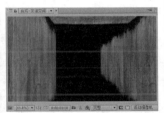

图5-546　　　　　　　　　　图5-547

5 使用同样的方法完成"左"图层的调节,调节后的效果如图5-548所示。

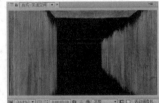

图5-548

6 选择"上"图层,执行"效果>风格化>动态拼贴"菜单命令,设置"输出高度"为840,如图5-549所示。

7 使用同样的方法完成"下"图层的调节,调节后的效果如图5-550所示。

图5-549　　　　　　　　　　图5-550

8 选择"右"图层,执行"效果>颜色校正>曲线"菜单命令,分别调整RGB、"红色"和"绿色"通道中的曲线形状,如图5-551所示。画面的预览效果如图5-552所示。

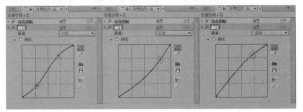

图5-551

图5-552

9 使用同样的方法完成其他图层的颜色的处理,如图5-553所示。

10 执行"图层>新建>灯光"菜单命令,创建一个灯光,选择"灯光类型"为"点",设置"强度"的值为280%、"颜色"为灰色(R:191,G:191,B:191),如图5-554所示。

图5-553　　　　　　　　　　图5-554

11 选择"灯光"图层,设置灯光的"位置"属性,在第0帧处为(406,224,-575),在第1秒处为(406,170,625),如图5-555所示。画面的预览效果如图5-556所示。

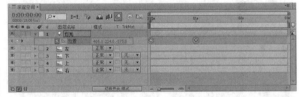

图5-555

图5-556

12 执行"图层>新建>摄像机"菜单命令,创建一个摄像机,设置"缩放"的值为263毫米,如图5-557所示。

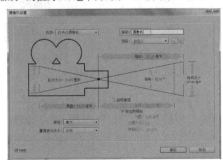

图5-557

313

13 设置"摄像机"图层的关键帧动画,在第0帧处,设置"目标点"的值为(397, 234, -300)、"位置"的值为(397, 234, -1050);在第1秒处,设置"目标点"的值为(353, 215, 1405)、"位置"的值为(330, 155, 600);在第3秒处,设置"位置"值为(330, 157, 700),如图5-558所示。

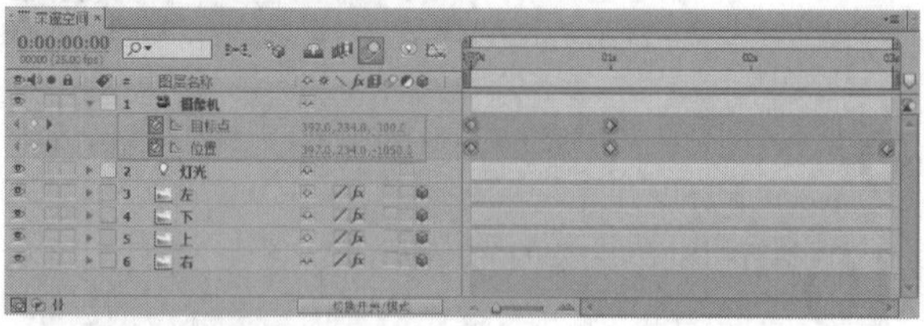

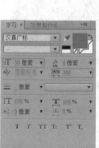

图5-558

14 使用"文字工具" T 创建"深邃空间"文字图层,在"字符"面板中设置字体为"汉真广标"、字体大小为50像素、字体颜色为蓝色(R:71, G:105, B:136),修改字间距为300,如图5-559所示。画面的预览效果如图5-560所示。

图5-559　　　　　　　　　　　　　　图5-560

15 开启文字图层的三维开关,设置文字的"位置"为(250, 170, 1200),如图5-561所示。画面的预览效果如图5-562所示。

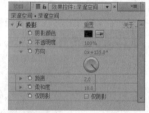

图5-561　　　　　　　　　　　　　　图5-562

16 选择"深邃空间"文字图层,执行"效果>透视>投影"菜单命令,设置"距离"值为2、"柔和度"值为10,如图5-563所示。

图5-563

17 使用"文字工具" T 创建Deep space文字图层,在"字符"面板中设置字体为"汉真广标"、字体大小为35像素、字体颜色为蓝色(R:71 G:105 B:136),修改字间距为100,如图5-564

所示。开启文字图层的三维开关,设置文字的"位置"为(250, 217, 1200),如图5-565所示。

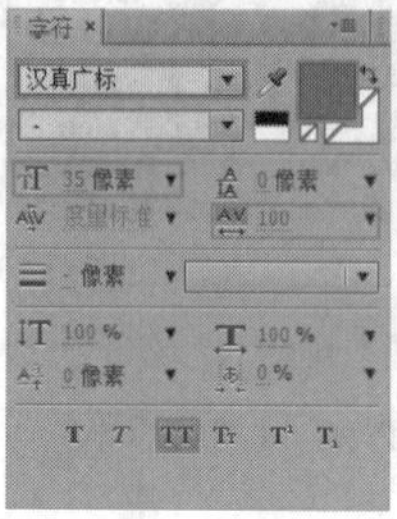

图5-564　　　　　　　　　　　　　　图5-565

18 选择Deep space文字图层,执行"效果>透视>投影"菜单命令,设置"距离"为2、"柔和度"为10,如图5-566所示。

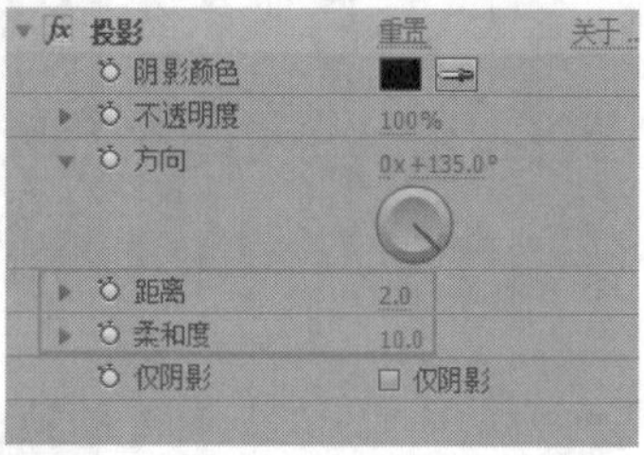

图5-566

19 开启每个图层的运动模糊开关,如图5-567所示。

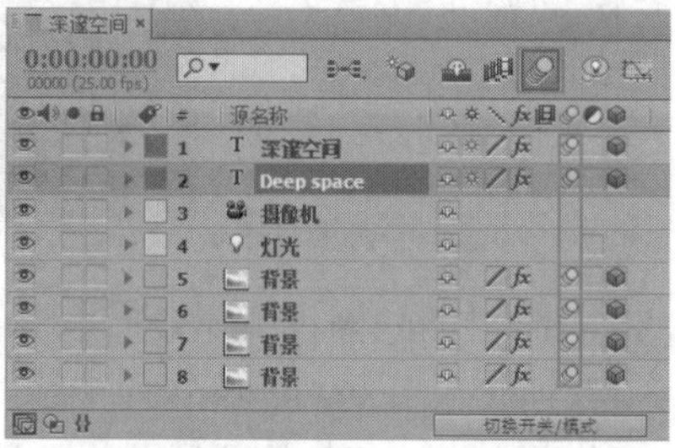

图5-567

20 按小键盘上的数字键0,预览最终效果,如图5-568所示。

图5-568

5.30 产品演示

学习目的

掌握CC Kaleida（万花筒）和“单元格图案”效果的应用，学习使用“色调”效果为图像调色。

学习资源路径

▶ 在线教学视频：

在线教学视频 > 第5章 > 产品演示.flv

▶ 案例源文件：

案例源文件 > 第5章 > 5.30 > 产品演示.aep

本例难易指数：★★★☆☆

案例描述

本例主要介绍CC Kaleida（万花筒）和“单元格图案”效果的使用方法。通过学习本例，读者可以掌握产品演示动画的制作方法，如图5-569所示。

图5-569

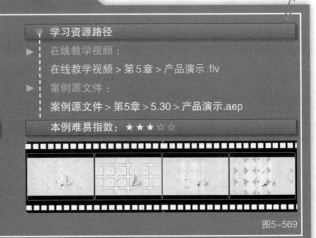

操作流程

1 执行“合成>新建合成”菜单命令，创建一个预设为“自定义”的合成，设置“宽度”为720px、“高度”为405px、“像素长宽比”为“方形像素”、“持续时间”为3秒，将其命名为“动态花纹”，如图5-570所示。

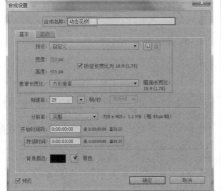

图5-570

2 执行“文件>导入>文件”菜单命令，打开本书学习资源中的“案例源文件>第5章>5.30>产品.mov”文件，然后将其拖曳到“动态花纹”合成的时间线上，如图5-571所示。

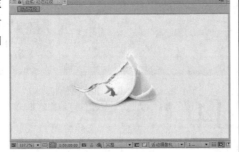

图5-571

3 选择“产品.mov”图层，执行“效果>风格化>CC Kaleida（万花筒）”菜单命令，修改Size（大小）的值为15，然后为Rotation（旋转）属性添加表达式time*50，如图5-572和图5-573所示。画面的预览效果如图5-574所示。

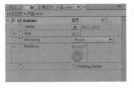

图5-572

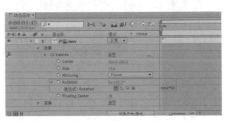

图5-573

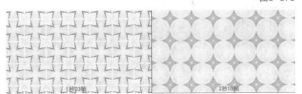

图5-574

4 执行“合成>新建合成”菜单命令，创建一个预设为“自定义”的合成，设置“宽度”为720px、“高度”为405px、“像素长宽比”为“方形像素”、“持续时间”为3秒，并将其命名为“产品演示”，如图5-575所示。

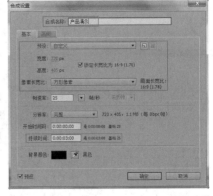

图5-575

5 将项目窗口中的“产品.mov”和“动态花纹”合成添加到“产品演示”合成的时间线上，如图5-576所示。

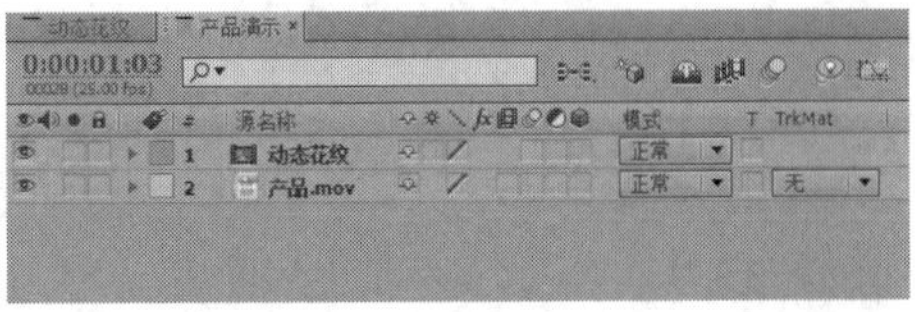

图5-576

6 选择"动态花纹"图层,执行"效果>颜色校正>色调"菜单命令,设置"着色数量"的值为20%,如图5-577所示。

图5-577

7 选择"动态花纹"图层,使用"椭圆工具"在该图层上绘制一个椭圆蒙版,然后设置"蒙版羽化"的值为（100,100像素）,如图5-578和图5-579所示。

图5-578

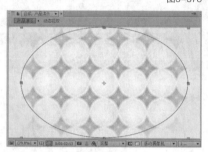

图5-579

8 选择"产品.mov"图层,按Ctrl+D快捷键复制一个新图层,然后将新图层命名为"产品-遮罩.mov"。执行"图层>新建>纯色"菜单命令,创建一个白色的纯色图层,并将其命名为"遮罩",如图5-580所示。

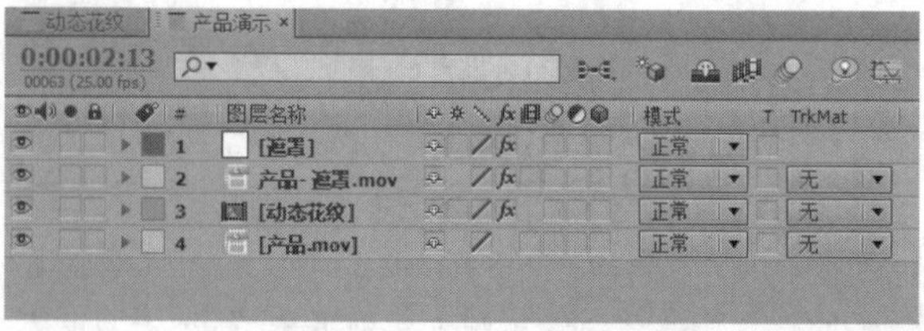

图5-580

9 选择"遮罩"图层,执行"效果>生成>单元格图案"菜单命令,设置"单元格图案"属性为"晶体",修改"对比度"的值为200、"分散"的值为1.5,如图5-581所示。

图5-581

10 设置"单元格图案"效果的"大小"和"演化"属性的关键帧动画,在第0帧处,设置"大小"的值为60、"演化"的值为（0×+0°）;在第2秒24帧处,设置"大小"的值为100、"演化"的值为（0×+345°）,如图5-582所示。画面的预览效果如图5-583所示。

图5-582

图5-583

11 选择"遮罩"图层,执行"效果>颜色校正>色阶"菜单命令,修改"输入黑色"的值为65、"输入白色"的值为65、"灰度系数"的值为5,如图5-584所示。画面的预览效果如图5-585所示。

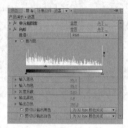

图5-584

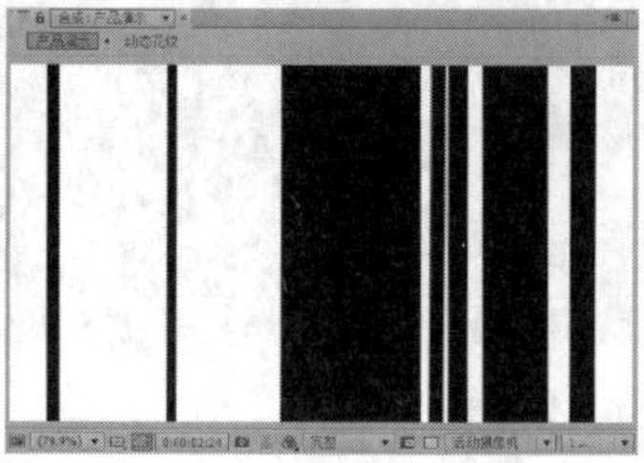

图5-585

12 将"遮罩"图层作为"产品-遮罩.mov"图层的"亮度反转遮罩'[遮罩]'",如图5-586所示。画面的预览效果如图5-587所示。

13 选择"产品-遮罩.mov"图层,执行"效果>扭曲>保留细节放大"菜单命令,设置"缩放"的值为110%、"减少杂色"的值为100%、"详细信息"的值为100%,如图5-588所示。

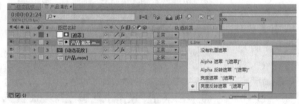

图5-586

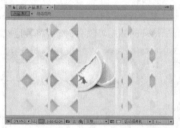

图5-587

图5-588

14 按小键盘上的数字键0,预览最终效果,如图5-589所示。

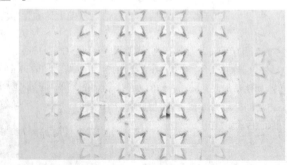

图5-589

第6章 仿真特效

◎ **本章导读**

仿真特效（尤其是粒子特效）是影视制作中的一个重要部分，也是难点部分。面对复杂的粒子控制属性，如何有效地控制它们的形态和运动，如何利用粒子功能来实现更好的视觉效果，都是影视制作者需要面对的问题。本章通过一系列粒子特效应用的案例来引导读者走进粒子动画的世界。

◎ **本章所用外挂插件**

» Trapcode Particular
» FEC Pixel Polly
» S_Warp Bubble
» FEC Particle SystemII
» Form

6.1 唯美花瓣

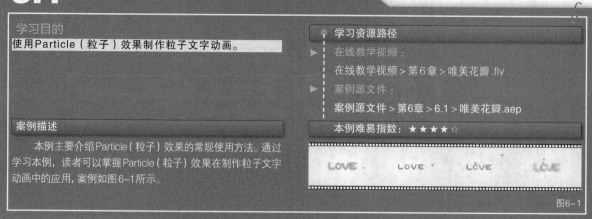

学习目的

使用Particle（粒子）效果制作粒子文字动画。

学习资源路径

▶ 在线教学视频：
在线教学视频 > 第6章 > 唯美花瓣 .flv

▶ 案例源文件：
案例源文件 > 第6章 > 6.1 > 唯美花瓣.aep

本例难易指数：★ ★ ★ ★ ☆

案例描述

本例主要介绍Particle（粒子）效果的常规使用方法。通过学习本例，读者可以掌握Particle（粒子）效果在制作粒子文字动画中的应用，案例如图6-1所示。

图6-1

操作流程

1 执行"合成>新建合成"菜单命令，创建一个预设为"自定义"的合成，设置合成的"宽度"为960px、"高度"为540px、"像素长宽比"为"方形像素"、"持续时间"为5秒，将其命名为"背景"，如图6-2所示。

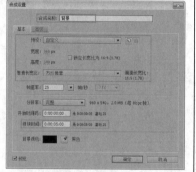

图6-2

2 按Ctrl+Y快捷键，创建一个新的纯色图层，设置其"宽度"为960像素、"高度"为540像素、"像素长宽比"为"方形像素"、颜色为"白色"，将其命名为"白色"，如图6-3所示。

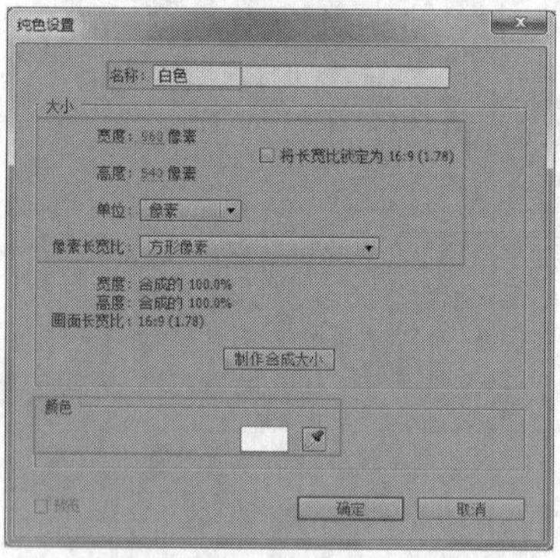

图6-3

3 按Ctrl+Y快捷键，创建一个新的纯色图层，尺寸大小和合成大小保持一致，设置"颜色"为绿色，命名为"过渡"，如图6-4所示。

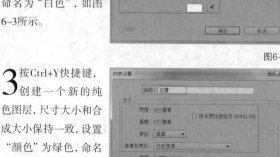

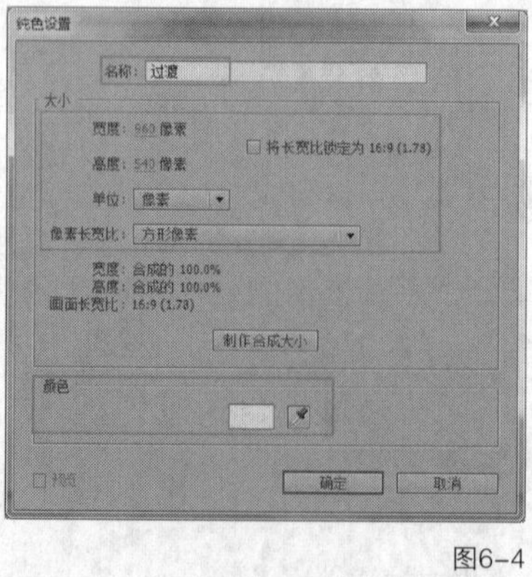

图6-4

4 选择"过渡"图层，使用"椭圆工具" ⬭ 绘制一个椭圆蒙版，如图6-5所示；调整"蒙版1"的叠加模式为"相减"，设置"蒙版羽化"的值为（500，500像素），修改"不透明度"属性的值为40%，如图6-6所示。

图6-5

图6-6

5 执行"合成>新建合成"菜单命令，创建一个预设为"自定义"的合成，设置合成的"宽度"为960px、"高度"为540px、"像素长宽比"为"方形像素"、"持续时间"为5秒，将其命名为"文字"，如图6-7所示。

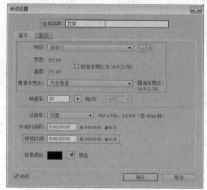

图6-7

6 使用"横排文字工具" Ⓣ 创建LOVE文字图层，设置字体为"华康海报体W12（P）"、字体大小为135像素、字体颜色为（R:255，G:62，B:121），如图6-8所示。

图6-8

7 在"效果和预设"面板中，展开Text>Blurs选项，将动画预设Evaporate拖曳到文字图层上，如图6-9所示。

图6-9

8 选择LOVE图层，按U键展开"偏移"属性的关键帧，在第0帧处，设置"偏移"的值为7；在第1秒处，设置"偏移"的值为-17；在第4秒处，设置"偏移"的值为4.8，如图6-10所示。

图6-10

9 展开LOVE图层，单击"文本"属性的"动画"属性按钮，为其添加"字符间距"属性，如图6-11所示。设置"字符间距大小"属性的关键帧动画，在第0帧处，设置其值为20；在第4秒处，设置其值为0，如图6-12所示。

图6-11

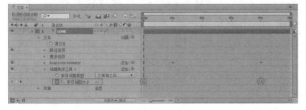

图6-12

10 设置LOVE图层的"缩放"属性的关键帧动画，在第0帧处，设置其值为（80，80%）；在第4秒24帧处，设置其值为

（75，75%），如图6-13所示。

图6-13

11 执行"合成>新建合成"菜单命令，创建一个预设为"自定义"的合成，设置合成的"宽度"为960px、"高度"为540px、"像素长宽比"为"方形像素"、"持续时间"为5秒，将其命名为"粒子"，如图6-14所示。

图6-14

12 执行"文件>导入>文件"菜单命令，打开本书学习资源中的"案例源文件>第6章>6.1>替换元素.png"文件，然后将其添加到"粒子"合成的时间线上，如图6-15所示。

图6-15

13 按Ctrl+Y快捷键，创建一个黑色的纯色图层，将其命名为"主体粒子"。选择该图层，执行"效果>Trapcode>Particular（粒子）"菜单命令，展开Emitter（发射器）参数栏，设置Particles/sec（粒子数量/秒）的值为3、Emitter Type（发射器类型）为Sphere（球形）、Position XY（XY坐标）为（480，270）、Velocity（速率）的值为25、Emitter Size X（X轴发射器大小）的值为870、Emitter Size Y（Y轴发射器大小）的值为108、Emitter Size Z（Z轴发射器大小）的值为1421，如图6-16所示。

图6-16

14 展开Particular（粒子）参数栏，选择Layer（图层）为"2.替换元素.png"，设置Size（大小）的值为16、Size Random[%]（大小随机值）的值为100、Opacity（不透明度）的值为49、Opacity Random[%]（不透明度随机值）的值为100，如图6-17所示。

15 在Physics（物理学）参数栏展开Air（空气）属性，设置Wind Y（Y轴风向）的值为–48，如图6-18所示。

图6-17　　　　　　　　　　图6-18

16 关闭"替换元素"图层的显示，画面的预览效果如图6-19所示。

图6-19

17 执行"图层>新建>摄像机"菜单命令，创建一个名称为"摄像机1"、"缩放"值为439毫米的摄像机图层，开启摄像机的"启用景深"选项，设置"焦距"的值为370毫米，如图6-20所示。

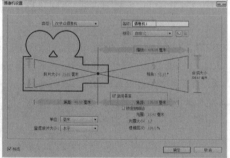

图6-20

18 执行"合成>新建合成"菜单命令，创建一个预设为"自定义"的合成，设置合成的"宽度"为960px、"高度"为540px、"像素长宽比"为"方形像素"、"持续时间"为5秒，将其命名为"星星"，如图6-21所示。

图6-21

19 按Ctrl+Y快捷键，创建一个黑色的纯色图层，将其命名为"星星"。选择"星星"图层，执行"效果>

Trapcode>Particular（粒子）"菜单命令，展开Emitter（发射器）参数栏，设置Particular/sec（粒子数量/秒）的值为1400、Emitter Type（发射器类型）为Box（盒子）、Position XY（XY轴坐标）的值为（480，270）、Velocity（速率）的值为2、Velocity from Motion（运动速率）的值为54、Emitter Size X（X轴发射大小）的值为1027、Emitter size Y（Y轴发射大小）的值为303、Emitter Size Z（Z轴发射大小）的值为395，如图6-22所示。

图6-22

20 展开Particle（粒子）参数栏，设置Life Random[%]（生命随机）值为100、Particle Type（粒子类型）为Star（NO DOF）（星型）、Size（大小）的值为3、Size Random[%]（大小随机值）为100、Transfer Mode（叠加模式）为Add（相加），如图6-23所示。画面的预览效果如图6-24所示。

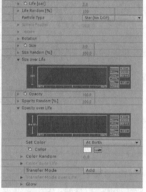

图6-23

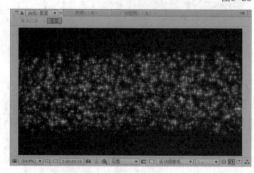

图6-24

21 执行"合成>新建合成"菜单命令，创建一个预设为"自定义"的合成，设置合成的"宽度"为960px、"高度"为540px、"像素长宽比"为"方形像素"、"持续时间"为5秒，将其命名为"唯美花瓣"，如图6-25所示。

图6-25

22 将项目窗口中的"背景""文字""粒子"和"星星"合成添加到"唯美花瓣"合成的时间线上，如图6-26所示。

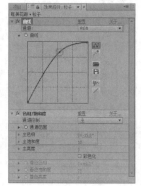

图6-26

图6-29 图6-30

23 选择"粒子"图层,执行"效果>颜色校正>曲线"菜单命令,在RGB通道中调整曲线;然后继续选择"粒子"图层,执行"效果>色彩校正>色相/饱和度"菜单命令,设置"主色相"为(0×-15.0°)、"主饱和度"为15,如图6-27所示。修改"粒子"图层的叠加方式为"变暗",如图6-28所示。

26 设置"光晕中心"属性的关键帧动画,在0帧处,设置其值为(420, 270);在5秒处,设置其值为(480, 270)。然后设置该图层"不透明度"属性的关键帧动画,在0帧时,设置其数值为0;在1秒时,设置其值为100;在3秒10帧时,设置其值为100;在4秒10帧时,设置其值为0,如图6-31所示。

图6-31

图6-27  图6-28

24 选择"星星"图层,执行"效果>通道>设置遮罩"菜单命令,然后设置"从图层获取遮罩"选项为"3.文字",如图6-29所示。

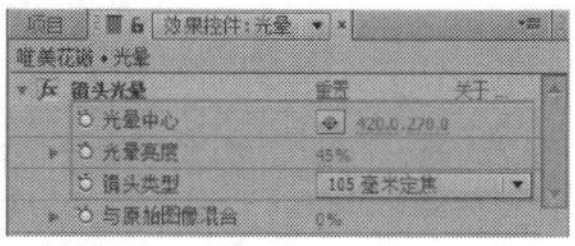

25 按Ctrl+Y快捷键,创建一个名称为"光晕"的黑色纯色图层,然后选择"光晕"图层,执行"效果>生成>镜头光晕"菜单命令,修改"光晕中心"的值为(420, 270)、"光晕亮度"的值为45%、"镜头类型"为"105毫米定焦",如图6-30所示。

27 按小键盘上的数字键0,预览最终效果,如图6-32所示。

图6-32

6.2 烟花特技

学习目的

使用Particular(粒子)效果制作烟花特技。

学习资源路径

▶ 在线教学视频:

在线教学视频 > 第6章 > 烟花特技.flv

▶ 案例源文件:

案例源文件 > 第6章 > 6.2 > 烟花特技.aep

案例描述

本例主要介绍Particular(粒子)效果的使用方法。通过学习本例,读者可以掌握Particular(粒子)效果在模拟烟花特技方面的应用,案例如图6-33所示。

本例难易指数:★★★☆☆

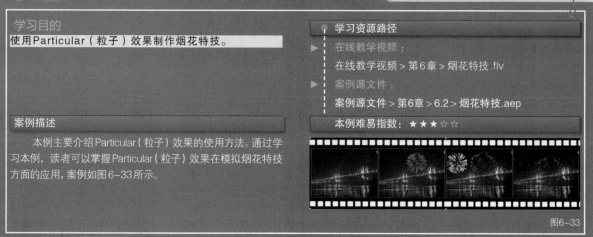

图6-33

操作流程

1 执行"合成>新建合成"菜单命令,创建一个预设为"自定义"的合成,设置合成的"宽度"为480px、"高度"为384px、"持续时间"为3秒,并将其命名为"烟花特技",如图6-34所示。

2 执行"文件>导入>文件"菜单命令,打开本书学习资源中的"案例源文件>第6章>6.2>背景.psd"文件,将其添加到"烟花特技"合成的时间线上,如图6-35所示。

图6-34

图6-35

3 按Ctrl+Y快捷键，新建一个黑色的纯色图层，将其命名为"烟花01"，设置其"宽度"为480像素、"高度"为384像素，如图6-36所示。

4 暂时关闭"背景"图层的显示，选择"烟花01"图层，执行"效果>Trapcode>Particular（粒子）"菜单命令，在Emitter（发射器）参数项中设置Particles/sec（粒子数量/秒）的值为2800、Emitter Type（发射器类型）为Point（点）、Position XY（XY位置）为（360，100）、Velocity（速率）为300，如图6-37所示。

5 在Particle（粒子）属性栏中，设置Life Random[%]（生命随机）的值为10、Particle Type（粒子类型）为Glow Sphere（No DOF）（发光球）、Sphere Feather（球体羽化）的值为0、Size（大小）的值为2.5，最后设置Color（颜色）为红色（R:228，G:64，B:62），如图6-38所示。

图6-36

图6-37 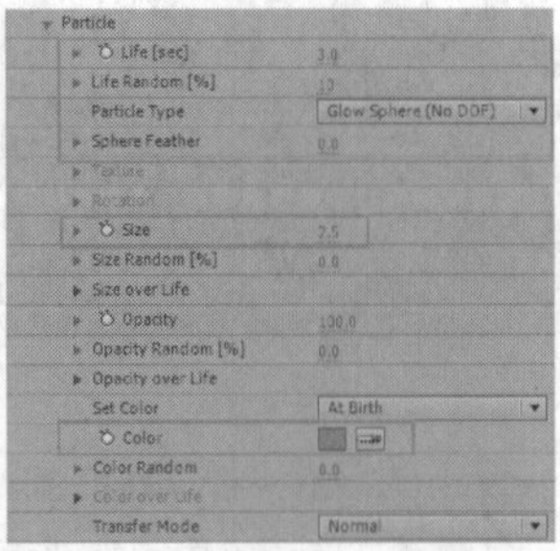　　图6-38

6 展开Physics（物理学）参数项，设置Gravity（重力）的值为60、Air Resistance（空气阻力）的值为3，如图6-39所示。

7 展开Aux System（辅助系统）参数项，设置Emit（发射）为Continuously（继续）、Particles/sec（粒子数量/秒）的值为75、Type（类型）为Sphere（球体）、Size（大小）的值为3、Size over Life（死亡后大小）为线性衰减，在Color over Life（死亡后颜色）参数项中设置Color（颜色）为红色过渡，最后在Control from Main Particles（控制继承主体粒子）参数项中设置Stop Emit[% of Life]（停止发出）的值为30，如图6-40所示。

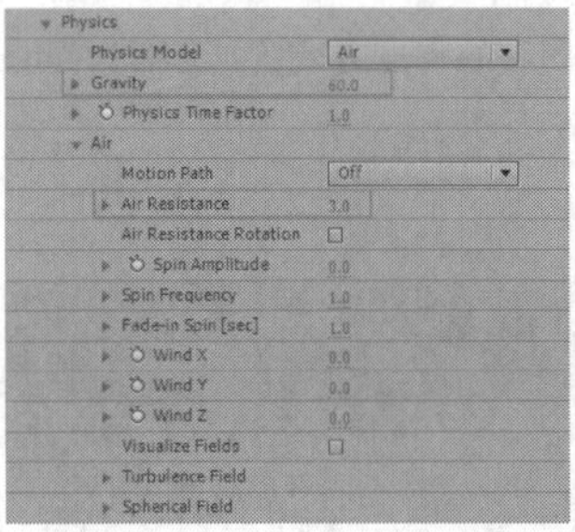

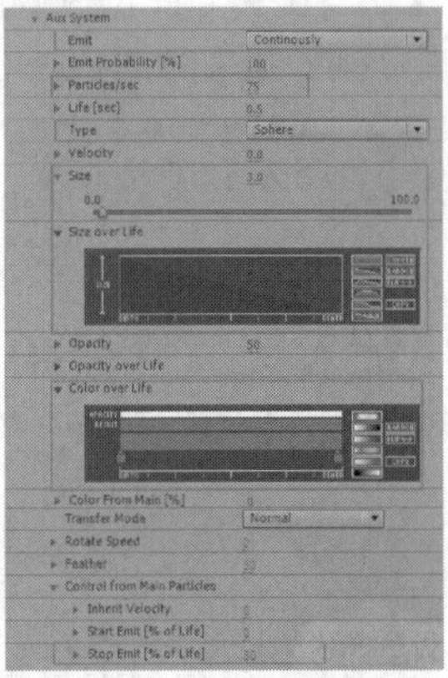

图6-39　　图6-40

8 展开Rendering（渲染）属性栏，设置Disregard（忽略）为Physics Time Factor（PTF）（物理学时间因素），如图6-41所示。

图6-41

9 设置Particles/sec（粒子数量/秒）的关键帧动画，在第0帧处，设置其值为2800；在第1帧处，设置其值为0，如图6-42所示。预览效果如图6-43所示。

图6-42

图6-43

10 选择"烟花01"图层，按Ctrl + D快捷键复制出一个图层，并将新图层重新命名为"烟花02"，然后设置"烟花02"图层中的"Particular（粒子）"效果的相关参数，在Emitter（发射）

属性栏中设置Position XY（XY坐标）为（80，110），在Particle（粒子）属性栏中设置Color（颜色）为黄色（R:239，G:252，B:31），在Aux System（辅助系统）属性栏中设置Color over Life（死亡后颜色）为黄色，如图6-44所示。

图6-44

11 将"烟花02"图层的入点拖曳到第1秒处，然后设置Particles/sec（粒子数量/秒）的关键帧动画，在第1秒处设置Particles/sec（粒子数量/秒）的值为0，在第1秒01帧处设置Particles/sec（粒子数量/秒）的值为3500，在第1秒02帧处设置Particles/sec（粒子数量/秒）的值为0，如图6-45所示。

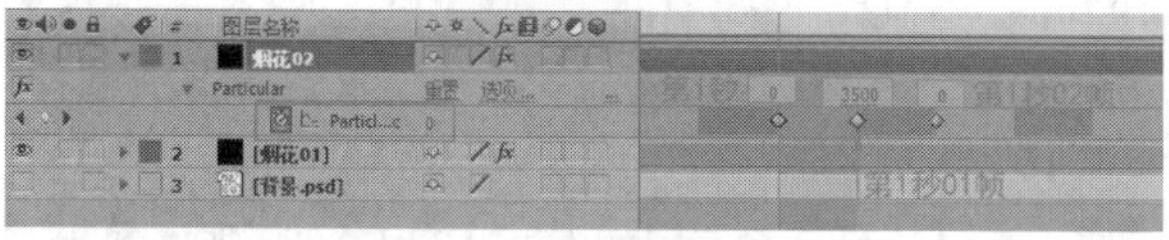

图6-45

12 选择"背景"图层，按Ctrl + D快捷键复制出一个新图层，然后将新图层重新命名为Mask，选择Mask图层，使用"钢笔工具"绘制一个蒙版，设置"蒙版羽化"的值为（10，10像素），如图6-46和图6-47所示。

图6-46

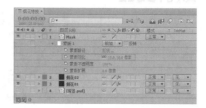

图6-47

13 打开"背景"图层的显示，如图6-48所示。

图6-48

14 按小键盘上的数字键0，预览最终效果，如图6-49所示。

图6-49

6.3 飞散粒子

学习目的

使用Particular（粒子）、"梯度渐变"和"镜头光晕"效果完成飞散粒子效果的制作。

学习资源路径

▶ 在线教学视频：
在线教学视频 > 第6章 > 飞散粒子.flv

▶ 案例源文件：
案例源文件 > 第6章 > 6.3 飞散粒子.aep

本例难易指数： ★ ★ ★ ☆ ☆

案例描述

本例主要介绍Particular（粒子）、"梯度渐变"和"镜头光晕"效果的应用。通过学习本例，读者可以掌握飞散粒子特效的制作方法，案例如图6-50所示。

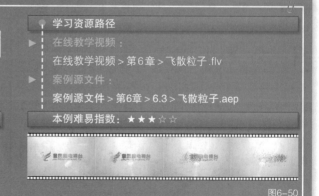

图6-50

操作流程

1 执行"合成>新建合成"菜单命令，创建一个预设为HDTV 1080 25、"宽度"为1920px、"高度"为1080px、"像素长宽比"为"方

形像素"、"持续时间"为4秒的合成，将其命名为logo，如图6-51所示。

图6-51

2 执行"文件>导入>文件"菜单命令,打开本书学习资源中的"案例源文件>第6章>6.3>Logo.png"文件,然后将其添加到logo合成的时间线上,如图6-52所示。

3 选择logo图层,执行"效果>透视>投影"菜单命令,修改"不透明度"的值为70%、"距离"的值为3,如图6-53所示。

图6-52　　　　　　图6-53

4 执行"合成>新建合成"菜单命令,创建一个预设为HDTV 1080 25、"宽度"为1920px、"高度"为1080px、"像素长宽比"为"方形像素"、"持续时间"为4秒的合成,将其命名为"Logo最终",如图6-54所示。

图6-54

5 将项目窗口中的logo合成添加到"Logo最终"合成的时间线上,选择Logo图层,使用"矩形工具"为该图层创建一个蒙版。设置"蒙版路径"属性的关键帧动画,在第0帧处,将蒙版调整至合成窗口最左侧,如图6-55所示;在第2秒21帧处,将蒙版调整至合成窗口最右侧,如图6-56所示。最后修改"蒙版羽化"的值设置为(180,180像素),如图6-57所示。

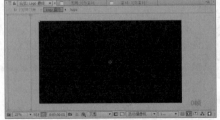

图6-55

图6-56

图6-57

6 执行"合成>新建合成"菜单命令,创建一个预设为HDTV 1080 25、"宽度"为1920px、"高度"为1080px、"像素长宽比"为"方形像素"、"持续时间"为4秒的合成,将其命名为"粒子发散效果",如图6-58所示。

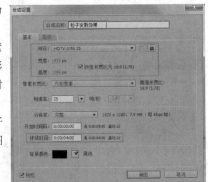

图6-58

7 执行"图层>新建>纯色"菜单命令,新建一个纯色图层,设置"颜色"为浅蓝色(R:140,G:177,B:209),名称为"背景",如图6-59所示。

图6-59

8 选择"背景"图层,执行"效果>生成>梯度渐变"菜单命令,设置"起始颜色"为白色、"结束颜色"为浅蓝色(R:145,G:155,B:177)、"渐变起点"的值为(928,116)、"渐变终点"的值为(945,1496),选择"渐变形状"为"径向渐变",如图6-60所示。

图6-60

9 选择"背景"图层,执行"效果>生成>镜头光晕"菜单命令,设置"光晕中心"的值为(960,500)、"光晕亮度"的值为0,如

图6-61所示。画面的预览效果如图6-62所示。

图6-61    图6-62

10 将项目窗口中的logo和"Logo最终"合成添加到"粒子发散效果"合成的时间线上，把"Logo最终"图层的三维开关打开，将该图层的入点时间设置在第1秒处，最后锁定并关闭该图层的显示，如图6-63所示。

11 执行"图层>新建>纯色"菜单命令，新建一个名称为Particular的白色纯色图层，然后选择该图层，执行"效果>Trapcode>Particular（粒子）"菜单命令，展开Emitter（发射器）参数项，设置Particles/sec（粒子数量/秒）为400000、Emitter Type（发射器类型）为Layer（图层）、Direction（方向）为Directional、X Rotation（X轴旋转）的值为（0×+5°）、Y Rotation（Y轴旋转）的值为（0×+17°）、Z Rotation（Z轴旋转）的值为（0×+38°）、Velocity的值为900、Velocity Random[%]的值为58，如图6-64所示。

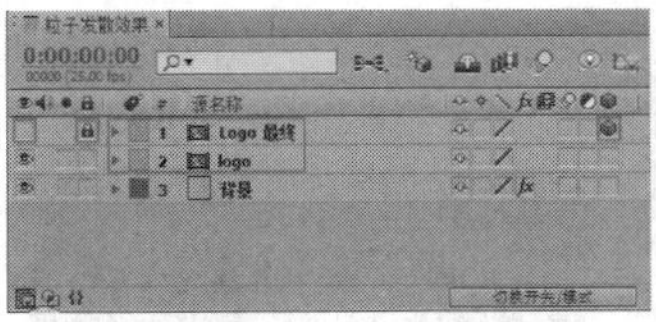

图6-63 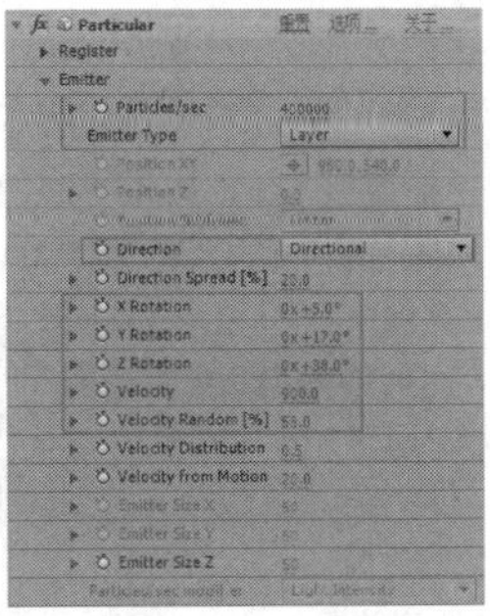   图6-64

12 展开Layer Emitter（图层发射器）参数栏，设置Layer（图层）的值为"4.Logo最终"、Layer Sampling（图层采样）为Particle Birth Time（粒子出生时间），最后修改Random Seed的值为100300，如图6-65所示。

13 展开Particle（粒子）参数栏，设置Life[sec]（生命[秒]）为0.8、Life Random[%]的值为40、Particle Type（粒子类型）为Cloudlet、Cloudlet Feather的值为40、Size Random（大小随机）的值100、Size over Life（粒子消亡之后的大小）为自定义线性衰减，设置Opacity Random[%]（不透明度随机值）的值为5.2、Opacity over Life（粒子消亡之后的不透明度）为自定义线性衰减，如图6-66所示。

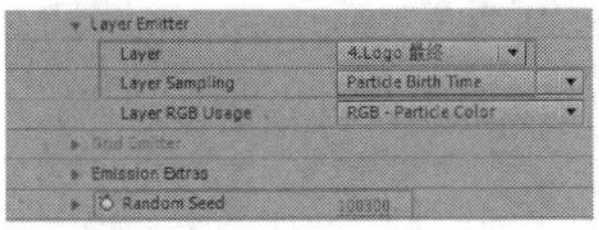

图6-65 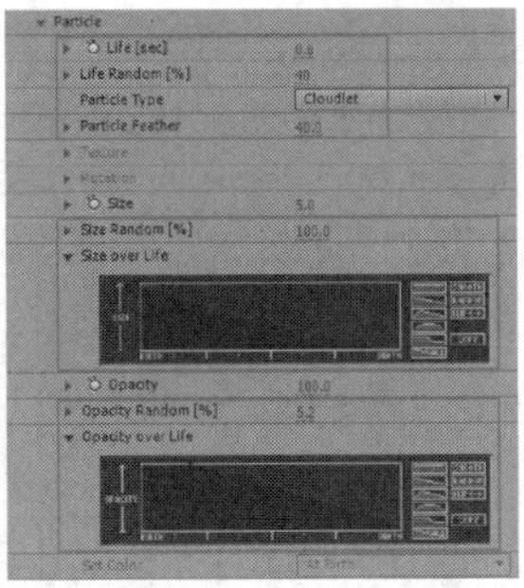   图6-66

14 展开Physics（物理）参数栏，设置Gravity（重力）的值为0.7、Physics Time Factor（物理系数）的值为0.6，如图6-67所示。

15 展开Rendering（渲染）参数栏，设置Moiton Blur（运动模糊）为On（打开），如图6-68所示。

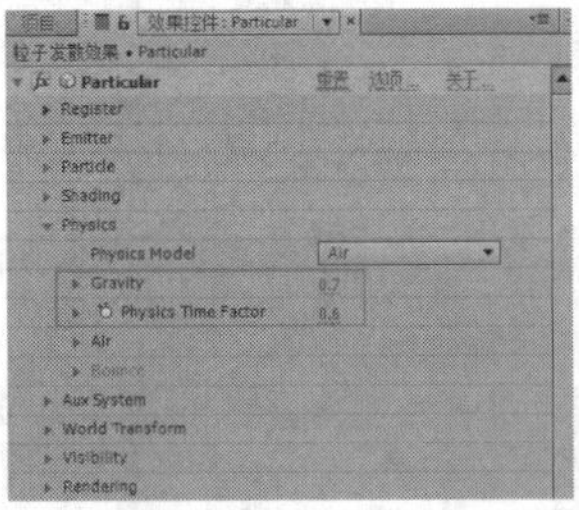

图6-67 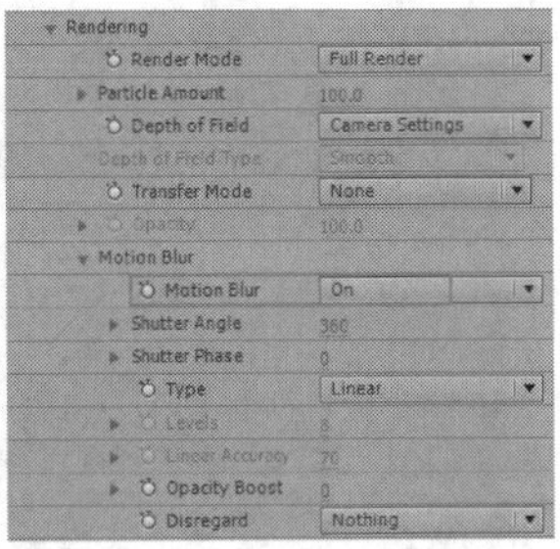   图6-68

16 为配合粒子的动画，需要对logo图层添加蒙版动画，其关键帧属性设置如图6-69和图6-70所示。

图6-69

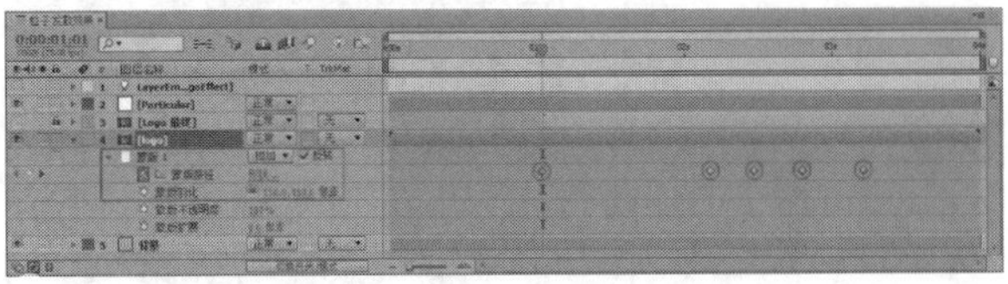

图6-70

17 执行"文件>导入>文件"菜单命令，打开本书学习资源中的"案例源文件>第6章>6.3>光效.mov"文件，并将其拖曳到"粒子发射效果"的时间线上，修改该图层的叠加方式为"相加"，如图6-71所示。

图6-71

18 按小键盘上的数字键0，预览最终效果，如图6-72所示。

图6-72

6.4 数字粒子流1

学习目的

使用"粒子运动场"效果制作数字粒子流效果。

案例描述

　　本例主要介绍"粒子运动场"效果的使用方法。通过学习本例，读者可以掌握数字粒子流特效的制作方法，案例如图6-73所示。

学习资源路径

▶ 在线教学视频：

在线教学视频 > 第6章 > 数字粒子流1.flv

▶ 案例源文件：

案例源文件 > 第6章 > 6.4 > 数字粒子流1.aep

本例难易指数：★ ★ ★ ☆ ☆

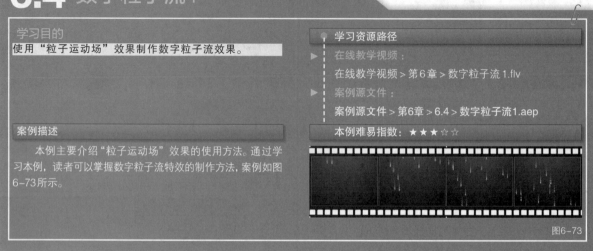

图6-73

操作流程

1 执行"合成>新建合成"菜单命令，创建一个预设为PAL D1/DV的合成，合成的大小为720像素×576像素，设置"持续时间"为3秒，并将其命名为"数字粒子流"，如图6-74所示。

图6-74

2 按Ctrl+Y快捷键，创建一个纯色图层，将其命名为"数字"，设置"大小"为720像素×576像素，设置"颜色"为黑色，如图6-75所示。

图6-75

3 选择"数字"图层，执行"效果>模拟>粒子运动场"菜单命令，为该图层添加"粒子运动场"效果，然后在效果控件窗口中单击"粒子运动场"效果后的"选项"属性，在打开的对话框中单击"编辑发射文字"按钮，接着在弹出的"编辑发射文字"窗口中选择"循环文字"选项和"随机"选项，最后在下面的输入框中输入123456789，如图6-76所示。

图6-76

4 展开"发射"属性栏，设置"位置"的值为（360，−300）、"圆筒半径"的值为360、"每秒粒子数"的值为10、"方向"为（0×+180°）、"随机扩散方向"的值为0、"速率"的值为100、"随机扩散速率"的值为60、"颜色"为草绿色（R:133，G:246，B:6）、"字体大小"为25，最后在"重力"属性栏中设置"力"的值为60、"方向"为（0×+180°），如图6-77所示。预览效果如图6-78所示。

图6-77

图6-78

5 选择"数字"图层，按Ctrl+D快捷键复制出一个新图层，选择复制的新图层，在效果控件面板上修改"粒子运动场"中的相关属性，设置"位置"的值为（310，−300）、"每秒粒子数"的值为6，"颜色"为（R:95，G:150，B:31）、"字体大小"的值为32，如图6-79所示。

6 选择所有图层，按Ctrl+Shift+C快捷键合并图层，然后将新的合成命名为"数字"，如图6-80所示。

图6-79

图6-80

7 选择预合成后的"数字"图层，执行"效果>时间>残影"菜单命令，设置"残影时间（秒）"的值为−0.08、"残影数量"的值为6、

"衰减"的值为0.5、"残影运算符"为"最大值",如图6-81所示。

8 选择预合成后的"数字"图层,按Ctrl+D快捷键复制一个新图层,然后将新图层命名为"数字_Blur",接着执行"效果>模糊和锐化>定向模糊"菜单命令,设置"模糊长度"的值为20,如图6-82所示。

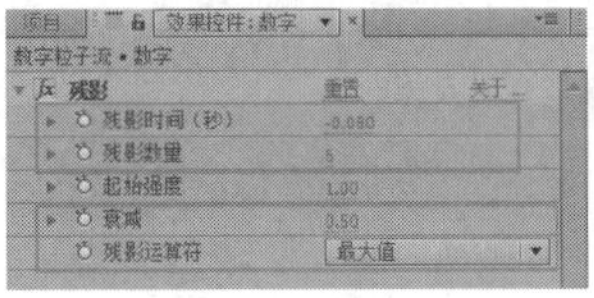

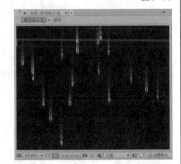

图6-81 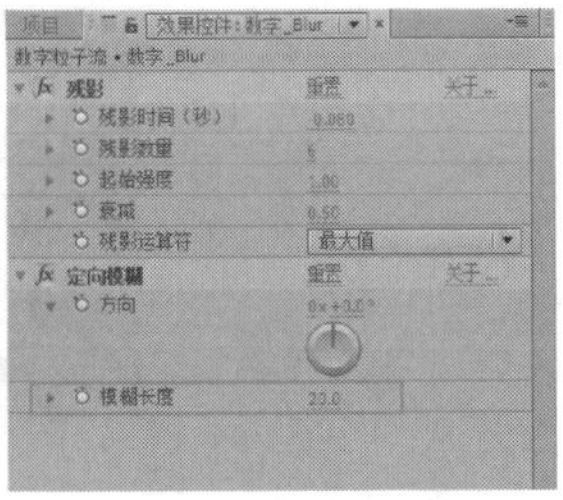　　　　　　　　　　图6-82

9 将"数字_Blur"图层拖曳到"数字"图层下面,设置"数字"图层的叠加模式为"相加",如图6-83所示。预览效果如图6-84所示。

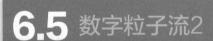

图6-83

图6-85

11 执行"效果>生成>梯度渐变"菜单命令,设置"渐变起点"为(360,-100)、"起始颜色"为深绿色(R:2,G:64,B:1)、"结束颜色"为黑色,如图6-86所示。预览效果如图6-87所示。

图6-86　　　　　　　　　　图6-87

12 按小键盘上的数字键0,预览最终效果,如图6-88所示。

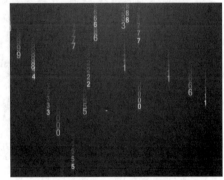

图6-84

10 按Ctrl+Y快捷键,创建一个纯色层,将其命名为bg,设置"宽度"为720像素、"高度"为576像素、"颜色"为黑色,如图6-85所示。

图6-88

6.5 数字粒子流2

学习目的

使用Particular(粒子)效果制作数字粒子流效果。

学习资源路径

▶ 在线教学视频:

　在线教学视频 > 第6章 > 数字粒子流2.flv

▶ 案例源文件:

　案例源文件 > 第6章 > 6.5 > 数字粒子流2.aep

本例难易指数:★★★★☆

案例描述

　　本例主要介绍Particular(粒子)效果的使用方法。通过学习本例,读者可以掌握Particular(粒子)效果在模拟数字流,以及虚拟摄像机动画方面的应用,案例如图6-89所示。

图6-89

操作流程

1 执行"合成>新建合成"菜单命令，创建一个预设为"自定义"的合成，设置合成的大小为50像素×3000像素，设置"持续时间"为5秒，并将其命名为Text，如图6-90所示。

图6-90

2 使用"直排文字工具"创建文字After Effects CC，然后设置字体为911Porscha Bold、字体大小为35像素、字间距为-100、字体颜色为白色，如图6-91所示。

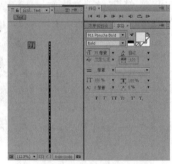

图6-91

3 展开"文字图层"的"文本"属性栏，然后单击"动画"后面的按钮，为其添加一个"字符位移"选项，如图6-92所示。

图6-92

4 设置"文字"的自定义动画，展开Range Selector 1（范围选择器1）参数项，设置"起始"的值为10%、"结束"的值为90%。在第0帧处，设置"偏移"的值为-10%；在第5秒处，设置"偏移"的值为90%。接着展开"字符位移"参数项并为其添加一个表达式time*6，如图6-93所示。

图6-93

5 执行"合成>新建合成"菜单命令，创建一个预设为PAL D1/DV的合成，设置"持续时间"为5秒，并将其命名为"数字粒子流02"，如图6-94所示。

图6-94

6 按Ctrl+Y快捷键，创建一个纯色图层，将其命名为"背景"，设置"大小"为720像素×576像素、"颜色"为黑色，如图6-95所示。

图6-95

7 选择"背景"图层，执行"效果>生成>四色渐变"菜单命令，然后设置4个点的颜色和位置，具体参数设置如图6-96所示。

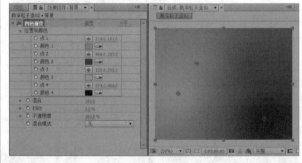

图6-96

8 使用"椭圆工具"绘制一个蒙版，如图6-97所示。设置"蒙版羽化"为（300，300像素）、"蒙版扩展"的值为80像素，如图6-98所示。

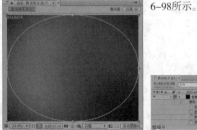

图6-97

图6-98

9 将Text合成拖曳到"数字粒子流02"合成中，然后关闭Text图层的显示，并锁定图层，如图6-99所示。

图6-99

10 按Ctrl+Y快捷键，创建一个黑色的纯色图层，将其命名为"数字"，设置"大小"为720像素×576像素，如图6-100所示。

图6-100

11 选择"数字"图层，执行"效果>Trapcode> Particular（粒子）"菜单命令，在Emitter（发射）参数项中设置Particles/sec（粒子数量/秒）的值为5000、Emitter Type（发射类型）为Box（盒）、设置Emitter Size X（X轴发射大小）的值为2000、Emitter Size Y（Y轴发射大小）的值为2000、Emitter Size Z（Z轴发射大小）的值为1000，如图6-101所示。

12 在Particle（粒子）属性栏中设置Life[sec]（生命[秒]）的值为10、Particle Type（粒子类型）为Textured Polygon（纹理多边形），在Texture（纹理）参数项中设置Layer（图层）为"3.Text"、Time Sampling（时间采样）为Random-Loop（随机-循环），最后设置Size（粒子大小）的值为8，如图6-102所示。

图6-101 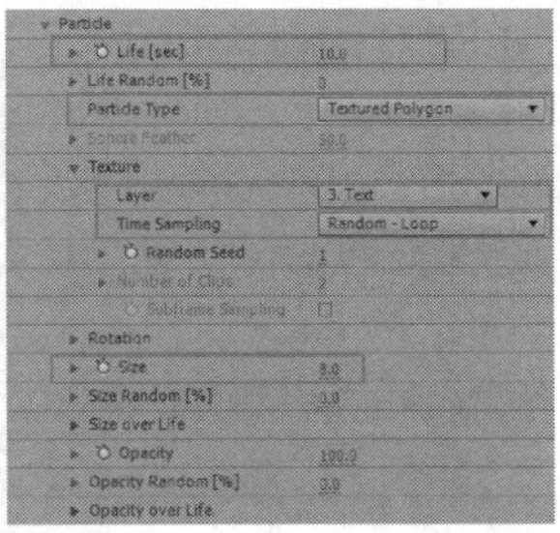　　　　　　　图6-102

13 展开Physics（物理学）参数项，设置Gravity（重力）的值为5，如图6-103所示。

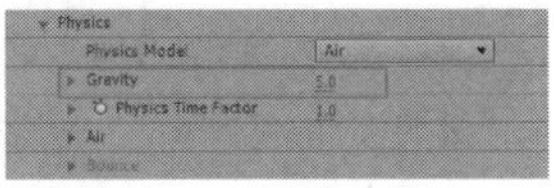

图6-103

14 选择"数字"图层，执行"效果>透视>投影"菜单命令，设置"不透明度"的值为20%、"方向"为（0×+135°）、"距离"的值为3，如图6-104所示。

15 展开Particles（粒子）属性栏，然后在第0帧处，设置Particles/sec（粒子数量/秒）的值为0；在第1帧处，设

置Particles/sec（粒子数量/秒）的值为5000；在第2帧处，设置Particles/sec（粒子数量/秒）的值为0，如图6-105所示。

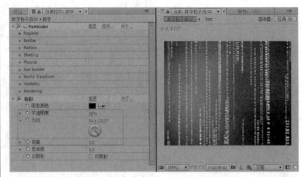

图6-104

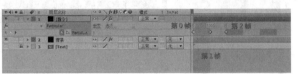

图6-105

16 执行"图层>新建>摄像机"菜单命令，创建一个"摄像机"图层，然后选择"摄像机"图层，在第0帧处，设置"目标点"为（536，181，800）；在第5秒处，设置"目标点"为（360，288，0）。在第0帧处，设置"位置"为（285，333，493）；在第5秒处，设置"位置"为（155，415，352），如图6-106所示。

图6-106

17 按小键盘上的数字键0，预览最终效果，如图6-107所示。

图6-107

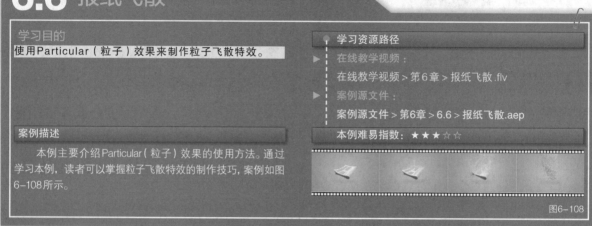

6.6 报纸飞散

学习目的

使用Particular（粒子）效果来制作粒子飞散特效。

学习资源路径

▶ 在线教学视频：

在线教学视频 > 第6章 > 报纸飞散 .flv

▶ 案例源文件：

案例源文件 > 第6章 > 6.6 > 报纸飞散.aep

本例难易指数：★★★☆☆

案例描述

本例主要介绍Particular（粒子）效果的使用方法。通过学习本例，读者可以掌握粒子飞散特效的制作技巧，案例如图6-108所示。

图6-108

操作流程

1 执行"合成>新建合成"菜单命令，创建一个预设为HDV/HDTV 720 25的合成，设置合成的"宽度"为1280px、"高度"为720px、"像素长宽比"为"方形像素"、"持续时间"为10秒，将其命名为"全局动画"，如图6-109所示。

图6-109

2 执行"文件>导入>文件"菜单命令，打开本书学习资源中的"案例源文件>第6章>6.6>矢量报纸.png"文件，并将其添加到"全局动画"合成的时间线上，如图6-110所示。

图6-110

3 选择"矢量报纸"图层，使用"矩形工具"为该图层创建一个蒙版，接着设置"蒙版路径"属性的关键帧动画，在第0帧处，将蒙版调整至能显示出整张报纸，如图6-111所示。在第9秒24帧处，将蒙版调整至合成窗口的下端，如图6-112所示。最后修改"蒙版羽化"的值为（0，20像素），如图6-113所示。

图6-111

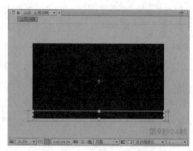

图6-112

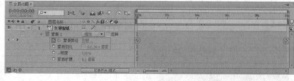

图6-113

4 执行"合成>新建合成"菜单命令，创建一个预设为HDV/HDTV 720 25、"宽度"为1280px、"高度"为720px、"像素长宽比"为"方形像素"、"持续时间"为10秒的合成，将其命名为"局部动画"，如图6-114所示。

图6-114

5 执行"文件>导入>文件"菜单命令，打开本书学习资源中的"案例源文件>第6章>6.6>矢量报纸.png"文件，并将其添加到"局部动画"合成的时间线上，如图6-115所示。

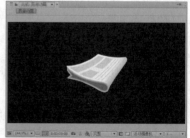

图6-115

6 选择"矢量报纸"图层,然后使用"矩形工具"为该图层创建一个蒙版,接着设置"蒙版路径"属性的关键帧动画,在第0帧处,将蒙版调整至合成窗口的上端,如图6-116所示。在第9秒24帧处,将蒙版调整至合成窗口的下端,如图6-117所示。最后修改"蒙版羽化"的值为(0,20像素),如图6-118所示。

图6-116

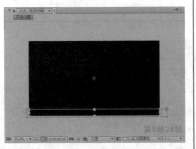

图6-117

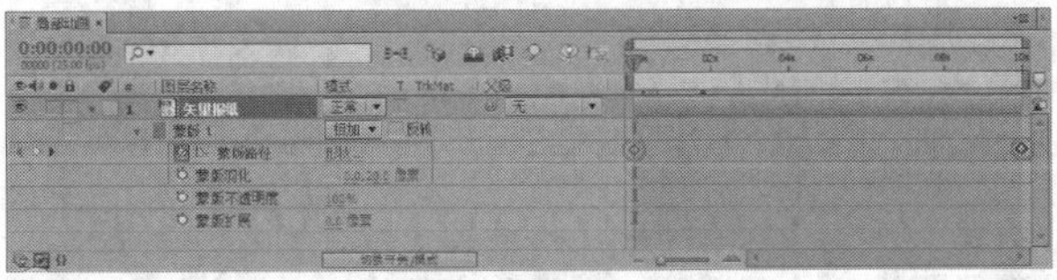

图6-118

7 执行"合成>新建合成"菜单命令,创建一个预设为HDV/HDTV 720 25、"宽度"为1280px、"高度"为720px、"像素长宽比"为"方形像素"、"持续时间"为10秒的合成,将其命名为"报纸飞散",如图6-119所示。

图6-119

8 执行"文件>导入>文件"菜单命令,打开本书学习资源中的"案例源文件>第6章>6.6>背景.jpg"文件,并将其添加到"报纸飞散"合成的时间线上。将项目窗口中的"局部动画"和"全局动画"合成添加到"报纸飞散"合成的时间线上,然后把"局部动画"图层的三维开关打开,最后锁定并关闭该图层的显示,如图6-120所示。画面的预览效果如图6-121所示。

图6-120

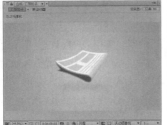

图6-121

9 执行"图层>新建>纯色"菜单命令,新建一个黑色的纯色图层,并将其命名为Particles。选择该图层,执行"效果>Trapcode>Particular(粒子)"菜单命令,展开Emitter(发射器)参数项,设置Particles/sec(粒子数量/秒)为45000、Emitter Type(发射器类型)为Layer(图层)、Direction(方向)为Disc、Direction Spread[%]的值为100、Velocity的值为5.5、Velocity Random[%]的值为15、Velocity Distribution的值为1,如图6-122所示。

10 在Layer Emitter(图层发射器)参数栏中,设置Layer(图层)的选项为"3.局部动画"、Layer Sampling(图层采样)为Particle Birth Time(粒子出生时间),最后修改Random Seed的值为0,如图6-123所示。

图6-122　　　　　　　　　图6-123

11 展开Particle(粒子)属性栏,设置Life[sec](生命[秒])为6、Sphere Feather的值为15、Size(大小)的值2.5、Size Random[%](大小随机)的值为10,如图6-124所示。

12 展开Physics(物理)属性栏,设置Gravity(重力)的值为-20、Physics Time Factor(物理系数)的值为2;展开Air(空气)属性栏,设置Spin Amplitude(旋转振幅)的值为50、Wind Z(Z轴风向)的值为-100;展开Turbulence Field属性栏,设置Affect Position的值为130、Fade-in Curve为Linear(线型)、Complexity(复杂性)的值为5、Octave Multiplie的值为0.1、Evolution Speed的值为2,如图6-125所示。

图6-124 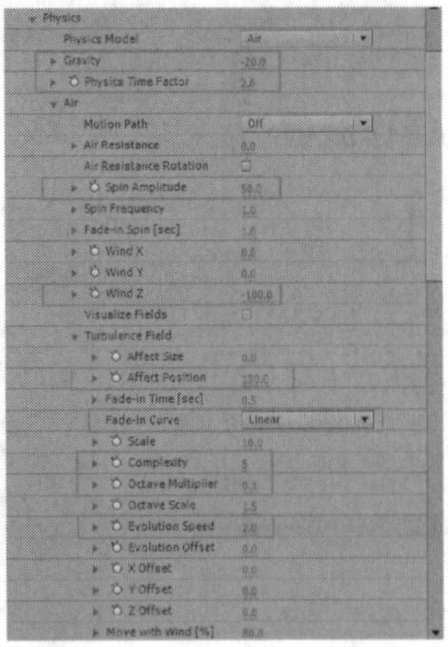　　　　　　　　　图6-125

13 展开Spherical Field选项,设置Position XY(XY坐标)的值为(640,147)、Radius(半径)的值为220,其他参数保持不变,如图6-126所示。

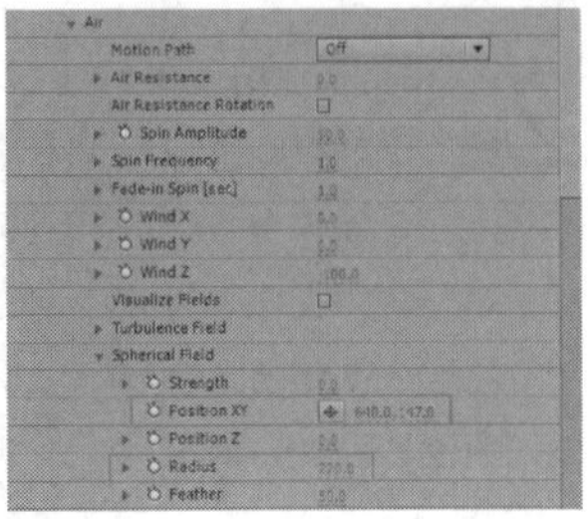

图6-126

14 开启Particles图层的运动模糊按钮以及运动模糊总按钮,如图6-127所示。

图6-127

15 按小键盘上的数字键0，预览最终效果，如图6-128所示。

图6-128

6.7 路径粒子

学习目的

学习Particular（粒子）效果、灯光和空对象的运用。

学习资源路径

▶ 在线教学视频：
在线教学视频 > 第6章 > 路径粒子.flv

▶ 案例源文件：
案例源文件 > 第6章 > 6.7 > 路径粒子.aep

案例描述

本例主要介绍了Particular（粒子）效果的使用方法。通过学习本例，读者可以掌握路径粒子动画的制作方法，案例如图6-129所示。

本例难易指数：★★★☆☆

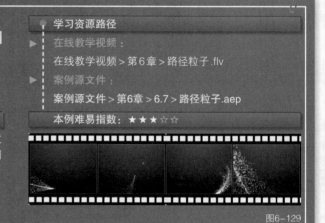

图6-129

操作流程

1 执行"合成>新建合成"菜单命令，创建一个预设为PAL D1/DV的合成，设置"持续时间"为5秒，并将其命名为Pa，如图6-130所示。

图6-130

2 按Ctrl+Y快捷键，创建一个纯色图层，然后将其命名为"背景"，设置"大小"为720像素×576像素，设置"颜色"为黑色，如图6-131所示。

图6-131

3 选择"背景"图层，执行"效果>生成>梯度渐变"菜单命令，设置"渐变起点"为（360，-350）、"起始颜色"为紫色（R:210，G:3，B:255）、"渐变终点"为（360，576）、"结束颜色"为黑色，最后设置"渐变形状"为"径向渐变"，如图6-132所示。

图6-132

4 执行"图层>新建>灯光"菜单命令，创建一盏点光源，将灯光命名为Emitter，设置"灯光类型"为"点"、"强度"为30%、"颜色"为白色，如图6-133所示。

图6-133

5 执行"图层>新建>空对象"菜单命令，创建一个空对象，然后将该图层转化成三维图层，接着设置空对象的关键帧动画，在第0秒处，设置"位置"为（228，288，-1000）；在第1秒处，设置"位置"为（364，632，1000）；在第2秒处，设置"位置"为（657，-124，2000）；在第3秒处，设置"位置"为（567，261，-333）；在第4秒处，设置"位置"为（351，472，-606）；在第5秒处，设置"位置"为（266，198，-943），如图6-134所示。

图6-134

6 选择Emitter灯光图层，按P键调出"位置"属性，然后按住Alt键并用鼠标左键单击灯光的"位置"属性，最后将"位置"属性链接到空对象的"位置"属性上，如图6-135所示。

图6-135

7 按Ctrl+Y快捷键，创建一个纯色层，将其命名为Pa，设置"大小"为720像素×576像素，设置"颜色"为黑色，如图6-136所示。

图6-136

8 选择Pa图层，执行"效果>Trapcode> Particular（粒子）"菜单命令，展开Emitter（发射）属性栏，然后设置Particles/sec（每秒数量/秒）的值为9000、Emitter Type（发射器类型）为Light(s)、Position Subframe（位置子帧）为Linear、Velocity（速率）的值为120、Velocity Random（随机速度）的值为0、Velocity Distribution（速度分部）的值为0、Velocity from Motion（继承运动速度）的值为0、Emitter Size X（X轴发射大小）的值为50、Emitter Size Y（Y轴发射大小）的值为0、Emitter Size Z（Z轴发射大小）的值为0，如图6-137所示。

9 展开Particle（粒子）属性栏，设置Life[sec]（生命[秒]）的值为2、Life Random[%]（生命随机）的值为100、Particle Type（粒子类型）为Glow Sphere (No DOF)、Sphere Feather（球体羽化）的值为100、Size（大小）的值为1、Size Random[%]（大小随机）的值为10，设置Size over Life（消亡后大小）和Opacity over Life（消亡后不透明）都为线性衰减，最后设置Transfer Mode（叠加模式）为Screen（屏幕），如图6-138所示。预览效果如图6-139所示。

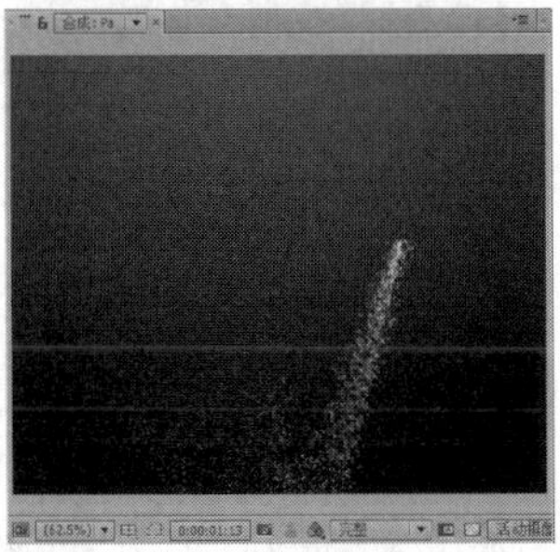

图6-139

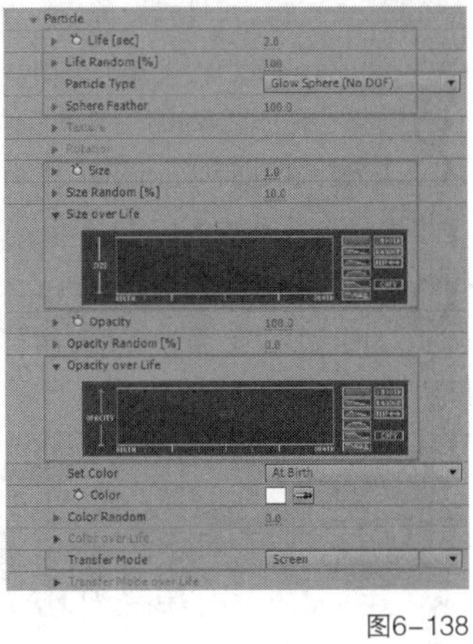

10 选择Pa图层，然后复制一个新的Pa图层，接着把复制的新图层重命名为Pa_xian，如图6-140所示。

图6-140

11 展开Pa_xian图层Particular（粒子）效果中Particle（粒子）的属性栏，设置Life[sec]（生命[秒]）的值为1、Particle Type（粒子类型）为Streaklet，最后设置Size（大小）的值为3，如图6-141所示。

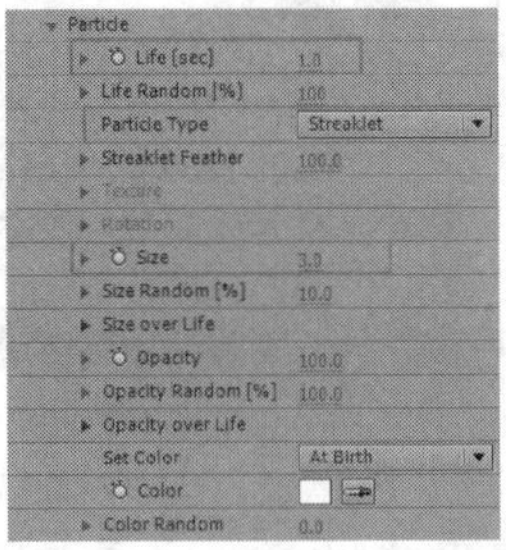

12 选择Pa和Pa_xian图层，设置其图层的叠加模式为"相加"，如图6-142所示。

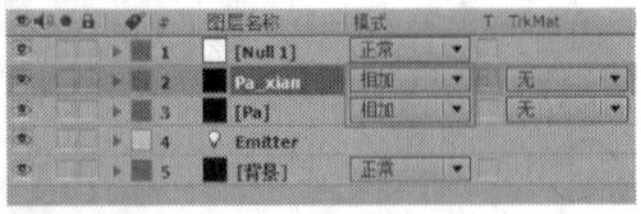

图6-141　　　　图6-142

13 按小键盘上的数字键0，预览最终效果，如图6-143所示。

图6-137　　　　图6-138

图6-143

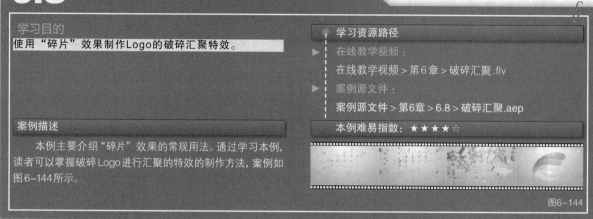

6.8 破碎汇聚

学习目的

使用"碎片"效果制作Logo的破碎汇聚特效。

学习资源路径

► 在线教学视频：
在线教学视频 > 第6章 > 破碎汇聚.flv

► 案例源文件：
案例源文件 > 第6章 > 6.8 > 破碎汇聚.aep

本例难易指数：★★★★☆

案例描述

本例主要介绍"碎片"效果的常规用法。通过学习本例，读者可以掌握破碎Logo进行汇聚的特效的制作方法，案例如图6-144所示。

图6-144

操作流程

1 执行"合成>新建合成"菜单命令，创建一个预设为HDTV 1080 25的合成，设置"持续时间"为15秒，将其命名为"素材合成"，如图6-145所示。

图6-145

2 执行"文件>导入>文件"菜单命令，打开本书学习资源中的"案例源文件>第6章>6.8>素材.png"文件，然后把素材拖曳到"素材合成"的时间线上，显示效果如图6-146所示。

图6-146

3 执行"合成>新建合成"菜单命令，创建一个预设为HDTV 1080 25的合成，设置"持续时间"为15秒，将其命名为"破碎"，如图6-147所示。

图6-147

4 将项目窗口中的"素材合成"添加到"破碎"合成的时间线上，如图6-148所示。

5 选择"素材合成"图层，执行"效果>模拟>碎片"菜单命令，设置"视图"为"已渲染"；展开"形状"选项，将"图案"修改为"玻璃"，设置"重复"为110、"凸出深度"为0.35，如图6-149所示。

图6-148 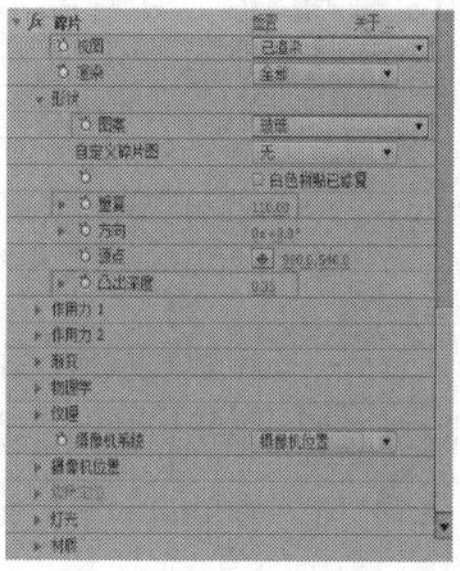　　　　图6-149

6 展开"作用力1"选项，设置"强度"的值为0；展开"渐变"选项，设置"碎片阈值"的值为100%，设置"渐变图层"选项为"1.素材合成"，如图6-150所示。

7 展开"物理学"选项，设置"旋转速度"的值为1、"随机性"的值为1、"粘度"的值为0.71、"大规模方差"的值为52%、"重力"的值为2、"重力方向"的值为（0×+90°）、"重力倾向"的值为90，如图6-151所示。

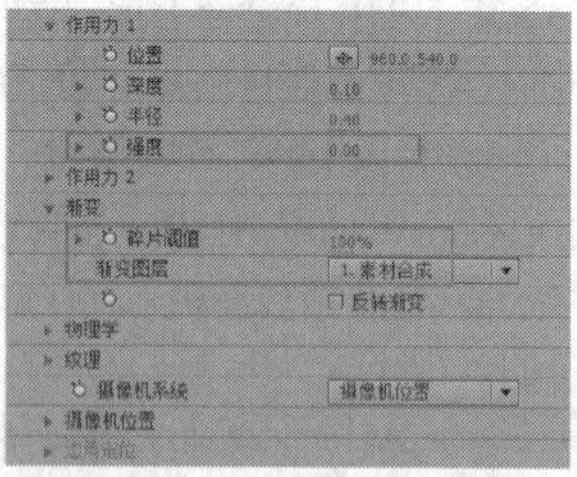

图6-150 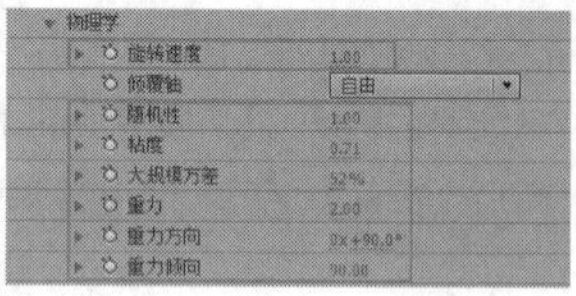　　　　图6-151

8 设置"重力"属性的关键帧动画，在第0帧处，设置"重力"的值为2；在第6秒处，设置"重力"的值为61，如图6-152所示。画面的预览效果如图6-153所示。

9 执行"合成>新建合成"菜单命令，创建一个预设为HDTV 1080 25的合成，设置"持续时间"为15秒，将其命名为"破碎汇聚"，如图6-154所示。

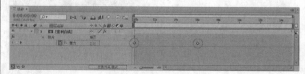

图6-152

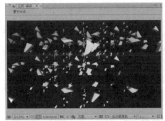

图6-153　　　　　　　　　　图6-154

图6-156

10 将项目窗口中的"破碎"合成添加到"破碎汇聚"合成的时间线上，选择"破碎"图层，按Ctrl+Alt+R快捷键来完成素材的倒放，然后将该图层的出点时间设置在第10秒15帧处。选择该图层，执行"效果>模糊和锐化>快速模糊"菜单命令，设置该图层的"不透明度"和"模糊度"属性的关键帧动画。在第0帧处，设置"不透明度"的值为0%；在第1秒15帧处，设置"不透明度"的值为100%。在第10秒处，设置"模糊度"的值为0；在第10秒15帧处，设置"模糊度"的值为800，如图6-155所示。

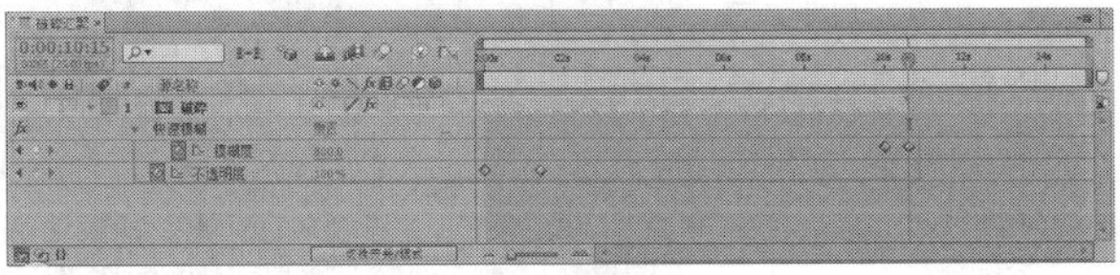

12 执行"文件>导入>文件"菜单命令，打开本书学习资源中的"案例源文件>第6章>6.8>背景.png"文件，并将该素材拖曳到"破碎汇聚"合成的时间线上，如图6-157所示。

图6-157

13 执行"图层>新建>调整图层"菜单命令，创建一个调整图层，然后选择该图层，执行"效果>模糊和锐化>CC Radial Blur"菜单命令，设置Type为Fading Zoom、Quality的值为100。设置Amount属性的关键帧动画，在第0帧处，设置其值为25；在第9秒10帧处，设置其值为20；在第10秒10帧处，设置其值为0，如图6-158所示。

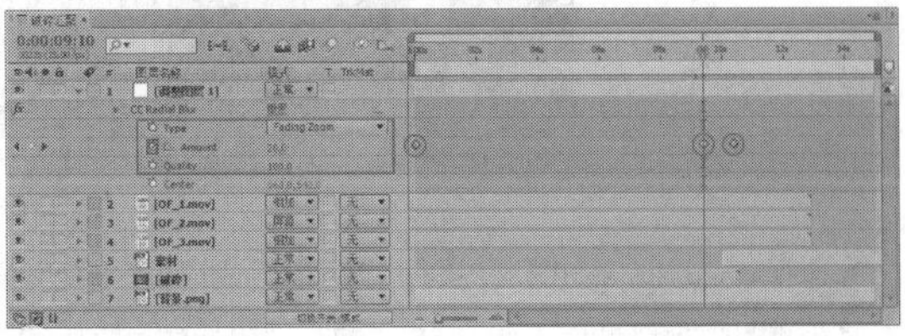

图6-155

11 执行"文件>导入>文件"菜单命令，打开本书学习资源中的"案例源文件>第6章>6.8>素材.png"文件，并将该素材拖曳到"破碎汇聚"合成的时间线上，然后修改"素材"图层的入点时间在第10秒处。继续导入OF_.mov、OF_2.mov和OF_3.mov素材，将它们都添加到"破碎汇聚"合成的时间线上，将这3个光效素材的出点时间统一设置在第12秒23帧处。最后将OF_1.mov图层的叠加模式修改为"相加"，把OF_2.mov图层的叠加模式为"屏幕"，把OF_3.mov图层的叠加模式修改为"相加"，如图6-156所示。

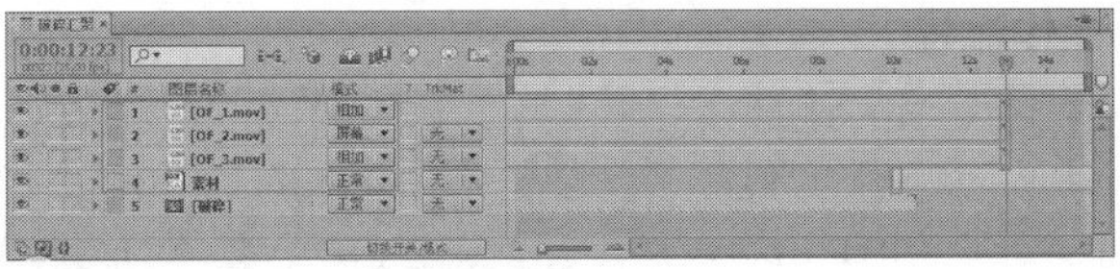

图6-158

14 按小键盘上的数字键0，预览最终效果，如图6-159所示。

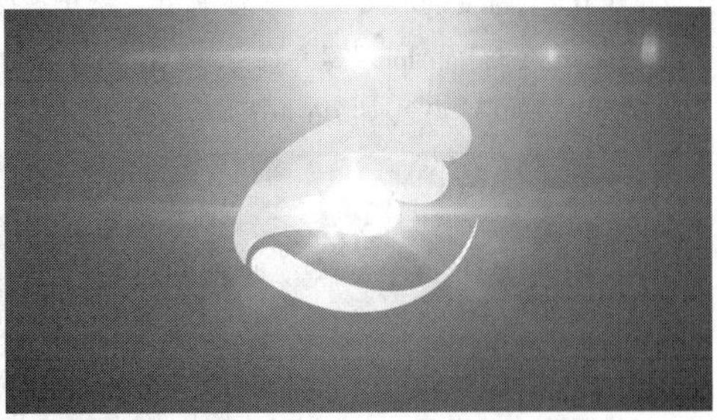

图6-159

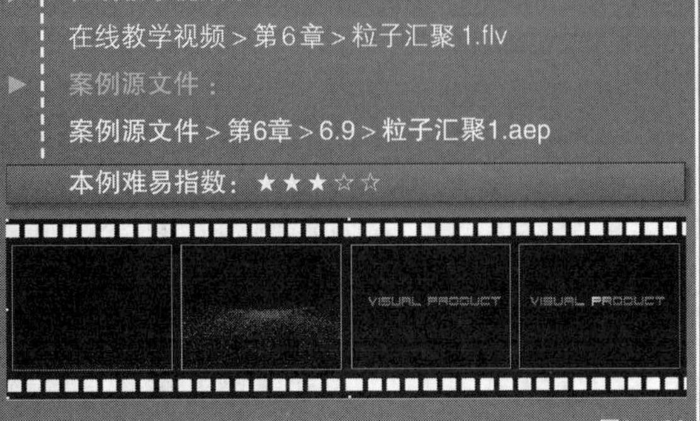

操作流程

1 执行"合成>新建合成"菜单命令,创建一个预设为PAL D1/DV的合成,设置"持续时间"为3秒01帧,将其命名为"汇聚合成",如图6-161所示。

图6-161

2 使用"文字工具"创建文字Visual Product,设置字体格式为911Porscha Con、字体大小为60像素、字间距为50、文字颜色为白色,如图6-162所示。

图6-162

3 选择Visual Product图层,执行"效果>生成>梯度渐变"菜单命令,设置"渐变起点"为(360, 207)、"起始颜色"为(R:255, G:108, B: 0)、"渐变终点"为(360, 332)、"结束颜色"为(R:63, G:27, B: 0)、"渐变的形状"为"线性渐变"。继续选择该图层,执行"效果>透视>斜面Alpha"菜单命令,设置"边缘厚度"的值为1、"灯光强度"的值为0.2,如图6-163所示。

图6-163

4 选择Visual Product图层,执行"效果>其他>FEC Pixel Polly (FEC像素分离)"菜单命令,设置Scatter Speed(散射速度)的值为-0.6、Graviity(重力)的值为0.09、Grid Spacing(网格间距)的值为1,如图6-164所示。

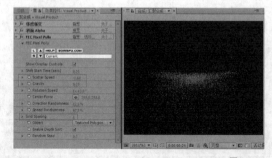

图6-164

5 展开FEC Pixel Polly(FEC像素分离)效果的参数栏,在第20帧处,设置Scatter Speed(散射速度)的值为-0.6;在第3秒处,设置Scatter Speed(散射速度)的值为0。在第20帧处,设置Gravity(重力)的值为0.09;在第3秒处,设置Gravity(重力)的值为1,如图6-165所示。

图6-165

6 执行"合成>新建合成"菜单命令,创建一个预设为PAL D1/DV的合成,然后设置"持续时间"为3秒01帧,并将其命名为"粒子汇聚",如图6-166所示。

图6-166

7 将项目窗口中的"汇聚合成"添加到"粒子汇聚"合成的时间线上,然后选择"汇聚合成"图层并按Ctrl+Alt+T快捷键,系统会在第0帧和合成的最后一帧处自动创建两个关键帧,接着选择第0帧处的关键帧并按Ctrl+C快捷键进行复制,最后在第20帧处按Ctrl+V快捷键进行粘贴,如图6-167所示。

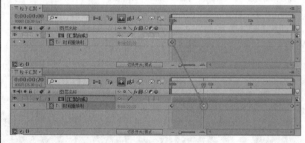

图6-167

8 把第3秒01帧处的关键帧拖曳到第0帧处,然后把第0帧处的关键帧拖曳到第2秒05帧处,把第20帧处的关键帧拖曳到第3秒01帧处,这样就完成了关键帧位置的移动,如图6-168所示。

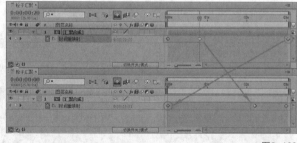

图6-168

9 选择"汇聚合成"图层，执行"效果>其他>FEC Light Sweep（扫光）"菜单命令，设置Sweep Intensity（扫描强度）的值为30%；在第2秒05帧处，设置Light Center（光中心）为（4，150），如图6-169所示。

10 在第3秒处，设置Light Center（光中心）为（718，150），如图6-170所示。

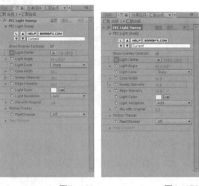

图6-169　　　　　　图6-170

11 按小键盘上的数字键0，预览最终效果，如图6-171所示。

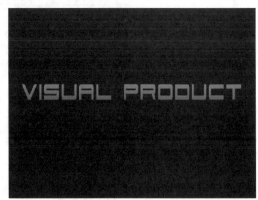

图6-171

6.10 粒子汇聚2

学习目的

使用"贴图文件"和"碎片"效果来完成粒子汇聚特效的制作。

学习资源路径

▶ 在线教学视频：
在线教学视频 > 第6章 > 粒子汇聚2.flv

▶ 案例源文件：
案例源文件 > 第6章 > 6.10 > 粒子汇聚2.aep

案例描述

本例主要介绍"碎片"效果的使用方法。通过学习本例，读者可以掌握"碎片"效果在模拟粒子汇聚中的应用，案例如图6-172所示。

本例难易指数：★★★☆☆

图6-172

操作流程

1 执行"合成>新建合成"菜单命令，创建一个预设为PAL D1/DV的合成，设置"持续时间"为3秒01帧，并将其命名为"粒子汇聚02"，如图6-173所示。

图6-173

2 使用"文字工具"创建出文字PARTICLE，然后设置字体格式为911Porscha Con、字体大小为66像素、字间距为100、文字颜色为白色，如图6-174所示。

图6-174

3 选择Particle文字图层，分别执行"效果>生成>梯度渐变"菜单命令和"效果>透视>斜面 Alpha"菜单命令，设置"边缘厚度"的值为1.5、"灯光强度"的值为0.3，如图6-175所示。

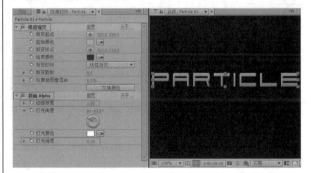

图6-175

4 选择所有图层，按Ctrl+Shift+C快捷键合并图层，并将新合成的图层命名为Particle 01，如图6-176所示。

图6-176

5 打开本书学习资源中的"案例源文件>第6章>6.10>Maps.jpg"文件，将该素材添加到"粒子汇聚02"合成的时间线上，如图6-177所示。

图6-177

6 选择Particle 01图层，执行"效果>模拟>碎片"菜单命令，设置"视图"为"已渲染"、"渲染"为"图层"；在"形状"参数项中设置"图案"为"六边形"、"重复"的值为50、"源点"为（320,240）、"凸出深度"的值为0.1；最后在"作用力1"参数项中设置"半径"的值为1、"强度"的值为1，如图6-178所示。

7 展开"渐变"参数项，设置"渐变图层"为2.Maps.jpg；在"物理学"参数项中设置"随机性"的值为1、"重力"的值为4、"重力方向"为（0×+90°），如图6-179所示。

图6-178　　　　　　　　　图6-179

8 关闭Maps图层的显示，设置"碎片"效果中的"碎片阈值"的关键帧动画，在第0帧处，设置"碎片阈值"为0%；在第1秒处，设置"碎片阈值"为100%，如图6-180所示。

图6-180

9 选择Particle 01图层，然后复制一个Particle 01图层，接着将复制的图层重新命名为Particle 02，最后设置Particle 02图层的叠加模式为"相加"，如图6-181所示。

图6-181

10 设置Particle 02图层中"碎片"效果的相关参数，设置"渲染"属性为"块"，如图6-182所示，预览效果如图6-183所示。

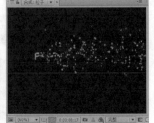

图6-182　　　　　　　　　图6-183

11 选择所有图层，按Ctrl+Shift+C快捷键合并图层，并将新合成的图层命名为"粒子"，如图6-184所示。

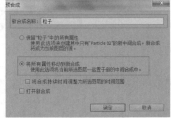

图6-184

12 选择"粒子"图层，然后执行Ctrl+Alt+R快捷键，完成素材的倒放操作，如图6-185所示。

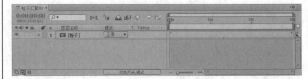

图6-185

13 按小键盘上的数字键0，预览最终效果，如图6-186所示。

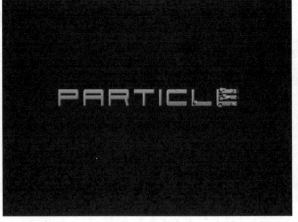

图6-186

6.11 花瓣飘落

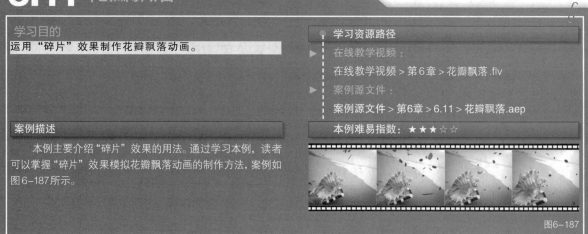

图6-187

操作流程

1 执行"合成>新建合成"菜单命令，创建一个预设为PLA D1/DV的合成，设置"持续时间"为5秒，并将其命名为"花瓣飘落"，如图6-188所示。

图6-188

2 打开本书学习资源中的"案例源文件>第6章>6.11>huaban.jpg和Mask.jpg"文件，然后将它们都添加到"花瓣飘落"合成的时间线上，最后关闭Mask.jpg图层的显示，如图6-189所示。

3 选择huaban.jpg图层，执行"效果>模拟>碎片"菜单命令，设置"视图"为"已渲染"、"渲染"为"块"。展开"形状"属性栏，设置"图案"为"自定义"、"自定义碎片图"为2.Mask.jpg，勾选"白色拼贴已修复"选项，设置"凸出深度"的值为0，如图6-190所示。

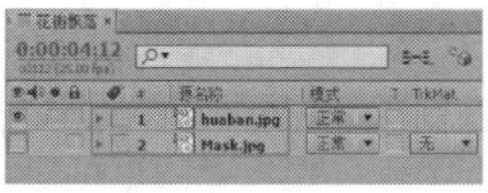

图6-189　　　　　　　图6-190

4 展开"作用力1"参数项，设置"半径"的值为5，如图6-191所示。

5 展开"物理学"参数项，设置"旋转速度"的值为0.1、"随机性"的值为0.5、"大规模方差"的值为12%、"重力"的值为1，如图6-192所示。

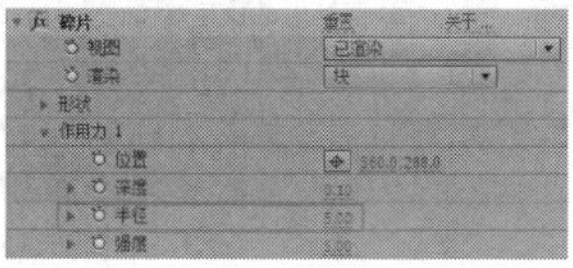

图6-191 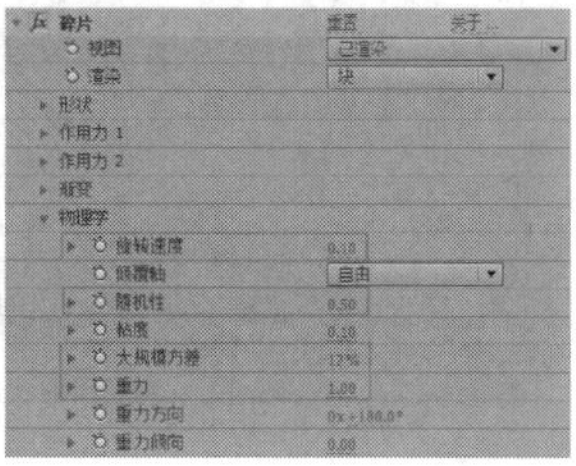　　　　　　　图6-192

6 展开"摄像机位置"参数项，设置"X轴旋转"为（0×+20°），"Y轴旋转"为（0×-86°）、"Z轴旋转"为（0×+26°）；设置"X、Y位置"分别为（500，1100）、"Z位置"的值为2，最后设置"焦距"的值为50，如图6-193所示。

7 执行"文件>导入>文件"菜单命令，打开本书学习资源中的"案例源文件>第6章>6.11>背景.mov"文件，并将其添加到"花瓣飘落"合成的时间线上，如图6-194所示。

图6-193 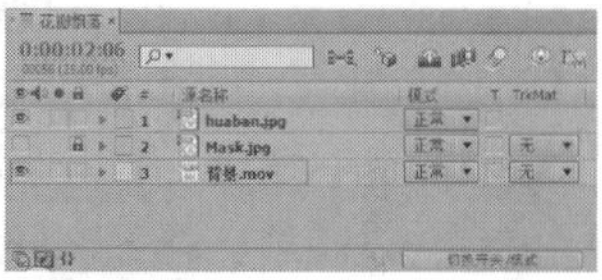　　　　　　　图6-194

8 按小键盘上的数字键0，预览最终效果，如图6-195所示。

图6-195

6.12 雨夜模拟

学习目的

学习"曝光度"和CC Rain（CC下雨）效果的组合应用。

学习资源路径

▶ 在线教学视频：
在线教学视频 > 第6章 > 雨夜模拟.flv

▶ 案例源文件：
案例源文件 > 第6章 > 6.12 > 雨夜模拟.aep

案例描述

本例主要讲解"曝光度"和CC Rain（CC下雨）效果的用法。通过学习本例，读者可以掌握下雨特效的制作方法，案例如图6-196所示。

本例难易指数：★★★☆☆

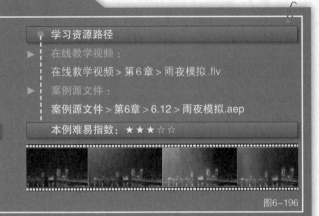

图6-196

操作流程

1 执行"合成>新建合成"菜单命令，创建一个预设为"自定义"的合成，设置合成的"宽度"为720px、"高度"为405px、"像素长宽比"为"方形像素"、"持续时间"为5秒，并将其命名为"雨夜模拟"，如图6-197所示。

图6-197

2 执行"文件>导入>文件"菜单命令，打开本书学习资源中的"案例源文件>第6章>6.12>场景.mov"文件，然后将其添加到"雨夜模拟"合成的时间线上，如图6-198所示。

图6-198

3 选择"场景"图层，执行"效果>色彩校正>曝光度"菜单命令，展开"主"参数项，设置"曝光度"的值为-1.2、"灰度系数校正"的值为0.78，如图6-199所示。

4 选择"场景"图层，执行"效果>模拟>CC Rain（CC下雨）"菜单命令，设置Speed（速度）为0.8、Angle Variation（角度变化）为4.5、Drop Size（雨滴大小）为3、Opacity（透明度）为10%，如图6-200所示。

图6-199

图6-200

5 选择"场景"图层，执行"效果>模糊和锐化>方框模糊"菜单命令，设置"模糊半径"为2，最后勾选"重复边缘像素"选项，如图6-201所示。画面的预览效果如图6-202所示。

图6-201

图6-202

6 执行"文件>导入>文件"菜单命令，打开本书学习资源中的"案例源文件>第6章>6.12>下雨.mov"文件，然后将其添加到"雨夜模拟"合成的时间线上，最后修改该图层的叠加模式为"相加"，如图6-203所示。

图6-203

7 按小键盘上的数字键0，预览最终效果，如图6-204所示。

图6-204

6.13 水墨润开

学习目的

使用S_Warp Bubble（噪波变形）效果制作水墨润开特效。

学习资源路径

▶ 在线教学视频：

在线教学视频 > 第6章 > 水墨润开.flv

▶ 案例源文件：

案例源文件 > 第6章 > 6.13 > 水墨润开.aep

本例难易指数：★★☆☆☆

案例描述

本例主要介绍S_Warp Bubble（噪波变形）效果的高级用法。通过学习本例，读者可以掌握水墨润开效果的具体应用，案例如图6-205所示。

图6-205

操作流程

1 执行"合成>新建合成"菜单命令，创建一个预设为"自定义"的合成，设置"宽度"为720px、"高度"为405px、"像素长宽比"为"方形像素"、"持续时间"为3秒，并将其命名为"水墨润开"，如图6-206所示。

图6-206

2 执行"文件>导入>文件"菜单命令，打开本书学习资源中的"案例源文件>第6章>6.13>宣纸.mov"文件，将其添加到"水墨润开"合成的时间线上，如图6-207所示。

图6-207

3 执行"文件>导入>文件"菜单命令，打开本书学习资源中的"案例源文件>第6章>6.13>水墨条_粗.mov"文件，将其添加到"水墨润开"合成的时间线上，如图6-208所示。

图6-208

4 选择"水墨条_粗.mov"图层，执行"效果>Sapphire Distort（蓝宝石扭曲）>S_Warp Bubble（噪波变形）"菜单命令，设置Amplitude（振幅）的值为0.11、Frequency（频率）的值为14、Frequency Rel X（X相对频率）的值为0.83、Octaves（振幅幅度）的值为4、Seed（种子）的值为0、Shift Speed X（X移动速度）的值为0、Z Dist（Z分布）的值为0.65，如图6-209所示，预览效果如图6-210所示。

图6-209

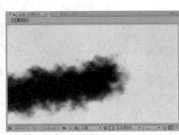

图6-210

5 下面给边缘虚化的水墨效果加入适量的形态变化，选择"水墨条_粗.mov"图层，展开S_WarpBubble（噪波变形）属性栏，在第0秒处，设置Rotate Warp Dir（旋转变形方向）的值为0；在第2秒24帧处，设置Rotate Warp Dir（旋转变形方向）的值为150，如图6-211所示。

图6-211

6 执行"文件>导入>文件"菜单命令，打开本书学习资源中的"案例源文件>第6章>6.13>水墨条_细.mov"文件，将其添加到"水墨润开"合成的时间线上。选择该图层，执行"效果>Sapphire Distort（蓝宝石扭曲）>S_Warp Bubble（噪波变形）"菜单命令，设置Amplitude（振幅）的值为0.32、Frequency（频率）的值为14、Frequency Rel X（X相对频率）的值为0.83、Octaves（振幅幅度）的值为4、Seed（种子）的值为0.7、Shift Speed X（X移动速度）的值为0、Z Dist（Z分布）的值为0.65，如图6-212所示。

图6-212

7 选择"水墨条_细.mov"图层，展开S_WarpBubble（噪波变形）属性栏，在第0秒处，设置Rotate Warp Dir（旋转变形方向）的值为0；在第2秒24帧处，设置Rotate Warp Dir（旋转变形方向）的值为150，如图6-213所示。

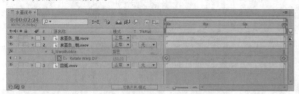

图6-213

8 修改"水墨条_细.mov"图层的入点时间在第05帧处，最后将两个水墨图层的叠加方式修改为"相乘"，如图6-214所示。

图6-214

9 按小键盘上的数字键0，预览最终效果，如图6-215所示。

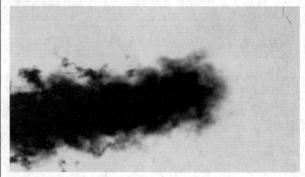

图6-215

6.14 水墨飞舞

学习目的

组合运用S_WarpBubble（噪波变形）和Levels（色阶）效果制作水墨飞舞特效。

学习资源路径

▶ 在线教学视频：
在线教学视频 > 第6章 > 水墨飞舞.flv

▶ 案例源文件：
案例源文件 > 第6章 > 6.14 > 水墨飞舞.aep

案例描述

本例主要介绍了S_WarpBubble（噪波变形）效果的高级用法。通过学习本例，读者可以掌握利用S_WarpBubble（噪波变形）模拟水墨飞舞效果的方法，案例如图6-216所示。

本例难易指数：★★☆☆☆

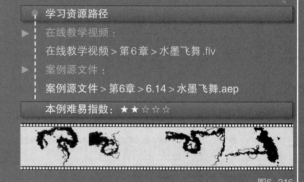

图6-216

操作流程

1 执行"合成>新建合成"菜单命令，创建一个预设为"自定义"的合成，设置其"宽度"为720px、"高度"为405px、"像素长宽比"为"方形像素"、"持续时间"为5秒，并将其命名为"线条运动"，如图6-217所示。

图6-217

2 执行"图层>新建>纯色"菜单命令，创建一个"宽度"为720像素、"高度"为405像素、"像素长宽比"为"方形像素"、"颜色"为白色的纯色图层，最后将该图层命名为"背景"，如图6-218所示。

图6-218

3 执行"图层>新建>纯色"菜单命令，创建一个"宽度"为720像素、"高度"为576像素、"像素长宽比"为D1/DV PAL（1.09）、"颜色"为黑色的纯色图层，最后将该图层命名为"线条"，如图6-219所示。

图6-219

4 选择"线条"图层,使用"钢笔工具"绘制一个蒙版,其形状如图6-220所示;然后修改"线条"图层的"缩放"值为（93，93％），如图6-221所示。

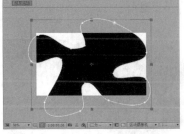

图6-220　　　　　　图6-221

5 选择"线条"图层,执行"效果>Trapcode>3D Stroke（3D描边）"菜单命令,设置Color（颜色）为黑色、Thickness（厚度）为25、Feather（羽化）为100、End（终点）为50、Offset（偏移）的值为270,最后勾选Loop（循环）选项,如图6-222所示。

图6-222

6 展开Taper（锥度）参数项,勾选Enable（启用）选项,设置End Thickness（终点厚度）为100,如图6-223所示;展开Transform（变换）参数项,设置Bend（弯曲）为1.3、Bend Axis（弯曲角度）为（0×+20°）、XY Position（XY位置）为（286，180）、Z Position（Z位置）为80、X Rotation（X方向旋转）为（0×+289°）、Y Rotation（Y方向旋转）为（0×+10°）,如图6-224所示。

图6-223　　　　　　图6-224

7 选择"线条"图层,展开3D Stroke（3D描边）属性栏,在第0秒处,设置Offset（偏移）的值为270、Z Rotation（Z方向旋转）为（0×+18°）;在第4秒24帧处,设置Offset（偏移）的值为563、ZRotation（Z方向旋转）为（0×+207°）,如图6-225所示。画面的预览效果如图6-226所示。

图6-225

图6-226

8 执行"合成>新建合成"菜单命令,创建一个预设为"自定义"的合成,设置其"宽度"为720px、"高度"为405px、"像素长宽比"为"方形像素"、"持续时间"为5秒,并将其命名为"水墨飞舞",如图6-227所示。

图6-227

9 执行"文件>导入>文件"菜单命令,打开本书学习资源中的"案例源文件>第6章>6.14>宣纸.tga"文件,将其添加到"水墨飞舞"合成的时间线上,如图6-228所示。

10 将项目窗口中的"线条运动"合成添加到"水墨飞舞"合成的时间线上,选择"线条运动"图层,执行"效果>色彩校正>色阶"菜单命令,设置"输入白色"的值为49、"灰度系数"的值为2.03,如图6-229所示。

　　　　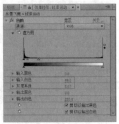

图6-228　　　　　　图6-229

11 选择"线条运动"图层,执行"效果>Sapphire Distort（蓝宝石变形）>S_WarpBubble（噪波变形）"菜单命令,设置Amplitude（振幅）为0.35、Frequency（频率）为7.8、Frequency Rel X（X相对频率）为0.83、Octaves（振幅幅度）为4、Seed（种子）为0、Rotate Warp Dir（方向旋转扭曲）为88.78、Shift Speed X（X移动速度）为0、Z Dist（Z分布）为0.65,如图6-230所示。

图6-230

幅）为−0.07、Frequency（频率）为23、Frequency Rel X（X相对频率）为0.83、Octaves（振幅幅度）为4、Seed（种子）为0、Rotate Warp Dir（方向旋转扭曲）为88.78、Shift Speed X（X移动速度）为0、Z Dist（Z分布）为0.65，如图6-323所示。预览效果如图6-233所示。

14 将两个"线条运动"图层的叠加方式修改为"相乘"，如图6-234所示。

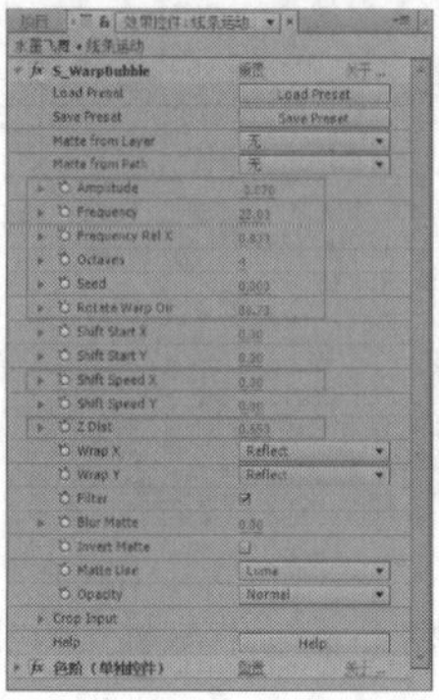

图6-233　　　　　　　　　图6-234

12 选择"线条运动"图层，执行"效果>色彩校正>色阶（单独控件）"菜单命令，在RGB通道中设置"输入白色"的值为155、"灰度系数"的值为0.48，如图6-231所示。画面的预览效果如图6-232所示。

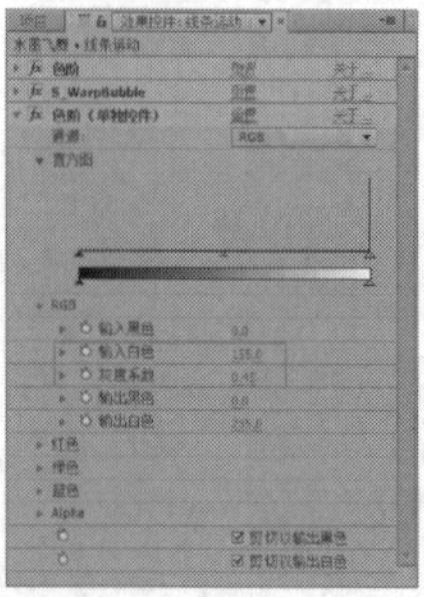

15 按小键盘上的数字键0，预览最终效果，如图6-235所示。

图6-231　　　　　　　　图6-232

13 选择"线条运动"图层，按Ctrl+D快捷键复制一个新图层，然后删除新图层中的"色阶"效果，接着修改"S_WarpBubble（噪波变形）"效果中的相关属性，设置Amplitude（振

图6-235

6.15　破碎效果

学习目的

学习"碎片"和"残影"效果的使用方法。

学习资源路径

▶ 在线教学视频：
在线教学视频 > 第6章 > 破碎效果.flv

▶ 案例源文件：
案例源文件 > 第6章 > 6.15 > 破碎效果.aep

案例描述

本例难易指数：★★★☆☆

本例讲解"碎片"和"残影"效果的配合使用。通过学习本例，读者可以掌握破碎特效的制作方法，案例如图6-236所示。

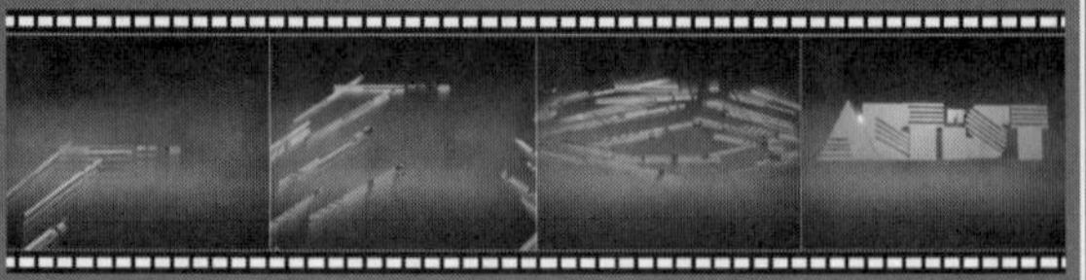

图6-236

操作流程

1 执行"合成>新建合成"菜单命令，创建一个预设为的PAL D1/DV合成，设置"持续时间"为3秒，并将其命名为"爆破特技"，如图6-237所示。

2 执行"文件>导入>文件"菜单命令，打开本书学习资源中的"案例源文件>第6章>6.15>爆破特技.png"文件，然后将其添加到"爆破特技"合成的时间线上，如图6-238所示。

图6-237

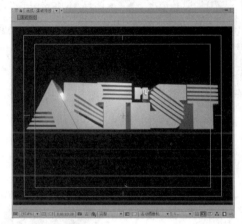

图6-238

3 选择"爆破特技"图层,执行"效果>模拟>碎片"菜单命令,设置"查看"为"渲染"、"图案"为"厚木板"、"重复"的值为13、"凸出深度"的值为0.25,如图6-239所示。

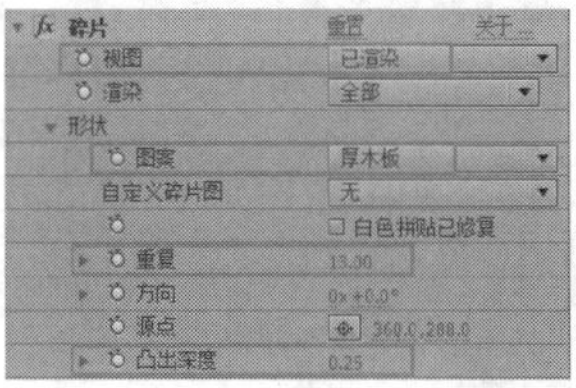

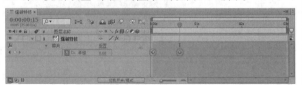

图6-239 图6-240

4 展开"作用力2"参数项,设置"位置"的值为(724,288),如图6-240所示。

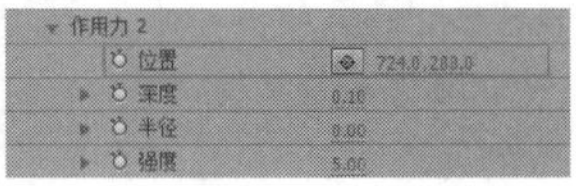

5 展开"作用力1"参数项,在第0帧处,设置"半径"的值为0;在第15帧处,设置"半径"的值为0.6,如图6-241所示。

图6-241

6 框选添加的两个关键帧,在任一关键帧上单击鼠标右键,然后在弹出的菜单中选择"切换定格关键帧"命令,如图6-242所示。

图6-242

7 选择"爆破特技"图层,按Ctrl+Alt+R快捷键,执行时间反向图层操作,如图6-243所示。

图6-243

8 执行"合成>新建合成"菜单命令,创建一个预设为PAL D1/DV的合成,设置"持续时间"为3秒,将其命名为"爆破特技总合成",如图6-244所示。

图6-244

9 将项目窗口中的"爆破特技"合成添加到"爆破特技总合成"合成的时间线上,选择"爆破特技"图层,执行"效果>时间>残影"菜单命令,设置"起始强度"的值为1、"残影运算符"为"最大值"。然后设置"残影数量"和"衰减"属性的关键帧动画,在第2秒10帧处,设置"残影数量"的值为5;在第3秒处,设置"残影数量"的值为0。在第2秒10帧处,设置"衰减"的值为0.5;在第3秒处,设置"衰减"的值为0,如图6-245所示。

图6-245

10 执行"文件>导入>文件"菜单命令,打开本书学习资源中的"案例源文件>第6章>6.15>背景.mov"文件,然后将其添加到"爆破特技总合成"的时间线上,如图6-246所示。

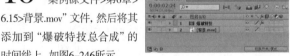

图6-246

11 按小键盘上的数字键0,预览最终效果,如图6-247所示。

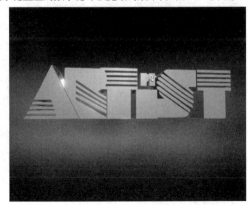

图6-247

345

6.16 粒子围绕Logo转动

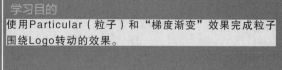

学习目的

使用Particular（粒子）和"梯度渐变"效果完成粒子围绕Logo转动的效果。

学习资源路径

▶ 在线教学视频：
在线教学视频 > 第6章 > 粒子围绕Logo转动.flv

▶ 案例源文件：
案例源文件 > 第6章 > 6.16 > 粒子围绕Logo转动.aep

案例描述

本例主要讲解Particular（粒子）和"梯度渐变"效果的运用。通过学习本案例，读者可以掌握粒子围绕Logo转动效果的制作方法，案例如图6-248所示。

本例难易指数：★★★★☆

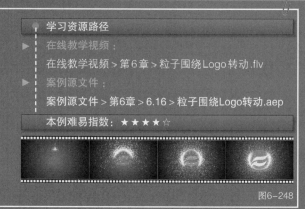

图6-248

操作流程

1 执行"合成>新建合成"菜单命令，创建一个预设为"自定义"的合成，设置其"宽度"为960px、"高度"为540px、"像素长宽比"为"方形像素"、"持续时间"为3秒，将其命名为"粒子围绕Logo转动"，如图6-249所示。

2 执行"图层>新建>纯色"菜单命令，创建一个尺寸和合成大小一致的纯色图层，设置"颜色"为黑色，并将该图层命名为"背景"，如图6-250所示。

3 选择"背景"图层，执行"效果>生成>梯度渐变"菜单命令，设置"渐变起点"的值为（477, 269）、"渐变终点"的值为（481, 787）、"起始颜色"为红色（R:232, G:51, B:27）、"渐变形状"为"径向渐变"，如图6-251所示。画面的预览效果如图6-252所示。

图6-249

图6-251

图6-252

4 执行"文件>导入>文件"菜单命令，打开本书学习资源中的"案例源文件>第6章>6.16>Logo.png"文件，然后将Logo素材拖曳到"粒子围绕Logo转动"合成的时间线上，修改该图层的"缩放"值为（90, 90%），如图6-253和图6-254所示。

图6-253

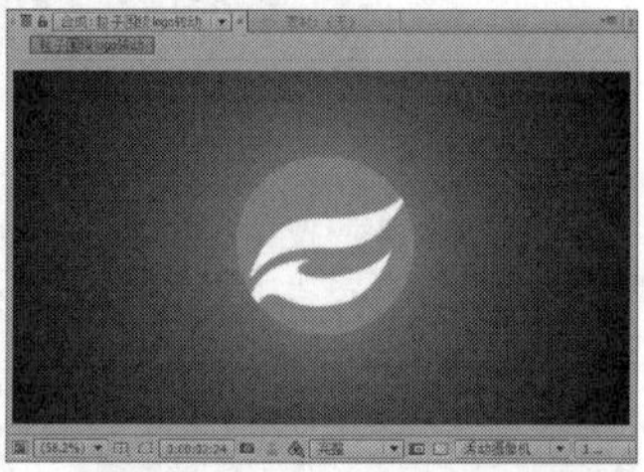

图6-254

5 执行"图层>新建>纯色"菜单命令，创建一个尺寸和合成大小一致的纯色图层，设置"颜色"为黑色，并将该图层命名为"路径"，如图6-255所示。

图6-255

6 选择"路径"图层，使用"椭圆工具" 为该图层添加一个蒙版，如图6-256所示。

图6-256

7 执行"图层>新建>灯光"菜单命令，新建一个灯光图层，并将该图层命名为Emitter，把"灯光类型"设置为"点"，如图6-257所示。

图6-257

加方式）为Screen（屏幕），如图6-262所示。画面的预览效果如图6-263所示。

8 选择"路径"图层，展开"蒙版1"属性栏，选择"蒙版路径"属性并按Ctrl+C快捷键进行复制；然后展开Emitter图层，单击"位置"属性并按Ctrl+V快捷键进行粘贴，如图6-258和图6-259所示。

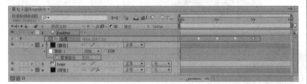

图6-258

图6-261　　　　　　　图6-262

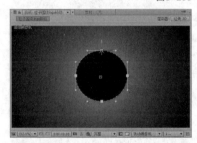

图6-259

图6-263

12 选择Particular 1图层，设置该图层的叠加方式为"相加"。然后设置该图层"不透明度"属性的关键帧动画，在第1秒15帧处，设置"不透明度"属性的值为100%；在第2秒10帧处，设置"不透明度"属性的值为0%，如图6-264所示。

9 将"路径"图层移动到所有图层的最下面，然后"锁定"并"隐藏"该图层的显示，如图6-260所示。

图6-260

图6-264

10 执行"图层>新建>纯色"命令，创建一个黑色的纯色图层，并将该图层命名为Particular 1。选择该图层，执行"效果>Trapcode>Particular（粒子）"菜单命令，在Emitter（发射器）参数项中设置Particles/sec（粒子数量/秒）为2500、Emitter Type（发射器类型）为Light（s）（灯光）、Velocity（运动）的值为0、Velocity Random[%]（速率随机值）的值为0、Velocity Distribution（速度分布）的值为0、Velocity from Motion[%]（速度继承）的值为0、Emitter Size X（X轴向发射器大小）的值为0、Emitter Size Y（Y轴向发射器大小）的值的498、Emitter Size Z（Z轴向发射器大小）的值为729，如图6-261所示。

11 展开Particle（粒子）属性栏，设置Life[sec]（生命[秒]）的值为1、Particle Type（粒子类型）为Cloudlet（云彩块状）、Cloudlet Feather（云彩块状羽化）的值为100、设置Size（大小）的值3、Color（颜色）为橙色（R:197, G:115, B:58）、Transfer Mode（叠

13 选择Particular 1图层，按Ctrl+D快捷键复制该图层，并将复制得到的图层命名为Particular 2，然后将Particular 2图层的"缩放"属性值修改为（-100%，100%），如图6-265所示。画面的预览效果如图6-266所示。

图6-265

图6-266

14 选择Particular 2图层，连续按两次Ctrl+D快捷键复制该图层，将复制得到的图层分别命名为Particular 3和Particular 4。选择Particular 3图层，展开Emitter属性栏，修改Emitter Size X（X轴向发射器大小）的值为1000、Emitter Size Y（Y轴向发射器大小）的值的0、Emitter Size Z（Z轴向发射器大小）的值为0，如图

6-267所示。画面的预览效果如图6-268所示。

图6-267

图6-268

15 选择Particular 4图层,修改其"缩放"属性的值为(100, 100%),如图6-268所示。

16 设置Logo图层中的"缩放"和"不透明度"属性的关键帧动画,在第0帧处,设置"不透明度"的值为0%;在第2秒处,设置"不透明度"的值为100%,设置"缩放"的值为90%;在第2秒24帧处,设置"缩放"的值为95%,如图6-269所示。

图6-269

17 按小键盘上的数字键0,预览最终效果,如图6-270所示。

图6-270

6.17 飞速粒子

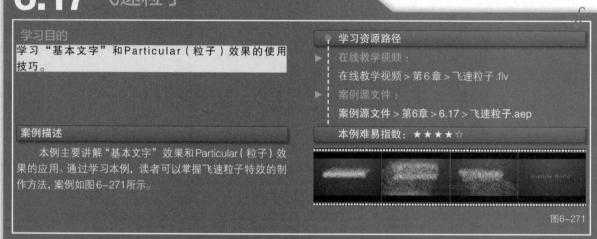

学习目的

学习"基本文字"和Particular(粒子)效果的使用技巧。

学习资源路径

▶ 在线教学视频:

在线教学视频 > 第6章 > 飞速粒子.flv

▶ 案例源文件:

案例源文件 > 第6章 > 6.17 > 飞速粒子.aep

案例描述

本例主要讲解"基本文字"效果和Particular(粒子)效果的应用。通过学习本例,读者可以掌握飞速粒子特效的制作方法,案例如图6-271所示。

本例难易指数:★★★★☆

图6-271

操作流程

1 执行"合成>新建合成"菜单命令,创建一个预设为PAL D1/DV合成,设置"持续时间"为3秒,并将其命名为Particle World,如图6-272所示。

图6-272

2 按Ctrl+Y快捷键,创建一个黑色的纯色图层,尺寸大小和合成大小保持一致,将名称设置为"背景",如图6-273所示。

图6-273

3 选择"背景"图层,执行"效果>生成>梯度渐变"菜单命令,设置"渐变起点"为(356, -28)、"渐变终点"为(396, 840)、"起始颜色"为深绿色(R:23, G:99, B:24)、"结束颜色"为黑色,最后设置"渐变形状"为"径向渐变",如图6-274所示。

4 按Ctrl+Y快捷键，创建一个黑色的纯色图层，尺寸大小和合成大小保持一致，将名称设置为"文字"。选择"文字"图层，执行"效果>过时>基本文字"菜单命令，在打开的对话框中输入字母Particle World，最后设置字体为Colonna MT，如图6-275所示。

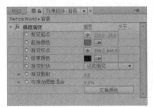

图6-274　　　　　　　　　　　图6-275

5 在"基本文字"效果下展开"填充和描边"参数项，设置"显示选项"为"仅填充"、"填充颜色"为白色、"大小"的值为77，如图6-276所示。

6 选择"文字"图层，执行"效果>生成>梯度渐变"菜单命令，设置"渐变起点"为(356, 198)、"起始颜色"为白色、"渐变终点"为(366, 382)、"结束颜色"为浅绿色(R:55, G:196, B:0)、"渐变形状"为"径向渐变"，如图6-277所示。

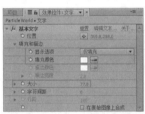

图6-276　　　　　　　　　　　图6-277

7 选择"文字"图层，执行"效果>透视>投影"菜单命令，设置"不透明度"的值为100%、"柔和度"的值为10，如图6-278所示。画面的预览效果如图6-279所示。

图6-278　　　　　　　　　　　图6-279

8 打开"文字"图层的三维开关，如图6-280所示。

9 按Ctrl+Y快捷键，创建一个黑色的纯色图层，尺寸大小和合成大小保持一致，将名称设置为"粒子"，如图6-281所示。

图6-280　　　　　　　　　　　图6-281

10 选择"粒子"图层，执行"效果>Trapcode>Particular(粒子)菜单命令，设置Emitter Type(发射类型)为Box(盒)、Velocty(初始速率)的值为0、Velocity Random[%](随机速度)的值为100、Velocity Distribution(速度分布)的值为0、Velocity from Motion[%](速度继承)值为200、Emitter Size X(发射器大小X)的值为500、Emitter Size Y(发射器大小Y)和Emitter Size Z(发射器大小Z)的值均为50，如图6-282所示。

图6-282

11 选择"粒子"图层，给Particular(粒子)中的Position XY参数添加表达式，按住Alt键的同时单击Position XY参数前的码表，将该参数中的表达式关联器拖曳到"文字"图层的"位置"属性上，如图6-283所示。

12 使用同样的方法完成Particle(粒子)中的Position Z属性表达式的创建，如图6-284所示。最后将系统生成的表达式修改为thisComp.layer("文字").transform.position[2]。

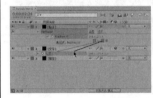

图6-283　　　　　　　　　　　图6-284

13 给Particular(粒子)中的Particles/sec(粒子数量/秒)属性添加表达式，在按住Alt键的同时单击Particles/sec(粒子数量/秒)参数前的码表，然后在表达式窗口中输入以下代码。

```
S=thisComp.layer（"文字"）.transform.position.speed;
if（S>200）{
S*35;
}else{
0;
}
```

此时，在Particles/sec(粒子数量/秒)、Position XY和Position Z参数中创建了3个表达式，如图6-285所示。

图6-285

14 按Ctrl+Y快捷键，创建一个黑色的纯色图层，尺寸大小和合成大小保持一致，将名称设置为"数值控制"，如图6-286所示。

图6-286

15 选择"数值控制"图层，执行"效果>表达式控制>滑块控制"菜单命令，然后设置"滑块"属性的关键帧动画，在第0帧处，设置其值为0；在第2帧处，设置其值为50；第15帧处，设置其值为0；在第1秒05帧处，设置其值为0；在第1秒07帧处，设置其值为50；在第1秒20帧处，设置其值为0，最后关闭该图层的显示，如图6-287所示。

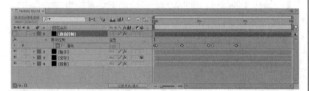

图6-287

16 选择"文字"图层，按P键展开图层的"位置"属性，然后在按住Alt键的同时单击"位置"参数前的码表，接着输入表达式wiggle(5,50);，如图6-288所示。

图6-288

17 修改"位置"属性中的Wiggle（抖动）表达式，将wiggle(5,50)中的50关联到"数值控制"图层中的"滑块控制"效果中的"滑块"属性上，如图6-289所示。

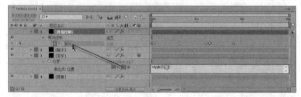

图6-289

18 选择"粒子"图层，选择Particular（粒子）效果，展开Particle（粒子）属性栏，设置Lite[sec]（生命[秒]）的值为1.5、Set Color（设置颜色）为Over Life、Transfer Mode（叠加模式）为Screen（屏幕），如图6-290所示。

19 展开Turbulence Field（扰动/扰乱场）参数项，设置Affect Position（影响的位置）为100、Octave Scale（等比例）为1.4，如图6-291所示。

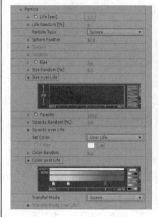

图6-290　　　　　　　　　　图6-291

20 展开Motion（运动）参数项，设置Motion Blur（运动模糊）为On（打开），如图6-292所示。

21 选择"粒子"图层，执行"效果>风格化>发光"菜单命令，设置"发光阈值"的值为40%、"发光半径"的值为20、"发光强度"的值为1.5，如图6-293所示。

图6-292　　　　　　　　　　图6-293

22 为了更好地配合粒子运动的效果，这里需要设置"文字"图层的"不透明度"属性的关键帧动画。在第10帧处，设置Opacity（不透明度）的值为0%；在第15帧处，设置Opacity（不透明度）的值为100%，如图6-294所示。

图6-294

23 执行"文件>导入>文件"菜单命令，打开本书学习资源中的"案例源文件>第6章>6.17>遮幅.png"文件，并将其添加到Particle World合成的时间线上，如图6-295所示。

图6-295

24 按小键盘上的数字键0，预览最终效果，如图6-296所示。

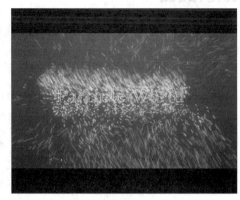

图6-296

6.18 泡泡特技

学习目的

学习"泡沫"效果的高级应用。

学习资源路径

▶ 在线教学视频：

在线教学视频 > 第6章 > 泡泡特技.flv

▶ 案例源文件：

案例源文件 > 第6章 > 6.18 > 泡泡特技.aep

案例描述

本例主要介绍"泡沫"效果的应用。通过学习本例，读者可以掌握使用"泡沫"效果模拟泡泡特效的方法，案例如图6-297所示。

本例难易指数：★★★☆☆

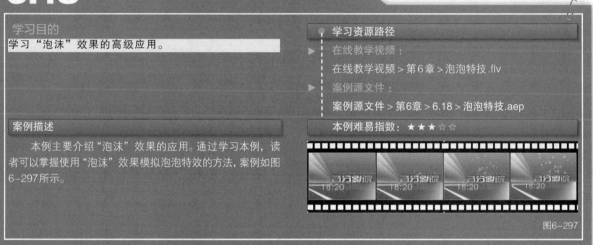

图6-297

操作流程

1 执行"合成>新建合成"菜单命令，创建一个预设为PAL D1/DV的合成，设置"持续时间"为3秒，并将其命名为Foam，如图6-298所示。

图6-298

2 执行"文件>导入>文件"菜单命令，打开本书学习资源中的"案例源文件>第6章>6.18>Foam.mov"文件，并将其添加到Foam合成的时间线上，如图6-299所示。

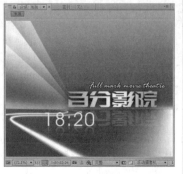

图6-299

3 执行"图层>新建>纯色"菜单命令，创建一个黑色的纯色层，将其命名为Foam，设置"宽度"为720像素、"高度"为576像素，如图6-300所示。

图6-300

4 选择Foam图层，执行"效果>模拟>泡沫"菜单命令，设置"查看"为"渲染"；展开"制作者"参数项，设置"产生点"为（464，369），如图6-301所示。

5 展开"泡沫"参数项，设置"大小"的值为0.3；展开"物理学"参数项，设置"初始速度"的值为2、"初始方向"为（0×+0°）、"湍流"的值为1、"粘度"的值为0、"粘性"的值为0，如图6-302所示。

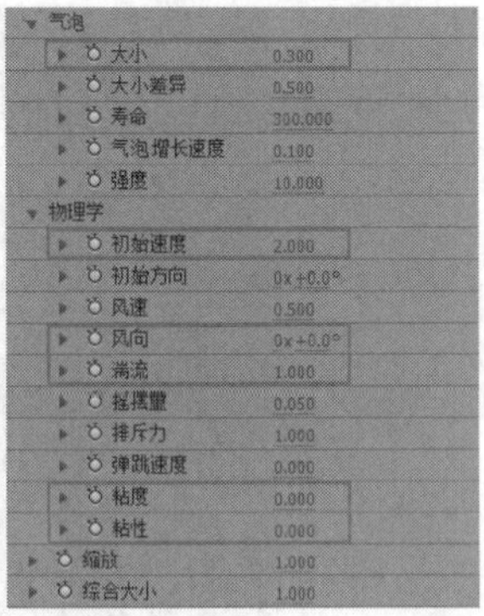

图6-301　　　　　　　　　　　　　图6-302

6 展开"正在渲染"参数项，设置"混合模式"为"透明"、"气泡纹理"为"卡通咖啡"、"气泡纹理分层"为2.Foam.mov、"气泡方向"为"物理方向"、"环境映射"为2.Foam.mov，如图6-303所示。

7 选择Foam图层，按Ctrl+D快捷键复制出一个图层，然后设置第2个Foam图层的叠加模式为"屏幕"，设置第1个Foam图层的叠加模式为"相加"、图层的"不透明度"为80%，如图6-304所示。

图6-303　　　　　　　　　　　　　图6-304

8 选择第1个Foam图层，展开"泡沫"效果中的"正在渲染"参数栏，设置"混合模式"为"透明"，"气泡纹理"为"冬季流"，如图6-305所示。

9 选择Foam.mov图层，按Ctrl+D快捷键复制出一个图层，然后把复制得到的图层移到所有图层的最上面，接着使用"矩形工具"绘制一个蒙版，最后设置"蒙版羽化"为（10，10像素），如图6-306和图6-307所示。

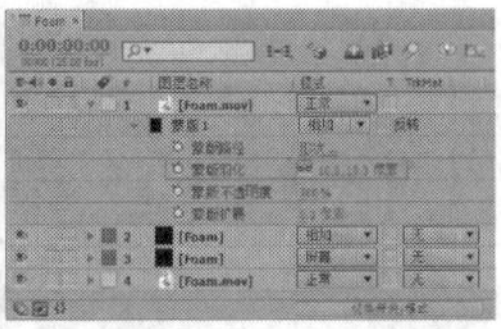

图6-305

图6-306　　　　　　　　　图6-307

10 按小键盘上的数字键0，预览最终效果，如图6-308所示。

图6-308

6.19 喜迎新年

学习目的

学习CC Snow（CC雪花）特效的使用方法。

案例描述

本例主要讲解CC Snow（CC雪花）效果的应用。通过学习本例，读者可以掌握迎新年这类动画的制作方法，如图6-309所示。

学习资源路径

▶ 在线教学视频：
在线教学视频 > 第6章 > 喜迎新年 .flv

▶ 案例源文件：
案例源文件 > 第6章 > 6.19 喜迎新年 .aep

本例难易指数：★★★★☆

图6-309

操作流程

1 执行"合成>新建合成"菜单命令，创建一个预设为"自定义"的合成，设置其"宽度"为960px、"高度"为540px、"像素长宽比"为"方形像素"、"持续时间"为6秒，并将其命名为"喜迎新年final"，如图6-310所示。

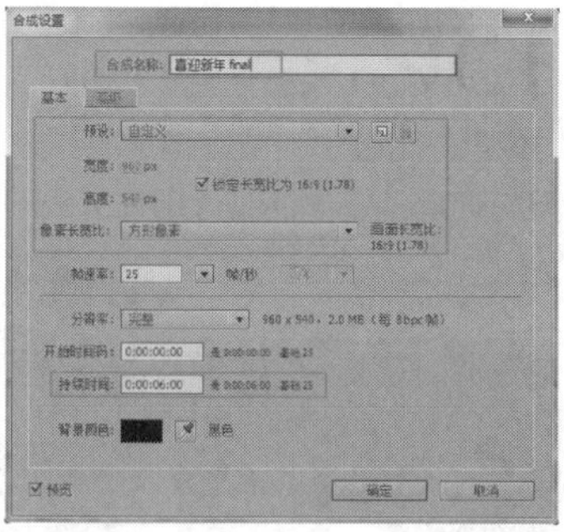

图6-310

2 执行"图层>新建>纯色"菜单命令，创建一个尺寸和合成大小一致的纯色图层，设置"颜色"为黑色，并将该图层命名为"背景"，如图6-311所示。

图6-311

3 选择"背景"图层，执行"效果>生成>梯度渐变"菜单命令，设置"渐变起点"的值为（480，0）、"渐变终点"的值为（944，520）、"起始颜色"为红色（R:159，G:7，B:7）、"结束颜色"为黑色、"渐变形状"为"径向渐变"，如图6-312所示。画面的预览效果如图6-313所示。

图6-312　　　　　　　　　　图6-313

4 执行"图层>新建>纯色"菜单命令，新建一个黑色的纯色图层，并将该图层命名为"雪花"。选择该图层，执行"效果>模拟>CC Snow（CC雪花）"菜单命令，设置Amount（数量）的值为1000、Speed（速度）的值为0.15、Amplitude（振幅）的值为2、Frequency（频率）的值为1、Flake Size（雪花大小）的值为1，如图6-314所示。

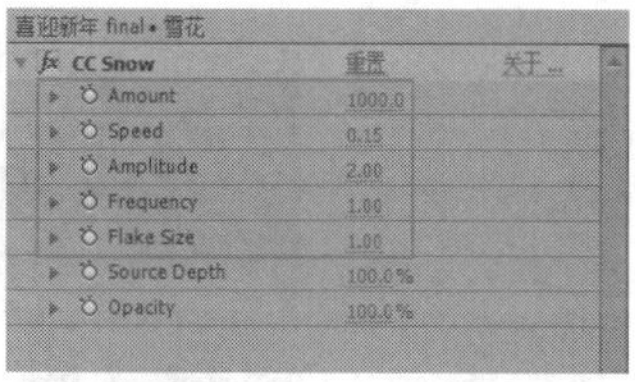

图6-314

5 修改"雪花"图层的叠加模式为"相加"，如图6-315所示。画面的预览效果如图6-316所示。

图6-315　　　　　　　　　　图6-316

6 选择"雪花"图层，执行"效果>风格化>发光"菜单命令，保持"发光"效果参数为默认值，然后选择"发光"效果，接着按两次Ctrl+D快捷键复制该效果，如图6-317所示。画面的预览效果如图6-318所示。

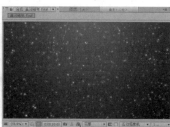

图6-317　　　　　　　　　　图6-318

7 执行"文件>导入>文件"菜单命令，打开本书学习资源中的"案例源文件>第6章>5.19"灯笼.psd"文件，在弹出的"灯笼.psd"窗口中设置"导入种类"为"素材"、"图层选项"为"合并的图层"，如图6-319所示。

8 将"灯笼.psd"素材拖曳到"喜迎新年final"合成的时间线上，选择"灯笼"图层，设置该图层的"位置"属性为（588，302）、"缩放"属性为（66，66%）、"不透明度"属性为45%，如图6-320和图6-321所示。

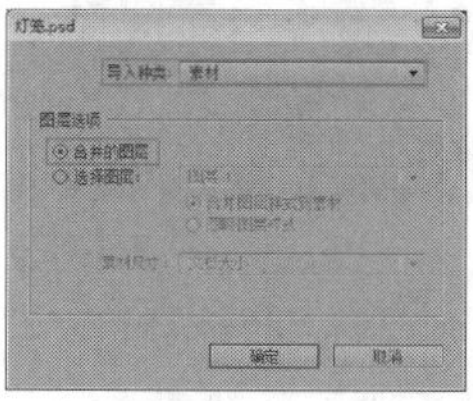

图6-319　　　　　　　　　　图6-320

图6-321

9 使用同样的方法导入"帘子.psd"素材并添加到"喜迎新年final"合成的时间线上，选择"帘子.psd"图层并按Ctrl+D快捷键复制一个新图层，然后将这两个"帘子.psd"图层分别重命名为"帘子-左.psd"和"帘子-右.psd"。设置"帘子-左.psd"的"位置"属性为（405，292）、"缩放"属性为（80，80%）；设置"帘子-右.psd"的"位置"属性为（552，290）、"缩放"属性为（-80，80%），如图6-322所示。画面的预览效果如图6-323所示。

图6-322

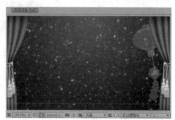

图6-323

10 使用同样的方法导入"灯笼1.psd"素材并添加到"喜迎新年final"合成的时间线上，然后设置"灯笼1.psd"的"位置"属性为（432，204）、"缩放"属性为（50，50%），如图6-324所示。预览效果如图6-325所示。

图6-324

图6-325

11 使用"横排文字工具" T 创建文字2图层，设置字体为"方正粗倩简体"、大小为300像素、颜色为黄色（R:205，G:246，B:13），如图6-326所示。

图6-326

12 修改文字2图层的"位置"属性为（214，326）；选择文字2图层，连续按两次Ctrl+D快捷键复制文字图层，将复制出的图层内容分别修改为1和5，然后修改1图层的颜色为橙黄色（R:255，G:108，B:0）、"位置"属性为（602，326），修改5图层的颜色为橙红色（R:255，G:67，B:2）、"位置"属性为（768，326），如图6-327所示。画面的预览效果如图6-328所示。

图6-327

图6-328

13 选择"灯笼1"、2、1和5图层，然后按Ctrl+Shift+C快捷键进行图层合并，并将合并后的图层命名为2015，如图6-329所示。

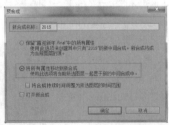

图6-329

14 选择2015图层，执行"效果>风格化>发光"菜单命令，设置"发光阈值"为55%、"发光半径"为20，如图6-330所示。

15 执行"合成>新建合成"菜单命令，创建一个预设为"自定义"的合成，设置其"宽度"为1500px、"高度"为300px、"像素长宽比"为"方形像素"、"持续时间"为6秒，并将其命名为"喜迎新年"，如图6-331所示。

图6-330

图6-331

16 使用"横排文字工具" T 创建文字图层"喜迎新年"，设置字体为"黑体"、大小为150像素、字间距为500、字体颜色为黄色（R:228，G:241，B:28），如图6-332所示。画面的预览效果如图6-333所示。

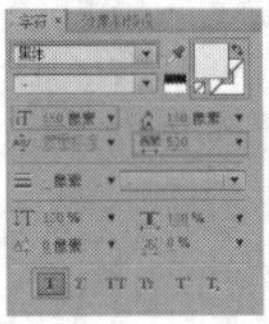

图6-332

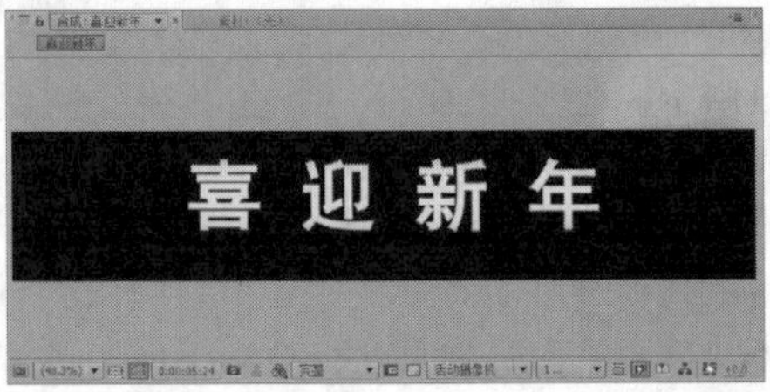

图6-333

17 选择"喜迎新年"文字图层，然后使用"矩形工具"为图层创建一个蒙版，接着设置"蒙版路径"属性的关键帧动画，在第10帧处，将蒙版放置在文字最左侧；在第2秒处，将文字全部显示，最后设置"蒙版羽化"的值为（80，80像素），如图6-334和图6-335所示。

图6-334

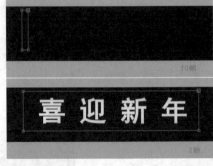

图6-335

18 选择"喜迎新年"图层，执行"效果>生成>CC Light Sweep"菜单命令，首先设置Width（宽度）的值为45、Sweep Intensity（扫光强度）的值为120、Edge Intensity（边缘强度）的值为42、Edge Thickness（边缘厚度）的值为10；然后设置Center（中心点）属性的关键帧动画，在第3秒02帧处，设置其值为（240，75）；在第5秒02帧处，设置其值为（1277，75），如图6-336和图6-337所示。

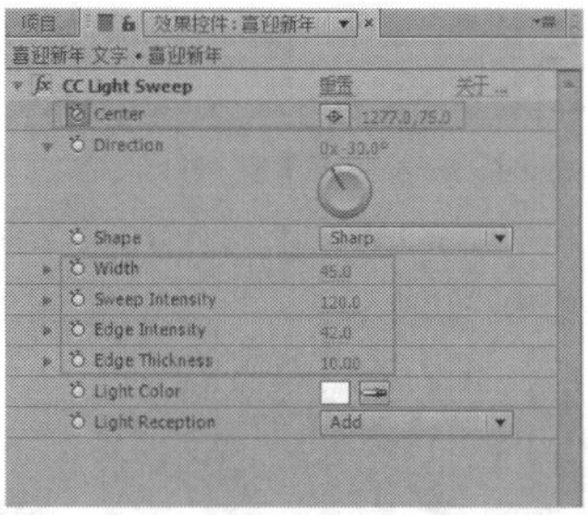

图6-336

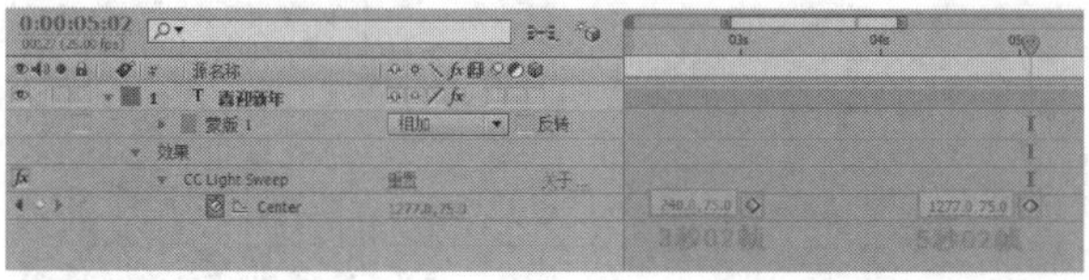

图6-337

19 将项目窗口中的"喜迎新年"合成添加到"喜迎新年final"合成的时间线上，然后修改"喜迎新年"图层的"缩放"值为（52，52%），如图6-338所示。画面的预览效果如图6-339所示。

图6-338

图6-339

20 执行"图层>新建>纯色"菜单命令，创建一个尺寸和合成大小一致的纯色图层，设置其"颜色"为黑色，并将该图层命名为"压角"。选择"压角"图层，使用"椭圆工具"绘制一个椭圆蒙版，然后设置"蒙版1"的叠加方式为"相减"、"蒙版羽化"为（200，200像素）、"蒙版不透明度"为30%，如图6-340所示。画面的预览效果如图6-341所示。

图6-340

图6-341

21 按小键盘上的数字键0，预览最终效果，如图6-342所示。

图6-342

6.20 星光闪烁

学习目的
学习FEC Particle Systems II（FEC粒子系统2）和（发光）效果的高级运用。

学习资源路径
▶ 在线教学视频：
在线教学视频>第6章>星光闪烁.flv
▶ 案例源文件：
案例源文件>第6章>6.20>星光闪烁.aep

案例描述
本例主要介绍FEC Particle System II（FEC粒子系统2）效果的应用。通过学习本例，读者可以掌握星空、星光类型特效的制作方法，案例如图6-343所示。

本例难易指数：★★☆☆☆

图6-343

操作流程

1 执行"合成>新建合成"菜单命令，创建一个预设为PAL D1/DV的合成，设置"持续时间"为5秒，并将其命名为"星光"，如图6-344所示。

2 按Ctrl+Y快捷键，创建一个黑色的纯色图层，设置其"宽度"为720像素、"高度"为576像素，将其命名为"星光"，如图6-345所示。

图6-344

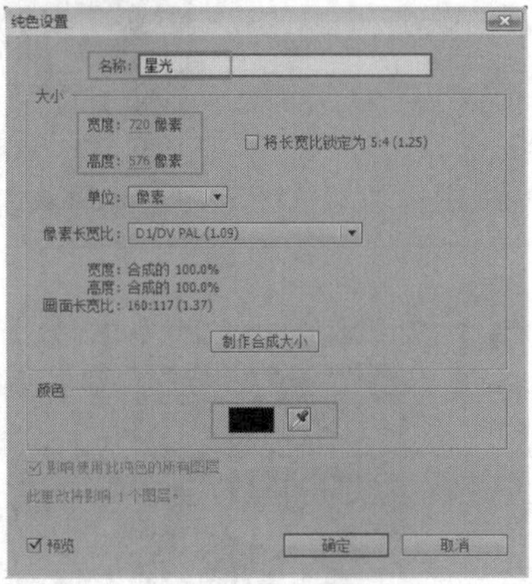

图6-345

3 选择"星光"图层，执行"效果>其他>FEC Particle Systems II（FEC粒子系统2）"菜单命令，设置X Radius（X轴半径）的值为140、Y Radius（Y轴半径）的值为170、Velocity（速率）的值为0、Gravity（重力）的值为0，选择Particle Objects（颗粒物）为Star（星形），设置Birth Color（开始颜色）为绿色（R:111，G:255，B:104）、Death Color（结束颜色）为黄色（R:168，G:130，B:0），如图6-346所示。

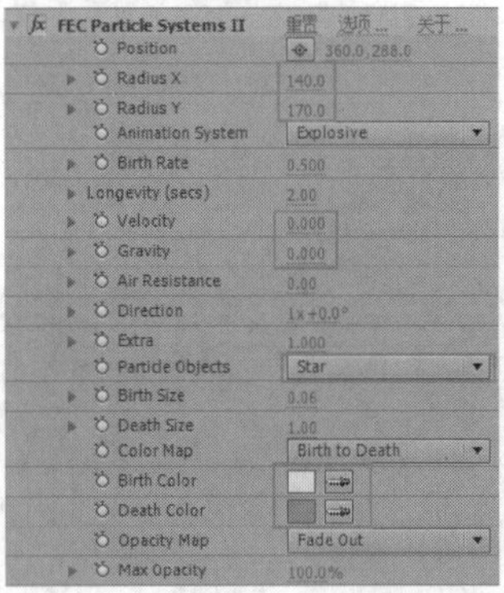

图6-346

4 选择"星光"图层，执行"效果>风格化>发光"菜单命令，设置"发光阈值"为20%、"发光半径"的值为10、"发光强度"的值为1.5，如图6-347所示。画面的预览效果如图6-348所示。

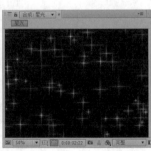

图6-347 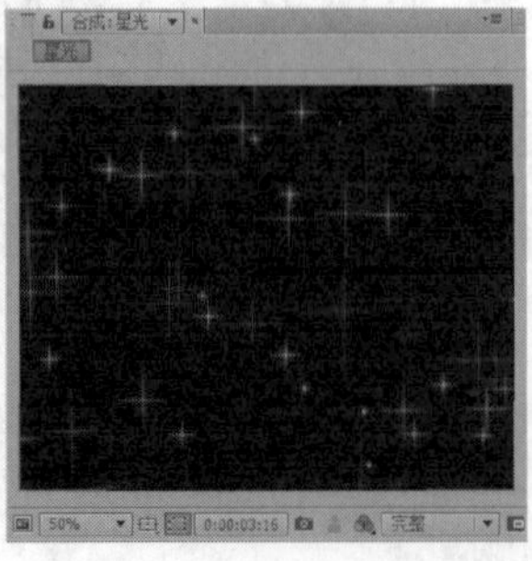　　　　　图6-348

5 选择"星光"图层，按Ctrl+D快捷键复制出一个新图层，然后将新图层命名为"星光0"，接着修改"星光0"图层中的"FEC Particle Systems II（FEC粒子系统2）"效果的Birth Color（开始颜色）为黄色（R:252，G:255，B:167），如图6-349所示。画面的预览效果如图6-350所示。

图6-349　　　　　图6-350

6 执行"文件>导入>文件"菜单命令，打开本书学习资源中的"案例源文件>第6章>5.20>背景.psd"文件，将该素材添加到"星光"合成的时间线上，然后修改"星光"和"星光0"图层的叠加模式为"相加"，接着设置"星光"图层的出点时间在第4秒处，如图6-351所示。

图6-351

7 按小键盘上的数字键0，预览最终效果，如图6-352所示。

图6-352

6.21 极光效果

学习目的

学习Form（形状）和"径向模糊"效果的组合运用。

学习资源路径

▶ 在线教学视频：
在线教学视频 > 第6章 > 极光效果.flv

▶ 案例源文件：
案例源文件 > 第6章 > 6.21 > 极光效果.aep

案例描述

本例主要介绍Form（形状）效果的应用。通过学习本例，读者可以掌握Form（形状）和"快速模糊"在模拟极光效果方面的应用，案例如图6-353所示。

本例难易指数：★★☆☆☆

图6-353

操作流程

1 执行"合成>新建合成"菜单命令，创建一个预设为"自定义"、"宽度"为640px、"高度"为480px、"像素长宽比"为"方形像素"、"持续时间"为5秒的合成，将其命名为"极光1"，如图6-354所示。

图6-354

2 按Ctrl+Y快捷键，创建一个黑色的纯色图层，设置其"宽度"为640像素、"高度"为480像素，将其命名为"极光"，如图6-355所示。

图6-355

3 在"效果和预设"面板中，将"动画预设"中的tf_LeviathanFlow1_loop8s_HD添加到"极光"图层中，如图6-356所示。

4 在"效果控件"面板中展开Base Form参数项，设置Base Form选项为Box-Grid、Size X的值为1280、Size Y的值为600、Size Z的值为200、Particle in X的值为800、Particle in Y的值为300、Particle in Z的值为1、Center XY的值为（320，240），如图6-357所示。

图6-356　　　　　　図6-357

5 展开Particle（粒子）参数项，设置Size（大小）的值为3；展开Quick Maps（快速贴图）参数项，设置Color Map（颜色贴图）的参数，如图6-358所示。

6 展开Fractal Field（分型场）参数项，设置Displace（置换）的值为244、Flow Evolution（流动演化）的值为20，勾选Flow Loop（流动循环），设置Loop Time[sec][循环时间（秒）]的值为8，如图6-359所示。

图6-358　　　　　　図6-359

7 展开Spherical Field（球形场）参数项，展开Sphere 1（球场1）参数项，设置Strength（强度）的值为100、Radius（半径）的值为0、Feather（羽化）的值为0；展开Sphere 2（球场2）参数项，设置

Radius（半径）的值为0、Feather（羽化）的值为0，如图6-360所示。画面的预览效果如图6-361所示。

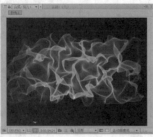

图6-360   图6-361

8 执行"合成>新建合成"菜单命令，创建一个预设为"自定义"、"宽度"为640px、"高度"为480px、"像素长宽比"为"方形像素"、"持续时间"为5秒的合成，将其命名为"极光2"，如图6-362所示。

图6-362

9 执行"图层>新建>摄像机"菜单命令，创建一个名称为Camera 1的摄像机，设置"缩放"的值为94.09毫米，如图6-363所示。

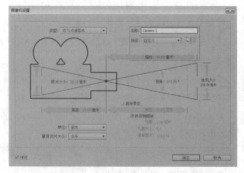

图6-363

10 将项目窗口中的"极光1"合成添加到"极光2"合成的时间线上，开启"极光1"图层的三维开关，设置"极光1"中的"位置"为（320，280，80）、"方向"为（30°，0°，0°），设置 Camera 1图层中的"位置"为（320，240，-285），如图6-364所示。预览效果如图6-365所示。

图6-364   图6-365

11 执行"合成>新建合成"菜单命令，创建一个预设为"自定义"、"宽度"为640px、"高度"为480px、"像素长宽比"为"方形像素"、"持续时间"为5秒的合成，将其命名为"极光3"，如图6-366所示。

图6-366

12 将项目窗口中的"极光2"合成添加到"极光3"合成的时间线上，然后选择"极光2"图层，执行"效果>Trapcode>Shine（扫光）"菜单命令，设置Source Point（发光点的位置）为（320，330）、Ray Length（光线长度）为5、Boost Light（提亮亮度）为1、Colorize（上色）为None（无），如图6-367所示。

图6-367

13 选择"极光2"图层，执行"效果>模糊和锐化>径向模糊"菜单命令，设置"中心"为（320，480）、"类型"为"缩放"、"消除锯齿"为"高"，如图6-368所示。画面的预览效果如图6-369所示。

图6-368   图6-369

14 执行"合成>新建合成"菜单命令，创建一个预设为"自定义"、"宽度"为640px、"高度"为480px、"像素长宽比"为"方形像素"、"持续时间"为5秒的合成，将其命名为"极光4"，如图6-370所示。

图6-370

15 按Ctrl+Y快捷键，创建一个黑色的纯色图层，设置其"宽度"为640像素、"高度"为480像素，最后将其命名为"极光"。选择"极光"图层，执行"效果>Trapcode>Form（形状）"菜单命令，在Base Form（形态基础）属性中设置Base Form（形态基础）为Sphere–Layered（分层球体）、Size X的值为300、Size Y的值为100、Size Z的值为100、Particles in X的值为300、Particles in Y的值为100、Sphere Layers的值为1、Center XY的值为（320，290），在Particle（粒子）属性中设置Size（大小）为3，如图6–371所示。

16 展开Fractal Field（分型场）参数项，设置Displace（置换）的值为244、Flow Evolution（流动演化）的值为20、勾选Flow Loop（流动循环）、设置Loop Time[sec][循环时间（秒）]的值为8，如图6–372所示。

图6–371　　　　　　　　图6–372

17 展开Spherical Field（球形场）参数项，然后展开Sphere 1（球场1），设置Radius（半径）的值为0、Feather（羽化）的值为0；接着展开Sphere 2（球场2），设置Radius（半径）的值为0、Feather（羽化）的值为0；如图6–373所示。

18 选择"极光4"图层，设置"位置"的值为（320，270）、"缩放"的值为40%，如图6–374所示。

图6–373　　　　　　　　图6–374

19 执行"合成>新建合成"菜单命令，创建一个预设为"自定义"、"宽度"为640px、"高度"为480px、"像素长宽比"为"方形像素"、"持续时间"为5秒的合成，将其命名为"极光5"，如图6–375所示。

图6–375

20 将项目窗口中的"极光4"合成添加到"极光5"合成的时间线上，选择"极光4"图层，执行"效果>Trapcode>Shine（扫光）"菜单命令，设置Source Point（发光点的位置）为（320，330）、Ray Length（光线长度）为5、Boost Light（提亮亮度）的值为1、Colorize（上色）为None（无），如图6–376所示。

图6–376

21 选择"极光4"图层，执行"效果>模糊和锐化>径向模糊"菜单命令，设置"中心"为（320，480）、"类型"为"缩放"、"消除锯齿"为"高"，如图6–377所示。画面的预览效果如图6–378所示。

图6–377　　　　　　　　图6–378

22 执行"合成>新建合成"菜单命令，创建一个预设为"自定义"、"宽度"为640px、"高度"为480px、"像素长宽比"为"方形像素"、"持续时间"为5秒的合成，将其命名为"星空"，如图6–379所示。

23 按Ctrl+Y快捷键，创建一个黑色的纯色图层，并将其命名为"星空"。选择"星空"图层，执行"效果>杂色和颗粒>分形杂色"菜单命令，设置"对比度"的值为117、"亮度"的值为–69；最后展开"变换"参数项，设置"缩放"的值为1，如图6–380所示。

图6–379　　　　　　　　图6–380

24 选择"星空"图层，执行"效果>模拟>CC Star Burst（CC星爆）"菜单命令，设置Scatter（散射）的值为72、Grid Spacing（网格间隔）的值为2，如图6–381所示。

25 选择"星空"图层，执行"效果>风格化>发光"菜单命令，设置"发光阈值"的值为0%、"发光半径"的值为10、"发光强度"的值为2，然后设置"发光颜色"为"A和B颜色"、"颜色A"为橘黄色（R:251, G:130, B:0）、"颜色B"为黄色（R:245, G:255, B:0），如图6-382所示。

图6-381　　　　　　　　　图6-382

26 选择"星空"图层，按Ctrl+D快捷键复制出一个新图层，然后选择新图层，设置其CC Star Burst（CC星空爆炸）中的Scatter（分散）值为100，最后在"发光"效果中设置"颜色A"为浅蓝色、"颜色B"为深蓝色，预览效果如图6-383所示。

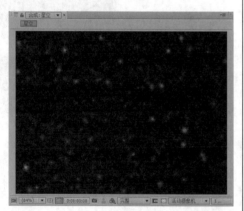

图6-383

27 执行"合成>新建合成"菜单命令，创建一个预设为"自定义"、"宽度"为640px、"高度"为480px、"像素长宽比"为"方形像素"、"持续时间"为5秒的合成，将其命名为"背景"，如图6-384所示。

图6-384

28 按Ctrl+Y快捷键，创建一个黑色的纯色图层，将其命名为"背景"。选择"背景"图层，执行"效果>生成>镜头光晕"菜单命令，设置"光晕中心"为（320, 310）、"光晕亮度"的值为70%、"镜头类型"为105毫米定焦，如图6-385所示。画面的预览效果如图6-386所示。

图6-385　　　　　　　　　图6-386

29 执行"合成>新建合成"菜单命令，创建一个预设为"自定义"、"宽度"为640px、"高度"为480px、"像素长宽比"为"方形像素"、"持续时间"为5秒的合成，将其命名为Final，如图6-387所示。

30 将项目窗口中的"背景""极光3""极光5"和"星空"合成都添加到Final合成的时间线上，最后设置"背景""极光3"和"极光5"图层的叠加模式为"屏幕"，如图6-388所示。

图6-387　　　　　　　　　图6-388

31 按小键盘上的数字键0，预览最终效果，如图6-389所示。

图6-389

6.22 水面模拟

图6-390

操作流程

1 执行"合成>新建合成"菜单命令，创建一个预设为 PAL D1/DV的合成，设置"持续时间"为6秒，将其命名为"噪波"，如图6-391所示。

图6-391

2 按Ctrl+Y快捷键，创建一个白色的纯色图层，设置其"宽度"为720像素、"高度"为576像素、"像素长宽比"为 D1/DV PAL（1.09），将其命名为"噪波"，如图6-392所示。

图6-392

3 选择"噪波"图层，执行"效果>杂色和颗粒>分形杂色"菜单命令，设置"分形类型"为"湍流平滑"、"杂色类型"为"样条"、"对比度"为120、"亮度"为10、"溢出"为"剪切"；展开"变换"参数项，设置"缩放宽度"为600、"缩放高度"为100、"复杂度"为7，如图6-393所示。画面的预览效果如图6-394所示。

图6-393

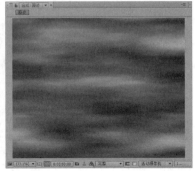

图6-394

4 选择"噪波"图层，执行"效果>扭曲>边角定位"菜单命令，设置"左下"为（-444，628）、"右下"为（1272，604），如图6-395所示。画面的预览效果如图6-396所示。

图6-395

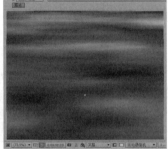

图6-396

5 设置"分形杂色"效果的"偏移（湍流）"和"演化"属性的关键帧动画，在第0秒处，设置"偏移（湍流）"为（360，288）、"演化"为（0×+0°）；在第2秒处，设置"偏移（湍流）"为（361，347）、"演化"为（2×+0°），如图6-397所示。

图6-397

6 执行"合成>新建合成"菜单命令，创建一个预设为PAL D1/DV的合成，设置"持续时间"为6秒，将其命名为"水面"，如图6-398所示。

图6-398

7 将项目窗口中的"噪波"合成添加到"水面"合成的时间线上，然后关闭该图层的显示，如图6-399所示。

8 按Ctrl+Y快捷键，创建一个白色的纯色图层，设置其"宽度"为720像素、"高度"为576像素、"像素长宽比"为D1/DV PAL（1.09），将其命名为"水面"，如图6-400所示。

图6-399　　　　　　　图6-400

9 选择"水面"图层，执行"效果>模拟>焦散"菜单命令，展开"水"参数项，设置"水面"为"2.噪波"、"波形高度"为0.2、"平滑"为3、"水深度"为0.25、"表面颜色"为蓝色、"表面不透明度"为1；展开"灯光"参数项，设置"灯光类型"为"点光源"、"灯光强度"为1.75、"灯光高度"为1.298、"环境光"为0.35；展开"材

质"参数项，设置"漫反射"为0.4、"镜面反射"为0.3、"高光锐度"为30，如图6-401所示。

图6-401

10 按小键盘上的数字键0，预览最终效果，如图6-402所示。

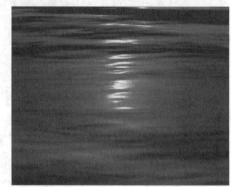

图6-402

6.23 海洋效果

学习目的
使用"分形杂色"和"快速模糊"效果制作波浪特效，使用"动态拼贴"延伸图像边界，使用"曲线"对图像进行调色，掌握"置换图"的运用方法。

学习资源路径
▶ 在线教学视频：
在线教学视频 > 第6章 > 海洋效果.flv
▶ 案例源文件：
案例源文件 > 第6章 > 6.23 > 海洋效果.aep

案例描述
本例主要介绍"置换图"和"动态拼贴"效果的高级应用。通过学习本例，读者可以掌握海洋特效的模拟应用，案例如图6-403所示。

本例难易指数：★ ★ ☆ ☆ ☆

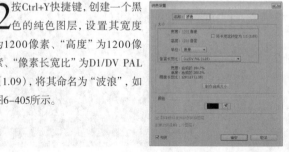

图6-403

操作流程

1 执行"合成>新建合成"菜单命令，创建一个预设为PAL D1/DV的合成，设置"持续时间"为5秒，并将其命名为"波浪"，如图6-404所示。

2 按Ctrl+Y快捷键，创建一个黑色的纯色图层，设置其宽度为1200像素、"高度"为1200像素、"像素长宽比"为D1/DV PAL（1.09），将其命名为"波浪"，如图6-405所示。

图6-404　　　　　　　图6-405

3 选择"波浪"图层,执行"效果>杂色和颗粒>分形杂色"菜单命令,设置"分形类型"为"动态渐进"、"杂色类型"为"线性",如图6-406所示。

图6-406

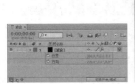

图6-407

4 选择"波浪"图层,执行"效果>模糊和锐化>快速模糊"菜单命令,设置"模糊度"为25,勾选"重复边缘像素"选项,如图6-407所示。

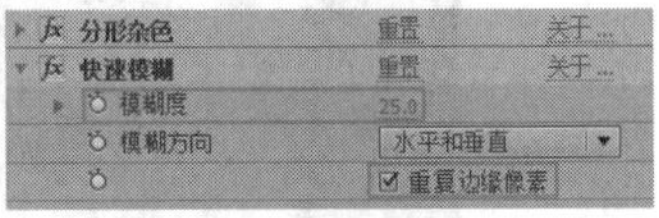

5 打开"波浪"图层的三维开关,修改"位置"为(360, 418, 0)、"方向"为(270, 0, 0)如图6-408所示。画面的预览效果如图6-409所示。

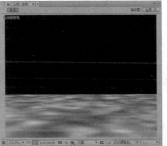

图6-408

图6-409

6 设置"分形杂色"效果的"演化"属性的关键帧动画,在第0秒处,设置"演化"为(0×+0°);在第4秒24帧处,设置"演化"为(2×+0°),如图6-410所示。

图6-410

7 执行"合成>新建合成"菜单命令,创建一个预设为PAL D1/DV的合成,设置"持续时间"为5秒,将其命名为"海洋",如图6-411所示。

图6-411

8 将项目窗口中的"波浪"合成添加到"海洋"合成的时间线上,锁定并关闭"波浪"图层的显示。执行"文件>导入>文件"菜单命令,打开本书学习资源中的"案例源文件>第6章>6.23>cloud.jpg"文件,将其添加到"海洋"合成的时间线上,打开其三维开关,最后设置"位置"为(360, 16, 592),如图6-412所示。画面的预览效果如图6-413所示。

图6-412

图6-413

9 选择cloud图层,按Ctrl+D快捷键复制出一个新图层,然后将复制的新图层重命名为"倒影",接着选择该图层,设置"位置"的值为(360, 814, 592)、"缩放"的值为(100, -100, 100%),如图6-414所示。

图6-414

10 执行"图层>新建>调整图层"菜单命令,创建一个名为Displace的调整图层,选择该调整图层,执行"效果>扭曲>置换图"菜单命令,设置"置换图层"为"5.波浪"、"最大水平置换"为50、"最大垂直置换"为107,如图6-415和图6-416所示。

图6-415

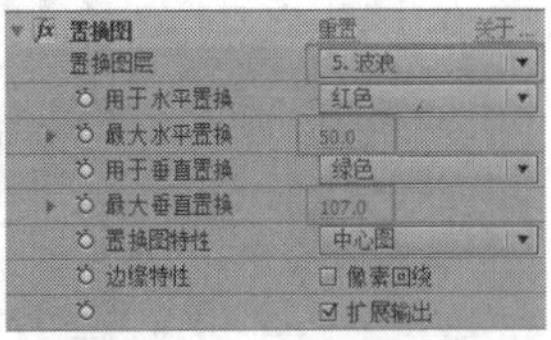

图6-416

11 选择"倒影"图层,执行"效果>风格化>动态拼贴"菜单命令,设置"输出高度"为150,勾选"镜像边缘"选项,如图6-417所示。

12 选择"倒影"图层,执行"效果>色彩校正>曲线"菜单命令,然后在RGB通道中调整曲线,如图6-418所示。

图6-417

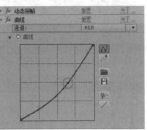

图6-418

13 选择"倒影"图层,执行"效果>色彩校正>色调"菜单命令,设置"着色数量"为34%,如图6-419所示。

图6-419

14 执行"图层>新建>摄像机"菜单命令,创建一个名称为Camera 1的摄像机,设置"缩放"的值为263毫米,如图6-420所示。

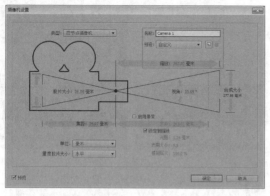

图6-420

15 选择Camera 1图层，设置"目标点"和"位置"属性的关键帧动画，在第0秒处，设置"目标点"为（303, 237, 164）、"位置"为（288, 220, -465）；在第1秒10帧处，设置"目标点"为（306, 240, 275）、"位置"为（296, 201, -352），选择所有关键帧后按快捷键F9，如图6-421所示。

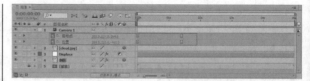

图6-421

16 按小键盘上的数字键0，预览最终效果，如图6-422所示。

图6-422

6.24 烟飘特效

学习目的

学习"分形杂色"和"彩色浮雕"效果的高级应用。

学习资源路径

▶ 在线教学视频：
在线教学视频 > 第6章 > 烟飘特效 .flv

▶ 案例源文件：
案例源文件 > 第6章 > 6.24 > 烟飘特效 .aep

案例描述

本例主要介绍"分形杂色"和"彩色浮雕"效果的高级应用。通过学习本例，读者可以掌握烟飘特效的制作方法，案例如图6-423所示。

本例难易指数：★ ★ ☆ ☆ ☆

图6-423

操作流程

1 执行"合成>新建合成"菜单命令，创建一个预设为PAL D1/DV的合成，设置"持续时间"为3秒，最后将其命名为"飘动的烟特效"，如图6-424所示。

图6-424

2 按Ctrl+Y快捷键，创建一个灰色的纯色图层，设置其"宽度"为720像素、"高度"为576像素、"像素长宽比"为D1/DV PAL（1.09），最后将其命名为"烟"，如图6-425所示。

图6-425

3 选择"烟"图层，执行"效果>杂色和颗粒>分形杂色"菜单命令，设置"分形类型"为"动态扭转"、"杂色类型"为"柔和线性"、"对比度"为150、"亮度"为0、"旋转"为（0×+25°）、"缩放宽度"为500、"缩放高度"为100、"复杂度"为5，如图6-426所示。

画面的预览效果如图6-427所示。

图6-426

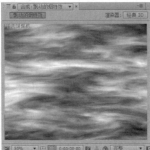

图6-427

4 设置"分形杂色"效果的"旋转"和"演化"属性的关键帧动画，在第0帧处，设置"旋转"为（0×+25°）；在第3秒处，设置"旋转"为（0×-5°）。在第0帧处，设置"演化"为（0×+0°）；在第3秒处，设置"演化"为（1×+0°），如图6-428所示。

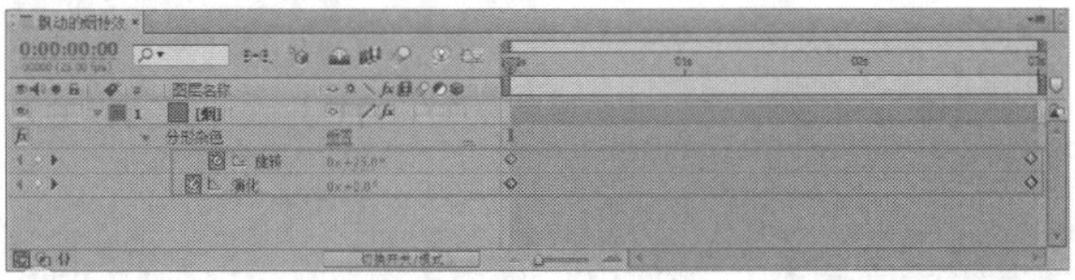

图6-428

5 选择"烟"图层，执行"效果>风格化>彩色浮雕"菜单命令，设置"起伏"的值为25，如图6-429所示。

6 选择"烟"图层，执行"效果>扭曲>变换"菜单命令，设置"锚点"为（296, 243）、"位置"为（296, 243）、"缩放高度"为110、"缩放宽度"为125，如图6-430所示。

图6-429 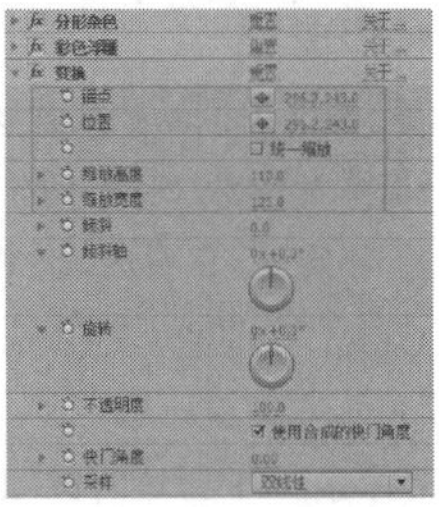　　　　　　　　　　图6-430

7 选择"烟"图层，执行"效果>色彩校正>三色调"菜单命令，设置"高光"的颜色为（R:173, G:245, B:255）、"中间调"的颜色为（R:52, G:138, B:150）、"阴影"的颜色为（R:18, G:44, B:52），如图6-431所示。

8 选择"烟"图层，执行"效果>色彩校正>色阶"菜单命令，设置"输入黑色"为86、"输入白色"为234，如图6-432所示。

图6-431　　　　　　　　　　图6-432

9 按小键盘上的数字键0，预览最终效果，如图6-433所示。

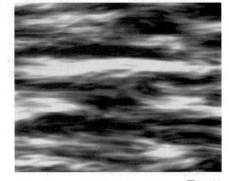

图6-433

6.25 烟云特技

学习目的

学习Particular（粒子）效果的运用。

学习资源路径

- 在线教学视频：

  在线教学视频 > 第6章 > 烟云特技 .flv

- 案例源文件：

  案例源文件 > 第6章 > 6.25 > 烟云特技 .aep

案例描述

　　本例主要讲解Particular粒子效果的应用。通过学习本例，读者可以掌握烟云特效的模拟方法，案例如图6-434所示。

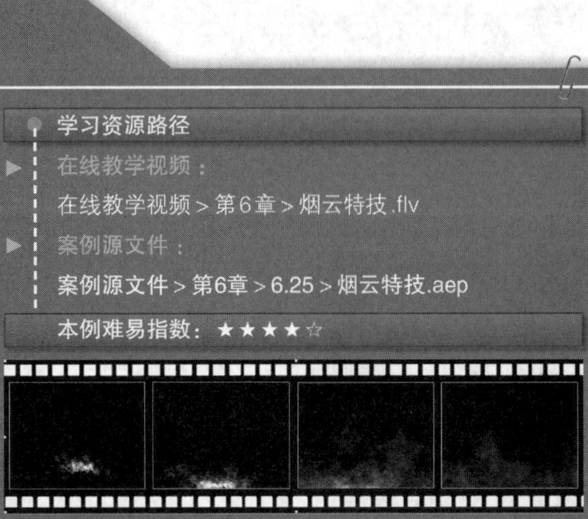

本例难易指数：★★★★☆

图6-434

操作流程

1 执行"合成>新建合成"菜单命令,创建一个预设为"自定义"的合成,设置其"宽度"为200px、高度"为200px、"像素长宽比"为"方形像素"、"持续时间"为5秒,将其命名为Map,如图6-435所示。

图6-435

2 按Ctrl+Y快捷键,创建一个新的纯色图层,设置其"宽度"为200像素、"高度"为200像素、"像素长宽比"为"方形像素"、"颜色"为黑色,将其命名为"蒙版",如图6-436所示。

图6-436

3 选择"蒙版"图层,执行"效果>杂色和颗粒>分形杂色"菜单命令,设置"分形类型"为"线程"、"对比度"为200、"亮度"为-20、"溢出"为"剪切",最后设置"偏移(湍流)"为(170, 50),如图6-437所示。

图6-437

4 设置"分形杂色"效果的"偏移(湍流)"和"演化"属性的关键帧动画,在第0帧处,设置"偏移(湍流)"为(170, 50);在第5秒处,设置"偏移(湍流)"为(100, 0)。在第0帧处,设置"演变"为(0×+0°);在第5秒处,设置"演变"为(0×+90°),如图6-438所示。

图6-438

5 选择"蒙版"图层,然后使用"星形工具"创建一个蒙版,如图6-439所示;展开"蒙版"属性栏,设置"蒙版羽化"的值为(7, 7 像素),如图6-440所示。

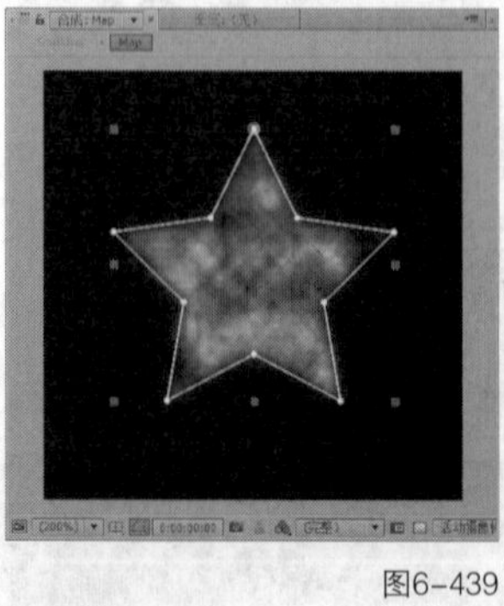

图6-439 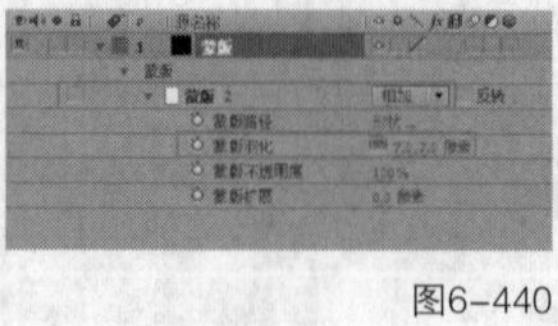　图6-440

6 执行"合成>新建合成"菜单命令,创建一个预设为PAL D1/DV的合成,设置"持续时间"为5秒,并将其命名为Smoking,如图6-441所示。

图6-441

7 将项目窗口中的Map合成添加到Smoking合成的时间线上,关闭该图层的显示并锁定该图层,然后按Ctrl+Y快捷键,创建一个与合成大小一致的黑色纯色图层,将其命名为Pa,如图6-442所示。

8 选择Pa图层,执行"效果>Trapcode>Particular(粒子)"菜单命令,展开Emitter(发射)参数项,设置Particles/sec(粒子数量/秒)为200、Direction(方向)为Disc(圆状)、X Rotation(X轴旋转)为60、Velocity Random(随机速度)为50、Emitter Size Z(Z轴发射大小)为0,如图6-443所示。

图6-442 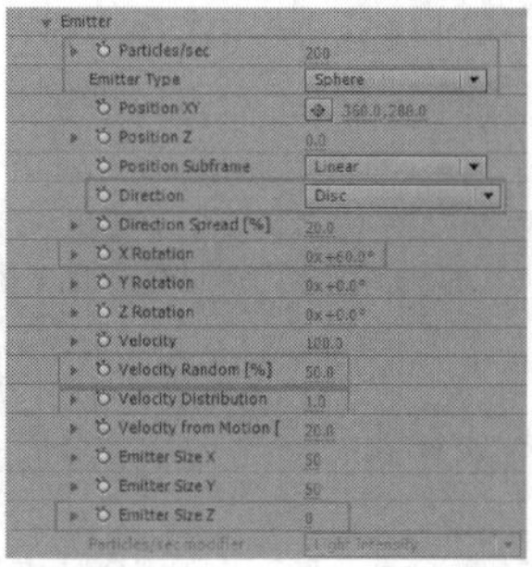　图6-443

9 展开Particle(粒子)属性栏,设置Particle Type(粒子类型)为Textured Polygon Colorize(纹理多边形上色);展开Texture(构造)参数项,设置Layer(图层)为3.Maps、Time Sampling(时间采样)为Current Time(当前时间);设置Size(大小)为80、Size Random[%](大小随机)为30,设置Size over Life(死亡后大小)和Opacity over Life(死亡后不透明)均为线性衰减;展开Color over Life(死亡后颜色)参数项,设置Transfer Mode(叠加模式)为Normal Add over Life,最后设置Transfer Mode over Life(死亡后变换模式)参数,如图6-444所示。

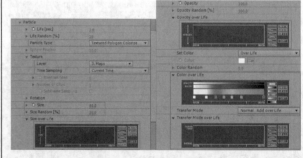

图6-444

10 执行"图层>新建>摄像机"菜单命令，创建一个名称为Camera 1的摄像机，设置"缩放"的值为225毫米，如图6-445所示。

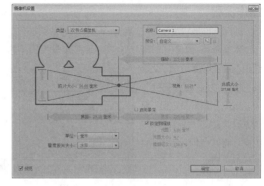

图6-445

11 设置Camera 1图层的"目标点"和"位置"属性的关键帧动画，在第0帧处，设置"目标点"为（360，288，0）、"位置"为（360，288，-636）；在第1秒处，设置"目标点"为（375，95，145）、"位置"为（375，95，-492）；在第5秒处，设置"目标点"为（360，288，690）、"位置"为（360，288，53），如图6-446所示。

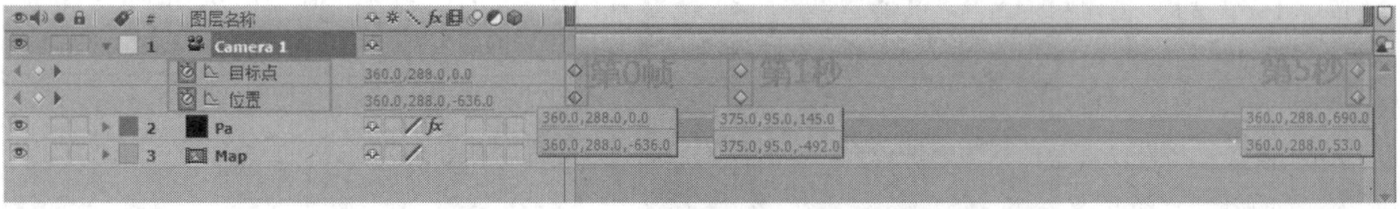

图6-446

12 按小键盘上的数字键0，预览最终效果，如图6-447所示。

图6-447

6.26 天空浮云

学习目的

运用Particular（粒子）制作漂浮移动的云朵。

案例描述

本例主要介绍Particular（粒子）效果的高级运用。通过学习本例，读者可以掌握Particular（粒子）效果在模拟云彩特效方面的应用，案例如图6-448所示。

学习资源路径

▶ 在线教学视频：
在线教学视频 > 第6章 > 天空浮云 .flv

▶ 案例源文件：
案例源文件 > 第6章 > 6.26 > 天空浮云 .aep

本例难易指数：★★★☆☆

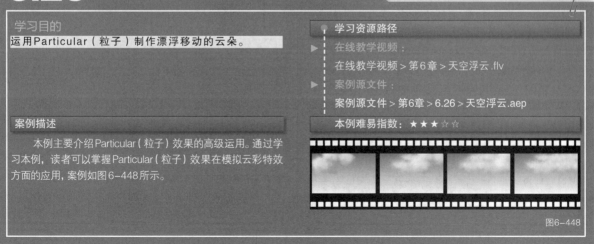

图6-448

操作流程

1 执行"合成>新建合成"菜单命令,创建一个预设为"自定义"的合成,设置其"宽度"为680px、"高度"为420px、"像素长宽比"为"方形像素"、"持续时间"为5秒,将其命名为"云",如图6-449所示。

图6-449

2 按Ctrl+Y快捷键,创建一个新的纯色图层,设置"宽度"为680像素、"高度"为420像素、"像素长宽比"为"方形像素"、"颜色"为黑色,将其命名为Black Solid 1,如图6-450所示。

图6-450

3 选择Black Solid 1图层,执行"效果>生成>梯度渐变"菜单命令,设置"起始颜色"为蓝色,如图6-451所示。

4 按Ctrl+Alt+Shift+L快捷键,创建一个"灯光类型"为"聚光"的灯光,将其命名为Emitter,如图6-452所示。

图6-451　　　　图6-452

5 设置Emitter图层的"位置"为(250, 89.9, −220)、"目标点"为(220, 115, 0),然后选择Emitter图层并连续按3次Ctrl+D快捷键复制图层,得到Emitter 2、Emitter3、Emitter4图层,接着设置Emitter 2图层的"位置"为(253, 166, −110)、"目标点"为(228, 190, −7),设置Emitter 3图层的"位置"为(198, 156, −300)、"目标点"为(172, 180, −15),设置Emitter 4图层的"位置"为(260, 95, −210)、"目标点"为(332, 121, 10),如图6-453所示。

图6-453

6 按Ctrl+Y快捷键,创建一个与合成大小一致的黑色纯色图层,将其命名为"云"。选择"云"图层,执行"效果>Trapcode>Particular(粒子)"菜单命令,设置Emitter Type(发射类型)为Light(s)(灯光)、Velocity(速率)为0、Velocity Distribution(速度分布)为1、Emitter Size X(发射器尺寸X)128、Emitter Y(发射器尺寸Y)为72、Emitter Z(发射器尺寸Z)为102、Pre Run(之前的动作)为100、Random Seed(随机的种子)为0,如图6-454所示。

7 展开Particle(粒子)参数栏,设置Life[sec]为7、Particle Type(粒子类型)为Cloudlet(云雾)选项、Size(大小)为15、Size Random[%](大小随机值)为100、Opacity(透明度)为5、Set Color(设置的颜色)为From Light Emitter(来自灯光的颜色),如图6-455所示。

图6-454　　　　图6-455

8 展开Shading(着色)参数栏,设置Shadowlet for Main(主要的阴影颜色)为On(打开);在Shadowlet Settings(阴影设置)中,设置Color(颜色)为(R:64, G:64, B:64)、Color Strength(颜色的强度)为50、Opacity(透明度)为50,如图6-456所示。

9 展开Physics(物理学)参数项,设置Wind X(风向X)为100,如图6-457所示。

图6-456　　　　图6-457

10 设置Particular(粒子)效果的Particeles/sec(粒子数量/秒)属性的关键帧动画,在第20帧处,设置Particeles/sec(粒子数量/秒)为100;在第2秒19帧处,设置Particeles/sec(粒子数量/秒)为0,如图6-458所示。

图6-458

11 按小键盘上的数字键0，预览最终效果，如图6-459所示。

图6-459

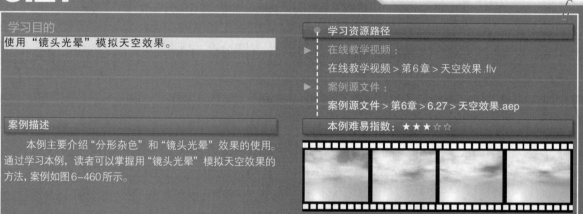

6.27 天空效果

学习目的

使用"镜头光晕"模拟天空效果。

学习资源路径

▶ 在线教学视频：
在线教学视频 > 第6章 > 天空效果 .flv

▶ 案例源文件：
案例源文件 > 第6章 > 6.27 天空效果 .aep

本例难易指数：★★★☆☆

案例描述

本例主要介绍"分形杂色"和"镜头光晕"效果的使用。通过学习本例，读者可以掌握用"镜头光晕"模拟天空效果的方法，案例如图6-460所示。

图6-460

操作流程

1 执行"合成>新建合成"菜单命令，创建一个预设为PAL D1/DV的合成，设置"持续时间"为5秒，将其命名为"天空1"，如图6-461所示。

图6-461

2 按Ctrl+Y快捷键，创建一个黑色的纯色图层，设置"宽度"为720像素、"高度"为576像素、"像素长宽比"为D1/DV PAL (1.09)，将其命名为"天空"，如图6-462所示。

3 选择"天空"图层，执行"效果>杂色和颗粒>分形杂色"菜单命令，设置"分形类型"为辅助比例、"对比度"为200；展开"变换"参数项，设置"缩放宽度"为200、"缩放高度"为100；展开"子设置"参数项，设置"子影响"为60、"子缩放"为50，如图6-463所示。

图6-462

图6-463

4 设置"分形杂色"效果的相关属性的关键帧动画，在第0秒处，设置"偏移（湍流）"为（208，382）、"子旋转"为（0×+0°）、"演化"为（0×+0.0°）；在第4秒24帧处，设置"偏移（湍流）"为（524，122）、"子旋转"为（0×-5°）、"演化"为（0×+180°），如图6-464所示。

图6-464

5 执行"合成>新建合成"菜单命令，创建一个预设为PAL D1/DV的合成，设置"持续时间"为5秒，将其命名为"天空2"。将项目窗口中的"天空1"合成添加到"天空2"合成的时间线上，然后选择"天空1"图层，按Ctrl+D快捷键复制出一个新图层，接着设置第1个图层的入点时间在第3秒处，如图6-465所示。

图6-465

6 执行"合成>新建合成"菜单命令，创建一个预设为PAL D1/DV的合成，设置"持续时间"为5秒，将其命名为"天空3"。将项目窗口中的"天空2"合成添加到"天空3"合成的时间线上，然后打开"天空2"图层的三维开关，设置该图层的"方向"为（50°，0°，0°），如图6-466所示。

图6-466

7 按Ctrl+Y快捷键，创建一个与合成大小一致的黑色纯色图层，将其命名为"背景"。执行"图层>新建>摄像机"菜单命令，创建一个预设值为35毫米、名称为Camera 1的摄像机图层，然后修改该图层"位置"属性为（402，250，-222），如图6-467所示，画面的预览效果如图6-468所示。

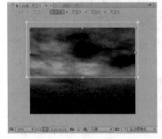

图6-467　　　　　　　　图6-468

8 执行"合成>新建合成"菜单命令，创建一个预设为PAL D1/DV的合成，设置"持续时间"为5秒，将其命名为"天空4"。将项目窗口中的"天空3"合成添加到"天空4"合成的时间线上，选择"天空3"图层，然后使用"矩形工具"绘制一个蒙版，如图6-469所示。

9 选择"天空3"图层，修改"蒙版1"的"蒙版羽化"的值为（0，200像素），如图6-470所示。

图6-469　　　　　　　　图6-470

10 执行"合成>新建合成"菜单命令，创建一个预设为PAL D1/DV的合成，设置"持续时间"为5秒，将其命名为"天空5"。将项目窗口中的"天空4"合成添加到"天空5"合成的时间线上，选择"天空4"图层，执行"效果>色彩校正>色阶"菜单命

令，在Alpha通道中设置"Alpha输入黑色"的值为67、"Alpha输入白色"的值为122，如图6-471所示。

11 选择"天空4"图层，执行"效果>Trapcode>Shine（扫光）"菜单命令，设置Source Point（发光点的位置）为（200，450）、Ray Length（光线长度）为6，如图6-472所示。

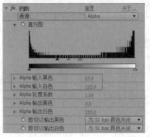

图6-471　　　　　　　　图6-472

12 选择"天空4"图层，执行"效果>色彩校正>色相/饱和度"菜单命令，设置"通道控制"为"主"、"主色相"为（0°×+20°），如图6-473所示。

图6-473

13 执行"合成>新建合成"菜单命令，创建一个预设为PAL D1/DV的合成，设置"持续时间"为5秒，将其命名为"天空6"。按Ctrl+Y快捷键，创建一个与合成大小一致的黑色纯色图层，将其命名为"天空"。选择"天空"图层，执行"效果>生成>梯度渐变"菜单命令，设置"起始颜色"为蓝色（R:43，G:170，B:251）、"结束颜色"为粉色（R:250，G:167，B:229）；继续选择"天空"图层，执行"效果>生成>镜头光晕"菜单命令，设置"光晕中心"为（126，526）、"光晕亮度"的值为163%，如图6-474所示。画面的预览效果如图6-475所示。

图6-474　　　　　　　　图6-475

14 执行"合成>新建合成"菜单命令，创建一个预设为PAL D1/DV的合成，设置"持续时间"为5秒，将其命名为Final。将项目窗口中的"天空4""天空5"和"天空6"合成添加到Final合成的时间线中，选择"天空4"图层并重新命名为"天空4-1"，然后按连续按两次Ctrl+D快捷键复制出两个图层，将新图层分别命名为"天空4-2"和"天空4-3"，如图6-476所示。

15 选择"天空 4-1"图层，执行"效果>生成>梯度渐变"菜单命令，设置"起始颜色"为白色、"渐变终点"为

（360，480）、"结束颜色"为蓝色（R:122，G:197，B:255），如图6-477所示。

图6-476 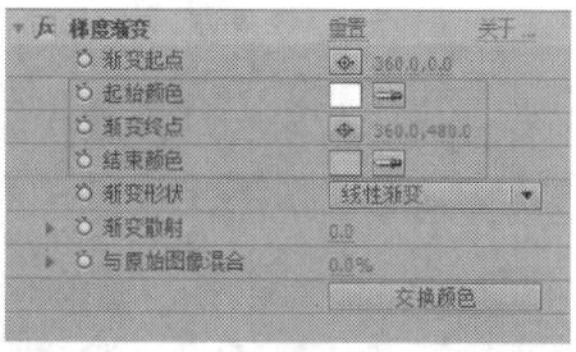　　　　　　　　　　图6-477

16 设置"天空 4-3"图层的叠加模式为"柔光"、"天空 4-2"图层的叠加模式为"屏幕"、"天空 4-1"图层的叠加模式为"相乘"、"天空 5"图层的叠加模式为"相加"，如图6-478所示。

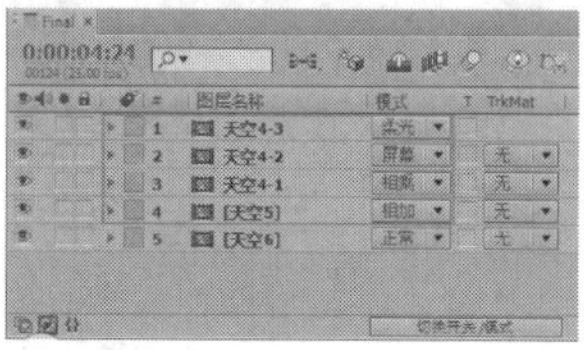

图6-478

17 按小键盘上的数字键0，预览最终效果，如图6-479所示。

图6-479

6.28 下雨特效

操作流程

1 执行"合成>新建合成"菜单命令，创建一个预设为"自定义"的合成，设置"宽度"为1920px、"高度"为1080px、"像素长宽比"为"方形像素"、"持续时间"为10秒，将其命名为"下雨"，如图6-481所示。

图6-481

2 按Ctrl+Y快捷键，创建一个与合成大小一致的纯色图层，设置"颜色"为蓝色（R:77，G:97，B:117），将其命名为"水波"。选择"水波"图层，执行"效果>模拟>CC Drizzle（CC细雨滴）"菜单命

令，设置Drip Rate（滴落率）为10、Rippling（涟漪）为（1×+51°）；展开Light（灯光）参数项，设置Light Type（灯光类型）为Point Light（点光灯）；展开Shading（明暗）参数项，设置Ambient（环境）为61、Diffuse（扩散）为18、Roughness为0.018，如图6-482所示。

3 选择"水波"图层，执行"效果>杂色和颗粒>杂色"菜单命令，设置"杂色数量"为4%，取消勾选"使用杂色"选项，如图6-483所示。

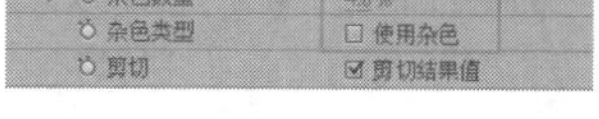

图6-482　　　　　　　　　　图6-483

4 按Ctrl+Y快捷键,创建一个与合成大小一致的纯色图层,设置"颜色"为蓝色(R:18, G:28, B:38),将其命名为Black Solid 1。选择Black Solid 1图层,然后使用"椭圆工具"绘制一个遮罩,接着设置"蒙版1"的叠加方式为"相减"、"蒙版羽化"的值为(800, 800像素)、"蒙版扩展"的值为-45像素,最后设置Black Solid 1图层的叠加模式为"相乘",如图6-484所示。画面的预览效果如图6-485所示。

图6-484

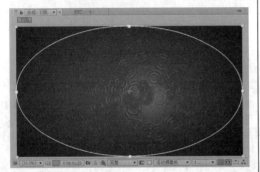

图6-485

5 按Ctrl+Y快捷键,创建一个与合成大小一致的黑色纯色图层,将其命名为"雨滴"。选择"雨滴"图层,执行"效果>模拟>CC Particle World(CC 粒子仿真世界)"菜单命令,展开Grid & Guides(参考线和坐标)参数栏,取消对Position(位置)、Radius(半径)和Motion Path(运动路径)选项的勾选,选择Grid(参考线)选项,设置Grid Posiotn(参考线位置)为Floor(地面)、Birth Rate(产生率)为0.8;展开Producer(产生点)参数项,设置Radius X的值为1.5、Radius Y的值为1.5、Radius Z的值为1.16,如图6-486所示。

6 展开Physics(物理性)参数项,设置Animation(动画)为Direction Axis(方向轴)、Velocity(速率)值为0.5、Extra Angle(扩展角度)值为(0×+280°),如图6-487所示。

图6-486　　　　　　图6-487

7 展开Particle(粒子)参数项,设置Max Opacity(最大透明度)为100%、Birth Color(开始颜色)为白色、Death Color(结束颜色)为白色,如图6-488所示。

8 展开Extras(扩展)下的Effect Camera(摄像机)参数栏,设置FOV(视角)为35,如图6-489所示。

图6-488　　　　　　　　　　　图6-489

9 执行"图层>新建>摄像机"菜单命令,创建一个名称为Camera 1的摄像机,设置"缩放"的值为108毫米,如图6-490所示。

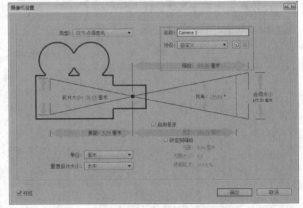

图6-490

10 选择Camera 1图层,设置其"位置"属性为(798, 875, -1640),如图6-491所示。

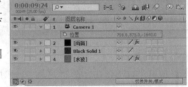

图6-491

11 按小键盘上的数字键0,预览最终效果,如图6-492所示。

图6-492

6.29 动态玻璃特效

学习目的

学习图层叠加模式的运用。

学习资源路径

▶ 在线教学视频：

在线教学视频 > 第6章 > 动态玻璃特效.flv

▶ 案例源文件：

案例源文件 > 第6章 > 6.29 > 动态玻璃特效.aep

案例描述

　　本例主要介绍图层叠加模式的高级运用。通过学习本例，读者可以掌握动态玻璃特效的制作方法用，案例如图6-493所示。

本例难易指数：★ ★ ★ ☆ ☆

图6-493

操作流程

1 执行"合成>新建合成"菜单命令，创建一个预设为PAL D1/DV的合成，设置"持续时间"为10秒，并将其命名为"玻璃01"，如图6-494所示。

图6-494

2 执行"文件>导入>文件"菜单命令，打开本书学习资源中的"案例源文件>第6章>6.29>玻璃01.psd、玻璃02.psd、玻璃03.psd、玻璃04.psd和玻璃05.psd"文件，然后将这些素材全部添加到"玻璃01"合成的时间线上，如图6-495所示。

3 修改"玻璃01""玻璃02""玻璃03"和"玻璃04"图层的叠加方式为"相乘"，如图6-496所示。

图6-495 　　　　　　图6-496

4 在第0帧处，设置"玻璃01"图层的"缩放"值为(100%, 100%)、"旋转"值为(0° ×+50°)；在第9秒24帧处，设置"玻璃01"图层的"缩放"值为(225%, 225%)、"旋转"值为(0° ×-50°)。

　　在第0帧处，设置"玻璃02"图层的"缩放"值为(100%, 100%)、"旋转"值为(0° ×-40°)；在第9秒24帧处，设置"玻璃02"图层的"缩放"值为(200%, 200%)、"旋转"值为(0° ×+40°)。

　　在第0帧处，设置"玻璃03"图层的"缩放"值为(100%, 100%)、"旋转"值为(0° ×+30°)；在第9秒24帧处，设置"玻璃03"图层的"缩放"值为(175%, 175%)、"旋转"值为(0° ×-30°)。

　　在第0帧处，设置"玻璃04"图层的"缩放"值为(100%, 100%)、"旋转"值为(0° ×-20°)；在第9秒24帧处，设置"玻璃04"图层的

"缩放"值为(150%, 150%)、"旋转"值为(0° ×+20°)；

　　在第0帧处，设置"玻璃05"图层的"缩放"值为(100%, 100%)、"旋转"值为(0° ×+10°)；在第9秒24帧处，设置"玻璃05"图层的"缩放"值为(125%, 125%)、"旋转"的值为(0° ×-10°)，如图6-497所示。画面的预览效果如图6-498所示。

图6-497

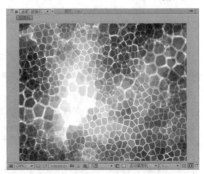

图6-498

5 执行"合成>新建合成"菜单命令，创建一个预设为PAL D1/DV的合成，设置"持续时间"为10秒，并将其命名为"玻璃02"，如图6-499所示。

图6-499

6 将项目窗口中的"玻璃01"合成添加到"玻璃02"合成的时间线上，选择"玻璃01"图层，连续按3次Ctrl+D快捷键复制图层，然后把复制得到的这3个图层的图层叠加模式修改为"差值"，如图6-500所示。

图6-502

图6-500

7 设置上一步中复制得到的3个图层的"缩放"属性的关键帧动画，在第0帧处，设置第1个图层"缩放"值为（140，140%）；在第9秒24帧处，设置第1个图层"缩放"值为（200%，200%）。在第0帧处，设置第2个图层的"缩放"值为（140%，140%）；在第9秒24帧处，设置第2个图层的"缩放"值为（300%，300%）。在第0帧处，设置第3个图层的"缩放"值为（100%，100%）；在第9秒24帧处，设置第3个图层的"缩放"值为（400%，400%），如图6-501所示。

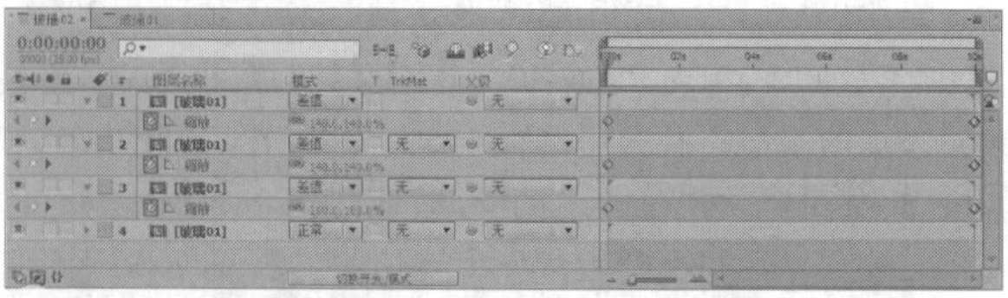

图6-503

图6-504

10 将项目窗口中的"玻璃02"合成添加到"玻璃03"合成的时间线上，选择"玻璃02"图层，按Ctrl+D快捷键复制一个新图层，然后修改第1个图层的"缩放"值为（0×+180°），接着修改其图层的叠加模式为"相加"，如图6-505所示。

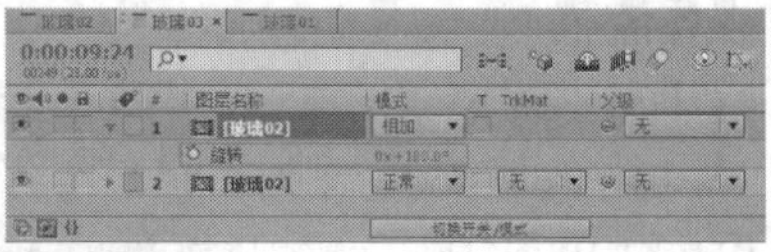

图6-505

图6-501

8 按Ctrl+Y快捷键，创建一个与合成大小一致的纯色图层，图层的颜色为蓝色（R:75，G:120，B:180），然后设置该图层的叠加模式为"亮光"，如图6-502所示。画面的预览效果如图6-503所示。

9 执行"合成>新建合成"菜单命令，创建一个预设为PAL D1/DV的合成，设置"持续时间"为10秒，并将其命名为"玻璃03"，如图6-504所示。

11 按小键盘上的数字键0，预览最终效果，如图6-506所示。

图6-506

6.30 行星爆炸

学习目的

使用"碎片"和CC Force Motion Blur（CC强制动态模糊）效果制作行星爆炸特效。

案例描述

　　本例主要介绍"碎片"和CC Force Motion Blur（CC 强制动态模糊）效果的应用。通过学习本例，读者可以掌握行星爆炸特效的制作方法，案例如图6-507所示。

学习资源路径

▶ 在线教学视频：

在线教学视频 > 第6章 > 行星爆炸.flv

▶ 案例源文件：

案例源文件 > 第6章 > 6.30 > 行星爆炸.aep

本例难易指数：★ ★ ★ ☆ ☆

图6-507

操作流程

1 执行"合成>新建合成"菜单命令,创建一个预设为"自定义"的合成,设置"宽度"为720px、"高度"为480px、"像素长宽比"为"方形像素"、"持续时间"为5秒,并将其命名为"爆炸",如图6-508所示。

图6-508

2 执行"文件>导入>文件"菜单命令,打开本书学习资源中的"案例源文件>第6章>6.30>背景.psd、素材.mov和爆炸.mov"文件,把这些文件拖曳到"爆炸"合成的时间线上,设置"爆炸.mov"图层的模式为"相加",如图6-509所示。

图6-509

3 选择"素材"图层,然后使用"椭圆工具"创建一个椭圆蒙版,修改其基本形状和大小,设置"蒙版羽化"为(50、50像素)、"蒙版扩展"为-12像素,如图6-510和图6-511所示。

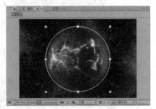

图6-510 图6-511

4 选择"素材"图层,执行"效果>模拟>碎片"菜单命令,设置"视图"为"已渲染";展开"形状"参数项,设置"图案"为"玻璃",设置"重复"为60、"凸出深度"为0.5,如图6-512所示。

5 展开"物理学"参数项,设置"旋转速度"的值为0.2、"大规模方差"的值为42%、"重力"的值为1,设置"摄像机系统"为"合成摄像机",如图6-513所示。

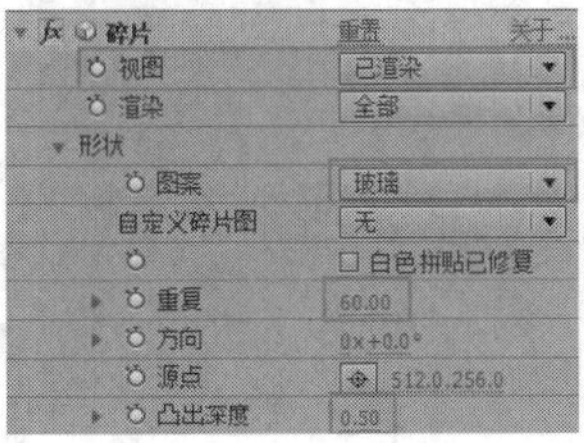

图6-512 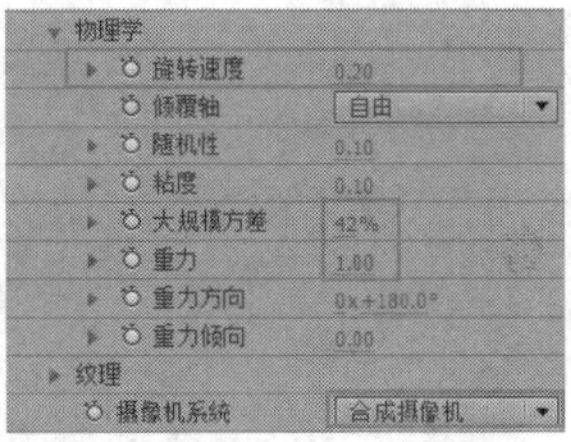 图6-513

6 展开"灯光"参数项,设置"环境光"的值为0.34,如图6-514所示。

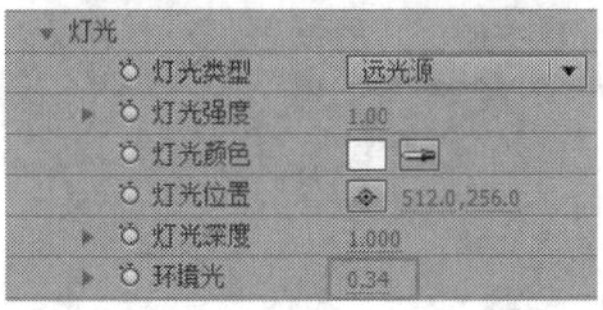

图6-514

7 展开"作用力1"参数项,设置"强度"的值为8.8,然后设置"半径"属性的关键帧动画,在第0帧处,设置"半径"的值为0,选择此关键帧,在按住Ctrl键和Alt键的同时单击鼠标左键,此时关键帧按钮将变为形状;在第2秒处,设置"半径"的值为0.4,选择此关键帧并按F9键,使该关键帧变成Bezier(贝塞尔曲线)关键帧,最后设置"视图"为"已渲染",如图6-515所示。

图6-515

8 执行"图层>新建>摄像机"菜单命令,创建一个名称为Camera 1的摄像机,设置"缩放"的值为156毫米,如图6-516所示。

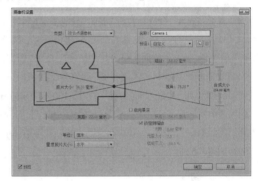

图6-516

9 选择Camera 1图层,设置其"位置"属性的值为(360、240、-844),如图6-517所示。

10 执行"图层>新建>调整图层"菜单命令,创建一个调整图层,选择调整图层,然后执行"效果>风格化>发光"菜单命令,设置"发光半径"的值为43.1,如图6-518所示。

图6-517 图6-518

11 执行"合成>新建合成"菜单命令,创建一个预设为"自定义"的合成,设置"宽度"为1200px、"高度"为1200px、"像素长宽比"为"方形像素"、"持续时间"为5秒,将其命名为"光环",如图6-519所示。

图6-519

12 按Ctrl+Y快捷键，创建一个与合成大小一致的纯色图层，图层的颜色为蓝色（R:255, G:156, B:0），将其命名为"光环"。选择"光环"图层，然后使用"椭圆工具" ⬭ 创建一个椭圆蒙版，如图6-520所示。

13 选择"蒙版1"属性，然后按Ctrl+D快捷键复制一个新蒙版，接着设置"蒙版1"的"蒙版羽化"值为（15、15像素），设置"蒙版2"的叠加方式为"相减"、"蒙版羽化"为（220, 220像素）、"蒙版扩展"为-100像素，如图6-521所示。

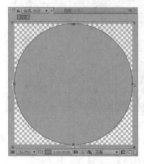

图6-520　　　　图6-521

14 将"光环"合成导入到"爆炸"合成中，然后打开"光环"图层三维开关，设置叠加模式为"相加"，接着展开"光环"属性栏，设置"方向"为（278, 16, 0），在第2秒2帧处，设置"缩放"的值为50%、"不透明度"的值为0%；将时间标签拖曳到第2秒3帧处，设置"不透明度"的值为100%；将时间标签拖曳到第2秒12帧处，设置"不透明度"的值为100%；将时间标签拖曳到第2秒18帧处，设置"缩放"的值为130%、"不透明度"的值为0%，如图6-522所示。

15 选择"光环"图层，执行"效果>风格化>发光"菜单命令，然后设置"发光半径"的值为247，如图6-523所示。

16 执行"图层>新建>调整图层"菜单命令，创建一个调整图层，然后选择调整图层，执行"效果>时间>CC Force Motion Blur（CC强制动态模糊）"菜单命令，设置Motion Blur Samples（动态模糊取样）为5，如图6-524所示。

图6-523　　　　图6-524

17 按小键盘上的数字键0，预览最终效果，如图6-525所示。

图6-525

6.31 梦幻汇聚

学习目的
学习"分形杂色"和"卡片动画"效果的使用方法。

学习资源路径
▶ 在线教学视频：
在线教学视频 > 第6章 > 梦幻汇聚.flv

▶ 案例源文件：
案例源文件 > 第6章 > 6.31 > 梦幻汇聚.aep

案例描述
本例主要介绍"分形杂色"和"卡片动画"效果的使用方法。通过学习本例，读者可以掌握汇聚特效的制作方法，案例如图6-526所示。

本例难易指数：★★★★☆

图6-526

操作流程

1 执行"合成>新建合成"菜单命令,创建一个预设为"自定义"的合成,设置合成的大小为640像素×480像素、"持续时间"为8秒,并将其命名为"燥波",如图6-527所示。

图6-527

2 按Ctrl+Y快捷键,创建一个白色的纯色图层,将其命名为"渐变"。选择"渐变"图层,执行"效果>生成>梯形渐变"菜单命令,设置"渐变起点"为(320,240)、"渐变终点"为(640,480)、"起始颜色"为白色、"结束颜色"为黑色,最后设置"渐变形状"为"径向渐变",如图6-528所示。

3 按Ctrl+Y快捷键,创建一个黑色的纯色图层,将其命名为"噪波"。选择"噪波"图层,执行"效果>杂色和颗粒>分形杂色"菜单命令,在"变换"参数项中设置"缩放"为20、"复杂度"为20;在"子设置"参数项中设置"子影响"为100、"子缩放"为30、"子旋转"为(0×+50°),如图6-529所示。

图6-528　　　　　　　图6-529

4 选择"噪波"图层,执行"效果>颜色校正>曲线"菜单命令,为曲线添加控制点,如图6-530所示。

5 选择"渐变"图层,设置其图层的叠加模式为"相乘",如图6-531所示。画面的预览效果如图6-532所示。

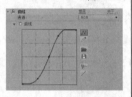

图6-530

图6-531

图6-532

6 按Ctrl+N快捷键,创建一个新合成,将其命名为"面部",设置大小为2500像素×1950像素。执行"文件>导入>文件"菜单命令,打开本书学习资源中的"案例源文件>第6章>6.31>面部.jpg"文件,并将其拖曳到"面部"合成的时间线上,选择"面部.jpg"图层,然后按Ctrl+Alt+F快捷键将图片放大到满屏显示,如图6-533所示。

7 按Ctrl+N快捷键,创建一个新的合成,将其命名为Final,然后将"面板"和"燥波"合成拖曳到Final合成中,并关闭"噪波"图层的显示。接着选择"面部"图层,执行"特效>模拟>卡片动画"菜单命令,再设置"行数"为100、"列数"为100,最后设置"背面图层"为"1.面部"、"渐变图层1"为"2.噪波",如图6-534所示。

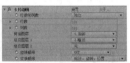

图6-533　　　　　　　图6-534

8 展开"卡片动画"效果,然后在"X位置"参数项下设置"源"为"强度 1"、"乘数"为0.5;在"Y位置"参数项下设置"源"为"强度 1"、"乘数"为0.5;在"Z位置"参数项下设置"源"为"强度 1"、"乘数"为100、"偏移"为115,如图6-535所示。

9 展开"卡片动画"效果,在"X轴缩放"参数项下设置"源"为"强度 1"、"乘数"为0.11,在"Y轴缩放"参数项下设置"源"为"强度 1"、"乘数"为0.11,在"摄像机位置"参数项下设置"Z旋转轴"为(0×+11°)、"X,Y位置"为(1089.4,976.1)、"Z位置"为3、"焦距"为20,如图6-536所示。

图6-535　　　　　　　图6-536

10 选择"面部"图层,设置其中的相关属性的关键帧动画。首先来设置"卡片动画"效果的关键帧动画,在第0帧处,"X位置"中的"乘数"值为0.5,"Y位置"中的"乘数"值为0.5,"Z位置"中的"乘数"值为100、"偏移"值为115,"X缩放"中的"乘数"值为0.5,"Y缩放"中的"乘数"值为0.5,"摄像机位置"中的"Z轴旋转"值设置为(0×+50°)、"X,Y位置"的值设置为(519.2,980)。

在第7秒13帧处,"X位置"中的"乘数"值为0,"Y位置"中的"乘数"值为0,"Z位置"中的"乘数"值为0、"偏移"值为0,"X缩放"中的"乘数"值为0,"Y缩放"中的"乘数"值为0,"摄像机位置"中的"Z轴旋转"值为(0×+0°)、"X,Y位置"值为(1250,975)。

在第5秒处，设置"面部"图层的"缩放"值为（100，100%）；在第7秒13帧时，"面部"图层的"缩放"值为（62，62%），如图6-537所示。

图6-537

11 选择"面部"图层，然后执行"效果>Trapcode>Starglow（星光闪耀）"菜单命令，设置Preset（预设）为Warm Star（暖光），如图6-538所示。

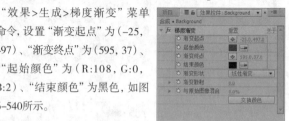

图6-538

12 选择"面部"图层，然后设置Pre-Process（预处理）参数项中的Threshold（容差）的关键帧动画，在第5秒处，设置Threshold（容差）为160；在第7秒13帧处，设置Threshold（容差）为300，如图6-539所示。

图6-539

13 按Ctrl+Y快捷键，创建一个颜色为黑色、名称为Background的纯色图层，然后选择Background图层，执行"效果>生成>梯度渐变"菜单命令，设置"渐变起点"为（-25，497）、"渐变终点"为（595，37）、"起始颜色"为（R:108，G:0，B:2）、"结束颜色"为黑色，如图6-540所示。

图6-540

14 按小键盘上的数字键0，预览最终效果，如图6-541所示。

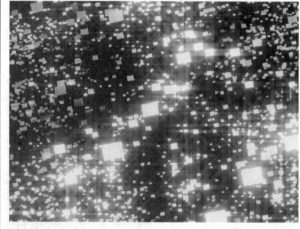

图6-541

6.32 雪花效果

图6-542

操作流程

1 执行"合成>新建合成"菜单命令，选择一个预设为HDTV 1080 25的合成，设置合成的"持续时间"为5秒05帧、"背景颜色"为灰色（R:207，G:207，B:207），最后将其命名为"雪花效果Final"，如图6-543所示。

2 执行"文件>导入>文件"菜单命令，打开本书学习资源中的"案例源文件>第6章>6.32>背景.psd"文件，并将"背景.psd"添加到"雪花效果Final"合成的时间线上，如图6-544所示。

图6-543

5 选择"雪花"图层，执行"效果>模拟> CC Snowfall（CC降雪）"
菜单命令，设置Flakes（碎片）的值为2800、Size（大小）的值
为10.45、Variation%（Size）（变化的大小）的值为17、Variation%
（Speed）（变化的速度）的
值为100、Wind（风）的值为
116、Spread（传播）的值为
66.3，如图6-549所示。

图6-548　　　　　　图6-549

6 展开Wiggle（抖动）选项，设置Amount（数量）的值为50、
Frequency（频率）的值为2.22、Variation%（Frequency）（变化的
频率）的值为50、Flake Flatness%（片状）的值为6、Color（颜色）为
白色、Opacity（不透明度）的值为54；
展开Background illumination（背景照
明）选项，设置Influence%（影响）的
值为58、Spread Width（延展宽度）的
值为218、Spread Height（延展高度）
的值为93，其他参数设置如图6-550
所示。

图6-550

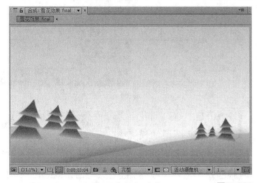

图6-544

3 执行"图层>新建>调整图层"菜单命令，创建一个新的调整图
层，并将该图层命名为"模糊"，然后执行"效果>模糊和锐
化>方框模糊"菜单命令，在第1秒06帧处，设置"模糊半径"的值为
0；在第3秒11帧处，设置"模糊半径"的值为9，设置"迭代"的值为
1，同时勾选"重复边缘像素"选
项，如图6-545和图6-546所示。画
面的预览效果如图6-547所示。

图6-545

7 选择"雪花"图层，修改该图层的叠加方式为"相加"，如图
6-551所示。画面的预览效果如图6-552所示。

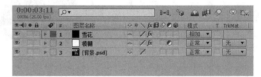

图6-551

图6-546

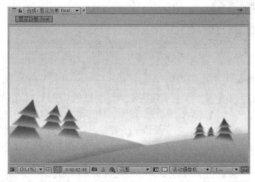

图6-547

4 执行"图层>新建>纯色"菜单命令，创建一个新的纯色图
层，并将该纯色图层命名为"雪花"，颜色为黑色，如图
6-548所示。

图6-552

8 使用"横排文字工具"创建"雪花效果"文字图层，设置字
体为"经典综艺体简"、字体大小为382像素、字体颜色为白色、
字符间距为0，如图6-553所示。画面的预览效果如图6-554所示。

图6-553　　　　　　　　　　图6-554

9 选择"雪花效果"文字图层，按Ctrl+Shift+C快捷键合并文字图层，将合并后的图层命名为"文字-雪花效果"，然后将该图层的入点时间放置在1秒20帧处。继续选择该图层，执行"效果>风格化>毛边"菜单命令，为该图层添加"毛边"效果。然后设置"边界"选项动画，在第1秒20帧处，设置"边界"的值为76.3，开启动画开关；在第2秒15帧处，设置"边界"的值为0，如图6-555和图5-556所示。

图6-555

图6-556

10 选择"文字-雪花效果"图层，执行"效果>透视>投影"菜单命令，为该文字图层添加"投影"效果，设置"阴影颜色"为深蓝色（R:9, G:45, B:91）、"不透明度"的值为100%、"距离"的值为12，如图6-557所示。

图6-557

11 选择"文字-雪花效果"图层，按S键展开该图层的"缩放"属性，在第1秒20帧处，设置"缩放"属性的值为60%；在第4秒处，设置"缩放"属性的值为68%，如图6-558所示。画面的预览效果如图6-559所示。

图6-558

图6-559

12 开启"文字-雪花效果"图层的模糊开关，同时开启时间线上总的模糊开关，为画面增加模糊效果，如图6-560所示。

图6-560

13 按小键盘上的数字键0，预览最终效果，如图6-561所示。

图6-561

6.33 气泡特效

学习目的
学习Particular（粒子）替换的高级技巧。

学习资源路径

在线教学视频：
在线教学视频 > 第6章 > 气泡特效.flv

案例源文件：
案例源文件 > 第6章 > 6.33 > 气泡特效.aep

本例难易指数：★★★☆☆

案例描述
　　本例主要讲解Particular（粒子）效果的应用。通过学习本例，读者可以掌握Particular（粒子）在粒子替换方面的具体应用，案例如图6-562所示。

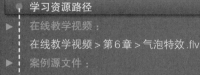

图6-562

操作流程

1 执行"合成>新建合成"菜单命令,创建一个预设为HDV/HDTV 720 25的合成,设置"宽度"为1280px、"高度"为720px、"像素长宽比"为"方形像素"、"持续时间"为5秒,将其命名为"气泡效果",如图6-563所示。

2 执行"图层>新建>纯色"菜单命令,创建一个新的纯色图层,将其命名为"背景",设置"宽度"为1280px、高度为720px、"像素长宽比"为"方形像素"、"颜色"为黑色,如图6-564所示。

图6-563 　　　　　　　　　　　　　　　　图6-564

3 选择"背景"图层,开启三维开关,然后执行"效果>生成>梯度渐变"菜单命令,设置"起始颜色"为紫色(R:79, G:33, B:114)、"结束颜色"为紫黑色(R:23, G:2, B:31)、"渐变形状"为"径向渐变",如图6-565所示。预览效果如图6-566所示。

图6-565 　　　　　　　　　　　　　　　　图6-566

4 执行"图层>新建>纯色"菜单命令,创建一个新的纯色图层,将其命名为"分形杂色",设置"宽度"为1280px、"高度"为720px、"像素长宽比"为"方形像素"、"颜色"为黑色,如图6-567所示。

图6-567

5 选择"分形杂色"图层,然后执行"效果>杂色和颗粒>分形杂色"菜单命令,设置"对比度"的值为270、"缩放"的值为520,如图6-568所示;按住Alt键并单击"演化"属性前面的码表,输入表达式time*80,如图6-569所示。

图6-568 　　　　　　　　　　　　　　　　图6-569

6 选择"分形杂色"图层,修改图层的叠加模式为"相乘",然后展开"变换"参数项,设置"不透明度"的值为20%,如图6-570所示。

7 执行"图层>新建>灯光"菜单命令,创建一个灯光图层,并将其命名为"灯光1",设置"灯光类型"为"点"、"强度"为160,如图6-571所示。

图6-570 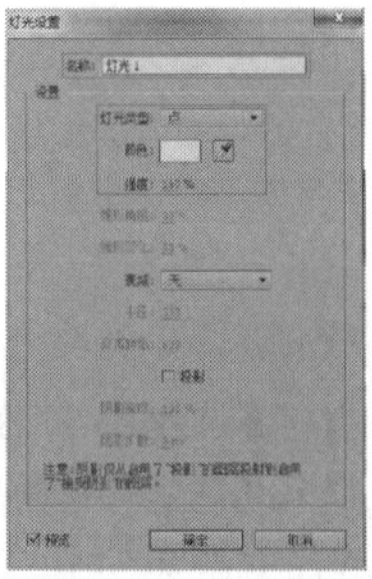 　　　　　　　　　　　　　　　　图6-571

8 选择"灯光1"图层,按Ctrl+D快捷键复制一个新图层,然后将新图层命名为"灯光2",开启调整图层的开关,接着修改"灯光1"和"灯光2"的位置为(633.3, -60, -444.4),如图6-572所示。

图6-572

9 执行"文件>导入>文件"菜单命令,打开本书学习资源中的"案例源文件>第6章>6.33 新泰电视台.psd"文件,然后把"新泰电视台.psd"素材导入"气泡效果"合成中,选择"新泰电视台.psd"图层,设置"缩放"的值为(145, 145%),如图6-573所示。预览效果如图6-574所示。

图6-573  　　　　　　　　　　　　　　　　图6-574

10 选择"新泰电视台.psd"图层,按Ctrl+Shift+C快捷键进行图层合并,将合并后的图层命名为"新泰电视台",如图6-575所示。

11 执行"图层>新建>纯色"菜单命令,创建一个新的纯色图层,将其命名为"文字遮罩",设置"宽度"为1280px、"高度"为720px、"像素长宽比"为"方形像素"、"颜色"为白色,如图6-576所示。

图6-575 　　　　　　　　　　　　　　　　图6-576

12 选择"文字遮罩"图层,执行"效果>风格化>毛边"菜单命令,设置"边界"的值为85、"边缘锐度"的值为2、"分形影响"的值为0.5、"比例"的值为30、"复杂度"的值为10,如图6-577所示。

图6-577

13 选择"文字遮罩"图层,然后使用"钢笔工具"为该图层创建一个蒙版,将其命名为"蒙版1";接着设置该图层的叠加模式为"相加",设置"蒙版扩展"在第0秒处为-113像素,在第5秒处为123像素。

创建"蒙版2",设置图层的叠加模式为"相加",设置"蒙版扩展"在第0秒处为-92像素,在第5秒处为270像素。

创建"蒙版3",设置图层的叠加模式为"相加",设置"蒙版扩展"在第0秒处为-21像素,在第5秒处为268像素。

创建"蒙版4",设置图层的叠加模式为"相加",设置"蒙版扩展"在第0秒处为-120像素,在第5秒处为42像素。

创建"蒙版5",设置图层的叠加模式为"相加",设置"蒙版扩展"在第0秒处为-102像素,在第5秒处为34像素。

创建"蒙版6",设置图层的叠加模式为"相加",设置"蒙版扩展"在第0秒处为-65像素,在第5秒处为110像素。

创建"蒙版7",设置图层的叠加模式为"相加",设置"蒙版扩展"在第0秒处为-90像素,在第5秒处为77像素。

创建"蒙版8",设置图层的叠加模式为"相加",设置"蒙版扩展"在第0秒处为-92像素,在第5秒处为84像素。

创建"蒙版9",设置图层的叠加模式为"相加",设置"蒙版扩展"在第0秒处为-104像素,在第5秒处为127像素,如图6-578所示。预览效果如图6-579所示。

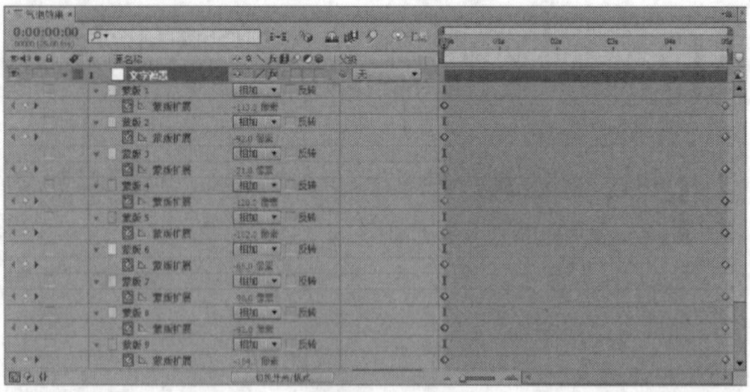

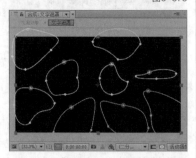

图6-578

图6-579

14 选择文字遮罩图层,按Ctrl+Shift+C快捷键进行图层合并,将合并后的图层命名为"文字遮罩",如图6-580所示。

15 设置"新泰电视台"作为亮度遮罩"文字遮罩"的轨道蒙版,如图6-581所示。

图6-580

图6-581

16 选择"文字遮罩"图层,然后单击鼠标左右键,在弹出的快捷菜单中选择"时间>时间反向图层"命令,如图6-582所示。

图6-582

17 选择"新泰电视台"图层和"文字遮罩"图层,按Ctrl+Shift+C快捷键进行图层合并,将合并后的图层命名为"文字合成",然后开启三维开关,如图6-583所示。画面的预览效果如图6-584所示。

图6-583

图6-584

18 选择"文字合成"图层,展开"位置"属性,按住Alt键并单击"位置"属性前面的 ,接着输入表达式wiggle(0.3,100);,如图6-585所示。

图6-585

19 执行"图层>新建>纯色"菜单命令,创建一个新的纯色图层,将其命名为"外圈",设置"宽度"为1280px、"高度"为720px、"像素长宽比"为"方形像素"、"颜色"为白色,如图6-586所示。

图6-586

20 选择"外圈"图层,然后使用"椭圆工具"为该图层创建一个蒙版,并将其命名为"蒙版1",设置"蒙版1"的叠加模式为"相加"、"蒙版羽化"的值为(5,5像素)、"蒙版扩展"的值为-10像素;将"蒙版1"复制一个新的并将其命名为"蒙版2",设置"蒙版2"的叠加模式为"相减"、"蒙版羽化"的值为(60,60像素)、"蒙版扩展"的值为-30像素,如图6-587所示。

图6-587

21 复制"外圈"图层,将复制得到的新图层命名为"内圈",然后删除其中的"蒙版2",设置"内圈"图层的位置为(865,242)、"缩放"的值为(20,20%)、"旋转"的值为(0×-21°),如图6-588所示。

图6-588

22 选择"外圈"图层和"内圈"图层,按Ctrl+Shift+C快捷键合并图层,将合并后的图层命名为"气泡",如图6-589所示。画面的预览效果如图6-590所示。

图6-589

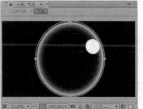

图6-590

23 执行"图层>新建>纯色"菜单命令,创建一个新的纯色图层,将其命名为"粒子",设置"宽度"为1280px、"度为"720px、"像素长宽比"为"方形像素"、"颜色"为黑色,如图6-591所示。

24 选择"粒子"图层,执行"效果>Trapcode>Particular"菜单命令,展开Emitter参数项,设置Particles/sec为30、Emitter Type为Box、Position XY(695,429)、Emitter Size X的值为2567、Emitter Size Z的值为2656、Pre Run的值为100,如图6-592所示。

图6-591

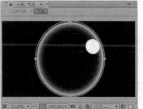

图6-592

25 展开Particle(粒子)属性栏,设置Life[sec]的值为10、ParcleType为Sprite;展开Texture,设置Layer为"1.气泡";展开Rotation,设置Orient to Motion为On、Rotate Z的值为(0×+50°)、Random Rotation的值为5、Size的值为10、Size Random[%]的值为

图6-593

100、Opacity Random[%]的值为100,如图6-593所示。

26 展开Shading属性栏,设置Shading的值为On、Nominal Distance的值为2000、Diffuse的值为85,如图6-594所示。

图6-594

27 展开Physics属性栏,设置Gravity的值为-40;展开Air属性栏,设置Spin Frequency的值为100,如图6-595所示。画面的预览效果如图6-596所示。

图6-595

图6-596

28 执行"图层>新建>灯光"菜单命令,创建一个灯光图层,将其命名为"灯光3",设置"灯光类型"为"聚光"、"强度"为100,如图6-597所示。

29 选择"灯光3"作为"文字合成"的子物体,如图6-598所示。

图6-597

图6-598

30 执行"图层>新建>摄像机"菜单命令,建立摄像机图层,参数设置如图6-599所示。

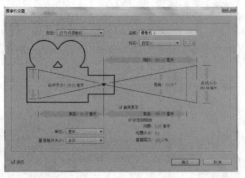

图6-599

31 按小键盘上的数字键0,预览最终效果,如图6-600所示。

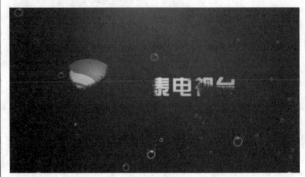

图6-600

6.34 激光雕刻

学习目的

学习"单元格图案"和"启用时间重映射"效果的应用。

学习资源路径

▶ 在线教学视频:

在线教学视频 > 第6章 > 激光雕刻.flv

▶ 案例源文件:

案例源文件 > 第6章 > 6.34 > 激光雕刻.aep

案例描述

本例主要讲解"单元格图案"和"启用时间重映射"效果的应用。通过学习本例,读者可以掌握激光雕刻效果的制作方法,案例如图6-601所示。

本例难易指数:★★★☆☆

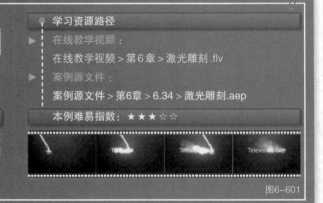

图6-601

操作流程

1 执行"合成>新建合成"菜单命令,创建一个预设为HDV/HDTV 720 25的合成,设置"持续时间"为3秒10帧,将其命名为"激光雕刻",如图6-602所示。

2 执行"图层>新建>纯色"菜单命令,创建一个新的纯色图层,将其命名为"背景",设置"宽度"为1280px、"高度"为720px、"像素长宽比"为"方形像素",如图6-603所示。

图6-602

图6-603

3 选择"背景"图层,执行"效果>生成>梯度渐变"菜单命令,设置"起始颜色"为暗红色(R:123, G:52, B:52)、"结束颜色"为黑色、"渐变形状"为"径向渐变",如图6-604所示。

图6-604

4 选择"背景"图层,执行"效果>生成>单元格图案"菜单命令,设置"单元格图案"为"晶格化"、"大小"的值为45,如图6-605所示。画面的预览效果如图6-606所示。

图6-605

图6-606

5 使用"横排文字工具" T 创建Television late文字图层,如图6-607所示。然后设置文字的字体为Verdana、字体大小为110像素、字符间距为0、字体颜色为白色,如图6-608所示。

图6-607

图6-608

6 选择文字图层，按Ctrl+Shift+C快捷键进行图层合并，将合并后的图层命名为"文字"，如图6-609所示。

7 选择"文字"图层，执行"效果>透视>投影"菜单命令，设置"不透明度"的值为65%、"方向"的值为（0×+180°）、"距离"的值为50、勾选"仅阴影"选项，如图6-610所示。

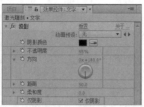

图6-609　　　　　　　图6-610

8 选择"文字"图层，执行"效果>模糊和锐化>定向模糊"菜单命令，设置"模糊长度"的值为70，如图6-611所示。

9 选择"文字"图层，执行"效果>通道>CC Composite"菜单命令，取消勾选RGB Only，如图6-612所示。

图6-611　　　　　　　图6-612

10 选择"文字"图层，执行"效果>过渡>线性擦除"菜单命令，然后设置"过渡完成"的关键帧动画，在第2帧处，设置"过渡完成"的值为100%；在第1秒10帧处，设置"过渡完成"的值为0%。接着设置"擦除角度"的值为（0×-90°）、"羽化"的值为50，如图6-613和图6-614所示。画面的预览效果如图6-615所示。

图6-613

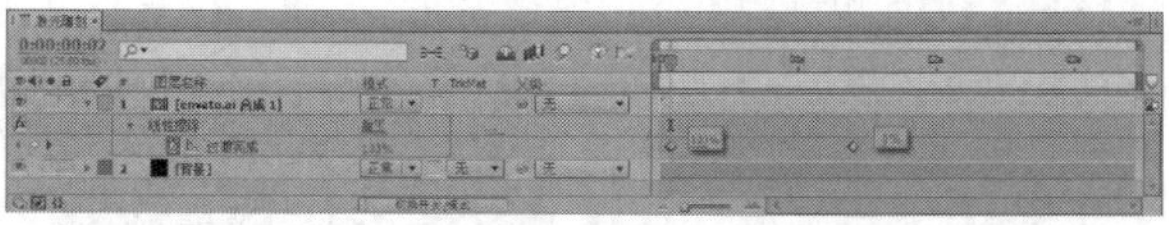

图6-614

图6-615

11 执行"文件>导入>文件"菜单命令，打开本书学习资源中的"案例源文件>第6章>6.34>烟雾和电"文件夹，把其中的素材序列添加到"激光雕刻"合成的时间线上，修改其图层叠加模式为"相加"，如图6-616所示。

图6-616

12 选择"烟雾和电"图层，执行"效果>风格化>发光"菜单命令，设置"发光半径"为250，如图6-617所示。画面的预览效果如图6-618所示。

图6-617　　　　　　　图6-618

13 选择"烟雾和电"图层，然后单击鼠标右键，在弹出的快捷菜单中选择"时间>启用时间重映射"命令，接着设置"时间重映射"在第0帧处为0:00:00:00，在第2秒06帧处为0:00:03:07，如图6-619和图6-620所示。

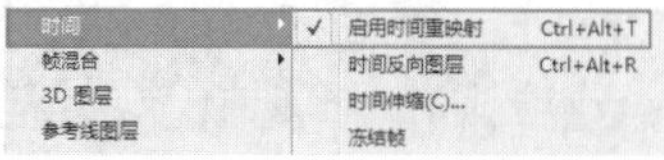

图6-619

图6-620

14 执行"图层>新建>纯色"菜单命令，创建一个新的纯色图层，将其命名为"遮罩"，设置"颜色"为深红色（R:143，G:14，B:14），如图6-621所示。

15 选择"遮罩"图层，修改该图层的图层叠加模式为"相加"，然后使用"钢笔工具"绘制一个蒙版，设置"蒙版1"的叠加模式为"相减"、"蒙版羽化"为（130,130像素），如图6-622和图6-623所示。

图6-621

图6-622　　　　　　　图6-623

16 按小键盘上的数字键0，预览最终效果，如图6-624所示。

图6-624

6.35 粒子星空

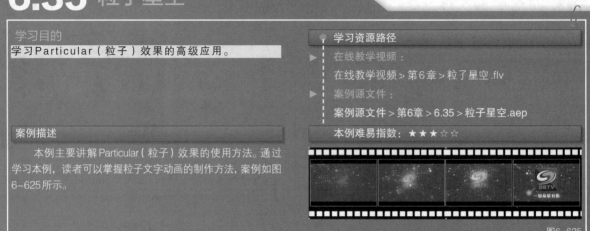

学习目的

学习Particular（粒子）效果的高级应用。

学习资源路径

▶ 在线教学视频：
　　在线教学视频 > 第6章 > 粒子星空.flv

▶ 案例源文件：
　　案例源文件 > 第6章 > 6.35 > 粒子星空.aep

本例难易指数：★ ★ ★ ☆ ☆

案例描述

　　本例主要讲解Particular（粒子）效果的使用方法。通过学习本例，读者可以掌握粒子文字动画的制作方法，案例如图6-625所示。

图6-625

操作流程

1 执行"合成>新建合成"菜单命令，创建一个预设为"自定义"的合成，设置"宽度"为960px、"高度"为540px、"像素长宽比"为"方形像素"、"持续时间"为10秒，并将其命名为"粒子星空特效"，如图6-626所示。

2 执行"图层>新建>纯色"菜单命令，新建一个纯色图层，设置图层的背景颜色为浅褐色（R:113，G:37，B:0），尺寸大小与合成大小保持一致，将其命名为"背景"，如图6-627所示。

图6-626

图6-627

3 执行"图层>新建>纯色"菜单命令，新建一个纯色图层，设置图层的背景颜色为草绿色（R:61，G:129，B:0），尺寸大小与合成大小保持一致，将其命名为"背景-百叶窗"，如图6-628所示。

图6-628

4 选择"背景-百叶窗"图层，执行"效果>过渡>百叶窗"菜单命令，设置"过渡完成"的值为45%、"方向"的值为（0×-18°）、"宽度"的值为8，如图6-629所示。画面的预览效果如图6-630所示。

图6-629

图6-630

5 选择"背景-百叶窗"图层，设置该图层的叠加方式为"相除"，然后使用"椭圆工具" ◯ 在该图层上创建椭圆蒙版，接着设置"蒙版羽化"的值为（856，856像素）、"蒙版扩展"的值为75像素，如图6-631所示。画面的预览效果如图6-632所示。

图6-631

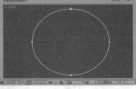

图6-632

6 执行"图层>新建>调整图层"菜单命令，建立一个调整图层，并将该图层命名为"背景-换色"，选择该图层，执行"效果>颜色校正>颜色平衡（HLS）"菜单命令，设置"色相"的值为（0×-225°）、"亮度"的值为5、"饱和度"的值为23，如图6-633所示。画面的预览效果如图6-634所示。

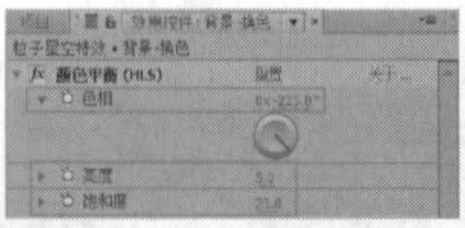

图6-633

图6-634

7 选择"背景-换色"图层，执行"效果>颜色校正>曲线"菜单命令，调整曲线的形状，如图6-635所示。

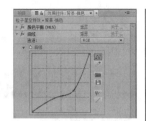

图6-635

8 选择"背景-换色"图层，执行"效果>颜色校正>色调"菜单命令，设置"将黑色映射到"的颜色为黑色、"将白色映射到"的颜色为深灰色（R:81, G:81, B:81）、"着色数量"的值为31%，如图6-636所示。画面的预览效果如图6-637所示。

图6-636　　　　　　　　　图6-637

9 执行"文件>导入>文件"菜单命令，打开本书学习资源中的"案例源文件>第6章>6.35>Logo.psd"文件，并将该文件添加到"粒子星空"合成的时间线上，选择Logo图层，按Ctrl+Shift+C快捷键键合并图层，并将合并后的图层命名为LOGO for particle，如图6-638所示。

10 执行"图层>新建>纯色"菜单命令，新建一个纯色图层，设置背景颜色为黄色（R:255, G:210, B:72），尺寸大小与合成大小保持一致，将其命名为"粒子"，如图6-639所示。

图6-638　　　　　　　　　图6-639

11 选择"粒子"图层，执行"效果>Trapcode>Particular（粒子）"菜单命令，展开Emitter（发射器）参数项，设置Particles/sec（粒子数量/秒）为12000、Emitter Type（发射器类型）为Layer（图层）、Direction（方向）为Directional、Direction Speed[%]的值为5、Velocity的值为0、Velocity Random[%]的值为0、Velocity Distrbution的值为0、Velocity from Motion[%]的值为0、Emitter Size Z的值为0、Layer为12. LOGO for particle，如图6-640所示。

图6-640

12 设置Particular（粒子）效果的相关属性的关键帧动画，在第0帧处，设置Emitter Size Z的值为6000；在第1秒19帧处，设置Emitter Size Z的值为4；在第24帧处，设置Velocity（速率）的值为120；在第1秒19帧处，设置Velocity（速率）的值为0，如图6-641所示。

图6-641

13 展开Particle（粒子）属性栏，设置Life[sec]（生命[秒]）为7.6、Life Random[%]的值为100、Sphere Feather（球体羽化）的值为100、Size（大小）的值3、Opacity over Life（不透明度衰减值）的方式为第4种，如图6-642所示。

14 展开Aux System（次级辅助粒子系统）选项，设置Emit（发射）选项为Continuously（连续）、Particles/sec（粒子数量/秒）为50、Life[sec]（每秒生命值）为0.5、Velocity（速率）的值为5、Size（大小）的值为0.5、Color From Main[%]的值为100、Gravity（重力）的值为-5，如图6-643所示。

图6-642　　　　　　　　　图6-643

15 选择"粒子"图层，修改该图层的叠加方式为"相加"；开启时间线上的模糊选项，如图6-644所示。画面的预览效果如图6-645所示。

图6-644　　　　　　　　　图6-645

16 选择LOGO For Particle图层，按Ctrl+D快捷键复制该图层，将复制得到的新图层命名为"LOGO编辑"，选择"LOGO编辑"图层，执行"效果>透视>斜面Alpha"菜单命令，为该图层添加"斜面Alpha"效果，设置"边缘厚度"的值为7.7、"灯光角度"的值为（0×+0°）、"灯光强度"的值为0.33，如图6-646所示。

17 选择"LOGO编辑"图层，按Ctrl+Shift+C快捷键合并图层，并将合并后的图层命名为"LOGO最终"，如图6-647所示。

图6-646　　　　　　　　　图6-647

18 将"LOGO最终"图层的入点时间设置在第5秒12帧处，然后执行"图层>新建>纯色"菜单命令，新建一个白色的纯色图层，并将该图层命名为"LOGO高光"，接着将该图层的入点时间设置在第5秒12帧处。选择"LOGO最终"图层并按Ctrl+D快捷键键复制该图层，将复制得到的图层移动到"LOGO高光"图层的上面，最后将"LOGO最终"图层作为"LOGO高光"图层的亮度遮罩蒙版，如图6-648所示。

图6-648

19 选择"LOGO高光"图层，执行"效果>模糊和锐化>高斯模糊"菜单命令，修改"模糊度"的值为2，如图6-649所示。

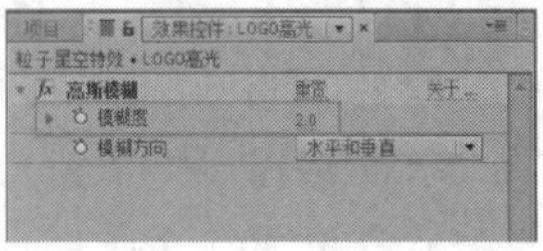

图6-649

20 选择"LOGO高光"图层，使用"钢笔工具" 在该图层上创建一个蒙版，并将该图层的"不透明度"修改为16%，如图6-650所示。画面的预览效果如图6-651所示。

图6-650　　　　　图6-651

21 使用"横排文字工具" 创建"一切从星开始"文字图层，设置该文字的字体为"方正粗倩简体"、字体大小为70像素、字符间距为200、字体颜色为黄色（R:238, G:255, B:120），并对字体加粗，如图6-652所示。

22 选择文字图层，使用"矩形工具" 为文字图层创建一个蒙版，分别在第0帧和第2秒处创建蒙版动画，同时开启该图层的三维图层，如图6-653和图6-654所示。

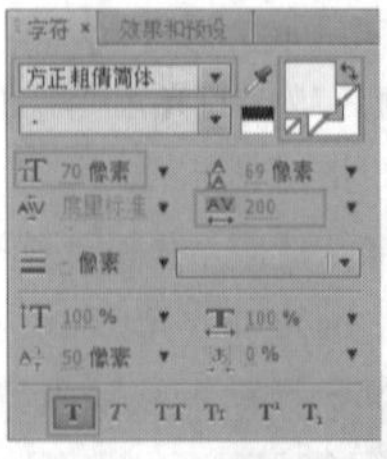

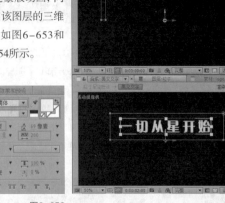

图6-652 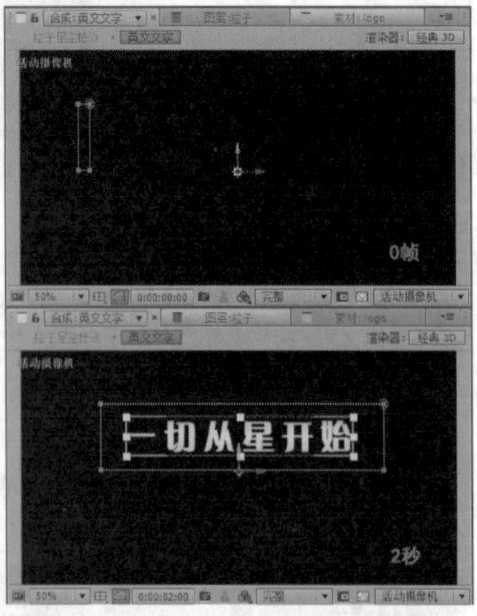　　　　　图6-653

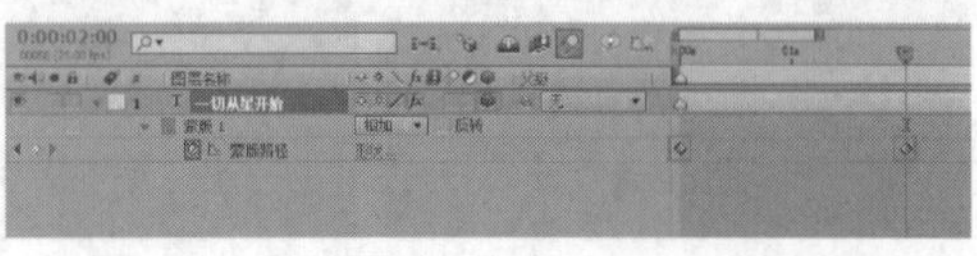

图6-654

23 选择"一切从星开始"图层，执行"效果>风格化>发光"菜单命令，修改"发光半径"的值为93%，如图6-655所示。画面的预览效果如图6-656所示。

图6-655　　　　　图6-656

24 选择文字图层，按Ctrl+Shift+C快捷键合并图层，将合并后的图层命名为"英文文字"，然后将该图层的入点时间放置在第6秒18帧处，如图6-657和图6-658所示。

图6-657

图6-658

25 执行"图层>新建>摄像机"菜单命令，建立摄像机图层，设置其预设为"自定义"、"缩放"值为282.22毫米，如图6-659所示。最后关闭LOGO for particle图层的显示，如图6-660所示。

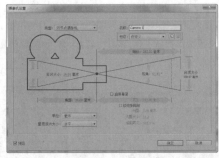

图6-659

图6-660

26 按小键盘上的数字键0，预览最终效果，如图6-661所示。

图6-661

第7章 高级特效

◎ **本章导读**

　　本章主要介绍After Effects的高级特效的制作方法，其中还会介绍一些外挂插件的应用，帮助读者熟练掌握这些插件并利用其制作出炫彩特效。After Effects不仅自身功能强大，而且还有庞大的第三方特效插件的支持，合理地运用这些插件可以得到意想不到的效果。

◎ **本章所用外挂插件**

　» 3D Stroke

　» Particular

　» Form

7.1 数字特技

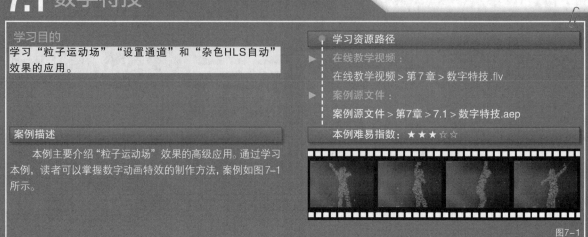

图7-1

操作流程

1 执行"合成>新建合成"菜单命令，创建一个预设为"自定义"的合成，设置"宽度"为720px、"高度"为576px、"像素长宽比"为"方形像素"、"持续时间"为5秒，并将其命名为"噪波"，如图7-2所示。

2 执行"图层>新建>纯色"菜单命令，创建一个背景色为白色的纯色图层，设置"像素长宽比"为"方形像素"，并将其命名为"噪波"，如图7-3所示。

图7-2　　　　　　　　　　　图7-3

3 选择"噪波"图层，执行"效果>杂色和颗粒>杂色HLS自动"菜单命令，然后设置"杂色"为"颗粒"、"亮度"的值为230%、"颗粒大小"的值为10，具体参数设置如图7-4所示。画面的预览效果如图7-5所示。

 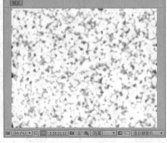

图7-4　　　　　　　　　　　图7-5

4 接下来制作通道，用于将噪波和跳舞人物关联起来。执行"合成>新建合成"菜单命令，创建一个新合成并将其命名为"通道"，设置"像素长宽比"为"方形像素"，如图7-6所示。

5 执行"图层>新建>纯色"菜单命令，创建一个新的白色纯色图层，并将其命名为"通道"，大小与合成保持一致，如图7-7所示。

图7-6　　　　　　　　　　　图7-7

6 执行"文件>导入>文件"菜单命令，打开本书学习资源中的"案例源文件>第7章>7.1)素材"文件夹，然后选择文件夹中的第1张素材，勾选"Targa序列"选项，在"解释素材"对话框中选择"直接-无遮罩"选项，如图7-8和图7-9所示。

图7-8　　　　　　　　　　　图7-9

7 在"项目"窗口中选择"舞蹈"序列文件，然后单击鼠标右键，在弹出的菜单中选择"解释素材>主要"命令，接着在打开的对话框中的"其他控制"参数栏中选择"方形像素"，如图7-10所示。

图7-10

提示

因为原素材是PAL制的，所以它的像素比是1.07，而本例中的设置都是"方形像素"，所以要把导入的素材设置为方形像素。

---

8 将项目窗口中的"舞蹈"和"噪波"都添加到"通道"合成的时间线上，最后关闭它们的显示开关，如图7-11所示。

图7-11

9 选择"通道"图层，执行"效果>通道>设置通道"菜单命令，设置"源图层1"为"2.舞蹈_{00000-00124}.tga"，设置"将源1设置为红色"选项为Alpha、"源图层2"选项为"3.噪波"，如图7-12所示。画面的预览效果如图7-13所示。

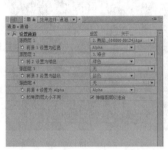
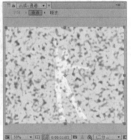

图7-12　　　　　　　　图7-13

10 执行"合成>新建合成"菜单命令，创建一个预设为"自定义"的合成，设置"宽度"为720px、"高度"为576px、"像素长宽比"为"方形像素"，将其命名为"字母"，如图7-14所示。

11 执行"文件>导入>文件"菜单命令，打开本书学习资源中的"案例源文件>第7章>7.1>背景.jpg"文件，将其拖曳到"字母"合成的时间线中，如图7-15所示。

图7-14　　　　　　　　图7-15

12 将项目窗口中的"通道"合成添加到"字母"合成的时间线上，关闭"通道"图层的显示开关，如图7-16所示。

图7-16

13 执行"图层>新建>纯色"菜单命令，新建一个黑色的纯色图层，并将其命名为"粒子"，设置"宽度"为720像素、"高度"为576像素，如图7-17所示。

图7-17

14 择"粒子"图层，执行"效果>模拟>粒子运动场"菜单命令，展开"发射"属性栏，设置"每秒粒子数"的值为0；展开"网格"参数项，设置"宽度"的值为720、"高度"的值为576、"粒子交叉"的值为70、"粒子下降"的值为55、"颜色"为绿色（R:15, G:251, B:1)；展开"粒子爆炸"参数栏，设置"新粒子的半径"的值为0，如图7-18所示。画面的预览效果如图7-19所示。

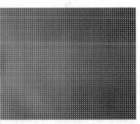

图7-18　　　　　　　　图7-19

15 将"粒子运动场"效果中的绿色点替换为字母。单击Particle Playground（粒子运动场）右侧的Option（选项），然后在弹出的对话框中单击Edit Grid Text（编辑网络文字）按钮，接着在文字输入框选择需要的字体，并输入字母A，如图7-20所示。

图7-20

16 展开"粒子运动场"效果中的"网格"参数栏，设置"字体大小"属性的关键帧动画，在第0帧处，设置"字体大小"的值为10；在第1帧处，设置"字体大小"的值为0，如图7-21所示。画面中的粒子变成字母A，如图7-22所示。

图7-21

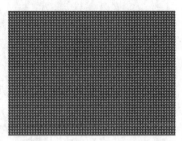

图7-22

17 展开"重力"参数栏,设置"力"的值为0,如图7-23所示。

18 展开"永久属性映射器"参数项,设置"使用图层作为映射"选项为"2.通道"、"将红色映射为"选项为"不透明度"、"最大值"为300;设置"将绿色映射为"选项为"字符",用来随机产生字母,设置"最大值"为100。这里使用"混合通道"图层的舞蹈人物来控制粒子图层的区域,如图7-24所示。画面的预览效果如图7-25所示。

图7-23

图7-24

图7-25

19 选择"粒子"图层,执行"效果>风格化>发光"菜单命令,这样跳舞的数字人便会产生光感,如图7-26所示。

图7-26

20 按小键盘上的数字键0,预览最终效果,如图7-27所示。

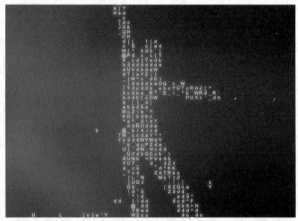

图7-27

7.2 漂浮盒子

学习目的

学习"CC Burn Film(CC 胶片烧灼)""毛边"和"泡沫"效果的用法。

学习资源路径

▶ 在线教学视频:

在线教学视频 > 第7章 > 漂浮盒子 .flv

▶ 案例源文件:

案例源文件 > 第7章 > 7.2 > 漂浮盒子 .aep

案例描述

本例主要介绍"CC Burn Film(CC 胶片烧灼)"和"毛边"效果的运用,通过学习本例,读者可以掌握漂浮盒子特效的制作方法,案例如图7-28所示。

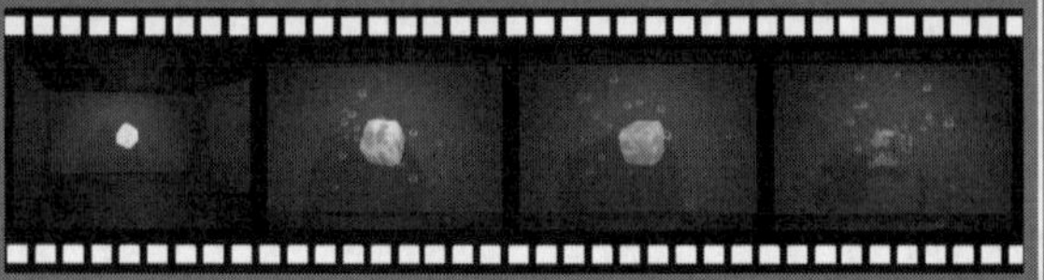

本例难易指数:★ ★ ★ ☆ ☆

图7-28

操作流程

1 执行"合成>新建合成"菜单命令,创建一个预设为"自定义"的合成,设置合成大小为200像素×200像素、"像素长宽比"为"方形像素"、"持续时间"为5秒,并将其命名为"矩形",如图7-29所示。

2 执行"图层>新建>纯色"菜单命令,创建一个尺寸与合成大小匹配的纯色图层,颜色为暗黄色(R:143, G:11, B:12),并将其命名为"面",如图7-30所示。

图7-29　　　　　　　　图7-30

图7-36

3 选择"面"图层，执行"效果>生成>填充"菜单命令，设置"颜色"为浅蓝色（R:163，G:234，B:255），如图7-31所示。

图7-31

4 选择"面"图层，执行"效果>风格化>CC Burn Film（CC 胶片烧灼）"菜单命令，然后设置Burn（烧灼）属性的关键帧动画，在第0帧处，设置Burn（烧灼）的值为0；在第5秒处，设置Burn（烧灼）的值为77，如图7-32所示。

图7-32

5 选择"面"图层，执行"效果>风格化>毛边"菜单命令，设置"边缘类型"为"刺状"、"边界"的值为80.73、"边缘锐度"的值为0.72、"分形影响"的值为0.79、"比例"的值为10、"偏移（湍流）"为（101，100.5）、"复杂度"的值为1、"演化"为（0×-2°），如图7-33所示。

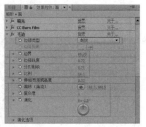

图7-33

6 选择"面"图层，执行"效果>风格化>发光"菜单命令，设置"发光阈值"的值为86.3%、"发光半径"的值为26、"颜色A"为蓝色（R:17，G:159，B:176），如图7-34所示。画面的预览效果如图7-35所示。

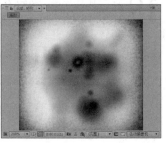

图7-34　　　　　　　　图7-35

7 执行"合成>新建合成"菜单命令，创建一个预设为"自定义"的合成，设置"宽度"为1024px、"高度"为576px、"像素长宽比"为"方形像素"、"持续时间"为5秒，并将其命名为"正方体"，如图7-36所示。

8 将项目窗口中的"矩形"合成添加到"正方体"合成的时间线中，然后执行"图层>新建>摄像机"菜单命令，创建一个摄像机图层，设置"预设"为50mm，如图7-37所示。修改摄像机中"目标点"属性的值为（574，251，1）、"位置"属性的值为（1244，-267，-1085.3），如图7-38所示。

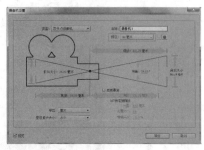

图7-37

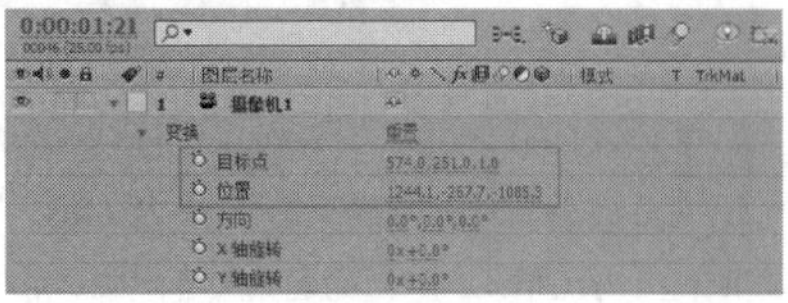

图7-38

9 选择"矩形"图层，开启图层三维模式，连续按5次Ctrl+D快捷键，复制出5个新图层，将它们分别命名为"矩形_下""矩形_左""矩形_右""矩形_后"和"矩形_前"，然后设置"矩形"图层的"位置"为（512，188，100）、"方向"为（90°，0°，90°），设置"矩形_下"图层的"位置"为（512，387.8，100）、"方向"为（90°，0°，90°），设置"矩形_左"图层的"位置"为（412，288，100）、"方向"为（0°，270°，0°），设置"矩形_右"图层的"位置"为（612，288，100）、"方向"为（0°，270°，0°），设置"矩形_后"图层的"位置"为（512，288，199.8）、"方向"为（0°，0°，0°），设置"矩形_前"图层的"位置"为（512，288，0）、"方向"为（0°，0°，0°），如图7-39所示。

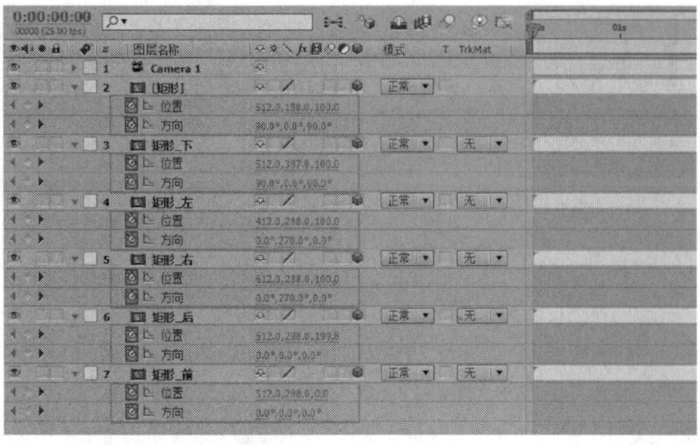

图7-39

10 选择Camera 1图层，为摄像机图层的"Z轴旋转"属性添加一个表达式time*100，如图7-40所示。预览效果如图7-41所示。

图7-40

图7-41

11 执行"合成>新建合成"菜单命令,创建一个预设为"自定义"的合成,设置"宽度"为1024px、"高度"为576px、"持续时间"为10秒,并将其命名为"气泡",如图7-42所示。

12 执行"合成>新建合成"菜单命令,创建一个尺寸与合成大小匹配的纯色图层,纯色图层的颜色为深黄色(R:143,G:111,B:12),最后将其命名为Foam,如图7-43所示。

图7-42

图7-43

13 选择Foam图层,执行"效果>模拟>泡沫"菜单命令,设置"视图"为"已渲染",展开"制作者"属性栏,设置"产生X大小"的值为0、"产生Y大小"的值为0;展开"气泡"属性栏,设置"大小"的值为0.17、"大小差异"的值为0.61、"寿命"的值为200、"强度"的值为9;展开"物理学"属性栏,设置"风速"的值为0、"风向"为(0×+124°)、"湍流"的值为0.78,如图7-44所示。

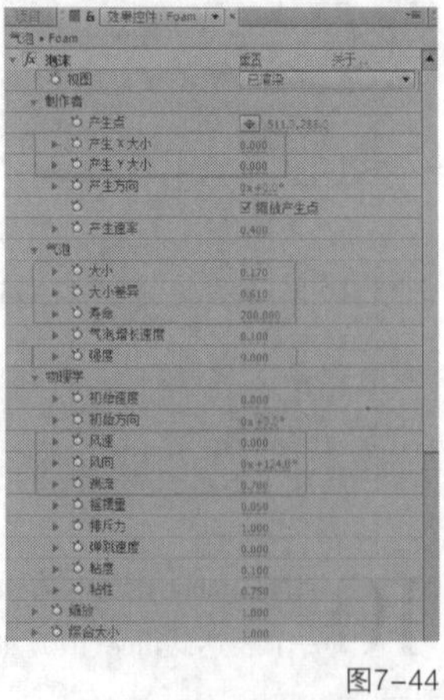

图7-44

14 展开"正在渲染"属性栏,设置"气泡纹理"为"小雨";展开"流动映射"属性栏,设置"模拟品质"为"高",如图7-45所示。

15 选择Foam图层,执行"效果>生成>填充"菜单命令,设置"颜色"为浅蓝色(R:129,G:215,B:255),如图7-46所示。画面的预览效果如图7-47所示。

16 执行"合成>新建合成"菜单命令,创建一个"预设"为"自定义"的合成,设置"宽度"为1024px、"高度"为576 px、"持续时间"为6秒,并将其命名为"漂浮盒子",如图7-48所示。

图7-45

图7-46

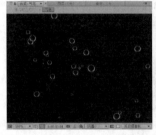

图7-47

图7-48

17 执行"图层>新建>纯色"菜单命令,创建一个尺寸与合成大小匹配的纯色图层,设置纯色图层的颜色为深黄色(R:143,G:111,B:12),并将其命名为"墙1",如图7-49所示。

图7-49

18 选择"墙1"图层,执行"效果>颜色校正>曲线"菜单命令,分别在"红色""绿色"和"蓝色"通道中调整曲线,如图7-50所示。

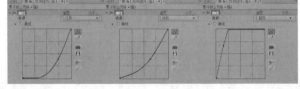

图7-50

19 选择"墙1"图层,开启图层的三维开关,然后执行"图层>新建>摄像机"菜单命令,创建摄像机图层,设置预设为"自定义"、"缩放"为447.05毫米、"胶片大小"为36毫米、"视角"为44°、"焦距"为44.55毫米,如图7-51所示。

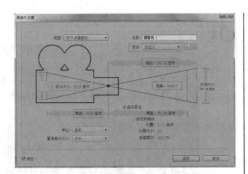

图7-51

20 选择"墙1"图层，连续按4次Ctrl+D快捷键复制4个图层，分别将其命名为"墙2""墙3""墙4""墙5"。设置"墙1"图层的"位置"为（512，567，0）、"方向"为（270°，0°，0°）；设置"墙2"图层的"位置"为（512，3，0）、"方向"为（270°，0°，0°）；设置"墙3"图层的"位置"为（512，3，288）、"方向"为（180°，0°，0°）；设置"墙4"图层的"位置"为（0，3，76）、"方向"为（0°，90°，180°）；设置"墙5"图层的"位置"为（1024，3，76）、"方向"为（0°，90°，180°），如图7-52所示。

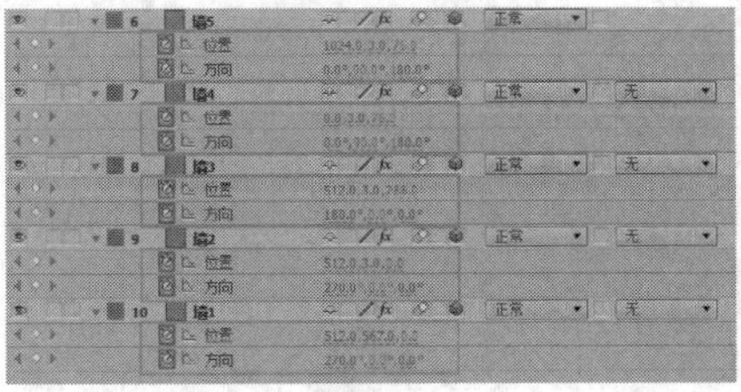

图7-52

21 设置"墙1"图层的"缩放"属性为（114.2，501.2，100%）、"墙2"图层的"缩放"属性为（110.4，507.1，100%）、"墙3"图层的"缩放"属性为（100，400.6，100%）、"墙4"图层的"缩放"属性为（405.8，195.2，100%）、"墙5"图层的"缩放"属性为（277.4，369，100%），如图7-53所示。

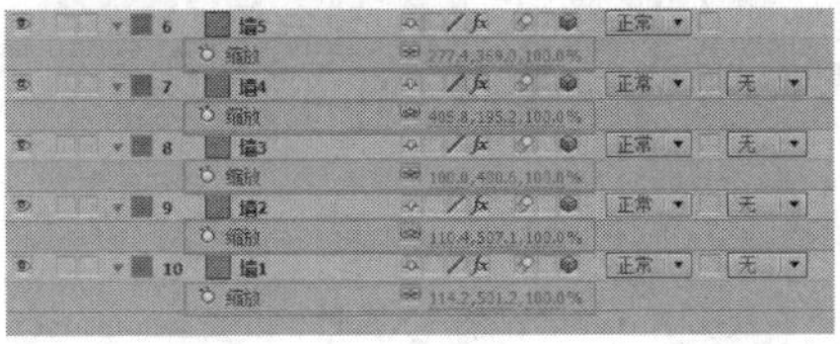

图7-53

22 执行"图层>新建>灯光"菜单命令，创建一个灯光层，将其命名为"灯光1"，设置"灯光类型"为"点"，如图7-54所示。

23 选择"灯光1"图层，设置"位置"的值为（546.7，207.3，-131），设置"投影"为"开"，如图7-55所示。

图7-54 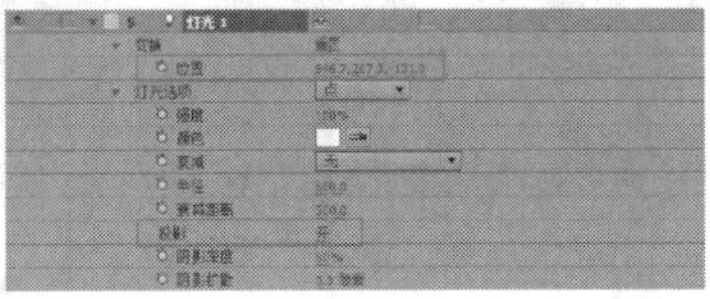   图7-55

24 执行"图层>新建>灯光"菜单命令，继续创建一个灯光层，然后将其命名为"灯光2"，设置"灯光类型"为"聚光"、"强度"的值为50%，如图7-56所示。

25 展开"灯光2"图层，设置"目标点"的值为（533.5，119.6，40.4）、"位置"的值为（576.1，76.9，-315.1）、"方向"的值为（336°，0°，0°），如图7-57所示。

图7-56 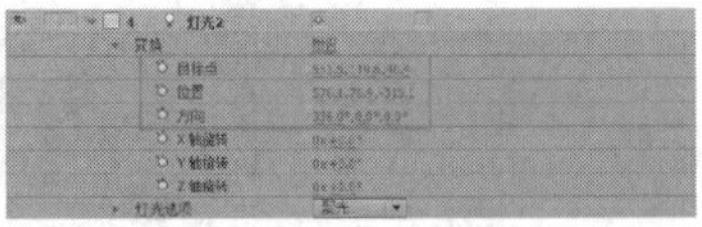   图7-57

26 将项目窗口中的"气泡"和"正方体"合成添加到"漂浮盒子"合成的时间线上，然后选择"气泡"图层，执行"效果>风格化>发光"菜单命令，设置"发光阈值"为55.7%，如图7-58所示。

27 选择"气泡"图层，执行"效果>模拟>CC Scatterize（CC散射效果）"菜单命令，设置Scatter（散射）属性的关键帧动画，在第4秒14帧处，设置Scatter（散射）的值为0；在第5秒04帧处，设置Scatter（散射）的值为50，如图7-59和图7-60所示。

   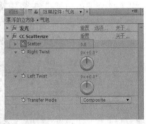

图7-58   图7-59

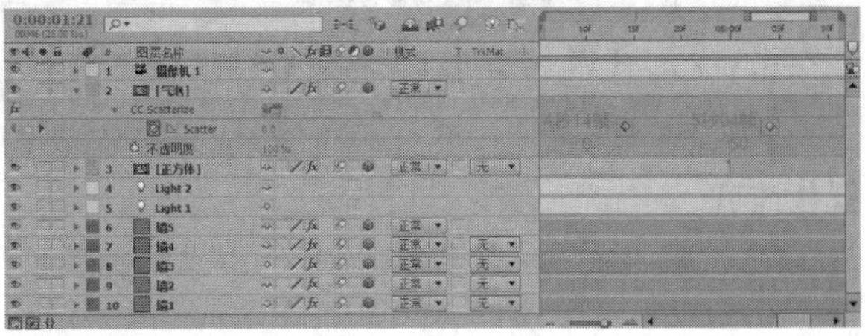

图7-60

28 选择"气泡"图层，按T键展开"不透明度"属性，设置该属性的关键帧动画。在第1秒02帧处，设置"不透明度"的值为0%；在第1秒12帧，设置"不透明度"的值为100%；在第5秒04帧处，设置"不透明度"的值为100%；在第5秒17帧处，设置"不透明度"的值为0%，如图7-61所示。

图7-61

29 选择"Camera 1"图层，开启"景深"选项，然后设置该图层相关属性的关键帧动画，在第1秒01帧处，设置"目标点"的值为（429.6，276.7，-1123.9）、"位置"的值为（182.8，

227.1, −2523.7)、"缩放"的值为1267.2像素、"焦距"的值为2500
像素、"光圈"的值为160.3像素；在第1秒20帧处，设置"目标点"
的值为（512，288，0）、"位置"的值为（512，288，−1422.2）、"缩
放"的值为1422.2像素、"焦距"为的值1256像素、"光圈"的值为
25.3像素，如图7-62所示。

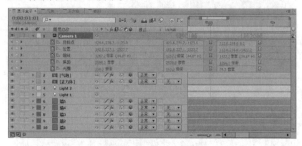

图7-62

30 按小键盘上的数字键0，预览最终效果，如图7-63所示。

图7-63

7.3 特效花朵

学习目的
学习CC Particle World（CC 粒子世界）和CC
Vector Blur（CC 矢量模糊）的运用。

案例描述
本例主要讲解CC Particle World（CC 粒子世界）和CC
Vector Blur（CC 矢量模糊）效果的运用。通过学习本例，读者
可以掌握绽放花朵特效的制作方法，案例如图7-64所示。

学习资源路径
▶ 在线教学视频：
在线教学视频 > 第7章 > 特效花朵.flv
▶ 案例源文件：
案例源文件 > 第7章 > 7.3 > 特效花朵.aep

本例难易指数：★ ★ ★ ☆ ☆

图7-64

操作流程

1 执行"合成>新建合成"菜单命令，创建一个预设为"自定义"
的合成，设置"宽度"为1024px、"高度"为576px、"持续时间"
为10秒，并将其命名为"粒子"，如图7-65所示。

2 执行"图层>新建>纯色"菜单命令，创建一个尺寸与合成大小
匹配的纯色图层，设置"颜色"为绿色（R:33, G:134, B:64），将
其命名为"粒子"，如图7-66所示。

图7-65　　　　　　　　　　　图7-66

3 选择"粒子"图层，执行"效果>模拟>CC Particle World（CC 粒
子世界）"菜单命令，设置Birth Rate的值为3.6、Longevity（sec）
的值为1.51；展开Producer属性栏，设置PositionX的值为−0.53、

Position Y的值为−0.12，如图7-67所示。

4 展开Physics（物理）属性，设置Animation（动画）为Fractal
Omni、Velocity（速率）的值为1.39、Inherit Velocity %的值为0、
Gravity的值为0.55、Resistance的值0、Extra的值为1.13、Extra Angle
为（1×+12°），如图7-68所示。

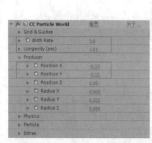

图7-67　　　　　　　　　　　图7-68

5 展开Particle（粒子）属性栏，设置Particle Type（粒子类型）
为Bubble、Birth Size的值为0.78、Death Size的值为0.44、Size
Variation的值为8%、Max Opacity的值为76%、Death Color（消亡颜
色）为紫色（R:223, G:0, B:243），如图7-69所示。

图7-69

图7-74

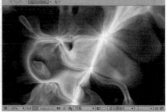

图7-75

6 展开CC Particle World（CC 粒子世界）属性栏，然后在第1秒05帧处，设置Position X（X位置）为−0.53；在第4秒06帧处，设置Position X（X位置）为0.61。接着展开Extrs选项中的Effect Camera（特效摄像机摄像机）参数栏，最后按住Alt键的同时单击FOV（视角），为其添加一个表达式time*100，如图7-70所示。画面的预览效果如图7-71所示。

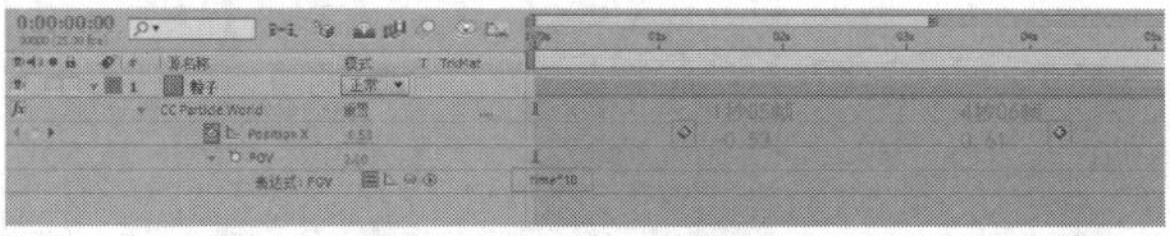

10 执行"合成>新建合成"菜单命令，创建一个预设为"自定义"的合成，设置"宽度"为1024px、"高度"为576 px、"持续时间"为18秒，并将其命名为"特效花朵"，如图7-76所示。

11 执行"文件>导入>文件"菜单命令，打开本书学习资源中的"案例源文件>第7章>7.3>音乐.wav"文件，最后将其拖曳到"特效花朵"合成中，如图7-77所示。

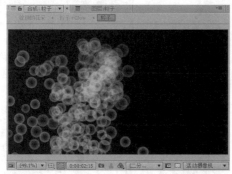

图7-70

图7-76

图7-77

图7-71

7 选择"粒子"图层，执行"效果>模糊与锐化>CC Vector Blur（CC 矢量模糊）"菜单命令，设置Amount（数量）的值为300、Ridge Smoothness（平滑）的值为3、Property（属性）选项为Alpha、Map Softness（贴图柔化）的值为80，如图7-72所示。

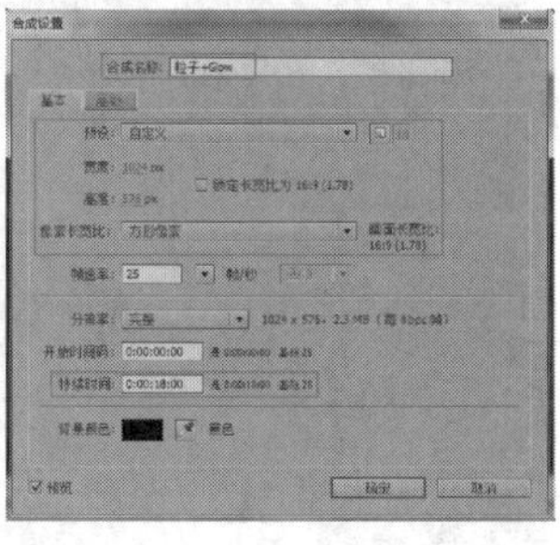

8 执行"合成>新建合成"菜单命令，创建一个预设为"自定义"的合成，设置"宽度"为1024px、"高度"为576 px、"持续时间"为18秒，并将其命名为"粒子+Glow"，如图7-73所示。

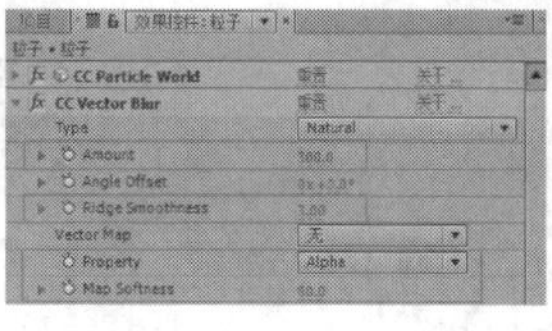

12 执行"图层>新建>纯色"菜单命令，创建一个尺寸与合成大小匹配的纯色图层，并将其命名为BG，选择该图层，执行"效果>生成>梯度渐变"菜单命令，设置"起始颜色"为紫色（R:120, G:0, B:85），如图7-78所示。

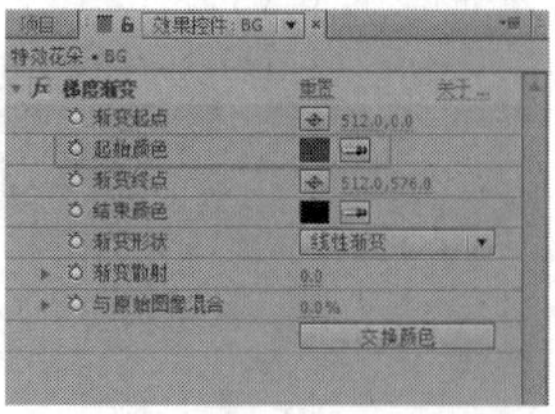

图7-78

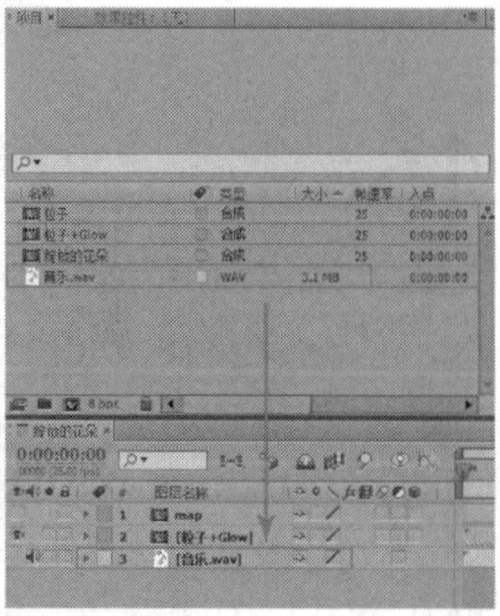

13 将项目窗口中的"粒子+Glow"合成拖曳到"特效花朵"合成中，选择"粒子+Glow"图层，然后按Ctrl+D快捷键复制出一个新图层，将新图层命名为map并关闭该图层的显示。接着单击"时间线"面板中左下角的展开按钮，打开"伸缩"面板，将"粒子+Glow"合成的"伸缩"值调整为−100%，使之倒放，如图7-79所示。

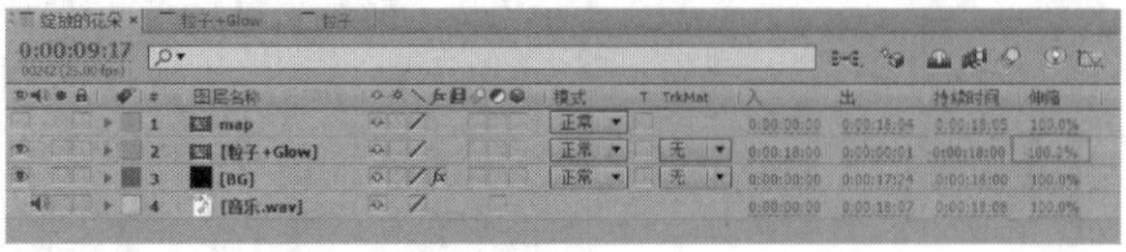

图7-72

图7-73

图7-79

9 将项目窗口中的"粒子"合成添加到"粒子+Glow"合成的时间线上，选择"粒子"图层，执行"效果>风格化>发光"菜单命令，设置"发光阈值"为0%、"发光半径"的值为0，如图7-74所示。画面的预览效果如图7-75所示。

14 执行"图层>新建>纯色"菜单命令，创建一个与合成大小匹配的蓝色（R: 0、G: 66、B: 104）图层，并将其命名为"波纹"；选择该图层，执行"效果>生成>填充"菜单命令，设置"颜色"为白色，如图7-80所示。

图7-80

15 选择"波纹"图层，使用"矩形工具"为其绘制一个蒙版，然后设置蒙版的"蒙版路径"属性的关键帧动画，在第7秒22帧处保持原始大小，在第5秒22帧处的大小如图7-81所示。

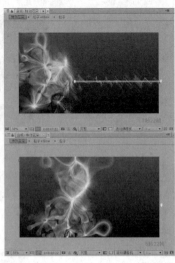

图7-81

16 选择"波纹"图层，执行"效果>模糊与锐化>CC Vector Blur（CC 矢量模糊）"菜单命令，设置Type（类型）为Direction Center（方向中心）、Amount（数量）的值为-24、Revolutions（绝对值）的值为9.9、Property（属性）为Alpha、Map Softness（贴图柔化）的值为16，如图7-82所示。

17 选择CC Vector Blur（CC 矢量模糊）效果，然后按Ctrl+D快捷键将其复制一份，接着将复制的效果命名为CC Vector Blur1，设置Type（类型）为Natural（自然）、Ridge Smoothness（平滑）的值为20、Vector Map（矢量贴图）为2.map、Property（属性）为Alpha、Map Softness（贴图柔化）的值为14，如图7-83所示。

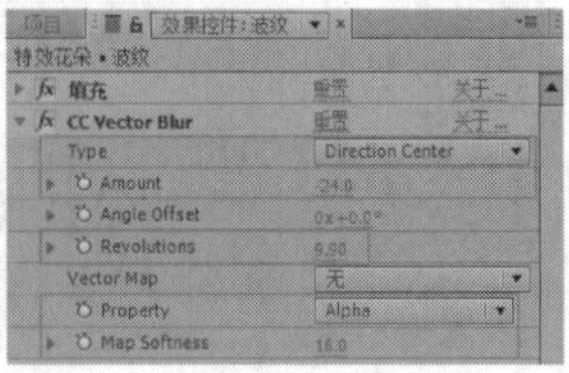

图7-82 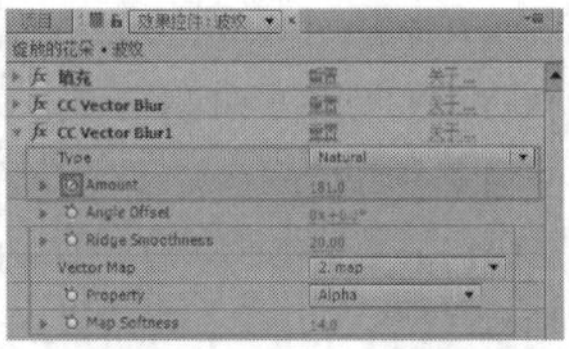　　　　　　图7-83

18 设置Amount（数量）属性的关键帧动画，在第16秒19帧处，设置Amount（数量）的值为181；在第17秒22帧处，设置Amount（数量）的值为0，如图7-84所示。

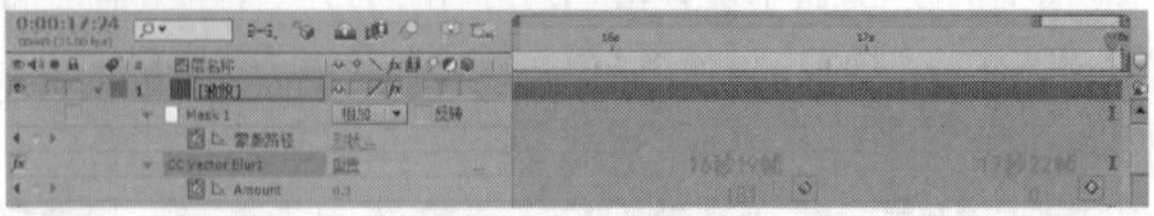

图7-84

19 选择"波纹"图层，执行"效果>扭曲>波纹"菜单命令，设置"波形速度"的值为0、"波形宽度"的值为35.1、"波形高度"的值为79、"波纹相"为（0×+20°），如图7-85所示。

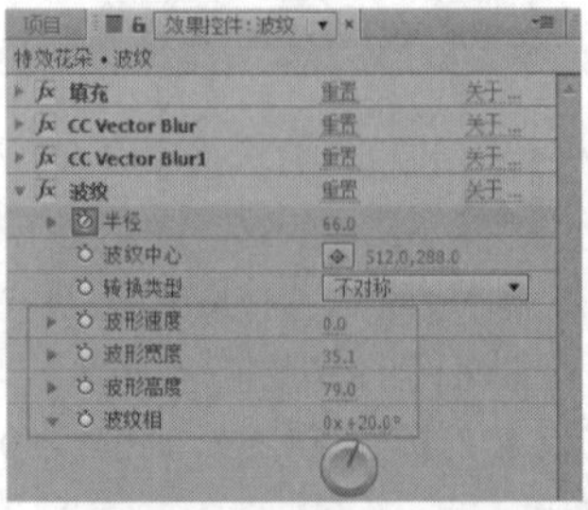

图7-85

20 设置"半径"属性的关键帧动画，在第14秒03帧处，设置"半径"的值为0；在第16秒05帧处，设置"半径"的值为66；在第17秒22帧处，设置"半径"的值为66，如图7-86所示。

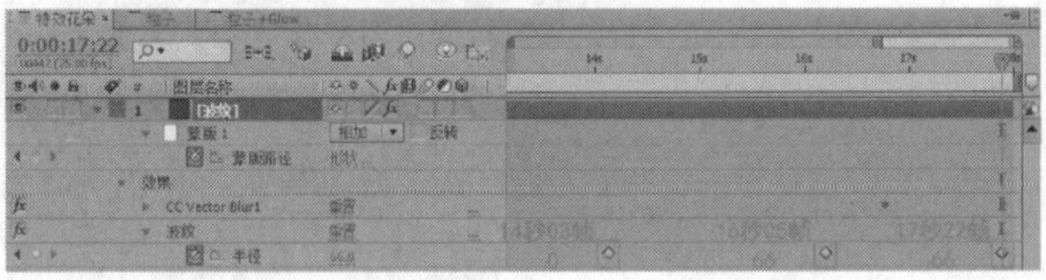

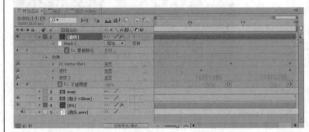

图7-86

21 选择"波纹"效果，然后按Ctrl+D快捷键复制该效果，把复制得到的效果命名为"波纹2"，接着选择"波纹2"效果，修改"半径"的值为83、"波形宽度"的值为36.5，如图7-87所示。

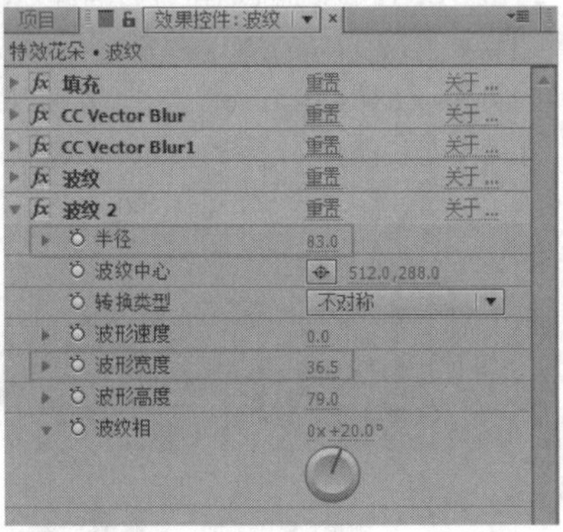

图7-87

22 选择"波纹"图层，按T键展开该图层的"不透明度"属性，设置其关键帧动画，在第16秒18帧处，设置"不透明度"的值为100%；在第17秒22帧处，设置"不透明度"的值为0%，如图7-88所示。

图7-88

23 按小键盘上的数字键0，预览最终效果，如图7-89所示。

图7-89

7.4 剪影动画

学习目的

学习3D Stroke（3D描边）和“发光”效果的应用。

学习资源路径

▶ 在线教学视频：

在线教学视频 > 第7章 > 剪影动画.flv

▶ 案例源文件：

案例源文件 > 第7章 > 7.4 > 剪影动画.aep

案例描述

本例主要介绍3D Stroke（3D描边）效果的高级应用。通过学习本例，读者可以掌握剪影动画特效的制作方法，案例如图7-90所示。

本例难易指数：★★★☆☆

图7-90

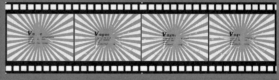

操作流程

1 使用Photoshop绘制需要的花纹图形，注意每个花枝单独为一层，如图7-91所示。

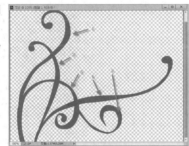

图7-91

提示

这里的花纹图形分为5层，画面尺寸大小为720像素×576像素，格式为PSD。

2 执行“文件>导入>文件”菜单命令，打开本书学习资源中的“案例源文件>第7章>7.4>素材>花纹.psd”文件，注意选择“合成-保持图层大小”选项，如图7-92所示。

3 单击“导入”按钮后，可以看到在“项目”面板中自动生成了一个合成，如图7-93所示。

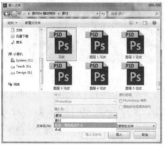

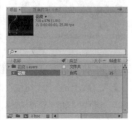

图7-92

图7-93

4 双击“花纹”合成，在“时间线”面板中将会看到花纹已经以图层的形式排列好，Photoshop中的图层信息完全转化到了软件中，图层分好以后就可以对每层进行动画设置了，如图7-94所示。

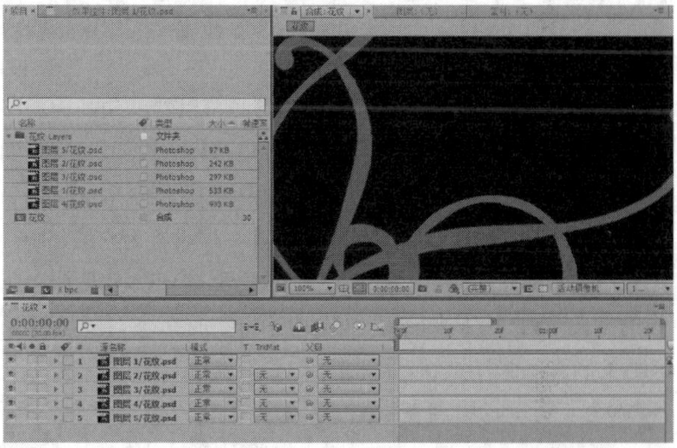

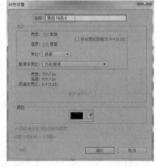

图7-94

5 执行“图层>新建>纯色”菜单命令，新建一个黑色纯色图层，图层名称为“黑色 纯色1”、“大小”为720像素×576像素，如图7-95所示。

图7-95

6 将“黑色 纯色1”图层拖曳到“图层5”的上面，并关闭该图层的显示开关，使其不可见，如图7-96所示。

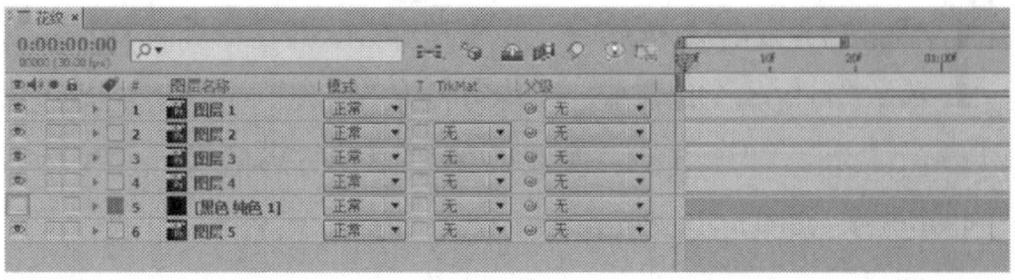

图7-96

7 选择“黑色 纯色1”图层，按照“图层5”的花纹，使用“钢笔工具”绘制出路径，如图7-97所示。

8 开启"黑色 纯色1"图层的显示，然后选择"黑色 纯色1"图层，执行"效果>Trapcode>3D Stroke（3D描边）"菜单命令，设置Thickness（厚度）的值为15.6，使其绘制的路径正好遮挡住"图层5"的花纹，如图7-98所示。

图7-97　　　　　　　　　　　　　　　　图7-98

9 设置3D Stroke（3D描边）效果的Offest（偏移）属性的关键帧动画，在第0帧处，设置其值为-100，使其勾画的路径完全不可见；在第1秒处，设置其值为0，使其勾画的路径完全出现，如图7-99所示。

图7-99

10 这时在0～1秒之间移动时间指针，可以看到勾画面的路径出现生长的动画，但现在还只是路径生长，并没有看到"花纹"的生长，选择"图层5"，设置轨道蒙版为"Alpha遮罩[黑色 纯色5]"，也就是将"图层5"上方的那一层设置为它的蒙版，用蒙版的Alpha区域来控制"图层5"的显现，这样就实现了1个花枝的生长动画。接下来使用同样的操作，完成其他"花纹"生长动画的制作，如图7-100所示。

图7-100

11 根据实际情况的需要，可以分别调整其他花枝的运动速度和先后顺序（如分枝要比主干晚），如图7-101所示。

图7-101

12 执行"合成>新建合成"菜单命令，创建一个"预设"为"自定义"的合成，将其命名为"组合"，设置"宽度"为720px、"高度"为540px、"像素长宽比"为"方形像素"、"持续时间"为5秒，如图7-102所示。

13 执行"图层>新建>纯色"菜单命令，创建一个纯色图层，设置"宽度"为720像素、"高度"为540像素、"像素长宽比"为"方形像素"、"颜色"为白色，将其命名为"背景"，如图7-103所示。

图7-102　　　　　　　　　　　　　　　图7-103

14 执行"文件>导入>文件"菜单命令，打开本书学习资源中的"案例源文件>第7章>7.4>素材>放射背景.tga"文件，然后将其添加到"组合"合成的时间线上，接着设置"放射背景.tga"图层的"旋转"属性的关键帧动画，在第0秒处，设置其值为（0×+0°）；在第3秒处，设置其值为（0×+105°），如图7-104所示。画面的预览效果如图7-105所示。

图7-104

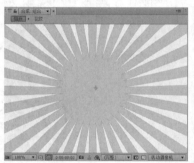

图7-105

15 选择"放射背景"图层，执行"效果>颜色校正>色相/饱和度"菜单命令，勾选"彩色化"选项，设置"着色色相"为（0×+235°）、"着色饱和度"的值为100、"着色亮度"的值为-10，如图7-106所示。画面的预览效果如图7-107所示。

图7-106　　　　　　　　　　　　　　　图7-107

16 将项目窗口中的"花纹"合成添加到"组合"合成的时间线上，选择"花纹"图层，执行"效果>风格化>发光"菜单命令，设置"颜色A"为草绿色（R:30, G:255, B:0），设置"颜色B"为浅青色（R:179, G:255, B:206），如图7-108所示。

17 选择"花纹"图层，按Ctrl+D快捷键复制一个新图层，将新图层命名为"花纹2"，然后选择"花纹2"图层中的"发光"效果，修改"颜色B"为蓝色（R:0, G:240, B:255）、"色彩相位"为（0×+11°），如图7-109所示。

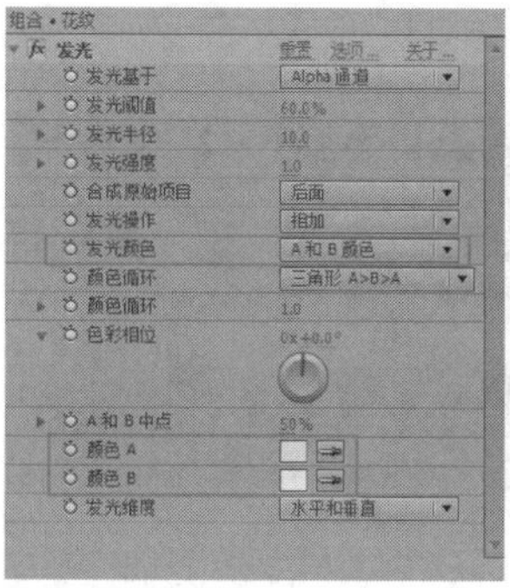

图7-108 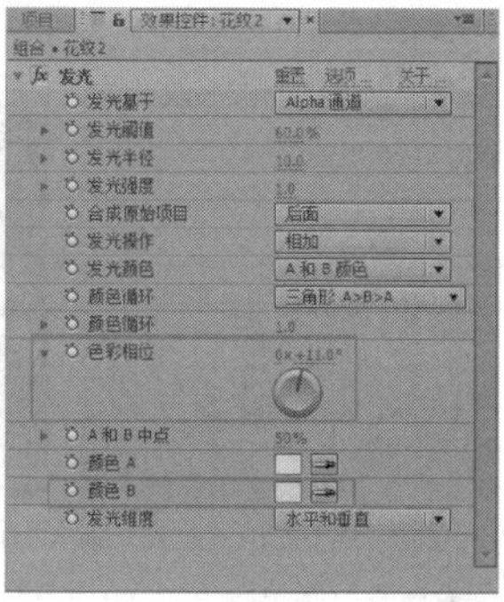　　　　　　　　图7-109

18 同时选择"花纹"和"花纹2"图层,展开两个图层的"变换"属性,设置"花纹"图层的"位置"为(180, 326)、"缩放"为(35.4, -63.8)、"旋转"为(0×+93°);设置"花纹2"图层的"位置"为(536, 300)、"缩放"为(39.4, 41.7)、"旋转"为(0×+56°),如图7-110所示。画面的预览效果如图7-111所示。

图7-110　　　　　　　　图7-111

19 执行"文件>导入>文件"菜单命令,导入本书学习资源中的"案例源文件>第7章>7.4>舞蹈>舞蹈_[00000-00124].tga"文件,并将该图层重新命名为"剪影",画面效果如图7-112所示。

图7-112

20 选择"剪影"图层,执行"效果>生成>填充"菜单命令,设置"颜色"为橙色(R:255, G:102, B:9),如图7-113所示。画面的预览效果如图7-114所示。

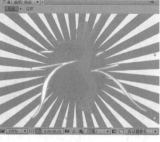

图7-113　　　　　　　　图7-114

21 执行"文件>导入>文件"菜单命令,导入本书学习资源中的"案例源文件>第7章>7.4>素材>字母.tga"文件,并将其添加到时间线上,然后将该文件放在"剪影"图层的下面,选择"字母.tga"图层,执行"效果>生成>填充"菜单命令,设置"颜色"为黑色,如图7-115所示。

图7-115

22 按小键盘上的数字键0,预览最终效果,如图7-116所示。

图7-116

7.5 绝地逢生

学习目的

使用CC Particle World(CC粒子世界)制作场景中粒子随机飞散的效果。

学习资源路径

▶ 在线教学视频:

　在线教学视频 > 第7章 > 绝地逢生 .flv

▶ 案例源文件:

　案例源文件 > 第7章 > 7.5 > 绝地逢生 .aep

案例描述

　　本例主要介绍CC Particle World(CC粒子世界)效果的高级应用。通过学习本例,读者可以掌握CC Particle World(CC粒子世界)、摄像机和表达式的综合运用,案例如图7-117所示。

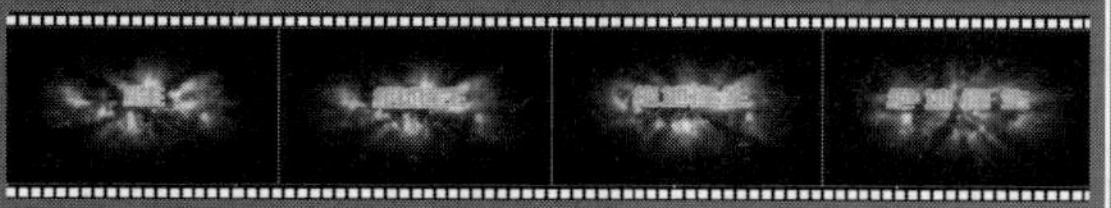

本例难易指数:★ ★ ★ ☆ ☆

图7-117

操作流程

1 执行"合成>新建合成"菜单命令,创建一个预设为"自定义"的合成,设置"持续时间"为5秒,并将其命名为"绝地逢生",

如图7-118所示。

图7-118

色校正>色调"菜单命令,设置"着色数量"的值为74%,如图7-125所示。画面的预览效果如图7-126所示。

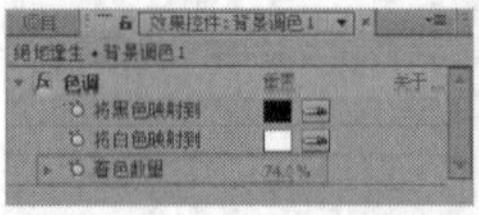

2 执行"文件>导入>文件"菜单命令,打开本书学习资源中的"案例源文件>第7章>7.5>背景.mov"文件,将其添加到"绝地逢生"合成的时间线上并打开其三维开关,如图7-119所示。

图7-119

图7-125　　　　图7-126

3 选择"背景.mov"图层,执行"效果>风格化>发光"菜单命令,设置"发光阈值"为26%、"发光半径"为24、"发光强度"为0.3、"发光颜色"为"A和B颜色"、"颜色循环"为"锯齿A>B"、"颜色A"为浅橙色(R:255, G:223, B:182)、"颜色B"为橙色(R:255, G:120, B:0),如图7-120所示。画面的预览效果如图7-121所示。

7 选择"背景调色1"图层,执行"效果>颜色校正>曲线"菜单命令,然后分别在"红色""绿色"和"蓝色"通道中调整曲线,如图7-127所示。画面的预览效果如图7-128所示。

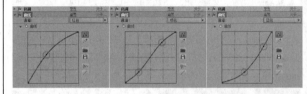

图7-127

图7-120　　　　图7-121

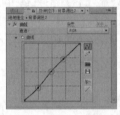

图7-128

4 选择"背景.mov"图层,按Ctrl+D快捷键复制一个图层,将复制得到的图层重新命名为BG,设置图层叠加模式为"相加",如图7-122所示。

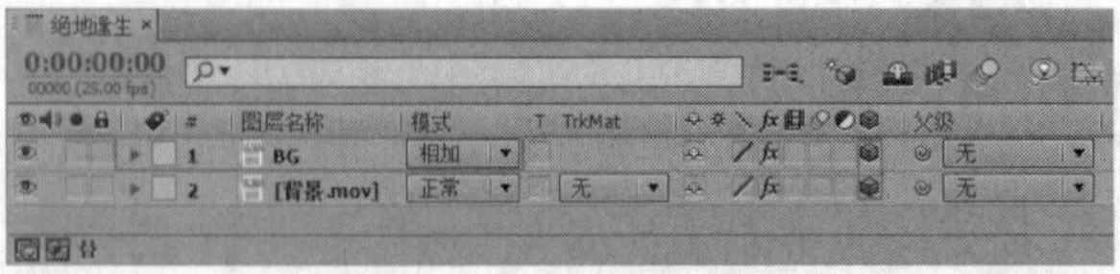

8 执行"图层>新建>调整图层"菜单命令,新建一个调整图层,将其命名为"背景调色2",然后选择该图层,执行"效果>颜色校正>曲线"菜单命令,在RGB通道中调整曲线,如图7-129所示。

图7-122

图7-129

5 选择"背景.mov"图层,执行"效果>模糊和锐化>CC Radial Fast Blur(径向模糊)"菜单命令,设置Center(中心)为(960, 540)、Amount(数量)为90,如图7-123所示。画面的预览效果如图7-124所示。

9 选择"背景调色2"图层,执行"效果>模糊和锐化>锐化"菜单命令,设置"锐化量"的值为20,如图7-130所示。画面的预览效果如图7-131所示。

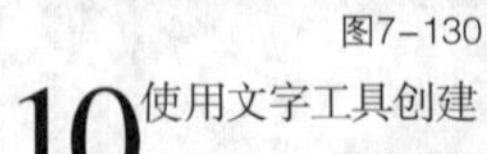

图7-130　　　　图7-131

图7-123　　　　图7-124

10 使用文字工具创建"绝地逢生"文字图层,设置字体格式为"造字工房版黑"、字体大小为150像素、字间距为100、文字颜色为橙黄色(R:255, G:144, B:0),然后对文字设置"在描边上填充"效果,调整"描边宽度"的值为10像素,如图7-132所示。

图7-132

6 执行"图层>新建>调整图层"菜单命令,新建一个调整图层,将其命名为"背景调色1",然后选择该图层,接着执行"效果>颜

11 展开"绝地逢生"文字图层，单击"文本"属性的"动画"属性按钮，在弹出的菜单中选择"字符间距"属性，如图7-133所示。

图7-133

12 选择"绝地逢生"图层，执行"效果>模糊和锐化>快速模糊"菜单命令，如图7-134所示。

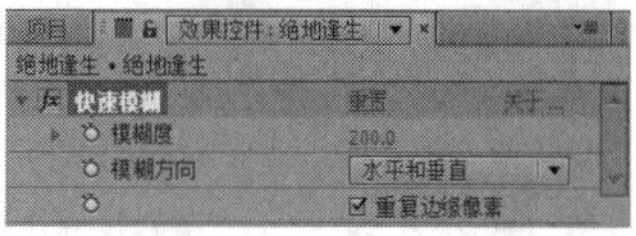

图7-134

13 设置"模糊度"属性的关键帧动画，在第0帧处，设置"模糊度"的值为200；在第15帧处，设置"模糊度"的值为0。设置"不透明度"属性的关键帧动画，在第0帧处，设置其值为0%；在第8帧处，设置其值为100%。设置"字符间距大小"属性的关键帧动画，在第0帧处，设置其值为-300；在第15帧处，设置其值为0；在第5秒处，设置其值为50，最后打开该图层的三维开关，如图7-135所示。

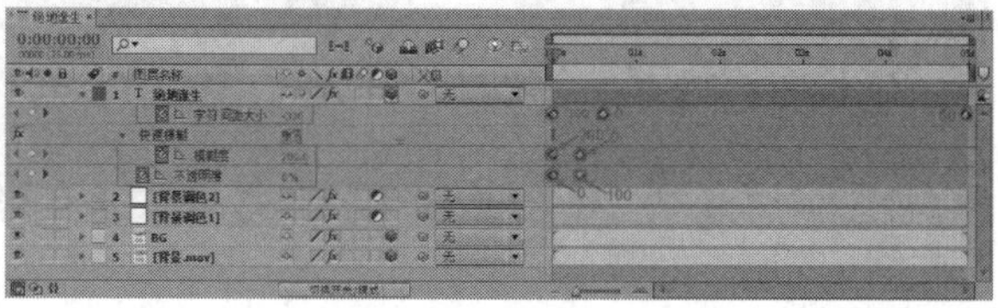

图7-135

14 按Ctrl+Y快捷键，新建一个纯色图层，将其命名为"粒子1"，设置"颜色"为黑色，如图7-136所示。然后将"粒子1"图层的叠加模式设为"相加"，并使用"椭圆工具"在该图层上绘制出一个椭圆蒙版，如图7-137所示。

图7-136

图7-137

15 选择"粒子1"图层，执行"效果>模拟>CC Particle World（CC粒子世界）"菜单命令，设置Birth Rate（产生率）的值为4；展开Producer属性栏，设置Radius X（X轴半径）、Radius Y（Y轴半径）和Radius Z（Z轴半径）的值均为0；展开Physics属性栏，设置Velocity的值为0.66，如图7-138所示。

图7-138

16 设置"CC Particle World（CC粒子世界）"效果的相关属性的关键帧动画。设置Birth Rate属性的关键帧动画，在第1帧处，设置其值为8；在第9帧处，设置其值为2。设置RadiusX（X轴半径）属性的关键帧动画，在第3帧处，设置其值为0；在第10帧处，设置其值为0.95。设置RadiusY（Y轴半径）属性的关键帧动画，在第2帧处，设置其值为0；在第3帧处，设置其值为0.4。设置RadiusZ（Z轴半径）属性的关键帧动画，在第3帧处，设置其值为0；在第10帧处，设置其值为1.2。设置Velocity（速率）属性的关键帧动画，在第2帧处，设置其值为1.12；在第3帧处，设置其值为6；在第9帧处，设置其值为0.2，如图7-139所示。

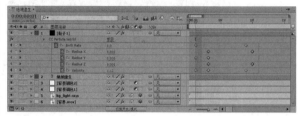

图7-139

17 选择"粒子1"图层，执行"效果>风格化>发光"菜单命令，设置"发光阈值"为28%，如图7-140所示。

18 选择"粒子1"图层，按Ctrl+D快捷键复制一个新图层，将新图层重命名为"粒子2"，最后将"粒子1"和"粒子2"图层的叠加模式修改为"相加"，如图7-141所示。

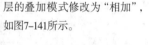

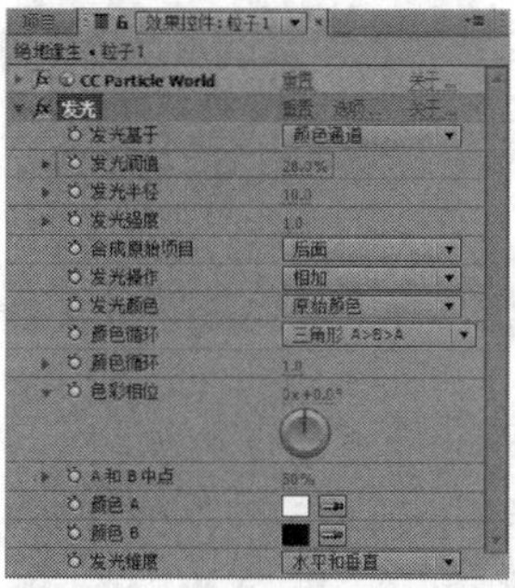

图7-140　　　　图7-141

19 执行"图层>新建>调整图层"命令，创建一个调整图层，将其命名为"视觉中心"。选择该图层，然后使用"椭圆工具"绘制一个蒙版，最后将蒙版图层的叠加模式改为"相减"，设置"蒙版羽化"的值为（348，348像素），如图7-142和图7-143所示。

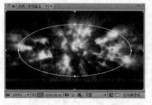

图7-142　　　　图7-143

20 选择"视觉中心"图层，执行"效果>模糊和锐化>快速模糊"菜单命令，设置"模糊度"的值为30，如图7-144所示。画面的预览效果如图7-145所示。

图7-144 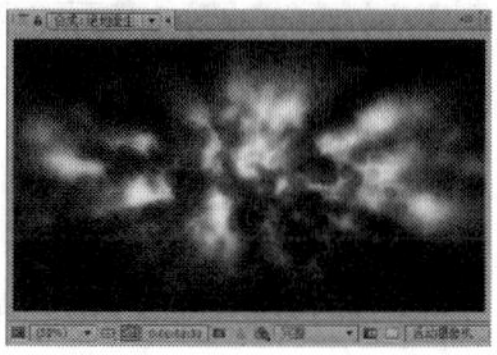　　　　图7-145

21 选择"视觉中心"图层，执行"效果>颜色校正>照片滤镜"菜单命令，选择"滤镜"为"暖色滤镜(85)"，设置"密度"的值为25%，如图7-146所示。

图7-146

22 执行"图层>新建>摄像机"菜单命令，创建一个"预设"为35毫米的"摄像机1"图层，如图7-147所示。

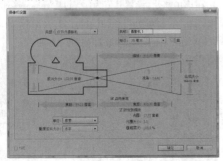

图7-147

23 设置摄像机"位置"属性的关键帧动画，在第0帧处，设置其值为(477, 267, -499)；在第8帧处，设置其值为(477, 267, -2999)，如图7-148所示。

图7-148

24 执行"图层>新建>空对象"菜单命令，创建一个"空对象"图层，打开该图层的"三维开关"，展开该图层的"位置"属性并添加表达式wiggle(10,10);，最后将"摄像机1"图层设置为"空对象"图层的子对象，如图7-149所示。

图7-149

25 按小键盘上的数字键0，预览最终效果，如图7-150所示。

图7-150

7.6 文字燃烧

学习目的

使用Particular（粒子）制作文字燃烧效果。

学习资源路径

▶ 在线教学视频：
在线教学视频 > 第7章 > 文字燃烧.flv

▶ 案例源文件：
案例源文件 > 第7章 > 7.6 > 文字燃烧.aep

案例描述

本例主要介绍Particular（粒子）效果的运用。通过学习本例，读者可以掌握文字燃烧特效的制作方法，案例如图7-151所示。

本例难易指数：★ ★ ★ ★ ☆

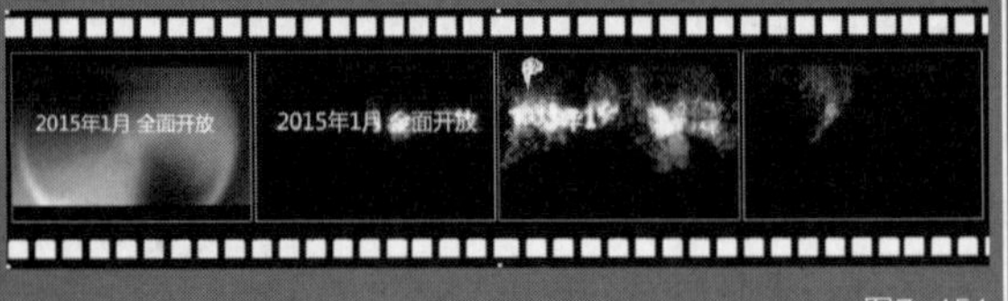

图7-151

操作流程

1 执行"合成>新建合成"菜单命令，创建一个预设为"自定义"的合成，设置"宽度"为600px、"高度"为300px、"持续时间"为8秒，并将其命名为"文字"，如图7-152所示。

2 使用"横排文字工具" Ｔ创建出"2015年1月 全面开放"文字图层，在"字符"面板中设置字体为"微软雅黑"、字体大小为50像素、字体颜色为白色，如图7-153所示。

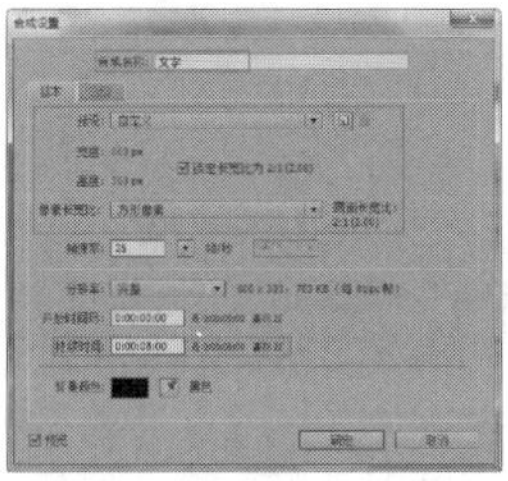

图7-152

图7-153

3 执行"合成>新建合成"菜单命令，创建一个预设为"自定义"的合成，设置"宽度"为600px、"高度"为300px、"持续时间"为8秒，并将其命名为"贴图"，如图7-154所示。

图7-154

4 执行"文件>导入>文件"菜单命令，打开本书学习资源中的"案例源文件>第7章>7.6>蒙版过渡_黑.mov"文件，然后将项目窗口中的"蒙版过渡_黑"和"文字"合成添加到"贴图"合成的时间线上，最后将"蒙版过渡_黑"图层作为"文字"图层的"亮度遮罩"，如7-155所示。画面的预览效果如图7-156所示。

图7-155

图7-156

5 执行"合成>新建合成"菜单命令，创建一个预设为"自定义"的合成，设置"宽度"为720px、"高度"为405px、"持续时间"为8秒，并将其命名为"文字燃烧"，如图7-157所示。

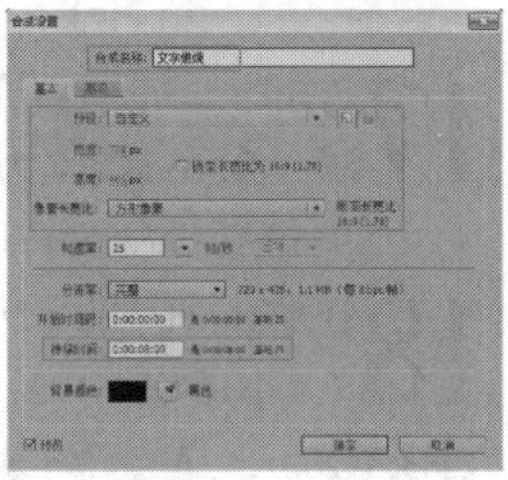

图7-157

6 将项目窗口中的"文字"和"贴图"合成添加到"文字燃烧"合成的时间线上，开启"文字"和"贴图"图层的三维开关，将"贴图"图层作为"文字"图层的"子物体"，关闭"贴图"图层的显示。设置"文字"图层的"位置"属性的关键帧动画，在第0帧处，设置"位置"的值为（360, 202.5, −1400）；在第5帧处，设置"位置"的值为（360, 202, 0）。设置"文字"图层的"缩放"属性的关键帧动画，在第0帧处，设置其值为（100, 100, 100%）；在第8秒处，设置其值为（130, 130, 130%），如图7-158所示。

图7-158

7 执行"文件>导入>文件"菜单命令，打开本书学习资源中的"案例源文件>第7章>7.6>蒙版过渡_白.mov"文件，然后将"蒙版过渡_白.mov"素材拖曳到时间线上，将"蒙版过渡_白.mov"图层作为"文字"图层的"亮度遮罩"，如图7-159所示。画面的预览效果如图7-160所示。

图7-159

图7-160

8 执行"文件>导入>文件"菜单命令，打开本书学习资源中的"案例源文件>第7章>7.6>Smoke_bg.mov"文件，然后将Smoke_bg.mov素材拖曳到"文字燃烧"合成的时间线上，如图7-161所示。

图7-161

9 选择Smoke_bg.mov图层，按Ctrl+Shift+C快捷键创建一个预合成，将其命名为"烟雾"，并开启该图层的三维开关。使用"椭圆工具" ⬭ 绘制一个椭圆蒙版，设置"蒙版"的叠加方式为"相减"、"蒙版羽化"的值为（150, 150像素）、"蒙版扩展"的值为−300像素。设置该图层的"不透明度"属性的关键帧动画，在第5帧处，设置其值为0%；在第10帧和第7秒处，设置其值为30%；在第8秒处，设置其值为0%，如图7-162所示。画面的预览效果如图7-163所示。

图7-162

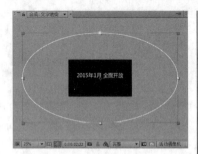

图7-163

10 选择"烟雾"图层，执行"效果>扭曲>CC Lens（CC镜头）"菜单命令，设置Size（大小）的值为130、Convergence（集合）的值为80，如图7-164所示。

11 选择"烟雾"图层，执行"效果>颜色校正>色阶"菜单命令，在RGB通道中设置"输入黑色"的值为76.5，如图7-165所示。

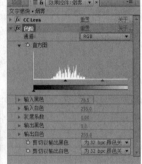

图7-164　　　　　　　图7-165

12 执行"文件>导入>文件"菜单命令，打开本书学习资源中的"案例源文件>第7章> 7.6>Blast.mov"文件，然后将Blast.mov素材拖曳到"文字燃烧"合成的时间线上，打开Blast.mov图层的三维开关，如图7-166所示。画面的预览效果如图7-167所示。

图7-166

图7-167

13 按Ctrl+Y快捷键，新建一个黑色的纯色图层，将其命名为"粒子1"。选择"粒子1"图层，执行"效果>Trapcode>Particular（粒子）"菜单命令，设置Particles/sec（粒子/秒）的值为300000、Emitter Type（发射器类型）为Layer、Layer为"6.贴图"、Layer Sampling（图层取样）为Particle Birth Time、Layer RGB Usaye为Lightness-Size，如图7-168所示。

14 当设置完Particular效果的Layer Emitter中的Layer为"6.贴图"之后，系统将自动生成一个隐藏的LayerEmit [Emitter]灯光，如图7-169所示。

图7-168　　　　　　　图7-169

15 展开Particle属性栏，设置Life Random[%]（生命随机）的值为50、Size（大小）的值为2、Size Random[%]（大小随机）的值为50，设置"Size over Life（粒子消亡后的大小）"和"Opacity over Life（粒子消亡后的不透明度）"均为线性衰减，如图7-170所示。

图7-170

16 展开Physics（物理属性）选项，设置Gravity（重力）的值为-100，如图7-171所示。画面的预览效果如图7-172所示。

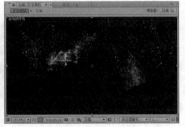

图7-171　　　　　　　图7-172

17 选择Particular（粒子）效果，然后按Ctrl+D快捷键将其复制一份，将其命名为Particular 2，然后修改Emitter（发射器）中的Particles/sec（粒子/秒）的值为400000，如图7-173所示。

18 修改Particle（粒子）中的Life[sec]（生命[秒]）的值为2、Size（大小）的值为1，最后设置Color（颜色）为淡黄色（R:255，G:243，B:207），如图7-174所示。

图7-173　　　　　　　图7-174

19 展开Rendering（渲染）属性，设置Transfer Mode（叠加模式）为Add（相加），如图7-175所示。画面的预览效果如图7-176所示。

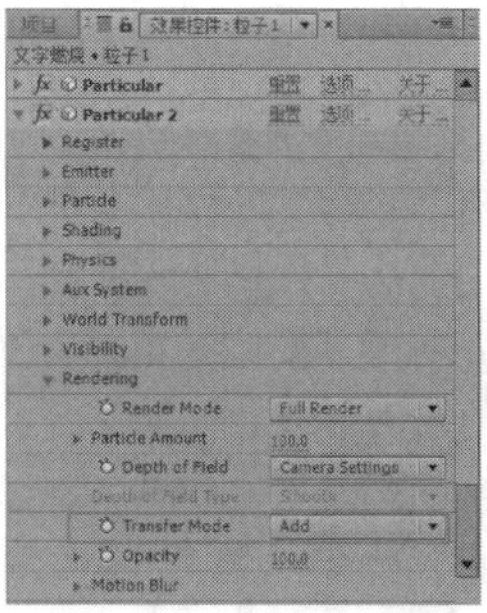

图7-175　　　　　　　　　　图7-176

20 选择"粒子1"图层，执行"效果>模糊和锐化> CC Vector Blur（CC矢量模糊）"菜单命令，设置Type （类型）为Perpendicular、Amount（数量）的值为10、Ridge Smoothness（平滑）的值为2、Propenty（属性）选项为Alpha、Map softness（贴图柔化）的值为10，如图7-177所示。

21 选择"粒子1"图层，执行"效果>模糊和锐化>快速模糊"菜单命令，设置"模糊度"的值为5，如图7-178所示。

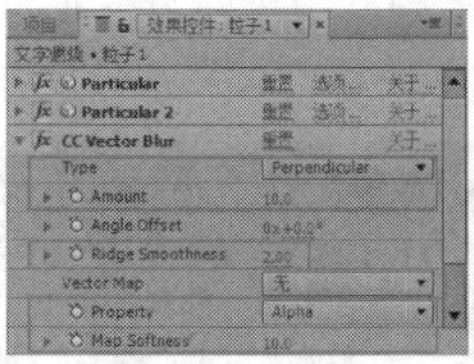

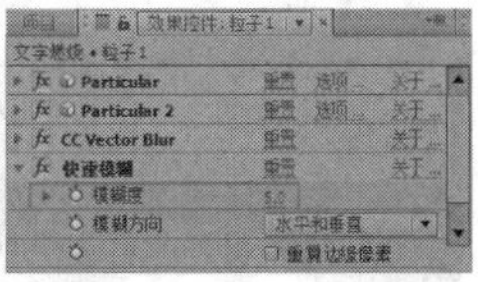

图7-177　　　　　　　　　　图7-178

22 选择"粒子1"图层，执行"效果>风格化>发光"菜单命令，设置"发光阈值"为55%、"发光半径"为15，如图7-179所示。

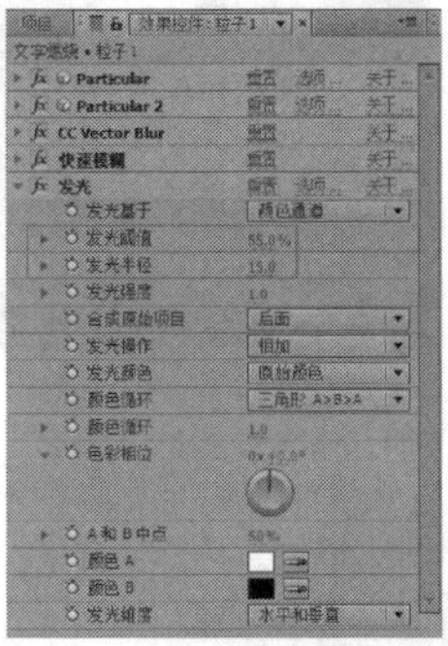

图7-179

23 选择"粒子1"图层，按Ctrl+D快捷键复制图层，并将复制得到的图层命名为"粒子2"，将该图层中的"快速模糊"效果删除，如图7-180和图7-181所示。画面的预览效果如图7-182所示。

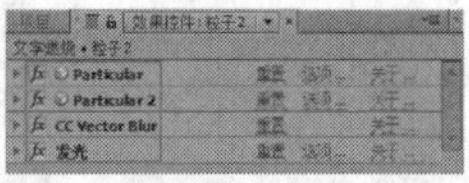

图7-180　　　　　　　　　　图7-181

图7-182

24 选择"粒子2"图层，然后按Ctrl+D快捷键复制图层，并将复制得到的"粒子2"命名为"粒子3"，接着将该图层中的Particular2和CC Vector Blur效果删除，并将"粒子3"图层的叠加模式修改为"相加"，如图7-183和图7-184所示。

图7-183　　　　　　　　　　图7-184

25 选择"粒子3"图层的Particular（粒子）效果，设置Emitter（发射器）中的Paeticles/sec（粒子/秒）的值为130000，如图7-185所示。

26 展开Rendering（渲染）选项，设置Transfer Mode（叠加模式）为None（无），如图7-186所示。

图7-185　　　　　　　　　　图7-186

27 选择"粒子3"图层的"发光"效果，设置"发光阈值"为50%、"发光半径"为5，如图7-187所示。

28 选择"粒子3"图层，按Ctrl+D快捷键复制图层，将复制得到的"粒子3"图层重新命名为"粒子4"，如图7-188和图7-189所示。

图7-187

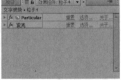

图7-188　　　　　　　　　　图7-189

29 选择"粒子4"中的Particular（粒子），修改Emitter（发射器）中的Particular/sec（粒子/秒）的值为6000，如图7-190

所示。

30 展开Particle（粒子）属性栏，设置Life[sec]（生命[秒]）的值为2.5、Size（大小）的值为3、Size Random[%]（大小随机）的值为90、Set Color（颜色设置）为At Birth（出生）、Color（颜色）为黄色（R:255, G:126, B:48），如图7-191所示。

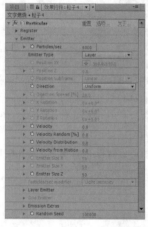

图7-190

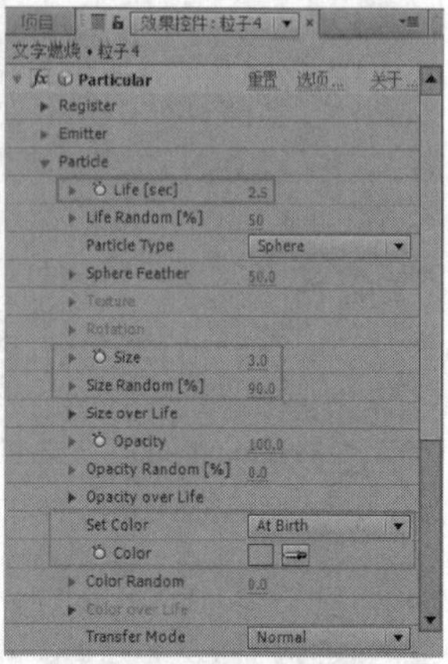

图7-191

31 修改“发光”效果中的“发光阈值”为20%、“发光半径”为2、“发光强度”为2，如图7-192所示。

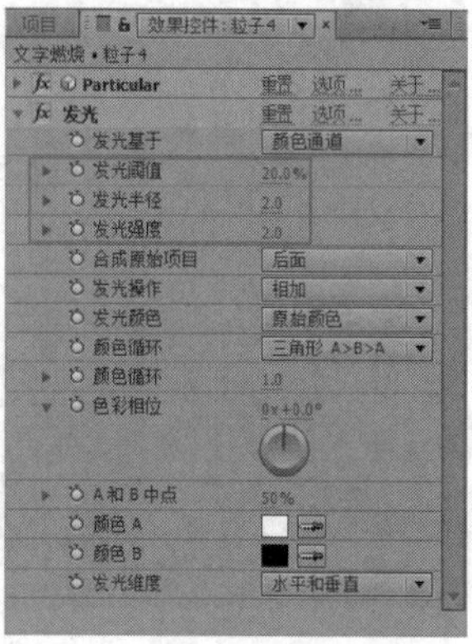

图7-192

32 执行“图层>新建>摄像机”菜单命令，创建一个摄像机图层，设置其名称为“摄像机”、“缩放”的值为526毫米，开启摄像机的“启用景深”选项，调整“焦距”的值为526毫米，如图7-193所示。

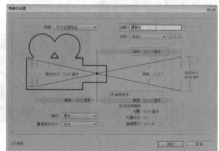

图7-193

33 修改摄像机图层中“位置”的属性为（360, 202, -1493），如图7-194所示。

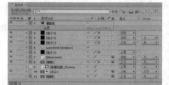

图7-194

34 按小键盘上的数字键0，预览最终效果，如图7-195所示。

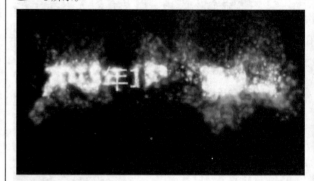

图7-195

7.7 镜头切换1

学习目的

使用“卡片擦除”制作图片之间的翻转过渡效果，以及使用“投影”制作阴影效果。

学习资源路径

▶ 在线教学视频：

在线教学视频 > 第7章 > 镜头切换1.flv

▶ 案例源文件：

案例源文件 > 第7章 > 7.7 > 镜头切换1.aep

案例描述

本例主要介绍Card Wipe（卡片擦除）效果的高级应用。通过学习本例，读者可以掌握卡片翻转特效的制作方法，案例如图7-196所示。

本例难易指数：★★☆☆☆

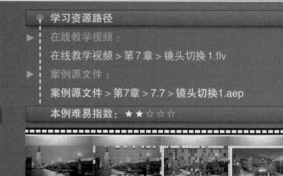

图7-196

操作流程

1 执行"合成>新建合成"菜单命令，创建一个预设为"自定义"的合成，设置"宽度"为640px、"高度"为480px、"持续时间"为4秒，"像素长宽比"为"方形像素"，并将其命名为"镜头切换"，如图7-197所示。

2 执行"文件>导入>文件"菜单命令，打开本书学习资源中的"案例源文件>第7章>7.7>图片1.jpg、图片2.jpg和底纹.jpg"文件，将它们全部添加到"镜头切换01"合成的时间线上，如图7-198所示。

图7-197 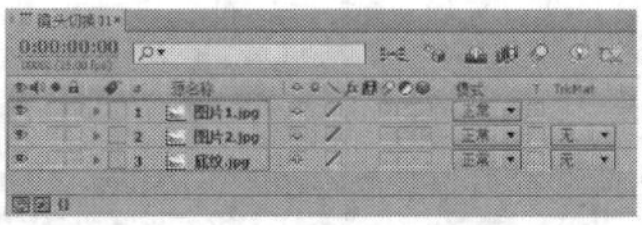　　　　　　　图7-198

3 关闭"图片2"图层的显示开关，设置"图片1"图层的"缩放"值为(79，90%)、"图片2"图层的"缩放"值为(177，79%)，如图7-199所示。

4 选择"图片1"图层，执行"效果>过渡>卡片擦除"菜单命令，画面的预览效果如图7-200所示。

图7-199 　　　　　　　图7-200

5 为了让两段素材实现卡片翻转过渡的效果。展开"卡片擦除"参数栏，修改"过渡完成"的值为100%、"过渡宽度"的值为17%，选择"背景图层"为"2.图片2.jpg"，设置"列数"为31，将"翻转轴"设置为"随机"、"翻转方向"设置为"正向"、"翻转顺序"设置为"渐变"、"渐变图层"设置为"1.图片1.jpg"、"随机时间"设置为1；在"摄像机位置"参数栏中，设置"Z位置"的值为1.26、"焦距"的值为27，如图7-201所示。

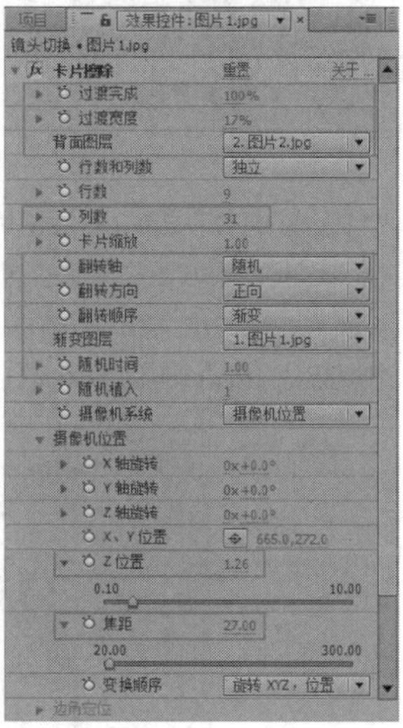

图7-201

6 展开"图片1"的"卡片擦除"效果属性栏，在第0秒处，设置"过渡完成"的值为100%、"卡片缩放"的值为1；在第20帧处，设置"卡片缩放"的值为0.94；在最后一帧处，设置"过渡完成"的值为0%、"卡片缩放"的值为1，如图7-202所示。画面的预览效果如图7-203所示。

图7-202

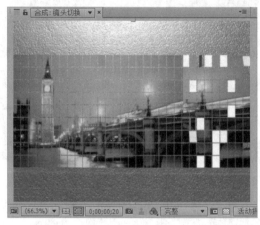

图7-203

7 选择"图片1"图层，执行"效果>透视>投影"菜单命令，展开"投影"参数栏，设置"柔和度"的值为5，如图7-204所示。

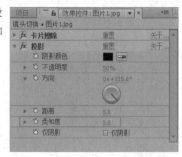

图7-204

8 按小键盘上的数字键0，预览最终效果，如图7-205所示。

图7-205

7.8 镜头切换2

学习目的

使用"镜头切换"制作图片之间的切换效果,以及使用"投影"制作阴影效果。

案例描述

本例主要介绍"镜头切换"效果的应用。通过学习本例,读者可以掌握卡片翻转特效的另一种制作方法,案例如图7-206所示。

学习资源路径

▶ 在线教学视频:
在线教学视频 > 第7章 > 镜头切换2.flv

▶ 案例源文件:
案例源文件 > 第7章 > 7.8 > 镜头切换2.aep

本例难易指数:★ ★ ☆ ☆ ☆

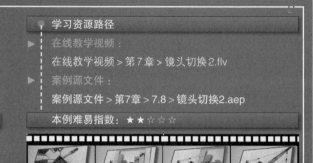

图7-206

操作流程

1 执行"合成>新建合成"菜单命令,创建一个预设为"自定义"的合成,设置"宽度"为640px、"高度"为480 px、"持续时间"为3秒,将其命名为"镜头切换02",如图7-207所示。

2 执行"文件>导入>文件"菜单命令,打开本书学习资源中的"案例源文件>第7章>7.8>图片1.jpg和图片2.jpg"文件,将它们全部添加到"镜头切换02"合成的时间线上,如图7-208所示。

图7-207　　　　　　图7-208

3 关闭"图片2"图层的显示,选择"图片1.jpg"图层,修改其"缩放"的值为(62.5, 62.5%),如图7-209所示。

4 选择"图片1"图层,执行"效果>过渡>卡片擦除"菜单命令,展开"卡片擦除"参数栏,设置"过渡宽度"的值为46%、"背景图层"为"2.图片2.jpg"、"行数"为1,如图7-210所示。

图7-209　　　　　　图7-210

5 设置"卡片擦除"效果的"过渡完成"属性的关键帧动画,在第0秒处,设置"过渡完成"的值为0%;在第2秒14帧处,设置"过渡完成"的值为100%,如图7-211所示。画面的预览效果如图7-212所示。

6 按Ctrl+Y快捷键,创建一个纯色图层,将其命名为"外框",设置"宽度"为640像素、"高度"为480像素、"颜色"为灰色,如图7-213所示。

图7-211

图7-212　　　　　　图7-213

7 选择"外框"图层,然后使用"矩形工具" ▣绘制一个矩形蒙版,接着展开图层的蒙版属性,勾选"反转"选项,如图7-214所示。选择所有图层,按Ctrl+Shift+C快捷键合并图层,将合并后的图层命名为Card Wipe,如图7-215所示。

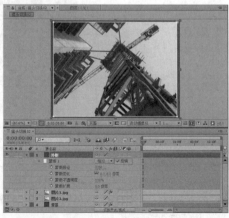

图7-214

图7-215

8 按Ctrl+Y快捷键，创建一个灰色的纯色图层，设置"宽度"为640像素、"高度"为480像素，将其命名为"背景"，如图7-216所示。

9 选择"背景"图层，执行"效果>生成>渐变"菜单命令，设置"渐变起点"为（320，240）、"起始颜色"为白色、"渐变终点"为（320，1264）、"结束颜色"为黑色，如图7-217所示。画面的预览效果如图7-218所示。

图7-217

图7-218

10 打开Card Wipe图层的三维开关，设置其"位置"的值为（276，214，0）、"缩放"的值为（88，88，88%）、"X轴旋转"的值为（0×+-23°）、"Y轴旋转"的值为（0×+25°）、"Z轴旋转"的值为（0×+12°），如图7-219所示。画面的预览效果如图7-220所示。

图7-219

图7-220

11 选择Card Wipe图层，执行"效果>透视>投影"菜单命令，展开"投影"参数栏，设置"不透明度"的值为64%、"距离"的值为23、"柔和度"的值为38，如图7-221所示。画面的预览效果如图7-222所示。

图7-221

图7-222

12 按小键盘上的数字键0，预览最终效果，如图7-223所示。

图7-223

7.9 镜头切换3

学习目的
使用"卡片擦除"效果制作图片之间的随机舞动翻转过渡特效，以及使用"斜面 Alpha"效果模拟图片的厚度。

学习资源路径
- 在线教学视频：
  在线教学视频 > 第7章 > 镜头切换3.flv
- 案例源文件：
  案例源文件 > 第7章 > 7.9 > 镜头切换3.aep

本例难易指数：★★☆☆☆

案例描述
本例主要介绍"卡片擦除"效果的应用。通过学习本例，读者可以掌握图片之间的随机舞动翻转过渡特效的制作方法，案例如图7-224所示。

图7-224

操作流程

1 执行"合成>新建合成"菜单命令，创建一个预设为"自定义"的合成，设置"宽度"为640px、"高度"为480px、"持续时间"为3秒，将其命名为"镜头切换03"，如图7-225所示。

2 执行"文件>导入>文件"菜单命令，打开本书学习资源中的"案例源文件>第7章>7.9>图片1.jpg和图片2.jpg"文件，将它们全部添加到"镜头切换03"合成的时间线上，如图7-226所示。

图7-225 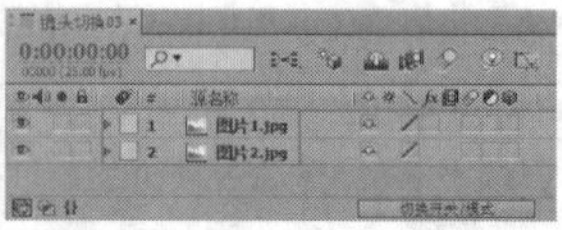　　　　　　图7-226

3 关闭"图片2"图层的显示，设置"图片1"的"缩放"为（65，65%）、"图片2"的"缩放"为（65，65%），如图7-227所示。

4 选择"图片1"图层，执行"效果>过渡>卡片擦除"菜单命令，设置"过渡完成"的值为0%、"过渡宽度"的值为100%、"背面图层"为"2.图片2.jpg"、"行数"和"列数"均为18、"翻转轴"和"翻转方向"均为"随机"、"渐变图层"为"无"、"随机时间"为1；在"摄像机位置"属性中，设置"X轴旋转"的值为（0×-25°）、"Y轴旋转"的值为（0×+22°）、"镜头焦距"的值为50，如图7-228所示。

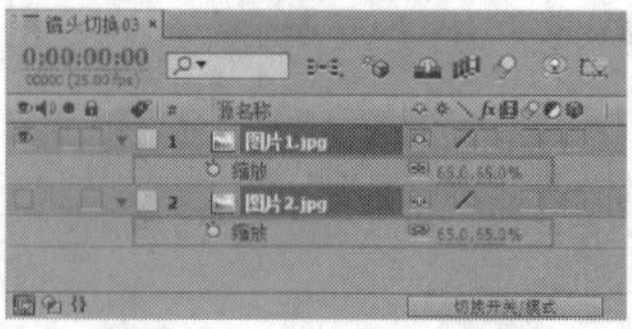

图7-227 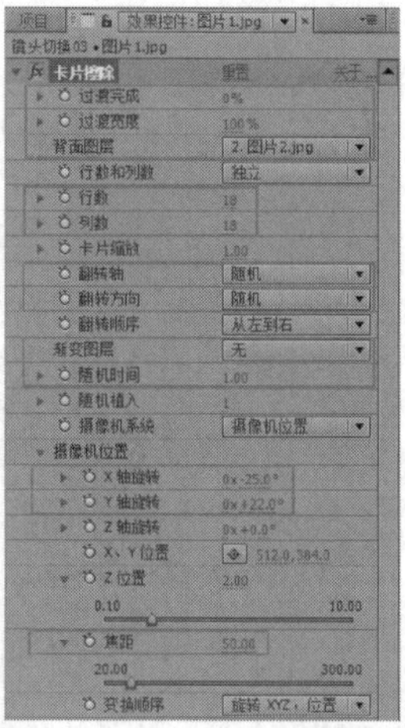　　　　　　图7-228

5 设置"卡片擦除"效果的相关属性的关键帧动画，在第1秒处，设置"过渡完成"的值为0%；在第2秒处，设置"过渡完成"的值为100%。

在第15帧处，设置"X抖动量"的值为0；在第1秒08帧和第1秒22帧处，设置"X抖动量"的值为5；在第2秒15帧处，设置"X抖动量"的值为0。

在第15帧处，设置"X旋转抖动量"的值为0；在第1秒08帧和第1秒22帧处，设置"X旋转抖动量"的值为360；在第2秒15帧处，设置"X旋转抖动量"的值为0。

在第15帧处，设置"Y抖动量"的值为0；在第1秒08帧和第1秒22帧处，设置"Y抖动量"的值为5；在第2秒15帧处，设置"Y抖动量"的值为0。

在第15帧处，设置"Y旋转抖动量"的值为0；在第1秒8帧和第1秒22帧处，设置"Y旋转抖动量"的值为360；在第2秒15帧处，设置"Y旋转抖动量"的值为0。

在第15帧处，设置"Z抖动量"的值为0；在第1秒8帧和第1秒

22帧处，设置"Z抖动量"的值为25；在第2秒15帧处，设置"Z抖动量"的值为0。

在第15帧处，设置"Z旋转抖动量"的值为0；在第1秒8帧和第1秒22帧处，设置"Z旋转抖动量"的值为360；在第2秒15帧处，设置"Z旋转抖动量"的值为0。如图7-229所示。画面的预览效果如图7-230所示。

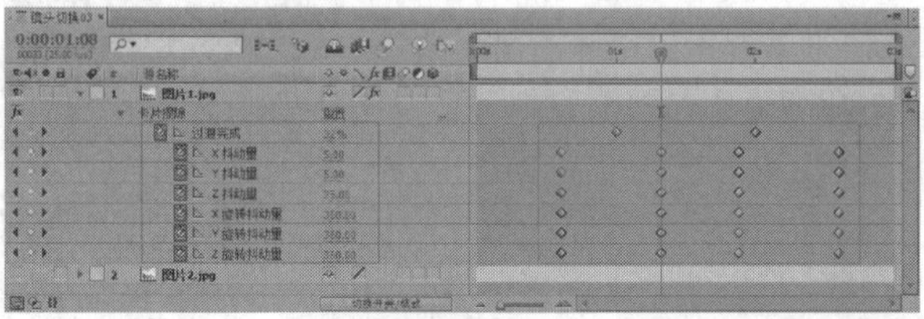

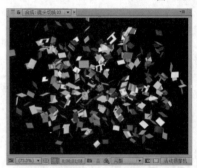

图7-229

图7-230

6 接下来制作背景，按Ctrl+Y快捷键，创建一个灰白色的纯色图层，将其命名为BG，设置"宽度"为640像素、"高度"为480像素，如图7-231所示。

图7-231

7 选择BG图层，执行"效果>生成>梯度渐变"命令，设置"渐变起点"为（320，238）、"起始颜色"为灰白色、"渐变终点"为（644，482）、"结束颜色"为灰色，设置"渐变形状"为"径向渐变"，如图7-232所示。画面的预览效果如图7-233所示。

图7-232

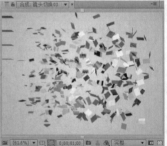

图7-233

8 选择"图片1"图层，执行"效果>透视>斜面Alpha"菜单命令，如图7-234所示。

9 选择"图片1"图层,执行"效果>透视>投影"菜单命令,设置"距离"为18、"柔和度"为22,如图7-235所示。

图7-234　　　　　　　　　　图7-235

10 按小键盘上的数字键0,预览最终效果,如图7-236所示。

图7-236

7.10 镜头切换4

学习目的

学习"序列图层"功能的运用,使用图层的"旋转"属性配合"轴心点工具"完成勺子的转场动画。

案例描述

本例主要使用"序列图层"和"轴心点工具"来完成镜头的转场切换,如图7-237所示。这也是一种常用的镜头切换特效。

学习资源路径

▶ 在线教学视频:
在线教学视频 > 第7章 > 镜头切换4.flv

▶ 案例源文件:
案例源文件 > 第7章 > 7.10 > 镜头切换4.aep

本例难易指数:★★★☆☆

图7-237

操作流程

1 执行"文件>导入>文件"菜单命令,打开本书学习资源中的"案例源文件>第7章>7.10>勺子组.psd"文件,然后双击项目窗口中的"勺子组"合成,在"勺子组"合成的时间线面板中按Ctrl+K快捷键,修改整个项目时间长度为20帧,最后将合成重新命名为"勺子组01",如图7-238所示。画面的预览效果如图7-239所示。

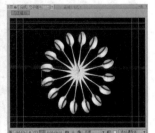

图7-238　　　　　　　　　　图7-239

2 选择所有图层,执行"动画>关键帧辅助>序列图层"菜单命令,在打开的对话框中设置"持续时间"为19帧,如图7-240所示。设置每个图层之间的时间入点相差一帧,如图7-241所示。

图7-240

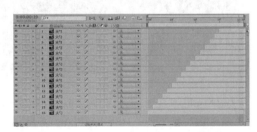

图7-241

3 在项目窗口中选择"勺子组01"合成,然后按Ctrl+D快捷键将其复制一份,得到"勺子组02"合成,如图7-242所示。双击"勺子组02"合成,将所有图层的入点都设置在第0帧处;最后按Ctrl+K快捷键,修改整个项目时间长度为15帧,如图7-243所示。

图7-242　　　　　　　　　　图7-243

4 使用"轴心点工具"  ,将每一个图层的轴心移动到勺子的顶点处,如图7-244所示。

图7-244

5 执行"图层>新建>空对象"菜单命令,创建一个"空1"图层,然后将所有的"大勺"图层作为"空1"的子物体,接着设置"空1"图层的"旋转"属性的关键帧动画,在第0帧处,设置"旋转"属性的值为(0×-229°);在第14帧处,设置"旋转"属性的值为(0×-8°),如图7-245所示。

图7-245

6 选择所有"大勺"图层,设置"旋转"属性的关键帧动画,在第0帧处,设置"旋转"属性的值为(0×-131°);在第14帧处,设置"旋转"属性的值为(0×-95°),如图7-246所示。

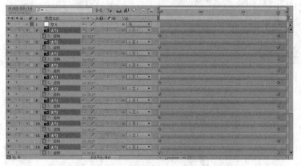

图7-246

7 按Ctrl+Alt+Y快捷键,新建一个调整图层,然后选择新建的"调整图层1",执行"效果>模糊和锐化>径向模糊"菜单命令,设置"数量"的值为4,如图7-247所示。

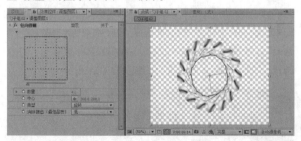

图7-247

8 执行"合成>新建合成"菜单命令,创建一个预设为PAL D1/DV的合成,设置"持续时间"为1秒03帧,并将其命名为"镜头切换4",如图7-248所示。

图7-248

9 将"勺子组01"和"勺子组02"合成添加到"镜头切换4"合成中,修改"勺子组01"合成的"伸缩"的值为66%,将"勺子组02"图层的入点时间设置为第13帧,如图7-249所示。

图7-249

10 执行"文件>导入>文件"菜单命令,打开本书学习资源中的"案例源文件>第7章>7.10>背景.mov和菜.mov"文件,并将这两个素材添加到"镜头切换4"合成的时间线上,如图7-250所示。

11 选择"背景.mov"图层,执行"效果>颜色校正>色相/饱和度"菜单命令,为该图层添加"色相/饱和度"滤镜,设置"主色相"的值为(0×-158°)、"主饱和度"的值为26,如图7-251所示。

图7-250 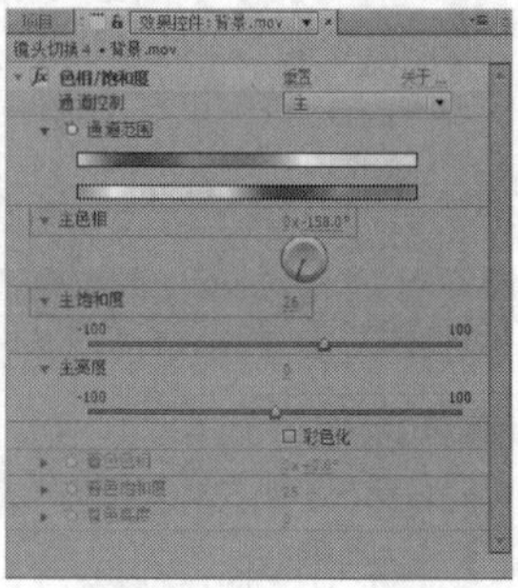　　　　　　图7-251

12 按小键盘上的数字键0,预览最终效果,如图7-252所示。

图7-252

7.11 片尾动画

学习目的

使用蒙版工具配合CC Sphere（CC球体）效果完成片尾动画的制作。

学习资源路径

▶ 在线教学视频：

在线教学视频 > 第7章 > 片尾动画.flv

▶ 案例源文件：

案例源文件 > 第7章 > 7.11 > 片尾动画.aep

本例难易指数：★★★☆☆

案例描述

本例主要使用蒙版工具配合CC Sphere（CC球体）效果完成片尾动画的制作。通过学习本例，读者可以掌握片尾定版动画的制作技巧，案例如图7-253所示。

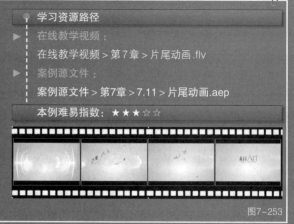

图7-253

操作流程

1 执行“合成>新建合成”菜单命令，创建一个预设为“自定义”的合成，设置“宽度”为720px、“高度”为405px、“像素长宽比”为“方形像素”、“持续时间”为10秒，将其命名为“片尾动画”，如图7-254所示。

2 执行“文件>导入>文件”菜单命令，打开本书学习资源中的“案例源文件>第7章>7.11>背景.jpg”文件，然后将“背景.jpg”素材添加到“片尾动画”合成的时间线上，如图7-255所示。

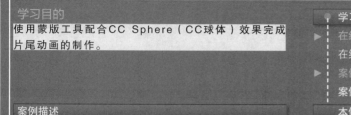

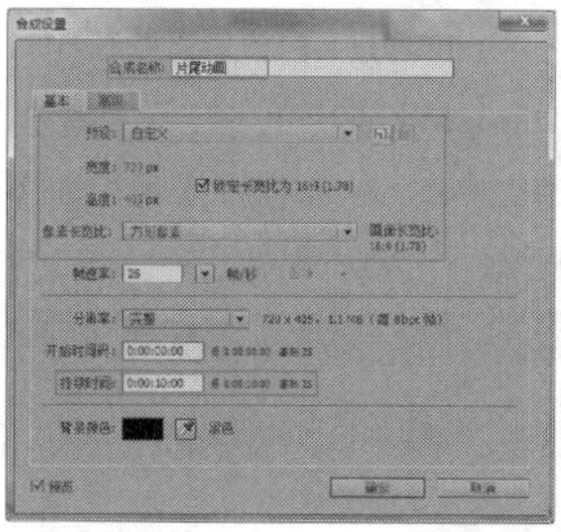

图7-254

图7-255

3 执行“文件>导入>文件”菜单命令，打开本书学习资源中的“案例源文件>第7章>7.11>Aji.mov”文件，将Aji.mov素材添加到“片尾动画”合成的时间线上，如图7-256所示。画面的预览效果如图7-257所示。

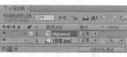

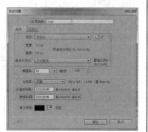

图7-256

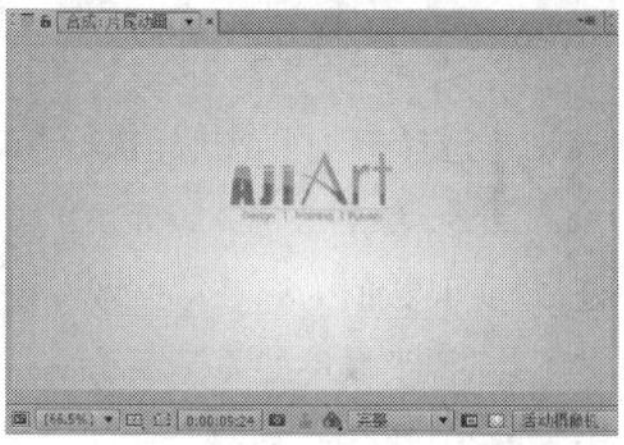

图7-257

4 执行“合成>新建合成”菜单命令，创建一个预设为“自定义”的合成，设置“宽度”为720px、“高度”为405px、“像素长宽比”为“方形像素”、“持续时间”为10秒，并将其命名为Logo，如图7-258所示。

图7-258

5 执行“文件>导入>文件”菜单命令，打开本书学习资源中的“案例源文件>第7章>7.11>Aji.png”文件，将Aji.png素材添加到Logo合成的时间线上，如图7-259所示。

6 执行“合成>新建合成”菜单命令，创建一个预设为“自定义”的合成，设置“宽度”为720px、“高度”为405px、“像素长宽比”为“方形像素”、“持续时间”为10秒，将其命名为“动画”，如图7-260所示。

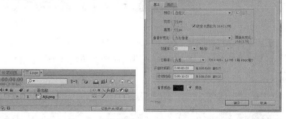

图7-259

图7-260

7 将项目窗口中的Logo合成添加到“动画”合成的时间线中，如图7-261所示。画面的预览效果如图7-262所示。

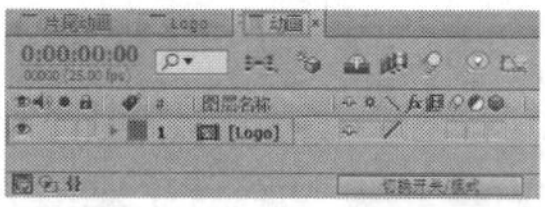

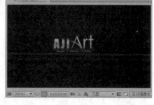

图7-261

图7-262

8 选择Logo图层，设置其“位置”属性的关键帧动画，在第0帧处为(-360，607)，在第4秒处为(1080，-198)，如图7-263所示。画面的预览效果如图7-264所示。

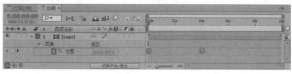

图7-263

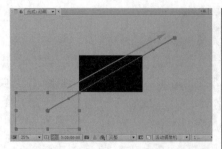

图7-264

9 选择Logo图层，然后使用"矩形工具"■创建一个小的矩形蒙版，如图7-265所示。画面的预览效果如图7-266和图7-267所示。

图7-265

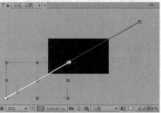

图7-266

图7-267

10 选择Logo图层，按Ctrl+D快捷键复制一个新图层，将复制得到的Logo图层的入点时间设置在第10帧处，如图7-268所示。

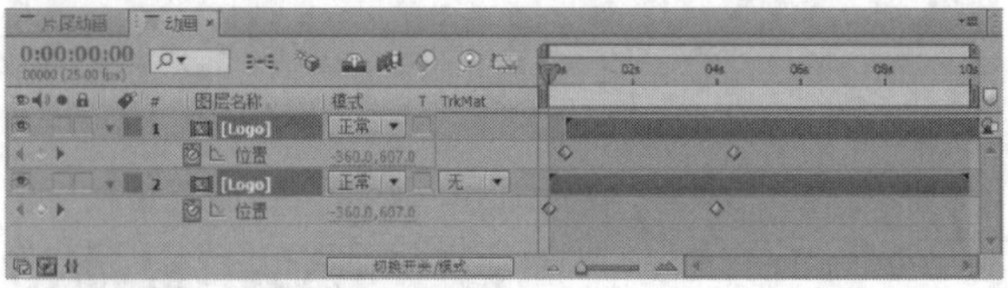

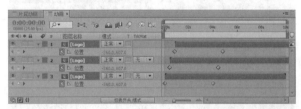

图7-268

11 选择第1个Logo图层，按Ctrl+D快捷键继续复制一个新图层，将复制得到的图层的入点时间设置在第20帧处，如图7-269所示。

图7-269

12 使用同样的操作，一共复制8个Logo图层，分别设置每个图层的入点时间，如图7-270所示。画面的预览效果如图7-271所示。

图7-270

图7-271

13 将"动画"合成添加到"片尾动画"合成的时间线上，打开"动画"图层的三维开关。选择"动画"图层，执行"效果>透视> CC Sphere（CC球体）"菜单命令，设置Radius（半径）的值为395、Offset（偏移）的值为（360，202.5）、Render（渲染）为Outside；在Light（灯光）参数栏中，设置Light Intensity（灯光强度）的值为111、Light Height（灯光亮度）的值为96、Light Direction（灯光方向）的值为（0×+46°）；在Shading（着色）属性栏中，设置Ambient（环境色）的值为6，如图7-272所示。画面的预览效果如图7-273所示。

图7-272

图7-273

14 选择"动画"图层，执行"效果>颜色校正>曝光度"菜单命令，然后设置"曝光度"属性的关键帧动画，在第1秒17帧处，设置其数值为8；在第3秒处，设置其数值为0。接着设置该图层"不透明度"属性的关键字动画，在第4秒08帧处设置为100%，在第5秒22帧处设置为0%。最后将该图层的"缩放"值设置为（160，160，160），如图7-274所示。画面的预览效果如图7-275所示。

图7-274

图7-275

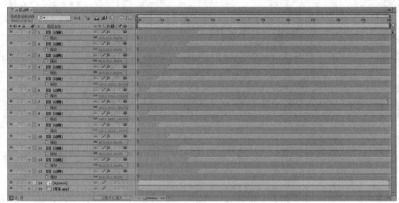

15 选择"动画"图层，连续按12次Ctrl+D快捷键将该图层复制12次，然后分别设置每个"动画"图层的入点时间（每个图层的入点时间间隔为10帧），最后根据画面的镜头表现要求，分别调整每个"动画"图层的"缩放"属性的值，如图7-276所示。画面的预览效果如图7-277所示。

图7-276

图7-277

16 执行"文件>导入>文件"菜单命令，打开本书学习资源中的"案例源文件>第7章> 7.11>L_01.mov"文件，将L_01.mov素材拖曳到"片尾动画"合成的时间线上，最后将其叠加模式修改为"相加"，如图7-278所示。画面的预览效果如图7-279所示。

图7-278

图7-279

17 执行"文件>导入>文件"菜单命令，打开本书学习资源中的"案例源文件>第7章>7.11> L_02.mov"文件，将L_02.mov素材拖曳到"片尾动画"合成的时间线上，最后将其叠加模式修改为"相加"，如图7-280所示。画面的预览效果如图7-281所示。

图7-280

图7-281

18 执行"图层>新建>摄像机"菜单命令，创建一个摄像机，修改"预设"值为24毫米，然后设置摄像机"位置"属性的关键帧动画，在第0帧处，设置其值为（360, 360, -700）；在第6秒处，设置其值为（360, 360, -1800），如图7-282所示。

图7-282

19 按小键盘上的数字键0，预览最终效果，如图7-283所示。

图7-283

7.12 花朵旋转

学习目的

学习正弦运动表达式的使用方法。

学习资源路径

▶ 在线教学视频：

在线教学视频 > 第7章 > 花朵旋转.flv

▶ 案例源文件：

案例源文件 > 第7章 > 7.12 > 花朵旋转.aep

本例难易指数：★★★★☆

案例描述

本例主要使用正弦运动表达式来完成花朵的伸缩和旋转动画的制作。通过学习本例，读者可以深入理解表达式在动画制作中的运用，案例如图7-284所示。

图7-284

操作流程

1 执行"合成>新建合成"菜单命令，创建一个预设为"自定义"的合成，设置"宽度"为320px、"高度"为240px、"像素长宽比"为"方形像素"、"持续时间"为15秒，并将其命名为"花朵旋动"，如图7-285所示。

2 按Ctrl+Y快捷键，新建一个名称为Circle 1的蓝色（R:0, G:0, B:255）纯色图层，如图7-286所示。

图7-285   图7-286

3 选择Circle 1图层，使用"椭圆工具" ⬭绘制一个椭圆蒙版，如图7-287所示。

图7-287

4 选择Circle 1图层，为其"位置"属性添加表达式[160,Math.sin(time)*80+120]，如图7-288所示。

图7-288

5 复制一个新的Circle 1图层，并将其命名为Circle 2，修改Circle 2图层中的表达式为[160, Math.sin(time)*-80+120]，如图7-289所示。

图7-289

6 按Ctrl+Y快捷键，新建一个名为Beam的白色纯色图层，如图7-290所示。

7 选择Beam图层，执行"效果>生成>光束"菜单命令，设置"长度"为100%、"时间"为50%、"起始厚度"为5、"结束厚度"为5、"柔和度"为0、"内部颜色"和"外部颜色"都为蓝色，最后取消勾选"3D透视"选项，如图7-291所示。

图7-290   图7-291

8 使用"表达式关联器"将"光束"效果的"起始点"属性拖曳到Circle 1图层的"位置"属性上，使用"表达式关联器"将"光束"特效的"结束点"属性拖曳到Circle 2图层的"位置"属性上，如图7-292和图7-293所示。画面的预览效果如图7-294所示。

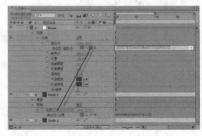

图7-292

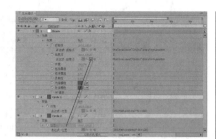

图7-293

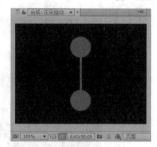

图7-294

9 执行"合成>新建合成"菜单命令，创建一个预设为"自定义"的合成，设置"宽度"为320px、"高度"为240px、"像素长宽比"为"方形像素"、"持续时间"为15秒，并将其命名为"旋动组"，如图7-295所示。

图7-295

10 将项目窗口中的"花朵旋转"合成添加到"旋转组"合成的时间线上，选择"花朵旋动"图层，连续按3次Ctrl+D快捷键复制图层，然后把第2个图层的"旋转"值设为（0×+45°），把第3个图层的"旋转"值设为（0×+90°），把第4个图层的"旋转"值设为（0×−45°），如图7-296所示。画面的预览效果如图7-297所示。

图7-296　　　　　　图7-297

11 执行"合成>新建合成"菜单命令，创建一个预设为"自定义"的合成，设置"宽度"为320px、"高度"为240px、"像素长宽比"为"方形像素"、"持续时间"为15秒，并将其命名为"总合成"，如图7-298所示。

图7-298

12 将项目窗口中的"旋转组"合成添加到"总合成"合成的时间线上，然后选择"旋转组"图层，按Ctrl+D快捷键复制一个新图层，然后将第2个图层的"缩放"值修改为（180，180%），设置"不透明度"的值为30%，如图7-299示。画面的预览效果如图7-300所示。

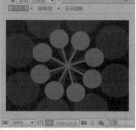

图7-299　　　　　　图7-300

13 选择第1个"旋转组"图层，展开其"旋转"属性，为其添加表达式Math.sin(time)*360，如图7-301所示。

图7-301

14 选择第2个"旋转组"图层，展开其"旋转"属性，为其添加表达式Math.sin(time)*-360，如图7-302所示。

图7-302

15 执行"图层>新建>纯色"菜单命令，创建一个新的蓝色纯色图层，并将其命名为Grid，大小与合成保持一致，如图7-303所示。

图7-303

16 选择Grid图层，执行"效果>生成>网格"菜单命令，设置"大小依据"为"边角点"、"边角"为（192，144）、"边界"为1、"颜色"为白色，如图7-304所示。画面的预览效果如图7-305所示。

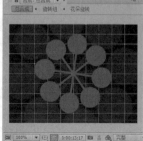

图7-304　　　　　　图7-305

17 展开"网格"效果的"边角"属性，为其添加表达式 [Math.sin(time)*90+160,Math.sin(time)*90+120]，如图7-306所示。

图7-306

18 执行"图层>新建>调整图层"菜单命令，创建一个调整图层，然后对调整图层执行"效果>颜色校正>色相/饱和度"菜单命令，勾选"彩色化"属性，修改"着色饱和度"的值为100，如图7-307所示。

图7-307

19 选择"色相/饱和度"效果的"着色色相"属性，为其添加表达式Math.sin(time)*360，如图7-308所示。

图7-308

20 按小键盘上的数字键0，预览最终效果，如图7-309所示。

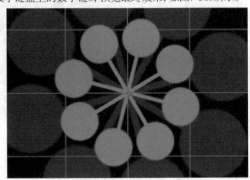

图7-309

7.13 定版动画1

学习目的
使用CC Particle World（CC 粒子世界）制作火花效果，使用"发光"效果为物体添加辉光。

学习资源路径
▶ 在线教学视频：
在线教学视频 > 第7章 > 定版动画1.flv
▶ 案例源文件：
案例源文件 > 第7章 > 7.13 > 定版动画1.aep

本例难易指数：★ ★ ★ ☆ ☆

案例描述
　　本例主要介绍CC Particle World（CC 粒子世界）效果的高级应用。通过学习本例，读者可以掌握三维火花特效的制作方法，如图7-310所示。

图7-310

操作流程

1 执行"合成>新建合成"菜单命令，创建一个预设为PAL D1/DV的合成，设置"宽度"为720px、"高度"为576px、"像素长宽比"为D1/DV PAL（1.09）、"持续时间"为2秒，并将其命名为"定版动画1"，如图7-311所示。

图7-311

2 执行"图层>新建>纯色"菜单命令，创建一个黑色的纯色图层，将其命名为"背景"，设置"宽度"为720像素、"高度"为576像素、"像素长宽比"为D1/DV PAL（1.09），如图7-312所示。

图7-312

3 执行"图层>新建>纯色"
菜单命令，创建一个纯
色图层，将其命名为"红色背
景"，设置"宽度"为720像素、
"高度"为576像素、"像素长
宽比"为D1/DV PAL（1.09）、
颜色为红色（R:255，G:0，
B:0），如图7-313所示。

图7-313

4 选择"红色背景"图层，使用"椭圆工具"  绘制出一个椭圆蒙
版，设置蒙版的叠加模式为"相加"，设置"蒙版羽化"为（100，
100 像素），如图7-314所示。画面的
预览效果如图7-315所示。

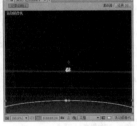

图7-314   图7-315

5 使用"横排文字工具"  创建ETERNAL FLAME文字图层，
设置字体为"汉仪菱心体简"、字体大小为45像素、颜色为黄
色（R:255，G:198，B:0），然后设置"在描边上填充"效果、"描
边宽度"的值
为5像素，如图
7-316所示。

图7-316

6 执行"图层>新建>摄像机"菜单命令，创建一个摄像机，并将
其命名为"摄像机"，设置"缩放"的值为150毫米，如图7-317
所示。

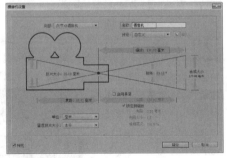

图7-317

7 开启文字图层的三维开关和运动模糊开关，修改文字图层的
"位置"属性的值为（109，290，0）。设置摄像机图层的"目标
点"和"位置"属性的关键帧动画，在第4帧处，设置"目标点"的值
为（80，348，315）；在第15帧处，设置"目标点"的值为（-10，350，
160）；在第1秒24帧处，设置"目标点"的值为（118，300，225）。在

第4帧处，设置"位置"的值为（400，275，75）；在第15帧处，设置
"位置"的值为（305，275，-80）；在第1秒24帧处，设置"位置"的
值为（16，295，-289），如图7-318所示。

图7-318

8 执行"图层>新建>纯色"菜单命令，创建一个新的纯色图层，
将其命名为"火花1"，设置"宽度"为720像素、"高度"为576
像素、"像素长宽比"为D1/DV PAL（1.09）、颜色为黄色（R:255，
G:156，B:0），如图7-319所示。

9 选择"火花1"图层，执行"效果>模拟>CC Particle World"菜单
命令，然后设置Birth Rate（产生率）属性的关键帧动画，在第7帧
处将其设为0，在第10帧处将其设为0.6，在第1秒21帧处将其设为1，
在第1秒24帧处将其设为0。接着设置Position X（X轴位置）属性的
关键帧动画，在第7帧处，设置其值为-0.5；在第1秒21帧处，设置其
值为-0.48。最后设置Velocity（速率）的值为1.2、Inherit Velocity%的
值为2734、Gravity（重力）的值为0.03，如图7-320所示。

图7-319   图7-320

10 展开Particle（粒子）属性，设置Particle Type（粒子类型）
为Lens Convex、Birth Size为0.1、Death Size为0.05，设置
Opacity Map为线性衰减，如图7-321所示。

11 选择"火花1"图层，执行
"效果>颜色校正>曝光
度"菜单命令，设置"曝光度"
为3，如图7-322所示。

图7-321   图7-322

12 选择"火花1"图层，执行"效果>风格化>发光"菜单命令，设置"发光半径"的值为15、"发光强度"的值为0.2，如图7-323所示。

13 选择"火花1"图层，按Ctrl+D快捷键复制一个新图层，然后把新图层重新命名为"火花2"；选择"火花2"图层，修改Velocity（速率）的值为1.49，设置Death Size（消亡大小）的值为0.01，如图7-324所示。

图7-323　　　　　　　　图7-324

14 按小键盘上的数字键0，预览最终效果，如图7-325所示。

图7-325

7.14 定版动画2

学习目的
学习Particular（粒子）的高级应用。

学习资源路径
▶ 在线教学视频：
在线教学视频 > 第7章 > 定版动画2.flv
▶ 案例源文件：
案例源文件 > 第7章 > 7.14 > 定版动画2.aep

案例描述
本例主要介绍Particular（粒子）的高级使用方法。通过学习本例，读者可以掌握粒子汇聚特效制作，案例如图7-326所示。

本例难易指数：★★★☆☆

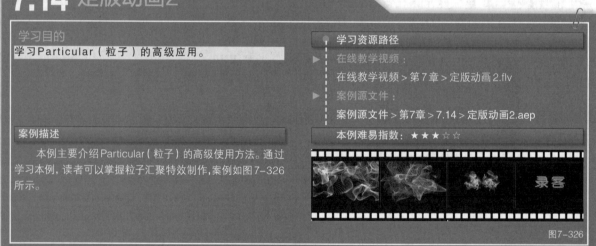

图7-326

操作流程

1 执行"合成>新建合成"菜单命令，创建一个预设为PAL D1/DV的合成，设置"宽度"为720px、"高度"为576px、"像素长宽比"为D1/DV PAL（1.09）、"持续时间"为5秒，并将其命名为"定版动画2"，如图7-327所示。

图7-327

2 执行"文件>导入>文件"菜单命令，打开本书学习资源中的"案例源文件>第7章>7.14>定版标识.tga"文件，将其添加到"定版动画2"合成的时间线上，然后选择"定版标识"图层，按Ctrl+Shift+C快捷键合并图层，并将合并后的图层命名为LOGO，最后开启该图层的三维开关，如图7-328所示。

图7-328

3 执行"图层>新建>纯色"菜单命令，创建一个黑色的纯色图层，将其命名为"粒子"，设置"宽度"为720像素、"高度"为

576像素、"像素长宽比"为D1/DV PAL（1.09），如图7-329所示。

4 选择"粒子"图层，执行"效果>Trapcode>Particular（粒子）"菜单命令，展开Emitter（发射器）属性，设置Emitter Type（发射器类型）为Layer Grid、Layer为3.Logo、Layer Sampling（图层采样）为Current Time、Velocity（速率）的值为0、Velocity Rand的值为0、Velocity from Moiton [%]的值为0；展开Grid Emitter（网格发射器）参数项，设置Particles in X（X轴粒子）的值为1000、Particles in Y（Y轴粒子）的值为600，如图7-330所示。

图7-329　　　　　图7-330

5 展开Particle（粒子）属性，设置Life [sec]（生命[秒]）的值为10、Size（大小）的值为2、Opacity（不透明度）的值为35、Opacity Random（不透明度随机值）的值为50、Transfer Mode（叠加方式）为Screen（屏幕），如图7-331所示。

6 在Physics（物理）属性中展开Turbulence Field（扰乱场）属性，设置Affect Size（影响大小）和Affect Position（影响位置）的值为0、Scale（缩放）的值为15、Complexity（复杂度）的值为4、Octave Multiplier的值为4，如图7-332所示。

图7-331　　　　　图7-332

7 设置Particular（粒子）中Affect Size（影响大小）和Affect Position（影响位置）属性的关键帧动画，在第2秒19帧处，设置Affect Size（影响大小）的值为15、Affect Position（影响位置）的值为600；在第3秒20帧处，设置Affect Size（影响大小）和Affect Position（影响位置）的值均为0。设置该图层"不透明度"属性的关键帧动画，在第3秒20帧处设置为100%，在第4秒处设置为0%，如图7-333所示。

图7-333

8 执行"图层>新建>摄像机"菜单命令，创建一个摄像机，将其命名为Camera 1，设置"预设"为28毫米，如图7-334所示。

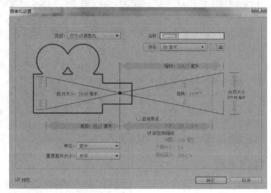

图7-334

9 设置摄像机的"目标点"和"位置"属性的关键帧动画，设置"目标点"在第20帧处的值为（360，288，246），在第2秒19帧处的值为（360，288，0）；设置"位置"在第20帧处的值为（360，288，-366），在第2秒19帧处的值为（360，288，-612），如图7-335所示。

图7-335

10 设置LOGO图层的"不透明度"属性的关键帧动画，在第3秒18帧处，设置其值为0；在第3秒22帧处，设置其值为100，如图7-336所示。

图7-336

11 按小键盘上的数字键0，预览最终效果，如图7-337所示。

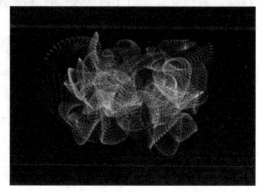

图7-337

7.15 定版动画3

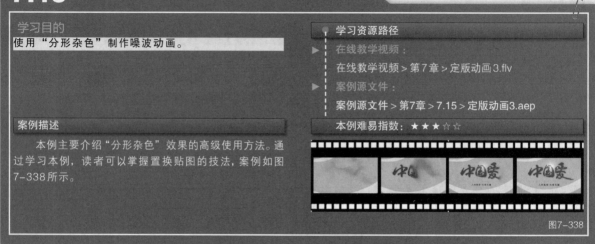

学习目的

使用"分形杂色"制作噪波动画。

学习资源路径

▷ 在线教学视频：

在线教学视频 > 第7章 > 定版动画3.flv

▷ 案例源文件：

案例源文件 > 第7章 > 7.15 > 定版动画3.aep

案例描述

本例主要介绍"分形杂色"效果的高级使用方法。通过学习本例，读者可以掌握置换贴图的技法，案例如图7-338所示。

本例难易指数：★★★☆☆

图7-338

操作流程

1 执行"合成>新建合成"菜单命令，创建一个"预设"为PAL D1/DV的合成，设置"宽度"为720px、"高度"为576px、"持续时间"为5秒，并将其命名为"定版动画3"，如图7-339所示。

图7-339

2 执行"文件>导入>文件"菜单命令，打开本书学习资源中的"案例源文件>第7章>7.15>中国爱.tga"文件，将其添加到"定版动画3"合成的时间线上，然后选择"中国爱"图层，按Ctrl+Shift+C快捷键合并图层，将新合成命名为"定版文字"，如图7-340所示。画面的预览效果如图7-341所示。

图7-340

图7-341

3 执行"合成>新建合成"菜单命令，创建一个"预设"为PAL D1/DV的合成，设置"宽度"为720px、"高度"为576px、"像素长宽比"为D1/DV PAL（1.09）、"持续时间"为5秒，并将该合成命名为"噪波1"，如图7-342所示。

图7-342

4 执行"图层>新建>纯色"菜单命令，创建一个颜色为黑色的纯色图层，将其命名为"黑色 纯色1"，然后选择该图层，执行"效果>杂色和颗粒>分形杂色"菜单命令，设置"对比度"的值为200；展开"变换"属性，设置"缩放宽度"的值为200、"缩放高度"的值为150；展开"子设置"选项，设置"子影响（%）"的值为50、"子缩放"的值为70，如图7-343所示。画面的预览效果如图7-344所示。

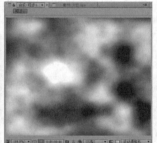

图7-343　　　　　　　　图7-344

5 设置"分形杂色"效果的相关属性的关键帧动画，展开"子设置"属性栏，在第0帧处，设置"子位移"为（0, 288）、"演化"为（2×+0°）；在第4秒24帧处，设置"子位移"为（720, 288）、"演化"为（0×+0°），如图7-345所示。

图7-345

6 选择"黑色 纯色1"图层，执行"效果>颜色校正>色阶"菜单命令，设置"灰度系数"的值为1.4、"输出黑色"的值为168；继续选择该图层，执行"效果>颜色校正>曲线"菜单命令，调整曲线的形状，如图7-346所示。画面的预览效果如图7-347所示。

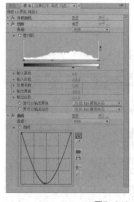

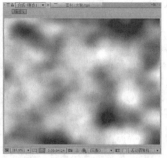

图7-346　　　　　　　　　　　图7-347

7 选择"黑色 纯色1"图层，使用"矩形工具" ■ 绘制一个矩形蒙版，然后展开图层的蒙版属性，设置"蒙版羽化"的值为（100,100像素）；接着设置"蒙版路径"的关键帧动画，在第0帧处，保持原来的蒙版形状；在第4秒24帧处，将蒙版左边的两个控制点拖动到右边，如图7-348和图7-349所示。

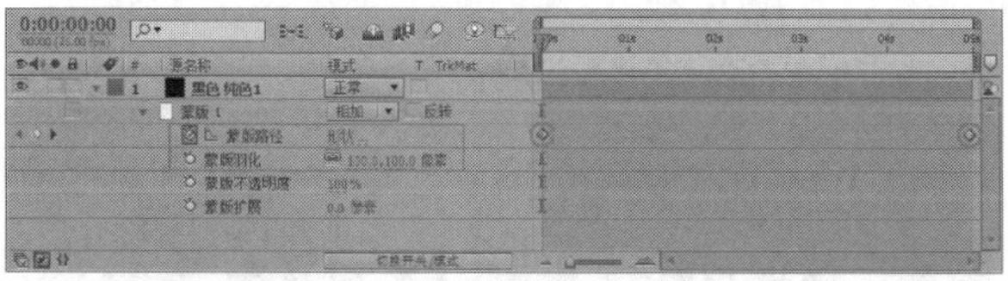

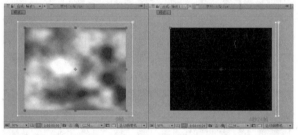

图7-348

图7-349

8 将项目窗口中的"噪波1"合成添加到"定版动画3"合成的时间线上，关闭"噪波1"图层的显示。选择"定版文字"图层，执行"效果>模糊与锐化>复合模糊"菜单命令，设置"模糊图层"为"2.噪波1"，修改"最大模糊"的值为100，如图7-350所示。

9 通过预览效果可以看出开始创建的文字不再是静止的，而是以混合模糊的方式逐渐呈现出来，而前面噪波动画中的蒙版最终将噪波全部遮住，这样就实现了文字从模糊到最终的全部显示，图7-351所示是目前动画下的中间状态。

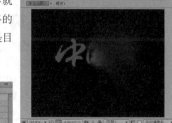

图7-350　　　　　　　　　　图7-351

10 现在烟雾的飘动弧度还不够，选择"定版文字"图层，执行"效果>扭曲>置换图"菜单命令，将"置换图层"设置成"2.噪波1"，设置"最大水平置换"的值为100、"最大垂直置换"的值为100、"置换图特性"为"伸缩对应图以适合"，同时勾

选"像素回绕"选项，如图7-352所示。画面的预览效果如图7-353所示。

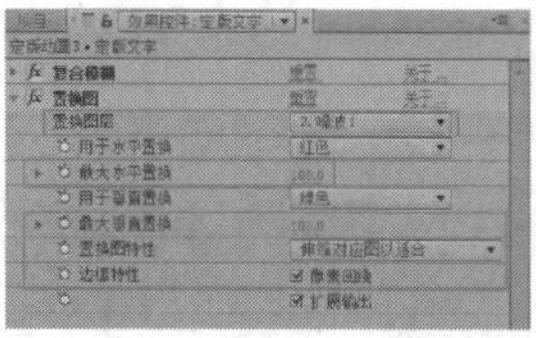

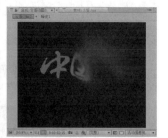

图7-352　　　　　　　　　　图7-353

11 执行"文件>导入>文件"菜单命令，打开本书学习资源中的"案例源文件>第7章>7.15>背景.tga、大爱.tga、光.tga和遮幅.tga"文件，然后将这些素材拖曳到"定版动画3"合成的时间线上，设置"光.tga"图层的叠加方式为"相加"，如图7-354所示。

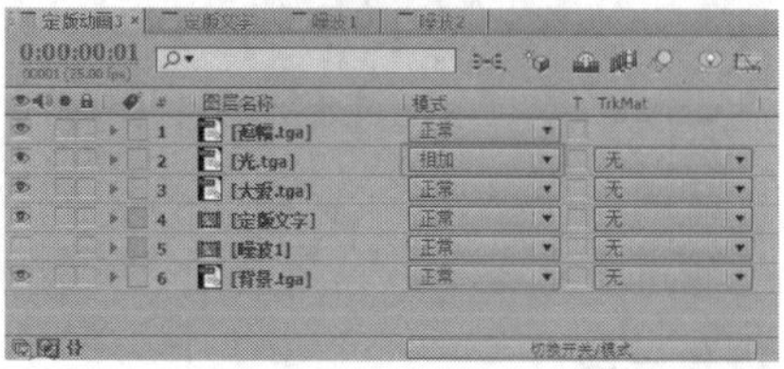

图7-354

12 选择"大爱.tga"图层，设置该图层的"不透明度"属性的关键帧动画，在第3秒处，设置"不透明度"的值为0%；在第4秒处，设置"不透明度"的值为100%，如图7-355所示。

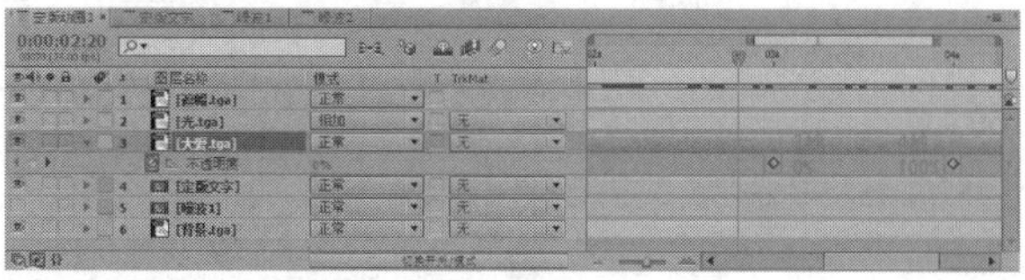

图7-355

13 选择"光.tga"图层，设置该图层的"不透明度"和"缩放"属性的关键帧动画，在第2秒20处，设置"不透明度"的值为0%、"缩放"的值为0%；在第4秒01帧处，设置"不透明度"的值为100%、"缩放"的值为110%；在第4秒24帧处，设置"不透明度"的值为100%、"缩放"的值为90%，如图7-356所示。

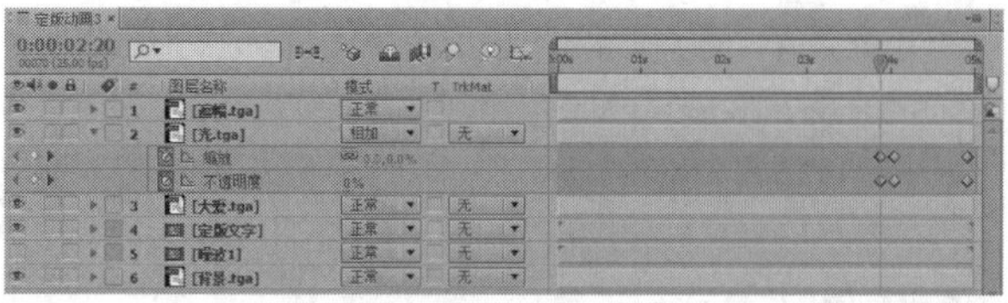

图7-356

14 按小键盘上的数字键0，预览最终效果，如图7-357所示。

图7-357

7.16 定版动画4

案例描述

　　本例主要介绍Particular（粒子）效果的高级使用方法。通过学习本例，读者可以掌握粒子汇集特效的使用方法，案例如图7-358所示。

本例难易指数：★★★★☆

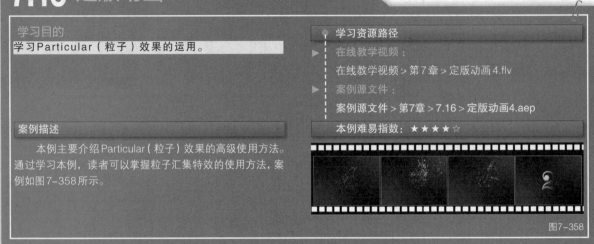

图7-358

操作流程

1 执行"合成>新建合成"菜单命令，创建一个预设为PAL D1/DV的合成，设置"宽度"为720px、"高度"为576px、"像素长宽比"为D1/DV PAL（1.09）、"持续时间"为5秒，并将其命名为"定版动画4"，如图7-359所示。

图7-359

2 执行"图层>新建>纯色"菜单命令，创建一个新的纯色图层，将其命名为BG_01，设置其"宽度"为720像素、"高度"为576像素、"像素长宽比"为D1/DV PAL（1.09）、"颜色"为紫色（R:70，G:30，B:90）。继续执行"图层>新建>纯色"菜单命令，创建一个新的纯色图层，将其命名为BG_02，设置其"宽度"为720像素、"高度"为576像素、"像素长宽比"为D1/DV PAL（1.09）、"颜色"为蓝色（R:20，G:60，B:100），如图7-360所示。

图7-360

3 选择BG_01图层，使用"钢笔工具"为该图层创建一个蒙版，修改"蒙版羽化"为（500，500像素）；选择BG_02图层，使用"钢笔工具"为该图层创建一个蒙版，修改"蒙版羽化"为（500，500像素）、"蒙版扩展"为-100像素，如图7-361所示。画面的预览效果如图7-362所示。

图7-361

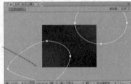

图7-362

4 执行"文件>导入>文件"菜单命令，打开本书学习资源中的"案例源文件>第7章>7.16 Logo.tga"文件，将其拖曳到"定版动画4"合成的时间线上，修改其"缩放"值为（50，50%），如图7-363所示。

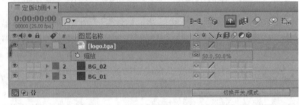

图7-363

5 选择Logo图层，按Ctrl+Shift+C快捷键进行图层合并，将合并后的图层命名为LOGO_Comp，最后开启该图层的三维开关，如图7-364所示。画面的预览效果如图7-365所示。

图7-364

图7-365

6 执行"图层>新建>纯色"菜单命令，创建一个新的纯色图层，设置"宽度"为720px、"高度"为576px、"像素长宽比"为D1/DV PAL（1.09），最后将其命名为Pa。选择该图层，执行"效果>Trapcode>Particular（粒子）"菜单命令，展开Emitter（发射器）参数项，设置Particles/sec（粒子/秒）的值为30000、Emitter Type（发射器类型）为Layer（图层）、Velocity（速率）为1000、Velocity Random[%]（速率随机）为100、Velocity Distribution（速率分布）为5、Velocity from Motion[%]为10；展开Layer Emitter（图层发射器）参数项，设置Layer（图层）为2、LOGO_Comp、Layer Sampling（图层采样）为Particle Birth Time、Layer RGB Usage为RGB-Particle Color，如图7-366所示。

7 展开Particle（粒子）属性选项，设置Life Random[%]（生命随机）的值为50、Size（大小）为3、Size Random[%]（大小随机）的值为100、Size over Life（粒子消亡后的大小）为线性衰减、Opacity Random[%]（不透明度随机）的值为50、Opacity over Life（粒子消亡后的不透明度）为线性衰减、Transfer Mode（叠加模式）为Add（相加），如图7-367所示。

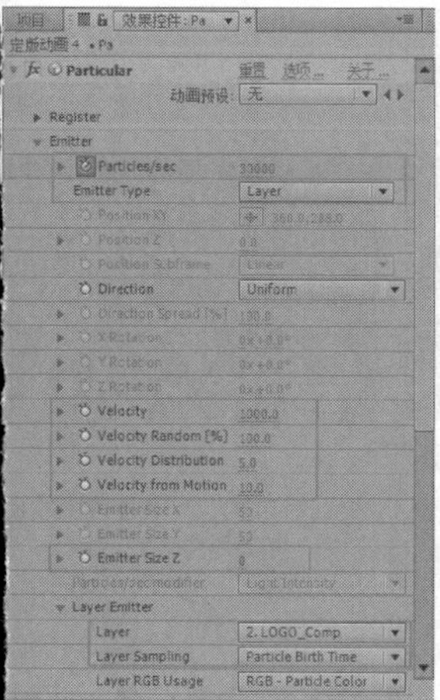

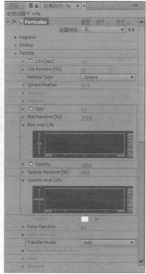

图7-366　　　　　　　图7-367

8 展开Physics（物理）参数项，设置Air Resistance的值为1000，设置Spin Amplitude的值在第0帧处为30，在第4秒10帧处为0；设置Wind X的值在第0帧处为300，在第4秒10帧处为0；设置Wind Y的值在第0帧处为-300，在第4秒10帧处为0。展开Turbulence Field（扰乱场）参数项，设置After Size（影响大小）的值在第0帧处为40，在第4秒10帧处为0；设置Affect Position（影响位置）在第0帧处的值为1000，在第4秒10帧处的值为0。最后设置Evolution Speed（演化速度）的值为100，如图7-368所示。

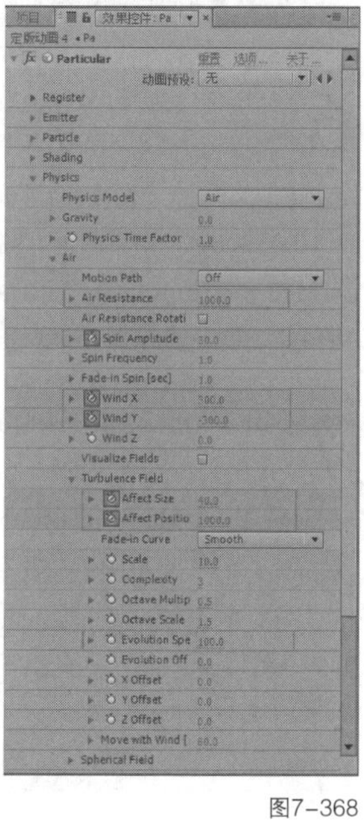

图7-368

9 展开Rendering参数项，设置Motion Blur为On，如图7-369所示。画面的预览效果如图7-370所示。

图7-369　　　　　　　图7-370

10 选择Pa图层，执行"效果>过渡>线性擦除"菜单命令，设置"擦除角度"为（0×+90°）、"羽化"为10。在第3秒处，设置"过渡完成"的值为30%；在第4秒10帧处，设置"过渡完成"的值为78%，如图7-371所示。

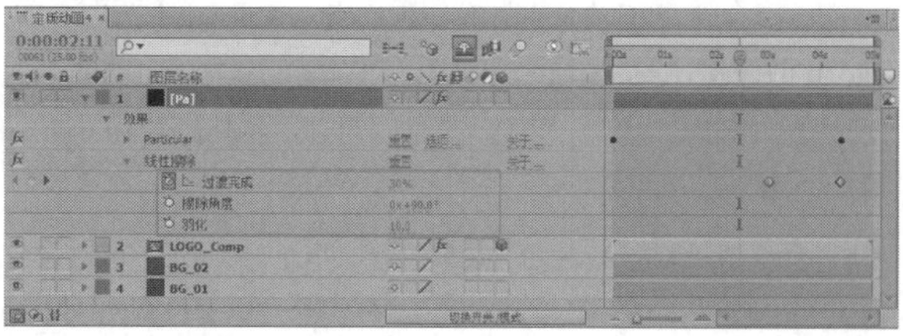

图7-371

11 选择LOGO_Comp图层，执行"效果>过渡>线性擦除"菜单命令，设置"擦除角度"为（0×-90°）、"羽化"为65。在第3秒处，设置"过渡完成"的值为75%；在第4秒10帧处，设置"过渡完成"的值为30%，如图7-372所示。

图7-372

12 按小键盘上的数字键0，预览最终效果，如图7-373所示。

图7-373

427

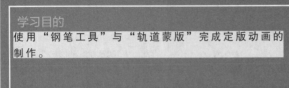

7.17 定版动画5

图7-374

操作流程

1 执行"合成>新建合成"菜单命令，创建一个"预设"为PAL D1/DV的合成，设置"宽度"为720px、"高度"为576px、"像素长宽比"为D1/DV PAL（1.09）、"持续时间"为5秒，将其命名为Logo，如图7-375所示。

2 执行"图层>新建>纯色"菜单命令，创建一个纯色图层，设置"宽度"为720像素、"高度"为576像素、"像素长宽比"为D1/DV PAL（1.09）、"颜色"为灰色（R:170, G:170, B:170），设置"名称"为Color，如图7-376所示。

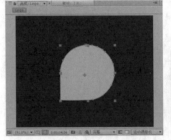

图7-377

图7-378

图7-379

图7-380

图7-375

图7-376

3 选择Color图层，使用"钢笔工具 ✎"绘制一个图7-377所示的图形。

4 选择Color图层，执行"特效>生成>梯度渐变"菜单命令，修改"渐变起点"的值为（380, 118）、"起始颜色"为浅蓝色（R:43, G:201, B:234）、"渐变终点"的值为（380, 432）、"结束颜色"为蓝绿色（R:6, G:117, B:147），如图7-378所示。画面的预览效果如图7-379所示。

5 执行"图层>新建>纯色"菜单命令，创建一个白色的纯色图层，设置"宽度"为720像素、"高度"为576像素，设置图层的"名称"为1，最后使用"钢笔工具 ✎"绘制一个图7-380所示的图形。

6 选择1图层，执行"效果>生成>梯度渐变"菜单命令，修改"渐变起点"的值为（100, 0）、"起始颜色"为白色、"渐变终点"的值为（100, 300）、"结束颜色"为灰色（R:170, G:170, B:170），如图7-381所示。

图7-381

7 选项Color图层，按Ctrl+D快捷复制该图层，将复制得到的图层拖曳到所有图层的最上面，然后将Color图层作为1图层的"Alpha遮罩'Color'"，如图7-382所示。

图7-382

8 执行"合成>新建合成"菜单命令,创建一个"预设"为PAL D1/DV的合成,设置"宽度"为720px、"高度"为576px、"像素长宽比"为D1/DV PAL(1.09)、"持续时间"为5秒,将其命名为"定版动画5",如图7-383所示。

图7-383

9 将项目窗口中的Logo合成添加到"定版动画5"合成中,选择Logo图层,使用"钢笔工具" ▮绘制一个蒙版,然后修改"蒙版羽化"的值为(128,128像素),如图7-384所示。接着设置"蒙版路径"的关键帧动画,如图7-385所示。

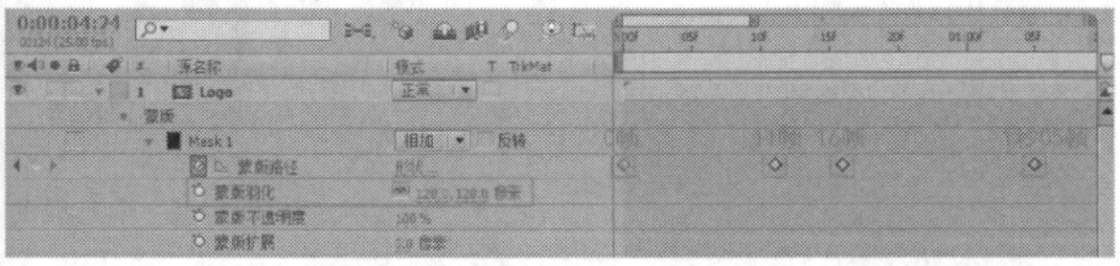

图7-384

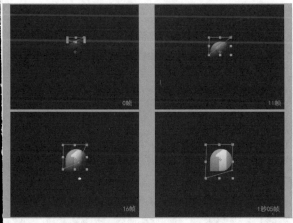

图7-385

10 设置Logo图层的"缩放"属性的关键帧动画,在第0帧处,设置"缩放"值为(42,42%);第4秒24帧处,设置"缩放"的值为(45,45%),如图7-386所示。

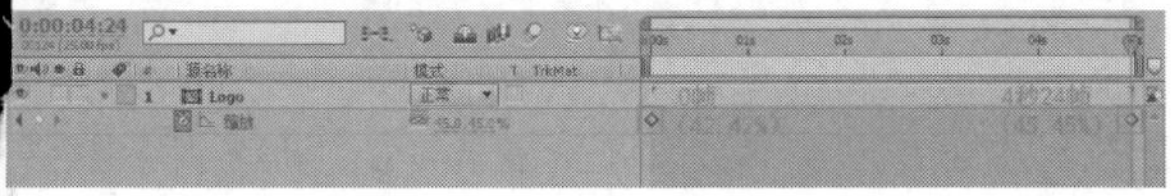

图7-386

11 设置Logo图层的"不透明度"属性的关键帧动画,在第0帧处,设置"不透明度"的值为0%;在第1秒08帧处,设置"不透明度"的值为100%,如图7-387所示。

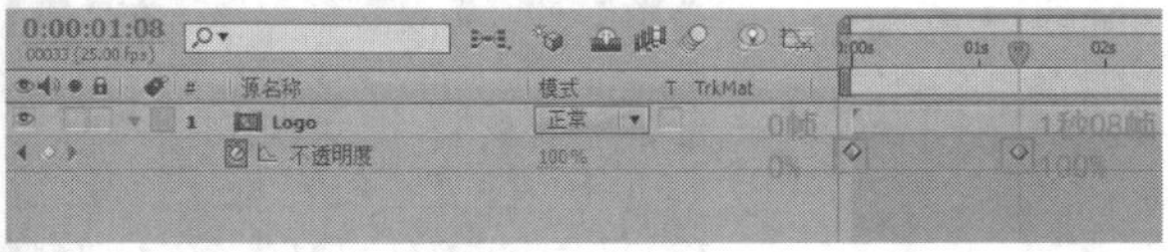

图7-387

12 选择Logo图层,执行"效果>透视>斜面Alpha"菜单命令,修改"灯光强度"值为0.3,如图7-388所示。

13 使用"横排文字工具" ▮创建MGtop Education文字图层,然后设置字体为Arial、字体大小为25像素、字体颜色为蓝

色(R:1,G:108,B:131),对文字做加粗设置,如图7-389所示。画面的预览效果如图7-390所示。

图7-388 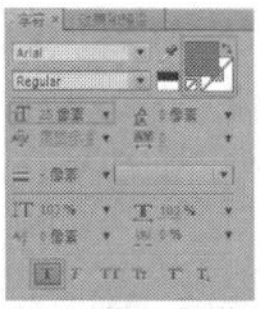 图7-389 图7-390

14 设置MGtop Education图层的入点时间在第18帧处,然后设置该图层的"缩放"属性和"不透明度"属性的关键帧动画,在第18帧处,设置"缩放"的值为(100、95%);第4秒24帧处设置"缩放"的值为(105、95%)。第18帧处设置"不透明度"的值为0%;第1秒09帧处,设置"不透明度"的值为8%;第1秒23帧处,设置"不透明度"的值为100%,如图7-391所示。

图7-391

15 选择MGtop Education图层,使用"矩形工具" ▮绘制一个蒙版,然后修改"蒙版羽化"的值为(19,19像素)、"蒙版不透明度"的值为85%、"蒙版扩展"的值为10像素。为了方便制作蒙版动画,先将蒙版的叠加方式修改为"无",如图7-392所示。然后分别在第1秒14帧和第1秒22帧处设置蒙版的关键帧动画,如图7-393所示。接着将蒙版的叠加方式设为"相加"。

图7-392

图7-393

16 选项Logo和MGtop Education图层,按Ctrl+Shift+C快捷键合并图层,将合成后的图层命名为Logo_End,如图7-394所示。

17 执行"文件>导入>文件"菜单命令,打开本书学习资源中的"案例源文件>第7章>7.17>背景.jpg"文件,并将该素材添加到"定版动画5"合成的时间线上,放置到Logo_End图层的下层,如图7-395所示。

图7-394  图7-395

18 下面来制作Logo投影效果。先选择Logo_End图层，然后Ctrl+D快捷键复制图层，并将复制得到的图层命名为"Logo_End投影"，选择"Logo_End投影"图层，按S键展开该图层的"缩放"属性，去掉"等比例缩放"按钮，设置"缩放"的值为（100，-100%）、"位置"的值为（360，449）、"不透明度"的值为23%，如图7-396所示。

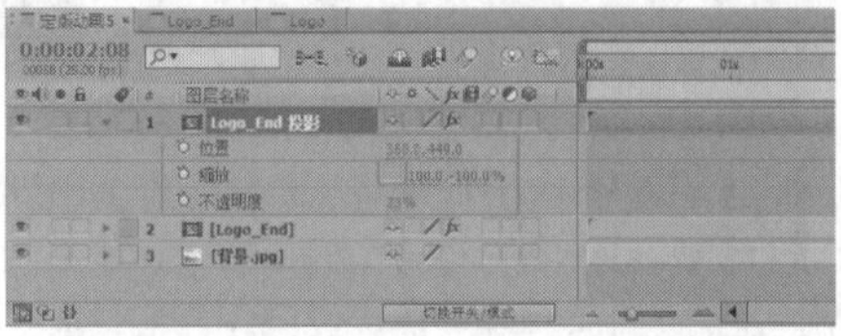

19 开启Logo_End图层和"Logo_End投影"图层的运动模糊功能，如图7-397所示。

图7-396

图7-397

20 按小键盘上的数字键0，预览最终效果，如图7-398所示。

图7-398

7.18 心形粒子

学习目的

使用"钢笔工具"和Particular（粒子）效果制作心形粒子特效。

学习资源路径

▶ 在线教学视频：

在线教学视频 > 第7章 > 心形粒子.flv

▶ 案例源文件：

案例源文件 > 第7章 > 7.18 > 心形粒子.aep

案例描述

本例主要介绍Particular（粒子）效果的应用。通过学习本例，读者可以掌握心形粒子特效的制作方法，案例如图7-399所示。

本例难易指数：★★★☆☆

图7-399

操作流程

1 执行"合成 > 新建合成"菜单命令，创建一个预设为PAL D1/DV的合成，设置"持续时间"为5秒，并将其命名为"心形"，如图7-400所示。

图7-400

2 按Ctrl + Y快捷键，创建一个黑色的纯色图层，并将其命名为"背景"。选择"背景"图层，执行"效果 > 生成 > 梯度渐变"菜单命令，设置"渐变起点"为（360，288）、"渐变终点"为（0，572）、"起始颜色"为橘黄色（R:255，G:150，B:0）、"结束颜色"为

黑色、"渐变形状"为"径向渐变"，最后设置"与原始图像混合"为20%，如图7-401所示。画面的预览效果如图7-402所示。

图7-401

图7-402

3 按Ctrl+Y快捷键，创建一个纯色图层，将其命名为"心形"，然后使用"钢笔工具"绘制出一个心形的蒙版，将"蒙版1"的叠加模式修改为"差值"，最后将"心形"图层的叠加模式修改为"相

加",如图7-403所示。画面的预览效果如图7-404所示。

图7-403

图7-404

4 执行"图层>新建>空对象"菜单命令,创建一个空对象图层,将其命名为Null 1。选择"心形"图层中的"蒙版路径"属性,然后按Ctrl+C快捷键复制该属性,接着选择Null 1图层并展开"位置"属性,在第10帧处单击"位置"属性后,按Ctrl+V快捷键进行粘贴,如图7-405所示。

图7-405

5 选择"心形"图层,执行"效果>Trapcode>Particular(粒子)"菜单命令,将Position XY(XY轴的位置)属性关联到Null 1图层的"位置"属性上,如图7-406所示。

图7-406

6 在Particular(粒子)效果中,展开Emitter(发射器)参数项,设置Particles/sec(粒子数量/秒)为50、Velocity(速率)为50、Velocity from Motion[%]为0,如图7-407所示。

7 设置Particles/sec(粒子数量/秒)属性的关键帧动画,在第2秒01帧处,设置Particles/sec(粒子数量/秒)的值为50;在第2秒08帧处,设置Particles/sec(粒子数量/秒)的值为0,如图7-408所示。

图7-407

图7-408

8 展开Particle(粒子)参数项,设置Life[sec](生命[秒])为2、Life Random[%](生命随机)为100、Particle Type(粒子类型)为Star(No DOF)、Size(大小)为5、Size Random[%](尺寸随机)为100,最后设置Size over Life(消亡后的大小)和Opacity over Life(消亡后的不透明度)均为线性衰减,如图7-409所示。

图7-409

9 按小键盘上的数字键0,预览最终效果,如图7-410所示。

图7-410

7.19 星星夜空

学习目的
学习CC Particle World(CC 粒子世界)的应用。

学习资源路径
▶ 在线教学视频:
在线教学视频 > 第7章 > 星星夜空.flv

▶ 案例源文件:
案例源文件 > 第7章 > 7.19 > 星星夜空.aep

本例难易指数: ★ ★ ☆ ☆ ☆

案例描述
本例主要介绍CC Particle World(CC 粒子世界)效果的应用。通过学习本例,读者可以掌握星星夜空特效的制作方法,案例如图7-411所示。

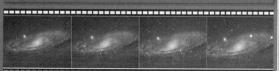

图7-411

操作流程

1 执行"合成>新建合成"菜单命令,创建一个预设为"自定义"的合成,设置"宽度"为640px、"高度"为480px、"持续时间"为5秒,将其命名为Pa,如图7-412所示。

2 按Ctrl+Y快捷键,新建一个纯色图层,将其命名为Pa01,设置"宽度"为640像素、"高度"为480像素,设置其颜色为白色,如图7-413所示。

图7-412　　　　　　　　图7-413

3 选择Pa01图层,执行"效果>模拟>CC Particle World(CC 粒子世界)"菜单命令,设置Birth Rate(产生率)为0.3、Longevity(生命)为2;展开Producer(产生点)参数项,设置Position Y(位置Y)为0.16、Position Z(位置Z)为-0.09、Radius X(半径X)为3.5、Radius Y(半径Y)为1.3、Radius Z(半径Z)为3,如图7-414所示。

4 展开Physics(物理性)参数项,设置Velocity(速率)为0.05、Gravity(重力)为-0.01,如图7-415所示。

图7-414　　　　　　　　图7-415

5 展开Particle(粒子)参数项,设置Particle Type(粒子类型)为Lens Fade(镜头淡入)、Birth Size(产生大小)为0.15、Death Size(消逝大小)为0.26,设置Color Map(颜色贴图)为Birth to Death(产生到消逝)、Transfer Mode(叠加模式)为Add(叠加),如图7-416所示。画面的预览效果如图7-417所示。

图7-416　　　　　　　　图7-417

6 选择Pa01图层,执行"效果>风格化>发光"菜单命令,设置"发光阈值"为30%、"发光半径"为10、"发光强度"为2.5,如图7-418所示。

7 选择Pa01图层,按Ctrl+D快捷键复制出一个新图层,将新图层命名为Pa02;然后设置"Pa02"图层的CC Particle World(CC 粒子世界)效果的相关参数,设置Birth Rate(产生率)的值为10、Radius X(半径X)的值为6、Radius Y(半径Y)的值为2、Radius Z(半径Z)的值为6,如图7-419所示。

图7-418　　　　　　　　图7-419

8 选择Pa02图层,执行"效果>模糊与锐化>CC Vector Blur(CC矢量模糊)"菜单命令,设置Amount(数量)的值为6,如图7-420所示。

9 执行"文件>导入>文件"菜单命令,打开本书学习资源中的"案例源文件>第7章> 7.19>星空背景.mov"文件,将"星空背景.mov"添加到Pa合成的时间线上,修改"星空背景.mov"图层的"缩放"值为120%,最后将Pa01和Pa02图层的叠加模式修改为"相加",如图7-421所示。

图7-420　　　　　　　　图7-421

10 按小键盘上的数字键0,预览最终效果,如图7-422所示。

图7-422

7.20 绚丽线条

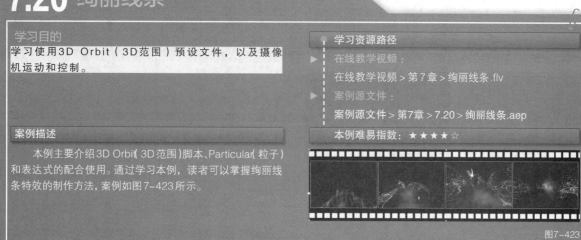

图7-423

操作流程

　　在制作本案例之前，打开本书学习资源中的"案例源文件>第7
章>7.20>预设文件> 3D Orbit.ffx"文件，然后将其复制到C:\Program
Files\Adobe\Adobe After Effects CC\Support Files\Presets目录下。

1 执行"合成>新建合成"菜
单命令，创建一个预设为
"自定义"的合成，设置"宽
度"为720px、"高度"为576px、
"像素长宽比"为"方形像素"、
"持续时间"为10秒，最后将其
命名为"绚丽线条"，如图7-424
所示。

图7-424

2 按Ctrl+Y快捷键，创建一个名为BG的纯色图层，单击"制作合
成大小"按钮，使其尺寸与合成大小匹配，设置"颜色"为黑
色。继续按Ctrl+Y快捷键，创建一个名称为Particular_1的纯色图
层，单击"制作合成大小"按钮，使其尺寸与合成大小匹配，设置
"颜色"为红色，如图7-425所示。

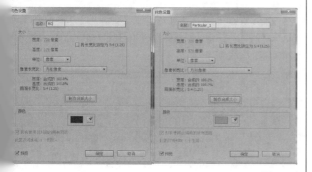

图7-425

3 执行"图层>新建>纯色"菜单命令，创建一个白色的纯色图
层，将其命名为Particle Point，设置"宽度"为100像素、
"高度"为100像素，最后打开该图层的3D开关，如图7-426和
图7-427所示。

图7-426　　　　　　　　　　　　　图7-427

4 选择Particular_1图层，执行"效果>Trapcode>Particular（粒
子）"菜单命令，将"Position XY（XY轴的位置）"属性关联
到Particular Point层的"位置"属性上，然后将Position Z（Z轴的
位置）属性关联到Particular Point图层"位置"属性的Z轴上，如
图7-428所示。

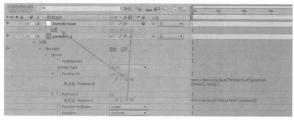

图7-428

5 在"效果和预设"面板中输入3D Orbit，
将3D Orbit（3D范围）预设拖曳到
Particle Point图层上，如图7-429所示。

图7-429

6 此时Particular Point图层的Position（位置）参数上会自动生成表
达式，如图7-430所示。此外，还会在该图层上自动添加Radius
（半径）、Speed（速度）和Rotation Offset（旋转偏移）3个效果，如
图7-431所示。画面的预览效果如图7-432所示。

图7-430

图7-431

图7-432

7 选择Particular Point图层，在Radius（半径）参数栏下修改"滑块"的值为270，如图7-433所示。

8 选择Particular_1图层，展开Particular（粒子）参数栏，设置Velocity（速率）的值为0、Velocity Random[%]（随机速度）的值为0、Velocity Distribution（速度分布）的值为0、Velocity from Motion（继承运动速度）的值为0，如图7-434所示。

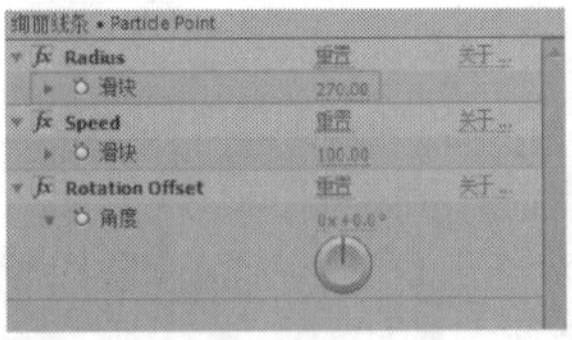

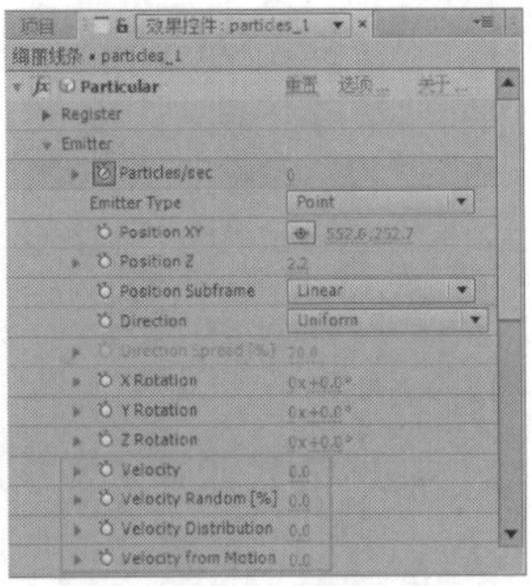

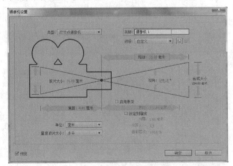

图7-433

图7-434

9 按Ctrl+Alt+Shift+C快捷键，创建一个摄像机图层，设置"缩放"值为35毫米，将其命名为"摄像机1"，如图7-435所示。

图7-435

10 选择"摄像机1"图层，设置"位置"的值为（384，-29，400），如图7-436所示。画面的预览效果如图7-437所示。

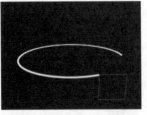

图7-436

图7-437

11 选择Particular Point图层，为"位置"属性添加一个表达式+wiggle(8,140)-value;，如图4-438所示。

图7-438

12 选择Particular_1图层，展开Emitter（发射器）参数项，设置Particles/sec（粒子数量/秒）的值为2000，如图7-439所示。

13 展开Particle（粒子）参数栏，最后设置Life[sec]（生命[秒]）为20、Size（尺寸）为2、Color（颜色）为蓝色（R:115，G:102，B:252）、Transfer Mode（叠加模式）为Add（叠加），如图7-440所示。

图7-439

图7-440

14 展开Particle（粒子）参数栏下的Air（空气）属性栏，然后在Turbulence Field（扰乱场）选项中设置Affect Size（影响尺寸）为2、Affect Position（影响位置）为142、Evolution Speed（演变速度）为10，如图7-441所示。

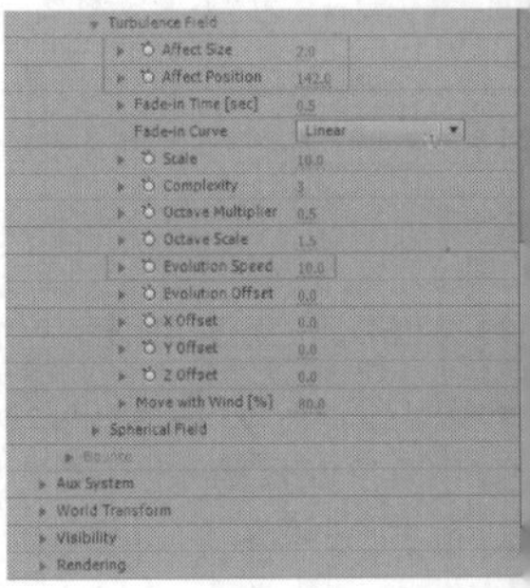

图7-44

15 设置Particles/sec（粒子数量/秒）属性的关键帧动画，在第3秒15帧处，设置其值为2000；在第3秒19帧处，设置其值为0，如图7-442所示。

图7-44

16 选择Particular_1图层，按Ctrl+D快捷键复制出一个新图层，并将新图层命名为Particles_2，然后修改Particles_2图层中Position XY（XY位置）属性的表达式，如图7-443所示。其表达式如下。

```
temp = thisComp.layer（"Particle Point"）.position;
[temp[0], temp[1]+30]
```

修改选择Particular_1图层的Position XY（XY位置）属性的表达式，如图7-444所示。其表达式如下。

```
temp = thisComp.layer（"Particle Point"）.position;
[temp[0], temp[1]-30]
```

图7-443

图7-444

17 选择"摄像机 1"图层，设置"位置"和"X轴旋转"属性的关键帧动画。在第4秒19帧处，设置"位置"的值为（360，-29，400）、"X轴旋转"的值为（0×+77°）；在第7秒17帧处，设置"位置"的值为（384，288，-100）、"X轴旋转"的值为（0×+0°），如图7-445所示。

图7-445

18 按Ctrl+Y快捷键，创建一个纯色图层，将其命名为Smoke，然后设置该图层的"不透明度"属性为75%，接着执行"效果>Trapcode>Particular（粒子）"菜单命令，具体参数设置如图7-446和图7-447所示。

图7-446   图7-447

19 按Ctrl+Alt+Y快捷键，创建一个调整图层，将其命名为Glow。选择Glow图层，执行"效果>风格化>发光"菜单命令，设置"发光阈值"为61.2%、"发光半径"为25、"发光强度"为5，如图7-448所示。

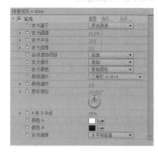

图7-448

20 按Ctrl+Alt+Y快捷键，创建一个调整图层，然后选择该调整图层，执行"效果>颜色校正>曲线"菜单命令，在RGB通道中调整曲线，如图7-449所示。画面的预览效果如图7-450所示。

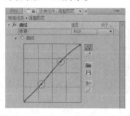

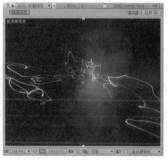

图7-449   图7-450

21 选择Particular_2图层，按Ctrl+D快捷键复制出一个新图层，并将新图层命名为Particular_3，然后修改Position XY（XY位置）属性的表达式，如图7-451所示。其表达式如下。

```
temp = thisComp.layer（"Particle Point"）.position;
[temp[0], temp[1]]
```

图7-451

22 选择Particular_3图层，展开Particle（粒子）参数栏，设置Color（颜色）为浅蓝色；展开Physics（物理学）参数项，设置Spin Amplitude（旋转的幅度）为21、Evolution Speed（演变的速度）为0，如图7-452所示。

图7-452

23 按小键盘上的数字键0，预览最终效果，如图7-453所示。

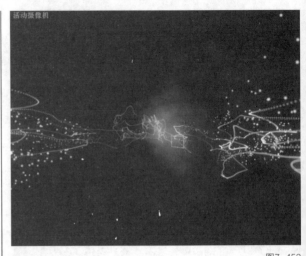

图7-453

7.21 场景阵列

学习目的

掌握3D_text_creator（3D文字创建）和3D_text_creator_from_file（从文件中创建3D文字）两个脚本文件的运用。

学习资源路径

▶ 在线教学视频：
在线教学视频 > 第7章 > 场景阵列.flv

▶ 案例源文件：
案例源文件 > 第7章 > 7.21 > 场景阵列.aep

案例描述

本例主要介绍绚丽文字飞舞特效的制作。通过学习本例，读者可以掌握3D_text_creator和3D_text_creator_from_file两个脚本文件的应用，案例如图7-454所示。

本例难易指数：★★★★☆

图7-454

操作流程

1 创建一个记事本，并将其命名为"文字"，输入图7-445所示的文字，最后以"文字"为名称进行保存。

2 执行"合成>新建>合成"菜单命令，创建一个预设为"PAL D1/DV 宽银幕方形像素"的合成，设置"宽度"为1050px、"高度"为576px、"像素长宽比"为"方形像素"、"持续时间"为10秒，将其命名为3D text，如图7-456所示。

图7-455

图7-456

3 创建一个摄像机图层，将其命名为Camera 1，设置"缩放"的值为467.02毫米、"胶片大小"为36毫米、"焦距"为45.39毫米、

"视角"为43.26°，最后勾选"启用景深"选项，如图7-457所示。

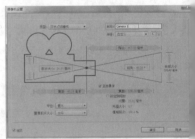

图7-45

4 执行"文件>脚本>运行脚本"菜单命令，在打开的对话框中选择3D_text_creator_from_file脚本（在本书的学习资源中可以找到该脚本文件）并打开，如图7-458所示。

图7-4

5 在弹出的对话框中选择步骤1中创建的"文字"文件并设置阵列的层数，即可运行脚本，如图7-459和图7-460所示。

图7-459 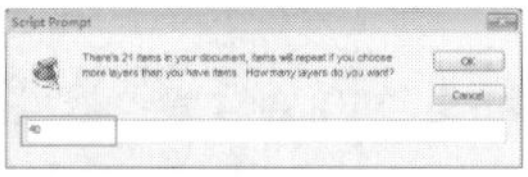　　　　　　　　　图7-460

6 运行脚本后的效果如图7-461所示。

7 创建两个文字图层，分别为"特效之后"和"Adobe After Effects CC版"，然后开启这两个图层的3D开关，最后分别设置它们的"位置"值为（520，380，5026）和（520，274，5026），如图7-462所示。

图7-461 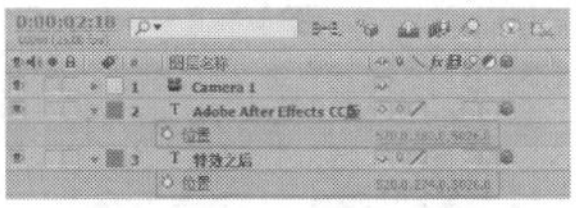　　　　　　　　　图7-462

8 按Ctrl+Y快捷键，创建一个黑色的纯色图层，并将其命名为BG，选择BG图层，执行"效果>生成>梯度渐变"菜单命令，设置"渐变起点"为（572，676）、"起始颜色"为深蓝色（R:8，G:11，B:43）、"渐变终点"为（568，-194）、"结束颜色"为深紫色（R:53，G:40，B:50），如图7-463所示。最后将其放到所有图层的最下面，如图7-464所示。

图7-463 　　　　　　　　　图7-464

9 设置摄像机图层的"目标点"和"位置"属性的关键帧动画，在第0帧处，设置"目标点"为（525，288，-5436）、"位置"为（525，288，-6456.8）；在第3秒处，设置"目标点"为（525，288，4808）、"位置"为（525，288，3783.2），如图7-465所示。

图7-465

10 按Ctrl+Y快捷键，创建一个黑色的纯色图层，将该纯色图层命名为"光晕"。选择"光晕"图层，执行"效果>生成>镜头光晕"菜单命令，设置"光晕中心"属性的关键帧动画，在第0帧处，设置"光晕中心"的值为（-138，104）；在第2秒17帧处，设置"光晕中心"的值为（1192，114），最后修改该图层的叠加方式为"相加"，如图7-466所示。

图7-466

11 按小键盘上的数字键0，预览最终效果，如图7-467所示。

图7-467

7.22 视频背景

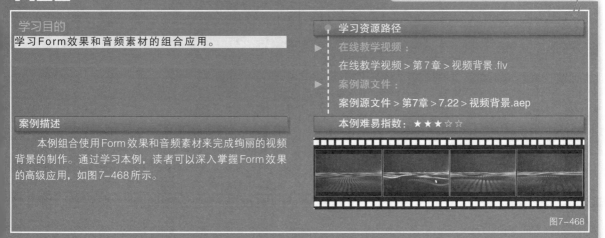

学习目的

学习Form效果和音频素材的组合应用。

学习资源路径

在线教学视频：

在线教学视频 > 第7章 > 视频背景.flv

案例源文件：

案例源文件 > 第7章 > 7.22 > 视频背景.aep

案例描述

本例组合使用Form效果和音频素材来完成绚丽的视频背景的制作。通过学习本例，读者可以深入掌握Form效果的高级应用，如图7-468所示。

本例难易指数：★★★☆☆

图7-468

操作流程

1 执行"合成>新建合成"菜单命令,创建一个预设为HDV/HDTV 720 25的合成,设置"宽度"为1280px、"高度"为720px、"持续时间"为6秒,将其命名为"视频背景",如图7-469所示。

2 按Ctrl+Y快捷键,创建一个白色的纯色图层,设置"宽度"为1280像素、"高度"为720像素,将图层的名称设置为"背景",如图7-470所示。

图7-469　　　　　　　　　　图7-470

3 选择"背景"图层,执行"效果>生成>梯度渐变"菜单命令,设置"渐变起点"为(640, 0)、"起始颜色"为蓝色(R:4, G:48, B:85)、"渐变终点"为(634, 888)、"结束颜色"为黑色,如图7-471所示。画面的预览效果如图7-472所示。

图7-471　　　　　　　　　　图7-472

4 执行"文件>导入>文件"菜单命令,打开本书学习资源中的"案例源文件>第7章>7.22>Music.wav"文件,将Music.wav素材拖曳到时间线上并放到最下层,如图7-473所示。

5 按Ctrl+Y快捷键,创建一个白色的纯色图层,设置"宽度"为1280像素、"高度"为720像素,将图层的名称设置为Form,如图7-474所示。

图7-473　　　　　　　　　　图7-474

6 选择 Form图层,执行"效果>Trapcode>Form"菜单命令,设置Size X(X轴大小)为2930、Size Y(Y轴大小)为3210、Particles in X(X轴粒子)为400、Particles in Y(Y轴粒子)为300、Particles in Z(Z轴粒子)为1、Center XY为(640, 364)、X Rotation(X轴旋转)为(0×+91°),如图7-475所示。

7 展开Particle(粒子)参数栏,设置Size(大小)为1、Opacity(不透明度)为50,如图7-476所示。

图7-475　　　　　　　　　　图7-476

8 展开Audio React(音频反应)参数栏,设置Audio Layer(音频图层)为3. Music.wav,在Reactor1中设置Map To为Fractal,在Reactor2中设置Strength为50、Map To为TW Offset Y,如图7-477所示。

9 展开Fractal Field(扰乱场)参数栏,设置Affect Size(影响大小)的值为5、Affect Opacity(影响不透明度)的值为300、Displace的值为50,如图7-478所示。

图7-477　　　　　　　　　　图7-478

10 展开World Transform(世界变换)参数栏,设置Z Offset(Z轴偏移)属性的关键帧动画,在第0帧处,设置Z Offset(Z轴偏移)为0;在第6帧处,设置Z Offset(Z轴偏移)为-800;在第4秒处,设置Z Offset(Z轴偏移)为-800;在第4秒06帧处,设置Z Offset(Z轴偏移)为-30,如图7-479所示。

图7-479

11 展开Rendering(渲染)参数栏,修改Render Mode(渲染模式)为Full Render+DOF Square(AE),如图7-480所示。

12 选择Form图层,执行"效果>Trapcode>Shine(扫光)"菜单命令,设置Source Point(发光点)的值为(640, 360)、Ray Length(光线长度)的值为1、Boost Light(光线亮度)的值为0.5。展开Colorize(颜色)参数栏,将Color(颜色)设置为(R:0, G:108, B:255)、设置Source Opacity(源素材的不透明度)的值为

100、Shine Opacity（光线的不透明度）的值为100、Transfer Mode（叠加模式）为Add，如图7-481所示。画面的预览效果如图7-482所示。

图7-480　　　　　　　　图7-481

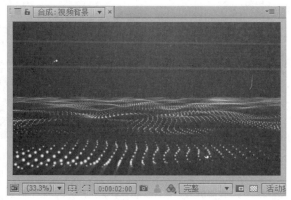

图7-482

13 执行"图层>新建>摄像机"菜单命令，创建一个"摄像机"图层，设置摄像机的"缩放"值为439毫米，打开"启用景深"选项，如图7-483所示。

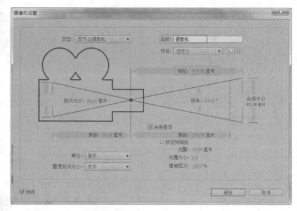

图7-483

14 按Ctrl+Y快捷键，创建一个白色的纯色图层，设置"宽度"为1280像素、"高度"为720像素，将图层的名称设置为"光"，如图7-484所示。

图7-484

15 选择"光"图层，执行"效果>Video Copilot>Optical Flares"菜单命令，选择一个合适的镜头光晕，如图7-485所示，然后修改Position XY（XY轴坐标）的值为（1276，348）、Scale（缩放）的值为30，如图7-486所示。

图7-485　　　　　　　　图7-486

16 修改"光"图层的叠加模式为"屏幕"，如图7-487所示。

图7-487

17 按小键盘上的数字键0，预览最终效果，如图7-488所示。

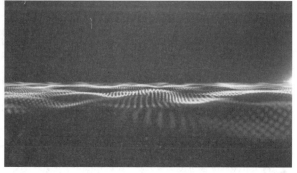

图7-488

7.23 Logo动画特效

学习目的

运用"从文本创建蒙版"命令生成文字外轮廓，使用3D Stroke（3D描边）制作光线动画。

学习资源路径

▶ 在线教学视频：
在线教学视频 > 第7章 > Logo动画特效.flv

▶ 案例源文件：
案例源文件 > 第7章 > 7.23 > Logo动画特效.aep

案例描述

本例主要介绍3D Stroke（3D描边）效果的应用。通过学习本例，读者可以掌握3D Stroke（3D描边）在光线特效方面的应用，案例如图7-489所示。

本例难易指数：★★★☆☆

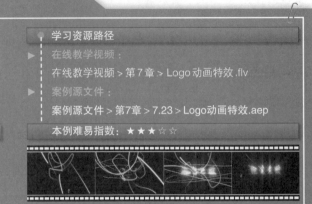

图7-489

操作流程

1 执行"合成>新建合成"菜单命令，创建一个预设为"自定义"的合成，设置"宽度"为720px、"高度"为405px、"像素长宽比"为"方形像素"、"持续时间"为3秒，并将其命名为"光线1"，如图7-490所示。

2 执行Ctrl+Y快捷键，创建一个黑色的纯色图层，设置"宽度"为720像素、"高度"为405像素，将图层的名称设置为"光线1"，如图7-491所示。

图7-490

图7-491

3 选择"光线1"图层，使用"钢笔工具" ![pen]绘制一个图7-492所示的图形。

4 选择"光线1"图层，执行"效果>Trapcode>3D Storke（3D描边）"菜单命令，设置Color（颜色）为蓝色、Thickness（厚度）为2.5；展开Taper（锥化）参数项，勾选Enable（启用）选项，如图7-493所示。

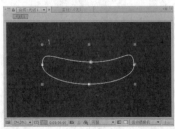

图7-492

图7-493

5 展开Repeater（重复）参数项，勾选Enable（启用），设置Instances（数量）的值为3、Z Displace（Z轴位置）的值为

100、X Rotation（X轴旋转）的值为（0×+60°）、Y Rotation（Y轴旋转）的值为（0×-60°）、Z Rotation（Z轴旋转）的值为（0×+90°），如图7-494所示。

图7-494

6 设置"3D Storke（3D描边）"效果的相关属性的关键帧动画，在第0帧处，设置Offect（偏移）的值为-100；在第2秒24帧处，设置Offect（偏移）的值为100。展开Transform（变换）参数项，在第0帧处，设置Bend（弯曲）的值为0；在第2秒24帧处，设置Bend（弯曲）的值为5。展开Repeater（重复）参数项，在第0帧处，设置Scale（缩放）的值为100；在第2秒24帧处，设置Scale（缩放）的值为200，如图7-495所示。

图7-495

7 选择"光线1"图层，执行"效果>风格化>发光"菜单命令，设置"发光阈值"为25%、"发光颜色"为"A和B颜色"、"颜色A"为浅蓝色（R:0，G:246，B:255）、"颜色B"为浅绿色（R:0，G:255，B:120），如图7-496所示。画面的预览效果如图7-497所示。

图7-496

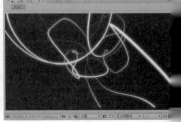

图7-49

8 执行"合成>新建合成"菜单命令，创建一个预设为"自定义"的合成，设置"宽度"为720px、"高度"为405px、"像素长宽比"为"方形像素"、"持续时间"为3秒，并将其命名为"光线2"，如图7-498所示。

9 执行Ctrl+Y快捷键，创建一个黑色的纯色图层，设置"宽度"为720像素、"高度"为405像素，将图层的名称设置为"光线2"，如图7-499所示。

图7-498　　　　　　　图7-499

10 选择"光线2"图层，然后使用"钢笔工具"绘制图7-500所示的图形。

11 选择"光线2"图层，执行"效果>Trapcode>3D Storke（3D描边）"菜单命令，设置Color（颜色）为黄色（R:255，G:210，B:0）、Thickness（厚度）为2；展开Taper（锥化）参数项，勾选Enable（启用），如图7-501所示。

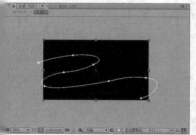

图7-500　　　　　　　图7-501

12 展开Transform（变换）参数项，设置Bend（弯曲）的值为2、Bend Axis（弯曲轴）的值为（0×+90°）。展开Repeater（重复）参数项，勾选Enable（启用），设置Instances（数量）的值为3、Z Displace（Z轴位置）的值为30、X Rotation（X轴旋转）的值为（0×-230°）、Y Rotation（Y轴旋转）的值为（0×-20°）、Z Rotation（Z轴旋转）的值为（0×-20°），如图7-502所示。

图7-502

13 设置3D Storke（3D描边）效果的相关属性的关键帧动画，在第0帧处，设置Offect（偏移）的值为-100；在第2秒24帧处，设置Offect（偏移）的值为100，如图7-503所示。

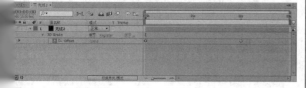

图7-503

14 执行"合成>新建合成"菜单命令，创建一个预设为"自定义"的合成，设置"宽度"为720px、"高度"为405px、"像素长宽比"为"方形像素"、"持续时间"为3秒，并将其命名为"文字"，如图7-504所示。

图7-504

15 使用"横排文字工具"创建"视觉光效"文字图层，设置文字字体为"罗西钢笔行楷"、字体大小为70像素、字符间距为200，如图7-505所示。

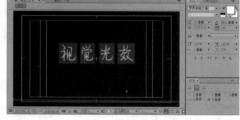

图7-505

16 选择文字图层，执行"图层>从文本创建蒙版"菜单命令，为文字做描边处理，如图7-506所示。

图7-506

17 选择"视觉光效 轮廓"图层，执行"效果>Trapcode>3D Storke（3D描边）"菜单命令，设置Color（颜色）为白色、Thickness（厚度）为2.5；展开Taper（锥化）参数项，勾选Enable（启用），设置Star Shape（开始形状）的值为5、End Shape（结束形状）的值为5，如图7-507所示。

18 展开Transform（变换）参数项，设置Bend Aixs（弯曲程度）的值为（0×+45°）；展开Repeater（重复）参数项，勾选Enable（启用）选项，设置Instances（数量）的值为2、Z Displace（Z轴位置）的值为30，如图7-508所示。

图7-507　　　　　　　图7-508

19 设置3D Storke（3D描边）效果的相关属性的关键帧动画，在第0帧处，设置Offect（偏移）的值为0；在第2秒处，设置Offect（偏移）的值为100，如图7-509所示。画面的预览效果如

图7-510所示。

图7-509

图7-510

20 选择"视觉光效 轮廓"图层，执行"效果>Trapcode>Starglow（星光闪耀）"菜单命令，设置Preset（预设）为Grassy Star（星光），如图7-511所示。

图7-511

21 选择"视觉光效 文字"图层，执行"效果>Trapcode>Starglow（星光闪耀）"菜单命令，然后设置该图层的"不透明度"属性的关键帧动画，在第0帧处，设置其值为0%；在第2秒处，设置其值为100%，如图7-512所示。

图7-512

22 执行"合成>新建合成"菜单命令，创建一个预设为"自定义"的合成，设置"宽度"为720px、"高度"为405px、"像素长宽比"为"方形像素"、"持续时间"为4秒，并将其命名为"视觉光效"，如图7-513所示。

图7-513

23 将项目窗口中的"光线1""光线2"和"文字"合成添加到"视觉光效"合成的时间线上，然后设置"光线2"图层的入点时间在第1秒处，设置"文字"图层的入点时间在第1秒20帧处，如图7-514所示。

图7-514

24 按小键盘上的数字键0，预览最终效果，如图7-515所示。

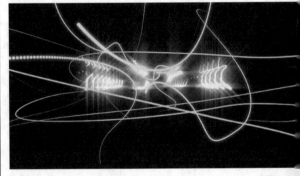

图7-51

7.24 定版汇聚

学习目的
学习"碎片"效果的高级应用。

学习资源路径
在线教学视频：
在线教学视频 > 第7章 > 定版汇聚.flv

案例源文件：
案例源文件 > 第7章 > 7.24 > 定版汇聚.aep

本例难易指数：★★★★☆

案例描述
　　本例主要介绍"碎片"效果的应用。通过学习本例，读者可以掌握定版汇聚特效的制作方法，案例如图7-516所示。

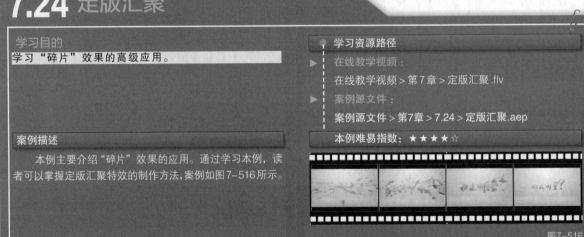

图7-516

高级特效

操作流程

1 执行"合成>新建合成"菜单命令,创建一个预设为"自定义"的合成,设置"宽度"为720px、"高度"为405px、"像素长宽比"为"方形像素"、"持续时间"为6秒,并将其命名为"定版",如图7-517所示。

2 执行"文件>导入>文件"菜单命令,打开本书学习资源中的"案例源文件>第7章>7.24>Logo.png"文件,将其添加到"定版"合成的时间线上,如图7-518所示。

图7-517　　　　　　　　图7-518

3 选择Logo图层,执行"效果>透视>投影"菜单命令,设置"距离"的值为2,如图7-519所示。

4 执行"合成>新建合成"菜单命令,创建一个预设为"自定义"的合成,设置"宽度"为720px、"高度"为405px、"像素长宽比"为"方形像素"、"持续时间"为6秒,并将其命名为"定版散开",如图7-520所示。

图7-519　　　　　　　　图7-520

5 将项目窗口中的"定版"合成添加到"定版散开"合成的时间线上,选择"定版"图层,执行"效果>模拟>碎片"菜单命令,设置"视图"为"已渲染";展开"形状"参数项,设置"图案"为"玻璃"、"重复"为110、"凸出深度"为0.35;展开"作用力1"参数项,设置"强度"为,如图7-521所示。

图7-521

6 展开"渐变"参数项,设置"碎片阈值"为100%、"渐变图层"为"1.定版";展开"物理学"参数项,设置"旋转速度"为1、"随机性"为1、粘度为0.71、"大规模方差"为52%、"重力方向"为(0×+90°)、"重力倾向"为90,如图7-522所示。画面的预览效果如图7-523所示。

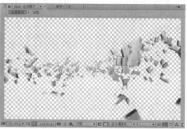

图7-522　　　　　　　　图7-523

7 执行"合成>新建合成"菜单命令,创建一个预设为"自定义"的合成,设置"宽度"为720px、"高度"为405px、"像素长宽比"为"方形像素"、"持续时间"为6秒,并将其命名为"定版汇聚",如图7-524所示。

8 执行"文件>导入>文件"菜单命令,打开本书学习资源中的"案例源文件>第7章>7.24>背景.jpg"文件,将其添加到"定版汇聚"合成的时间线上,最后将项目窗口中的"定版"和"定版散开"合成也添加到"定版汇聚"合成的时间线上,如图7-525所示。

图7-524　　　　　　　　图7-525

9 选择"定版散开"图层,按Ctrl+Alt+R快捷键,实现效果的倒放,然后将"定版散开"图层的出点时间设置在第3秒20帧处,将"定版"图层的入点时间设置在第3秒12帧处,如图7-526所示。

图7-526

10 选择"定版散开"图层,执行"效果>模糊和锐化> CC Radial Fast Blur(CC放射模糊)"菜单命令,设置Amount(数量)的值在第0帧处为60,在第2秒处为20,在第3秒20帧为0,如图7-527所示。

图7-527

11 选择"定版散开"图层,执行"效果>模糊和锐化>快速模糊"菜单命令,设置"模糊度"的值在第3秒12帧处为0,在第3秒20帧处为783,如图7-528所示。

443

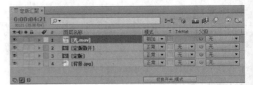

图7-528

图7-530

12 选择"定版散开"图层,设置其"不透明度"属性在第3秒12帧处为100,在第3秒20帧处为0;选择"定版"图层,设置其"不透明度"属性在第3秒12帧处为0,在第3秒20帧处为100,如图7-529所示。

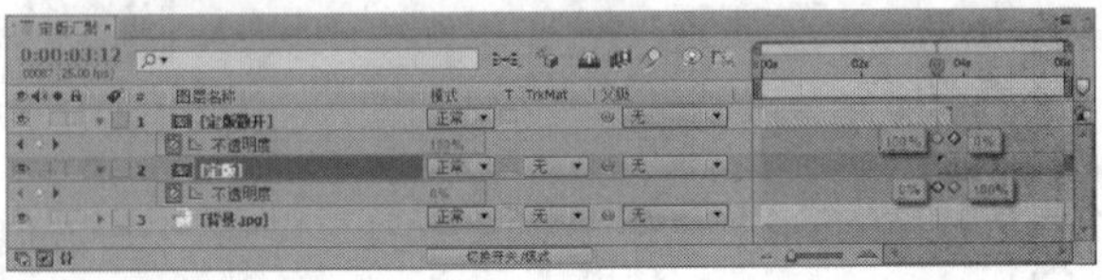

14 按小键盘上的数字键0,预览最终效果,如图7-531所示。

图7-529

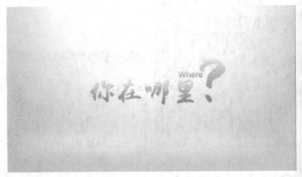

13 执行"文件>导入>文件"菜单命令,打开本书学习资源中的"案例源文件>第7章>7.24>光.mov"文件,然后将其添加到"定版汇聚"合成的时间线上,接着把该图层的叠加模式改为"相加",如图7-530所示。

图7-531

7.25 动态合成

学习目的
使用"无线电波"效果制作放射电波,使用"发光"效果制作光芒特效。

学习资源路径
▶ 在线教学视频:
在线教学视频 > 第7章 > 动态合成.flv
▶ 案例源文件:
案例源文件 > 第7章 > 7.25 > 动态合成.aep

案例描述
本例主要介绍"无线电波"效果的应用。通过学习本例,读者可以掌握"无线电波"效果与实拍素材的结合运用,如图7-532所示。

本例难易指数: ★★★☆☆

图7-532

操作流程

1 执行"合成>新建合成"菜单命令,创建一个预设为"自定义"的合成,设置"宽度"为720px、"高度"为405px、"像素长宽比"为"方形像素"、"持续时间"为5秒,并将其命名为"动态合成",如图7-533所示。

图7-533

2 执行"文件>导入>文件"菜单命令,打开本书学习资源中的"案例源文件 > 第7章 >7.25>背景.mov"文件,然后将其添加到"动态合成"的时间线上,如图7-534所示。

图7-5

3 执行"图层>新建>纯色"菜单命令,创建一个黑色的纯色图层,设置"宽度"为720像素、"高度"为405像素、"像素长宽比"为"方形像素",将其命名为"元素合成",如图7-535所示。

4 选择"元素合成"图层,执行"效果>生成>无线电波"菜单命令,设置"渲染品质"的值为10;展开"多边形"参数项,设置"边"的值为5,勾选"星形"选项,如图7-536所示。

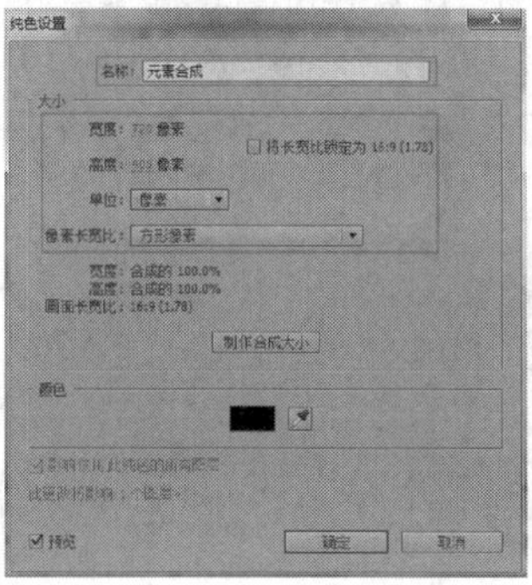

图7-535　　　　　　　　图7-536

5 展开"波动"参数项,设置"频率"的值为3、"扩展"的值为3.2、"方向"的值为(0×+0°)、"旋转"的值为25、"寿命(秒)"的值为16,如图7-537所示。

6 展开"描边"参数项,设置"配置文件"为"入点锯齿"、"颜色"为白色、"不透明度"的值为0.804、"淡入时间"的值为1.5、"淡出时间"的值为9.5、"开始宽度"的值为15.42、"末端宽度"的值为33.2,如图7-538所示。

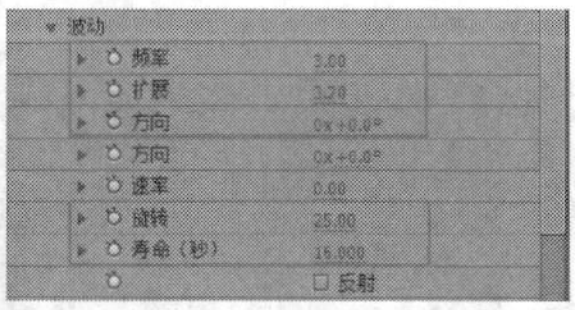

图7-537 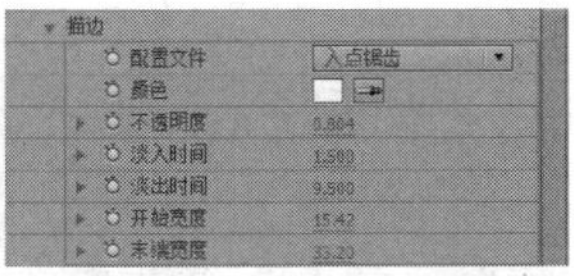　　　　　　　　图7-538

7 选择"元素合成"图层,执行"效果>风格化>发光"菜单命令,设置"发光阈值"为80%、"发光强度"为0.8,如图7-539所示。

图7-539　　　　　　　　图7-540

8 为"元素合成"图层的"位置"属性添加表达式wiggle(8,10);,如图7-540所示。

9 为解决镜头的"穿帮"现象,修改"元素合成"图层的"缩放"属性为(104,104%),如图7-541所示。

图7-541

10 按小键盘上的数字键0,预览最终效果,如图7-542所示。

图7-542

7.26 蓝色光线

学习目的

学习"分形杂色""贝塞尔曲线变形""发光"和"CC Particle World(CC 粒子世界)"等效果的组合应用。

学习资源路径

▶ 在线教学视频:
在线教学视频 > 第7章 > 蓝色光线.flv

▶ 案例源文件:
案例源文件 > 第7章 > 7.26 > 蓝色光线.aep

本例难易指数:★★★☆☆

案例描述

本例主要讲解"分形杂色""贝塞尔曲线变形""发光"和"CC Particle World(CC 粒子世界)"效果的组合应用。通过学习本例,读者可以掌握蓝色光线特效的制作方法,如图7-543所示。

图7-543

操作流程

1 执行"合成>新建合成"菜单命令,创建一个预设为"自定义"的合成,"宽度"为720px、"高度"为405px、"像素长宽比"为"方形像素"、"持续时间"为10秒,并将其命名为"光线",如图-544所示。

2 执行"图层>新建>纯色"菜单命令,创建一个黑色的纯色图层,设置"宽度"为720像素、"高度"为405像素、"像素长宽比"为"方形像素",将其命名为"光线",如图7-545所示。

图7-544　　　　　　　　　　图7-545

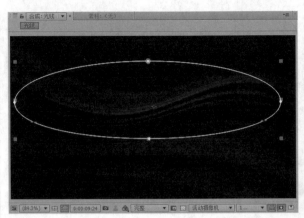

图7-550

3 选择"光线"图层，执行"效果>杂色和颗粒>分形杂色"菜单命令，设置"分形类型"为"湍流平滑"、"杂色类型"为"样条"、"对比度"为155、"亮度"为-22；展开"变换"参数项，取消选择"统一缩放"选项，设置"缩放宽度"的值为10000，如图7-546所示。

图7-546

4 设置"子设置"参数项中的"子位移"和"演化"属性的关键帧动画，在第0帧处，设置"子位移"的值为（0，0）；在第9秒24帧处，设置"子位移"的值为（575，0）。在第0帧处，设置"演化"的值为（0×+0°）；在第9秒24帧处，设置"演化"的值为（1×+200°），如图7-547所示。

图7-547

5 选择"光线"图层，执行"效果>扭曲>贝塞尔曲线变形"菜单命令，设置"上左顶点"的值为（-49.5，-13.1）、"上左切点"的值为（392.2，335.7）、"右上顶点"的值为（767.3，167.3）、"下右顶点"的值为（771，511.9）、"下右切点"的值为（488.2，382.5）、"下左切点"的值为（306，361.4）、"左下顶点"的值为（-8.3，372.8）、"品质"的值为10，如图7-548所示。

 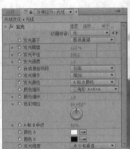

图7-551　　　　　　　　　　图7-552

7 执行"合成>新建合成"菜单命令，创建一个预设为"自定义"的合成，设置"宽度"为720px、"高度"为405px、"像素长宽比"为"方形像素"、"持续时间"为10秒，并将其命名为"光线优化"，如图7-551所示。

8 将项目窗口中的"光线"合成添加到"光线优化"合成的时间线上，选择"光线"图层，执行"效果>风格化>发光"菜单命令，设置"发光阈值"为12.5、"发光半径"为390、"发光颜色"为"A和B颜色"，如图7-552所示。

9 选择"光线"图层，执行"效果>颜色校正>曲线"菜单命令，分别在"红色""绿色"和"蓝色"通道中调整曲线，如图7-553所示。

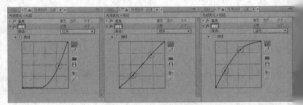

图7-55

6 选择"光线"图层，然后修改该图层"位置"属性的值为（360，174.5），接着使用"椭圆工具" 🔘 为该图层创建一个蒙版，设置"蒙版羽化"的值为（266，266像素），如图7-549所示。画面的预览效果如图7-550所示。

图7-549

10 执行"图层>新建>纯色"菜单命令，创建一个白色的纯色图层，设置"宽度"为1920像素、"高度"为1080像素，最后将其命名为Glow，如图7-554所示。

图7-55

11 选择Glow图层,使用"椭圆工具" 为该图层创建一个蒙版,修改"蒙版羽化"的值为(149, 149像素),开启"调整图层",如图7-555所示。画面的预览效果如图7-556所示。

图7-555

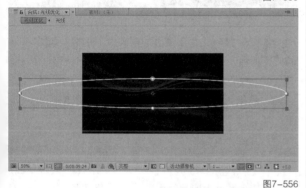

图7-556

12 选择Glow图层,执行"效果>风格化>发光"菜单命令,设置"发光阈值"为24.7%、"发光半径"为125、"发光强度"为0.6,如图7-557所示。

图7-557

13 选择Glow图层,执行"效果>颜色校正>曲线"菜单命令,分别调整"绿色"和"蓝色"通道中的曲线,如图7-558所示。

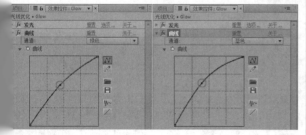

图7-558

14 执行"合成>新建合成"菜单命令,创建一个预设为"自定义"的合成,设置"宽度"为720px、"高度"为405px、"像素长宽比"为"方形像素"、"持续时间"为10秒,并将其命名为"碎光",如图7-559所示。

15 执行"图层>新建>纯色"菜单命令,创建一个黑色的纯色图层,设置"宽度"为720像素、"高度"为405像素、"像素长宽比"为"方形像素",最后将其命名为"碎光",如图7-560所示。

图7-559

图7-560

16 选择"碎光"图层,执行"效果>模拟>CC Particle World(CC 粒子世界)"菜单命令,设置Birth Rate(产生率)的值为1;展开Producer(产生点)参数项,设置Radius X(X轴半径)的值为0.405;展开Physics(物理)参数项,设置Animation为Viscouse,设置Velocity(速率)的值为0.3、Gravity(重力)的值为0,如图7-561所示。

17 展开Particle(粒子)参数项,设置Particle Type(粒子类型)为Faded Sphere、Birth Size(出生大小)的值为0.14、Death Size(消亡大小)的值为0.09,设置Birth Color(出生颜色)和Death Color(消亡颜色)为浅蓝色(R:0,G:20.046,B:32.768),如图7-562所示。

图7-561

图7-562

18 选择"碎光"图层,执行"效果>风格化>发光"菜单命令,设置"发光阈值"为5.5、"发光半径"为35、"合成原始项目"为"顶端"、"发光颜色"为"A和B颜色"、"A和B中点"为44%、"颜色A"为浅蓝色(R:2.57, G:25.307, B:32.768)、"颜色B"为紫蓝色(R:10.023, G:12.699, B:32.768),如图7-563所示。

图7-563

19 执行"合成>新建合成"菜单命令,创建一个预设为"自定义"的合成,设置"宽度"为720px、"高度"为405px、"像素长宽比"为"方形像素"、"持续时间"为10秒,并将其命名为"蓝色光线",如图7-564所示。

20 将项目窗口中的"碎光"和"光线优化"合成添加到"蓝色光线"合成的时间线上，然后选择"碎光"图层，执行"效果>模糊和锐化>CC Radial Fast Blur（CC径向模糊）"菜单命令，设置Amount（数量）的值为20、Zoom为Brightest（亮度），如图7-565所示。

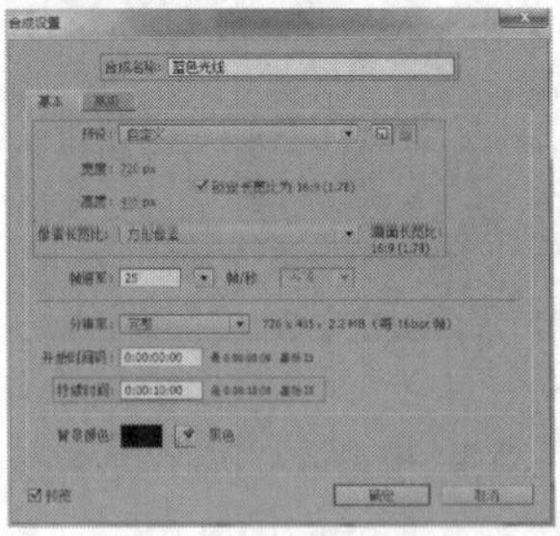

图7-564

图7-565

21 选择"碎光"图层，执行"效果>扭曲>湍流置换"菜单命令，设置"置换"为"凸出较平滑"、"数量"为-146、"偏移（湍流）"为（460，200），如图7-566所示。

22 选择"碎光"图层，执行"效果>风格化>发光"菜单命令，设置"发光基于"为"Aplha通道"、"发光阈值"为60、"发光半径"为33、"发光颜色"为"A和B颜色"、"颜色A"为浅蓝色（R:16，G:29，B:33）、"颜色B"为黑色（R:0，G:0，B:0），如图7-567所示。

图7-566

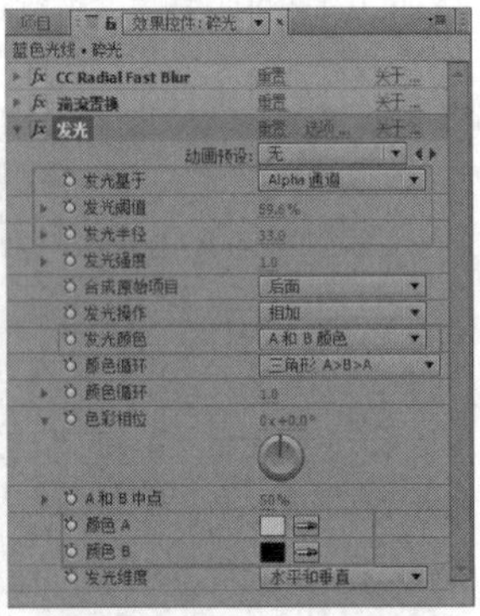

图7-567

23 选择"光线优化"图层，使用"椭圆工具" 为该图层创建蒙版，然后修改"蒙版羽化"的值为（100，100像素），如图7-568所示；最后设置"蒙版路径"属性的关键帧动画，在第0帧和第3秒处的设置如图7-569所示。

图7-568

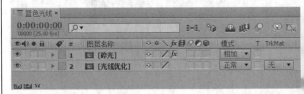

图7-569

24 修改"碎光"图层的叠加模式为"相加"，如图7-570所示。

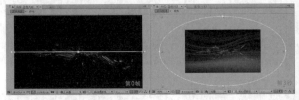

图7-570

25 按小键盘上的数字键0，预览最终效果，如图7-571所示。

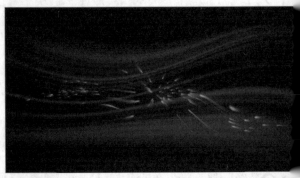

图7-57

7.27 炫彩特效

学习目的

使用Particular（粒子）效果制作光线和粒子特效。

学习资源路径

▶ 在线教学视频：

在线教学视频 > 第7章 > 炫彩特效.flv

▶ 案例源文件：

案例源文件 > 第7章 > 7.27 > 炫彩特效.aep

本例难易指数：★★★★☆

案例描述

本例主要讲解Particular（粒子）效果的应用。通过学习本例，读者可以掌握炫彩光线和粒子特效的制作方法，案例如图7-572所示。

图7-572

操作流程

1 执行"合成>新建合成"菜单命令,创建一个预设为"自定义"的合成,"宽度"为720px、"高度"为405px、"像素长宽比"为"方形像素"、"持续时间"为4秒,并将其命名为"炫彩特效",如图7-573所示。

2 执行"图层>新建>纯色"菜单命令,创建一个黑色的纯色图层,设置"宽度"为720像素、"高度"为405像素、"像素长宽比"为"方形像素",将其命名为"背景",如图7-574所示。

图7-573　　　　　　　图7-574

3 选择"背景"图层,执行"效果>生成>梯度渐变"菜单命令,设置"渐变起点"的值为(82, 55)、"起始颜色"为深红色(R:129, G:15, B:0)、"渐变终点"的值为(696, 386)、"结束颜色"为黑色,如图7-575所示。画面的预览效果如图7-576所示。

图7-575　　　　　　　图7-576

4 执行"文件>导入>文件"菜单命令,打开本书学习资源中的"案例源文件>第7章>7.27>文字.png"文件,然后将"文字"素材拖曳到"炫彩特效"合成的时间线上,打开"文字"图层的三维开关,修改"文字"图层的"位置"属性为(360, 200, 0)、"缩放"属性为(90, 90, 90%),如图7-577所示。画面的预览效果如图7-578所示。

图7-577　　　　　　　图7-578

5 执行"图层>新建>摄像机"菜单命令,创建一个"摄像机"图层,将摄像机的"缩放"值修改为270毫米,勾选"启用景深",如图7-579所示。

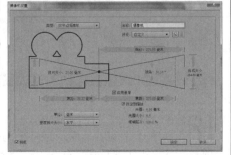

图7-579

6 展开"摄像机"图层的变换属性,设置"目标点"的值为(360, 202.5, 0),然后设置"位置"属性的关键帧动画,在第0帧处,设置其值为(360, 202.5, -200);在第3秒处,设置其值为(360, 202.5, -662),如图7-580所示。

图7-580

7 执行"图层>新建>空对象"菜单命令,新建一个空对象图层并命名为"空1"。打开"空1"图层的三维开关,将"摄像机"图层作为"空1"图层的子物体。设置"X轴旋转"和"Y轴旋转"属性的关键帧动画,在第0帧处,设置"X轴旋转"的值为(0×+50°);在第3秒处,设置"X轴旋转"的值为(0×+0°)。在第0帧处,设置"Y轴旋转"的值为(0×-200°);在第3秒处,设置"X轴旋转"的值为(0×+0°),如图7-581所示。

图7-581

8 选择"文字"图层,按Ctrl+D快捷键复制一个新图层,将复制得到的新图层命名为"文字_模糊",如图7-582所示。选择"文字_模糊"图层,执行"效果>模糊和锐化>快速模糊"菜单命令,设置"模糊度"为100,勾选"重复边缘像素"选项,如图7-583所示。画面的预览效果如图7-584所示。

图7-582

图7-583　　　　　　　图7-584

9 执行"图层>新建>纯色"菜单命令,创建一个黑色的纯色图层,设置"宽度"为720像素、"高度"为405像素、"像素长宽比"为"方形像素",最后将其命名为"粒子光点1",如图7-585所示。

10 选择"粒子光点1"图层,执行"效果>Trapcode> Particular(粒子)"菜单命令,设置Particles/sec(粒子数量/秒)的值为400、Emitter Type(发射类型)为Sphere(球形)、Position XY(XY轴坐标)的值为(450, 201)、Velocity Random[%](速度随机值)为80、Velocity Distribution的值为1、Velocity from Motion(继承运动速

度）为80，设置Emitter Size X（X轴发射大小）、Emitter Size Y（Y轴发射大小）和Emitter Size Z（Z轴发射大小）的值都为85，最后修改Random Seed（随机种子）的值为0，如图7-586所示。

图7-585　　　　　　图7-586

11 设置Particles/sec（粒子数量/秒）和Position XY（XY轴坐标）属性的关键帧动画，在第3秒处，设置Particles/sec（粒子数量/秒）的值为400；在第3秒01帧处，设置Particles/sec（粒子数量/秒）的值为0；在第16帧处，设置Position XY（XY轴坐标）的值为（450，201）；在第2秒12帧处，设置Position XY（XY轴坐标）的值为（398，126），如图7-587所示。

图7-587

12 展开Particle（粒子）参数项，设置Life[sec]（生命[秒]）的值为1、Life Random[%]（生命随机）的值为50、Particle Type（粒子类型）为Sphere（球形）、Sphere Feather（球形羽化）为0、Size（尺寸）为1.5、Size Random[%]（尺寸随机）为100%、Color（颜色）为（R:243，G:251，B:193），把Transfer Mode（叠加模式）设为Add（叠加），如图7-588所示。

13 展开Physics（物理）>Air（空气场）>Turbulence Field（扰乱场）参数项，然后修改Fade-Curve的模式为Linear，如图7-589所示。

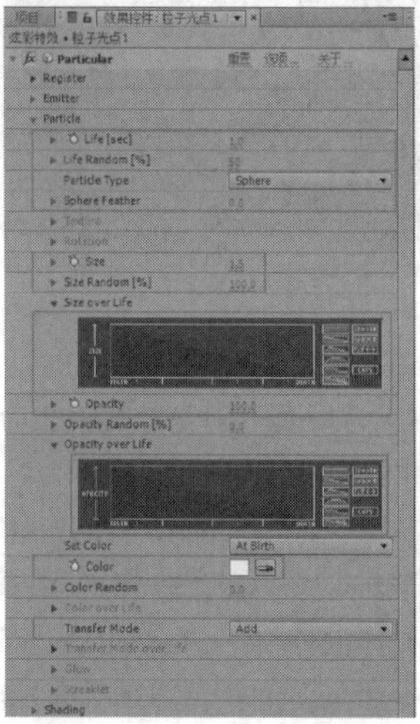

图7-588 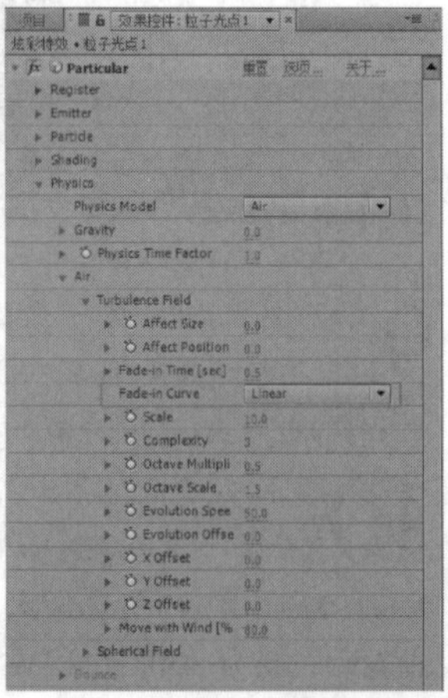　　　　　　图7-589

14 展开Rendering（渲染）中的Motion Blur（运动模糊）参数项，选择Disregard的模式为Physics Time Factor（PTF），如图7-590所示。画面的预览效果如图7-591所示。

图7-590　　　　　　图7-591

15 选择"粒子光点1"图层，执行"效果>Trapcode>Starglow（星光闪耀）"菜单命令，设置Streak Length（星光长度）的值为11；展开Individual Colors（单独颜色）参数项，设置Down（下端）为Colormap A、Left（左端）为Colormap A、Up Left（左上角）为Colormap B，如图7-592所示。

16 展开Colormap A（颜色A），设置Preset（预设）的模式为Electric；展开Colormap B（颜色B），设置Preset（预设）的模式为One Color（单一颜色）、Color（颜色）为（R:255，G:77，B:0），如图7-593所示。

图7-592 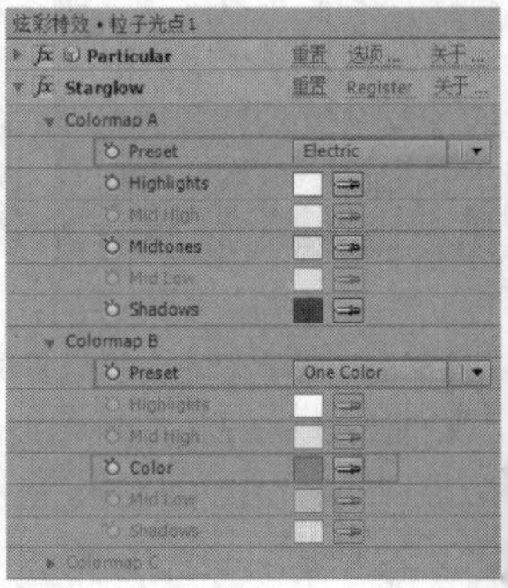　　　　　　图7-593

17 选择"粒子光点1"图层，按Ctrl+D快捷键复制一个新图层，然后将复制得到的新图层重新命名为"粒子光点2"，选择"粒子光点2"图层，修改Particular（粒子）效果的Position XY（XY轴坐标）属性的关键帧动画，在第16帧处，修改其值为（450，201）；在第2秒12帧处，修改其值为（356，135），如图7-594所示。

图7-59

18 选择"粒子光点2"图层，选择Starglow（星光闪耀）效果，单击"重置"选项后，将Preset的模式设为Warm Star，然后修改Streak Length（星光长度）的值为11，如图7-595所示。画面的预览效果如图7-596所示。

图7-595　　　　　　　　　　图7-596

19 执行"图层>新建>纯色"菜单命令，创建一个黑色的纯色图层，设置"宽度"为720像素、"高度"为405像素、"像素长宽比"为"方形像素"，最后将其命名为"光线"，如图7-597所示。

20 选择"光线"图层，执行"效果>Trapcode>Particular（粒子）"菜单命令，设置Particles/sec（粒子数量/秒）为0、Position XY（XY轴坐标）为（−41，195）、Direction Spread[%]（速度随机值）为0、X Rotation（X轴旋转）为（0×+90°）、Y Rotation（Y轴旋转）为（0×+90°）、Velocity Random[%]（速度随机值）为15、Velocity Distribution（速度分布）为1、Velocity from Motion（继承运动速度）为10、Random Seed（随机种子）为0，如图7-598所示。

图7-597　　　　　　　　　　图7-598

21 设置Particles/sec（粒子数量/秒）参数的关键帧动画，在第5帧处，设置其值为0；在第1秒15帧处，设置其值为25；在第2秒处，设置其值为0，如图7-599所示。

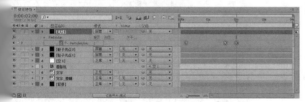

图7-599

22 展开Particle（粒子）参数项，设置Life Random[%]（生命随机）为0、Size（大小）为0、Set Color（设置颜色）的模式为Random from Gradiend，如图7-600所示。

23 在Physics（物理）>Air（空气场）参数项中，设置Spin Amplitude（旋转数量）的值为70、Spin Frequency（旋转频率）的值为7、Fade-in Spin[sec]的值为0、Fade-in Time[sec]

的值为0、Fade-in Curve的模式为Linear、Scale的值为17，如图7-601所示。

图7-600　　　　　　　　　　图7-601

24 展开Aux System（辅助系统）参数项，设置Emit的模式为Continuously、Particles/sec的值为385、Life[sec]的值为1.2、Type的模式为Sphere、Size的值为5.8、Opacity的值为42、Color From Main[%]的值为35、Transfer Mode的模式为Screen、Feather为100、Inherit Velocity的值为20，如图7-602所示。

25 展开Motion Blur（运动模糊）参数项，设置Disregard的模式为Physics Time Factor（PTF），如图7-603所示。画面的预览效果如图7-604所示。

图7-602　　　　　　　　　　图7-603

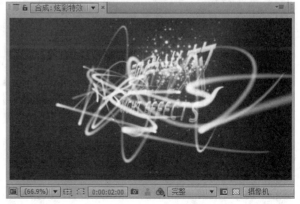

图7-604

26 选择"光线"图层,执行"效果>风格化>发光"菜单命令,如图7-605所示。最后将图层的叠加模式修改为"相加"。

图7-605

27 按小键盘上的数字键0,预览最终效果,如图7-606所示。

图7-606

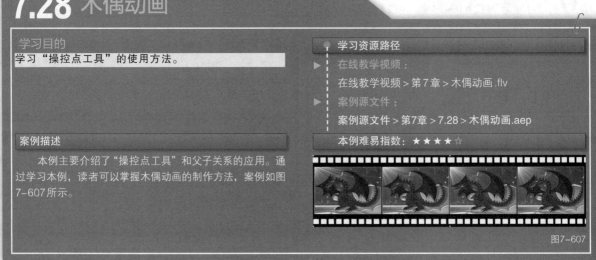

7.28 木偶动画

学习目的

学习"操控点工具"的使用方法。

学习资源路径

▶ 在线教学视频:

在线教学视频 > 第7章 > 木偶动画.flv

▶ 案例源文件:

案例源文件 > 第7章 > 7.28 > 木偶动画.aep

案例描述

本例主要介绍了"操控点工具"和父子关系的应用。通过学习本例,读者可以掌握木偶动画的制作方法,案例如图7-607所示。

本例难易指数: ★ ★ ★ ★ ☆

图7-607

操作流程

1 执行"合成>新建合成"菜单命令,创建一个预设为"自定义"的合成,设置"宽度"为720px、"高度"为405px,"像素长宽比"为"方形像素"、"持续时间"为5秒,如图7-608所示。

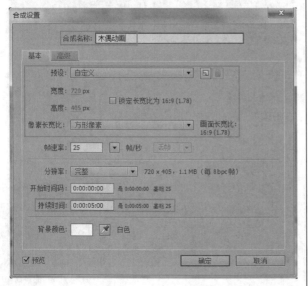

图7-608

2 执行"文件>导入>文件"菜单命令,打开本书学习资源中的"案例源文件>第7章>7.28> dragon w merged head.ai"文件,设置"导入种类"为"合成"、"素材尺寸"为"图层大小",如图7-609所示。

图7-60

3 在项目窗口中双击dragon w merged head,系统自动创建合成,在"时间线"窗口中可以观察到恐龙素材的排列方式,如图7-610所示。画面的预览效果如图7-611所示。

图7-610

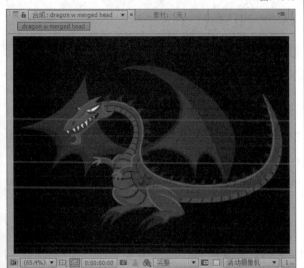

图7-611

4 在dragon w merged head合成的时间线面板中按Ctrl+K快捷键打开"合成设置"对话框，修改合成的名称为"恐龙"，设置"宽度"为720px、"高度"为405px、"像素长宽比"为"方形像素"，修改"持续时间"为5秒、"背景颜色"为白色，如图7-612所示。

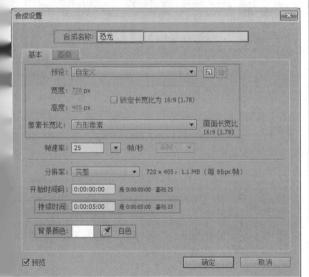

图7-612

5 设置head图层为bottom jaw图层的父图层，这样bottom jaw图层可以跟随head图层一起运动，如图7-613所示。

图7-613

6 展开head图层的"位置"和"旋转"属性，设置这两个属性的关键帧动画，在第0帧处，设置"位置"的值为（183，111）；在1秒07帧处，设置"位置"的值为（100，167）；在第2秒13帧处，设置"位置"的值为（183，111）。在18帧处，设置"旋转"的值（0×+0°）；在第1秒07帧处，设置"旋转"的值（0×+21°）；在第1秒27帧处，设置"旋转"的值（0×+0°），如图7-614所示。

图7-614

7 展开bottom jaw图层的"旋转"属性，设置其关键帧动画，在第0帧处，设置"旋转"的值为（0×+8°）；在第17帧处，设置"旋转"的值为（0×+0°）；在第1秒04帧处，设置"旋转"的值为（0×-14°）；在第1秒15帧处，设置"旋转"的值为（0×-14°）；在第2秒03帧秒处，设置"旋转"的值为（0×+8°），如图7-615所示。

图7-615

8 展开left arm和right arm图层的"旋转"属性，然后设置"旋转"属性的关键帧动画。在第0帧处，设置left arm和right arm图层的"旋转"属性值为（0×+0°）；在第15帧处，设置right arm图层的"旋转"属性值为（0×-23°）；在第1秒06帧处，设置left arm图层的"旋转"属性值为（0×+30°）；在第1秒21帧处，设置right arm图层的"旋转"属性值为（0×-37°）；在第2秒09帧处，设置left arm图层的"旋转"属性值为（0×+0°）；在第2秒11帧处，设置right arm图层的"旋转"属性值为（0×-6°），如图7-616所示。

图7-616

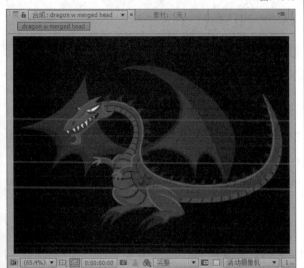

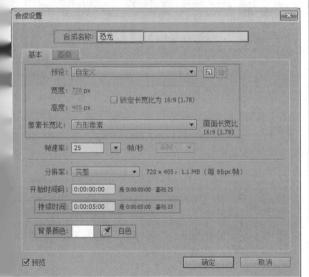

9 在第0帧处，使用工具栏中的"操控点工具" 为body图层添加3个变形控制点，如图7-617所示。在这3个变形控制点中，其中靠近头部的变形控制点用来控制身体的动画，而另外两个控制点主要起到固定身体的作用。

图7-617

10 展开body图层的Puppet Pin（木偶变形）属性，设置Puppet Pin3（木偶变形3）的数值为（265，277）、Puppet Pin2（木偶变形2）的数值为（129，162）。设置Puppet Pin1（木偶变形1）属性的关键帧动画，在第0帧处，设置其值为（25，40）；在第1秒07帧处，设置其值为（-48，92）；在第2秒13帧处，设置其值为（25，40），如图7-618所示。

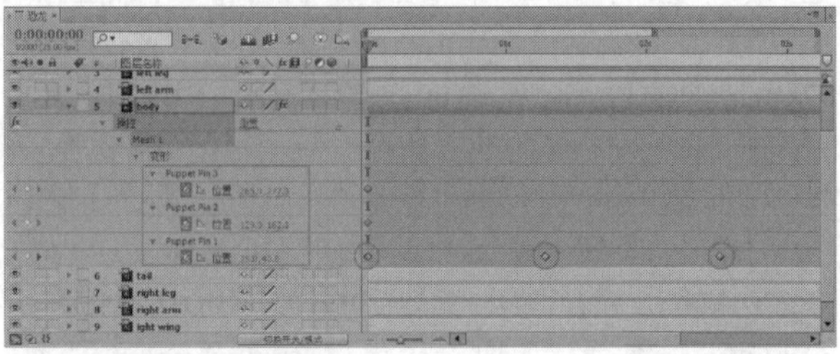

图7-618

11 在第0帧处，使用工具栏中的"操控点工具" 为tail图层添加3个变形控制点，如图7-619所示。尾巴最末端的变形控制点主要用于控制尾巴的动画，而另外两个控制点主要起固定尾巴的作用。

图7-619

12 展开tail图层的Puppet Pin（木偶变形）属性，设置Puppet Pin3（木偶变形3）的数值为（232，246）、Puppet Pin1（木偶变形1）的数值为（37，277）。设置Puppet Pin2（木偶变形2）属性的关键帧动画，在第0帧处，设置其值为（228，39）；在第18帧

处，设置其值为（189，46）；在第26帧处，设置其值为（169，60）；在第1秒04帧处，设置其值为（158，71）；在第1秒12帧处，设置其值为（181，54）；在第1秒27帧处，设置其值为（243，45）；在第2秒18帧处，设置其值为（298，68）；在第3秒15帧处，设置其值为（236，22）；在第3秒24帧处，设置其值为（202，22）；在第4秒05帧处，设置其值为（182，27）；在第4秒29帧处，设置其值为（238，10），如图7-620所示。

图7-620

13 执行"合成>新建合成"菜单命令，创建一个预设为"自定义"的合成，设置"宽度"为720px、"高度"为405px、"像素长宽比"为"方形像素"、"持续时间"为5秒、"背景颜色"为白色，将其命名为"木偶动画"，如图7-621所示。

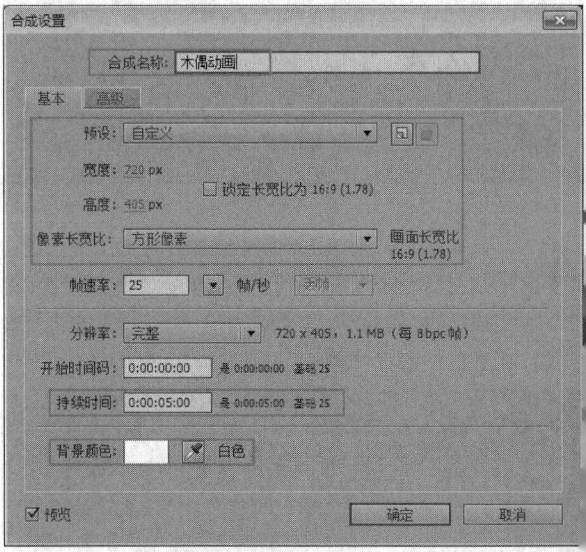

图7-62~

14 执行"文件>导入>文件"菜单命令，打开本书学习资源中的"案例源文件>第7章>7.28>背景.mov"文件，并将该素材添加到"木偶动画"合成的时间线上，最后将项目窗口中的"恐龙"合成也添加到该合成的时间线上，如图7-622所示。

图7-62

15 选择"恐龙"图层，执行"效果>透视>投影"菜单命令，设置"不透明度"的值为80%、"距离"的值为3、"柔和度"的值为4，如图7-623所示。

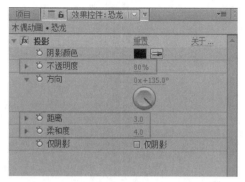

图7-623

16 按小键盘上的数字键0，预览最终效果，如图7-624所示。

图7-624